REPETITORIUM
DER
INGENIEUR-MATHEMATIK

Dr. Dietrich Feldmann

Arian Kruse

Dr. Peter Merziger

Dr. Günter Mühlbach

Dr. Thomas Wirth

Vorwort

Dieses Buch kann und will weder Vorlesungen noch Lehrbücher der Mathematik ersetzen. Vielmehr soll es in Ergänzung dazu durch eine Fülle von Beispielen dem Ingenieurstudenten Anleitung und Hilfe sein für sein eigenes praktisches Arbeiten mit der Mathematik, sei es in Klausuren bzw. Übungen, sei es bei der Behandlung konkreter Aufgaben aus den Anwendungen.
Entsprechend dieser Zielsetzung folgen in diesem Buch auf kurze "rezeptartige" Beschreibungen der Lösungsverfahren jeweils mehrere vollständig durchgerechnete Beispiele, die häufig Bezug auf Aufgaben der ingenieurwissenschaftlichen Anwendungen nehmen.
Die Aufgabensammlungen (mit Ergebnissen und teilweise ausführlichen Lösungsgängen) am Ende eines jeden Kapitels bieten Möglichkeiten zur eigenen Kontrolle, ob die behandelten Begriffe und Methoden verstanden worden sind.
Die Beispiele und Aufgaben aus den Anwendungen sind in ihrer mathematischen Problematik auch ohne eingehenderes Verständnis der Ingenieurwissenschaften - beim Gebrauch dieses Buches neben der einführenden Mathematik-Vorlesung - aus sich heraus zu verstehen.
Im Hinblick auf den späteren praktischen Gebrauch dieses Buches als "Repetitorium der Ingenieurmathematik" sollen sie von vornherein zeigen, wie sich die "gelernte Mathematik" auf konkrete Probleme anwenden läßt.
Zahlreiche Literaturhinweise sowohl auf Lehrbücher der Mathematik als auch der Ingenieurwissenschaften sollen dazu dienen, den Interessierten auf Ergänzungen und weiterführende Darstellungen des behandelten Stoffes hinzuweisen:
"(PII 5o)" bedeutet beispielsweise "PII Seite 5o".
Die Bedeutung von "PII" findet man im Literaturverzeichnis.
Bei Formeln und Tabellen wird häufig auf das bekannte "Taschenbuch der Mathematik" von I. Bronstein und K. Semendjajew verwiesen.
Das Inhaltsverzeichnis gibt nur einen groben Überblick über den behandelten Stoff. Aus dem Index erfährt man, ob und auf welchen Seiten einzelne Begriffe bzw. Methoden behandelt werden. Der Index

verweist auf die Stelle, wo der Begriff bzw. das Verfahren erklärt oder seine Anwendung "rezeptartig" erläutert wird. Das entsprechende Stichwort ist im Text an dieser Stelle unterstrichen. So findet man beispielsweise "Integration durch Substitution" auf den Seiten 142 und 158.
Um die Beispiele übersichtlich vom Text abzuheben, bezeichnen "┌──" den Beginn und "└──" das Ende eines Beispiels.
Wir hoffen, daß der bewußt ausführlich gehaltene Index und die vielen Beispiele das Verständnis auch einzelner Teilabschnitte dieses Buches erleichtern.

Die Verfasser

Inhaltsverzeichnis

Zeichenindex

$\vec{a}$	Vektor	82
$\lvert\vec{a}\rvert$	Betrag des Vektors $\vec{a}$	83
$\vec{a}\vec{b}$	Skalares Produkt $\vec{a}\vec{b}=\vec{a}\cdot\vec{b}$	86
$\vec{a}\times\vec{b}$	Vektorielles Produkt	89
$\langle\vec{a},\vec{b},\vec{c}\rangle$	Spatprodukt	91
$\lvert\vec{a}\rvert_{\vec{b}}$	Projektion von $\vec{a}$ in Richtung von $\vec{b}$	87
$\vec{a}_{\vec{b}}$	Komponente von $\vec{a}$ in Richtung von $\vec{b}$	88
$\vec{a}_o$	Einheitsvektor in Richtung von $\vec{a}$	84
$\vec{i},\vec{j},\vec{k}$	Einheitsvektoren in Richtung der positiven Koordinatenachsen	85

Deutsches Alphabet

Griechisches Alphabet

Α α	alpha	Ι ι	iota	Ρ ϱ	rho
Β β	beta	Κ κ	kappa	Σ σ	sigma
Γ γ	gamma	Λ λ	lambda	Τ τ	tau
Δ δ	delta	Μ μ	mü	Υ υ	üpsilon
Ε ε	epsilon	Ν ν	nü	Φ φ	phi
Ζ ζ	zeta	Ξ ξ	xi	Χ χ	chi
Η η	eta	Ο ο	omicron	Ψ ψ	psi
Θ ϑ	theta	Π π	pi	Ω ω	omega

1. Grundbegriffe

1.1 Aussagen

Jede Wissenschaft formuliert ihre Ergebnisse als Aussagen über den von ihr untersuchten Gegenstand. Aussagen können z.B. in der Form geschriebener oder gesprochener Sätze, als mathematische, physikalische oder chemische Formeln, als bildliche Darstellungen usw. gemacht werden. Wissenschaftliche Aussagen sind dadurch gekennzeichnet, daß sie entweder wahr oder falsch sind, ein Drittes gibt es nicht.

Beispiele:

(1) Im Vakuum fallen alle Körper gleich schnell.

(2) $\sqrt{2}$ ist größer als 1,4.

(3) Die Zahl 7 ist keine Primzahl.

(4) Die Stabilität eines jeden Gebäudes ist umgekehrt proportional zur Gelehrsamkeit seines Baumeisters (Tredgold). (S 90)

Die Aussagen (1) und (2) sind bekanntlich wahr, (3) ist falsch und (4) ist (hoffentlich) keine wissenschaftliche Aussage.

Mit Hilfe der Bindewörter "nicht", "und", "oder", "wenn...,so", "genau dann, wenn" kann man Aussagen A,B verknüpfen und so neue Aussagen erhalten.

nicht A	Negation	A und B	Konjunktion
A oder B	Alternative	Wenn A, so B	Implikation
		A genau dann, wenn B	Äquivalenz

Achtung: "oder" schließt "und" ein, bedeutet also nicht: "entweder - oder".

Die meisten mathematischen"Sätze" (=Aussagen) sind Implikationen oder Äquivalenzen:

Implikation	Wenn A, so B = Aus A folgt B	$= A \Longrightarrow B$
Äquivalenz	A genau dann, wenn B = A dann und nur dann, wenn B	$= A \Longleftrightarrow B$

Dabei ist $A \Longleftrightarrow B$ gleichwertig den beiden Aussagen: $A \Longrightarrow B$ und $B \Longrightarrow A$. Sprechweisen: Gilt die Implikation $A \Longrightarrow B$, so sagt man, A ist hinreichend für B und B ist notwendig für A. Wenn $A \Longleftrightarrow B$, so ist also B für A notwendig und hinreichend, ebenso A für B.

(5) A = Es regnet.   B = Die Erde wird naß.
A ist hinreichend für B, aber nicht notwendig. B ist notwendig für A, aber nicht hinreichend, denn hier gilt nicht die umgekehrte Aussage $B \Longrightarrow A$. Die Erde kann auch aus anderen Gründen als durch Regen naß werden, z.B. durch ...)

(6) Die Gleichgewichtsbedingung

$$\text{Summe der angreifenden Kräfte} = \vec{0}$$

ist notwendig dafür, daß ein Körper sich in Ruhe befindet, aber hinreichend nur im Falle eines zentralen Kräftesystems. (PI 22, 44)

(7) Das Produkt zweier Zahlen hat dann und nur dann den Wert 0, wenn mindestens einer der Faktoren den Wert 0 hat:
$a\,b = 0 \Longleftrightarrow a = 0$ oder $b = 0$ (hierin ist $a = b = 0$ enthalten!)

1.2 Mengen (DE 41)

Die in der Mathematik betrachteten Gegenstände werden durch Symbole, meist durch Buchstaben, bezeichnet. Dabei bezeichnen manche Symbole feste Dinge, z.B. 1 die Zahl 1, π das Verhältnis vom Kreisumfang zum Durchmesser usw. Andere Symbole sind Variable (= Veränderliche) [1], d.h. sie können jeden Gegenstand einer Klasse von Gegenständen bezeichnen. In der Mathematik wird jede Zusammenfassung von (mehreren) verschiedenen Gegenständen zu einer Gesamtheit eine Menge genannt.

Eine Menge ist definiert, wenn feststeht, welche Objekte zu dieser Menge gehören und welche nicht. Die zur Menge gehörigen Objekte heißen ihre Elemente.

Es gibt zwei Möglichkeiten, Mengen zu definieren:
1.) durch Aufzählung ihrer Elemente, die (in beliebiger Reihenfolge) zwischen geschweifte Klammern {Mengenklammern} gesetzt und durch Kommata getrennt werden,
2.) durch Angabe einer charakteristischen Eigenschaft der Elemente der Menge.

.) $\{0,1,2,3,4,5,6,7,8,9\}$ = Menge der Ziffern, die im Dezimalsystem benutzt werden.

.) $\{0,\ 1+\sqrt{2},\ 1-\sqrt{2}\} = \{x \mid x^3 - 2x^2 - x = 0\}$ = Lösungsmenge der Gleichung $x^3 - 2x^2 - x = x(x-1-\sqrt{2})(x-1+\sqrt{2}) = 0$

1) Welches Symbol man für eine Variable wählt, ist gleichgültig.

(10) $\mathbb{N} := \{1,2,3,4,5,6,7,8,9,10,11,12,...\}$
$= \{n \mid n$ ist eine <u>natürliche</u> (= ganze, positive) Zahl$\}$
= Menge der natürlichen Zahlen.

(11) $\mathbb{Z} := \{...-3,-2,-1,0,1,2,3,...\} = \{g \mid g$ ist eine ganze Zahl$\}$
= Menge der ganzen Zahlen.

Gehört ein Objekt a einer Menge M an, so schreibt man

$$a \in M$$

(gelesen: a ist <u>Element</u> von M). Gehört a nicht zu M, so schreibt man

$$a \notin M.$$

(12) $1 \in \mathbb{N}, \ \pi \notin \mathbb{N}.$

Wenn jedes Element einer Menge A auch Element einer Menge B ist, nennt man A <u>Teilmenge</u> von B und schreibt

$$A \subset B.$$

Man sagt auch, A sei in B enthalten.

(13) $A \subset A$ Jede Menge ist Teilmenge von sich selbst.

(14) $\mathbb{N} \subset \mathbb{Z}, \ \{0,1\} \not\subset \mathbb{N}.$

Es ist zweckmäßig, eine Menge zu definieren, die kein Element enthält, die sog. <u>leere Menge</u> $\emptyset$:

$\emptyset$ = die Menge, die kein Element enthält.

Zu je zwei Mengen A und B kann man die folgenden zwei Mengen bilden:

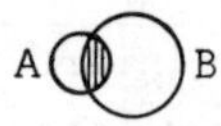

$$A \cap B = \{x \mid x \in A \text{ und } x \in B\}$$

$A \cap B$ heißt der <u>Durchschnitt</u> oder kurz <u>Schnitt</u> von A und B (schraffiert).

$$A \cup B = \{x \mid x \in A \text{ oder } x \in B\}$$

$A \cup B$ heißt die <u>Vereinigung</u> von A und B (schraffiert) (DE 42)

(15) $\mathbb{N} \cap \mathbb{Z} = \mathbb{N}, \ \mathbb{N} \cup \mathbb{Z} = \mathbb{Z}$
$\{x \mid 3 \leq x \leq 5\} \cap \{x \mid 4 < x < 7\} = \{x \mid 4 < x \leq 5\}$.

<u>1.3 Intervalle</u> (DE 44, B)

Besonders wichtige Mengen sind die Intervalle. Es sind Teilmengen der <u>Zahlengeraden</u> (= der Menge der reellen Zahlen)

$\mathbb{R} = \{x \mid x$ ist eine reelle Zahl$\}$
$=:]-\infty, \infty[$

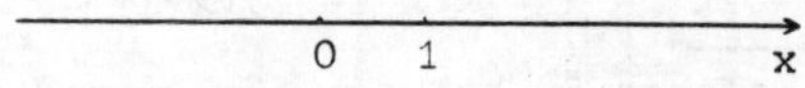

$\mathbb{R}^+ := \{x \mid x \in \mathbb{R}, x > 0\}$ = Menge der positiven reellen Zahlen

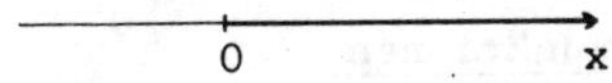

$[a,b] := \{x \mid x \in \mathbb{R},\ a \leq x \leq b\}$ = abgeschlossenes Intervall, die Endpunkte a und b gehören dazu

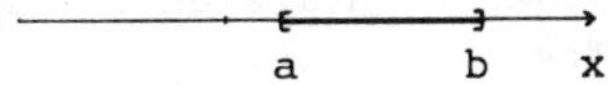

$]a,b[:= \{x \mid x \in \mathbb{R},\ a < x < b\}$ = offenes Intervall, die Endpunkte a und b gehören nicht dazu [1]

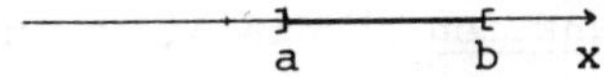

$[a,b[:= \{x \mid x \in \mathbb{R},\ a \leq x < b\}$ = linksseitig abgeschlossenes, rechtsseitig offenes Intervall

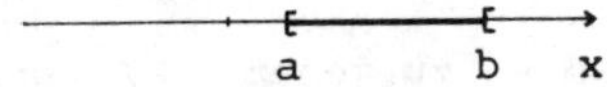

$]-\infty,b[:= \{x \mid x \in \mathbb{R},\ x < b\}$

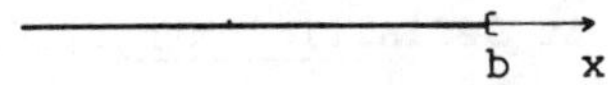

$]a,\infty[:= \{x \mid x \in \mathbb{R},\ a < x\}$

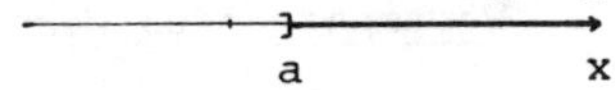

1.4 Cartesische Produkte

Zu je zwei Mengen A und B kann man die Menge der geordneten Paare von Elementen aus A und B

$$A \times B := \{(a,b) \mid a \in A,\ b \in B\}$$

bilden. In jedem geordneten Paar $(a,b) \in A \times B$ steht an erster Stelle ein Element aus A, an zweiter Stelle ein Element aus B. (A = B ist nicht verboten!) $A \times B$ heißt das cartesische Produkt von A und B. Entsprechend wird das cartesische Produkt von drei, vier, ... , n Mengen über die geordneten Tripel, Quadrupel, ... , n-tupel definiert.

16) $A = [0,1]$, $B = [0,2]$, $A \times B = \{(x,y) \mid x \in [0,1],\ y \in [0,2]\}$
$A \times B$ schraffiert.

17) $A = \mathbb{R}$, $B = \mathbb{R}$, $A \times B = \mathbb{R} \times \mathbb{R} =: \mathbb{R}^2$ (die (x,y)-Ebene, punktiert.)

18) Ähnlich ist der dreidimensionale Anschauungsraum als dreifaches cartesisches Produkt von $\mathbb{R}$ mit sich selbst darstellbar: $\mathbb{R}^3 := \mathbb{R} \times \mathbb{R} \times \mathbb{R} = \{(x,y,z) \mid x \in \mathbb{R},\ y \in \mathbb{R},\ z \in \mathbb{R}\}$.

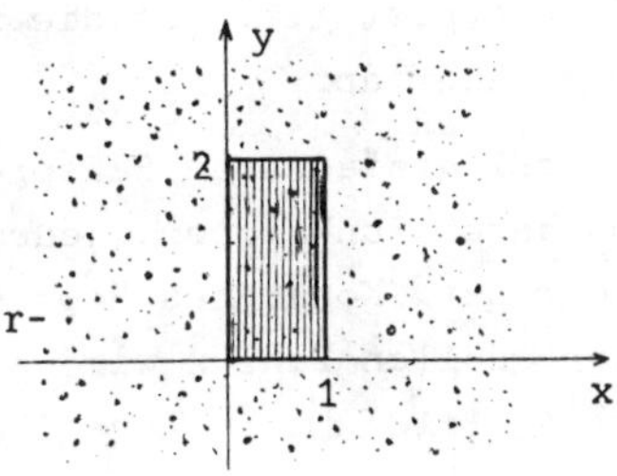

---

1) Vielfach wird das offene Intervall mit (a,b) bezeichnet. Die hier benutzte Bezeichnung soll Verwechslungen mit dem geordneten Paar (a,b) ausschließen.

1.5 Funktionen

Einer der wichtigsten Begriffe der Mathematik ist der Funktionsbegriff.

A und B seien Mengen. Unter einer Abbildung f von A in B (= Funktion f, definiert auf A mit Werten in B) versteht man eine Teilmenge f von $A \times B$,

$$f = \{(x,f(x)) \mid x \in A\}$$

so daß es zu jedem $x \in A$ genau ein $y =: f(x) \in B$ gibt mit $(x,y) \in f$.

Bezeichnungen:
A heißt Definitionsmenge oder Definitionsbereich.
B heißt Wertmenge oder Wertebcreich.

$$f: A \longrightarrow B$$

bedeutet: f ist eine Abbildung von A in B $\Leftrightarrow$ f ist eine Funktion, definiert auf A mit Werten in B $\Leftrightarrow$ f ist eine Funktion von A in B. Die Variable x, die A durchläuft (d.h. die jedes Element von A bezeichnen kann) heißt unabhängige Variable. Die Variable y heißt abhängige Variable.
Jedem $x \in A$ wird durch die Funktion f genau ein $y = f(x) \in B$ zugeordnet:

$$\boxed{x \longrightarrow y = f(x)}$$

Dem Original oder Argument x wird durch die Funktion f genau ein Bild oder Funktionswert $y = f(x)$ zugeordnet. x heißt dann auch ein Urbild von y. $y = f(x)$ heißt Funktionsgleichung. Durch eine Funktionsgleichung wird im allgemeinen die Zuordnung formelmäßig hergestellt. Auf die Bezeichnungen der Variablen kommt es dabei nicht an.

(19) Die wohl einfachsten Beispiele für Funktionen sind die sog. konstanten Funktionen: jedem $x \in A$ wird ein und dasselbe $y \in B$ zugeordnet. Konkretes Bsp: $f: \mathbb{R} \longrightarrow \mathbb{R}$, $y = f(x) = c = \text{const.}$
Jeder reellen Zahl x wird als Funktionswert (= Bild) dieselbe reelle Zahl c (auf der y- Achse) zugeordnet (s. Zuordnungspfeile). Die dadurch definierte Funktion ist die Teilmenge $f = \{(x,c) \mid x \in \mathbb{R}\}$ von $\mathbb{R} \times \mathbb{R}$, also die Parallele zur x-Achse durch den Punkt c auf der y-Achse.

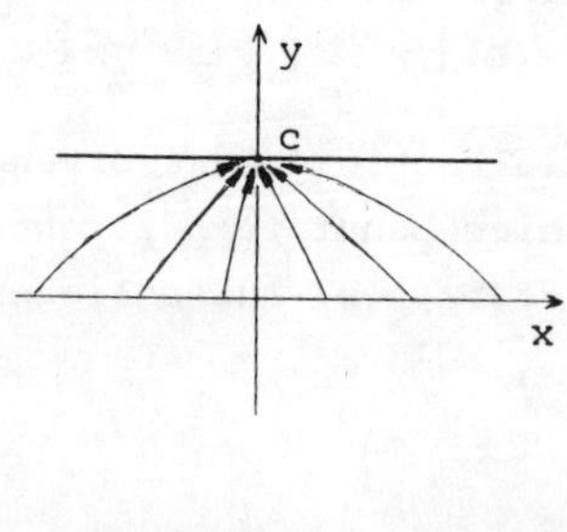

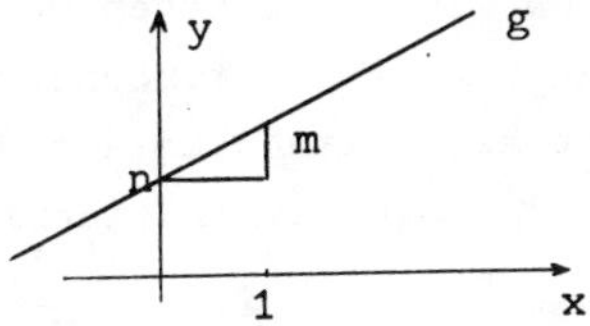

20) $A = \mathbb{R}$, $B = \mathbb{R}$, $y = g(x) = mx + n$. Hierdurch wird bekanntlich eine Gerade definiert (Steigung m, y-Achsenabschnitt n)

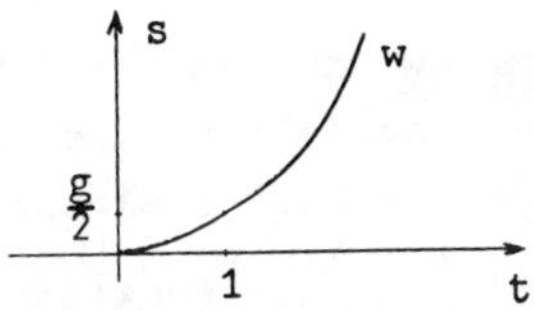

21) $A = [0,\infty[$, $B = \mathbb{R}$, $s = w(t) = \frac{1}{2}\cdot g\cdot t^2$
(Galilei's Fallgesetz, S 6)
g = Erdbeschleunigung
s = Fallweg, den ein fallender Körper während des Zeitintervalls der Länge t zurücklegt. Vgl. Bsp. (35).

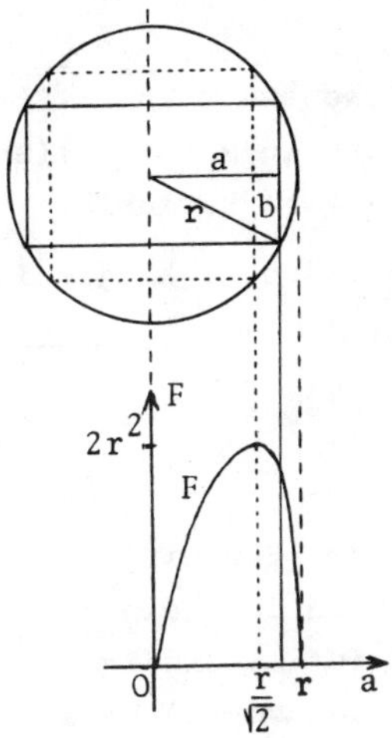

22) In einen Kreis mit dem Radius r ist ein Rechteck einbeschrieben. Wie hängt der Flächeninhalt F von der Länge a ab?
Lsg: Es ist anschaulich klar, daß zu jeder Länge a, $0 \leq a \leq r$, genau ein Wert des Flächeninhalts F gehört, daß F also eine Funktion von a ist. Die Funktionsgleichung, die angibt, in welcher Weise F von a abhängt, erhält man wie folgt:
$F = 4ab$, $a^2 + b^2 = r^2$,
$b^2 = r^2 - a^2$, $F = F(a) = 4a\sqrt{r^2 - a^2}$.
Definitionsbereich von F: $0 \leq a \leq r$
Wertebereich von F: $0 \leq F \leq 2r^2$
(Über $F'(a) = 4(r^2-2a^2)/\sqrt{r^2-a^2} = 0$ berechnet man das Maximum von F: $F_{max} = 2r^2$, $a = \frac{r}{\sqrt{2}} = b$. Das Quadrat besitzt maximalen Flächeninhalt (vgl. Skizze).)

23) Vielfach wird nur eine Funktionsgleichung, z.B.

$$y = f(x) = \frac{x}{x - 1}$$

gegeben. Als Definitionsmenge für f ist jede Teilmenge der Zahlengeraden sinnvoll, die den Punkt 1 nicht enthält. Die größte Definitionsmenge ist $A = \{x \mid x \in \mathbb{R},\ x \neq 1\}$, also die Zahlengerade $\mathbb{R}$ mit Ausnahme des Punktes 1.

Einige Funktionswerte:

$x = 0 \qquad y = f(0) = \frac{0}{0 - 1} = 0$

$x = 2 \qquad y = f(2) = \frac{2}{2 - 1} = 2$

$x = 4 \qquad y = f(4) = \frac{4}{4 - 1} = \frac{4}{3}$

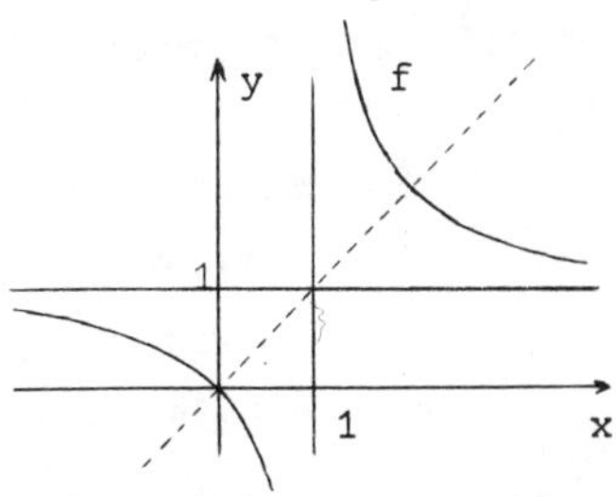

Die Funktion f ist die skizzierte Punktmenge $f = \{(x, \frac{x}{x-1}) \mid x \in A\}$.

(gleichseitige Hyperbel)

Man muß streng zwischen der Funktion f und einzelnen Funktionswerten $y = f(x)$ unterscheiden.

Es ist historisch bedingt heute noch üblich, eine Funktion f nur durch die Funktionsgleichung zu definieren, z.B. durch

$$y = f(x) = \frac{x}{x - 1} \,.$$

In den Anwendungen, in der Theorie der Differentialgleichungen und auch sonst oft wird für die Funktion und für die Funktionswerte dasselbe Symbol benutzt, z.B.

Funktion (durch die Funktionsgleichung definiert)

$$y = y(x) = \frac{x}{x - 1}$$

Funktionswert an der Stelle x (abhängige Variable)

Stelle (= Original = Argument) x (unabhängige Variable)

Dabei wird im allgemeinen nur

$$y = \frac{x}{x - 1}$$

geschrieben. Diese Gleichung ist als Funktionsgleichung

$$y = y(x) = \frac{x}{x - 1}$$

gemeint. Für die durch die Funktionsgleichung $y = \frac{x}{x-1}$ definierte Funktion ist kein eigener Name eingeführt, sondern die Funktion wird (stillschweigend) gleichfalls mit dem Symbol y (wie die Funktionswerte) bezeichnet.

(24) $y = x^2$. Weil jedem reellen x durch diese Funktionsgleichung genau ein y zugeordnet wird, kann als Definitionsmenge $A = \mathbb{R}$ genommen werden. (Normalparabel)

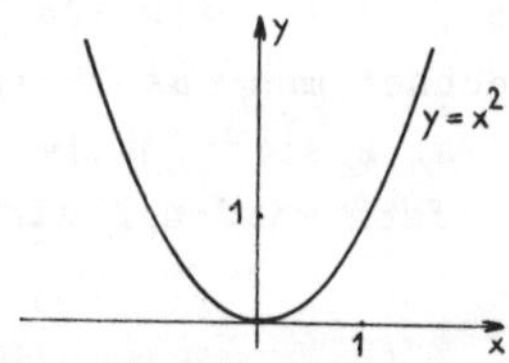

Sind A und B Teilmengen der reellen Zahlengeraden und $f\colon A \longrightarrow B$, so heißt f auch eine reellwertige Funktion einer reellen Veränderlichen. f ist als Kurve (in der (x,y)-Ebene) zu deuten.

Ist der Definitionsbereich A eine Teilmenge von $\mathbb{R}^2$ (der (x,y)-Ebene), so heißt $f\colon A \longrightarrow \mathbb{R}$ eine reellwertige Funktion von zwei reellen Veränderlichen. Die Funktionsgleichung hat die Form

$$z = f(x,y)$$

und die Funktion $f = \{(x,y,f(x,y)) \mid (x,y) \in A\} \subset \mathbb{R}^2 \times \mathbb{R} = \mathbb{R}^3$ ist jetzt im allg. als Fläche im dreidimensionalen Raum zu deuten.

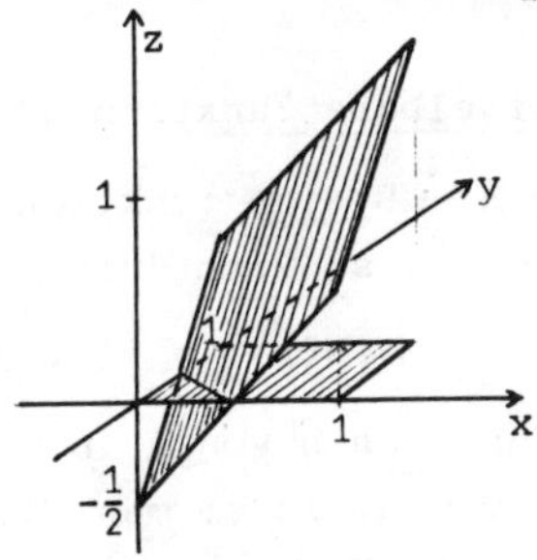

25) $A = \mathbb{R}^2$, $B = \mathbb{R}$, $z = f(x,y) = x + y - \frac{1}{2}$
f ist eine Ebene. Die Höhe des Punktes $(x,y,f(x,y))$ "über" der (x,y)-Ebene ist z.B. im Ursprung $(0,0)$: $z = -\frac{1}{2}$, Im Punkt $(1,0)$: $z = \frac{1}{2}$, im Punkt $(0,1)$: $z = \frac{1}{2}$, im Punkt $(1,1)$: $z = \frac{3}{2}$.

Jede nicht zur z-Achse parallele Ebene läßt sich durch eine Funktionsgleichung $z = ax + by + c$ beschreiben.

26) $A = \mathbb{R}^2$, $B = \mathbb{R}$, $z = g(x,y) = x^2 + y^2$. g ist ein Rotationsparaboloid. Man kann sich g durch Rotation der Parabel $z = x^2$ um die z-Achse entstanden denken. (Figur s. B)

Ist der Definitionsbereich A Teilmenge von $\mathbb{R}^3$, so heißt $f: A \longrightarrow \mathbb{R}$ eine reellwertige Funktion von drei reellen Veränderlichen. Die Funktionsgleichung hat die Form

$$u = f(x,y,z).$$

Die Funktion f ist jetzt nicht mehr anschaulich zu deuten. Die durch f vermittelte Zuordnung $(x,y,z) \longrightarrow u$ kann man sich halbwegs dadurch veranschaulichen, daß man sich den Funktionswert u im Punkte (x,y,z) angeheftet denkt, etwa im Sinne eines Temperaturwertes, der an dieser Stelle im Raum herrscht.
Beispiele: Skalarfelder, s. Abschnitt 14.1.

Ist $f: A \longrightarrow B$ eine Funktion von A in B, so heißt die Menge aller Funktionswerte für $x \in A$

$$f(A) := \{y \mid \text{es gibt ein } x \in A \text{ mit } y = f(x)\}$$

die durch die Funktion f erzeugte Bildmenge von A. Durchläuft die unabhängige Variable x die Menge A, so durchläuft die abhängige Variable y die Bildmenge f(A).

(27) a) $y = f(x) = \frac{x}{x-1}$ ist auf der Menge $A_1 = \{x \mid x \leq 0\}$ definiert:
$f(A_1) = \{y \mid \text{es gibt } x \leq 0 \text{ mit } y = f(x)\} = \{y \mid 0 \leq y < 1\}$
(vgl. die Skizze in Bsp (23)).
b) $A = \{x \mid x \in \mathbb{R},\ x \neq 1\}$, $f(A) = \{y \mid y \in \mathbb{R},\ y \neq 1\} = A$.

(28) Bei einer konstanten Funktion (s. Bsp (19)) enthält die Bildmenge f(A) der Definitionsmenge A genau ein Element.

Mitunter interessiert mehr die Bildmenge, die durch eine Funktion erzeugt wird, als die Funktion selbst. Das gilt z.B. für Kurven, Flächen und Vektorfelder.

1.6 Mittelbare Funktionen

Ist f: $A \to B$ eine Funktion von A in B und g: $B \to C$ eine Funktion von B in C, so wird durch

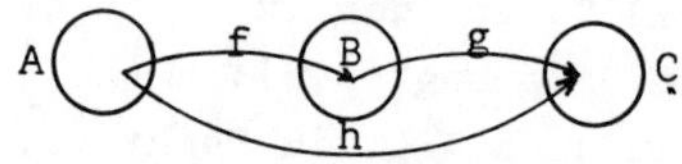

$$h(x) := g(f(x))$$

eine Funktion h von A in C definiert. Die Funktionsgleichung für h erhält man, indem man die Funktionsgleichung von f in die von g einsetzt (Nacheinanderausführen von Abbildungen). h heißt die aus f und g zusammengesetzte Funktion, auch mittelbare Funktion der Variablen x.

(Vgl. die Kettenregel der Differentialrechnung und die Substitutionsregeln der Integralrechnung).

(29) f: $\mathbb{R} \to \mathbb{R}$, $y = f(x) = x - 1$. g: $\mathbb{R} \to [0,\infty[$, $z = g(y) = y^2$.
h: $\mathbb{R} \to [0,\infty[$, $z = h(x) := g(f(x)) = g(x-1) = (x-1)^2$

(30) f: $\mathbb{R} \to \mathbb{R}$, $y = f(x) = (x-1)(x+2)$, g: $[0,\infty[\to [0,\infty[$, $z = g(y) = \sqrt{y}$
$z = h(x) := g(f(x)) = g((x-1)(x+2)) = \sqrt{(x-1)(x+2)}$
ist nur definiert, wenn $f(x) \geq 0$ ist, also für die x aus $]-\infty,-2] \cup [1,\infty[$.
("halbe Hyperbel". Die andere "Hälfte" wird durch $z = -\sqrt{(x-1)(x+2)}$ beschrieben, gestrichelt)

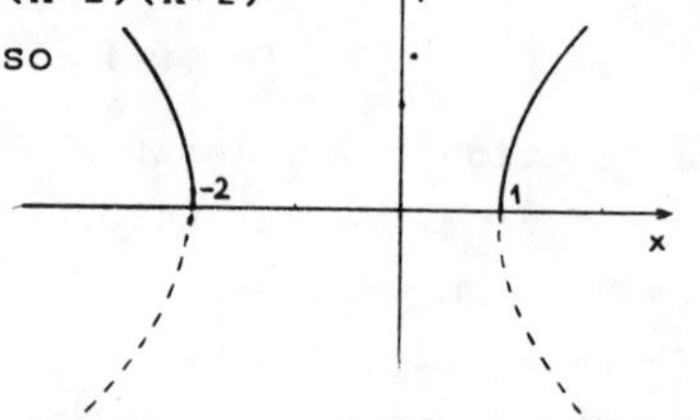

1.7 Umkehrfunktionen

(DE 106,B)

Wenn f: $A \to B$ eine Funktion von A in B ist, wird definitionsgemäß jedem Original $x \in A$ durch f genau ein Funktionswert $y = f(x)$ zugeordnet. Gibt es umgekehrt zu jedem Funktionswert y nur ein Original x, so wird durch

$y \longrightarrow$	x
Bild	zugehöriges Original bei der Funktion f

eine Funktion $\hat{f}$ in der "umgekehrten Richtung" von f(A) in A definiert, die man Umkehrfunktion von f oder invers zu f nennt. f heißt dann auch umkehrbar eindeutig oder eineindeutig. Die zu f inverse Funktion $\hat{f}$ macht also die Zuordnung $x \to y = f(x)$ gerade wieder rückgängig:

$$x \xrightarrow{\ f\ } y = f(x)$$

$$\hat{f}(f(x)) = \hat{f}(y) = x \xleftarrow{\ \hat{f}\ } y = f(x)$$

Danach gilt für inverse Funktionen

$$\hat{(\hat{f})} = f, \quad \hat{f}(f(x)) = x, \quad f(\hat{f}(y)) = y.$$

Man beachte, daß bei der Umkehrfunktion y die unabhängige Variable ist, die f(A) durchläuft, und x die abhängige. Will man Funktion und Umkehrfunktion in demselben Koordinatensystem darstellen, muß man noch x mit y vertauschen, weil man üblicherweise die unabhängige Variable mit x bezeichnet. Die Vertauschung von x und y bedeutet eine Spiegelung an der Winkelhalbierenden y = x.

Ist $y = f(x)$ umkehrbar, so erhält man die Umkehrfunktion $\hat{f}$, wenn man y mit x vertauscht: $x = f(y)$ und diese Gleichung nach y auflöst: $y = \hat{f}(x)$. $\hat{f}$ ist das Spiegelbild von f an der Winkelhalbierenden $y = x$.

(31) Eine konstante Funktion $f: \mathbb{R} \longrightarrow \mathbb{R}$, $y = f(x) = c = \text{const}$ ist nicht umkehrbar, weil es zu dem (einzigen) Funktionswert $y = c$ beliebig viele Originale gibt.

(32) Jede Gerade g, $y = g(x) = mx + n$, mit $m \neq 0$, ist umkehrbar. Die zu g inverse Funktion erhält man folgendermaßen:

1) Vertauschen von x und y: $x = g(y) = my + n$
2) Auflösen nach y: $y = x/m - n/m =: \hat{g}(x)$

$\hat{g}$ ist das Spiegelbild von g an der Winkelhalbierenden $y = x$.

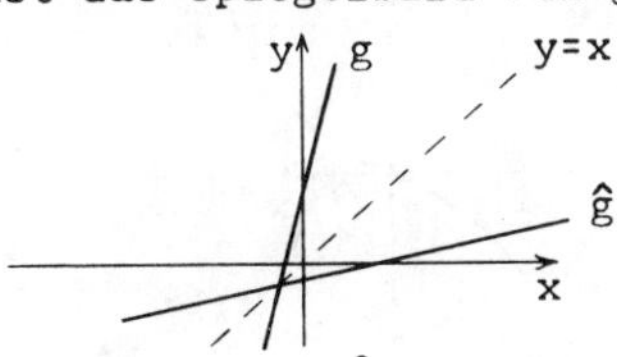

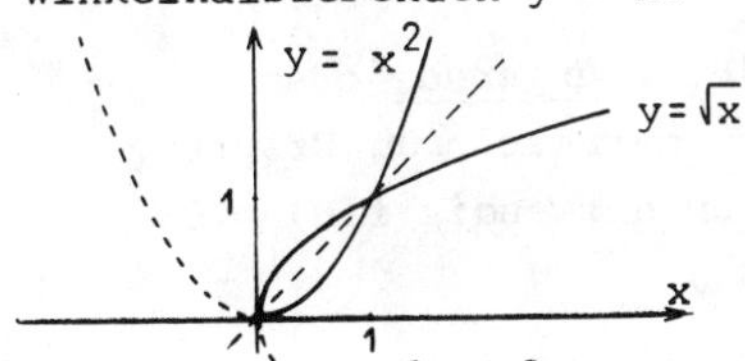

(33) Die durch $y = x^2$ definierte Funktion y von $\mathbb{R}$ in $[0,\infty[$ ist nicht umkehrbar, weil es z.B. für $y = 1$ die zwei Urbilder $x = 1$ und $x = -1$ gibt. Betrachtet man die Funktion $y = x^2$ aber nur auf der eingeschränkten Definitionsmenge $[0,\infty[$, so wird sie umkehrbar:

1) Vertauschen von x und y: $x = y^2$
2) Auflösen nach y: $y = \sqrt{x}$ $(\geq 0!)$

(34) Die Funktion $y = f(x) = \frac{x}{x-1}$ besitzt eine Umkehrfunktion.

1) Vertauschen von x und y: $x = f(y) = \frac{y}{y-1}$
2) Auflösen nach y: $x(y-1) = y$, $y(x-1) = x$, $y = \frac{x}{x-1} = \hat{f}(x)$.

Hier ist $\hat{f} = f$, d.h. f ist spiegelsymmetrisch zur Winkelhalbierenden $y = x$. Vgl. Bsp (23)!

(35) Die Funktion $s = w(t) = \frac{1}{2}\cdot g\cdot t^2$ aus Bsp. (21) von $[0,\infty[$ in $[0,\infty[$ ist umkehrbar: $t = \sqrt{2s/g}$. Wegen der festen physikalischen Bedeutung der Größen t und s ist hier eine Umbenennung der Variablen unzweckmäßig.

Zwei Funktionen f und g sind gleich, f = g, wenn sie als Mengen identisch sind, d.h. genau dieselben Elemente (Punkte) enthalten. Man vgl. dazu das Bsp (34). Beschreibt man die Funktionen mittels der Funktionsgleichungen, so drückt man die Gleichheit manchmal durch

$$f(x) \equiv g(x)$$

(gelesen: f(x) identisch gleich g(x)) aus in der Bedeutung: für alle x sind die Funktionswerte f(x) und g(x) gleich. Die letzte Beziehung darf nicht verwechselt werden mit der Bestimmungsgleichung f(x) = g(x) für die Schnittpunkte von f und g.

1.8 Symmetrische, periodische, monotone und beschränkte Funktionen

Hat die reellwertige Funktion einer reellen Veränderlichen x die Eigenschaft, daß für alle x aus dem Definitionsbereich von f

$$f(-x) = f(x)$$

gilt, heißt die Funktion f gerade oder achsensymmetrisch zur y-Achse.

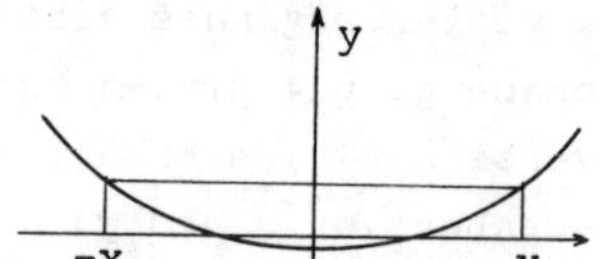

Gilt

$$f(-x) = -f(x),$$

so heißt f ungerade oder punktsymmetrisch zum Ursprung. Es ist dann notwendig f(0) = 0.
(DE 103)

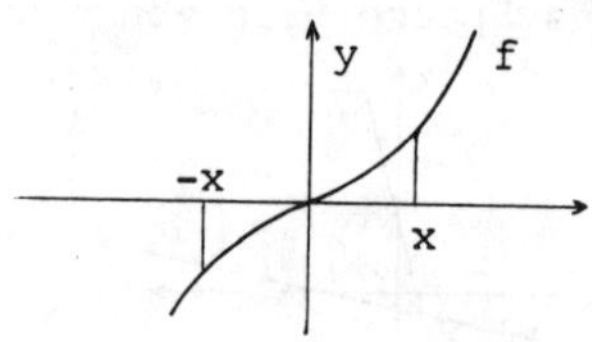

(36) $y = f(x) = x^2$ ist gerade, weil $f(-x) = (-x)^2 = f(x) = x^2$.
y = cosx ist gerade, wegen cos(-x) = cosx.

(37) $y = f(x) = x^3$ ist ungerade, weil $f(-x) = (-x)^3 = -f(x) = -x^3$.
y = sinx ist ungerade, wegen sin(-x) = -sinx.

Gibt es zu einer Funktion f: $\mathbb{R} \to \mathbb{R}$ eine Zahl p, so daß für alle x

$$f(x+p) = f(x)$$

ist, heißt f periodisch und p heißt eine Periode von f. Die kleinste positive Periode p_o (sofern sie existiert) heißt die (primitive) Periode von f. Die Funktionswerte wiederholen sich mit der Periode p_o. (DE 104)

(38) y = cosx, y = sinx sind periodisch mit der primitiven Periode 2π.

39) $y = |\sin x|$, $y = \sin^2 x$, $y = \tan x$ sind periodisch mit der Periode π.

40) $y = \cos 4x$, $y = \sin 4x$ sind periodisch mit der Periode $\frac{\pi}{2}$.

Gilt für eine Funktion $f(x,y)$ von 2 Veränderlichen für alle Punkte der Definitionsmenge

$$f(-x,y) = f(x,y) \text{ bzw. } f(-x,y) = -f(x,y)$$

so heißt sie <u>gerade bzgl. x</u> bzw. <u>ungerade bzgl. x</u>. Entsprechendes gilt für das Argument y und für Funktionen von 3 oder mehr Veränderlichen.

41) $y = f(x,y) = \frac{y}{x^2+y^2}$ ist gerade bzgl. x und ungerade bzgl. y,

weil $f(-x,y) = \frac{y}{(-x)^2+y^2} = f(x,y) = \frac{y}{x^2+y^2}$

und $f(x,-y) = \frac{-y}{x^2+(-y)^2} = -\frac{y}{x^2+y^2} = -f(x,y)$.

Eine reellwertige Funktion einer reellen Veränderlichen heißt <u>monoton wachsend</u> (<u>fallend</u>), wenn aus

$$x_1 \leq x_2 \Longrightarrow f(x_1) \underset{(\geq)}{\leq} f(x_2).$$

Sie heißt <u>streng monoton wachsend</u> (fallend), wenn aus

$$x_1 < x_2 \Longrightarrow f(x_1) \underset{(>)}{<} f(x_2).$$

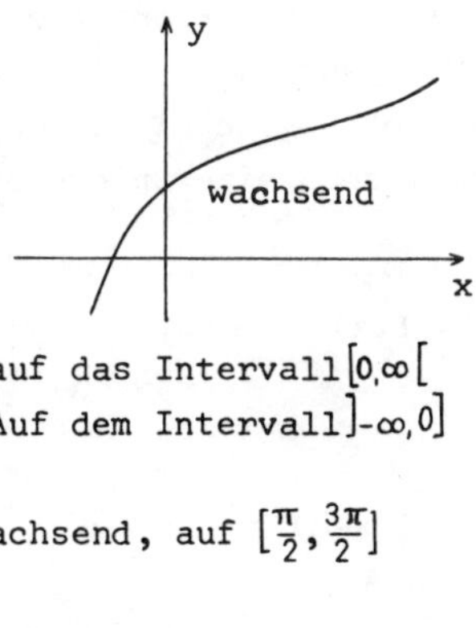

42) $y = x^3$ ist streng monoton wachsend.
$y = x^2$ ist nicht monoton. Schränkt man x auf das Intervall $[0,\infty[$ ein, ist $y = x^2$ streng monoton wachsend. Auf dem Intervall $]-\infty,0]$ ist $y = x^2$ streng monoton fallend.

43) $y = \sin x$ ist auf $[-\frac{\pi}{2},\frac{\pi}{2}]$ streng monoton wachsend, auf $[\frac{\pi}{2},\frac{3\pi}{2}]$ streng monoton fallend.

Eine reellwertige Funktion $f: A \longrightarrow \mathbb{R}$ heißt <u>beschränkt</u>, wenn es ein Intervall endlicher Länge gibt, das alle Funktionswerte enthält. Äquivalent: Es gibt eine Zahl K, so daß für alle $x \in A$

$$|f(x)| \leq K$$

gilt.

44) $y = \cos x$, $y = \sin x$ sind beschränkt, weil für alle x $|\cos x| \leq 1$, $|\sin x| \leq 1$ gilt. $y = \tan x$ ist nicht beschränkt.

Häufig kann man durch eine <u>Parallelverschiebung des Koordinatensystems</u>

$$x = X + a$$
$$y = Y + b$$

die Darstellung einer gegebenen Funktion im neuen (X,Y)-Koordinatensystem vereinfachen. Der Ursprung des (X,Y)-Systems X = 0, Y = 0 liegt im alten (x,y)-System an der Stelle x = a, y = b. Aus y - b = f(x-a) wird Y = f(X).

(45) $y = (x-2)^2-1$, $y+1 = (x-2)^2$.
Substituiert man X = x-2, Y = y+1, x = X+2, y = Y-1, a = 2, b = -1, so lautet die Funktionsgleichung bzgl. der Variablen X,Y (= im (X,Y)-System) $Y = X^2$.

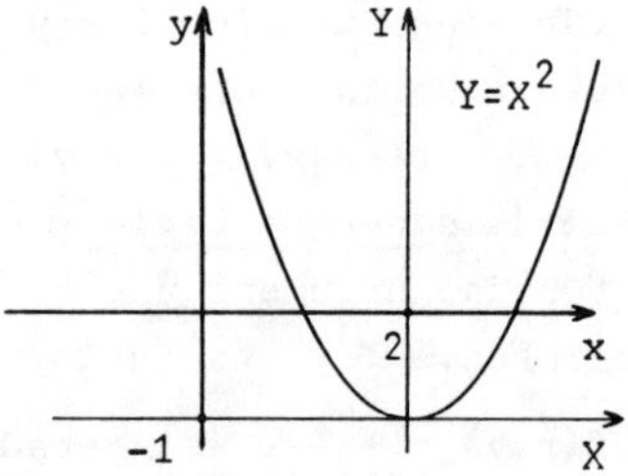

(46) $y = f(x) = \frac{x}{x-1} = \frac{x-1+1}{x-1} = 1+\frac{1}{x-1}$. Substituiert man y-1 = Y, x-1 = X, x = X+1, y = Y+1, a = 1, b = 1, so lautet die Funktionsgleichung $Y = \frac{1}{X}$.

Der Übergang von y = f(x) zu $y = c\cdot f(x)$ bedeutet eine <u>Streckung in y-Richung</u> um den Faktor c (c > 1: Streckung, 0 < c < 1: Stauchung; bei negativem c kommt noch eine Spiegelung an der x-Achse hinzu). Der Übergang von y = f(x) zu $y = f(c\cdot x)$ bedeutet eine <u>Streckung in x-Richtung</u> (c > 1: Stauchung, 0 < c < 1: Streckung; bei negativem c kommt noch eine Spiegelung an der y-Achse hinzu).

(47)

y = f(x) = sinx

y = f(x-c) = sin(x-c)

y-c = f(x) = sinx

$y = c\cdot f(x) = c\cdot \sin x$

$y = f(c\cdot x) = \sin(c\cdot x)$

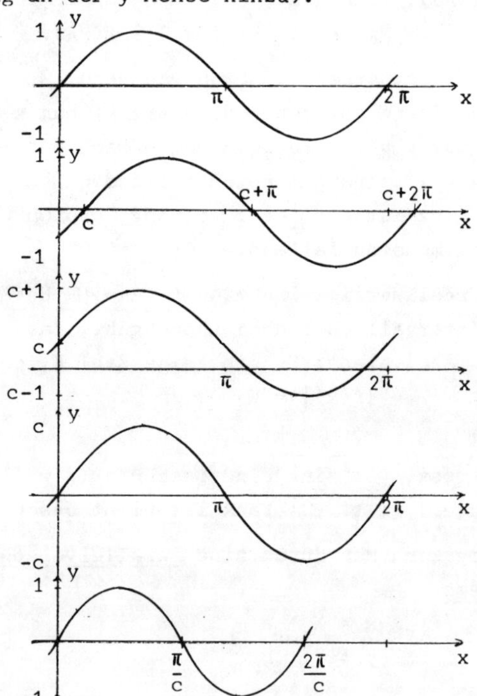

1.9 Grenzwerte

In diesem Abschnitt wird der Grenzwertbegriff definiert. Zur praktischen Berechnung benutzt man oft die Regel von l'Hospital oder Potenzreihen, s. Abschnitt 7.5.

Es sei $x_0 \in]a,b[$ und $A = \{x | x \in]a,b[,\ x \neq x_0\}$. A ist also das Intervall $]a,b[$, aus dem x_0 herausgenommen ist.
Man sagt, eine Funktion $f: A \rightarrow \mathbb{R}$ hat für $x \rightarrow x_0$ den Grenzwert y_0, in Zeichen

$$y_0 = \lim_{x \to x_0} f(x),$$

wenn es zu jeder beliebig kleinen Zahl $\varepsilon > 0$ eine Zahl $\delta > 0$ gibt, so daß

$$0 < |x-x_0| < \delta \implies |f(x)-y_0| < \varepsilon .$$

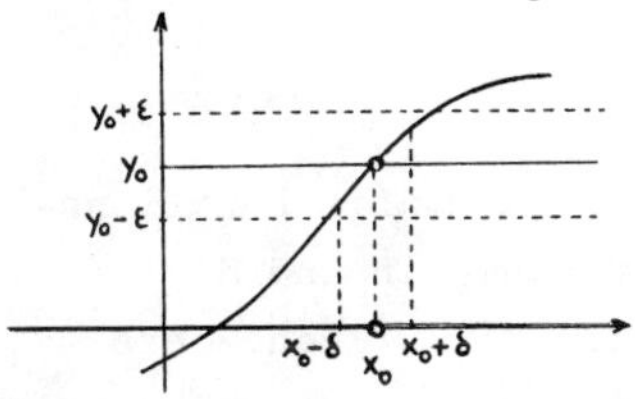

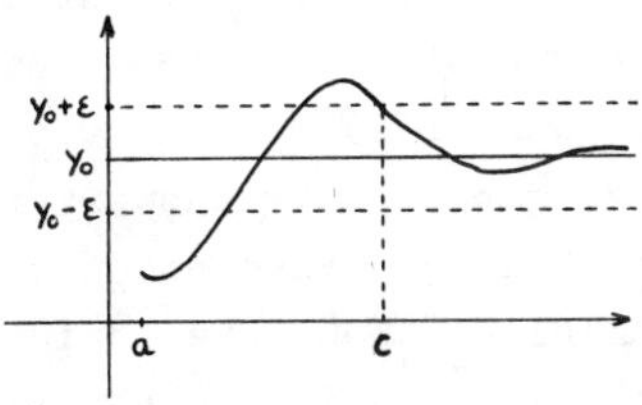

Kurz:

$y_0 = \lim_{x \to x_0} f(x)$ $:\Longleftrightarrow$ Die Funktionswerte f(x) sind beliebig wenig von y_0 entfernt, wenn x hinreichend wenig von x_0 entfernt ist. [1]

Stellt man die Nebenbedingung $x \rightarrow x_0$, $x < x_0$, spricht man von einem linksseitigen Grenzwert und schreibt $y_0 = \lim_{x \to x_0 - 0} f(x) =: f(x_0-0)$.

Man sagt, eine Funktion $f:]a,\infty[\rightarrow \mathbb{R}$ hat für $x \rightarrow \infty$ den Grenzwert y_0, $y_0 = \lim_{x \to \infty} f(x)$, wenn es zu jeder beliebig kleinen Zahl $\varepsilon > 0$ eine Zahl c gibt, so daß

$$c < x \implies |f(x)-y_0| < \varepsilon.$$

Analog werden rechtsseitiger Grenzwert und $\lim_{x \to -\infty} f(x)$ definiert. (DE 115)

48) Man zeige $\lim_{x \to 0} (1+|x|) = 1$

1) Analog definiert man den Grenzwert von reellwertigen Funktionen von mehreren reellen Veränderlichen.

Lsg: Wenn $\varepsilon > 0$ beliebig vorgegeben ist, liegen die Funktionswerte derjenigen Punkte auf der x-Achse, die vom Ursprung um weniger als ε entfernt sind, in einer Entfernung höchstens ε von Punkt $y_o = 1$. Man kann hier $\delta = \varepsilon$ nehmen.

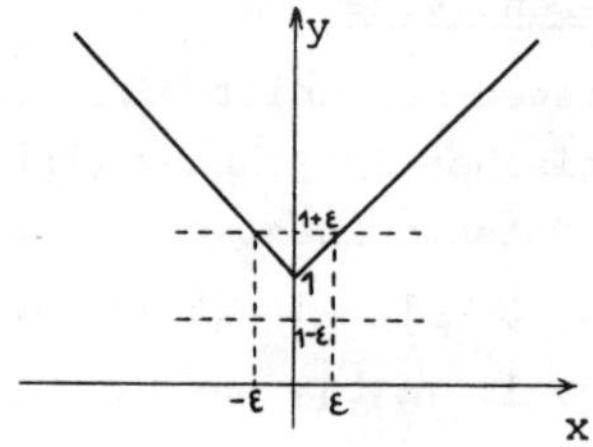

(49) Man zeige: für

$$y = \operatorname{sgn} x = \begin{cases} 1 & x > 0 \\ 0 & x = 0 \\ -1 & x < 0 \end{cases}$$

existiert $\lim\limits_{x \to 0} \operatorname{sgn} x$ nicht.

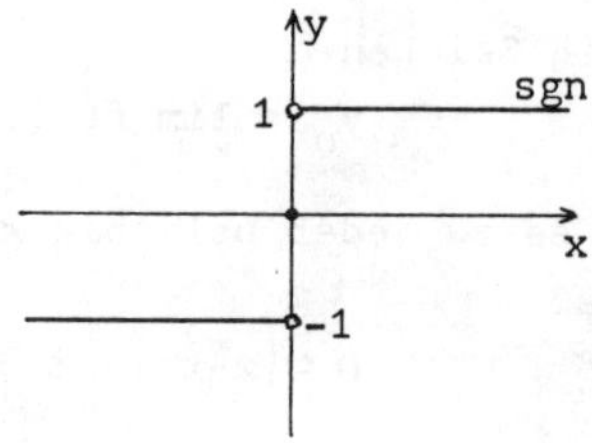

Lsg: In jeder (positiven) Entfernung von $x_o = 0$ gibt es Punkte x, deren Funktionswert $f(x) = 1$ $(x > 0)$ und Punkte x, deren Funktionswert $f(x) = -1$ $(x < 0)$ ist. Die Funktionswerte f(x) liegen also nicht sämtlich in der Nähe ein und derselben Zahl y_o. Wohl aber existieren die einseitigen Grenzwerte $\lim\limits_{x \to 0+0} \operatorname{sgn} x = 1$, $\lim\limits_{x \to 0-0} \operatorname{sgn} x = -1$.

(50) $\lim\limits_{x \to \infty} \frac{1}{x} = 0$

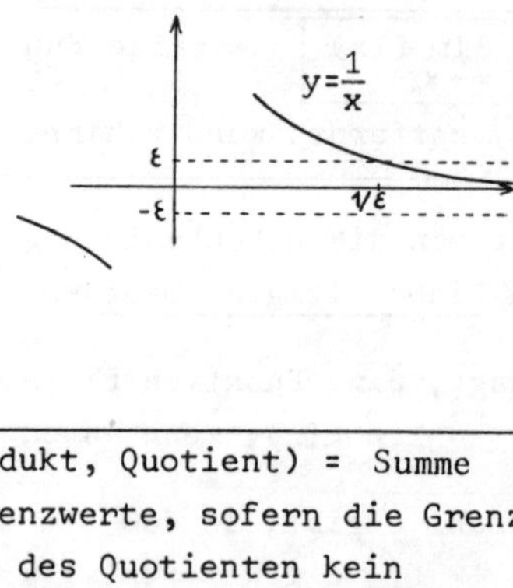

Lsg: Wenn $\varepsilon > 0$ vorgegeben ist, wird $|f(x)-0| = |\frac{1}{x}-0| = |\frac{1}{x}| < \varepsilon$, sobald $x > \frac{1}{\varepsilon}$ ist: z.B. $c = \frac{1}{\varepsilon}$.

Rechnen mit Grenzwerten: (DE 117)

Grenzwert einer Summe (Differenz, Produkt, Quotient) = Summe (Differenz, Produkt, Quotient) der Grenzwerte, sofern die Grenzwerte einzeln existieren und im Falle des Quotienten kein Nenner 0 wird.

Anwendungsbeispiele: s. Abschnitt 7.5

1.10 Stetigkeit

Es sei $x_o \in \,]a,b[$. Eine Funktion $f: \,]a,b[\, \to \mathbb{R}$ heißt an der Stelle x_o *stetig*, wenn

$$\lim_{x \to x_0} f(x) = f(x_0)$$

ist.

Existiert $\lim_{x \to x_0} f(x)$, ist aber der Funktionswert $f(x_0)$ von diesem Grenzwert verschieden, so heißt f an der Stelle x_0 <u>hebbar unstetig</u>. Ändert man die Zuordnung $x_0 \to f(x_0)$ ab in $x_0 \to \lim_{x \to x_0} f(x)$, so wird die Funktion f in x_0 <u>stetig ergänzt</u>, d.h. die abgeänderte Funktion ist in x_0 stetig.

51) $y = (\operatorname{sgn} x)^2 = \begin{cases} 1 & x \neq 0 \\ 0 & x = 0 \end{cases}$

$y = (\operatorname{sgn} x)^2$ ist an der Stelle $x_0 = 0$ unstetig, aber stetig ergänzbar, weil $\lim_{x \to 0} (\operatorname{sgn} x)^2 = 1$ existiert.

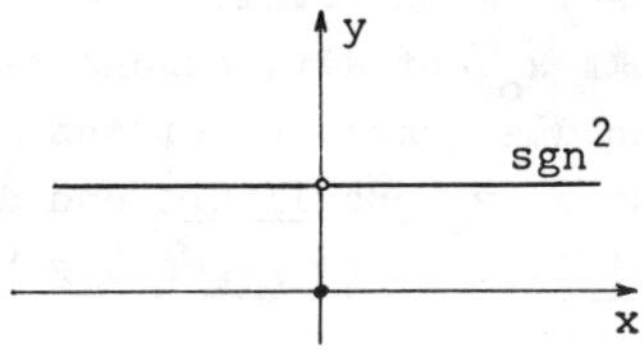

52) $f(x) = 1 + |x|$ ist an der Stelle $x_0 = 0$ stetig nach Bsp. (48).

Kurz:

f ist an der Stelle x_0 stetig: $\Longleftrightarrow$ Die Funktionswerte f(x) sind beliebig wenig von $f(x_0)$ entfernt, wenn x hinreichend wenig von x_0 entfernt ist. [1]

<u>Rechnen mit stetigen Funktionen:</u>

Summe (Differenz, Produkt, Quotient) stetiger Funktionen sind stetig (im Falle des Quotienten darf kein Nenner 0 sein). Setzt man eine stetige Funktion ein in eine stetige Funktion, erhält man wieder eine stetige Funktion (Stetigkeit mittelbarer Funktionen, DE 145).

Alle elementaren Funktionen sind an jeder Stelle stetig, an der sie definiert sind.

---

1) Analog definiert man die Stetigkeit von reellwertigen Funktionen von mehreren reellen Veränderlichen.

Eine Funktion ist an der Stelle x_o <u>unstetig</u>,

1.) wenn für x_o kein Funktionswert definiert ist.
2.) wenn die Funktion bei x_o einen endlichen <u>Sprung</u> macht (hierunter fällt auch die hebbare Unstetigkeit).
3.) wenn die Funktion ins Unendliche verläuft (d.h. sie ist in keinem Intervall, das den Punkt x_o enthält, beschränkt).
4.) wenn die Funktion bei Annäherung an x_o <u>oszilliert</u> und die Amplitude nicht gegen 0 geht.

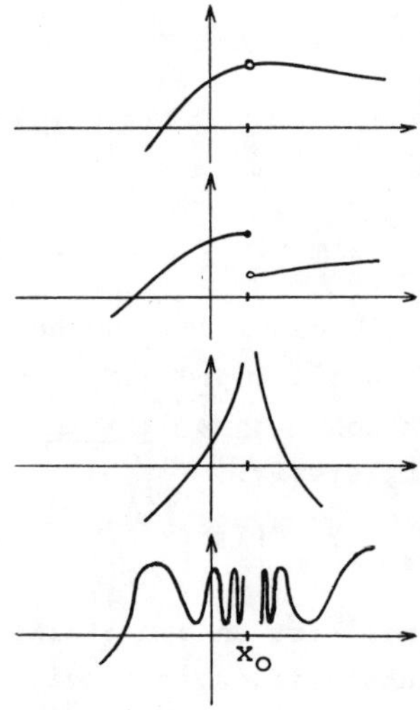

(53) Man zeige: $y = f(x) = \frac{|x|}{x}$ ist an der Stelle $x_o = 0$ unstetig.

1. Lsg: f(0) ist nicht definiert.
2. Lsg: $\lim\limits_{x \to 0} \frac{|x|}{x}$ existiert nicht (vgl. Bsp. (49))
3. Lsg: f macht an der Stelle $x_o = 0$ einen Sprung der Höhe 2.

(54) Ist $y = f(x) = \begin{cases} \sin\frac{1}{x} & x \neq 0 \\ 0 & x = 0 \end{cases}$

stetig an der Stelle x = 0?

Lsg: $\sin\frac{1}{x}$ oszilliert für $x \to 0$ mit der Amplitude 1, also ist f unstetig an der Stelle 0.

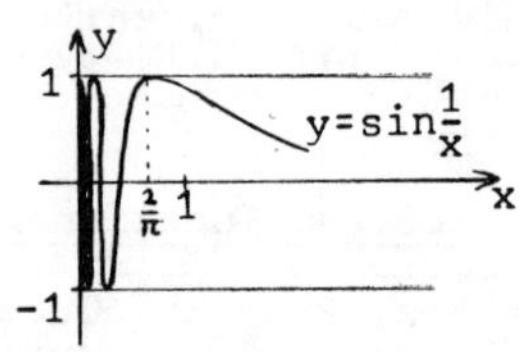

(55) $y = \frac{1}{x}$ ist bei $x_o = 0$ unstetig, da y in keinem Intervall, das $x_o = 0$ enthält, beschränkt ist.

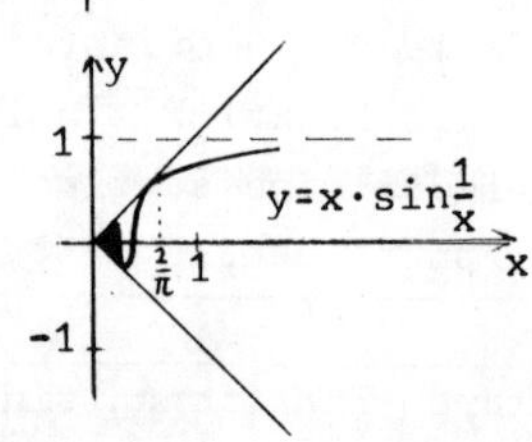

(56) Ist $y = f(x) = \begin{cases} x \cdot \sin\frac{1}{x} & x \neq 0 \\ 0 & x = 0 \end{cases}$

stetig?

Lsg: Weil $|x \cdot \sin\frac{1}{x} - 0| = |x \cdot \sin\frac{1}{x}| \leq |x| < \varepsilon$ ist, wenn $|x| < \delta = \varepsilon$, ist f an der Stelle 0 stetig. f ist auch an jeder Stelle $x_o \neq 0$ stetig als Produkt der stetigen Funktionen $y = x$ und $y = \sin\frac{1}{x}$. Letztere ist stetig, weil $y = \frac{1}{x}$ an jeder Stelle $x_{o_1} \neq 0$ stetig ist und deshalb auch die mittelbare Funktion $y = \sin\frac{1}{x}$.

1.11 Aufgaben

1) Ein Stab besteht aus 3 gleichlangen Abschnitten (jeweils eine Längeneinheit), deren Gewichte 2, 3 bzw. 1 Gewichtseinheit betragen. Das Gewicht G eines variablen Abschnittes der Länge x ist eine Funktion von x. Man stelle die Funktionsgleichung $y = G(x)$ auf und skizziere G.

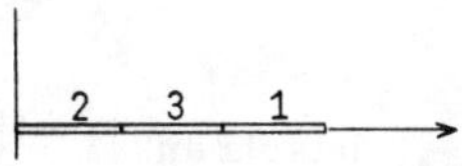

2) Ein Kreiszylinder ist in eine Kugel einbeschrieben. Das Volumen V des Zylinders ist eine Funktion seiner Höhe x. Wie lautet die Funktionsgleichung? Welches ist der Definitionsbereich von V?

3) Man berechne für die Funktion $y = \varphi(x) = 2^{|x+1|-2}$ $\varphi(0)$, $\varphi(-1)$, $\varphi(1)$.

4) Man skizziere die Funktion $y = f(x) = \frac{x+1}{1-x}$.

Besitzt f eine inverse Funktion? Man berechne sie gegebenenfalls und skizziere sie!

5) Welches ist die Bildmenge von $[0,\pi]$, von der Funktion $y = \sin x$ erzeugt?

6) Es sei $u = \sin x$ und $y = g(u) = \sqrt{u+1}$. Wie lautet die Funktionsgleichung der zusammengesetzten Funktion $y = h(x) = g(\sin x)$ und wo ist h definiert?

7) Welche Periode hat $y = 2\cdot\cos x \sin x$?

8) Wie lautet die Gleichung der Geraden, die durch die zwei Punkte (x_o,y_o), (x_1,y_1) verläuft? $(x_o \neq x_1)$

9) Welche linearen Funktionen (=Geraden) sind ungerade (=punktsymmetrisch zum Koordinatenursprung)?

10) Welche Symmetrieeigenschaften besitzt die Funktion

$$z = g(x,y) = \frac{x^2y^2}{x^2+y^2} \quad ?$$

11) $\lim\limits_{x\to\infty} \frac{x^5-x+1}{2x^5+x^4+1}$

12) $\lim\limits_{x\to\infty} \frac{\sin x}{x}$

13) $\lim\limits_{x\to 0} \sqrt{x}\cdot\sin x$

14) $\lim\limits_{x\to 0} \dfrac{1 + \frac{1}{x} + \frac{2}{x^2}}{\frac{1}{x^2}}$

15) $\lim\limits_{x\to \infty} \dfrac{x^2 - x \sin x}{1 - x^2}$

16) Ist $y = \dfrac{1}{1 + x^2}$ beschränkt?

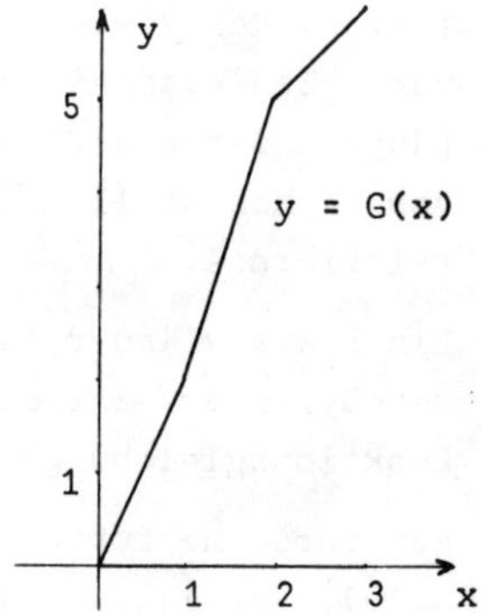

1.12 Ergebnisse

1) $f(x) = \begin{cases} 2x & 0 \le x \le 1 \\ 2 + 3(x-1) & 1 < x \le 2 \\ 5 + (x-2) & 2 < x \le 3 \end{cases}$

2) 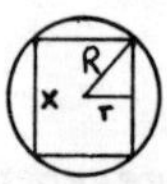

$V = \pi r^2 x,\ r^2 = R^2 - \frac{x^2}{4}$

$V = \pi x(R^2 - \frac{x^2}{4})$, Definitionsbereich: $0 \le x \le 2R$.

3) $\varphi(0) = \frac{1}{2},\quad \varphi(-1) = \frac{1}{4},\quad \varphi(1) = 1.$

4) $\mathbf{y} = -\frac{x+1}{x-1} = -1 - \frac{2}{x-1},\ y+1 = -\frac{2}{x-1}$

$y+1 = Y, x-1 = X,\ Y = \frac{-2}{X}$

f besitzt eine Umkehrfunktion

$y = \hat{f}(x) = \frac{x-1}{x+1}$.

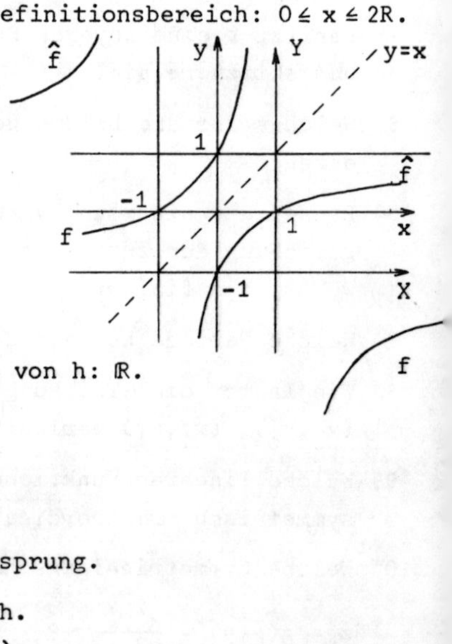

5) $[0,1]$

6) $h(x) = \sqrt{\sin x + 1}$, Definitionsmenge von h: $\mathbb{R}$.

7) $y = \sin 2x$, Periode π.

8) $\frac{y-y_0}{x-x_0} = \frac{y_1-y_0}{x_1-x_0}$

9) Genau die Geraden $y = mx$ durch den Ursprung.

10) g ist gerade bzgl. x und bzgl. y, d.h.

$g(-x,y) = g(x,y) = g(x,-y) = g(-x,-y)$.

11) $\frac{1}{2}$

12) 0

13) 0

14) 2

15) -1

16) ja! $\left|\frac{1}{1+x^2}\right| \le 1$.

2. Reelle Zahlen

2.1 Brüche, Potenzen, Wurzeln

Die Menge der Zahlen x auf der Zahlengeraden wird mit $\mathbb{R}$ bezeichnet.

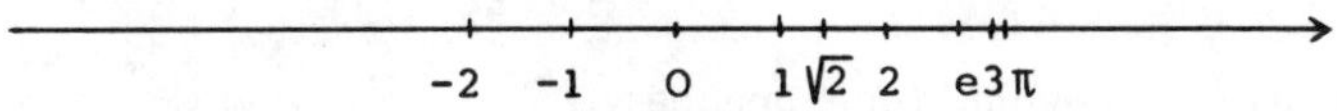

Zwischen je zwei rellen Zahlen a und b besteht stets genau eine der drei Ordnungsbeziehungen:

$a<b$	a kleiner als b, a liegt links von b auf der Zahlenger.
$a=b$	a gleich b
$a>b$	a größer als b, a liegt rechts von b auf der Zahlenger.

Ist $a<b$ und $b<c$, so ist auch $a<c$ (Transitivität).
Statt "$a<b$ oder $a=b$" schreibt man $\underline{a \leq b}$ (<u>a kleiner oder gleich b</u>).

(1) Folgende Aussagen sind richtig:
$5<8$, $5\leq 8$, $-1<3$, $\sqrt{2}+e>\pi-1$, $(1+x)^2\geq 0$ für alle $x\in\mathbb{R}$.

Wichtige <u>Teilmengen</u> von $\mathbb{R}$ sind:

$\mathbb{N} := \{1,2,3,\ldots\}$ Menge der <u>natürlichen</u>
$\mathbb{Z} := \{\ldots,-2,-1,0,1,2,\ldots\}$ <u>ganzen</u>
$\mathbb{Q} := \{\frac{p}{q}, \ p,q\in\mathbb{Z}, \ p,q \text{ teilerfremd}, \ q>0\}$ <u>rationalen</u> Zahlen

Die rationalen (und die reellen) Zahlen liegen dicht auf der Zahlengeraden, d.h. zwischen je zwei verschiedenen rationalen (reellen) Zahlen liegen stets unendlich viele weitere rationale (reelle) Zahlen.

(2) Sind $a,b\in\mathbb{R}$ und ist $a<b$, so liegt z.B. die unendliche Menge

$$\left\{a+\frac{b-a}{n}, \ n=2,3,\ldots\right\}$$

zwischen a und b.

Jede reelle Zahl ist ein (endlicher oder unendlicher) Dezimalbruch. Die endlichen oder periodischen Dezimalbrüche sind genau die rationalen Zahlen.

(3) Man verwandle den unendlichen periodischen Dezimalbruch $0,\overline{12}$ in einen gewöhnlichen Bruch!

Lsg.:

$$x = 0,\overline{12} \qquad 100x = 12,\overline{12}$$
$$- \; x = 0,\overline{12}$$
$$99x = 12$$
$$x = \frac{12}{99} = \frac{4}{33}$$
$$\underline{\underline{x = \frac{4}{33}}}$$

(4) Man verwandle in gewöhnliche Brüche!

$$y = 0,0\overline{072} \qquad z = 1,234\overline{5}$$

Lsg.: $\underline{\underline{y = \frac{4}{555}}}$ $\qquad$ $\underline{\underline{z = \frac{11111}{9000}}}$

Potenzen und Wurzeln

Für das Rechnen mit Potenzen und Wurzeln gelten folgende Regeln für beliebige $u,v \in \mathbb{R}$ (falls die entsprechenden Ausdrücke definiert sind, $\sqrt{x}$ ist in $\mathbb{R}$ z.B. nur für $x \geq 0$ definiert).

$$x^u \cdot x^v = x^{u+v} \qquad (x^u)^v = x^{u \cdot v}$$
$$\frac{x^u}{x^v} = x^{u-v} \qquad \sqrt[v]{x^u} = x^{\frac{u}{v}}$$
$$x^{-n} = \frac{1}{x^n}$$

(5) Man vereinfache durch Ausmultiplizieren: $(\sqrt[4]{x^3} + \sqrt{x})^2 . x^{-1}$

Lsg.: $=(x^{3/4}+x^{1/2})^2 . x^{-1} = (x^{6/4}+2x^{3/4+1/2}+x) . x^{-1} = x^{3/2-1}+2x^{5/4-1}+1$

$\underline{\underline{=\sqrt{x}+2\sqrt[4]{x}+1}}$

(6) Man zeige ebenso: $(\frac{1}{\sqrt[3]{x^2}} + \sqrt{\frac{1}{x}})^2 . \frac{1}{\sqrt[6]{x^{-7}}} = \underline{\underline{\frac{1}{\sqrt[6]{x}}+2+\sqrt[6]{x}}}$

2.2 Fakultät, Binomialkoeffizienten

Fakultät

Das Produkt der natürlichen Zahlen von 1 bis n bezeichnet man mit n! (lies: n-Fakultät)

$$n \in \mathbb{N} \qquad n! = 1 \cdot 2 \cdot 3 \cdot \ldots \cdot n$$
$$0! = 1$$

7) $0! = 1$

$1! = 1$

$2! = 2$

$3! = 6$

$4! = 24$

$5! = 120$

$6! = 720$

$\vdots$

$12! = 479001600$

Die Fakultäten größerer Zahlen lassen sich näherungsweise mit der Stirlingschen Formel berechnen

Binomialkoeffizienten

Die in den Potenzen des Binoms (a+b) auftretenden Koeffizienten heißen Binomialkoeffizienten.

$$(a+b)^0 = 1$$
$$(a+b)^1 = a + b$$
$$(a+b)^2 = a^2 + 2ab + b^2$$
$$(a+b)^3 = a^3 + 3a^2b + 3ab^2 + b^3$$
$$\cdots \quad \cdots$$
$$(a+b)^n = a^n + na^{n-1}b + \underbrace{\frac{n(n-1)}{2!}}_{\binom{n}{2}} a^{n-2}b^2 + \ldots + \underbrace{\frac{n(n-1)\ldots(n-k+1)}{k!}}_{\binom{n}{k}} a^{n-k}b^k + \ldots + b^n$$

Für den Koeffizienten von $a^{n-k}b^k$ in der Potenz $(a+b)^n$ schreibt man kurz: $\binom{n}{k}$, "n über k".

Binomialkoeffizienten

$n = 0,1,2,\ldots \qquad k = 1,2,\ldots$

$$\binom{n}{k} = \frac{n(n-1)\cdots(n-k+1)}{k!}$$

$$\binom{n}{0} = 1$$

Bsp.: $\binom{5}{3} = \frac{5\cdot 4\cdot 3}{1\cdot 2\cdot 3} = 10$

$\binom{3}{1} = \frac{3}{1} = 3$

$\binom{0}{k} = \frac{0}{k!} = 0$

binomische Formel

$$(a+b)^n = \binom{n}{0}a^n + \binom{n}{1}a^{n-1}b^1 + \binom{n}{2}a^{n-2}b^2 + \ldots + \binom{n}{k}a^{n-k}b^k + \ldots + \binom{n}{n}b^n$$

Die Binomialkoeffizienten berechnet man mit dem

Pascalschen Dreieck:

n	
0	1
1	1 1
2	1 2 1
3	1 3 3 1
4	1 4 6 4 1
5	1 5 10 10 5 1
6	1 6 15 20 15 6 1

. . . .

$$(a+b)^6 = 1a^6 + 6a^5b + 15a^4b^2 + 20a^3b^3 + 15a^2b^4 + 6ab^5 + 1b^6$$

wichtige Formel: $\binom{n}{k} = \frac{n!}{(n-k)!\cdot k!} = \binom{n}{n-k}$ Bsp.: $\binom{5}{3} = \frac{5\cdot4\cdot3}{1\cdot2\cdot3} = \frac{5\cdot4}{1\cdot2} = \binom{5}{2}$

Weil $\binom{n}{k} = \binom{n}{n-k}$ ist, ist das Pascalsche Dreieck symmetrisch!

Der Ausdruck $\binom{n}{k}$ ist nur für nicht negative ganze Zahlen n definiert. Man erweitert ihn jedoch so, daß er für beliebige reelle Zahlen r einen Sinn erhält:

allgemeine Binomialkoeffizienten

$r \in \mathbb{R}$, $k \in \mathbb{N}$

$$\binom{r}{k} = \frac{r(r-1)\cdots(r-k+1)}{k!}$$

$$\binom{r}{0} = 1$$

Bsp.:

$$\binom{5}{7} = \frac{5\cdot4\cdot3\cdot2\cdot1\cdot0\cdot(-1)}{7!} = \underline{0}$$

$$\binom{1,2}{3} = \frac{1,2\cdot0,2\cdot(-0,8)}{3!} = \underline{-0,032}$$

$$\binom{-2}{3} = \frac{(-2)\cdot(-3)\cdot(-4)}{3!} = \underline{-4}$$

allgemeine binomische Formel

$$(1+x)^r = \binom{r}{0} + \binom{r}{1}x + \binom{r}{2}x^2 + \ldots = \sum_{k=0}^{\infty}\binom{r}{k}x^k \quad \text{für } |x|<1$$

2.3 Ungleichungen und Beträge

Ist $a < b$, so ist

$a+c < b+c$, für alle c	Addition einer bel. Zahl auf beiden Seiten.
$a\cdot c \lessgtr b\cdot c$, falls $c \gtrless 0$	Multiplikation mit beliebiger $\binom{\text{pos.}}{\text{neg.}}$ Zahl.
$\frac{1}{a} \gtrless \frac{1}{b}$, falls $a\cdot b \gtrless 0$	Bilden der Reziproken auf beiden Seiten, falls a,b $\binom{\text{gleiches}}{\text{ungleiches}}$ Vorzeichen haben.

Diese Regeln gelten auch, wenn "<" durch "≤" ersetzt wird!

8)	$-1 < 3 \Longrightarrow -5 < 15$	Multiplikation beider Seiten mit 5.
	$-1 \leq 3 \Longrightarrow 2 \geq -6$	Multiplikation beider Seiten mit -2.
	$-1 < 3 \Longrightarrow -1 < \frac{1}{3}$	Bilden der Reziproken auf beiden Seiten, -1 und 3 haben ungleiches Vorzeichen.
	$5 \leq 7 \Longrightarrow \frac{1}{5} \geq \frac{1}{7}$	5 und 7 haben gleiches Vorzeichen.

$a < b$ und $c < d \Longrightarrow a+c < b+d$ — Addition gleichsinniger Ungleichungen

$0 < a < b \Longrightarrow a^n < b^n$, $\sqrt[n]{a} < \sqrt[n]{b}$, für alle $n \in \mathbb{N}$ — Monotonie von (Potenz / Wurzel)

$x > -1 \Longrightarrow (1+x)^n \geq 1+nx$, für alle $n \in \mathbb{N}$ — Bernoullische Ungleichung

9) $-2 < 11$ und $0 \leq (x+1)^2$ für alle $x \in \mathbb{R} \Longrightarrow -2 < 11+(x+1)^2$ für alle $x \in \mathbb{R}$.

Der (absolute) Betrag $|x|$ von $x \in \mathbb{R}$ wird folgendermaßen festgesetzt:

	$x > 0$		$\|x\| = x$
Ist	$x = 0$	,so ist	$\|x\| = 0$
	$x < 0$		$\|x\| = -x$

Benutzt man das Zeichen $\leq$,so erhält man:

Ist	$x \geq 0$	,so ist	$\|x\| = x$
	$x \leq 0$		$\|x\| = -x$

Bild der Funktion $y = |x|$

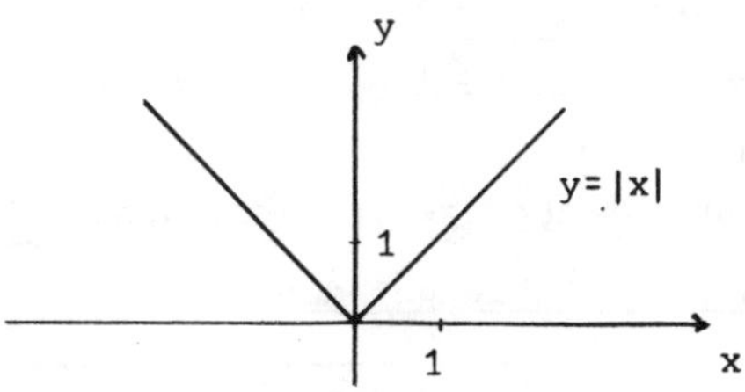

Geometrisch gesehen, ist $|x|$ der Abstand der Zahl x auf der Zahlengeraden vom Nullpunkt und $|x-a|$ der Abstand der Zahl x von der Zahl a.

(1o) $|5| = 5$, $|-1| = 1$, $|\sqrt{2}| = \sqrt{2}$, $|x^2| = x^2$,

Häufig benutzt man: $\sqrt{x^2} = |x|$, $\sqrt{(-2)^2} = 2$

(11) Es gelten folgende Äquivalenzen: $|x| = 1 \iff x = 1$ oder $x = -1$

$|x| = a > o \iff x = a$ oder $x = -a$

Für alle $a,b \in \mathbb{R}$ gilt :
$|a \cdot b| = |a| \cdot |b|$
$\left|\frac{a}{b}\right| = \frac{|a|}{|b|}$ $b \neq o$
$|a+b| \leq |a| + |b|$ Dreiecksungleichung

Ungleichungen spielen in der Reibungslehre eine gewisse Rolle(PI175). Ungleichungen und Beträge benutzt man, um Gebiete auf der Zahlengeraden, in der Ebene oder im Raum zu charakterisieren, über die Integrale (mehrfache Integrale) zur Berechnung von Inhalten, Schwerpunkten, Trägheitsmomenten usw. gebildet werden.

Ungleichungen, in denen Betragstriche vorkommen, löst man, indem man diese durch Fallunterscheidungen (gemäß der Definition von $|x|$) beseitigt.

(12) Man löse die Ungleichung $|x-1| < 2$.

Lsg.: Fallunterscheidungen zur Beseitigung der Betragstriche: (eine einfachere Lösungsmöglichkeit wird in (13) gezeigt!)

1. Fall: $x-1 \geq o$,dann ist $|x-1| = x-1$ und die Ungleichung heißt $x-1 < 2$
2. Fall: $x-1 \leq o$,dann ist $|x-1| = -(x-1)$ " $-(x-1) < 2$

Durch Umformen erhält man:

1. Fall: Ist $x \geq 1$, so löst x die Ungleichung, wenn $x < 3$ ist.
2. Fall: Ist $x \leq 1$, so löst x die Ungleichung, wenn $x > -1$ ist.

1. Fall: Lösungsmenge: $1 \leq x < 3$
2. Fall: Lösungsmenge: $-1 < x \leq 1$

Zusammenfassend erhält man:

x löst die Ungleichung $|x-1| < 2$ genau dann, wenn $-1 < x < 3$ ist.

Veranschaulichung auf der Zahlengeraden:

1. Fall: $x \geq 1$
Lösungsmenge:

2. Fall: $x \leq 1$
Lösungsmenge:

$x \in \mathbb{R}$
Gesamtlösungsmenge:

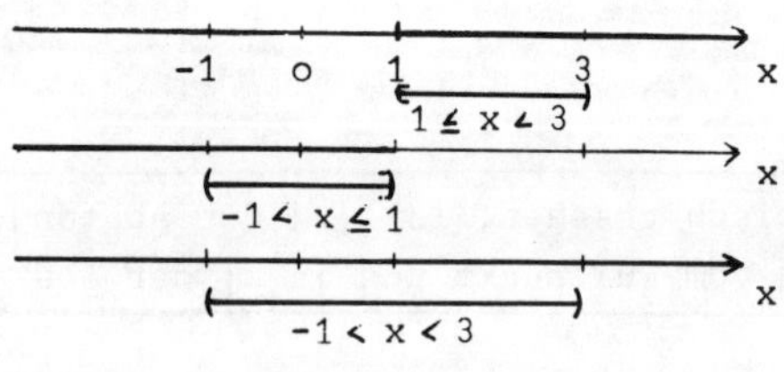

Geometrisch bedeutet $|a-b|$ den Abstand von a und b auf der Zahlengeraden, speziell $|a| = |a-0|$ den Abstand von a zum Nullpunkt.

3) Die Ungleichung $|x-1| < 2$ lösen, heißt also, alle x bestimmen, deren Abstand von der Zahl 1 auf der Zahlengeraden kleiner als 2 ist, und das sind natürlich genau die Zahlen zwischen -1 und 3.

4) Für welche $x \in \mathbb{R}$ gilt die Ungleichung $|x+2| \leq |x-1|$?

<u>Lsg.:</u> Fallunterscheidungen zur Beseitigung der Betragstriche:

1. Fall: $x+2 \geq 0$ und $x-1 \geq 0 \iff x \geq -2$ und $x \geq 1 \iff x \geq 1$

2. Fall: $x+2 \geq 0$ und $x-1 \leq 0 \iff x \geq -2$ und $x \leq 1 \iff -2 \leq x \leq 1$

3. Fall: $x+2 \leq 0$ und $x-1 \geq 0 \iff x \leq -2$ und $x \geq 1 \iff x \in \emptyset$

4. Fall: $x+2 \leq 0$ und $x-1 \leq 0 \iff x \leq -2$ und $x \leq 1 \iff x \leq -2$

Der dritte Fall braucht nicht weiter verfolgt zu werden. Unterscheidet man die verbleibenden drei Fälle, so erhält man drei Ungleichungen ohne Betragstriche:

1. Fall: $1 \leq x$: $|x+2| \leq |x-1| \iff x+2 \leq x-1 \iff 2 \leq -1 \iff x \in \emptyset$

2. Fall: $-2 \leq x \leq 1$: $|x+2| \leq |x-1| \iff x+2 \leq -(x-1) \iff 2x \leq -1 \iff x \leq -\frac{1}{2}$

4. Fall: $x \leq -2$: $|x+2| \leq |x-1| \iff -(x+2) \leq -(x-1) \iff -2 \leq 1 \iff x \in \mathbb{R}$ *

<u>Zusammenfassend ergibt sich:</u> x löst die Ungleichung $|x+2| \leq |x-1|$

$\iff (x \geq 1$ und $x \in \emptyset)$ oder $(-2 \leq x \leq 1$ und $x \leq -\frac{1}{2})$ oder $(x \leq -2$ und $x \in \mathbb{R})$

$\iff x \in \emptyset$ oder $-2 \leq x \leq -\frac{1}{2}$ oder $x \leq -2$

$\iff x \leq -\frac{1}{2}$

<u>Veranschaulichung auf der Zahlengeraden:</u>

1. Fall: $x \geq 1$
Lösungsmenge:

2. Fall $-2 \leq x \leq 1$
Lösungsmenge:

4. Fall: $x \leq -2$
Lösungsmenge:

$x \in \mathbb{R}$
<u>Gesamtlösungsmenge</u>:

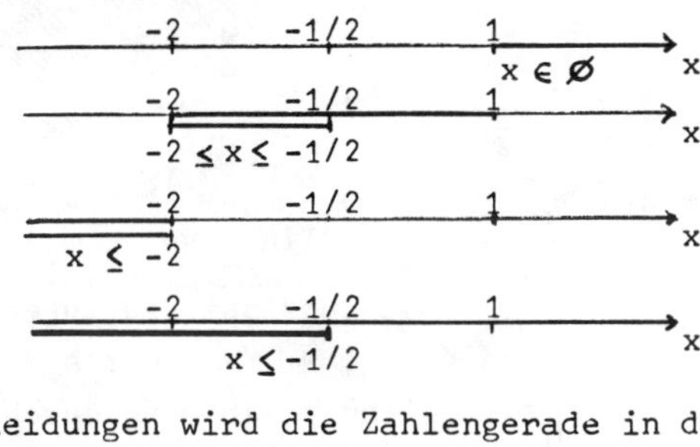

Durch die vier Fallunterscheidungen wird die Zahlengerade in drei Gebiete eingeteilt, in denen sich die Ungleichung ohne Betragstriche schreiben und durch einfache Umformungen lösen läßt.

---

* Die Ungleichung $x+2 \leq x-1$ ist für kein $x \in \mathbb{R}$ erfüllt; denn wäre sie für ein $x \in \mathbb{R}$ erfüllt, so wäre $2 \leq -1$. Also ist $x+2 \leq x-1 \iff x \in \emptyset$. Die Ungleichung $-(x+2) \leq -(x-1)$ ist dagegen für alle $x \in \mathbb{R}$ erfüllt; denn sie ist gleichbedeutend mit $-2 \leq 1$.

Die Gesamtlösungsmenge ergibt sich als Vereinigung der Lösungsmengen in den Teilgebieten.

Folgende Überlegung führt schneller zum Ziel:
Weil $|a-b|$ der Abstand von a und b auf der Zahlengeraden ist, löst x genau dann die Ungleichung $|x+2| \leq |x-1|$, wenn der Abstand von x bis -2 kleiner ist als der Abstand x bis 1. Also erfüllen genau die x die Ungleichung, die kleiner oder gleich $-\frac{1}{2}$ sind.

Lösungsmengen von Ungleichungen mit zwei Variablen (beispielsw. x,y) sind Teilmengen von $\mathbb{R}^2$.

(15) Für welche $(x,y) \in \mathbb{R}^2$ gilt die Ungleichung $y > \frac{1}{2}x-1$ bzw. $y < \frac{1}{2}x-1$?

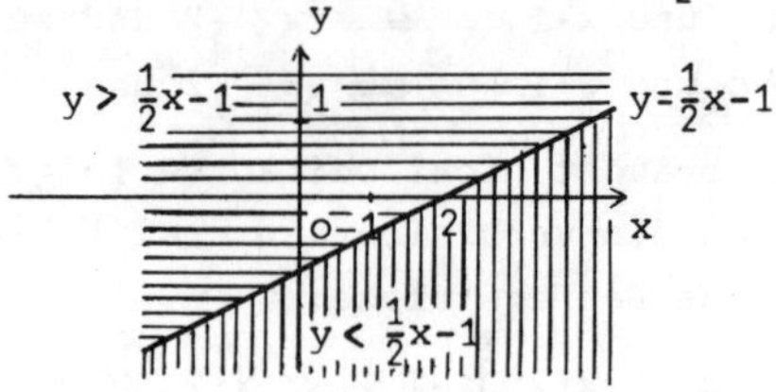

Für die Punkte (x,y) über / auf / unter der Geraden $y=\frac{1}{2}x-1$ gilt $y \gtreqless \frac{1}{2}x-1$.

(16) Für welche $(x,y) \in \mathbb{R}^2$ gilt die Ungleichung $x > 2$ bzw. $x < 2$?

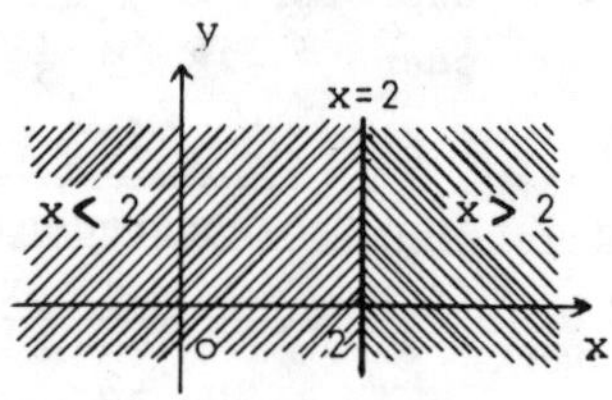

Für die Punkte (x,y) rechts von / auf / links von der Geraden $x=2$ gilt $x \gtreqless 2$.

Hinweis: Man löst zunächst die zugehörigen Gleichungen, indem man "$\leq$" bzw. "$<$" durch "=" ersetzt. Die gesuchten Gebiete findet man dann durch Überlegung (Einsetzen von Punkten, Probieren).

17) Für welche $(x,y) \in \mathbb{R}^2$ gilt $|x| \leq 1$?

Die zugehörige Gleichung ist $|x| = 1$, d.h. $x=1$ oder $x=-1$,siehe (11).
Die Grenzgeraden sind also die Geraden $x=1$ und $x=-1$.
Für (o,o) ist die Ungleichung erfüllt! Also ist die Lösungsmenge die Menge zwischen den Geraden.

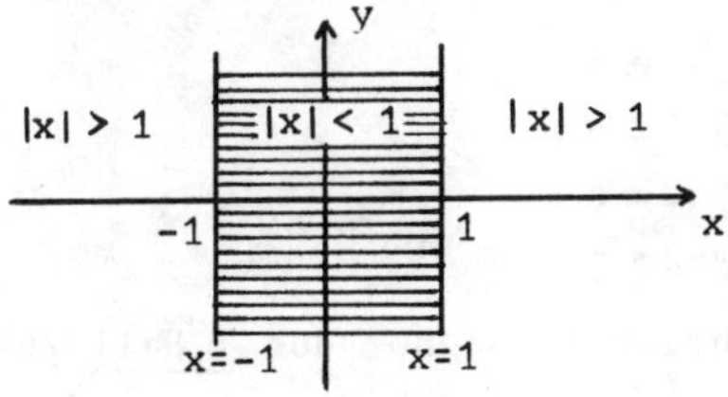

18) Für welche $(x,y) \in \mathbb{R}^2$ gilt $||x| + |y|| \leq 3$?

Vorbetrachtung: Es ist $|x| = |-x|$ und $|y| = |-y|$.

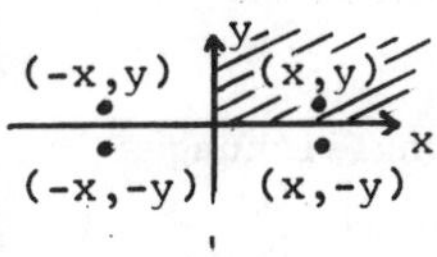

Wenn also für (x,y) die Ungleichung gilt, so gilt sie auch für (-x,y), (x,-y), (-x,-y).
Man braucht also nur den <u>ersten Quadranten</u>, d.h. den Fall $x \geq o$, $y \geq o$ zu untersuchen:

<u>$x \geq o$, $y \geq o$</u>

Die Ungleichung $||x| + |y|| \leq 3$ geht über in die Ungleichung $|x+y| \leq 3$.
Wenn $x \geq o$ und $y \geq o$ ist, ist auch $x+y \geq o$, also $|x+y| = x+y$ und die Ungleichung $|x + y| \leq 3$ ist gleichbedeutend mit $x+y \leq 3$ oder $y \leq -x+3$.

Die <u>Grenzgerade</u> heißt: <u>$y=-x+3$</u>.
Wenn $x \geq o$ und $y \geq o$ ist, erfüllen genau die Punkte, die unter oder auf der Geraden $y=-x+3$ liegen die Ungleichung $||x| + |y|| \leq 3$.

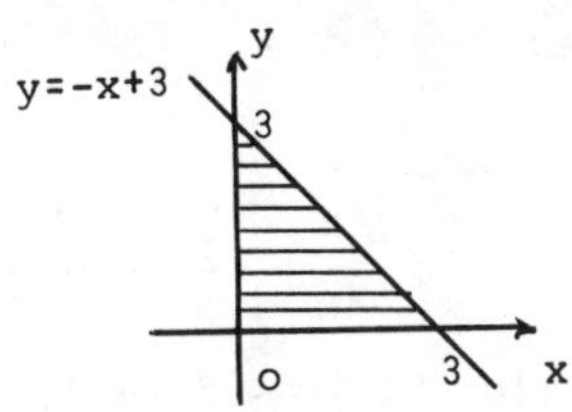

Aus den oben erwähnten Symmetriegründen erhält man als Gesamtlösungsmenge:

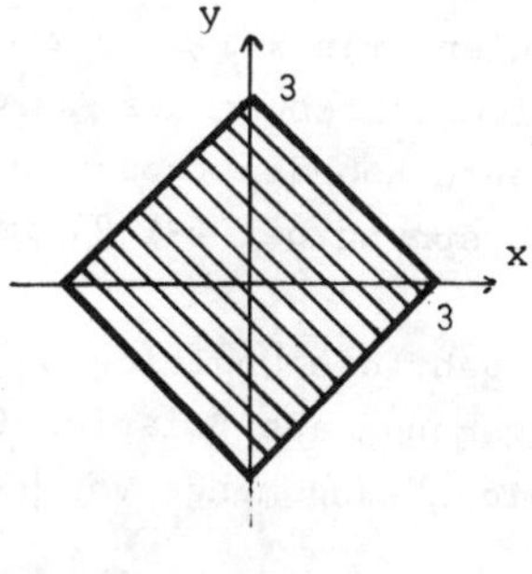

(19) Für welche $(x,y) \in \mathbb{R}^2$ gilt $||x+1| + |y-2|| \leq 2$?

$$|x+1| = \begin{cases} x+1 \ , \text{ falls } x+1 \geq o \text{ ist, d.h., falls } x \geq -1 \text{ ist.} \\ -(x+1) \ , \text{ falls } x+1 \leq o \text{ ist, d.h., falls } x \leq -1 \text{ ist.} \end{cases}$$

$$|y-2| = \begin{cases} y-2 \ , \text{ falls } y-2 \geq o \text{ ist, d.h., falls } y \geq 2 \text{ ist.} \\ -(y-2) \ , \text{ falls } y-2 \leq o \text{ ist, d.h., falls } y \leq 2 \text{ ist.} \end{cases}$$

Man hat also die folgenden 4 Fälle zu unterscheiden:

1. Fall: $x+1 \geq o$ und $y-2 \geq o$
2. Fall: $x+1 \geq o$ und $y-2 \leq o$
3. Fall: $x+1 \leq o$ und $y-2 \geq o$
4. Fall: $x+1 \leq o$ und $y-2 \leq o$

Aus Symmetriegründen braucht man nur den 1.Fall zu untersuchen und erhält die Gesamtlösungsmenge durch Spiegelung der Lösungsmenge, die man im 1.Fall erhält, an den Geraden $x=-1$ und $y=2$:

Die Ungleichung $||x+1| + |y-2|| \leq 2$ geht über in die Ungleichung

$|x+1+y-2| \leq 2$,oder

$|x+y-1| \leq 2$

Aus $x+1 \geq o$, $y-2 \geq o$ folgt $x+y-1 \geq o$. Deshalb geht die Ungleichung

$|x+y-1| \leq 2$ über in

$x+y-1 \leq 2$

$y \leq -x+3$

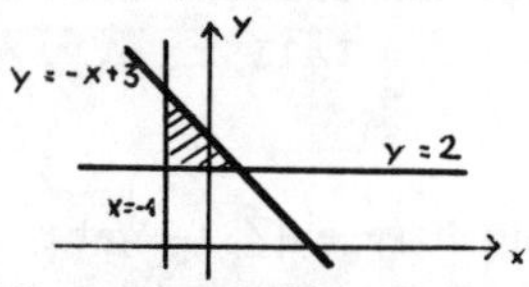

Grenzgerade ist $y=-x+3$

Wenn also $x+1 \geq o$, $y-2 \geq o$ ist, erfüllen genau die Punkte, die unter oder auf der Geraden $y=-x+3$ liegen (Probieren), die Ungleichung.

Aus den oben erwähnten Symmetriegründen erhält man als Gesamtlösungsmenge:

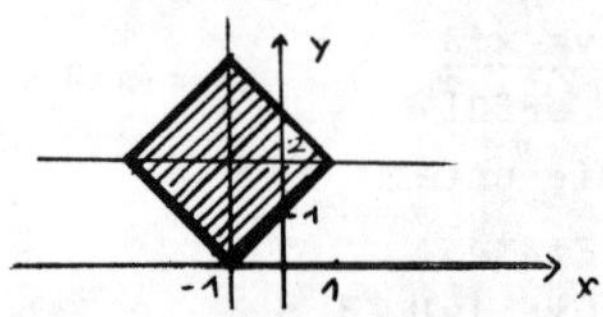

Diese Überlegung läßt sich noch vereinfachen, wenn man bedenkt, daß

$||x+1| + |y-2|| = |x+1| + |y-2|$ ist!

Vorbetrachtung:

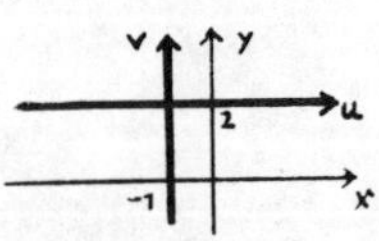

Substituiert man $x+1=u$, $y-2=v$, so geht man durch Parallelverschiebung des Achsenkreuzes (1.8) zu einem neuen Koordinatensystem-dem u,v-System-über, dessen Ursprung bei $(-1,2)$ im x,y-System liegt.

Bei dieser Transformation geht die Ungleichung $||x+1| + |y-2|| \leq 2$ über in $||u| + |v|| \leq 2$, deren Lösungsmenge aus Beispiel (18) bekannt ist. Damit hat man aber auch die Lösungsmenge von $||x+1| + |y-2|| \leq 2$ im x,y-System!

Systeme von Ungleichungen löst man, indem man die einzelnen Ungleichungen löst und den Durchschnitt der einzelnen Lösungsmengen bildet.

(2o) Für welche $(x,y) \in \mathbb{R}^2$ gelten die Ungleichungen?

$x \geq y-1 \qquad |x| \leq 1 \qquad y \geq x^2-1$

Als Lösungsmengen der einzelnen Ungleichungen erhält man:

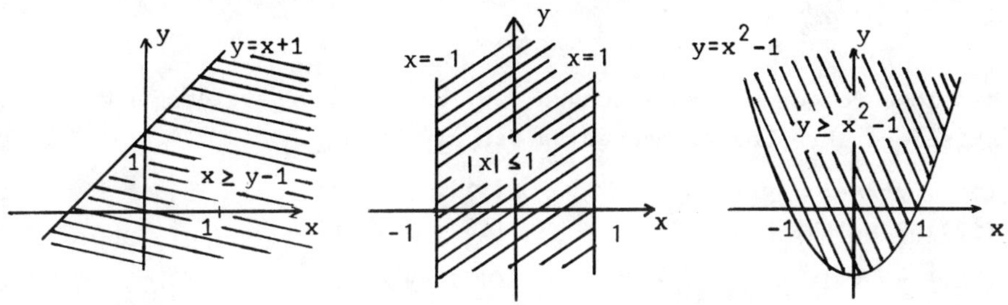

Die Lösungsmenge des Ungleichungssystems ist der Durchschnitt der Lösungsmengen der einzelnen Ungleichungen:

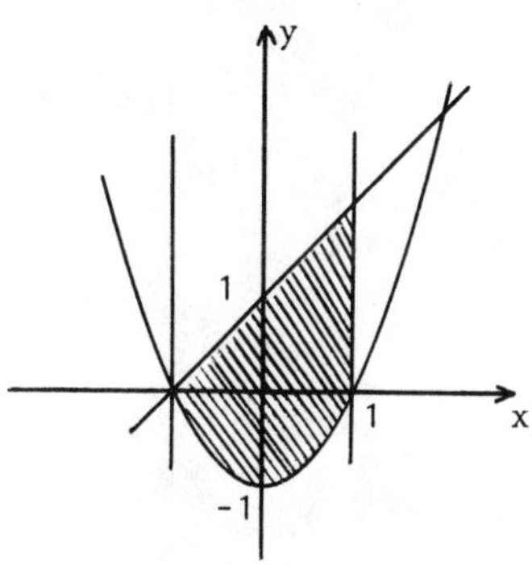

2.4 Aufgaben

Man löse folgende Ungleichungen bzw. Ungleichungssysteme und skizziere ihre Lösungsmengen auf der Zahlengeraden:

(1) $3|x-1| < 4$

(2) $|x-1| \geq 2$

(3) $||x| - |2|| < 1$

(4) $||x| + 1| \geq 3$

(5) $\sqrt{|x+1|} < 2$

(6) $x^2+2x-3 < 0$

(7) $\frac{x}{|x+3|} < \frac{1}{x-1}$

(8) $\frac{1}{x} < \frac{1}{x+1}$

(9) $|x-3| < 2$
$|x+1| \leq \frac{9}{2}$

Man löse folgende Ungleichungen bzw. Ungleichungssysteme und skizziere ihre Lösungsmengen in der x,y-Ebene:

(1o) $y+2x-3 < \frac{1}{2}y-x+4$

(11) $|x| < |y|$

(12) $3|x-1| < 4$

(13) $y-1 \geq x^2-2x$

(14) $y \leq x+1$
$y \geq -2x+1$

(15) $y \geq x^2$
$y \leq |x|$

(16) $y \leq \cos x$
$x \geq 0$
$y \geq \sin x$
$x \leq 2\pi$

(17) $y \leq \sqrt{1-x^2}$
$y \geq -\sqrt{1-x^2}$
$x \cdot y > 0$

Im Folgenden seien r, φ Polarkoordinaten:

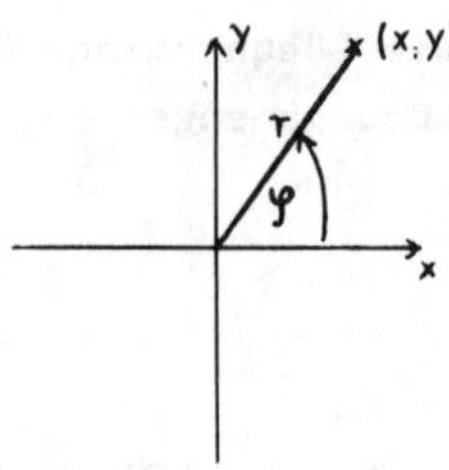

(18) $r \leq 1$

(19) $\frac{\pi}{2} \geq \varphi \geq \frac{\pi}{4}$

(2o) $2 \leq r \leq 3$
$\frac{\pi}{4} \leq \varphi \leq \frac{\pi}{3}$

(21) $r=2$
$\sin^2\varphi + \cos^2\varphi = 1$

(22) $-1 \leq y < 3$
$2 < x \leq 4$

Man charakterisiere folgende Gebiete (mit Rand) durch Ungleichungen und verwende gegebenenfalls zur Vereinfachung Polarkoordinaten!

(23)

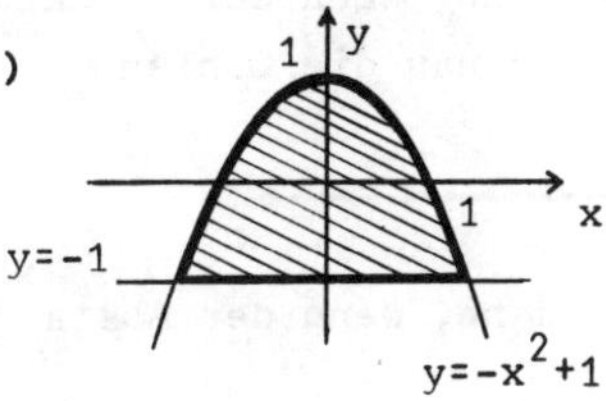

(24)

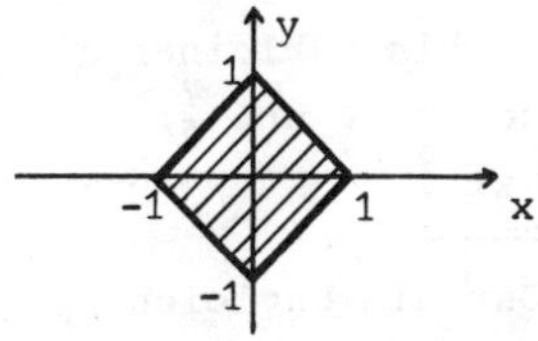

(25)

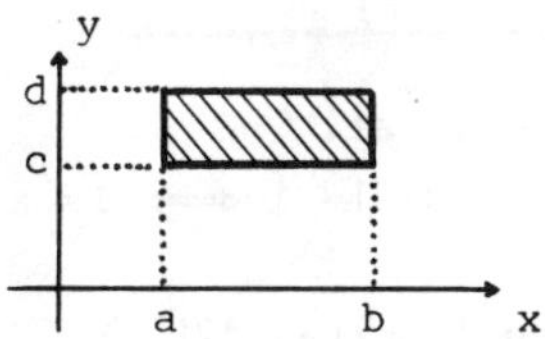

(26)

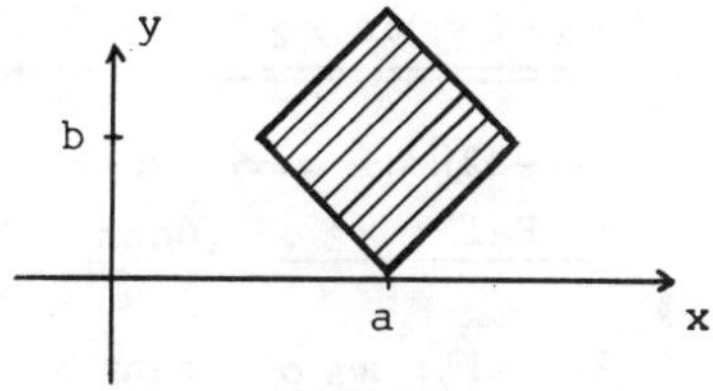

(27)

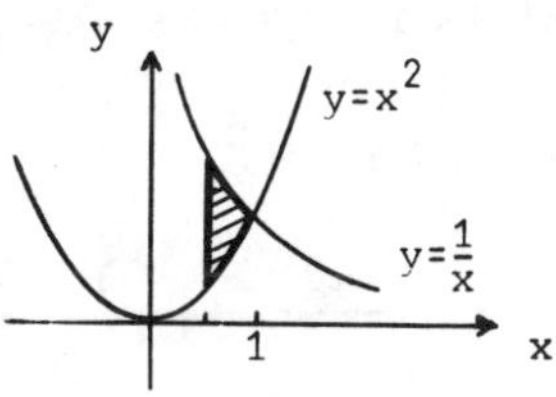

(28)

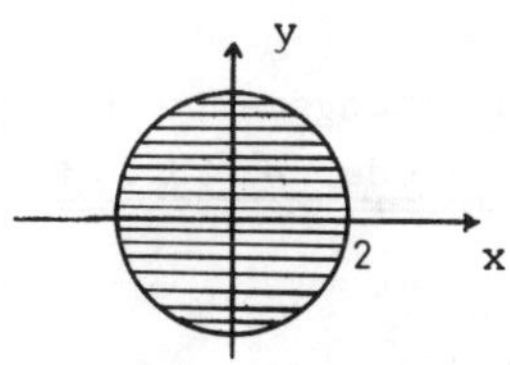

(29)

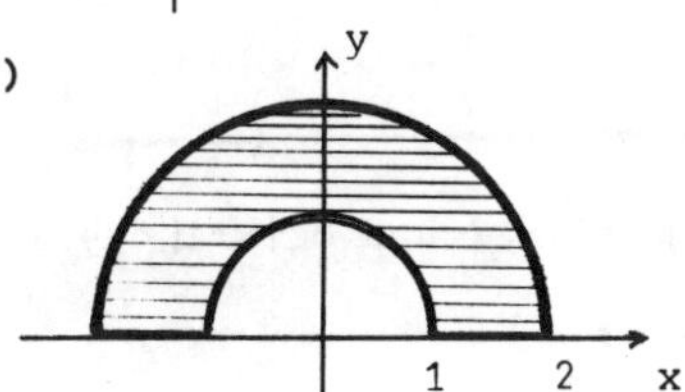

(3o)

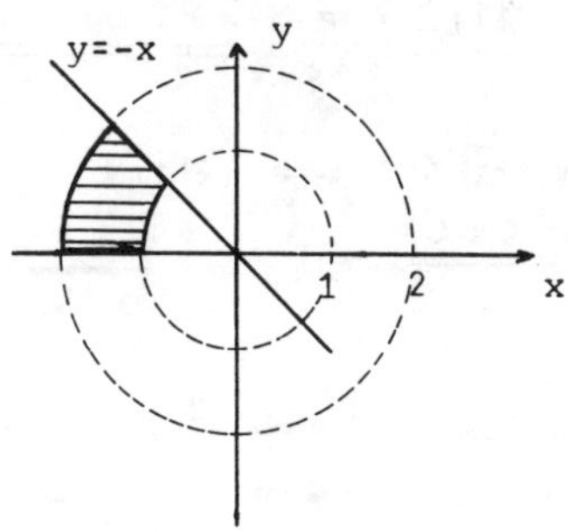

(31)

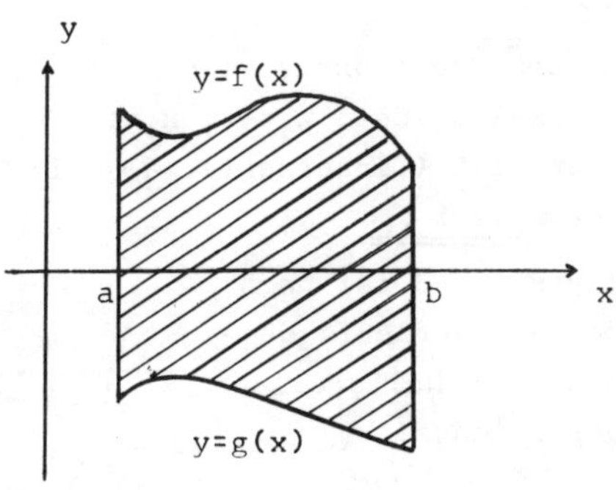

2.5 Ergebnisse

(1) x löst die Ungleichung $|x-1| < \frac{4}{3}$ genau dann, wenn der Abstand von x bis 1 kleiner als $\frac{4}{3}$ ist. Das sind genau die Zahlen zwischen $-\frac{1}{3}$ und $\frac{7}{3}$:

$-\frac{1}{3} < x < \frac{7}{3}$

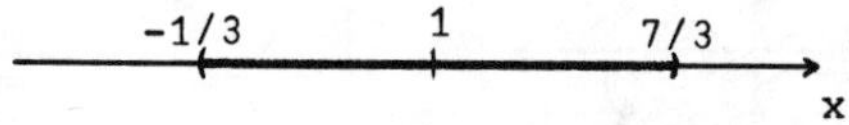

(2) x löst die Ungleichung $|x-1| \geq 2$ genau dann, wenn der Abstand von x bis 1 größer oder gleich 2 ist.

$x \leq -1$ oder $x \geq 3$

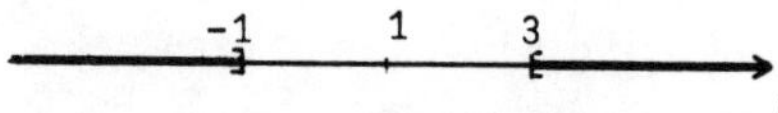

(3) $||x| - |2|| < 1 \iff ||x| - 2| < 1$, weil $|2| = 2$ ist.

1. Fall: $x \geq 0$,dann ist $|x| = x$ und $|x-2| < 1 \iff 1 < x < 3$.

2. Fall: $x \leq 0$,dann ist $|x| = -x$ und $|-x-2| = |x+2|$
und $|x+2| < 1 \iff -3 < x < -1$.

Gesamtlösungsmenge der Ungleichung $||x| - 2| < 1$:

$1 < x < 3$ oder $-3 < x < -1$

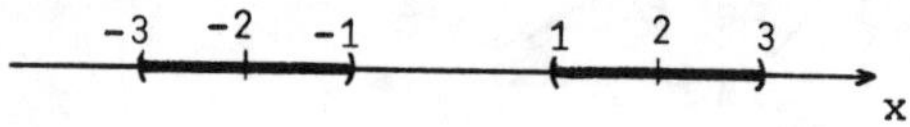

(4) $||x| + 1| \geq 3 \iff x \geq 2$ oder $x \leq -2$

(5) $\sqrt{|x+1|} < 2 \iff |x+1| < 4$,weil $0 < \sqrt{|x+1|} < 2$ und $0 < |x+1| < 4$ ist.

$-5 < x < 3$

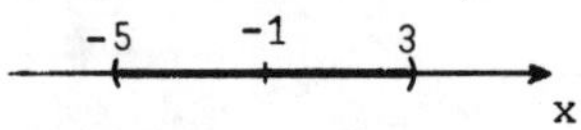

(6) $x^2 + 2x - 3 < 0 \iff x^2 + 2x + 1 - 4 < 0 \iff (x+1)^2 < 4$
$\iff |x+1| < 2$, weil $\sqrt{x^2} = |x|$ ist!
$\iff -3 < x < 1.$

oder: Man bestimmt die Grenzpunkte, indem man die zugehörige Gleichung $x^2 + 2x - 3 = 0$ löst: $x_1 = -3$, $x_2 = 1$. Für $x = 0$ ist die Ungleichung erfüllt (Einsetzen!), also ist
$x^2 + 2x - 3 < 0 \iff -3 < x < 1.$

oder: Die Parabel $y = x^2 + 2x - 3$ ist nach oben geöffnet und verläuft deshalb zwischen ihren Nullstellen unterhalb der x-Achse!

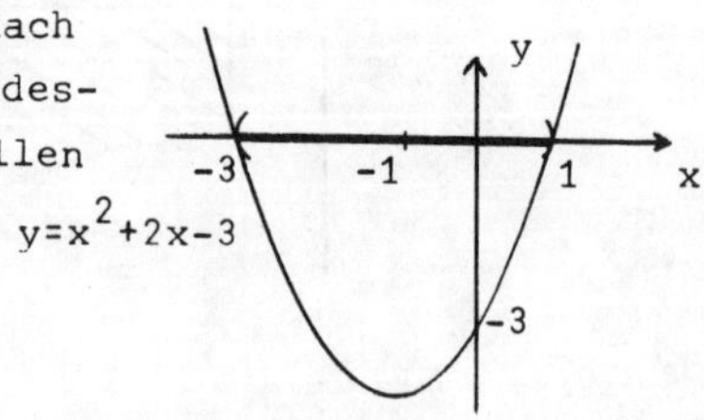

7) $\frac{x}{|x+3|} < \frac{1}{x-1}$ Lösung durch Fallunterscheidungen:

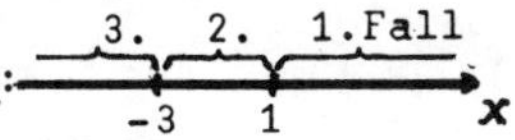

1.Fall: $1 < x$ Es ist $x-1 > 0$ und $|x+3| = x+3$.

$\frac{x}{|x+3|} < \frac{1}{x-1} \iff x(x-1) < x+3 \iff x^2-2x-3 < 0 \iff -1 < x < 3.$

Diese äquivalenten Umformungen gelten nur für $1 < x$. Also erhält man als Lösungsmenge: $1 < x < 3$.

2.Fall: $-3 < x < 1$ Es ist $x-1 < 0$ und $|x+3| = x+3$.

$\frac{x}{|x+3|} < \frac{1}{x-1} \iff x^2-2x-3 > 0 \iff x < -1$ oder $x > 3$.

Lösungsmenge: $-3 < x < -1$.

3.Fall: $x < -3$ Es ist $x-1 < 0$ und $|x+3| = -x-3$.

$\frac{x}{|x+3|} < \frac{1}{x-1} \iff x^2-x > -x-3 \iff x^2 > -3$ Dies gilt für alle x.

Lösungsmenge: $x < -3$

Gesamtlösungsmenge:

$x < -3$ oder $-3 < x < -1$ oder $1 < x < 3$.

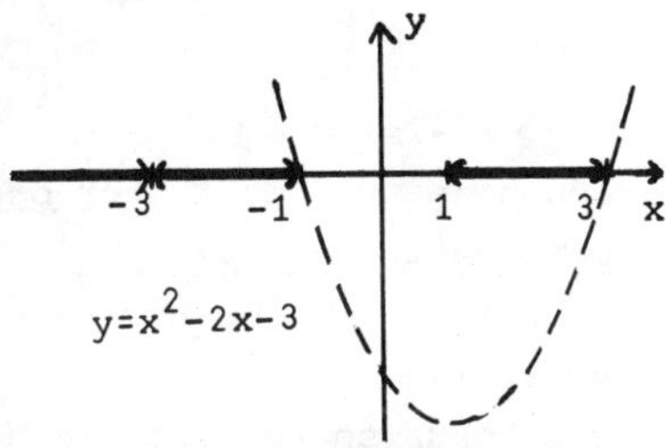

8) $\frac{1}{x} < \frac{1}{x+1}$ Fallunterscheidungen:

1. Fall: $x > o$ $\quad \frac{1}{x} < \frac{1}{x+1} \iff x+1 < x \iff 1 < o$,also ist die Ungleichung für kein $x > o$ erfüllt!

2. Fall: $-1 < x < o$ $\quad \frac{1}{x} < \frac{1}{x+1} \iff x+1 > x$,da $x < o$ und $x+1 > o$ ist.
$\iff -1 < x < o$.

3. Fall: $x < -1$ $\quad \frac{1}{x} < \frac{1}{x+1} \iff x+1 < x$,da $x < o$ und $x+1 < o$ ist.
$\iff 1 < o$,also ist die Ungleichung für kein $x < -1$ erfüllt!

Gesamtlösungsmenge: $-1 < x < o$

9) $|x-3| < 2 \iff 1 < x < 5$

$2 \cdot |x+1| \leq 9 \iff -\frac{11}{2} \leq x \leq \frac{7}{2}$

Durchschnitt: $1 < x \leq \frac{7}{2}$

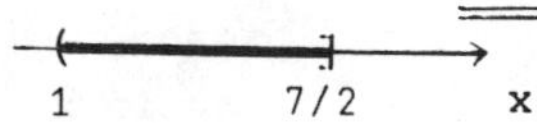

1o) $y+2x-3 < \frac{1}{2}y-x+4$

$\frac{1}{2}y < -3x+7$

$y < -6x+14$

Lösungsmenge unter der Grenzgeraden $y=-6x+14$

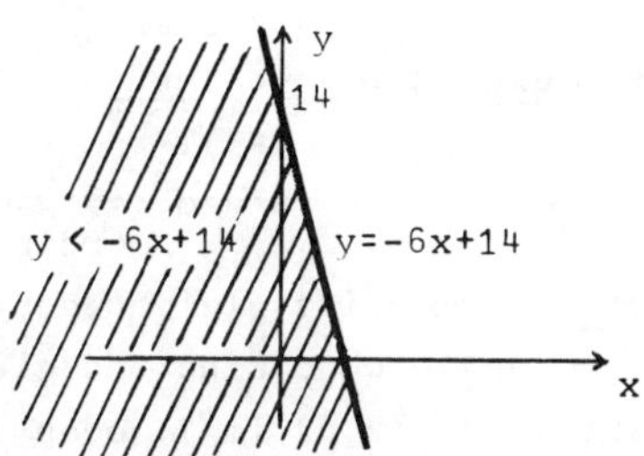

(11) $|x|<|y|$ Aus Symmetriegründen (ist (x,y) Lösung, so auch $(-x,y)$, $(x,-y)$ und $(-x,-y)$) reicht es, den ersten Quadranten zu untersuchen!

<u>$x \geq o$, $y \geq o$</u>

$|x|<|y| \iff x<y$

<u>Lösungsmenge über der Grenzgeraden $y=x$.</u>

<u>Gesamtlösungsmenge:</u>

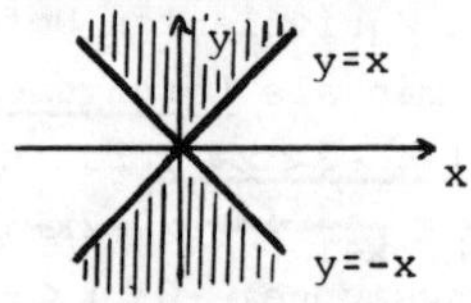

(12) $3 \cdot |x-1| < 4 \iff |x-1| < \frac{4}{3}$

$$\iff \underline{\underline{-\frac{1}{3} < x < \frac{7}{3}}}$$

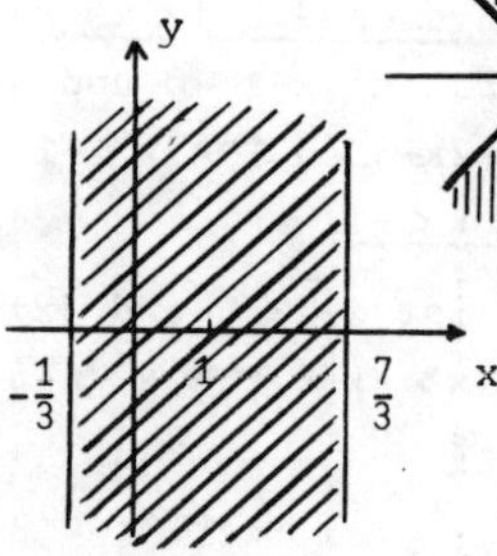

(13) $y-1 \geq x^2-2x$

$y \geq x^2-2x+1 = (x-1)^2$

<u>Lösungsmenge liegt über oder auf der Grenzkurve $y=(x-1)^2$</u>

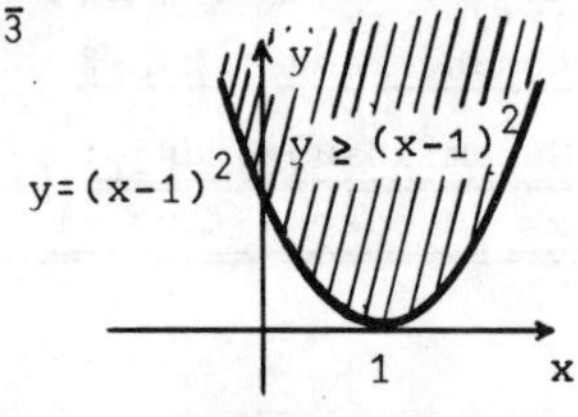

(14) $y \leq x+1$ <u>Grenzgeraden:</u> $y=x+1$

$y \geq -2x+1$ $y=-2x+1$

Die Lösungsmenge ist die Menge der Punkte in der x,y-Ebene, die unter oder auf der Grenzgeraden $y=x+1$ und über oder auf der Grenzgeraden $y=-2x+1$ liegen.

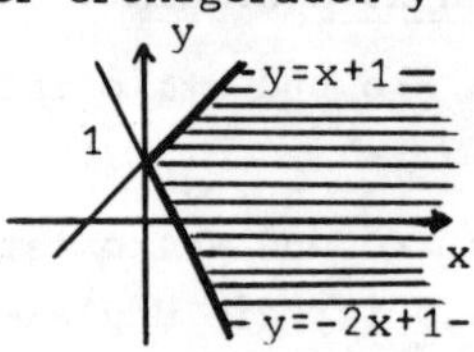

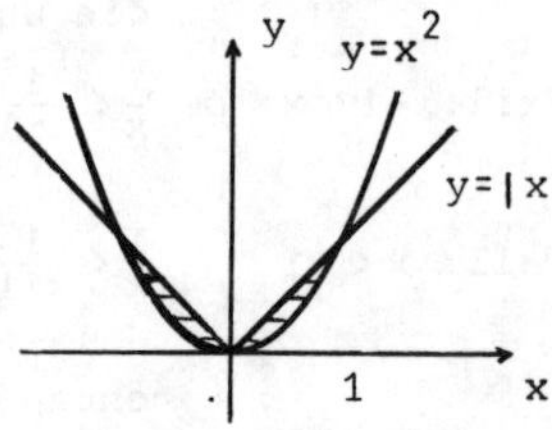

(15) $y \geq x^2$ <u>Grenzkurven:</u> $y=x^2$

$y \leq |x|$ $y=|x|$

(16) $y \leq \cos x$ <u>Grenzk.:</u> $y=\cos x$

$x \geq o$ $x=o$

$y \geq \sin x$ $y=\sin x$

$x \leq 2\pi$ $x=2\pi$

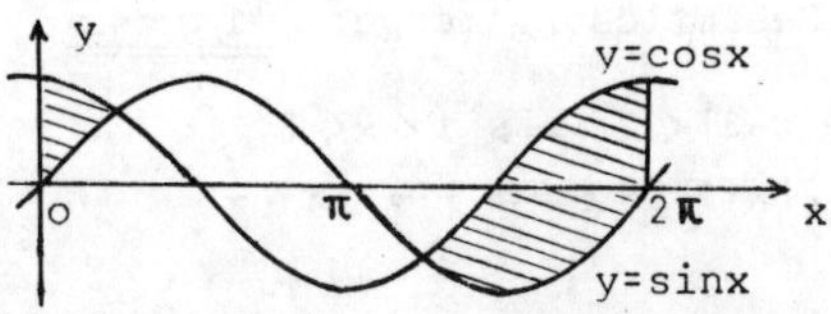

(17) $y \leq \sqrt{1-x^2}$ <u>Grenzk.:</u> $y=\sqrt{1-x^2}$

$y \geq -\sqrt{1-x^2}$ $y=-\sqrt{1-x^2}$

$x \cdot y > o$ $x \cdot y = o \iff x=o$ oder $y=o$

Koordinatenachsen

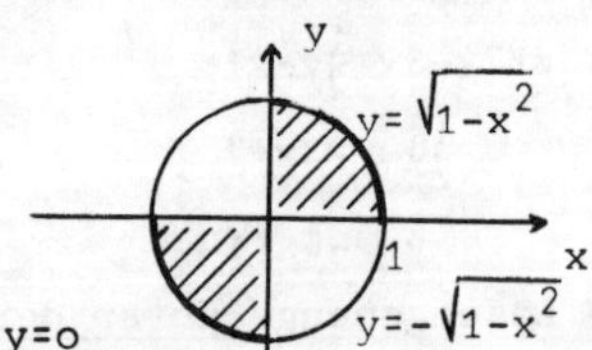

<u>Bemerkung:</u> $x \cdot y > o$ ist gleichbedeutend damit, daß x und y ungleich o sind und gleiches Vorzeichen haben, also damit, daß (x,y) im 1. oder 3. Quadranten und nicht auf den Achsen liegt.

(18) $r \leq 1$ Die Lösungsmenge besteht aus allen Punkten (x,y), deren Abstand vom Nullpunkt kleiner oder gleich 1 ist.

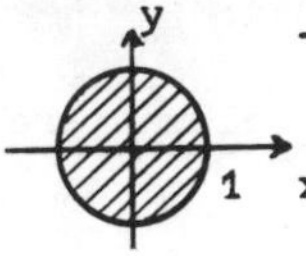

(19) $\frac{\pi}{2} \geq \varphi \geq \frac{\pi}{4}$

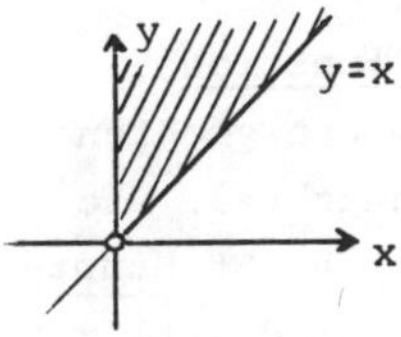

(2o) $2 \leq r \leq 3$, $\frac{\pi}{4} \leq \varphi \leq \frac{\pi}{3}$

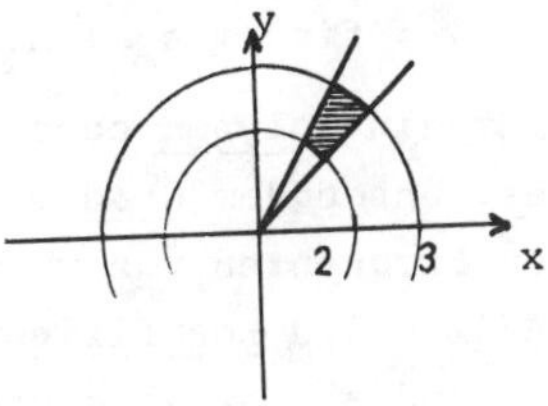

(21) $r=2$

$\sin^2\varphi + \cos^2\varphi = 1$

Die Gleichung $\sin^2\varphi + \cos^2\varphi = 1$ gilt für alle φ. Die Lösungsmenge ist der Kreis mit dem Radius 2.

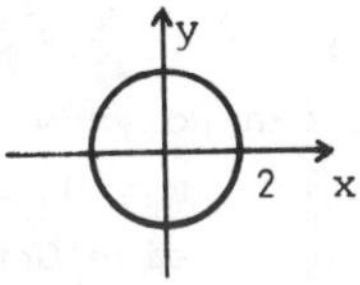

(22) $-1 \leq y < 3$ <u>Grenzgeraden:</u> $y=-1$, $y=3$

$2 < x \leq 4$ $x=2$, $x=4$

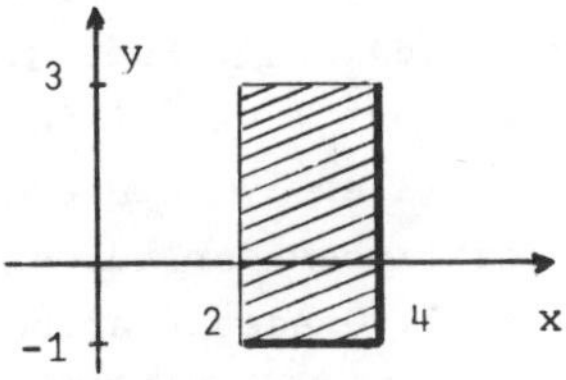

(23) $y \leq -x^2+1$

$y \geq -1$

(24) $|x|+|y| \leq 1$

(25) $a \leq x \leq b$

$c \leq y \leq d$

(26) $|x-a| + |y-b| \leq b$

(27) $y \geq x^2$

$y \leq \frac{1}{x}$

$x \geq \frac{1}{2}$

(28) $r \leq 2$

(29) $1 \leq r \leq 2$

$0 \leq \varphi \leq \pi$

(3o) $1 < r < 2$

$\frac{3}{4}\pi \leq \varphi \leq \pi$

(31) $g(x) \leq y \leq f(x)$

$a \leq x \leq b$

3. Die elementaren Funktionen

3.1 Polynome (DE 154, B)

Eine Funktion f, deren Funktionsgleichung

(*) $y = f(x) = a_o + a_1x + a_2x^2 + \ldots + a_nx^n$

lautet, heißt ein Polynom oder eine ganze rationale Funktion n-ten Grades. Unter dem Grad von f versteht man also den größten vorkommenden Exponenten von x in der Funktionsgleichung (*). Die Zahlen a_k heißen die Koeffizienten des Polynoms f. a_n heißt **Hauptkoeffizient** und a_o das absolute Glied des Polynoms. Sind alle a_k reell, so heißt f ein Polynom mit reellen Koeffizienten. Dann ist f eine Funktion von ℝ in ℝ.

(1) $y = f(x) = 1 + 2x^2 + 2x^3 + x^4$, $a_o = 1$, $a_1 = 0$, $a_2 = 2$, $a_3 = 2$, $a_4 = 1$. f ist ein Polynom 4. Grades mit reellen Koeffizienten.

(2) $y = f(x) = mx + n$, $m \neq 0$, ist ein Polynom 1. Grades (= eine lineare Funktion), eine Gerade. Wenn $m = 0$ ist, also $y = f(x) = n$, ist f ein Polynom 0. Grades, eine konstante Funktion (Parallele zur x-Achse), vgl. Bspe 1.(21), (26), (27).

(3) $y = f(x) = x^2 + 4x - 5$ ist ein Polynom 2. Grades, eine Parabel mit vertikaler Symmetrieachse.

(4) Grundsätzlicher Verlauf eines Polynoms 2. Grades (Parabel: Symmetrieachse parallel zur y-Achse) (B 67)

$y = ax^2 + bx + c$

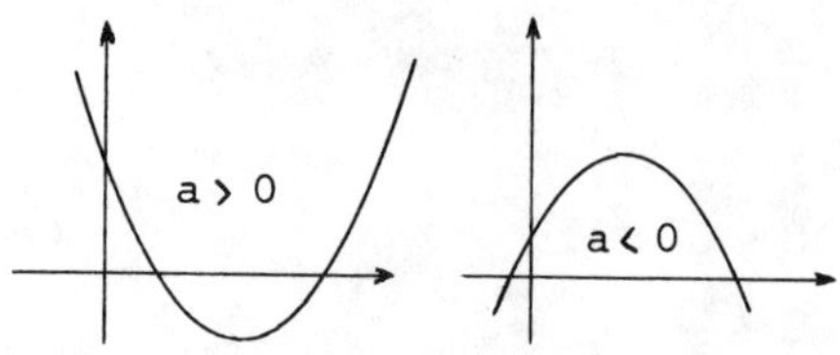

(5) Grundsätzlicher Verlauf eines Polynoms 3. Grades (B 67)

$y = ax^3 + bx^2 + cx + d$

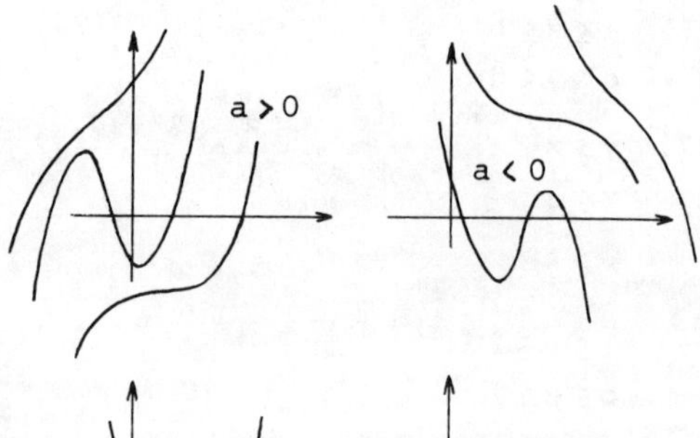

(6) Grundsätzlicher Verlauf eines Polynoms 4. Grades

$y = ax^4 + bx^3 + cx^2 + dx + e$

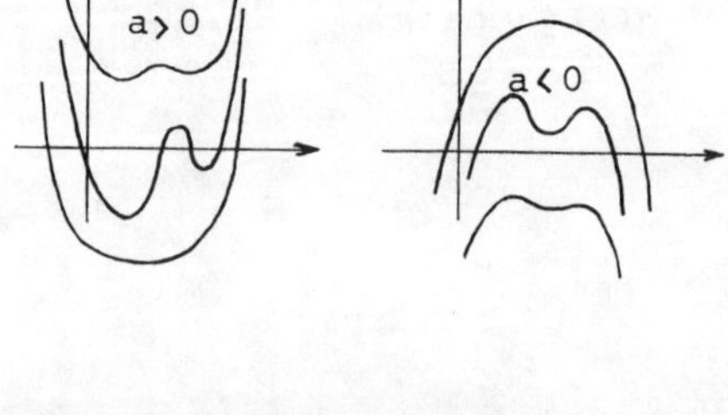

*) Grundsätzlicher Verlauf eines Polynoms ungeraden Grades

$y = ax^{2k+1} + bx^{2k} + \ldots + s$

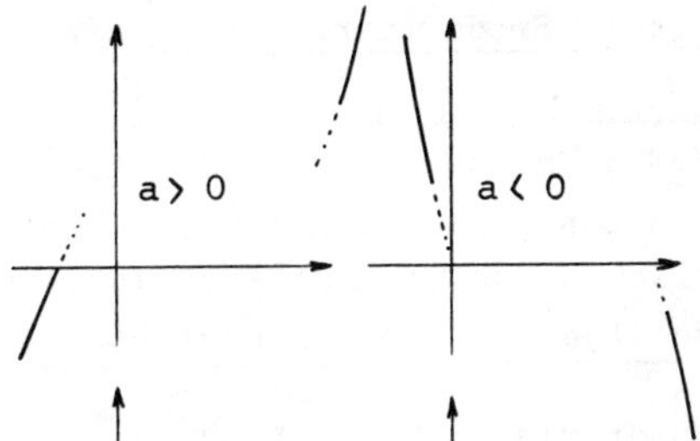

*) Grundsätzlicher Verlauf eines Polynoms geraden Grades

$y = ax^{2k} + bx^{2k-1} + \ldots + r$

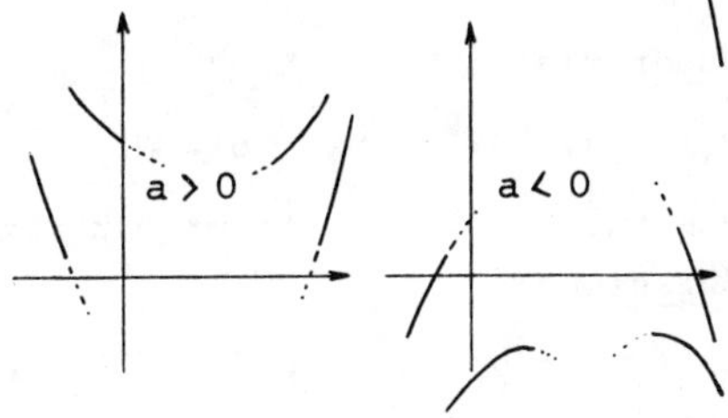

Ist f: $\mathbb{R} \rightarrow \mathbb{R}$ eine beliebige Funktion, so heißen die Urbilder der Null <u>Nullstellen</u> von f: (DE 154)

x_o ist Nullstelle von f: $\Longleftrightarrow$ $f(x_o) = 0$

Ist f ein Polynom n-ten Grades, so heißt die Bestimmungsgleichung für die Nullstellen von f

$$f(x) = a_o + a_1x + a_2x^2 + \ldots + a_nx^n = 0$$

eine <u>algebraische Gleichung n-ten Grades</u>. Ihre Lösungen (also die Nullstellen von f) heißen auch <u>Wurzeln</u> der algebraischen Gleichung.

<u>Fundamentalsatz der Algebra</u>:

> Jedes Polynom n-ten Grades (mit reellen oder komplexen Koeffizienten) läßt sich im Komplexen als ein Produkt von n <u>Linearfaktoren</u> schreiben:
>
> $$f(x) = a_o + a_1x + a_2x^2 + \ldots + a_nx^n = a_n(x-x_1)(x-x_2) \ldots (x-x_n).$$
>
> Die $x_1, \ldots, x_n$ sind die (evtl. komplexen) Nullstellen von f. Tritt ein Linearfaktor $(x-x_*)$ genau k-fach auf, so heißt x_* eine <u>k-fache Nullstelle</u> des Polynoms.

Ist $x_1 = a + ib$ Nullstelle eines Polynoms mit reellen Koeffizienten, so auch die dazu konjugierte komplexe Zahl $x_2 = a - ib$. Das Produkt der Linearfaktoren $(x-x_1)(x-x_2)$ läßt sich als quadratischer Faktor mit reellen Koeffizienten schreiben: (B , DE 161)

$$(x-a-ib)(x-a+ib) = (x-a)^2 + b^2$$

Reelle Produktdarstellung eines Polynoms[1] mit reellen Koeffizienten:

(DE 161)

Jedes Polynom mit reellen Koeffizienten läßt sich als Produkt von Linearfaktoren mit reellen Nullstellen und von quadratischen Faktoren mit reellen Koeffizienten, die selbst keine reellen Nullstellen mehr haben, schreiben.

Quadratische Gleichung (B , DE 158)

$$y = f(x) = x^2 + px + q = 0$$

Die Nullstellen bestimmt man mit der Methode der quadratischen Ergänzung:

$$x^2 + px + q = x^2 + px + \left(\frac{p}{2}\right)^2 + q - \frac{p^2}{4} = \left(x+\frac{p}{2}\right)^2 + q - \frac{p^2}{4} = 0$$

Nullstellen:

$$x^2 + px + q = 0$$
$$\Longrightarrow \quad x_{1,2} = -\frac{p}{2} \pm \sqrt{\frac{p^2}{4} - q}$$

Bemerkung: Ist $y = ax^2 + bx + c = 0$ zu lösen, so dividiert man zunächst durch a, um auf die Form $x^2 + px + q = 0$ zu kommen.

(9) Man zerlege $y = x^2 + 4x - 5$ in Linearfaktoren:
Lsg: $x^2 + 4x - 5 = 0$, $x_{1,2} = -2 \pm \sqrt{4+5} = -2 \pm \sqrt{9} = -2 \pm 3$
$x_1 = 1$, $x_2 = -5$.
$y = x^2 + 4x - 5 = (x-1)(x+5)$.

(10) Man zerlege $y = 2x^2 + 4x - 48$ in Linearfaktoren.
Lsg: $2x^2 + 4x - 48 = 0 \quad x^2 + 2x - 24 = 0$,
$x_{1,2} = -1 \pm \sqrt{1 + 24} = -1 \pm 5$, $x_1 = 4$, $x_2 = -6$
$y = 2x^2 + 4x - 48 = 2(x^2 + 2x - 24) = 2(x-4)(x+6)$.

(11) Man berechne die Nullstellen von $y = x^2 - 6x + 11$.
Lsg: $x^2 - 6x + 11 = 0$, $x_{1,2} = 3 \pm \sqrt{9 - 11} = 3 \pm \sqrt{-2}$
$x_1 = 3 + \sqrt{2}\cdot i$, $x_2 = 3 - \sqrt{2}\cdot i$.
Mit komplexen Linearfaktoren kann man schreiben:
$x^2 - 6x + 11 = (x-3-\sqrt{2}i)(x-3+\sqrt{2}i)$.

(12) Man zerlege $y = 2x^2 + 8x + 8$ in Linearfaktoren.
Lsg: $2x^2 + 8x + 8 = 0 \quad x^2 + 4x + 4 = 0$, $x_{1,2} = -2 \pm \sqrt{4 - 4}$,
$x_{1,2} = -2$. (-2 ist zweifache Nullstelle)
$2x^2 + 8x + 8 = 2(x^2+4x+4) = 2(x+2)(x+2) = 2(x+2)^2$.

---

1) = Zerlegung in Faktoren

Bemerkung: Die allgemeine Gleichung 3. und 4. Grades läßt sich formelmäßig nur mit einigem Aufwand allgemein auflösen (DE 182, B). Die Gleichungen höheren als 4. Grades sind allgemein nicht mehr auflösbar. In der Praxis wendet man schon bei Gleichungen 3. Grades Näherungsmethoden an, wenn man keine Nullstelle raten kann!

Rationale Nullstellen eines Polynoms mit ganzzahligen Koeffizienten der Form $y = f(x) = x^n + a_{n-1}x^{n-1} + \ldots + a_1x + a_o$

Ist der Hauptkoeffizient $a_n = 1$ und sind alle übrigen Koeffizienten ganze Zahlen, so sind alle rationalen Nullstellen des Polynoms ganze Zahlen (sofern es überhaupt rationale Nullstellen gibt), und zwar sind sie unter den ganzen Zahlen enthalten, durch die sich das absolute Glied a_o ohne Rest dividieren läßt (= ganzzahlige Teiler der ganzen Zahl a_o).

(13) $y = f(x) = x^4 - 5x^3 + 5x^2 + 5x - 6$ kann als rationale Nullstellen höchstens 4 Zahlen unter den folgenden ganzen Zahlen haben, durch die sich -6 ohne Rest dividieren läßt:
+1, -1, +2, -2, +3, -3, +6, -6 (= die ganzen Teiler von -6).
Hier sind 1, -1, 2, 3, Nullstellen, also lautet die Produktdarstellung $x^4 - 5x^3 + 5x^2 + 5x - 6 = (x-1)(x+1)(x-2)(x-3)$ S. Bsp (18).

Wenn der Grad des Polynoms eine ungerade Zahl ist, muß es immer eine reelle Nullstelle geben. Vgl. Bsp. (7)

(14) a) $y = f(x) = x^3 - 2x^2 - x + 2$
b) $y = g(x) = x^3 - x^2 - 2x + 2$
Ganzzahlige Teiler von $a_o = 2$: 1, -1, 2, -2.
Für f sind $x_1 = 1$, $x_2 = -1$ und $x_3 = 2$ Nullstellen.
Produktdarstellung: $f(x) = x^3 - 2x^2 - x + 2 = (x-1)(x+1)(x-2)$.
g besitzt eine ganzzahlige Nullstelle $x_1 = 1$ und zwei irrationale $x_2 = \sqrt{2}$, $x_3 = -\sqrt{2}$. Produktdarst. $g(x) = (x-1)(x^2-2) = (x-1)(x-\sqrt{2})(x+\sqrt{2})$.

(15) $y = f(x) = x^3 - 2x^2 + x - 2$. Ganzzahlige Teiler von $a_o = -2$: 1, -1, 2, -2. Hier ist $x_1 = 2$ eine Nullstelle. Fortsetzung unter Bsp. (17) und (19).

(16) a) $y = f(x) = x^3 - 2$. Mindestens eine reelle Nullstelle, die aber nicht notwendig eine ganze Zahl ist, muß es geben. f besitzt eine reelle Nullst. $x_1 = \sqrt[3]{2}$ und zwei konjugiert komplexe $x_{2,3} = \sqrt[3]{2}(-\frac{1}{2} \pm i\cdot\frac{\sqrt{3}}{2})$. Reelle Produktdarst. $f(x) = x^3-2 = (x-\sqrt[3]{2})(x^2+\sqrt[3]{2}x + \sqrt[3]{4})$.
b) $y = g(x) = 2x^3 - x^2 + 2x - 1$. Mindestens eine reelle Nullst. muß es geben. Sie muß aber nicht ganzzahlig sein. Hier ist $x_1=\frac{1}{2}$

(einzige) reelle Nullstelle. Fortsetzung unter Bsp. (20).

<u>Rechnerische Herstellung der reellen Produktdarstellung eines Polynoms mit reellen Koeffizienten</u>:

Bei Polynomen 2. Grades berechnet man die Nullstellen über die Quadratische Gleichung (s.o.)

Bei Polynomen 3. oder höheren Grades muß eine erste Nullstelle geraten werden. Ganzzahlige Nullstellen kann man systematisch suchen bei Polynomen mit ganzzahligen Koeffizienten (s.o.).
Hat man eine Nullstelle x_1 gefunden, dividiert man das Polynom durch den Linearfaktor $(x-x_1)$ und erhält ein Polynom (n-1)ten Grades. Dieses ist in gleicher Weise zu behandeln (Nullstelle finden, Durchdividieren) bis man auf Polynome 2. Grades kommt, deren Nullstellen man formelmäßig angeben kann.

<u>Divisionssatz</u>:

Ein Polynom ist genau dann durch den Linearfaktor $(x-x_1)$ teilbar, wenn x_1 Nullstelle des Polynoms ist.

Zur Durchführung der Division gibt es zwei Möglichkeiten:
1. die "Schulmethode" und 2. das Horner-Schema.

Bspe. zur <u>Schulmethode der Division</u>

(17) = (15) $x_1 = 2$ ist eine Nullstelle von $y = f(x) = x^3 - 2x^2 + x - 2$.

$$(x^3 - 2x^2 + x - 2) : (x-2) = x^2 + 1$$
$$\frac{(-)\; x^3 - 2x^2}{\quad 0 \qquad x - 2}$$
$$\frac{(-)\; x - 2}{0}$$

Da $x^2 + 1$ keine reellen Nullstellen mehr besitzt, lautet die reelle Produktdarstellung $x^3 - 2x^2 + x - 2 = (x-2)(x^2+1)$.

(18) = (13) $x_1 = 1$ und $x_2 = -1$ sind Nullstellen von $y = f(x) = x^4 - 5x^3 + 5x^2 + 5x - 6$. Also muß sich f durch $(x-1)(x+1) = x^2 -1$ dividieren lassen:

$$(x^4 - 5x^3 + 5x^2 + 5x - 6) : (x^2-1) = x^2 - 5x + 6$$
$$\frac{(-)\; x^4 \qquad - x^2}{- 5x^3 + 6x^2 + 5x}$$
$$\frac{(-)\; - 5x^3 \qquad + 5x}{6x^2 \qquad - 6}$$
$$\frac{(-)\; 6x^2 \qquad - 6}{}$$

Die Lösungen der quadratischen Gleichung $x^2 - 5x + 6 = 0$ sind
$x_{3,4} = \frac{5}{2} \pm \sqrt{\frac{25}{4} - \frac{24}{4}} = \frac{5}{2} \pm \frac{1}{2}$, $x_3 = 3$, $x_4 = 2$.

Produktdarstellung:

$$x^4 - 5x^3 + 5x^2 + 5x - 6 = (x-1)(x+1)(x-2)(x-3).$$

<u>Horner-Schema</u> (DE 164) (Z 34)

Das Horner-Schema ist eine Rechenvorschrift, mit der man für ein Polynom mit minimalem Rechenaufwand folgendes machen kann:

1. Funktionswerte ausrechnen
2. Dividieren durch einen Linearfaktor $x - c$
3. Berechnen der Ableitungen $f'(c), f''(c), \dots, f^{(n)}(c)$
4. Umordnen nach Potenzen von $x - c$

Die ersten 3 Zeilen des Horner-Schemas dienen zur Berechnung eines Funktionswertes $f(c)$. Aus der besonderen Schreibweise eines Polynoms (z.B. 3. Grades) $a_3x^3 + a_2x^2 + a_1x + a_o = ((a_3x + a_2)\cdot x + a_1)\cdot x + a_o$ erklärt sich die folgende Rechenvorschrift:

Man schreibt alle Koeffizienten $a_n, \dots, a_o$ des Polynoms beginnend mit dem Hauptkoeffizienten a_n bis zum absoluten Glied a_o in dieser Reihenfolge hintereinander (wenn eine Potenz x^k fehlt, ist für $a_k = 0$ einzusetzen!).

	a_3	a_2	a_1	a_o	
$x = c$		a_3c ↗	$a_2c+a_3c^2$ ↗	$a_1c+a_2c^2+a_3c^3$	
	a_3	a_2+a_3c	$a_1+a_2c+a_3c^2$	$a_o+a_1c+a_2c^2+a_3c^3 = f(c)$	← 1. Resultatzeile

Man geht, jeweils mit dem Faktor c multiplizierend, in der durch Pfeile angedeuteten Weise vor. Die über dem waagerechten Strich untereinanderstehenden Zahlen sind zu addieren, die Summe mit c zu multiplizieren, etc.

> Als Schlußzahl der 1. Resultatzeile erscheint der Funktionswert $f(c)$ (1). Die übrigen Zahlen der 1. Resultatzeile sind in absteigender Reihenfolge die Koeffizienten des Polynoms, das man bei der Division des Ausgangspolynoms durch den Linearfaktor $(x-c)$ erhält (2). Der Rest dieser Division ist $\frac{f(c)}{x-c}$.

Die Division geht genau dann ohne Rest auf, wenn $f(c) = 0$ ist, d.h. c Nullstelle ist.

(19) = (15) Man berechne für $f(x) = x^3 - 2x^2 + x - 2$ die Funktionswerte f(2) und f(1) und dividiere durch (x-2) sowie durch (x-1).

$$\begin{array}{c|cccl} & 1 & -2 & 1 & -2 \\ 2 & - & 2 & 0 & 2 \\ \hline & 1 & 0 & 1 & \boxed{0 = f(2)} \end{array}$$

$$\frac{x^3 - 2x^2 + x - 2}{x - 2} = x^2 + 0x + 1 + \frac{0}{x-2} = x^2 + 1$$

$$\begin{array}{c|cccl} & 1 & -2 & 1 & -2 \\ 1 & - & 1 & -1 & 0 \\ \hline & 1 & -1 & 0 & \boxed{-2 = f(1)} \end{array}$$

$$(x^3 - 2x^2 + x - 2):(x-1) = x^2 - x + 0 + \frac{-2}{x-1}$$

(20) Man dividiere $2x^3 - x^2 + 2x - 1$ durch $x - \frac{1}{2}$:

$$\begin{array}{c|cccl} & 2 & -1 & 2 & -1 \\ x = \frac{1}{2} & - & 1 & 0 & 1 \\ \hline & 2 & 0 & 2 & \boxed{0 = f(\frac{1}{2})} \end{array}$$

$$(2x^3 - x^2 + 2x - 1):(x-\tfrac{1}{2}) = 2x^2 + 0x + 2$$

Auf den Polynomanteil von $\frac{f(x)}{x-c}$ (den Divisionsrest läßt man unberücksichtigt, indem man die Schlußzahl bei der weiteren Rechnung wegläßt) kann man wieder das Horner-Schema an der Stelle c anwenden usw., bis man in der (n-1)-ten Resultatzeile nur die Zahl $a_n = \frac{f^{(n)}(c)}{n!}$ stehen hat.

> Das vollständige Horner-Schema liefert in der 2. Resultatzeile die Schlußzahl f'(c), in der 3. Resultatzeile die Schlußzahl $\frac{f''(c)}{2!}$, ..., in der (n+1)-ten Resultatzeile die Schlußzahl $\frac{f^{(n)}(c)}{n!}$ (3).
> Die Schlußzahlen sind die Koeffizienten in der Umordnung von f nach Potenzen von (x-c) (4):
>
> $$a_n x^n + a_{n-1}x^{n-1} + \ldots + a_o = \frac{f^{(n)}(c)}{n!}(x-c)^n + \frac{f^{(n-1)}(c)}{(n-1)!}(x-c)^{n-1} + \ldots + \frac{f''(c)}{2!}(x-c)^2 + f'(c)(x-c) + f(c).$$

(21) = (18) Man ordne $f(x) = x^4 - 5x^3 + 5x^2 + 5x - 6$ um nach Potenzen von (x-2).

Entwicklung des Horner-Schemas an der Stelle x = 2:

	1	-5	+5	+5	-6	
x=2	-	2	-6	-2	6	
	1	-3	-1	3	0 = f(2)	$f(2) = 0$
x=2	-	2	-2	-6		
	1	-1	-3	-3 = f'(2)		$f'(2) = -3$
x=2	-	2	2			
	1	1	$-1 = \frac{f''(2)}{2!}$			$f''(2) = -2$
x=2	-	2				
	1	$3 = \frac{f'''(2)}{3!}$				$f'''(2) = 3\cdot 3! = 18$
x=2	-					
	$1 = \frac{f^{(4)}(2)}{4!}$					$f^{(4)}(x) = 4! = 24$

$$x^4 - 5x^3 + 5x^2 + 5x - 6 = (x-2)^4 + 3(x-2)^3 - (x-2)^2 - 3(x-2) + 0$$

3.2 Rationale Funktionen (DE 189)

Ein Quotient zweier Polynome p(x), q(x)

$$r(x) = \frac{p(x)}{q(x)}$$

heißt eine rationale Funktion.

(21a) $y = \dfrac{x^4 + 2x^3 + x - 1}{x^3 - x^2 + 1}$

Die rationale Funktion r heißt echt gebrochen, wenn der Grad des Nenners größer als der Grad des Zählers ist, andernfalls heißt sie unecht gebrochen. Eine rationale Funktion ist an den Nullstellen des Nenners nicht definiert.

Durch Division nach der Schulmethode kann jede unecht gebrochene rationale Funktion als Summe eines Polynoms und einer echt gebrochenen rationalen Funktion geschrieben werden.

(21b) $y = \dfrac{x^4 + 2x^3 + x - 1}{x^3 - x^2 + 1} = x + 3 + \dfrac{3x^2 - 4}{x^3 - x^2 + 1}$

$$(x^4 + 2x^3 + x - 1):(x^3 - x^2 + 1) = x + 3 + \frac{3x^2 - 4}{x^3 - x^2 + 1}$$

$$\begin{array}{l} (-)\ \underline{x^4 - x^3 + x} \\ \quad 3x^3 - 1 \\ (-)\ \underline{3x^3 - 3x^2 + 3} \\ \quad 3x^2 - 4 \end{array}$$

Welche der folgenden rationalen Funktionen sind echt gebrochen?

(22) $y = \frac{3x^2 - 2x + 1}{4x^4 - x^3 + x}$, $y = \frac{1}{x}$, $y = \frac{x^2+5}{x}$, $y = \frac{x}{x^2+5}$

Lsg: Nur $y = \frac{x^2+5}{x} = x + \frac{5}{x}$ ist nicht echt gebrochen.

Die im folgenden beschriebene Methode der Partialbruchzerlegung (= PBZ) einer echt gebrochenen rationalen Funktion ist besonders für die Integralrechnung außerordentlich wichtig!

Ansatz der Partialbrüche (B , DE 195)

Jede echt gebrochene rationale Funktion läßt sich als Summe von Partialbrüchen schreiben. Das sind echt gebrochene rationale Funktionen folgender Form:

(i) $\frac{c_1}{x-x_o}, \frac{c_2}{(x-x_o)^2}, \dots, \frac{c_k}{(x-x_o)^k}$.

(ii) $\frac{a_1x+b_1}{x^2+px+q}, \dots, \frac{a_lx+b_l}{(x^2+px+q)^l}$

wobei der quadratische Ausdruck x^2+px+q keine reellen Nullstellen hat.

Zu jeder Potenz $(x-x_o)^k$ eines Linearfaktors im Nenner der echt gebrochenen rationalen Funktion sind die k Partialbrüche der Form (i) mit unbestimmten Koeffizienten anzusetzen. [1]

Zu jeder Potenz $(x^2+px+q)^l$ eines quadratischen Faktors ohne reelle Nullstellen sind die l Partialbrüche der Form (ii) mit unbestimmten Koeffizienten anzusetzen. [1]

Alle Partialbrüche sind zu addieren.

Wie lautet der Ansatz für die Partialbrüche für die folgenden Funktionen?

(23) $\frac{5x^4+18x^3+11x^2+12x+8}{x(x-1)^2(x+2)^3} = \frac{a}{x} + \frac{b}{x-1} + \frac{c}{(x-1)^2} + \frac{d}{x+2} + \frac{e}{(x+2)^2} + \frac{f}{(x+2)^3}$. [1]

(24) $\frac{x}{(x^2+x+1)(x^2+1)^2} = \frac{ax+b}{x^2+x+1} + \frac{cx+d}{x^2+1} + \frac{ex+f}{(x^2+1)^2}$

$y = x^2+1$ und $y = x^2+x+1$ haben keine reellen Nullstellen!

---

1) die Potenzen sind gewissermaßen schrittweise abzubauen bis hin zu den einfachen Linearfaktoren oder zu den einfachen quadratischen Faktoren.

25) $$\frac{1}{x^2(1+x^2)^2} = \frac{a}{x} + \frac{b}{x^2} + \frac{cx+d}{1+x^2} + \frac{ex+f}{(1+x^2)^2}$$

Bestimmung der Koeffizienten:

Zur Bestimmung der Koeffizienten **eignen** sich folgende Methoden:

1. Koeffizientenvergleich (geht immer!)
2. Zuhaltemethode (nur für Linearfaktoren)
3. Einsetzmethode (geht immer!)

Die Methoden unterscheiden sich durch einen verschieden großen Rechenaufwand. Die Zuhaltemethode ist am schnellsten. Sie liefert aber nur die Koeffizienten, die bei Linearfaktoren mit maximalen Exponenten stehen.

26) $$\frac{2x+3}{(x-1)(x+1)} = \frac{A}{x-1} + \frac{B}{x+1}$$

Beide Koeffizienten lassen sich mit der Zuhaltemethode bestimmen:

A: Man multipliziert beide Seiten der Gleichung mit x-1 und kürzt:

$$\frac{2x+3}{x+1} = A + \frac{B(x-1)}{x+1}.$$

Wird nun $x = 1$ gesetzt, so folgt

$$\frac{2+3}{2} = A + \frac{B}{1+1}\cdot 0,\ A = \frac{5}{2}.$$

Man kann im Kopf kürzen, indem man auf der linken Seite x-1 im Nenner zuhält. [1] Setzt man dann $x = 1$ (die Nullstelle von $y = x-1$) ein, so bleibt rechts nur A stehen und links $\frac{2+3}{2} = A$.

B: Man multipliziert mit (x+1), hält links im Nenner x+1 zu und setzt dann $x = -1$. Rechts bleibt nur B stehen und links $\frac{-2+3}{-2} = -\frac{1}{2} = B$.

Partialbruchzerlegung: $$\frac{2x+3}{(x-1)(x+1)} = \frac{5/2}{x-1} - \frac{1}{2}\cdot\frac{1}{x+1}$$

27) $$\frac{x^2-2x+5}{(x-1)(x-3)(x+2)} = \frac{A}{x-1} + \frac{B}{x-3} + \frac{C}{x+2}$$

1.) Multiplikation mit (x-1), links x-1 zuhalten, $x = 1$ setzen:

$$\frac{1-2+5}{(1-3)(1+2)} = A = \frac{4}{-6} = -\frac{2}{3}$$

2.) Multiplikation mit (x-3), links x-3 zuhalten, $x = 3$ setzen:

$$\frac{3^2-2\cdot 3+5}{(3-1)(3+2)} = B = \frac{8}{10} = \frac{4}{5}$$

---

1) daher der Name

3.) Multiplikation mit (x+2), links x+2 zuhalten, x = -2 setzen:

$$\frac{(-2)^2-2(-2)+5}{(-2-1)(-2-3)} = C = \frac{13}{15}.$$

(28) $$\frac{3x-1}{(x^2+1)(x+1)^2} = \frac{ax+b}{x^2+1} + \frac{c}{x+1} + \frac{d}{(x+1)^2}$$

Mit der Zuhaltemethode läßt sich zunächst nur d bestimmen:

$$d = \frac{3(-1)-1}{(-1)^2+1} = \frac{-4}{2} = -2.$$

$$\frac{3x-1}{(x^2+1)(x+1)^2} = \frac{ax+b}{x^2+1} + \frac{c}{x+1} - \frac{2}{(x+1)^2}$$

Man bringt jetzt $-\frac{2}{(x+1)^2}$ auf die linke Seite

$$\frac{3x-1}{(x^2+1)(x+1)^2} + \frac{2}{(x+1)^2} = \frac{ax+b}{x^2+1} + \frac{c}{x+1}$$

und die (neue) linke Seite auf den Hauptnenner

$$\frac{3x-1+2(x^2+1)}{(x^2+1)(x+1)^2} = \frac{ax+b}{x^2+1} + \frac{c}{x+1}.$$

Hier muß sich nun auf der linken Seite ein Linearfaktor x+1 kürzen lassen, d.h. der Zähler muß durch (x+1) ohne Rest teilbar sein: (Rechenprobe! Geht die Division nicht auf, hat man sich verrechnet!)

$(2x^2 + 3x + 1) : (x + 1) = 2x + 1.$

$$\frac{2x+1}{(x^2+1)(x+1)} = \frac{ax+b}{x^2+1} + \frac{c}{x+1}$$

Nun kann man c nach der Zuhaltemethode bestimmen:

$$c = \frac{2(-1)+1}{(-1)^2+1} = \frac{-1}{2}.$$

Man bringt den bekannten Partialbruch wieder auf die linke Seite, diese auf den Hauptnenner, kürzt durch x+1 und erhält

$$\frac{2x+1 + \frac{1}{2}(x^2+1)}{(x^2+1)(x+1)} = \frac{ax+b}{x^2+1},$$

$(\frac{1}{2}x^2 + 2x + \frac{3}{2}) : (x + 1) = \frac{1}{2}x + \frac{3}{2}$

$$\frac{\frac{1}{2}x + \frac{3}{2}}{x^2+1} = \frac{ax+b}{x^2+1}$$

Da die Nenner übereinstimmen, braucht man nun nur die Koeffizienten der Zähler zu vergleichen: $a = \frac{1}{2}$, $b = \frac{3}{2}$.

(29) = (23)

$$\frac{5x^4+18x^3+11x^2+12x+8}{x(x-1)^2(x+2)^3} = \frac{a}{x} + \frac{b}{x-1} + \frac{c}{(x-1)^2} + \frac{d}{x+2} + \frac{e}{(x+2)^2} + \frac{f}{(x+2)^3}.$$

Welche Koeffizienten lassen sich sofort mit der Zuhaltemethode bestimmen?

Lsg: $a = 1$, $c = 2$, $f = 2$.

Man kann nun die Partialbrüche, deren Koeffizienten man bestimmt hat, auf die linke Seite und diese auf den Hauptnenner bringen und anschließend durch x, $x-1$ und $x+2$ kürzen (Rechenprobe!) und abermals die Zuhaltemethode anwenden um b und e zu bestimmen. d würde man anschließend mit der Einsetzmethode bestimmen. Man kann aber auch sofort b, d und e mit der Einsetzmethode bestimmen. $b = 0$, $d = -1$, $e = 1$.

Mit der Einsetzmethode erzeugt man so viele lineare Gleichungen, wie man unbekannte Koeffizienten hat, indem man in die Ansatzgleichung für die Partialbrüche für x beliebige (rechnerisch bequeme!) Werte einsetzt.

Die Einsetzmethode wird vorteilhaft dann angewendet, wenn man mit der Zuhaltemethode schon einige Koeffizienten berechnen konnte und nur noch wenige Koeffizienten unbekannt sind.

(30) $$\frac{x+1}{x^2(x-1)} = \frac{a}{x} + \frac{b}{x^2} + \frac{c}{x-1}$$

Zuhaltemethode: $b = -1$, $c = 2$.

$$\frac{x+1}{x^2(x-1)} = \frac{a}{x} - \frac{1}{x^2} + \frac{2}{x-1}$$

Einsetzmethode: $x = 2$ eingesetzt ergibt:

$$\frac{3}{4} = \frac{a}{2} - \frac{1}{4} + 2 \quad \Big| \cdot 4$$

$3 = 2a - 1 + 8$, $2a = -4$, $a = -2$.

(31) $$\frac{x}{(x^2+x+1)(x+1)} = \frac{a}{x+1} + \frac{bx+c}{x^2+x+1}$$

Zuhaltemethode $a = -1$

$$\frac{x}{(x^2+x+1)(x+1)} = \frac{-1}{x+1} + \frac{bx+c}{x^2+x+1}$$

Einsetzmethode:

$x = 0$: $0 = -1 + c$ $\Rightarrow$ $c = 1$

$x = 1$: $\frac{1}{3\cdot 2} = -\frac{1}{2} + \frac{b+c}{3}$ $\Rightarrow$ $\frac{1}{6} + \frac{1}{2} - \frac{1}{3} = \frac{b}{3}$, $\frac{2}{6} = \frac{b}{3}$, $b = 1$.

Bei der Methode des Koeffizientenvergleichs bringt man beide Seiten der Ansatz-Gleichung für die Partialbrüche auf den Hauptnenner, ordnet die Zähler nach Potenzen von x und vergleicht die Koeffizienten. Korrespondierende Koeffizienten müssen übereinstimmen. Das liefert ein System von ebensoviel linearen Gleichungen, wie unbekannte Koeffizienten vorhanden sind.

(32) = (26) $$\frac{2x+3}{(x-1)(x+1)} = \frac{A}{x-1} + \frac{B}{x+1}$$

Man bringt beide Seiten auf den Hauptnenner und ordnet die Zähler nach Potenzen von x.

$$\frac{2x+3}{(x-1)(x+1)} = \frac{A(x+1)+B(x-1)}{(x-1)(x+1)} = \frac{(A+B)x + A-B}{(x-1)(x+1)}$$

Koeffizientenvergleich:
$$\begin{aligned} A + B &= 2 \\ A - B &= 3 \\ \hline 2A &= 5 \end{aligned} \quad (+), \quad A = \frac{5}{2}, \quad B = -\frac{1}{2}.$$

(33) $$\frac{x^2-1}{(x+2)(x^2+1)} = \frac{A}{x+2} + \frac{Bx+C}{x^2+1} = \frac{A(x^2+1)+(Bx+C)(x+2)}{(x+2)(x^2+1)}$$

$$= \frac{(A+B)x^2 + (2B+C)x + A+2C}{(x+2)(x^2+1)}$$

1. Lsg: Koeffizientenvergleich:
$$\begin{aligned} x^2&: \quad A + B &= 1 \\ x^1&: \quad 2B + C &= 0 \\ x^0&: \quad A + 2C &= -1 \end{aligned}$$

Lösung des Gleichungssystems: $A = 3/5$, $B = 2/5$, $C = -4/5$.

2. Lsg: Mit der Zuhaltemethode kann man A bestimmen: $A = 3/5$.
Man bringt den bekannten Partialbruch auf die linke Seite und kürzt:

$$\frac{x^2 - 1 - \frac{3}{5}(x^2+1)}{(x+2)(x^2+1)} = \frac{\frac{2}{5}x^2 - \frac{8}{5}}{(x+2)(x^2+1)} = \frac{\frac{2}{5}x - \frac{4}{5}}{x^2+1} = \frac{Bx+C}{x^2+1}$$

$$\left(\frac{2}{5}x^2 - \frac{8}{5}\right):(x+2) = \frac{2}{5}x - \frac{4}{5}$$

Koeffizientenvergleich (ohne Rechnung!): $B = \frac{2}{5}$, $C = -\frac{4}{5}$.

Zusammenfassung der Einzelschritte bei der Partialbruchzerlegung einer rationalen Funktion (z.B. zum Zwecke der Integration)

① Durchdividieren, wenn die rat. Fkt. nicht echt gebrochen ist.
② Reelle Produktdarstellung des Nenners bestimmen
③ Ansatz der Partialbrüche mit unbestimmten Koeffizienten
④ Bestimmung der Koeffizienten

(34) Man zerlege $\frac{2x^3 + x^2}{x^3 - 1}$ in Partialbrüche.

① Durchdividieren: $(2x^3 + x^2):(x^3 - 1) = 2 + \frac{x^2 + 2}{x^3 - 1}$

② Reelle Produktdarstellung des Nenners: Da $x_1 = 1$ eine Nullstelle ist, läßt sich $(x^3 - 1)$ durch $(x - 1)$ dividieren: $(x^3 - 1):(x - 1) = x^2 + x + 1$. Dieser quadratische Ausdruck hat keine reellen Nullstellen mehr, folglich lautet die reelle Produktdarstellung des Nenners: $x^3 - 1 = (x-1)(x^2+x+1)$.

③ Ansatz der Partialbrüche:

$$\frac{x^2 + 2}{(x-1)(x^2+x+1)} = \frac{a}{x-1} + \frac{bx + c}{x^2+x+1}$$

④ Bestimmung der Koeffizienten:

Zuhaltemethode für a: $a = 1$

"Rüberbringen" von $\frac{1}{x-1}$:

$$\frac{x^2 + 2}{(x-1)(x^2+x+1)} - \frac{1}{x-1} = \frac{x^2 + 2 -(x^2+x+1)}{(x-1)(x^2+x+1)} = \frac{-1}{x^2+x+1} =$$

$\frac{bx + c}{x^2+x+1}$ Koeffizientenvergleich: $b = 0$, $c = -1$.

Ergebnis: $$\frac{2x^3 + x^2}{x^3 - 1} = 2 + \frac{1}{x-1} + \frac{-1}{x^2+x+1} .$$

Weitere Beispiele zur PBZ: S. 145 ff Bspe (22) - (24).

3.3 Wurzelfunktionen

Die Wurzelfunktionen (DE 202)

$$y = \sqrt[n]{x} = x^{\frac{1}{n}} \qquad n \in \mathbb{N}$$

werden als Umkehrfunktionen von $y = x^n$ definiert (bei geradem n mit der Einschränkung $x \geq 0$).

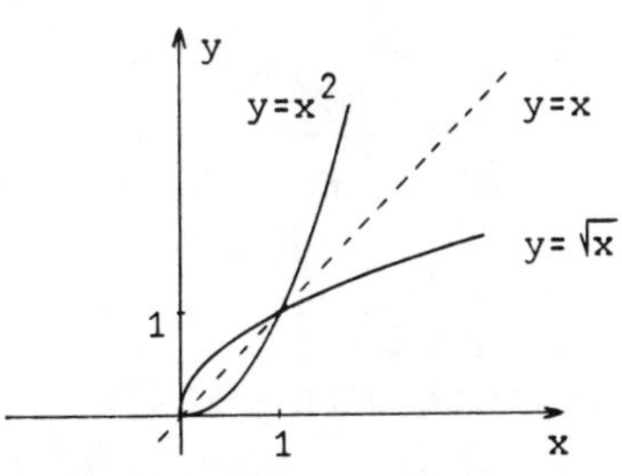

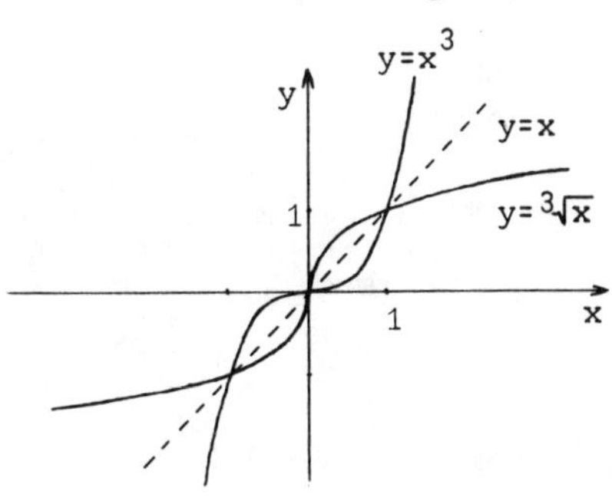

Die Funktionen $y = x^{\frac{m}{n}}$, $m \in \mathbb{Z}$, $n \in \mathbb{N}$ sind als mittelbare Funktionen $u = \sqrt[n]{x}$, $y = u^m$ erklärt. (B 73)

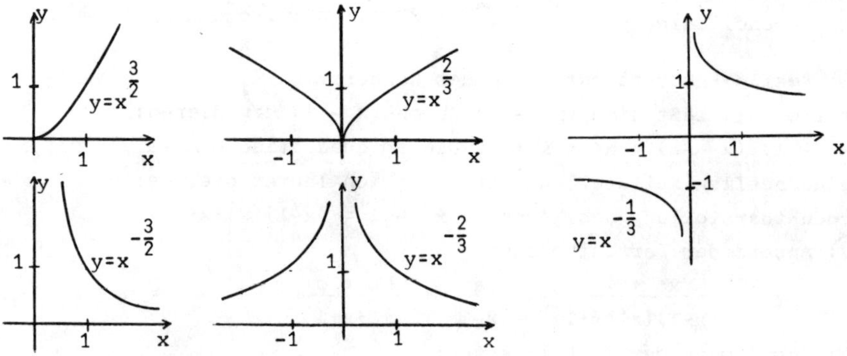

3.4 Trigonometrische Funktionen (DE 223)

Anschauliche Definition der trigonometrischen Funktionen über rechtwinklige Dreiecke am Einheitskreis: 1)

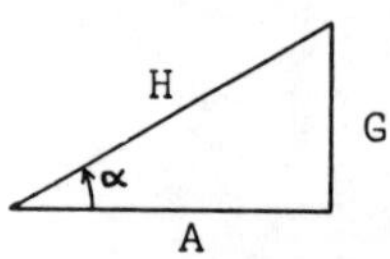

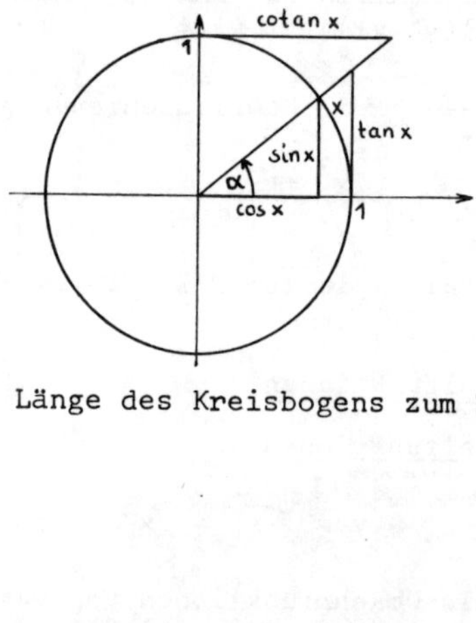

$$\sin\alpha = \frac{\text{Gegenkathete}}{\text{Hypotenuse}} = \frac{G}{H}$$

$$\cos\alpha = \frac{\text{Ankathete}}{\text{Hypotenuse}} = \frac{A}{H}$$

x = Polar-Winkel im Bogenmaß (= Länge des Kreisbogens zum Zentrumswinkel α (im Gradmaß)).

$$\boxed{\alpha = \frac{360^\circ}{2\pi}\cdot x}$$

$\cos x = \sin(\frac{\pi}{2} \pm x)$

Periode 2π

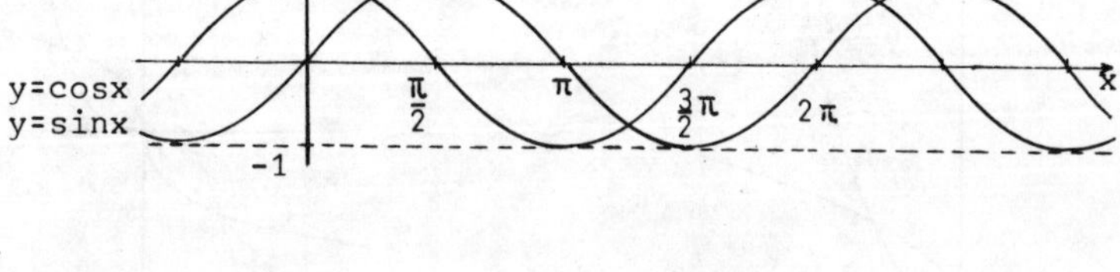

1) Strenge Definition z.B. über unendliche Reihen. (DE 575)

$\tan x = \frac{\sin x}{\cos x}$

$\cot x = \frac{\cos x}{\sin x}$

$= \frac{1}{\tan x}$

Periode π

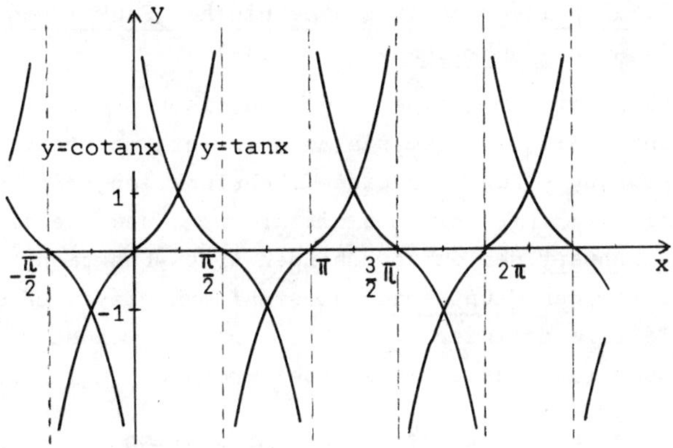

Die wichtigsten <u>trigonometrischen Formeln</u>:

$\cos^2 x + \sin^2 x = 1$

$\sin(\alpha + \beta) = \sin\alpha \cos\beta + \cos\alpha \sin\beta$
$\cos(\alpha + \beta) = \cos\alpha \cos\beta - \sin\alpha \sin\beta$ } <u>Additionstheoreme</u>

Folgerungen: $\sin 2\alpha = 2 \sin\alpha \cos\alpha$
$\cos 2\alpha = \cos^2\alpha - \sin^2\alpha$

Sehr viele trigonometrische Formeln findet man bei B . Weil sie oft gebraucht werden, sollte man die folgenden Funktionswerte der trigonometrischen Funktionen im Kopf haben:

Winkel α						
	Gradmaß	0°	30°	45°	60°	90°
	Bogenmaß	0	$\frac{\pi}{6}$	$\frac{\pi}{4}$	$\frac{\pi}{3}$	$\frac{\pi}{2}$
$\sin\alpha$		0	$\frac{1}{2}$	$\frac{1}{2}\sqrt{2}$	$\frac{1}{2}\sqrt{3}$	1
Merkregel		$\frac{1}{2}\sqrt{0}$	$\frac{1}{2}\sqrt{1}$	$\frac{1}{2}\sqrt{2}$	$\frac{1}{2}\sqrt{3}$	$\frac{1}{2}\sqrt{4}$
$\cos\alpha$		1	$\frac{1}{2}\sqrt{3}$	$\frac{1}{2}\sqrt{2}$	$\frac{1}{2}$	0
$\tan\alpha$		0	$\frac{1}{3}\sqrt{3}$	1	$\sqrt{3}$	$\pm\infty$

Für die trig. Funktionen gibt es Wertetabellen (siehe S. 332).

(35) $\sin(-\frac{7\pi}{3}) = -\sin\frac{7\pi}{3} = -\sin\frac{\pi}{3} = -\frac{1}{2}\sqrt{3}$

$\cot(-\frac{7\pi}{3}) = -\cot\frac{7\pi}{3} = -\cot\frac{\pi}{3} = -\frac{1}{\tan\frac{\pi}{3}} = -\frac{1}{3}\sqrt{3}$

$\sin 66^\circ = 0{,}9135$

$\sin 426^\circ = \sin(360^\circ + 66^\circ) = \sin 66^\circ = 0{,}9135$

$\sin 1{,}45 = 0{,}9927$

3.5 Die inversen trigonometrischen Funktionen (= Arcus-Funktionen) (DE 249)

Betrachtet man eine trigonometrische Funktion nur auf einem Intervall, auf dem sie monoton ist, so besitzt die so eingeschränkte Funktion eine Umkehrfunktion, die bei der sin-Funktion mit arcsin, beim cos mit arccos , usw. bezeichnet wird und ein Nebenwert der entsprechenden Arcus-Funktion heißt.
Unter den Hauptwerten versteht man die durch die folgende Tabelle definierten Funktionen. Sie werden mit großen Anfangsbuchstaben geschrieben (bei Bronstein mit kleinen!).

trigonometr. Funktion	eingeschränkt auf	Umkehrfunktion	Def. Bereich der Umkehrfunktion
$y = \sin x$	$-\frac{\pi}{2} \leq x \leq \frac{\pi}{2}$	$y = \text{Arcsin } x \Leftrightarrow x = \sin y$	$[-1,1]$
$y = \cos x$	$0 \leq x \leq \pi$	$y = \text{Arccos } x \Leftrightarrow x = \cos y$	$[-1,1]$
$y = \tan x$	$-\frac{\pi}{2} < x < \frac{\pi}{2}$	$y = \text{Arctan } x \Leftrightarrow x = \tan y$	$]-\infty, \infty[$
$y = \text{cotan } x$	$0 < x < \pi$	$y = \text{Arccotan } x \Leftrightarrow x = \text{cotan } y$	$]-\infty, \infty[$

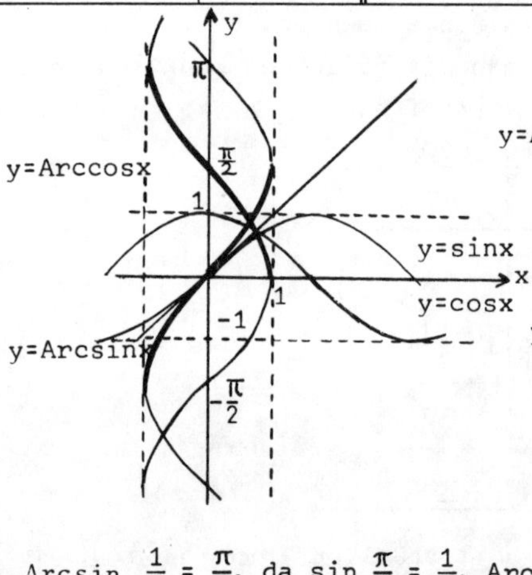

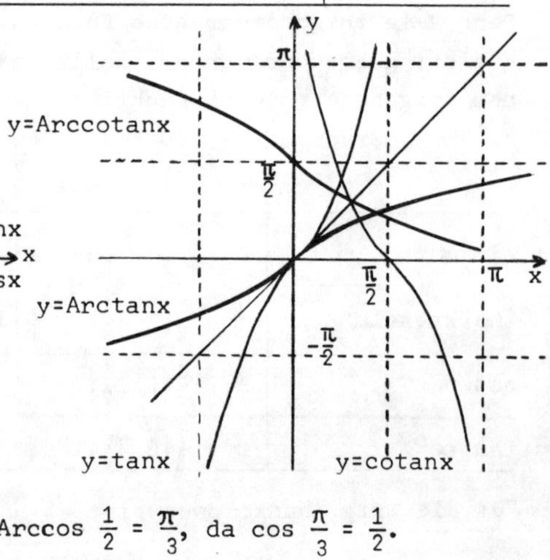

(36) $\text{Arcsin } \frac{1}{2} = \frac{\pi}{6}$, da $\sin \frac{\pi}{6} = \frac{1}{2}$. $\text{Arccos } \frac{1}{2} = \frac{\pi}{3}$, da $\cos \frac{\pi}{3} = \frac{1}{2}$.

Arctan 0,6841 = 0,6, da tan 0,6 = 0,6841.

(37) Man vereinfache $y = \sin \text{Arccos } x$.

Lsg: Man kann den sin durch den cos ausdrücken über

$\sin x = \sqrt{1-\cos^2 x}$, $0 \leq x \leq \pi$.

$y = \sin \text{Arccos } x = \sqrt{1-[\cos \text{Arccos } x]^2} = \sqrt{1-x^2}$

(38) y = tan Arcsin x, man drückt den tan durch den sin aus:

$\tan x = \frac{\sin x}{\cos x} = \frac{\sin x}{\sqrt{1-\sin^2 x}}$,

setzt für x Arcsin x ein und erhält

$y = \frac{\sin(\text{Arcsin } x)}{\sqrt{1-\sin^2 \text{Arcsin} x}} = \frac{x}{\sqrt{1-x^2}}$.

3.6 Exponentialfunktionen und logarithmische Funktionen

Die (spez.) Exponentialfunktion $y = e^x$ (e = 2,718281828...) wird definiert durch die für alle x konvergente Exponentialreihe

$$e^x := 1 + x + \frac{x^2}{2!} + \frac{x^3}{3!} + \ldots = \sum_{k=0}^{\infty} \frac{x^k}{k!}$$

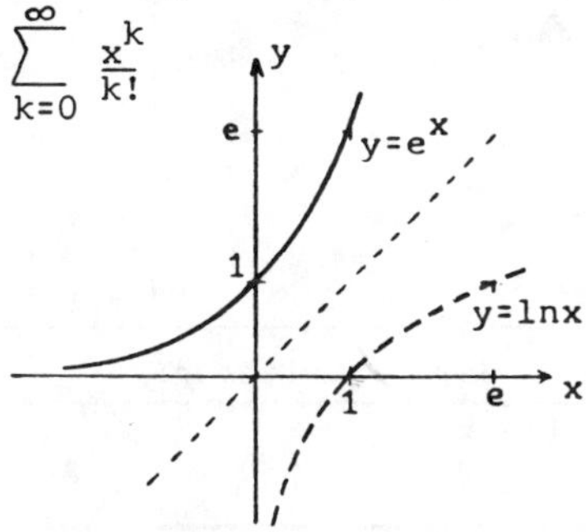

Die Umkehrfunktion der Exponentialfunktion heißt natürlicher Logarithmus y = ln x

$$e^{\ln x} = x, \quad \ln e^x = x$$

Ist $a > 0$, $a \neq 1$, so definiert man die Exponentialfunktion mit der Basis a durch

$$y = a^x := e^{\ln a^x} = e^{x \cdot \ln a}$$

und die Logarithmusfunktion mit der Basis a $y = \log_a x$ als Umkehrfunktion hierzu:

$$\log_a a^x = x, \quad a^{\log_a x} = x$$

Im Falle a = 10 ist die folgende Bezeichnung üblich:

$\lg x = \log_{10} x$ (Briggscher Logarithmus).

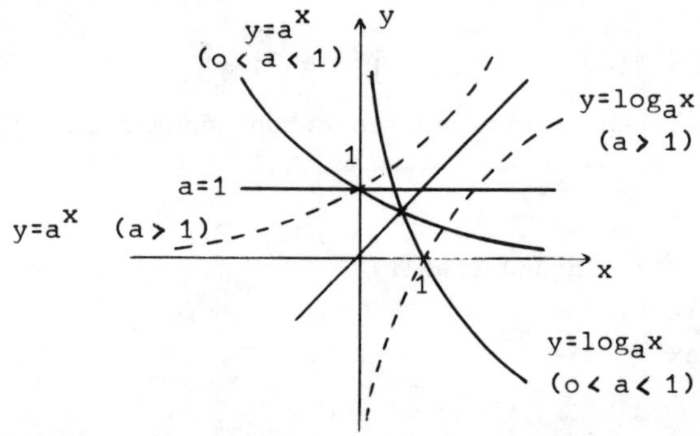

Die wichtigsten Rechengesetze für Exponentialfunktionen und Logarithmus: (DE 204, 213)

Exponentialfunktion (a > 0)	Logarithmus (mit beliebiger Basis a > 0)
$a^{x+y} = a^x \cdot a^y$	$\log(x \cdot y) = \log x + \log y$
$a^{-x} = \frac{1}{a^x}$	$\log \frac{1}{x} = -\log x$
$a^0 = 1$	$\log 1 = 0$
$(a^r)^s = a^{r \cdot s}$	$\log r^s = s \cdot \log r$

Umrechnung der Logarithmen:

$$\log_a x = \frac{\log_b x}{\log_b a} \quad \text{insbs.} \quad \log_a x = \frac{\ln x}{\ln a} \qquad \log_a x = \frac{\log_{10} x}{\log_{10} a}$$

(39) Man beweise diese Formel.
Lsg: $y = \log_a x \Leftrightarrow a^y = x = b^{y \log_b a} \Leftrightarrow \log_b x = y \log_b a$,
$y = \log_a x = \log_b x / \log_b a$. Die Formeln rechts erhält man für b=e bzw. b=10.

(40) $\log_2 5 = \frac{1}{\ln 2} \ln 5 = \frac{1{,}6094}{0{,}6931} = 2{,}32203$

(41) $2^{-2{,}72} = e^{-2{,}72 \cdot \ln 2} = e^{-2{,}72 \cdot 0{,}6931} = e^{-1{,}8852} = 0{,}1518$

(42) $\ln \frac{3x^2 \cdot \sqrt[3]{y}}{2zu^3} = \ln(3x^2 \cdot \sqrt[3]{y}) - \ln 2zu^3$

$= \ln 3 + 2 \cdot \ln x + \frac{1}{3} \cdot \ln y - \ln 2 - \ln z - 3 \cdot \ln u$

(43) Man stelle den folgenden Ausdruck als Potenz mit der Basis 2 dar:

$\frac{2^{1,7}\ 3^{0,7}}{4^{1,1}} = \frac{2^{1,7}\ 2^{0,7 \log_2 3}}{2^{2,2}} = 2^{1,7-2,2} \cdot 2^{0,7 \cdot \frac{\ln 3}{\ln 2}}$

$= 2^{-0,5+0,7 \cdot \frac{1,0986}{0,6931}}$ nach Bsp. (39).

3.7 Die Hyperbelfunktionen

(DE 256)

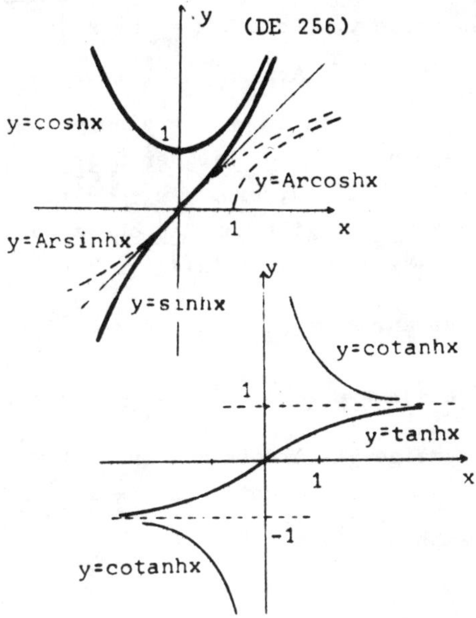

$y = \cosh x := \frac{1}{2}(e^{x}+e^{-x})$

$y = \sinh x := \frac{1}{2}(e^{x}-e^{-x})$

Zu lesen: Hyperbel-cosinus oder cosinus hyperbolicus.

$y = \tanh x = \frac{\sinh x}{\cosh x}$

$y = \operatorname{cotanh} x = \frac{\cosh x}{\sinh x}$

Wichtigste Formeln:

$\cosh^2 x - \sinh^2 x = 1$ $\cosh(-x) = \cosh x$ (gerade Funktion)

$\cosh x + \sinh x = e^{x}$ $\sinh(-x) = -\sinh x$ (ungerade Fkt.)

$\sinh(x+y) = \sinh x \cosh v + \cosh x \sinh y$

$\cosh(x+y) = \cosh x \cosh y + \sinh x \sinh y$

3.8 Die inversen Hyperbelfunktionen (= Area-Funktionen)

Die Hyperbel-Funktionen sind umkehrbar (bei cosh x mit der Einschränkung $x \geq 0$).

(DE 261)

$y = \operatorname{Arcosh} x :\Longleftrightarrow x = \cosh y$

$y = \operatorname{Arsinh} x :\Longleftrightarrow x = \sinh y$

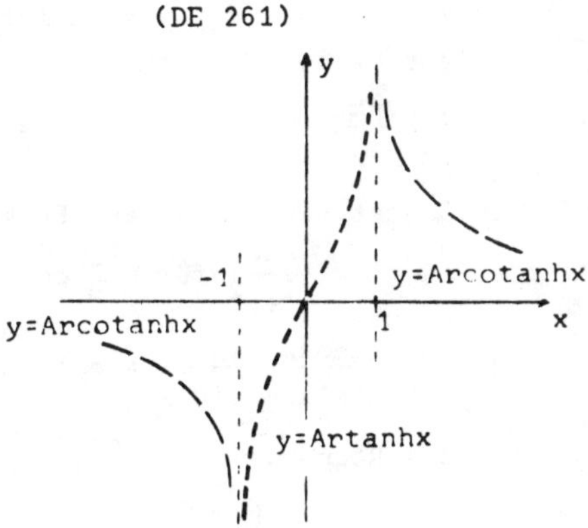

$y = \operatorname{Artanh} x :\Longleftrightarrow x = \tanh y$

$y = \operatorname{Arcotanh} x :\Longleftrightarrow x = \operatorname{cotanh} y$

(44) Man zeige $y = \operatorname{Arsinh} x = \ln (x+\sqrt{x^2+1})$

$$y = \operatorname{Artanh} x = \frac{1}{2} \ln \frac{1+x}{1-x}$$

Lsg: $y = \operatorname{Arsinh} x \Longleftrightarrow x = \sinh y = \frac{1}{2}(e^y - e^{-y})$

$e^{2y} - 2xe^y - 1 = 0$. Mit der Substitution $z = e^y$ erhält man

$z^2 - 2xz - 1 = 0$, $z_{1,2} = x \pm \sqrt{x^2+1}$.

Da $z > 0$ ist, gilt nur das obere Vorzeichen.

$e^y = x+\sqrt{x^2+1}$, $y = \ln (x+\sqrt{x^2+1})$.

$$y = \operatorname{Artanh} x \Longleftrightarrow x = \tanh y = \frac{e^y-e^{-y}}{e^y+e^{-y}}$$

$(e^y+e^{-y})x = e^y-e^{-y}$, $e^{2y} = \frac{1+x}{1-x}$, $2y = \ln \frac{1+x}{1-x}$.

(45) Man zeige $y = \operatorname{Arcosh} x = \ln (x + \sqrt{x^2-1})$

$$y = \operatorname{Arcotanh} x = \frac{1}{2} \ln \frac{x+1}{x-1} .$$

(46) Arsinh 0,4653 = 0,45

3.9 Rationale Funktionen von mehreren Veränderlichen

Eine Funktion $f: \mathbb{R}^2 \rightarrow \mathbb{R}$, deren Funktionsgleichung

$$z = f(x,y) = a_o + a_{10}x + a_{11}y + a_{20}x^2 + a_{21}xy + a_{22}y^2 + \ldots$$
$$\ldots + a_{no}x^n + a_{n1}x^{n-1}y + \ldots + a_{nn}y^n$$

lautet, heißt ein Polynom oder eine ganze rationale Funktion n-ten Grades der zwei Veränderlichen x und y. Entsprechend definiert man Polynome von mehr als zwei Veränderlichen.

(47) $z = 1 + 2x + 3y + 4xy + y^2$ ist ein Polynom 2. Grades. Der Quotient zweier Polynome heißt eine rationale Funktion.

(48) $z = \frac{1+xy-x^2}{x+y+y^2}$ ist eine rationale Funktion von 2 Veränderlichen.

(49) Wie lautet die mittelbare Funktion von x, wenn man in

$z = R(u,v) = \frac{u\cdot v}{u^2+v^2}$ für $u = \cos x$ und für $v = \sin x$ einsetzt?

Lsg: $z = \dfrac{\cos x \sin x}{\cos^2 x + \sin^2 x} = \cos x \sin x$.

(50) Ist $z = R(\cos x,\sin x) = \dfrac{\cos^2 x \sin x}{1+\cos x}$ gerade bzgl. cosx?

ungerade bzgl. sinx?

Lsg: z ist nicht gerade bzgl. cosx, da $R(-\cos x,\sin x) \neq R(\cos x,\sin x)$. z ist ungerade bzgl. sinx, da $R(\cos x,-\sin x) = -R(\cos x,\sin x)$.

3.10 Aufgaben

1) Welchen Grad hat das Polynom $y = x^2(x-1)^2(x^2+1)$?
2) Man berechne die reellen Nullstellen von x^3-x.
3) Man berechne die reelle Produktdarstellung von $x^6 + 6x^5 + 10x^4 - 2x^3 - 15x^2$.
4) Man berechne $(x^6 - x^2 + 3x + 1):(x^4 - 5x^2 +4)$
5) Man zerlege $x^3 + x^2 - 4x - 4$ in Linearfaktoren.
6) Reelle Produktdarstellung: $x^5 + x^4 - 4x^3 + 4x^2 - 5x + 3$
7) Partialbruchzerlegung $\dfrac{x^5 - 2x + 2}{x^2(x-1)^2(x^2+1)}$
8) PBZ $\dfrac{2}{x^4+2x^3+2x^2+2x+1}$
9) PBZ $\dfrac{1-x^2}{1-2x\cos\varphi+x^2}$
10) Arccos 1/2 = ?
11) sin 0,75
12) sinh 0,75
13) Partialbruchzerlegung $\dfrac{3x+1}{(x-1)^5}$ Hinweis: Man ordne den Zähler nach Potenzen von x-1 um (z.B. mit Horner).
14) Man ordne $x^6 + 2x^5 + x^4 + x + 1$ um nach Potenzen von x+1 (Horner!)
15) PBZ $\dfrac{x^6+2x^5+x^4+x+1}{(x+1)^6}$
16) PBZ $\dfrac{x^4+8x^2-1}{x^4+2x^2+8x+5}$
17) Man berechne für $P(x) = x^5-2x^4+x^3+2x^2-3x+1$ P(0,8) mit dem Hornerschema. Ebenso P(0,5), P(2) und P(x)/(x-1), P(x)/(x-2).
18) PBZ $\dfrac{25-x^5}{x^4+4x^3+5x^2}$
19) PBZ $\dfrac{x^4-x^3-x-1}{x^3-x^2}$
20) Man skizziere $y = \sqrt{x+1}$

21) $\sqrt{56,25} = ?$

22) $\sqrt[3]{55} = ?$

23) $\sqrt[3]{\pi} = ?$

24) $\text{Arcsin}\ \frac{1}{2}\sqrt{3} = ?$

25) $\alpha = 28^\circ \mathrel{\hat{=}}$? im Bogenmaß

26) $e^{6,9} = ?$

27) $\ln 992,27 = ?$

28) $\sin 7,5 = ?$

29) $\sin 7^\circ 30' = ?$

30) Artanh 0,9217

31) tanh 0,45

32) tan 0,45

33) $\cos 730^\circ = ?$

34) $R(x,y) = \dfrac{x^2y-xy^2}{x^2+y^2}$, $R(-1,1) = ?$

35) Man drücke $1 - \cos 4x$ durch $\sin x$ und $\cos x$ aus!

3.11 Ergebnisse

1) 6

2) 0, 1, -1

3) $x^2(x-1)(x+3)(x^2+4x+5)$

4) $x^2 + 5 + \dfrac{20x^2+3x-19}{x^4-5x^2+4}$

5) $(x+1)(x-2)(x+2)$

6) $(x-1)(x-1)(x+3)(x^2+1) = (x-1)^2(x+3)(x^2+1)$

7) $\dfrac{2}{x} + \dfrac{2}{x^2} + \dfrac{1/2}{(x-1)^2} - \dfrac{x+(1/2)}{x^2+1}$

8) $\dfrac{1}{1+x} + \dfrac{1}{(1+x)^2} - \dfrac{x}{1+x^2}$

9) $-1 + \dfrac{2-2x\cos\varphi}{x^2-2x\cos\varphi+1}$

10) $\frac{\pi}{3}$

11) 0,6816

12) 0,8223

13) $\frac{3}{(x-1)^4} + \frac{4}{(x-1)^5}$

14) $u = x+1,\ u^6 - 4u^5 + 6u^4 - 4u^3 + u^2 + u$

15) $u = x+1,\ 1 - \frac{4}{u} + \frac{6}{u^2} - \frac{4}{u^3} + \frac{1}{u^4} + \frac{1}{u^5}$

16) $1 - \frac{2}{x+1} + \frac{1}{(x+1)^2} + \frac{2x-1}{(x^2-2x+5)}$

17) $P(0,8) = -0,09952$, $P(0,5) = 0,03125$, $P(2) = 11$.

$P(x)/(x-1) = x^4 - x^3 + 2x - 1$, $P(x)/(x-2) = x^4 + x^2 + 4x + 5 + 11/(x-2)$.

18) $-x + 4 + \frac{5}{x^2} - \frac{4}{x} - \frac{7x+9}{x^2+4x+5}$

19) $x + \frac{1}{x^2} + \frac{2}{x} - \frac{2}{x-1}$

20)

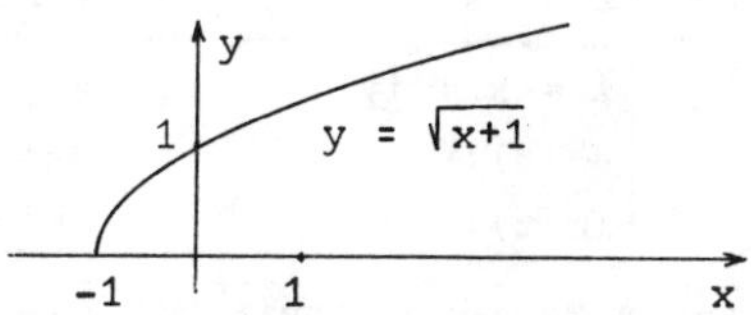

21) 7,50

22) 3,803

23) 1,4646

24) $\pi/3$

25) 0,488692

26) 992,27

27) 6,9 (s.A. (26))

28) $= \sin\left(\frac{5\pi}{2} - 0,35398\right) = 0,9380$

29) 0,1305

30) 1,60

31) 0,4219

32) 0,4831

33) $\cos 730^\circ = \cos(2\cdot 360^\circ + 10^\circ) = \cos 10^\circ = 0,9848$

34) 1

35) $= 8\cos^2 x - 8\cos^4 x$

4. Komplexe Zahlen

4.1 Die Zahlenebene

Unter dem Zahlenkörper der komplexen Zahlen $\mathbb{C}$ versteht man die Elemente von $\mathbb{R}^2$ mit folgenden Rechenoperationen:

$$(a,b) + (c,d) = (a + c, b + d) \quad \text{Vektoraddition}$$
$$(a,b)(c,d) = (ac - bd, da + bc)$$

Das Element $i = (0,1)$ heißt imaginäre Einheit*. Es gilt:

$$i^2 = (0,1)(0,1) = (-1,0)$$

Man kann jedes Paar zerlegen in:

$$(x,y) = (x,0) + (0,y) = (x,0) + (y,0)i$$

Identifiziert man das Paar $(x,0)$ mit der reellen Zahl x, so kann man jede komplexe Zahl in folgender Form schreiben:

$z = x + iy$	x,y reelle Zahlen
$\text{Re}(z) := x$	heißt Realteil von z
$\text{Im}(z) := y$	heißt Imaginärteil von z

Mit komplexen Zahlen rechnet man wie mit reellen Zahlen, man hat nur $i^2 = -1$ zu berücksichtigen.

(1) Seien $z = 1 + 2i$, $w = 3 - i$. Man berechne $z + w$ und zw.

Lsg: $z + w = 1 + 2i + 3 - i = 4 + i$

$zw = (1 + 2i)(3 - i) = 3 - i + 6i - 2i^2 = 3 + 2 + 5i = 5 + 5i$

(2) Man berechne: a) $(1 + i)(1 - i) = z$ b) $i(2 - 3i)^2(1 + i) = z$

Lsg: a) $z = (1 + i)(1 - i) = 1^2 - i^2 = 2$

b) $z = i(1 + i)(2 - 3i)^2 = (i + i^2)(4 - 12i + 9i^2)$

$z = (i - 1)(-5 - 12i) = -5i + 12 + 5 + 12i = 17 + 7i$

Eine komplexe Zahl $z = a + ib$ ist ein Punkt in der x,y - Ebene.

Der Punkt z wird eindeutig durch seine Polarkoordinaten r, φ beschrieben. Es ist:
$a = r\cos\varphi \qquad b = r\sin\varphi$

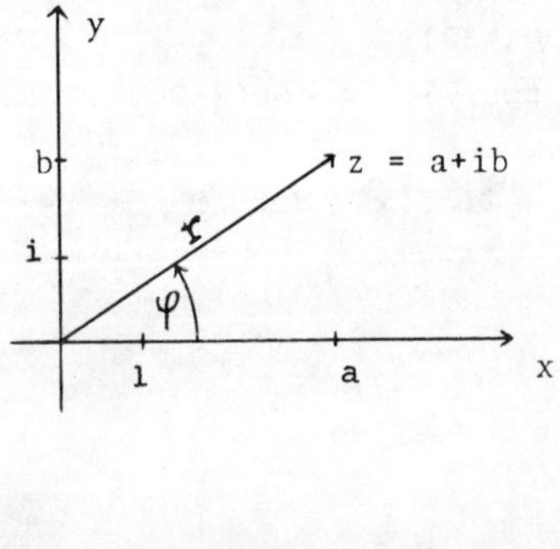

* in technischer Literatur oft j genannt.

Man hat folgende Darstellungen einer komplexen Zahl z:

$z = x + iy$	<u>kartesische Darstellung</u>
$z = r(\cos\varphi + i\sin\varphi)$	<u>Polarkoord.-darstellung</u>
$z = r\cdot e^{i\varphi}$	<u>Eulersche Darstellung</u>
$e^{i\varphi} := \cos\varphi + i\sin\varphi$	
$r = \sqrt{x^2 + y^2} = \lvert z\rvert$	heißt <u>Betrag</u> von z
$\varphi = \operatorname{Arg}(z)$ mit $0 \le \varphi < 2\pi$	heißt <u>Argument</u> von z
$\cos\varphi = \frac{x}{r}$, $\sin\varphi = \frac{y}{r}$, $\tan\varphi = \frac{y}{x}$	

φ ist der Winkel zwischen der positiven x-Achse und der Strecke $\overline{Oz}$, r ist der Abstand des Punktes z vom Ursprung.

<u>Zur Berechnung des Argumentes:</u>

(i) $\cos\varphi = \frac{x}{r}$, $\sin\varphi = \frac{y}{r}$ bestimmen φ eindeutig

(ii) $\tan\varphi = \frac{y}{x}$ Quadranten beachten

(3) Man berechne Argument und Betrag von: a) $z = -2i$ b) $z = \sqrt{3} + 3i$

Lsg: a) $\lvert -2i\rvert = \sqrt{0^2+2^2} = 2 \Rightarrow -2i = 2(0-i) \Rightarrow \cos\varphi = 0,\ \sin\varphi = -1$

Damit ist $\varphi = \frac{3}{2}\pi$ und $-2i = 2(\cos\frac{3}{2}\pi + i\sin\frac{3}{2}\pi)$.

b) $\lvert z\rvert = \sqrt{3^2 + \sqrt{3}^2} = \sqrt{12} \Rightarrow z = \sqrt{12}(\frac{1}{2}+\frac{1}{2}\sqrt{3}i) \Rightarrow \cos\varphi = \frac{1}{2},\ \sin\varphi = \frac{1}{2}\sqrt{3}$

Damit ist $\varphi = \frac{\pi}{3}$ und $z = 2\sqrt{3}(\cos\frac{\pi}{3} + i\sin\frac{\pi}{3})$.

Es ist auch: $x = \sqrt{3} > 0 \Rightarrow \varphi = \operatorname{Arctan}\frac{3}{\sqrt{3}} = \frac{\pi}{3}$

(4) $\operatorname{Arg}(-2+2i) = ?$

Lsg: $x = -2 < 0 \Rightarrow \varphi = \pi + \operatorname{Arctan}\frac{2}{-2} = \pi + (-\frac{\pi}{4})$

Also ist $\varphi = \frac{3}{4}\pi$.

zu 4.2

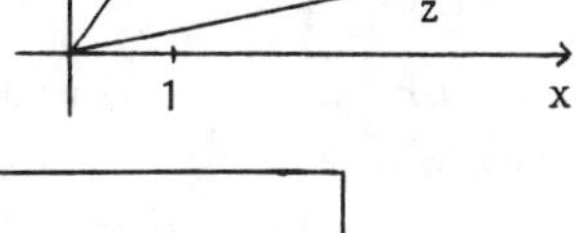

4.2 Rechnen mit Beträgen

(a) Seien z, w komplexe Zahlen, dann ist

$d = \lvert z - w\rvert$ der <u>Abstand</u> der Punkte z und w.

(b) Es gilt die <u>Dreiecksungleichung</u>

$\lvert z + w\rvert \le \lvert z\rvert + \lvert w\rvert$

(c) $\lvert z\cdot w\rvert = \lvert z\rvert\cdot\lvert w\rvert$

(5) Man skizziere in der z-Ebene: a) $\lvert z\rvert = 1$ b) $\lvert z + (1+i)\rvert = 2$

Lsg: (a) geometrisch:

Die Punkte z mit $|z| = 1$ haben den Abstand 1 vom Ursprung. Sie liegen also auf dem Kreis um den Ursprung mit dem Radius 1. Dieser Kreis wird auch <u>Einheitskreis</u> genannt.

rechnerisch: $|z| = |x + iy| = \sqrt{x^2 + y^2} = 1$

(b) geometrisch: $|z -(-1 - i)| = 2$, das sind die Punkte, die von $z_o = -1 - i$ den Abstand 2 haben. Die Punkte liegen auf dem Kreis um z_o mit dem Radius 2.

rechnerisch: $|z + 1 + i| = |x+1 + (1+y)i| = \sqrt{(x+1)^2 + (y+1)^2} = 2$

(6) Man berechne den Betrag von $z = e^{i\varphi}$

Lsg: $e^{i\varphi} = \cos\varphi + i\sin\varphi$, d.h. $|z|^2 = \cos^2\varphi + \sin^2\varphi = 1$, $|z| = 1$

> $z = e^{i\varphi}$ mit $0 \leq \varphi < 2\pi$ stellt den <u>Einheitskreis</u> dar.

4.3 Konjugiert komplexe Zahl

Die Zahl $\bar{z}: = x - iy$ heißt die <u>konjugiert komplexe Zahl</u> zu $z = x + iy$. Geometrisch gesehen geht $\bar{z}$ aus z durch Spiegelung an der x-Achse hervor. Es gilt:

> (a) $\overline{z + w} = \bar{z} + \bar{w}$
> (b) $\overline{zw} = \bar{z} \cdot \bar{w}$
> (c) $z \cdot \bar{z} = |z|^2$

(7) Man zeichne die konjugiert komplexe Zahl zu:

a) $z = -2 + 3i$ b) $z = 1 - 2i$

Lsg:

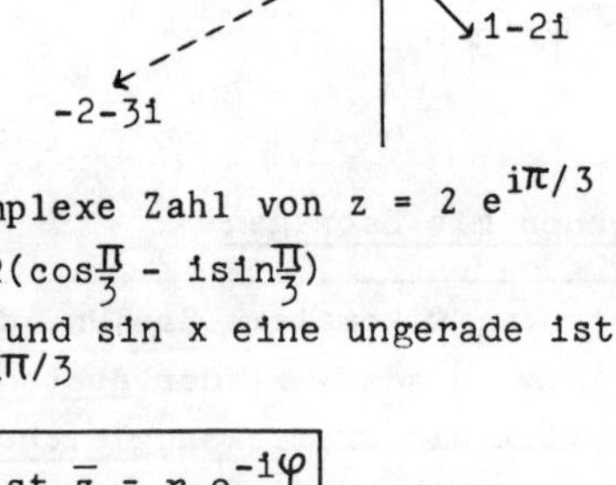

(8) Man berechne die konjugiert komplexe Zahl von $z = 2\,e^{i\pi/3}$

Lsg: $z = 2(\cos\frac{\pi}{3} + i\sin\frac{\pi}{3})$, $\bar{z} = 2(\cos\frac{\pi}{3} - i\sin\frac{\pi}{3})$

Da cos x eine gerade Funktion und sin x eine ungerade ist, folgt:

$\bar{z} = 2(\cos(-\frac{\pi}{3}) + i\sin(-\frac{\pi}{3})) = 2e^{-i\pi/3}$

> $z = r \cdot e^{i\varphi}$, dann ist $\bar{z} = r \cdot e^{-i\varphi}$

4.4 Multiplikation und Division

Quotienten:

Einen Quotienten berechnet man, indem man den Bruch mit dem Konjugierten des Nenners erweitert.

$$z = \frac{a}{b} = \frac{a\cdot\bar{b}}{b\cdot\bar{b}} = |b|^{-2}\cdot a\bar{b}$$

(9) Man berechne: a) $z = \frac{2}{i}$ b) $z = \frac{1+2i}{3-i}$

Lsg: a) $z = \frac{-2i}{-i^2} = -2i$

b) $z = \frac{(1+2i)(3+i)}{(3-i)(3+i)} = \frac{1}{10}(1+2i)(3+i) = \frac{1}{10}(1+7i)$

Bei der Multiplikation von $z = r\cdot e^{i\varphi}$ und $w = s\cdot e^{i\psi}$ werden die Beträge multipliziert und die Argumente addiert:

$$z\cdot w = rs\cdot e^{i(\varphi+\psi)} = rs(\cos(\varphi+\psi) + i\sin(\varphi+\psi))$$

Bei der Division werden die Beträge dividiert und die Argumente subtrahiert:

$$\frac{z}{w} = \frac{r}{s}\, e^{i(\varphi-\psi)} = \frac{r}{s}(\cos(\varphi-\psi) + i\sin(\varphi-\psi))$$

Damit hat man zwei Möglichkeiten zu multiplizieren bzw. zu dividieren:

1. in der kartesischen Darstellung
2. in der Eulerschen Darstellung.

Bei hohen Potenzen ist die zweite Möglichkeit vorteilhafter.

(10) Man berechne $z = \frac{\sqrt{2} + i\sqrt{2}}{i}$

Lsg: $z = (\sqrt{2} + i\sqrt{2})(-i) = \sqrt{2} - i\sqrt{2}$ in kart. Darst.

$\sqrt{2} + i\sqrt{2} = 2(\cos\frac{\pi}{4} + i\sin\frac{\pi}{4}) = 2e^{i\pi/4}$, $i = e^{i\pi/2}$. Damit ist

$$z = 2e^{-i\pi/4} = 2(\cos(-\tfrac{\pi}{4}) + i\sin(-\tfrac{\pi}{4})) = \sqrt{2} - i\sqrt{2}$$

(11) Man berechne:

$$z = \left(\frac{\sqrt{3}}{2} + \frac{1}{2}i\right)^{11}$$

Lsg: $w = \frac{\sqrt{3}}{2} + \frac{1}{2}i$, dann ist $|w| = \sqrt{\frac{3}{4} + \frac{1}{4}} = 1$

$\cos\varphi = \frac{\sqrt{3}}{2}$, $\sin\varphi = \frac{1}{2}$, d.h. $\varphi = \frac{\pi}{6}$. Also ist $w = e^{i\pi/6}$.

$z = w^{11} = e^{i\pi 11/6} = \cos\frac{\pi}{6} - i\sin\frac{\pi}{6} = \frac{\sqrt{3}}{2} - \frac{1}{2}$; denn es gilt:

$\cos(x+2k\pi) = \cos x$, $\sin(x+2k\pi) = \sin x$ für $k = 0, \pm1, \pm2, \ldots$

Also ist: $\cos\frac{11}{6}\pi = \cos(-\frac{\pi}{6}) = \cos\frac{1}{6}\pi$, $\sin(\frac{11}{6}\pi) = \sin(-\frac{\pi}{6}) = -\sin\frac{\pi}{6}$

4.5 Wurzeln aus komplexen Zahlen

Man nennt eine komplexe Zahl a eine <u>n-te Wurzel</u> der komplexen Zahl b, wenn $a^n = b$. Aus der Eulerschen Darstellung $b = r\cdot e^{i\varphi}$ mit $r = |b|$ und $\varphi = \mathrm{Arg}(b)$ sieht man, daß

$a = \sqrt[n]{r}\, e^{i\varphi/n}$ eine n-te Wurzel von b ist. Darüber hinaus gilt:

> Jede komplexe Zahl $b \neq 0$ besitzt genau n n-te Wurzeln, die sich nach der <u>Formel von Moivre</u> berechnen:
>
> $$a_k = \sqrt[n]{r}\cdot e^{i(\frac{\varphi}{n} + \frac{2k\pi}{n})} \qquad \text{für } k = 0,1, \ldots, n-1$$
>
> Die n-ten Wurzeln von b liegen auf dem Kreis um den Ursprung mit dem Radius $\sqrt[n]{r}$. Sie bilden ein regelmäßiges n-Eck.

(12) Man bestimme die Wurzeln von $z^6 = 1$.

Lsg: $1 = e^{i0}$, d.h. $a_o = 1$, $a_1 = e^{i2\pi/6} = \cos\frac{\pi}{3} + i\sin\frac{\pi}{3} = \frac{1}{2}(1+\sqrt{3}\,i)$,

$a_2 = \cos\frac{2}{3}\pi + i\sin\frac{2}{3}\pi = \frac{1}{2}(-1+\sqrt{3}\,i)$, $a_3 = \cos\pi + i\sin\pi = -1$

$a_4 = \cos\frac{4}{3}\pi + i\sin\frac{4}{3}\pi = \frac{1}{2}(-1-\sqrt{3}\,i)$, $a_5 = \cos\frac{5}{3}\pi \quad i\sin\frac{5}{3}\pi = \frac{1}{2}(1-\sqrt{3}\,i)$

(13) Man bestimme die Wurzeln von $z^3 = i$.

Lsg: $i = \cos\frac{\pi}{2} + i\sin\frac{\pi}{2}$, d.h. $a_o = \cos\frac{\pi}{6} + i\sin\frac{\pi}{6} = \frac{1}{2}(\sqrt{3}+i)$,

$a_1 = \cos\frac{5}{6}\pi + i\sin\frac{5}{6}\pi = \frac{1}{2}(-\sqrt{3}+i)$, $a_2 = \cos\frac{3}{2}\pi + i\sin\frac{3}{2}\pi = -i$

zu (12)

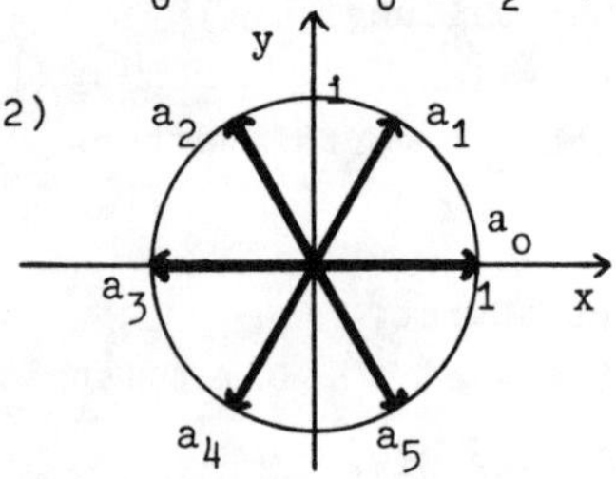

zu (13)

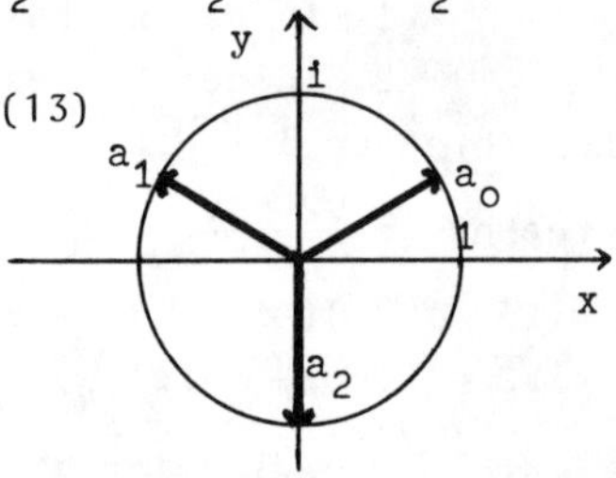

Für die komplexen Zahlen gilt der <u>sogenannte Fundamentalsatz der Algebra</u>:

> Ist $f(z) = z^n + a_{n-1}z^{n-1} + \ldots + a_1 z + a_o$ ein Polynom mit komplexen Koeffizienten. Dann läßt sich f(z) als ein Produkt von n Linearfaktoren schreiben:
>
> $$f(z) = (z - b_1)\ldots(z - b_n).$$
>
> Die komplexen Zahlen $b_1, \ldots, b_n$ sind die Nullstellen von f(z).

Für Polynome mit reellen Koeffizienten hat man:

> Jedes Polynom mit reellen Koeffizienten läßt sich als Produkt

von linearen und quadratischen Faktoren - mit reellen Koeffizienten -, die keine reellen Nullstellen mehr haben, schreiben.

14) Man schreibe als Produkt von Linearfaktoren:

a) $f(z) = z^6 - 1$ b) $f(z) = z^4 + 2z^2 + 1$

Lsg: a) Es müssen die Nullstellen von $z^6 - 1$ bestimmt werden, also die Lösungen von $z^6 = 1$ (siehe (12)).

$$z^6-1 = (z-1)(z+1)(z-\tfrac{1}{2}-\tfrac{1}{2}\sqrt{3}\cdot i)(z-\tfrac{1}{2}+\tfrac{1}{2}\sqrt{3}\cdot i)(z+\tfrac{1}{2}-\tfrac{1}{2}\sqrt{3}\cdot i)(z+\tfrac{1}{2}+\tfrac{1}{2}\sqrt{3}\cdot i)$$

b) $f(z) = (z^2+1)^2$ und $z^2+1 = (z+i)(z-i) \Rightarrow f(z) = (z+i)^2(z-i)^2$

15) Man schreibe als Produkt von linearen und quadratischen Faktoren mit reellen Koeffizienten:

$f(z) = z^7 + z^6 + . . . +1 = \frac{1 - z^8}{1 - z}$ (siehe S.187).

Lsg: (i) Man sucht alle Nullstellen von f(z), (ii) die reellen Nullstellen bestimmen die Linearfaktoren, (iii) ist a eine komplexe, nicht reelle Nullstelle, dann ist $(z - a)(z - \bar{a}) = z^2 - 2\mathrm{Re}(a)z + a^{2}$ ein gesuchter Faktor.

$f(z)(z-1) = z^8-1$; Nullstellen nach Moivre: $a_0 = 1$, $a_1 = \frac{1}{2}(\sqrt{2}+\sqrt{2}i)$, $a_2 = i$, $a_3 = \frac{1}{2}(-\sqrt{2} +\sqrt{2}i)$, $a_4 = -1$ usw.

Nach (iii) $(z-a_1)(z-\bar{a}_1) = z^2 -\sqrt{2}z + 1$, $(z-i)(z+i) = z^2+1$, $(z-a_3)(z-\bar{a}_3) = z^2 +\sqrt{2}z + 1$. Damit ergibt sich:

$(z-1)f(z) = (z-1)(z+1)(z^2+1)(z^2-\sqrt{2}z+1)(z^2-\sqrt{2}z+1)$.

4.6 Gebrochen lineare Funktionen $f: \mathbb{C}\to\mathbb{C}$, $f(z) = \frac{az + b}{cz + d}$

Die Koeffizienten a,b,c,d seien komplexe Zahlen, und es sei **$D = ad - bc \neq 0$. Die letzte Bedingung besagt nur, daß die Funktion f nicht konstant ist.**

Abbildungssatz:

Jede Funktion $w = f(z) = \frac{az+b}{cz+d}$ mit $D = ad - bc \neq 0$ bildet die Menge der Geraden und Kreise der komplexen z-Ebene ab in die Menge der Geraden und Kreise der komplexen w-Ebene.

Aus diesem Satz folgt, daß das Bild eines Kreises oder einer Geraden eindeutig bestimmbar ist, wenn man nur die Bilder dreier Punkte aus dem Urbild kennt.

Spezialfälle:

(a) $f(z) = z + b$	Parallelverschiebung der Ebene um b

(16)

$f(z) = z + i$

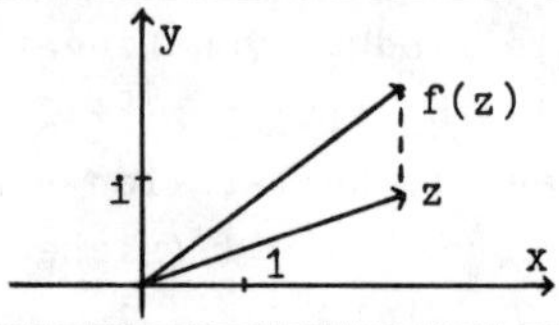

(b) $f(z) = az$	<u>Drehstreckung</u> Die Ebene wird um $\varphi = \mathrm{Arg}(a)$ gedreht und mit dem Faktor $r = \|a\|$ gestreckt.

(17)

$f(z) = 2iz$
$\mathrm{Arg}(2i) = \frac{\pi}{2}$
$|2i| = 2$

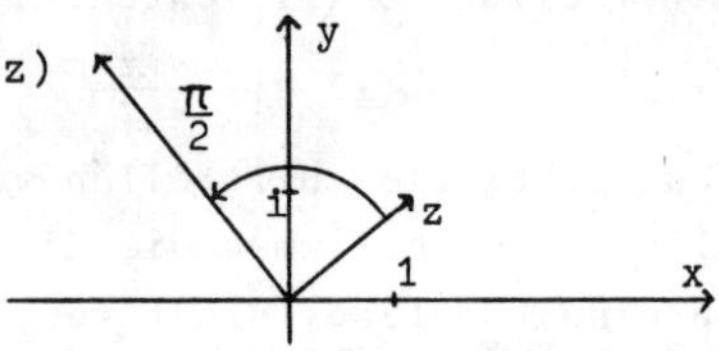

(c) $f(z) = \frac{1}{z}$	<u>Spiegelung am Einheitskreis</u> Das Bild $w = \frac{1}{z}$ von z liegt in Richtung $\bar{z}$ mit dem Abstand $d = \|z\|^{-1}$ von 0.

(18)

$f(z) = \frac{1}{z} = \bar{z} \cdot |z|^{-2}$

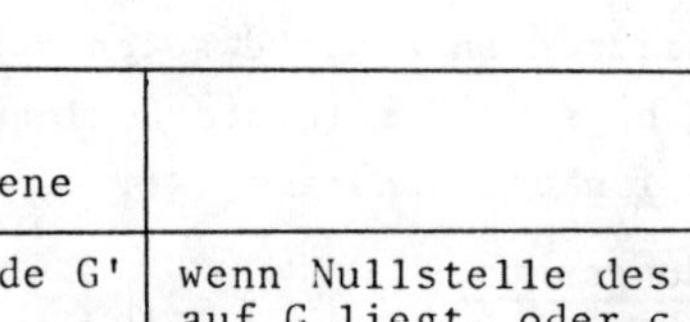

<u>Abbildungssatz:</u> z-Ebene	$f(z) = \frac{az+b}{cz+d}$	w-Ebene	
Gerade G	⟶	Gerade G'	wenn Nullstelle des Nenners auf G liegt, oder $c = 0$
		Kreis K'	sonst
Kreis K	⟶	Gerade G'	wenn Nullstelle des Nenners auf K liegt
		Kreis K'	sonst

(19) Sei $f(z) = \frac{2iz+2}{z-1}$; man bestimme das Bild von G: $y = 2x+1$

Lsg: Die Nullst. $z = 1$ des Nenners liegt nicht auf G, also ist das Bild ein Kreis. Man bestimmt die Bilder dreier Punkte von G.

1) $x = 0,\ y = 1$: $z = i$; $f(i) = 0$ und damit $P_1 = (u_1,v_1) = (0,0)$

2) $y = 0,\ x = -\frac{1}{2}$: $z = -\frac{1}{2}$; $f(-\frac{1}{2}) = \frac{-i+2}{-3/2} = -\frac{4}{3}+\frac{2}{3}i$, also $P_2 = (-\frac{4}{3},\frac{2}{3})$

3) $x = 1,\ y = 3$: $z = 1+3i$; $f(1+3i) = \frac{2i(1+3i)+2}{3i} = \frac{2}{3}+\frac{4}{3}i$, $P_3 = (\frac{2}{3},\frac{4}{3})$.

Berechnung des Kreisesdurch P_1, P_2, P_3:

Ein Kreis in der u,v-Ebene erfüllt folgende Gleichung:

K: $u^2 + v^2 + 2Au + 2Bv + C = 0$.

Einsetzen der Punkte P_1, P_2, P_3 ergibt das lin. Gleich.-system:

$P_1 = (0,0)$:	$C = 0$	Lösung: $C = 0$
$P_2 = (-\frac{4}{3},\frac{2}{3})$:	$-\frac{8}{3}A + \frac{4}{3}B + c = -\frac{20}{9}$	$B = -1$
$P_3 == (\frac{2}{3},\frac{4}{3})$:	$\frac{4}{3}A + \frac{8}{3}B + C = -\frac{20}{9}$	$A = \frac{1}{3}$

Also ist K: $u^2 + v^2 + \frac{2}{3}u - 2v = 0$ oder $\underline{\underline{(u+\frac{1}{3})^2 + (v-1)^2 = \frac{10}{9}}}$

(20) Sei $f(z) = \frac{iz + i}{2z}$; man bestimme das Bild von K: $(x+1)^2 + y^2 = 1$

Lsg: $z = 0$ - in Koordinaten: $(x,y) = (0,0)$ - liegt auf K, also ist das Bild eine Gerade.

Bestimmung zweier Bildpunkte:

1) $x = -2,\ y = 0$: $z = -2$; $f(-2) = \frac{-2i+i}{-4} = \frac{i}{4}$, $P_1 = (0,\frac{1}{4})$

2) $x = -1,\ y = -1$: $z = -1-i$; $f(-1-i) = \frac{(-1-i)i+i}{-2-2i} = -\frac{1}{4} + \frac{1}{4}i$

Bestimmung der Geraden durch P_1, P_2: $P_2 = (-\frac{1}{4},\frac{1}{4})$

$v = mu + n$; man setzt ein:

$P_1 = (0,\frac{1}{4})$:	$\frac{1}{4} = 0 + n$	also $n = \frac{1}{4}$, $m = 0$ und $\underline{\underline{v = \frac{1}{4}}}$
$P_2 = (-\frac{1}{4},\frac{1}{4})$:	$\frac{1}{4} = m\frac{1}{4} + n$	

Drei gegebene getrennte Punkte z_1, z_2, z_3 können stets durch eine und nur eine gebrochen lineare Abbildung $w = f(z)$ auf drei vorgeschriebene Punkte w_1, w_2, w_3 übergeführt werden. Bestimmungsgleichung für $f(z)$:

$$\frac{w - w_1}{w - w_3} : \frac{w_2 - w_1}{w_2 - w_3} = \frac{z - z_1}{z - z_3} : \frac{z_2 - z_1}{z_2 - z_3}$$

Auf diese Weise ist es z.B. möglich,eine vorgegebene Gerade in einen vorbestimmten Kreis abzubilden - und umgekehrt.

(21) Man berechne eine gebrochen lineare Funktion $w = f(z)$, die die x-Achse abbildet in den Einheitskreis $|w| = 1$.

Lsg: Man braucht nur zu drei Punkten der x-Achse drei Punkte auf dem Kreis zu wählen, und dann nach der Formel die dazugehörige Funktion zu bestimmen. Nach dem Abbildungssatz geht dabei die x-Achse über in den Einheitskreis.

Sei $z_1 = 1$, $w_1 = f(1) = 1$; $z_2 = 0$, $w_2 = f(0) = i$; $z_3 = -1$, $w_3 = f(-1) = -1$. Dann ist:

$$\frac{w-1}{w+1} : \frac{i-1}{i+1} = -\frac{z-1}{z+1} \Rightarrow \frac{w-1}{w+1} = i\frac{z-1}{z+1} \Rightarrow w(z+1)-i(z-1)w = i(z-1)+z+1 \Rightarrow$$

$$w = \frac{(1+i)z+1-i}{(1-i)z+1+i} = \frac{z+i}{iz+1}.$$

4.7 Beispiele zur Lösung einiger spezieller Gleichungen

Lösung von quadratischen Gleichungen mit komplexen Koeffizienten:

Eine quadratische Gleichung:

$$Ax^2 + Bx + C = 0 \quad \text{bzw.} \quad x^2 + px + q = 0$$

löst man mit Hilfe der bekannten Formeln:

$$x_{1,2} = \frac{-B \pm \sqrt{B^2 - 4AC}}{2A} \quad \text{bzw.} \quad x_{1,2} = -\frac{p}{2} \pm \sqrt{\frac{p^2}{4} - q}$$

wobei $\sqrt{\ldots}$ eine zweite Wurzel (siehe S.74) der komplexen Zahl

$$D = B^2 - 4AC \quad \text{bzw.} \quad D = \frac{p^2}{4} - q \text{ ist.}$$

(22) Man löse $(2\sqrt{3} + i)x^2 + (1 - \sqrt{3}i)x - i = 0$

Lsg: $D = (1-\sqrt{3}i)^2 - 4(-i)(2\sqrt{3}+i) = -6 + 6\sqrt{3}i$

Berechnung der zweiten Wurzel w (also $w^2 = D$):

$|D|^2 = 36 + 3\cdot 36 = 4\cdot 36 \Rightarrow |D| = 12$ und $D = 12(-\frac{1}{2} + \frac{1}{2}\sqrt{3}i) \Rightarrow$

$\cos\varphi = -\frac{1}{2}$, $\sin\varphi = \frac{1}{2}\sqrt{3} \Rightarrow \varphi = \frac{2}{3}\pi \Longrightarrow D = 12(\cos\frac{2}{3}\pi + i\sin\frac{2}{3}\pi)$

Mithin ist $w = \sqrt{12}(\cos\frac{2}{3}\pi\frac{1}{2} + i\sin\frac{2}{3}\pi\frac{1}{2}) = 2\sqrt{3}(\frac{1}{2} + \frac{1}{2}\sqrt{3}i) = \sqrt{3} + 3i.$

Also ist: $x_1 = \dfrac{-1+\sqrt{3}i+\sqrt{3}+3i}{2(2\sqrt{3}+i)} = \dfrac{(\sqrt{3}-1) + (3+\sqrt{3})i}{4\sqrt{3} + 2i}$

$$x_2 = \frac{(-1-\sqrt{3}) + (\sqrt{3}-3)i}{4\sqrt{3} + 2i}$$

(23) Ein weiteres Beispiel zur Anwendung der Formel von Moivre:

Man löse $z^4 = -8 - 8\sqrt{3}i$.

Lsg: $|-8 - 8\sqrt{3}i|^2 = 64 + 3\cdot 64 = 4\cdot 64 \Rightarrow |-8 - 8\sqrt{3}i| = 16$

$-8 - 8\sqrt{3}i = 16(-\frac{1}{2} - \frac{1}{2}\sqrt{3}i) \Rightarrow \quad \cos\varphi = -\frac{1}{2}, \sin\varphi = -\frac{1}{2}\sqrt{3} \Rightarrow \quad \varphi = \frac{4}{3}\pi$

Also ist zu lösen: $\quad z^4 = 16(\cos\frac{4}{3}\pi + i\sin\frac{4}{3}\pi)$

$a_o = \sqrt[4]{16}(\cos\frac{4}{3}\pi\frac{1}{4} + i\sin\frac{4}{3}\pi\frac{1}{4}) = 1 + \sqrt{3}i$

$a_1 = \quad 2(\cos\frac{\pi}{3}+\frac{\pi}{2} + i\sin\frac{\pi}{3}+\frac{\pi}{2}) = -\sqrt{3} + i$

$a_2 = \quad 2(\cos\frac{\pi}{3}+\pi + i\sin\frac{\pi}{3}+\pi) = -1 - \sqrt{3}i$

$a_3 = \quad 2(\cos\frac{11}{6}\pi + i\sin\frac{11}{6}\pi) = \sqrt{3} - i$

24) Man bestimme Real- und Imaginärteil derjenigen komplexen Zahlen, die die Gleichung $\quad Im(z^2) = |z|^2 - 1$ erfüllen, und skizziere die Lösungsmenge in der Ebene.
Lsg: $z^2 = (x+iy)^2 = x^2 + 2xyi - y^2$, also ist $\; Im(z^2) = 2xy$.
Andererseits gilt: $|z|^2 - 1 = x^2 + y^2 - 1$. Also ist folgende Gleichung zu lösen: $\quad 2xy = x^2 + y^2 - 1 \quad$ oder $1 = x^2 - 2xy + y^2$
$1 = (x-y)^2 \Longleftrightarrow \quad 1 = |x-y| \Longleftrightarrow \; y = x+1 \quad$ oder $\quad y = x-1$

Lösungsmenge:

$M = \{z: z = x + (x\pm1)i\}$

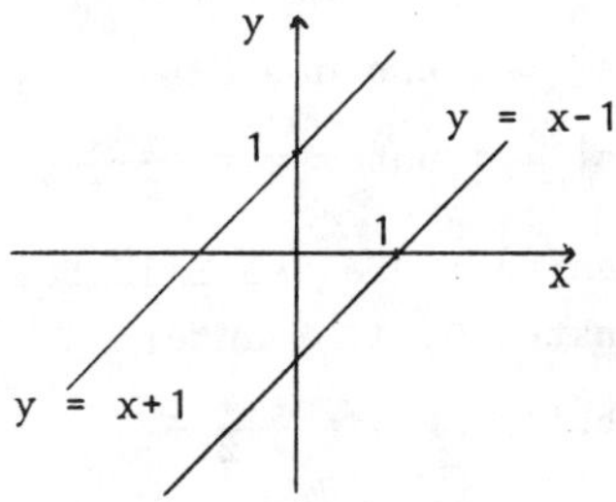

4.7 Aufgaben

1. Man bestimme z, so daß $z(1+i) = 1-i$

Man berechne:

2. $\frac{i + i^2 + i^3 + i^4 + i^5}{1 + i}$

3. $\frac{5}{3 - 4i} + \frac{10}{4 + 3i}$

4. $(\frac{1-i}{1+i})^{10}$

5. $\left|\frac{2-4i}{4+3i}\right|^2$

6. $\frac{(1+i)(2+3i)(4-2i)}{(1+2i)^2(1-i)}$

Man schreibe in Polarkoordinatendarstellung

7. $3\sqrt{3} + 3i$

8. $-2 - 2i$

9. 5

10. $-2 - 2\sqrt{3}i$

11. $i + \sin2\varphi - i\cos2\varphi$

Man berechne:

12. $(1+i)^{-5}$

13. $(1+\sqrt{3}i)^3(1+i)^{-7}$

14. Man skizziere die Punkte z mit $|z-2| + |z+2| = 8$.

Man berechne und skizziere:

15. Dritte Wurzeln von $4(\sqrt{2}+\sqrt{2}i)$

16. Fünfte Wurzeln von -1.

Man zerlege in Linearfaktoren:

17. $f(z) = z^3 - 2z - 4$

18. $f(z) = 2z^4 - 3z^3 - 7z^2 - 8z + 6$

19. $f(z) = z^{10} - 2z^5 + 2$ (Hinweis: quadratisch in z^5)

Man zerlege in quadratische und lineare Faktoren mit reellen Koeffizienten:

20. $f(x) = x^3 + x^2 + x + 1$

21. $f(x) = x^5 + x^4 + x^3 + x^2 + x + 1$

Man bestimme die Bilder von:

22. $|z - 2i| = 1$ unter der Abbildung $w = \frac{(1+i)z + 1}{z + (1-i)}$

23. $|z| = 1$ und der Geraden $y = 0$ unter $w = \frac{z}{iz - 1}$

24. $|z| = 1$ unter $w = \frac{iz + 1}{z + i}$

25. Man bestimme das Bild des Dreieckes in der z-Ebene mit den Eckpunkten 0, 1, i unter der Abbildung $w = \frac{z+1}{z}$.

4.8 Ergebnisse

1. $z = -i$ 2. $\frac{1}{2} + \frac{1}{2}i$ 3. $\frac{11}{5} - \frac{2}{5}i$ 4. -1 5. $\frac{4}{5}$

6. $\frac{16}{5} - \frac{2}{5}i$ 7. $6(\cos\frac{\pi}{6} + i\sin\frac{\pi}{6})$ 8. $2\sqrt{2}(\cos\frac{5}{4}\pi + i\sin\frac{5}{4}\pi)$

9. $5(\cos 0 + i\sin 0)$ 10. $4(\cos\frac{4}{3}\pi + i\sin\frac{4}{3}\pi)$

11. $2\sin\varphi(\cos\varphi + i\sin\varphi)$ 12. $\frac{1}{8}(-1+i)$ 13. $-\frac{1}{2}(1+i)$

14. Ellipse $\frac{x^2}{16} + \frac{y^2}{12} = 1$ (Abkürzung: $\cos\varphi + i\sin\varphi = \text{cis}\,\varphi$)

15.* $2\text{cis}\frac{\pi}{12}$, $2\text{cis}\frac{9}{12}\pi$, $2\text{cis}\frac{17}{12}\pi$ 16.* $\text{cis}\frac{\pi}{5}$, $\text{cis}\frac{3}{5}\pi$, $\text{cis}\,\pi$, $\text{cis}\frac{7}{5}\pi$, $\text{cis}\frac{9}{5}\pi$

17. $f(z) = (z-2)(z+1-i)(z+1+i)$ 18. $(z-3)(z-\frac{1}{2})(z+1-i)(z+1+i)$

19.* $z^5 = 1 \pm i$, Nullstellen: $\sqrt[10]{2}\,\text{cis}(\frac{\pi}{20} + \frac{2k\pi}{5})$ $k = 0,1,2,3,4$

$\sqrt[10]{2}\,\text{cis}(-\frac{\pi}{20} + \frac{2k\pi}{5})$ $k = 0,1,2,3,4$ 20. $(x^2+1)(x+1)$

* $\text{cis}\,\varphi = \cos\varphi + i\sin\varphi$

21. $f(x) = (x+1)(x^2+x+1)(x^2-x+1)$ 22. $|w - 2i| = 1$

23. $|z| = 1$ in Gerade $v = -\frac{1}{2}$, $y = 0$ in $\left|w + \frac{1}{2}\right| = \frac{1}{2}$

24. in Gerade $v = 0$

25. Gerade $x = 0$ in Gerade $u = 1$, Gerade $y = 0$ in Gerade $v = 0$,

Gerade $x+y = 1$ in Kreis $(u-\frac{3}{2})^2 + (v+\frac{1}{2})^2 = \frac{1}{2}$

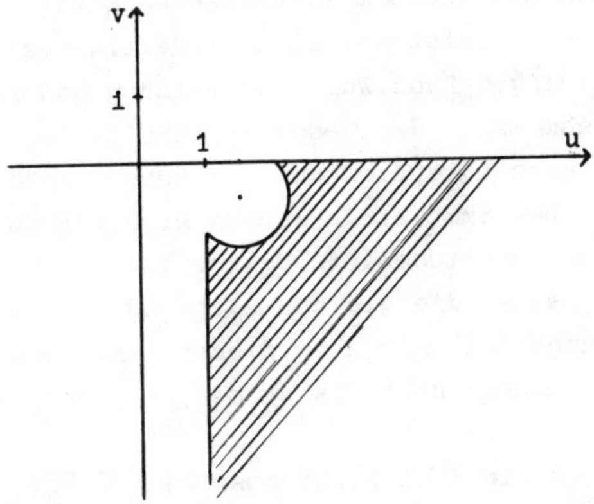

5. Vektorrechnung

5.1. Rechnen mit Vektoren

Einige der in Physik und Technik auftretenden Meßgrößen, wie etwa Temperatur, Dichte oder Leistung, sind eindeutig bestimmt durch die Angabe einer einzigen Zahl.Zur Beschreibung anderer Meßgrößen, wie etwa Kraft, Drehmoment oder Geschwindigkeit, ist es notwendig, außer ihrem Betrag auch ihre Richtung anzugeben.Größen, die durch Betrag und Richtung bestimmt sind, lassen sich gut durch Richtungspfeile im Raum veranschaulichen.Ein Vektor ist definiert als Klasse aller Richtungspfeile, die gleiche Richtung und gleiche Länge besitzen.Ein Richtungspfeil mit eben dieser Länge und Richtung, angetragen in irgendeinem Punkt des Raumes, repräsentiert diesen Vektor.

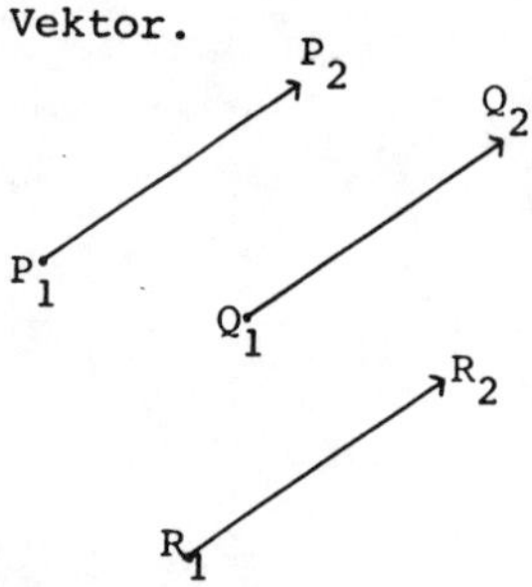

Die drei Richtungspfeile $\overrightarrow{P_1P_2}$, $\overrightarrow{Q_1Q_2}$, $\overrightarrow{R_1R_2}$ sind Repräsentanten eines Vektors $\vec{a}$.Um nicht z.B. von dem "in P_1 angetragenen Repräsentanten des Vektors $\vec{a}$" sprechen zu müssen, wird auch ein einziger Richtungspfeil als Vektor bezeichnet und man kann nun von "$\vec{a}$, angetragen in P_1" sprechen.In diesem Sinn ist ein Vektor nur durch Länge und Richtung bestimmt, sein Anfangspunkt ist beliebig.

In den Anwendungen tritt jedoch der Begriff Vektor auch mit anderer Bedeutung auf.In der Mechanik kann bei einem Kraftvektor auch der Anfangspunkt von Bedeutung sein und Kraftvektoren gleicher Länge und Richtung, aber mit verschiedenen Anfangspunkten, müssen unterschieden werden.

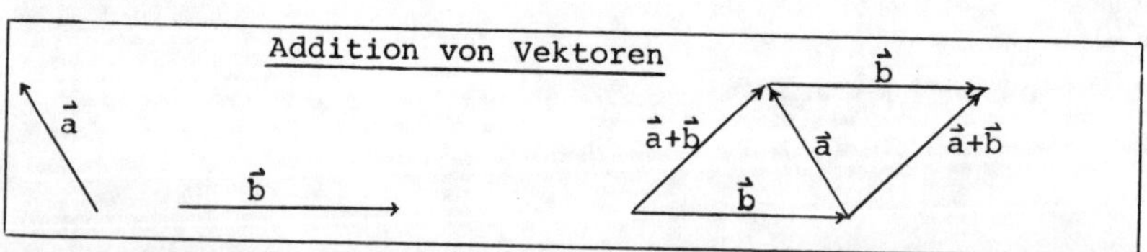

Zwei Vektoren $\vec{a}$ und $\vec{b}$ werden addiert, indem $\vec{a}$ an dem Endpunkt von $\vec{b}$ angetragen wird.Der Summenvektor (resultierende Vektor) $\vec{c}=\vec{a}+\vec{b}$

ist dann vom Anfangspunkt von $\vec{b}$ zum Endpunkt von $\vec{a}$ gerichtet. Die Rollen von $\vec{a}$ und $\vec{b}$ sind vertauschbar, es kann auch $\vec{b}$ an den Endpunkt von $\vec{a}$ angeheftet werden und $\vec{a} + \vec{b}$ ist dann vom Anfangspunkt von $\vec{a}$ zum Endpunkt von $\vec{b}$ gerichtet.

1) Man ermittle zeichnerisch die aus den Einzelkräften $\vec{F}_1, \vec{F}_2, \vec{F}_3$ resultierende Gesamtkraft $\vec{F} = \vec{F}_1 + \vec{F}_2 + \vec{F}_3$

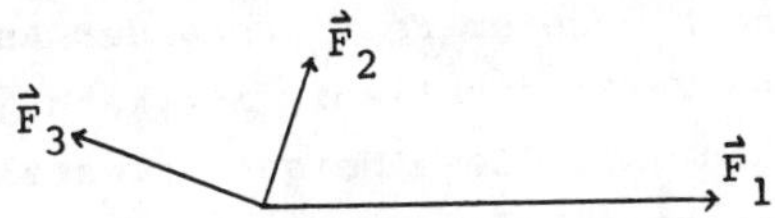

Lsg: Man bildet zunächst den Summenvektor $\vec{F}_1 + \vec{F}_2$ und addiert zu diesem $\vec{F}_3$. Zum gleichen Ergebnis kommt man, indem man zu $\vec{F}_1$ den Summenvektor $\vec{F}_2 + \vec{F}_3$ addiert.

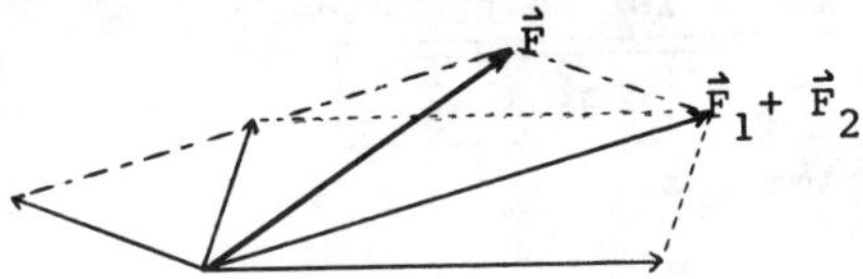

In der Vektorrechnung ist es üblich, eine reelle Zahl als Skalar zu bezeichnen.

Multiplikation von Vektoren mit einem Skalar

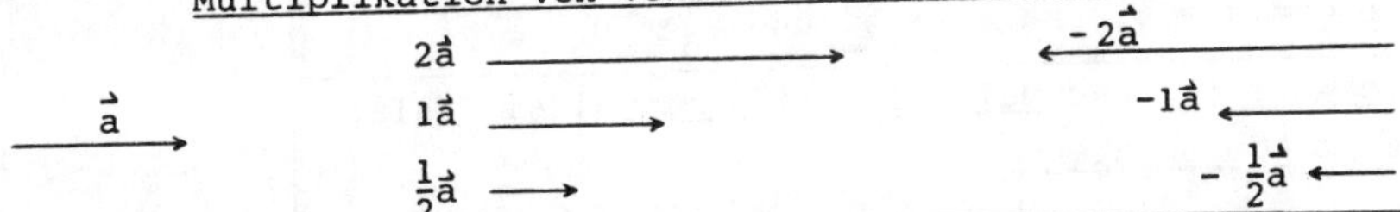

Ist $\vec{a}$ ein Vektor und $c \in \mathbb{R}$ ein Skalar, so ist $c\vec{a}$ der Vektor, der die $|c|$-fache Länge von $\vec{a}$ hat, und dieselbe Richtung, falls $c > 0$, die entgegengesetzte Richtung, falls $c < 0$.
Für $c = 0$ ergibt sich der Vektor der Länge 0, der Nullvektor $\vec{0}$.
Statt $-1\vec{a}$ wird $-\vec{a}$ geschrieben.
Wie bei reellen Zahlen dürfen Klammern ausmultipliziert werden:

$$c,d \in \mathbb{R} \Rightarrow (c+d)\vec{a} = c\vec{a} + d\vec{a} \quad \text{und} \quad c(\vec{a} + \vec{b}) = c\vec{a} + c\vec{b}$$

So ist etwa $(2+3)\vec{a} = 5\vec{a} = 2\vec{a} + 3\vec{a}$ und $2(\vec{a} + \vec{b}) = 2\vec{a} + 2\vec{b}$

Die zeichnerische Darstellung des zweiten Beispiels :

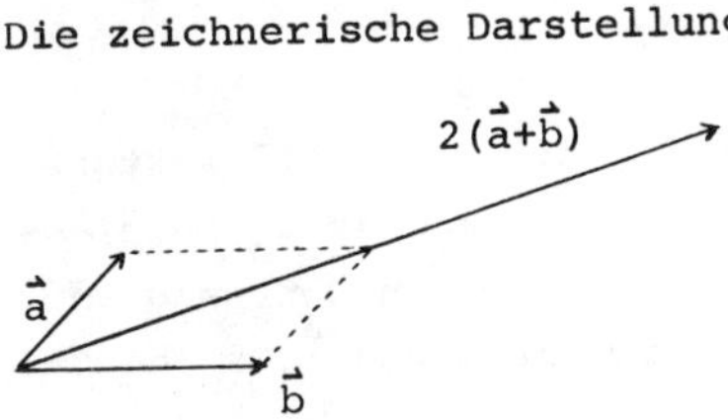

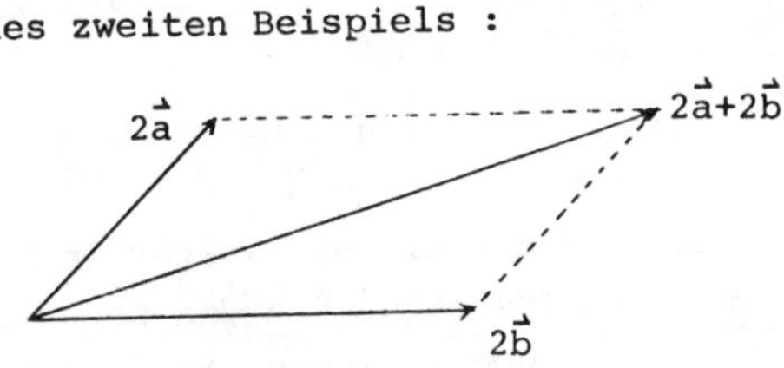

5.2 Vektoren in Komponentendarstellung

Im Raum sei ein rechtwinkliges Koordinatensystem gegeben. Vektoren, deren Anfangspunkt im Nullpunkt liegt, heißen Ortsvektoren. Ist $P = (a_1, a_2, a_3)$ ein Punkt des Raumes, läßt sich der Ortsvektor $\vec{a} = \overrightarrow{OP}$ beschreiben durch die Angabe der Koordinaten des Punktes P. $\vec{a} = \overrightarrow{OP} = (a_1, a_2, a_3)$. a_1, a_2 und a_3 heißen die Komponenten des Vektors.

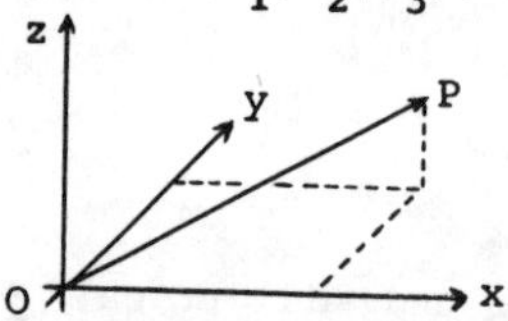

Da nach unserer Festlegung der Anfangspunkt eines Vektors beliebig ist, kann jeder Vektor im Raum auf diese Weise dargestellt werden, indem sein Anfangspunkt in den Nullpunkt gelegt wird.

Nullvektor $\vec{o} = (o,o,o)$

Der Betrag eines Vektors ist seine Länge:

Betrag von $\vec{a}$ $\quad |\vec{a}| = \sqrt{a_1^2 + a_2^2 + a_3^2}$

(2) $\vec{a} = (1,2,2)$. Man bestimme $|\vec{a}|$.
Lsg: $|\vec{a}| = \sqrt{1+4+4} = 3$

Gleichheit von Vektoren :   Mit $\vec{a} = (a_1, a_2, a_3)$ und $\vec{b} = (b_1, b_2, b_3)$ ist $\vec{a} = \vec{b} \iff a_1 = b_1$ und $a_2 = b_2$ und $a_3 = b_3$
Vektoraddition und Multiplikation mit einem Skalar erfolgt komponentenweise : $(a_1, a_2, a_3) + (b_1, b_2, b_3) = (a_1+b_1, a_2+b_2, a_3+b_3)$ $c(a_1, a_2, a_3) = (ca_1, ca_2, ca_3)$

(3) $\vec{a} = (1,2,-3)$ $\vec{b} = (2,1,1)$. Man berechne $\vec{a}+\vec{b}$, $2\vec{b}$, $2\vec{a}-3\vec{b}$.
Lsg: $\vec{a}+\vec{b} = (1,2,-3)+(2,1,1) = (3,3,-2)$ $\quad 2\vec{b} = 2(2,1,1) = (4,2,2)$
$2\vec{a}-3\vec{b} = 2(1,2,-3)-3(2,1,1) = (2,4,-6)-(6,3,3) = (-4,1,-9)$

(4) $P_1 = (o,2,5)$ $P_2 = (1,-3,2)$. Man bestimme die Länge des Vektors $\overrightarrow{P_1P_2}$.
Lsg: Zunächst muß $\overrightarrow{P_1P_2}$ ermittelt werden: $\overrightarrow{OP}_1 + \overrightarrow{P_1P_2} = \overrightarrow{OP}_2$, also ist $\overrightarrow{P_1P_2} = \overrightarrow{OP}_2 - \overrightarrow{OP}_1 = (1,-3,2)-(o,2,5) = (1,-5,-3)$.
$|\overrightarrow{P_1P_2}| = \sqrt{1+25+9} = \sqrt{35}$.

Ein Vektor der Länge 1 heißt Einheitsvektor. Ist $\vec{a}$ vom Nullvektor verschieden, so ist $\frac{1}{|\vec{a}|}\vec{a}$ ein Einheitsvektor. Er wird mit $\vec{a}_o$ bezeichnet und ist der Einheitsvektor in Richtung von $\vec{a}$. Den Übergang von $\vec{a}$ zum Einheitsvektor $\vec{a}_o = \frac{1}{|\vec{a}|}\vec{a}$ nennt man Normierung von $\vec{a}$. $\vec{a}_o$ heißt normiert (= von der Länge 1).

(5) Man normiere den Vektor $\vec{a} = (4,o,3)$.

Lsg: $\vec{a}_o = \frac{1}{5}(4,o,3) = (\frac{4}{5},o,\frac{3}{5})$

(6) $\vec{a} = (1,1,4)$ $\vec{b} = (1,o,1)$. Man gebe den Einheitsvektor in Richtung der Winkelhalbierenden an !

Lsg: Zunächst ist irgendein Vektor $\vec{w}$ in Richtung der Winkelhalbierenden zu bestimmen: Statt $\vec{b}$ betrachte man den zu $\vec{a}$ gleichlangen Vektor $\vec{b}'$. Bildet man $\vec{w} = \vec{a} + \vec{b}'$, so ist $\vec{w}$ Diagonale in einem Rhombus und daher Winkelhalbierende.

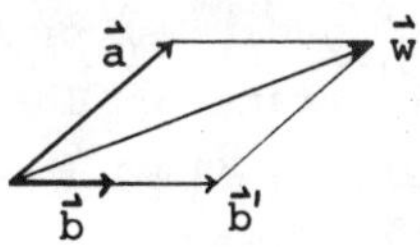

$\vec{b}' = |\vec{a}|\,\vec{b}_o = \frac{|\vec{a}|}{|\vec{b}|}\vec{b} = \frac{\sqrt{1+1+16}}{\sqrt{1+1}}(1,o,1) = 3(1,o,1)$

$\vec{w}_o = \frac{\vec{w}}{|\vec{w}|} = \frac{(1,1,4)+(3,o,3)}{|(1,1,4)+(3,o,3)|} = \frac{(4,1,7)}{\sqrt{16+1+49}} = \frac{1}{\sqrt{66}}(4,1,7)$

Wichtig sind die Einheitsvektoren $\vec{i} = (1,o,o)$, $\vec{j} = (o,1,o)$ und $\vec{k} = (o,o,1)$ in Richtung der positiven Koordinatenachsen. Mit Hilfe dieser Einheitsvektoren läßt sich jeder Vektor $\vec{a}$ ausdrücken:

$$\boxed{\vec{a} = (a_1,a_2,a_3) = a_1\vec{i} + a_2\vec{j} + a_3\vec{k}}$$

So ist etwa $(1,2,-3) = \vec{i} + 2\vec{j} - 3\vec{k}$.

$\vec{a}$ ist hier dargestellt als Linearkombination von $\vec{i},\vec{j}$ und $\vec{k}$.

Allgemein ist definiert: $\vec{a}$ heißt <u>Linearkombination</u> der Vektoren $\vec{a}_1,\vec{a}_2,..,\vec{a}_k$, wenn es reelle Zahlen $a_1,a_2,..,a_k$ gibt, so daß $\vec{a} = a_1\vec{a}_1 + a_2\vec{a}_2 + \ldots + a_k\vec{a}_k$.

(7) (1,2,3) ist Linearkombination von (1,o,4),(1,3,1),(1,2,1) und (o,o,-1). Es ist nämlich z.B.:

(1,2,3) = (1,o,4) + 2(1,3,1) - 2(1,2,1) + (o,o,-1).

(8) $\vec{a}_1 = (1,2,3)$, $\vec{a}_2 = (o,1,1)$, $\vec{a}_3 = (1,4,o)$. Man stelle $\vec{a} = (4,3,1)$ als Linearkombination von $\vec{a}_1,\vec{a}_2$ und $\vec{a}_3$ dar.

Lsg: $(4,3,1) = a_1(1,2,3) + a_2(o,1,1) + a_3(1,4,o)$ Komponentenvergleich:

$$\left.\begin{array}{l} 4 = a_1 + a_3 \\ 3 = 2a_1 + a_2 + 4a_3 \\ 1 = 3a_1 + a_2 \end{array}\right]$$

Die Lösung dieses lin. Gleichungssystems ist: $a_1 = \frac{14}{5}$ $a_2 = -\frac{37}{5}$ $a_3 = \frac{6}{5}$.

$(4,3,1) = \frac{14}{5}(1,2,3) - \frac{37}{5}(o,1,1) + \frac{6}{5}(1,4,o)$

Die Vektoren $a_1\vec{a}_1,..,a_k\vec{a}_k$ heißen die <u>Komponenten von $\vec{a}$ in Richtung von $\vec{a}_1,..,\vec{a}_k$</u>.

Die Vektoren $\vec{a}_1,..,\vec{a}_k$ heißen <u>linear unabhängig</u>, wenn sich der Nullvektor nur "trivial" als Linearkombination von ihnen darstellen läßt, d.h. wenn $\vec{o} = a_1\vec{a}_1 + a_2\vec{a}_2 + .. + a_k\vec{a}_k \Longrightarrow a_1 = a_2 = .. = a_k = o$.

Sind Vektoren nicht linear unabhängig, heißen sie <u>linear abhängig</u>.

<u>Zwei Vektoren sind linear abhängig</u> genau dann, wenn sie auf einer Geraden liegen. <u>Drei Vektoren sind linear abhängig</u> genau dann, wenn sie auf einer Ebene liegen. <u>Mehr als drei Vektoren</u> im Raum sind stets linear abhängig.

$\vec{a},\vec{b},\vec{c}$ sind linear unabhängig genau dann, wenn sich jeder Vektor $\vec{d}$ <u>eindeutig</u> als Linearkombination $\vec{d} = a\vec{a} + b\vec{b} + c\vec{c}$ darstellen läßt. Drei Vektoren mit dieser Eigenschaft heißen <u>Basis</u> des Raums (Wie z.B. $\vec{i},\vec{j}$ und $\vec{k}$).

(9) a) (2,3,4) und (-4,-6,-8) sind linear abhängig.

Lsg: $(2,3,4) = -\frac{1}{2}\cdot(-4,-6,-8)$, also $-2(2,3,4) - (-4,-6,-8) = \vec{o}$.

b) (1,o,1), (-2,1,4) und (3,1,o) sind linear unabhängig.

Lsg: $(o,o,o) = a(1,o,1) + b(-2,1,4) + c(3,1,o)$ Komponentenvergl.:

$$\left.\begin{aligned} a - 2b + 3c &= o \\ b + c &= o \\ a + 4b &= o \end{aligned}\right]$$

Dies Gleichungssystem hat nur die triviale Lösung $a = b = c = o$.

5.3 Das skalare Produkt

Sind $\vec{a}$ und $\vec{b}$ vom Nullvektor verschieden, so bezeichnet $\sphericalangle(\vec{a},\vec{b})$ den von den Richtungspfeilen eingeschlossenen Winkel φ mit $o \leq \varphi \leq \pi$.

Sind $\vec{a}$ und $\vec{b}$ vom Nullvektor verschieden, so heißt die Zahl (Skalar)

<u>Skalarprodukt</u>	$\vec{a}\cdot\vec{b} = \lvert\vec{a}\rvert\,\lvert\vec{b}\rvert\cos\varphi$ mit $\varphi = \sphericalangle(\vec{a},\vec{b})$

das <u>skalare</u> (innere) <u>Produkt</u> von $\vec{a}$ mit $\vec{b}$. Ist $\vec{a} = \vec{o}$ oder $\vec{b} = \vec{o}$, so ist $\vec{a}\cdot\vec{b} = o$.

(1o) $\vec{a} = (3,o,o)$, $\vec{b} = (2,o,2)$. Man berechne $\vec{a}\cdot\vec{b}$.

Lsg: $\sphericalangle(\vec{a},\vec{b}) = 45°$ (Sie liegen in der x-zEbene)

$\vec{a}\cdot\vec{b} = \sqrt{9}\sqrt{8}\cos 45° = 6\sqrt{2}\,\frac{1}{2}\sqrt{2} = 6.$

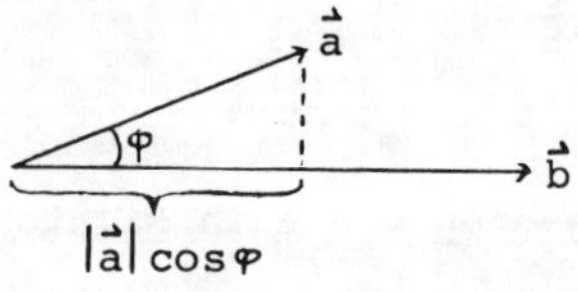

$$\vec{a}\cdot\vec{b} = \underbrace{\lvert\vec{a}\rvert\cos\varphi}\,\lvert\vec{b}\rvert$$

<u>Senkrechtstehen von Vektoren</u> $\vec{a}\cdot\vec{b} = 0 \iff \vec{a}=\vec{0}$ oder $\vec{b}=\vec{0}$ oder $\vec{a}\perp\vec{b}$

Rechenregeln für das skalare Produkt:

$$\vec{a}\cdot\vec{b} = \vec{b}\cdot\vec{a}$$
$$(c\vec{a})\vec{b} = \vec{a}(c\vec{b}) = c(\vec{a}\cdot\vec{b}) \text{ für } c\in\mathbb{R}$$
$$\vec{a}\cdot(\vec{b}+\vec{c}) = \vec{a}\cdot\vec{b} + \vec{a}\cdot\vec{c}$$
$$\vec{a}\cdot\vec{a} = \vec{a}^2 = |\vec{a}|^2$$

Es gilt $\vec{i}^2 = \vec{j}^2 = \vec{k}^2 = 1$ und $\vec{i}\cdot\vec{j} = \vec{i}\cdot\vec{k} = \vec{j}\cdot\vec{k} = o$. Deshalb ergibt sich mit $\vec{a} = a_1\vec{i} + a_2\vec{j} + a_3\vec{k}$ und $\vec{b} = b_1\vec{i} + b_2\vec{j} + b_3\vec{k}$:

<u>Skalarprodukt</u> $\vec{a}\cdot\vec{b} = |\vec{a}||\vec{b}|\cos\varphi = a_1b_1 + a_2b_2 + a_3b_3$

11) $\vec{a} = (1,2,3)$, $\vec{b} = (-2,1,1)$. Man berechne $\vec{a}\cdot\vec{b}$.

Lsg: $\vec{a}\vec{b} = (1,2,3)\cdot(-2,1,1) = 1(-2) + 2\cdot1 + 3\cdot1 = 3$.

<u>Der Winkel zwischen zwei Vektoren</u> $\vec{a}$ und $\vec{b}$ ergibt sich aus :

$$\cos\varphi = \frac{\vec{a}\cdot\vec{b}}{|\vec{a}||\vec{b}|} \quad \text{mit} \quad \varphi = \sphericalangle(\vec{a},\vec{b})$$

12) a) $\vec{a} = (1,o,1)$, $\vec{b} = (2,1,1)$. Man berechne $\varphi = \sphericalangle(\vec{a},\vec{b})$.

Lsg: $\cos\varphi = \frac{(1,o,1)\cdot(2,1,1)}{|(1,o,1)||(2,1,1)|} = \frac{2+1}{\sqrt{2}\sqrt{6}} = \frac{3}{\sqrt{12}} = \frac{\sqrt{3}}{2}$. $\varphi = 30°$

b) Man zeige, daß $\vec{a} = (1,-2,2)$ und $\vec{b} = (4,1,-1)$ aufeinander senkrecht stehen.

Lsg: $\vec{a}\cdot\vec{b} = (1,-2,2)(4,1,-1) = 4-2-2 = o$. Da $\vec{a} \neq \vec{o}$ und $\vec{b} \neq \vec{o}$ darf man aus $\vec{a}\cdot\vec{b} = o$ auf $\vec{a}\perp\vec{b}$ schließen.

13) $\vec{a} = (3,-6,2)$. Man bestimme die Winkel zwischen $\vec{a}$ und den Achsen des Koordinatensystems.

Lsg: $\cos\varphi_x = \frac{\vec{a}\cdot\vec{i}}{|\vec{a}||\vec{i}|} = \frac{(3,-6,2)(1,o,o)}{\sqrt{9+36+4}\cdot1} = \frac{3}{7} \approx o{,}4286$ $\varphi_x \approx 64{,}6° = 64°36'$

ebenso erhält man: $\cos\varphi_y = -\frac{6}{7}$ $\varphi_y \approx 149°$, $\cos\varphi_z = \frac{2}{7}$ $\varphi_z \approx 73°23'$

$\cos\varphi_x$, $\cos\varphi_y$, $\cos\varphi_z$ heißen die <u>Richtungskosinus des Vektors</u> $\vec{a}$.

Die <u>Projektion von $\vec{a}$ auf die Richtung von $\vec{b}$</u> ist die <u>Zahl</u>:

$$|\vec{a}|_{\vec{b}} = |\vec{a}|\cos\varphi = \frac{\vec{a}\cdot\vec{b}}{|\vec{b}|} = \vec{a}\cdot\vec{b}_o$$

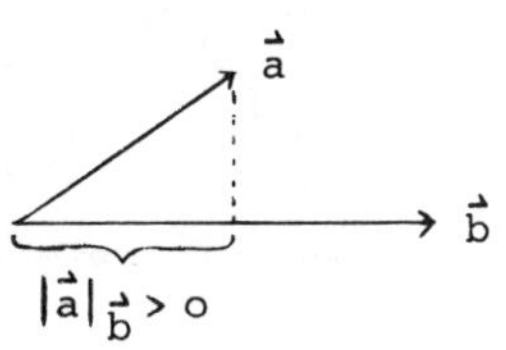

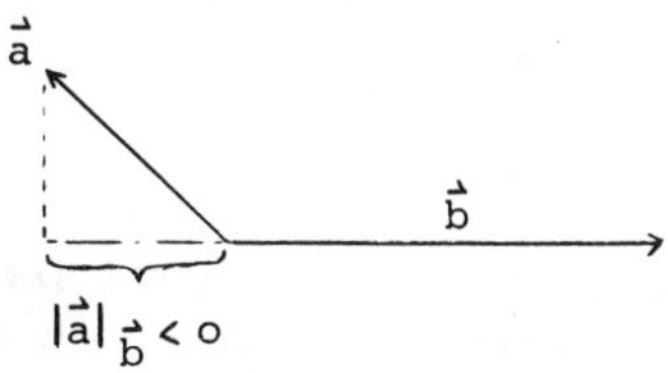

(14) Man berechne die Projektion von $\vec{a} = (-1,2,3)$ auf die Richtung von $\vec{b} = (1,2,2)$.

Lsg: $|\vec{a}|_{\vec{b}} = \frac{(-1,2,3)(1,2,2)}{\sqrt{9}} = \frac{1}{3}(-1+4+6) = 3.$

Die <u>Komponente von $\vec{a}$ in Richtung von $\vec{b}$</u> ist der <u>Vektor</u>: *

$$\vec{a}_{\vec{b}} = \frac{|\vec{a}|}{|\vec{b}|}\cos\varphi \cdot \vec{b} = \frac{(\vec{a}\cdot\vec{b})}{|b|^2}\vec{b} = (\vec{a}\cdot\vec{b}_o)\cdot\vec{b}_o$$

Wie man sieht, ist die Länge der Komponente $\vec{a}_{\vec{b}}$ gleich dem Betrag der Projektion $|\vec{a}|_{\vec{b}}$.

(15) Man berechne die Komponente von $\vec{a} = (1,2,3)$ in Richtung von $\vec{b} = (-1,-2,-1)$ und ihre Länge.

Lsg: $\vec{a}_{\vec{b}} = \frac{(1,2,3)(-1,-2,-1)}{1+4+1}(-1,-2,-1) = -\frac{8}{6}(-1,-2,-1)$

$= (\frac{4}{3},\frac{8}{3},\frac{4}{3})$

$|\vec{a}_{\vec{b}}| = \sqrt{\frac{16+64+16}{9}} = \frac{\sqrt{96}}{3} = \frac{4}{3}\sqrt{6}$

(16) Auf einen im Nullpunkt liegenden Körper wirkt eine Kraft von 6okp in Richtung von (1,1,z).Die Komponente der Kraft in Richtung von (1,2,2) beträgt 4okp.Unter welchem Winkel zur x-yEbene greift die Kraft $\vec{F}$ an ?

Lsg: $\vec{e}$ bezeichne den Einheitsvektor in Kraftrichtung:

$\vec{e} = \frac{(1,1,z)}{\sqrt{2+z^2}}$. $\vec{F} = |\vec{F}|\,\vec{e} = \frac{60(1,1,z)}{\sqrt{2+z^2}}$

Die Projektion von $\vec{F}$ auf die Richtung von (1,2,2) ist :

$$\frac{\vec{F}\cdot(1,2,2)}{|(1,2,2)|} = \frac{60\cdot(1,1,z)\cdot(1,2,2)}{\sqrt{2+z^2}\,\sqrt{9}} = \frac{20}{\sqrt{2+z^2}}(3+2z) = 40$$

Hieraus berechnet man $z = -\frac{1}{12}$. $\vec{F} = 60\cdot(2+\frac{1}{144})^{-\frac{1}{2}}\cdot(1,1,-\frac{1}{12})$.

$\vec{F} = \frac{720}{17}(1,1,-\frac{1}{12})$.Der Winkel zwischen $\vec{F}$ und der x-yEbene sei φ, wobei

$$\tan\varphi = \frac{-\frac{1}{12}}{|(1,1,0)|} = -\frac{1}{12\sqrt{2}}. \qquad \varphi \approx -3°\,25'.$$

*

<u>Vorsicht</u> : Zuweilen wird auch die Zahl $|\vec{a}|_{\vec{b}} = \vec{a}\cdot\vec{b}_o$ als Komponente von $\vec{a}$ in Richtung von $\vec{b}$ bezeichnet !

5.4 Das vektorielle Produkt

Man sagt, die drei Vektoren $\vec{a},\vec{b},\vec{c}$ bilden in dieser Reihenfolge ein <u>Rechtssystem</u>, wenn man sie in dieser Reihenfolge den gespreizten Daumen, Zeigefinger, Mittelfinger der rechten Hand zuordnen kann. Rechte Hand Regel. (B 449).

Sind $\vec{a}$ und $\vec{b}$ vom Nullvektor verschieden und ist $\vec{a} \neq c\vec{b}$ für $c \in \mathbb{R}$, wird das <u>Vektorprodukt</u> $\vec{a}\times\vec{b}$ definiert durch :

Vektorprodukt

(i)	$(\vec{a}\times\vec{b}) \perp \vec{a}$ und $(\vec{a}\times\vec{b}) \perp \vec{b}$
(ii)	$\vec{a},\vec{b},\vec{a}\times\vec{b}$ bilden in dieser Reihenfolge ein Rechtssystem
(iii)	$\lvert\vec{a}\times\vec{b}\rvert = \lvert\vec{a}\rvert\lvert\vec{b}\rvert \sin\varphi$ mit $\varphi = \sphericalangle(\vec{a},\vec{b})$

Ist $\vec{a} = \vec{o}$ oder $\vec{b} = \vec{o}$ oder $\vec{a} = c\vec{b}$, so ist $\vec{a}\times\vec{b} = \vec{o}$.

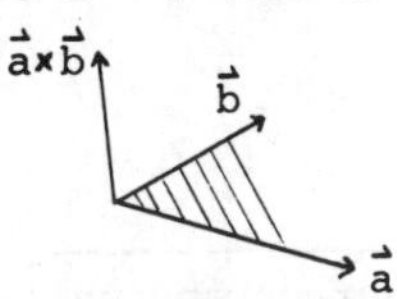

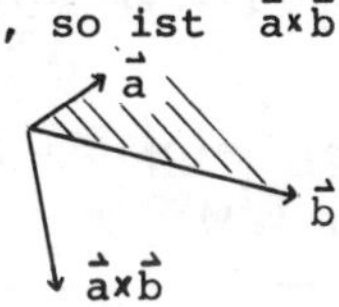

$\vec{a}\times\vec{b} = \vec{o} \iff \vec{a} = \vec{o}$ oder $\vec{b} = \vec{o}$ oder $\vec{a} = c\vec{b}$, d.h. $\vec{a}$ und $\vec{b}$ liegen auf einer Geraden.

Für das vektorielle Produkt gelten folgende Rechenregeln:

$$\vec{a}\times\vec{b} = -(\vec{b}\times\vec{a})$$
$$(c\cdot\vec{a})\times\vec{b} = \vec{a}\times(c\cdot\vec{b}) = c(\vec{a}\times\vec{b})$$
$$(\vec{a}+\vec{b})\times\vec{c} = \vec{a}\times\vec{c}+\vec{b}\times\vec{c}$$
$$\vec{a}\times(\vec{b}\times\vec{c}) = (\vec{a}\cdot\vec{c})\cdot\vec{b} - (\vec{a}\cdot\vec{b})\cdot\vec{c} \quad \text{"Entwicklungssatz"}$$

Stellt man $\vec{a}$ und $\vec{b}$ dar als $\vec{a} = a_1\vec{i} + a_2\vec{j} + a_3\vec{k}$ bzw. $\vec{b} = b_1\vec{i} + b_2\vec{j} + b_3\vec{k}$, so erhält man unter Verwendung von $\vec{i}\times\vec{i} = \vec{o}$, $\vec{i}\times\vec{j} = \vec{k}$, $\vec{i}\times\vec{k} = -\vec{j}$ usw.:

$$\vec{a}\times\vec{b} = (a_2b_3 - a_3b_2)\vec{i} - (a_1b_3 - a_3b_1)\vec{j} + (a_1b_2 - a_2b_1)\vec{k}$$

Dies Ergebnis erhält man auch durch formales Ausrechnen folgender Determinante:

$$\vec{a}\times\vec{b} = \begin{vmatrix} \vec{i} & \vec{j} & \vec{k} \\ a_1 & a_2 & a_3 \\ b_1 & b_2 & b_3 \end{vmatrix} = \underbrace{\vec{i}\begin{vmatrix} a_2 & a_3 \\ b_2 & b_3 \end{vmatrix}} - \underbrace{\vec{j}\begin{vmatrix} a_1 & a_3 \\ b_1 & b_3 \end{vmatrix}} + \underbrace{\vec{k}\begin{vmatrix} a_1 & a_2 \\ b_1 & b_2 \end{vmatrix}}$$
$$= (a_2b_3-a_3b_2, a_3b_1-a_1b_3, a_1b_2-a_2b_1)$$

(17) $\vec{a} = (1,2,3)$, $\vec{b} = (-1,2,-1)$. Man berechne $\vec{a}\times\vec{b}$.

Lsg:
$$\vec{a}\times\vec{b} = \begin{vmatrix} \vec{i} & \vec{j} & \vec{k} \\ 1 & 2 & 3 \\ -1 & 2 & -1 \end{vmatrix} = \vec{i}(-2-6) - \vec{j}(-1+3) + \vec{k}(2+2) = -8\vec{i} - 2\vec{j} + 4\vec{k}$$
$$= (-8,-2,4)$$

(18) Man berechne einen zu $\vec{a} = (1,2,o)$ und $\vec{b} = (o,1,1)$ senkrechten Vektor der Länge $2\sqrt{6}$.

Lsg: Anschaulich ist klar, daß es zwei solche Vektoren gibt. Ein Vektor $\vec{x}$ mit dieser Eigenschaft steht senkrecht auf $\vec{a}$ und $\vec{b}$, hat also dieselbe Richtung wie $\vec{a}\times\vec{b}$: $\vec{x} = c(\vec{a}\times\vec{b})$.

$$\vec{a}\times\vec{b} = \begin{vmatrix} \vec{i} & \vec{j} & \vec{k} \\ 1 & 2 & o \\ o & 1 & 1 \end{vmatrix} = \vec{i}(2-o) - \vec{j}(1-o) + \vec{k}(1-o) = (2,-1,1)$$

$$|\vec{x}| = |c|\,|\vec{a}\times\vec{b}| = |c|\sqrt{4+1+1} = |c|\sqrt{6} = 2\sqrt{6} \qquad c_1 = 2 \quad c_2 = -2$$
$$\vec{x}_1 = 2(2,-1,1) \quad \vec{x}_2 = -2(2,-1,1)$$

Geometrisch ist $|\vec{a}\times\vec{b}|$ die <u>Fläche des</u> von $\vec{a}$ und $\vec{b}$ aufgespannten <u>Parallelogramms</u>.

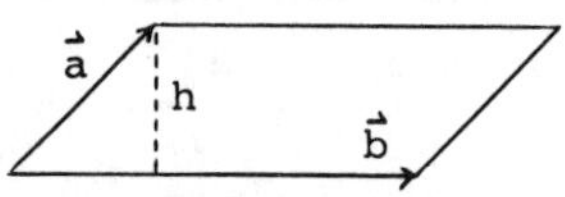

$F = |\vec{b}|h$, $h = |\vec{a}|\sin\varphi$,also

$F = |\vec{a}|\,|\vec{b}|\sin\varphi = |\vec{a}\times\vec{b}|$

(19) Man berechne die Fläche des von $\vec{a} = (-1,2,o)$ und $\vec{b} = (1,o,-1)$ aufgespannten Parallelogramms.

Lsg:
$$\vec{a}\times\vec{b} = \begin{vmatrix} \vec{i} & \vec{j} & \vec{k} \\ -1 & 2 & o \\ 1 & o & -1 \end{vmatrix} = (-2,-1,-2) \qquad F = |\vec{a}\times\vec{b}| = \sqrt{4+1+4} = 3$$

(2o) Man berechne die Fläche des durch $P_1 = (-1,o,2)$, $P_2 = (1,2,3)$ und $P_3 = (o,1,3)$ gegebenen Dreiecks.

Lsg:

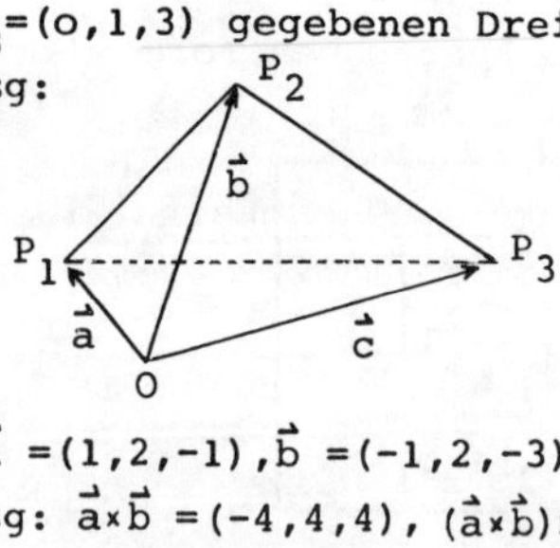

$$F = \frac{1}{2}\,|(\vec{b}-\vec{a})\times(\vec{c}-\vec{a})|$$
$$= \frac{1}{2}\cdot|(2,2,1)\times(1,1,1)|$$
$$= \frac{1}{2}\cdot|(1,-1,o)| = \frac{\sqrt{2}}{2}$$

(21) $\vec{a} = (1,2,-1)$, $\vec{b} = (-1,2,-3)$, $\vec{c} = (o,2,4)$. Man berechne $(\vec{a}\times\vec{b})\times\vec{c}$.

Lsg: $\vec{a}\times\vec{b} = (-4,4,4)$, $(\vec{a}\times\vec{b})\times\vec{c} = (8,16,-8)$

5.5 Das Spatprodukt

Das Spatprodukt dreier Vektoren $\vec{a},\vec{b},\vec{c}$ ist definiert durch:

Spatprodukt	$\langle\vec{a},\vec{b},\vec{c}\rangle = \begin{vmatrix} a_1 & a_2 & a_3 \\ b_1 & b_2 & b_3 \\ c_1 & c_2 & c_3 \end{vmatrix} = a_1\begin{vmatrix} b_2 b_3 \\ c_2 c_3 \end{vmatrix} - a_2\begin{vmatrix} b_1 b_3 \\ c_1 c_3 \end{vmatrix} + a_3\begin{vmatrix} b_1 b_2 \\ c_1 c_2 \end{vmatrix}$

Durch Vertauschung der Zeilen in der Determinante sieht man

$$\langle\vec{a},\vec{b},\vec{c}\rangle = \langle\vec{b},\vec{c},\vec{a}\rangle = \langle\vec{c},\vec{a},\vec{b}\rangle = -\langle\vec{a},\vec{c},\vec{b}\rangle = -\langle\vec{c},\vec{b},\vec{a}\rangle$$
$$= -\langle\vec{b},\vec{a},\vec{c}\rangle$$

Eine zyklische Vertauschung ändert den Wert des Spatprodukts also nicht.Bildet man das gemischte Produkt $\vec{a}(\vec{b}\times\vec{c})$, so ergibt sich :

$$\langle\vec{a},\vec{b},\vec{c}\rangle = \vec{a}(\vec{b}\times\vec{c})$$

Geometrisch ist $|\langle\vec{a},\vec{b},\vec{c}\rangle|$ das Volumen des von $\vec{a},\vec{b},\vec{c}$ aufgespannten Spats (Parallelepipeds).

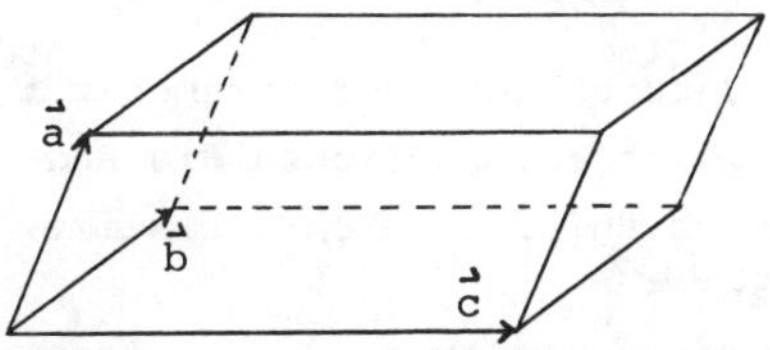

$$V = |\langle\vec{a},\vec{b},\vec{c}\rangle|$$

2) Man berechne das Volumen des von $\vec{a} = (1,2,3)$, $\vec{b} = (-2,1,o)$ und $\vec{c} = (2,-4,1)$ aufgespannten Spats.

Lsg:

$$\langle\vec{a},\vec{b},\vec{c}\rangle = \begin{vmatrix} 1 & 2 & 3 \\ -2 & 1 & o \\ 2 & -4 & 1 \end{vmatrix} = 23 \qquad V = |23| = 23.$$

$\langle\vec{a},\vec{b},\vec{c}\rangle = o \iff \vec{a}=\vec{o}$ oder $\vec{b}=\vec{o}$ oder $\vec{c}=\vec{o}$ oder $\vec{a},\vec{b}$ und $\vec{c}$ liegen in einer Ebene

3) Man weise nach, daß $\vec{a} = (1,2,3)$, $\vec{b} = (-2,1,-1)$ und $\vec{c} = (-1,3,2)$ in einer Ebene liegen.

Lsg:

$$\langle\vec{a},\vec{b},\vec{c}\rangle = \begin{vmatrix} 1 & 2 & 3 \\ -2 & 1 & -1 \\ -1 & 3 & 2 \end{vmatrix} = o$$

Das Volumen des von $\vec{a},\vec{b},\vec{c}$ aufgespannten Tetraeders ist 1/6 des Volumens des von $\vec{a},\vec{b},\vec{c}$ aufgespannten Spats.

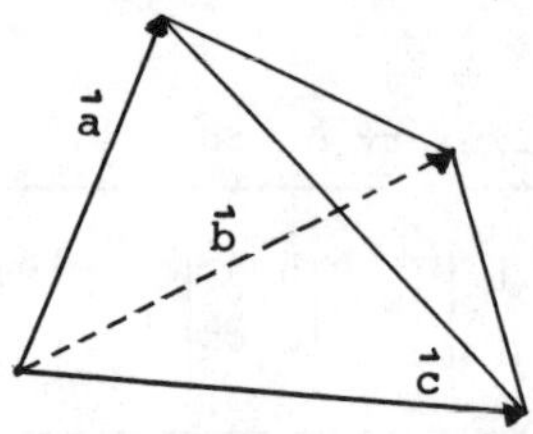

$$V = \frac{1}{6} \cdot \left| \langle \vec{a}, \vec{b}, \vec{c} \rangle \right|$$

(24) Man berechne das Volumen des Tetraeders mit den Eckpunkten $P_1 = (1,2,1), P_2 = (4,2,3), P_3 = (2,1,o)$ und $P_4 = (3,8,4)$.

Lsg: $\overrightarrow{P_1P_2} = (3,o,2)$ $\overrightarrow{P_1P_3} = (1,-1,-1)$ $\overrightarrow{P_1P_4} = (2,6,3)$

$$\begin{vmatrix} 3 & o & 2 \\ 1 & -1 & -1 \\ 2 & 6 & 3 \end{vmatrix} = 25 \qquad V = \frac{25}{6}.$$

5.6 Geraden im Raum

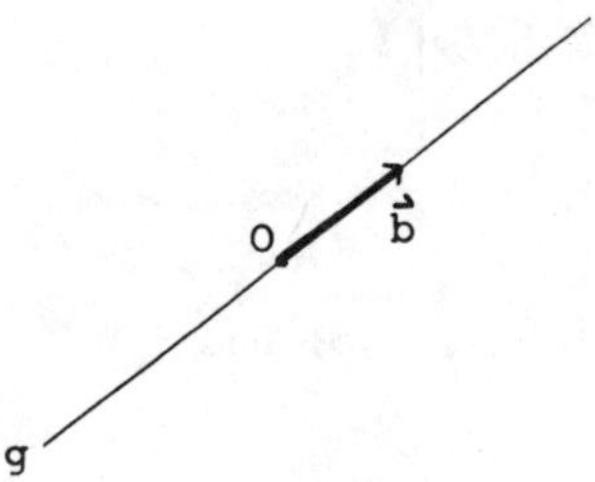

Ist $\vec{b} \neq \vec{o}$ und durchläuft der Parameter t die reellen Zahlen, so liegen die Endpunkte von $t\vec{b}$ auf der durch $\vec{b}$ bestimmten Geraden.

$g : \vec{x} = t\vec{b}$ ist eine Gleichung der durch den Nullpunkt gehenden Geraden mit der Richtung $\vec{b}$.

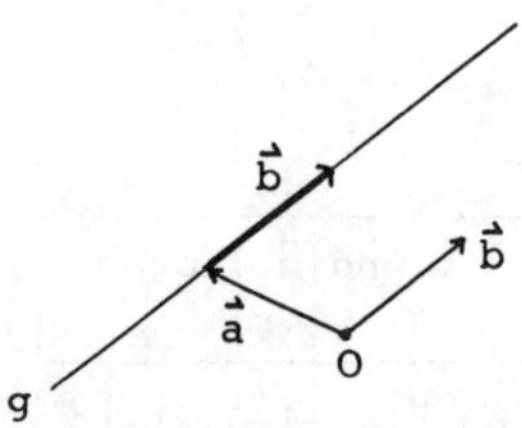

Bildet man $\vec{a} + t\vec{b}$, so erhält man eine zur ersten parallele Gerade, die durch den Endpunkt von $\vec{a}$ verläuft.

Eine Parameterdarstellung der Geraden durch den Endpunkt von $\vec{a}$ mit der Richtung von $\vec{b} \neq \vec{o}$ ist :

$g : \vec{x} = \vec{a} + t\vec{b}$ mit $t \in \mathbb{R}$

(25) Man zeige: $P_1 = (1,2,1o)$ liegt nicht auf der Geraden $g: \vec{x} = (1,o,2) + t(1,4,1)$ und $P_2 = (3,8,4)$ liegt auf g.

Lsg: Läge P_1 auf g, gäbe es einen Parameterwert t_1, so daß $(1,2,1o) = (1,o,2) + t_1(1,4,1)$ ist. Komponentenvergleich:

$1 = 1 + t_1, 2 = 4t_1, 1o = 2 + t_1$. Dieses Gleichungssystem ist nicht lösbar.

Entsprechend kommt man für P_2 auf $(3,8,4) = (1,o,2) + t_2(1,4,1)$, also: $3 = 1 + t_2, 8 = 4t_2, 4 = 2 + t_2$. Hier ist die Lösung $t_2 = 2$.

<u>Gleichung der Geraden</u> g <u>durch zwei Punkte</u> $\vec{p}_1$ und $\vec{p}_2$:

$$g : \vec{x} = \vec{p}_1 + t(\vec{p}_2 - \vec{p}_1)$$

(26) Man bestimme eine Gleichung der Geraden durch die Punkte $P_1=(1,2,1)$ und $P_2=(0,5,-1)$.

Lsg: $\vec{p}_2-\vec{p}_1=(-1,3,-2)$, also $g:\vec{x}=(1,2,1)+t(-1,3,-2)$.

Durch Vertauschen von P_1 mit P_2 erhält man eine andere Gleichung, nämlich $g:\vec{x}=(0,5,-1)+t(1,-3,2)$, die aber dieselbe Gerade g beschreibt.

<u>Zwei Geraden</u> $g_1:\vec{x}=\vec{a}_1+t\vec{b}_1$ und $g_2:\vec{x}=\vec{a}_2+s\vec{b}_2$ <u>schneiden sich</u> genau dann, wenn es einen Vektor $\vec{x}_0$ gibt, dessen Endpunkt sowohl auf g_1 als auch auf g_2 liegt. Durch Gleichsetzen der Geradengleichungen werden die Parameterwerte s_0 bzw. t_0 für $\vec{x}_0$ bestimmt. Schneiden sich die Geraden nicht, ist das sich ergebende Gleichungssystem unlösbar.

(27) Man bestimme ggf. den Schnittpunkt der Geraden :

a) $g_1:\vec{x}=(2,-1,3)+t(1,4,0)$ $\quad g_2:\vec{x}=(2,1,1)+s(1,2,2)$

Lsg: $(2,-1,3)+t(1,4,0)=(2,1,1)+s(1,2,2)$ also ist

$(1,4,0)t+(-1,-2,-2)s=(0,2,-2)$ Komponentenvergleich :

$$\left.\begin{aligned} t-s &= 0 \\ 4t-2s &= 2 \\ -2s &= -2 \end{aligned}\right\}$$

Dieses lineare Gleichungssystem hat die Lösung $s = t = 1$

Der Schnittpunkt ist $\vec{x}_0=(2,-1,3)+1(1,4,0)=(3,3,3)$.

b) $g_1:\vec{x}=(1,2,1)+t(-1,3,-2)$ $\quad g_2:\vec{x}=(0,5,-1)+s(4,-12,8)$

Lsg: $(1,2,1)+t(-1,3,-2)=(0,5,-1)+s(4,-12,8)$ also ist

$(-1,3,-2)t+(-4,12,-8)s=(-1,3,-2)$ Komponentenvergleich :

$$\left.\begin{aligned} -t-4s &= -1 \\ 3t+12s &= 3 \\ -2t-8s &= -2 \end{aligned}\right\}$$

Alle drei Gleichungen sind gleichbedeutend mit $t+4s=1$. Die Lösungsschar ist einparametrig, jeder Punkt der einen Geraden liegt auf der anderen : Die Geraden sind gleich.

Der Winkel zwischen zwei sich schneidenden Geraden ist gleich dem Winkel zwischen ihren Richtungsvektoren.

<u>Schnittwinkel der sich schneidenden Geraden</u> $g_1: \vec{x} = \vec{a}_1 + t\vec{b}_1$ und $g_2: \vec{x} = \vec{a}_2 + t\vec{b}_2$:

$$\cos\varphi = \frac{\vec{b}_1\cdot\vec{b}_2}{|\vec{b}_1||\vec{b}_2|} \quad \text{mit } \varphi = \sphericalangle(\vec{b}_1,\vec{b}_2) = \sphericalangle(g_1,g_2)$$

(28) Man berechne ggf. den Schnittwinkel der folgenden beiden Geraden : $g_1: \vec{x} = (2,-1,3)+t(1,4,o)$ und $g_2: \vec{x} = (2,1,1)+s(1,2,2)$.

Lsg: Die Geraden schneiden sich, s.Bsp.27a.

$$\cos\varphi = \frac{(1,4,o)}{\sqrt{17}}\frac{(1,2,2)}{\sqrt{9}} = \frac{3}{\sqrt{17}} \approx o{,}7276 \qquad \varphi \approx 43° 19'$$

Der Punkt P liege nicht auf der Geraden $g: \vec{x} = \vec{a} + t\vec{b}$.

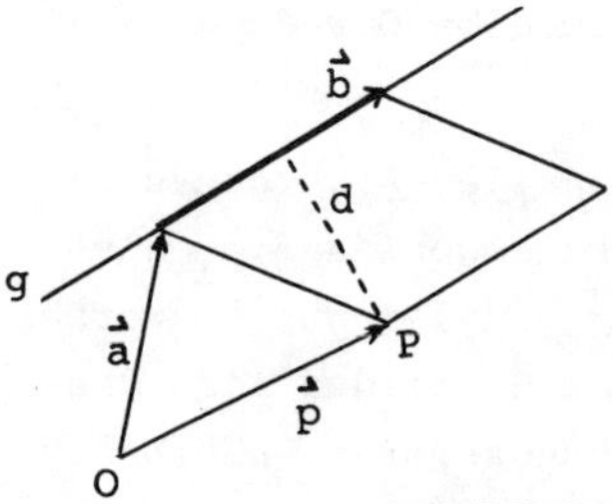

Das Parallelogramm wird aufgespannt von $\vec{b}$ und $\vec{p}-\vec{a}$, die Fläche ist also $|\vec{b}\times(\vec{p}-\vec{a})|$. Andrerseits ist sie $d\cdot|\vec{b}|$.
Somit ergibt sich :

<u>Abstand Punkt-Gerade</u> $\quad d = \dfrac{|\vec{b}\times(\vec{p}-\vec{a})|}{|\vec{b}|}$.

(29) Man berechne den Abstand von $P = (1,2,3)$ und der Geraden $g: \vec{x} = (1,1,o)+t(-1,2,-1)$.

Lsg: $\vec{p}-\vec{a} = (1,2,3)-(1,1,o) = (o,1,3)$

$$\vec{b}\times(\vec{p}-\vec{a}) = \begin{vmatrix} \vec{i} & \vec{j} & \vec{k} \\ -1 & 2 & -1 \\ o & 1 & 3 \end{vmatrix} = (7,3,-1) \qquad d = \frac{|(7,3,-1)|}{|(-1,2,-1)|} = \frac{\sqrt{59}}{\sqrt{6}}$$

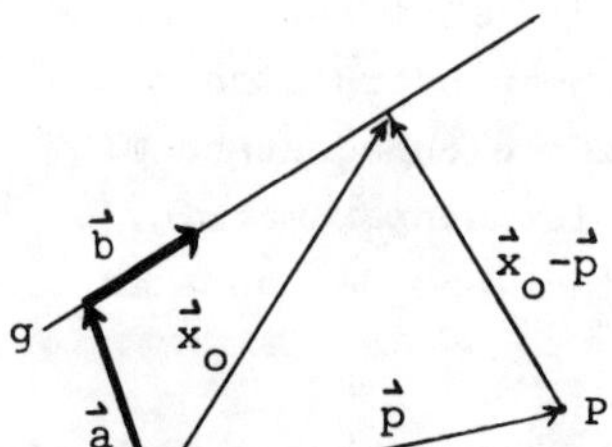

Der <u>Fußpunkt</u> $\vec{x}_o$ <u>des Lotes</u> von P auf g ist durch zwei Angaben bestimmt :

(i) Der Endpunkt von $\vec{x}_o$ liegt auf g, also gibt es einen Parameterwert t_o, so daß $\vec{x}_o = \vec{a} + t_o\vec{b}$.

(ii) Das Lot, $\vec{x}_o - \vec{p}$, steht senkrecht auf $\vec{b}$.

Hieraus folgt $\vec{x}_o\cdot\vec{b} = \vec{p}\cdot\vec{b}$.

Multipliziert man (i) mit $\vec{b}$, so erhält man :
$\vec{x}_o\cdot\vec{b} = \vec{p}\cdot\vec{b} = \vec{a}\cdot\vec{b} + t_o\vec{b}^2$. Auflösen nach t_o ergibt :

Der <u>Fußpunkt des Lotes</u> von P auf g ist $\vec{x}_o = \vec{a} + t_o\vec{b}$ mit

$$t_o = \frac{(\vec{p} - \vec{a})\cdot\vec{b}}{|\vec{b}|^2}.$$ Das Lot ist $\vec{x}_o - \vec{p}$.

(3o) Man berechne das Lot und den Fußpunkt des Lotes für P =(1,2,3) und g: $\vec{x} = (1,1,o) + t(-1,2,-1)$.

Lsg: $\vec{p}-\vec{a} = (1,2,3)-(1,1,o) = (o,1,3)$.

$$t_o = \frac{(o,1,3)\cdot(-1,2,-1)}{|(-1,2,-1)|^2} = \frac{-1}{6} = -\frac{1}{6}$$

$$\vec{x}_o = (1,1,o) - \frac{1}{6}(-1,2,-1) = (1+\frac{1}{6}, 1-\frac{1}{3}, \frac{1}{6}) = (\frac{7}{6}, \frac{2}{3}, \frac{1}{6})$$

Das Lot ist $\vec{x}_o - \vec{p} = (\frac{1}{6}, -\frac{4}{3}, -\frac{17}{6})$.

Zwei Geraden sind offenbar genau dann parallel, wenn ihre Richtungsvektoren $\vec{b}_1$ und $\vec{b}_2$ parallel sind. (Nachzuprüfen durch : $\vec{b}_1 = c\vec{b}_2$ oder $\vec{b}_1 \times \vec{b}_2 = \vec{o}$).

Den <u>Abstand zweier paralleler Geraden</u> erhält man, indem man den Abstand eines beliebigen Punktes der einen Geraden zur anderen Geraden bestimmt.

(31) Man bestimme den Abstand von g_1: $\vec{x} = (1,2,1)+t(3,3,9)$ und g_2: $\vec{x} = (o,1,2)+s(2,2,6)$.

Lsg: g_1 und g_2 sind parallel, da $\vec{b}_2 = \frac{2}{3}\vec{b}_1$. (1,2,1) liegt auf g_1, sein Abstand d zu g_2 ist :

$$d = \frac{|(2,2,6)\times(1,1,-1)|}{|(2,2,6)|} = \frac{|(-8,8,o)|}{\sqrt{44}} = \frac{8\sqrt{2}}{2\sqrt{11}} = 4\frac{\sqrt{2}}{\sqrt{11}}.$$

g_1: $\vec{x} = \vec{a}_1 + t\vec{b}_1$ und g_2: $\vec{x} = \vec{a}_2 + t\vec{b}_2$ seien nicht parallel, also $\vec{b}_1 \times \vec{b}_2 \neq \vec{o}$. Der von $\vec{a}_1 - \vec{a}_2$, $\vec{b}_1$ und $\vec{b}_2$ aufgespannte Spat hat die Grundfläche $|\vec{b}_1 \times \vec{b}_2|$ und die Höhe d, also das Volumen $d\cdot|\vec{b}_1 \times \vec{b}_2|$. Andrerseits ist das Volumen $|\langle \vec{a}_1 - \vec{a}_2, \vec{b}_1, \vec{b}_2 \rangle|$. Hieraus ergibt sich :

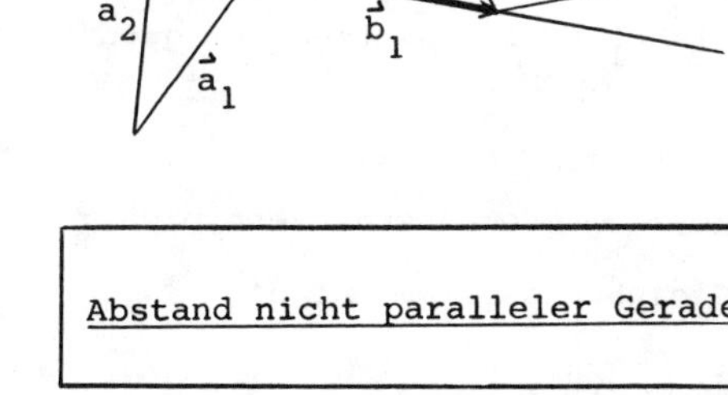

<u>Abstand nicht paralleler Geraden</u> $$d = \frac{|\langle \vec{a}_1 - \vec{a}_2, \vec{b}_1, \vec{b}_2 \rangle|}{|\vec{b}_1 \times \vec{b}_2|}$$

(32) Man berechne den Abstand der beiden Geraden

g_1: $\vec{x} = (1,o,1)+t(2,1,o)$ und g_2: $\vec{x} = (1,4,3)+s(o,1,2)$.

Lsg: $\vec{a}_1-\vec{a}_2=(1,o,1)-(1,4,3)=(o,-4,-2)$.

$$\langle\vec{a}_1-\vec{a}_2,\vec{b}_1,\vec{b}_2\rangle = \begin{vmatrix} o & -4 & -2 \\ 2 & 1 & o \\ o & 1 & 2 \end{vmatrix} = 12 \quad \vec{b}_1\times\vec{b}_2 = \begin{vmatrix} \vec{i} & \vec{j} & \vec{k} \\ 2 & 1 & o \\ o & 1 & 2 \end{vmatrix} = (2,-4,2).$$

$$d = \frac{12}{\sqrt{24}} = \sqrt{6}.$$

(33) Ein Körper K_1 bewegt sich auf der Geraden $g_1: \vec{x} = (1,2,1)+t(1,o,1)$, der Körper K_2 auf der Geraden g_2: $\vec{x} = (1,1,1)+s(1,-1,o)$. Zwischen welchen Punkten ist die Entfernung der Flugbahnen minimal und wie groß ist sie dort ?

Lsg: Der zweite Teil der Frage ist sofort nach der obigen Abstandsformel zu beantworten :

$$\langle\vec{a}_1-\vec{a}_2,\vec{b}_1,\vec{b}_2\rangle = \begin{vmatrix} o & 1 & o \\ 1 & o & 1 \\ 1 & -1 & o \end{vmatrix} = 1 \quad \vec{b}_1\times\vec{b}_2 = \begin{vmatrix} \vec{i} & \vec{j} & \vec{k} \\ 1 & o & 1 \\ 1 & -1 & o \end{vmatrix} = (1,1,-1)$$

$$d = \frac{1}{\sqrt{3}} = \frac{1}{3}\sqrt{3}.$$

Mehr Aufwand erfordert der erste Teil. Die betreffenden Punkte P_1 und P_2 sind bestimmt durch :

(i) P_1 liegt auf g_1, es gibt daher einen Parameterwert t_o, so daß $\vec{p}_1=(1,2,1)+t_o(1,o,1)$ ist.

(ii) P_2 liegt auf g_2, also $\vec{p}_2=(1,1,1)+s_o(1,-1,o)$

(iii) $\vec{p}_1-\vec{p}_2$ steht senkrecht auf g_1 und g_2.

Aus (iii) schließt man : $\vec{p}_1-\vec{p}_2$ steht senkrecht auf $\vec{b}_1$ und $\vec{b}_2$, also ist $\vec{p}_1-\vec{p}_2= c(\vec{b}_1\times\vec{b}_2)= c(1,1,-1)$.

Schließlich wird ausgenutzt, daß die Vektoren $\vec{p}_2, \vec{p}_1-\vec{p}_2$ und $\vec{p}_1$ ein Dreieck bilden, also $\vec{p}_2+(\vec{p}_1-\vec{p}_2)= \vec{p}_1$ ist. Einsetzen der gefundenen Ausdrücke ergibt :

$(1,1,1)+s_o(1,-1,o)+c(1,1,-1)=(1,2,1)+t_o(1,o,1)$ also

$(1,-1,o)s_o+(-1,o,-1)t_o+(1,1,-1)c =(o,1,o)$ Komponentenvergleich :

$$\left.\begin{array}{rcl} s_o - t_o + c &=& o \\ -s_o \qquad + c &=& 1 \\ - t_o - c &=& o \end{array}\right]$$

Dieses lin. Gleichungssystem hat die Lösung :

$$s_o = -\frac{2}{3} \quad t_o = -\frac{1}{3} \quad c = \frac{1}{3}$$

$\vec{p}_1=(1,2,1) - \frac{1}{3}(1,o,1)=(\frac{2}{3},2,\frac{2}{3})$.

$\vec{p}_2=(1,1,1) - \frac{2}{3}(1,-1,o)=(\frac{1}{3},\frac{5}{3},1)$.

5.7 Ebenen im Raum

Sind $\vec{b}$ und $\vec{c}$ vom Nullvektor verschieden und nicht parallel und durchlaufen die Parameter u und v unabhängig voneinander die reellen Zahlen, so liegen die Endpunkte der Vektoren $u\vec{b} + v\vec{c}$ in der von $\vec{b}$ und $\vec{c}$ aufgespannten Ebene. $E : \vec{x} = u\vec{b} + v\vec{c}$ ist die Gleichung der von den Vektoren $\vec{b}$ und $\vec{c}$ aufgespannten Ebene.

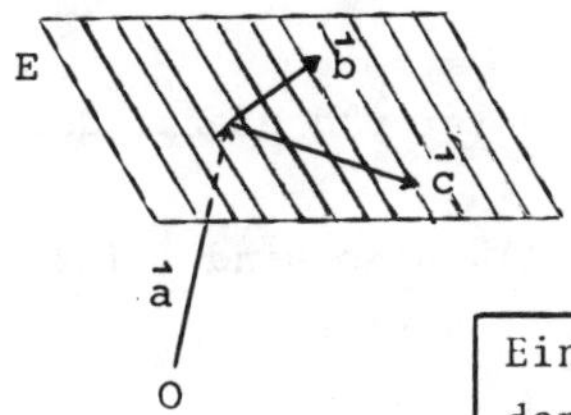

Bildet man $\vec{a} + u\vec{b} + v\vec{c}$, so erhält man eine zur ersten parallele Ebene, die durch den Endpunkt von $\vec{a}$ verläuft.

> Eine Parameterdarstellung der Ebene durch den Endpunkt von $\vec{a}$ und in Richtung von $\vec{b}$ und $\vec{c}$ mit $\vec{b}\times\vec{c} \neq \vec{o}$ ist :
>
> $E : \vec{x} = \vec{a} + u\vec{b} + v\vec{c}$ mit $u,v \in \mathbb{R}$

34) Liegt (1,o,1) auf der Ebene $E : \vec{x} = (-1,2,1)+u(-1,-1,-1)+v(1,o,2)$?

Lsg: Wenn der Punkt auf der Ebene liegt, gibt es u_o und v_o, so daß $(1,o,1)=(-1,2,1)+u_o(-1,-1,-1)+v_o(1,o,2)$. Somit ist $(1,1,1)u_o+(-1,o,-2)v_o=(-2,2,o)$ Komponentenvergleich :

$$\left.\begin{array}{l} u_o - v_o = -2 \\ u_o = 2 \\ u_o - 2v_o = o \end{array}\right]$$

Dieses lin. Gleichungssystem ist unlösbar, der Punkt liegt nicht auf E.

> Eine Parameterdarstellung der Ebene durch drei Punkte $\vec{p}_1, \vec{p}_2, \vec{p}_3$, die nicht auf einer Geraden liegen, ist :
>
> $E : \vec{x} = \vec{p}_1 + u(\vec{p}_2 - \vec{p}_1) + v(\vec{p}_3 - \vec{p}_1)$

35) Man bestimme eine Parameterdarstellung der Ebene durch die Punkte $P_1=(1,2,3)$, $P_2=(1,-1,2)$ und $P_3=(2,1,1)$.

Lsg: $\vec{p}_2-\vec{p}_1=(1,-1,2)-(1,2,3)=(o,-3,-1)$

$\vec{p}_3-\vec{p}_1=(2,1,1)-(1,2,3) = (1,-1,-2)$

$E : \vec{x} = (1,2,3)+u(o,-3,-1)+v(1,-1,-2)$

Durch Vertauschen von P_1, P_2, P_3 erhält man andere Darstellungen, die aber dieselbe Ebene beschreiben.

Ein Vektor ist senkrecht (orthogonal, normal) zu einer Ebene, wenn er senkrecht auf allen Vektoren der Ebene, insbesondere senkrecht auf den Richtungsvektoren $\vec{b}$ und $\vec{c}$ steht. Ein zu einer Ebene senkrechter Vektor heißt Normalenvektor der Ebene. Aus der Parameterdarstellung der Ebene erhält man einen Normalenvektor sofort als $\vec{b}\times\vec{c}$. Jeder andere Normalenvektor hat die Form $c(\vec{b}\times\vec{c})$.

(36) Man bestimme die beiden Normaleneinheitsvektoren der Ebene E : $\vec{x} = (-1,2,1)+u(-1,-1,-1)+v(1,o,2)$.

Lsg: $\vec{b}\times\vec{c} = \begin{vmatrix} \vec{i} & \vec{j} & \vec{k} \\ -1 & -1 & -1 \\ 1 & o & 2 \end{vmatrix} = (-2,1,1)$ ist Normalenvektor und ebenso der entgegengesetzt gerichtete Vektor $(2,-1,-1)$. Also sind $\frac{1}{\sqrt{6}}(-2,1,1)$ und $\frac{1}{\sqrt{6}}(2,-1,-1)$ die beiden Normaleneinheitsvektoren.

(37) Ist $\vec{a}=(1,2,1)$ normal zu E : $\vec{x} = (1,o,1)+u(-1,2,1)+v(1,1,1)$?

Lsg: $\vec{a}$ müßte normal zu den Richtungsvektoren sein. Das ist wegen $\vec{a}\cdot(-1,2,1)=-1+4+1=4\neq o$ nicht der Fall.

Die Menge aller Punkte (x,y,z) im Raum, die einer Gleichung der Form $ax+by+cz=d$ mit $a^2+b^2+c^2\neq 0$ genügen, liegen auf einer Ebene.

Koordinatendarstellung der Ebene
E : $ax + by + cz = d$; $\vec{x}\cdot\vec{n} = d$ mit $\vec{x} = (x,y,z)$ und $\vec{n} = (a,b,c)$

(38) Liegt der Punkt (1,2,3) auf E : $2x - 4y - z = 5$?

Lsg: $2\cdot 1 - 4\cdot 2 - 3 = -9 \neq 5$. Nein.

Umformung Parameterdarstellung in Koordinatendarstellung
Man multipliziert die Parameterdarstellung $\vec{x} = \vec{a} + u\vec{b} + v\vec{c}$ mit dem Normalenvektor $\vec{b}\times\vec{c}$.

(39) Wie lautet die Koordinatendarstellung von E : $\vec{x} = (1,o,1)+u(-1,1,2)+v(1,2,3)$?

Lsg: $\vec{b}\times\vec{c} = \begin{vmatrix} \vec{i} & \vec{j} & \vec{k} \\ -1 & 1 & 2 \\ 1 & 2 & 3 \end{vmatrix} = (-1,5,-3)$

Da der Normalenvektor senkrecht auf $\vec{b}$ und $\vec{c}$ steht, ist $\vec{b}\cdot(\vec{b}\times\vec{c})=o$ und $\vec{c}\cdot(\vec{b}\times\vec{c})=o$. Auf der rechten Seite der Parameterdarstellung bleibt also nur $\vec{a}\cdot(\vec{b}\times\vec{c})$ übrig.

$$\vec{x}\cdot(\vec{b}\times\vec{c}) = \vec{a}\cdot(\vec{b}\times\vec{c}) \quad \text{also:}$$

$$(x,y,z)\cdot(-1,5,-3) = (1,o,1)\cdot(-1,5,-3) \quad \text{also :}$$

$$-x + 5y - 3z = -4$$

(4o) Wie lautet die Koordinatendarstellung der Ebene E :
$\vec{x} = (2,-3,1) + u(1,o,-1) + v(2,2,o)$?

Lsg: $\vec{b} \times \vec{c} = \begin{vmatrix} \vec{i} & \vec{j} & \vec{k} \\ 1 & o & -1 \\ 2 & 2 & o \end{vmatrix} = (2,-2,2)$

$\vec{x}(2,-2,2) = (x,y,z)\cdot(2,-2,2) = 2x - 2y + 2z$

$\vec{a}(2,-2,2) = (2,-3,1)\cdot(2,-2,2) = 12$

Also : E : $2x - 2y + 2z = 12$

Um eine Koordinatendarstellung in eine Parameterdarstellung umzuformen, berechnet man sich drei Punkte der Ebene, die nicht auf einer Geraden liegen, und ermittelt daraus die Parameterdarstellung wie in Bsp. 35.
Durch spezielle Wahl der Punkte läßt sich der Rechenaufwand wesentlich verringern :

Umformung Koordinatendarstellung in Parameterdarstellung
In der Koordinatendarstellung setzt man $u := x$ und $v := y$, löst nach z auf und erhält mit $\vec{x} = (x,y,z)$ die Parameterdarstellung.

(41) Man gebe eine Parameterdarstellung von E : $2x - y + 3z = 4$ an.
Lsg: Mit $x = u$ und $y = v$ ist $z = \frac{1}{3}(4 - 2u + v) = \frac{4}{3} - \frac{2}{3}u + \frac{1}{3}v$.
$\vec{x} = (x,y,z) = (u,v,\frac{4}{3} - \frac{2}{3}u + \frac{1}{3}v) = (o,o,\frac{4}{3}) + u(1,o,-\frac{2}{3}) + v(o,1,\frac{1}{3})$.

Für E : $ax + by + cz = d$ ist $\vec{n} = (a,b,c)$ Normalenvektor.

(42) Man bestimme einen Normaleneinheitsvektor von E : $2x - y - 2z = 5$.
Lsg: $\vec{n} = (2,-1,-2)$ $\vec{n}_o = \frac{1}{3}(2,-1,-2)$.

Liegt der Endpunkt des Vektors $\vec{x}_o$ in einer Ebene E und ist $\vec{n}$ Normalenvektor dieser Ebene, so gilt für jeden Vektor $\vec{x}$, dessen Endpunkt in der Ebene liegt : $(\vec{x} - \vec{x}_o)\cdot\vec{n} = o$. Dies ist klar, da $\vec{x} - \vec{x}_o$ in der Ebene liegt und deshalb senkrecht auf $\vec{n}$ steht.
$\vec{x}\cdot\vec{n} = \vec{x}_o\vec{n} = k$ (k eine reelle Zahl) ist die Koordinatendarstellung der Ebene in vektorieller Form.

Die Gleichung einer Ebene ist bestimmt, wenn man einen Normalenvektor und einen Punkt der Ebene kennt.

(43) Man bestimme die Gleichung der Ebene, die senkrecht auf (1,2,-1) steht und den Punkt (1,2,2) enthält.
Lsg: $(1,2,-1) = \vec{n}$ ist Normalenvektor. $\vec{x}_o = (1,2,2)$ Punkt der Ebene.
$\vec{x}\cdot\vec{n} = (x,y,z)(1,2,-1) = x + 2y - z$
$\vec{x}_o\vec{n} = (1,2,2)(1,2,-1) = 3$ also $x + 2y - z = 3$

Ist in der Darstellung $\vec{x}\cdot\vec{n} = \vec{x}_o\vec{n} = k$ $\vec{n}$ insbesondere ein Normaleneinheitsvektor und $k \geq o$, so ist die Ebene in der sog. HESSESCHEN NORMALFORM. (Die Bedingung $k \geq o$ wird vielfach nicht gestellt, dann gibt es natürlich zwei Hessesche Normalformen.)

44) Man gebe die Hessesche Normalform von $E : \frac{1}{3}x + \frac{2}{3}y - \frac{2}{3}z = -\frac{4}{3}$.
Lsg: $\vec{n} = (\frac{1}{3}, \frac{2}{3}, -\frac{2}{3})$. Zwar ist $\vec{n}$ Normaleneinheitsvektor, aber die rechte Seite ist negativ.

$$\text{HNF} : -\frac{1}{3}x - \frac{2}{3}y + \frac{2}{3}z = \frac{4}{3}.$$

Umformung Koordinatendarstellung in Hessesche Normalform
Man dividiert die Koordinatendarstellung durch $\sqrt{a^2+b^2+c^2}$ und macht ggf. die rechte Seite durch Multiplikation mit -1 positiv.

---

45) Man berechne die Hessesche Normalform von $E : 2x - 3y + 4z = -6$.
Lsg: $\vec{n} = (2,-3,4)$ $|\vec{n}| = \sqrt{4+9+16} = \sqrt{29}$ $\vec{n}_o = \frac{1}{\sqrt{29}}(2,-3,4)$

$$\text{HNF} : -\frac{2}{\sqrt{29}}x + \frac{3}{\sqrt{29}}y - \frac{4}{\sqrt{29}}z = \frac{6}{\sqrt{29}}$$

Umformung Parameterdarstellung in Hessesche Normalform
1. Parameter- in Koordinatendarstellung umformen
2. Koordinatendarstellung in Hessesche Normalform

---

46) Man bestimme die Hessesche Normalform von E :
$\vec{x} = (o,1,2)+u(1,1,2)+v(1,o,-2)$.
Lsg: $\vec{b}\times\vec{c} = (-2,4,-1)$ $E : -2x + 4y - z = (o,1,2)\cdot(-2,4,-1) = 2$

$$\text{HNF} : \frac{-2}{\sqrt{21}}x + \frac{4}{\sqrt{21}}y - \frac{1}{\sqrt{21}}z = \frac{2}{\sqrt{21}}$$

Ist $\vec{x}\cdot\vec{n} = k$ Hessesche Normalform, so ist k der Abstand der Ebene von dem Nullpunkt.

47) Man berechne den Abstand der Ebene $E : 6x - 3y + 6z = 15$ vom Nullpunkt.
Lsg: $\sqrt{a^2+b^2+c^2} = \sqrt{36+9+36} = \sqrt{81}$ HNF : $\frac{2}{3}x - \frac{1}{3}y + \frac{2}{3}z = \frac{5}{3}$

Der Abstand ist $\frac{5}{3}$.

Abstand Punkt-Ebene

Ist P Endpunkt des Vektors $\vec{p}$ und $E : \vec{x}\cdot\vec{n} = k$ in HNF, so ist der

Abstand von P zu E : $A = |\vec{p}\cdot\vec{n} - k|$

Ist $\vec{p}\vec{n} > k$ liegt P auf der den Nullpunkt nicht enthaltenden Seite
Ist $\vec{p}\vec{n} = k$ liegt P auf der Ebene
Ist $\vec{p}\vec{n} < k$ liegt P auf der gleichen Seite von E wie der Nullpunkt

(48) Man berechne den Abstand von $P = (-2,6,4)$ zur Ebene E:
$\vec{x} = (1,o,1) + u(-1,1,2) + v(1,2,3)$. Auf welcher Seite von E liegt P ?
Lsg: Es ist $\vec{b}\times\vec{c} = (-1,5,-3)$, also E : $-x + 5y - 3z = -4$.

HNF : $\frac{1}{\sqrt{35}}x - \frac{5}{\sqrt{35}}y + \frac{3}{\sqrt{35}}z = \frac{4}{\sqrt{35}}$

$\vec{p}\cdot\vec{n} = (-2,6,4)\left(\frac{1}{\sqrt{35}}, -\frac{5}{\sqrt{35}}, \frac{3}{\sqrt{35}}\right) = -\frac{2o}{\sqrt{35}}$ $\quad A = \left|-\frac{2o}{\sqrt{35}} - \frac{4}{\sqrt{35}}\right| = \frac{24}{\sqrt{35}}$. Da $-\frac{2o}{\sqrt{35}} < \frac{4}{\sqrt{35}}$, liegt P auf der den Nullpunkt enthaltenden Seite von E.

Liegt der Endpunkt P des Vektors $\vec{p}$ nicht auf der Ebene E und ist E in Koordinatendarstellung gegeben durch $\vec{x}\cdot\vec{n} = d$, so ist der <u>Fußpunkt</u> $\vec{x}_o$ <u>des Lotes</u> von P auf E durch zwei Bedingungen bestimmt.

(i) Der Endpunkt von $\vec{x}_o$ liegt auf E, also $\vec{x}_o\vec{n} = d$.

(ii) Der Endpunkt von $\vec{x}_o$ liegt auf der Geraden $\vec{x} = \vec{p} + s\vec{n}$, also gibt es einen Parameterwert s_o, so daß $\vec{x}_o = \vec{p} + s_o\vec{n}$ ist.

Multipliziert man (ii) mit $\vec{n}$: $\vec{x}_o\vec{n} = d = \vec{p}\vec{n} + s_o\vec{n}^2$ und löst nach s_o auf , ergibt sich :

<u>Der Fußpunkt x_o des Lotes von P auf E</u> : $\vec{x}\cdot\vec{n} = d$ ist
$\vec{x}_o = \vec{p} + s_o\vec{n}$ mit $s_o = \frac{d - \vec{p}\vec{n}}{\lvert\vec{n}\rvert^2}$. Das Lot ist $s_o\vec{n}$.

49) Zu welchem Punkt der Ebene $2x - y + z = 4$ hat $P = (1,2,3)$ die kleinste Entfernung und wie groß ist sie ?
Lsg: Der gesuchte Punkt ist gerade der Fußpunkt des Lotes.
$\vec{p}\vec{n} = (1,2,3)\cdot(2,-1,1) = 3 \quad |\vec{n}|^2 = 6$ also $s_o = \frac{4-3}{6} = \frac{1}{6}$.
$\vec{x}_o = (1,2,3) + \frac{1}{6}(2,-1,1) = (\frac{4}{3}, \frac{11}{6}, \frac{19}{6})$
Die Entfernung ist : $|\vec{x}_o - \vec{p}| = \left|(\frac{2}{6}, -\frac{1}{6}, \frac{1}{6})\right| = \sqrt{\frac{1}{6}}$.

Der <u>Schnittwinkel zweier sich schneidender Ebenen</u> ist der von ihren Normalenvektoren eingeschlossene Winkel.

Der <u>Schnittwinkel</u> von E_1: $\vec{x}\cdot\vec{n}_1 = d_1$ und E_2: $\vec{x}\cdot\vec{n}_2 = d_2$ ist bestimmt durch $\cos\varphi = \frac{\vec{n}_1\cdot\vec{n}_2}{\lvert\vec{n}_1\rvert\lvert\vec{n}_2\rvert}$ mit $\varphi = \sphericalangle(\vec{n}_1,\vec{n}_2)$

5o) Unter welchem Winkel schneiden sich $4x - 2y - z = 4$ und $2x + 2y + 4z = 1$?
Lsg : $\cos\varphi = \frac{(4,-2,-1)\cdot(2,2,4)}{\sqrt{21}\quad\sqrt{24}} = o \qquad \varphi = 9o°$

Auf der Schnittgeraden zweier sich schneidender Ebenen liegen alle Punkte, die beiden Gleichungen genügen.

> Die Schnittgerade zweier Ebenen bestimmt man durch Lösen eines lin. Gleichungssystems.
> Ebenen in Parameterdarstellung : s. Bsp. 51.
> Ebenen in Koordinatendarstellung : s. Bsp 52.

(51) Man bestimme die Schnittgerade von E_1: $\vec{x}=(1,2,3)+u(-1,2,3)+v(o,1,-1)$ und E_2: $\vec{x}=(1,-1,1)+r(1,-1,2)+s(1,1,2)$.

Lsg: $(1,2,3)+u(-1,2,3)+v(o,1,-1)=(1,-1,1)+r(1,-1,2)+s(1,1,2)$

$(-1,2,3)u+(o,1,-1)v+(-1,1,-2)r+(-1,-1,-2)s = (o,-3,-2)$

Vergleich der Komponenten :

$$\begin{aligned} -u \qquad - r - s &= o \\ 2u + v + r - s &= -3 \\ 3u - v - 2r - 2s &= -2 \end{aligned}$$

Dieses lin. Gleichungssystem hat eine ein-parametrige Lösungsschar. Mit t := s folgt : $u=\frac{1}{3}t-\frac{5}{6}$ $v=\frac{5}{3}t-\frac{13}{6}$ $r=-\frac{4}{3}t+\frac{5}{6}$ $s=t$.

Einsetzen von r und s in E_2 (oder auch u und v in E_1) ergibt :

$$\vec{x} =(1,-1,1)+(-\tfrac{4}{3}t+\tfrac{5}{6})(1,-1,2)+t(1,1,2)=(1-\tfrac{4}{3}t+\tfrac{5}{6}+t,-1+\tfrac{4}{3}t-\tfrac{5}{6}+t,1-\tfrac{8}{3}t+\tfrac{5}{3}+2t)$$

$$=(\tfrac{11}{6},-\tfrac{11}{6},\tfrac{8}{3})+t(-\tfrac{1}{3},\tfrac{7}{3},-\tfrac{2}{3}).$$

(52) Man bestimme die Schnittgerade von E_1: $2x +4y -3z = 2$ und E_2: $-x +2y -z = 4$.

Lsg: $\left.\begin{aligned} 2x +4y -3z &= 2 \\ -x +2y - z &= 4 \end{aligned}\right]$ Dieses lin. Gleichungssystem hat eine ein-parametrige Lösungsschar. Mit t := z ergibt sich :

$x = \frac{1}{4}t-\frac{3}{2}$ $y = \frac{5}{8}t+\frac{5}{4}$ $z = t$. Also ist die Schnittgerade :

$$\vec{x} =(x,y,z)=(\tfrac{1}{4}t-\tfrac{3}{2},\tfrac{5}{8}t+\tfrac{5}{4},t)=(-\tfrac{3}{2},\tfrac{5}{4},o)+t(\tfrac{1}{4},\tfrac{5}{8},1).$$

Sind eine Gerade und eine Ebene nicht parallel, ist der Durchstoßpunkt dadurch gekennzeichnet, daß er sowohl auf der Geraden als auch auf der Ebene liegt. Ist g : $\vec{x} = \vec{a} + t\vec{b}$ und E : $\vec{x}\cdot\vec{n} = d$, so gilt für den Durchstoßpunkt $\vec{x}_o$: $\vec{x}_o = \vec{a} + t_o\vec{b}$ und $\vec{x}_o\vec{n} = d$. Multipliziert man die erste Gleichung mit $\vec{n}$ und löst nach t_o auf, ergibt sich :

> Der Durchstoßpunkt von g : $\vec{x} = \vec{a} + t\vec{b}$ und E : $\vec{x}\cdot\vec{n} = d$ ist
> $\vec{x}_o = \vec{a} + t_o\vec{b}$ mit $t_o = \dfrac{d - \vec{a}\vec{n}}{\vec{b}\vec{n}}$ für $\vec{b}\vec{n} \neq o$ (E $\nparallel$ g)

(53) Man berechne den Durchstoßpunkt von $E: 2x + y - 2z = 1$ und $g: \vec{x} = (1,o,1) + t(2,1,o)$.

Lsg: $\vec{a}\vec{n} = (1,o,1)(2,1,-2) = o \quad \vec{b}\vec{n} = (2,1,o)(2,1,-2) = 5$

$t_o = \frac{1}{5} \quad \vec{x}_o = (1,o,1) + \frac{1}{5}(2,1,o) = (\frac{7}{5}, \frac{1}{5}, 1)$.

Ist die <u>Ebene in Parameterform</u> gegeben, berechnet man die Parameterwerte des <u>Durchstoßpunktes</u> durch Gleichsetzen der Gleichungen.

(54) Man berechne den Durchstoßpunkt von $g: \vec{x} = (1,2,o) + t(1,1,2)$ und $E: \vec{x} = (o,1,1) + u(1,2,1) + v(-1,o,2)$.

Lsg: $(o,1,1) + u(1,2,1) + v(-1,o,2) = (1,2,o) + t(1,1,2)$ also:

$(1,2,1)u + (-1,o,2)v + (-1,-1,-2)t = (1,1,-1)$ Komponentenvergleich:

$$\left.\begin{array}{l} u - v - t = 1 \\ 2u \quad\;\; - t = 1 \\ u + 2v - 2t = -1 \end{array}\right\}$$

Dieses lin. Gleichungssystem hat die Lösung

$u = \frac{3}{5} \quad v = -\frac{3}{5} \quad t = \frac{1}{5}$

Einsetzen von t in g (oder von u und v in E) ergibt

$\vec{x}_o = (1,2,o) + \frac{1}{5}(1,1,2) = (\frac{6}{5}, \frac{11}{5}, \frac{2}{5})$

<u>5.8 Aufgaben</u>

1) Man spiegele den Punkt $P = (1,2,1)$ an der Geraden $g: \vec{x} = (3,2,1) + t(2,1,2)$.
2) Man gebe eine Koordinatendarstellung der Ebene an, die parallel zur y-Achse liegt und $P_1 = (1,2,1)$ und $P_2 = (o,3,2)$ enthält.
3) Man bestimme den Abstand der beiden Geraden $g_1: \vec{x} = (1,3,4) + t(-4,2,-4)$ und $g_2: \vec{x} = (-5,3,1) + s(6,-3,6)$.
4) Gesucht ist der Abstand vom Nullpunkt derjenigen Ebene, die $P = (5,5,7)$ und $g: \vec{x} = (6,8,8) + t(-1,7,3)$ enthält.
5) Gesucht ist der Einheitsvektor in Richtung der Seitenhalbierenden vom Nullpunkt aus in dem von P_1, P_2, P_3 gebildeten Dreieck. Es ist $P_1 = (2,-1,-3)$, $P_2 = (-1,3,3)$, $P_3 = (0,0,0)$.
6) Man berechne den Schnittpunkt der Seitenhalbierenden in dem von $P = (o,1,2)$, $Q = (1,2,o)$ und $R = (1,1,1)$ gebildeten Dreieck.
7) $\vec{a}, \vec{b}$ und $\vec{c}$ seien Einheitsvektoren. $\sphericalangle(\vec{a},\vec{b}) = 6o°$, $\sphericalangle(\vec{a},\vec{c}) = 9o°$ und $\sphericalangle(\vec{b},\vec{c}) = 45°$. Gesucht ist $\sphericalangle(\vec{a} + \sqrt{3}\,\vec{c}, \vec{a} - 2\vec{b})$.
8) Man zeige: $(\vec{a} + c\vec{b}) \times \vec{b} = \vec{a} \times \vec{b}$. Welcher Satz über ebene Flächeninhalte wird hierdurch dargestellt?

9) $\vec{a} = (a,2,5)$, $\vec{b} = (o,b,-2)$, $\vec{c} = (6,3a,o)$. Für welche Paare (a,b)
   a) stehen $\vec{a},\vec{b},\vec{c}$ paarweise senkrecht aufeinander ?
   b) liegen $\vec{a},\vec{b},\vec{c}$ in einer Ebene ?

1o) Sei $\langle \vec{a},\vec{b},\vec{c} \rangle = 3$. Man berechne $\langle \vec{a}+\vec{c},\vec{b},\vec{a}-\vec{c} \rangle$.

11) Man stelle $\vec{a} = (2o,15,6)$ als Linearkombination von $\vec{a}_1 = (5,2,4)$, $\vec{a}_2 = (2,-7,-6)$ und $\vec{a}_3 = (3,1,-2)$ dar.

12) $\vec{a} = (5,7,-2)$, $\vec{b} = (3,1,2)$, $\vec{c} = (4,-6,-11)$. Gesucht ist a) $(\vec{a}\vec{b})\vec{c}$ b) $\vec{a}(\vec{b}\vec{c})$.

13) Zu bestimmen ist ein Vektor $\vec{a}$ mit : $|\vec{a}| = \sqrt{26}$ und $\vec{a} \perp (5,1,7)$ und $\vec{a} \perp (6,-9,5)$.

14) E : $2x + 3y + 6z = 24$ schneidet das durch $P_o = (o,o,o)$, $P_1 = (o,4,o)$, $P_2 = (6,o,o)$ und $P_3 = (o,o,5)$ gebildete Tetraeder. Berechnen Sie die Volumina der Teilkörper.

15) Man gebe die Gleichung der Mittelsenkrechten der Strecke $\overline{P_1P_2}$ an, wenn $P_1 = (5,-2)$ und $P_2 = (-2,7)$.

16) Sei $g_1 : \vec{x} = a_1 + tb_1$ und $g_2 : \vec{x} = a_2 + sb_2$. Man charakterisiere vektoriell : a) $g_1 \parallel g_2$ b) $g_1 \perp g_2$ c) g_1 und g_2 schneiden sich in genau einem Punkt d) $g_1 \equiv g_2$.

17) Man berechne den Schnittpunkt von $g_1 : \vec{x} = (3,1,1) + t(2,-3,-1o)$ und $g_2 : \vec{x} = (-2,3,15) + s(14,7,-14)$.

18) Gesucht sind die Punkte kürzester Entfernung und ihr Abstand für $g_1 : \vec{x} = (-2,6,4) + t(1,2,3)$ und $g_2 : \vec{x} = (-1o,6,16) + s(1,-3,-4)$.

19) Man bestimme den Abstand von $g_1 : \vec{x} = (3,2,-4) + t(2,14,5)$ und $g_2 : \vec{x} = (5,16,1) + s(-3,-21,-\frac{15}{2})$.

2o) Gesucht ist die Koordinatendarstellung der Ebene durch $P_1 = (3,4,3)$, $P_2 = (-4,5,2)$ und $P_3 = (6,-2,-2)$

21) Es sei E_1: $2x - y + 3z = 4$ und E_2: $x + y + z = 1$. Man berechne die Schnittgerade und den Abstand von E_1 zum Nullpunkt.

22) E : $2x + 3y + 2 = 4z$ und $g : \vec{x} = (-2,8,5) + t(5,-1,2)$. Man berechne den Durchstoßpunkt und den Winkel zwischen g und E.

23) Gesucht ist eine Koordinatendarstellung der Ebene, die (1,2,5) enthält und auf der x-Achse senkrecht steht.

24) Wo durchstoßen die Koordinatenachsen die Ebene $3x + y - 4z = 7$?

25) Gesucht ist der Fußpunkt des Lotes von (1,3,2) auf die Ebene E : $3x + 2y + z = 5$.

26) $g_1 : \vec{x} = (4,3,o) + t(1,o,1)$ und $g_2 : \vec{x} = (-2,5,-4) + t(2,-1,1)$. Man berechne den Schnittpunkt, den Schnittwinkel und die Ebene, die g_1 und g_2 enthält, in Koordinatendarstellung.

27) Gesucht ist die Menge aller Punkte, die von $P_1=(1,2,2)$ und $P_2=(3,6,6)$ denselben Abstand haben.

28) g_1: $\vec{x}=(5,o,o)+t(-2,1,o)$ und g_2: $\vec{x}=(o,-1,o)+t(1,3,o)$.Durch den Schnittpunkt wird eine Gerade senkrecht zu E : $5x - 3y + 4z = 49$ gelegt.Wo durchstößt diese Gerade E und wie weit sind Schnittpunkt und Durchstoßpunkt voneinander entfernt ?

29) Die Gerade durch (1,3,7) und (2,4,6) durchstößt E_1: $x+2y+z=24$ und E_2: $x-y+z=5$ in P_1 bzw. in P_2. Man berechne $|\overrightarrow{P_1P_2}|$ und den von E_1 und E_2 eingeschlossenen Winkel.

3o) g_1: $\vec{x}=(o,6,o)+t(-4,3,-1)$ und g_2: $\vec{x}=(5,-2,1)+t(2,-3,2)$. Welche Vektoren $\vec{n}$ sind zu g_1 und g_2 normal ? Welche Ebene $E\perp\vec{n}$ enthält die Gerade g_1 ?

31) $P_1=(1,2,3)$ wird an der Geraden $x = y = z$ gespiegelt. Man bestimme den Spiegelpunkt P_1' und die Ebene durch P_1,P_1' und O.

32) Man bestimme die Ebene E, die den Nullpunkt und die Schnittgerade von $x+4y+2z=2$ und $x-2y-z=-2$ enthält. Wo liegt der Fußpunkt des Lotes von (6,12,18) auf E ?

33) g sei die durch $P_1=(1,4,-2)$ und $P_2=(3,2,-3)$ gehende Gerade. g_1 gehe durch P_1, schneide die x-yEbene nicht, und stehe senkrecht auf g.

a) Man bestimme die g und g_1 enthaltende Ebene E und ihre Winkel mit den Koordinatenebenen.

b) Man bestimme die Gleichung der g enthaltenden Ebene, die senkrecht auf E steht.

34) $P_o=(o,o,o)$,$P_1=(3,o,4)$,$P_2=(4,3,-1)$ und $P_3=(o,5,2)$ seien die Eckpunkte eines Tetraeders. Man berechne :

a) die Längen der Seiten

b) die Winkel des Dreiecks $P_1P_2P_3$

c) die Oberfläche und das Volumen !

35) $P_1=(o,o,o)$,$P_2=(2,4,6)$,$P_3=(1,4,-2)$. Man berechne den Schnittpunkt S der Mittelsenkrechten auf der Seite $\overline{P_1P_2}$ und der Höhe von P_1 auf die Seite $\overline{P_2P_3}$ in dem durch P_1,P_2 und P_3 gebildeten Dreieck.

36) Man bestimme das Volumen des Spats, dessen Kanten die Längen 1,2 und 4 haben und bei dem die drei Winkel an einer Ecke je 60° betragen.

37) Man berechne die Fläche des Dreiecks, dessen Ecken die Punkte (2,3,-6),(6,4,4) und (3,7,4) sind.

38) Man bestimme die Ebene, die (2,1,-1) enthält und auf der x- und z-Achse Abschnitte der Länge 2 bzw. 1 abschneidet.

39) Man bestimme den Kosinus desjenigen Winkels zwischen den beiden Ebenen x-y+z=1 und 2x-y+z=-2, in dessen Winkelraum der Nullpunkt liegt.

4o) Durch (1,1,1) und (2,2,2) geht eine Ebene, die senkrecht auf x+y-z=o steht. Man bestimme ihre Gleichung.

41) Man untersuche, ob (2,1,1) und (2,1,3) auf derselben Seite der Ebene x+2y-z=2 liegen.

42) Man bestimme das Volumen eines Tetraeders aus den Gleichungen seiner begrenzenden Ebenen : x+y+z=1, x-y=1, x-z=1 und z=2.

43) Man suche die Ebene, die von den Ebenen x+y-2z=1 und x+y-2z=-3 gleich weit entfernt ist.

44) Auf der Schnittgeraden der Ebenen x+y+z=2 und x+2y-z=1 suche man denjenigen Punkt, der von den Ebenen x+2y+z=-1 und x+2y+z=3 den gleichen Abstand hat.

45) In der Gleichung x+y+cz=o wähle man c so, daß durch die x-Achse nur eine Ebene gelegt werden kann, die mit der gegebenen Ebene einen Winkel von 33o° bildet.

46) Man suche die Ebene, die von x+y-z=-1 doppelt so weit entfernt ist wie von x+y-z=1 und nicht zwischen diesen beiden Ebenen liegt.

47) Man spiegele den Punkt (-1,2,o) an der Ebene x+2y-z=-1.

48) Gesucht ist die Gerade, die in der Ebene x+y+z=-1 liegt und auf der Schnittgeraden von y-z=-1 und x+2z=o senkrecht steht.

49) Sei $P_1=(1,2,-1)$ und $P_2=(-1,2,1)$. Auf der Strecke $\overline{P_1P_2}$ ist ein Punkt P so zu bestimmen, daß $\overline{P_1P} = 2\cdot\overline{PP_2}$ ist.

5o) Man bestimme das Volumen des Spats, dessen Kanten die Längen 1,1 und 2 haben und bei dem die drei Winkel an einer Ecke 12o°, 15o° und 6o° betragen.

5.9 Ergebnisse

1) Fußpunkt des Lotes: $\vec{x}_o=(\frac{19}{9},\frac{14}{9},\frac{1}{9})$. Spiegelpunkt $\vec{p}'=\vec{p}+2(\vec{x}_o-\vec{p})=(\frac{29}{9},\frac{10}{9},-\frac{7}{9})$

2) Parallel zur y-Achse $\Rightarrow$ ax+cz=d oder $\bar{a}x+\bar{c}z=1$: $\bar{a}=\bar{c}=\frac{1}{2}$

3) $g_1 \parallel g_2$ A = 3.

4) $\vec{b}$ und $\vec{p}-\vec{a}$ spannen E auf. E: $\vec{x}=(6,8,8)+u(-1,7,3)+v(-1,-3,-1)$.
A = $\sqrt{30}$

5) $\vec{e}=\frac{1}{\sqrt{5}}(1,2,0)$ 6) $S=(\frac{2}{3},\frac{4}{3},1)$ 7) $\varphi=\frac{3}{4}\pi$

8) $c\vec{b}\times\vec{b}=\vec{o}$. Parallelogramme gleicher Grundlinie und Höhe haben

gleiche Flächen.

9) a) (o,5) b) $(a,\frac{a^2-4}{5})$, a beliebig.

1o) - 6 11) $\vec{a} = 2\vec{a}_1 - \vec{a}_2 + 4\vec{a}_3$ 12) a) 18(4,-6,-11) b) -16(5,7,-2)

13) $\vec{a}_1 = (4,1,-3)$ $\vec{a}_2 = -\vec{a}_1$.

14) $\frac{4}{9}$ bzw. $19\frac{5}{9}$.

15) g : $\vec{x} = (\frac{3}{2},\frac{5}{2}) + t(9,7)$; $7x - 9y = -12$.

16) a) $\vec{b}_1 \parallel \vec{b}_2$, also $\vec{b}_1 = c\vec{b}_2$ oder $\vec{b}_1 \times \vec{b}_2 = \vec{0}$ b) $\vec{b}_1 \perp \vec{b}_2$, also $\vec{b}_1\vec{b}_2 = o$

c) $\langle \vec{a}_2 - \vec{a}_1, \vec{b}_1, \vec{b}_2 \rangle = o$ und $\vec{b}_1 \times \vec{b}_2 \neq 0$.

d) $\vec{b}_1 \times \vec{b}_2 = \vec{0}$ und der Endpunkt von $\vec{a}_1$ liegt in g_2; d.h. es gibt ein s_o, so daß $\vec{a}_1 = \vec{a}_2 + s_o\vec{b}_2$.

17) $S = \frac{1}{4}(3,\frac{35}{2},49)$

18) $P_1 = \frac{1}{75}(-374,2,-372)$ $P_2 = \frac{1}{75}(-442,-474,-32)$ $d = \frac{68}{5\sqrt{3}}$.

19) $g_1 \equiv g_2$ 2o) $11x+38y-39z=68$ 21) $\vec{x} = (-1,o,2)+t(-4,1,3)$, $A = \frac{4}{\sqrt{14}}$

22) D=(8,6,9), $\sphericalangle(g,E) = |90° - \sphericalangle(\vec{n},\vec{b})| = |90° - \text{Arccos}\frac{-1}{\sqrt{3o}\sqrt{29}}| \approx 1° 56'$

23) x = 1 24) $x=\frac{7}{3}$, y=7, $z=-\frac{7}{4}$ 25) $(-\frac{2}{7},\frac{15}{7},\frac{11}{7})$

26) $\vec{x}_s = (2,3,-2)$, $\varphi = 3o°$, E : x+y-z=7 27) x+2y+2z=18

28) g : $\vec{x} = (1,2,o)+t(5,-3,4)$, $\vec{x}_o = (6,-1,4)$, $A = \sqrt{5o}$.

29) $\overline{P_1P_2} = 5\sqrt{3}$, $\varphi = 90°$ 3o) $\vec{n} = c(1,2,2)$ E : x+2y+2z=12

31) $P_1' = (3,2,1)$, E : x-2y+z=o 32) 2x+2y+z=o, $\vec{x}_o = (-6,o,12)$

33) a) x-y+4z=-11, $\sphericalangle$(E,x-y-Ebene)=160° 32′ $\sphericalangle$(E,x-z-Ebene)=76° 22′ $\sphericalangle$(E,y-z-Ebene)=1o3° 38′. b) x + y = 5.

34) a) $\overline{OP_1}=5$, $\overline{OP_2}=\sqrt{26}$, $\overline{OP_3}=\sqrt{29}$, $\overline{P_1P_2}=\sqrt{35}$, $\overline{P_2P_3}=\sqrt{29}$, $\overline{P_3P_1}=\sqrt{38}$

b) $\sphericalangle(P_3P_1P_2) \approx 52° 54'$, $\sphericalangle(P_1P_2P_3) \approx 65° 55'$, $\sphericalangle(P_2P_3P_1) \approx 61° 11'$

c) O = 51,595 V = 18,833

35) $S = \frac{14}{57}(8,26,-1)$ 36) $2\cdot\sqrt{8}$ 37) $F = \frac{45}{2}$ 38) x+2y+2z=2 39) $\cos\varphi = \frac{2\sqrt{2}}{3}$

4o) x - y = O 41) Auf verschiedenen Seiten 42) 6 43) x+y-2z=-1

44) (3,-1,o) 45) $c = \pm\sqrt{2}$ 46) x+y-z=3 47) $(-\frac{7}{3},-\frac{2}{3},\frac{4}{3})$

48) Es sind die Geraden $\vec{x} = (\frac{a}{3}-\frac{1}{3},o,-\frac{2}{3}-\frac{a}{3})+t(o,1,-1)$ für beliebiges a.

49) $(-\frac{1}{3},2,\frac{1}{3})$ 5o) $\sqrt{\sqrt{3}-1}$

6. Matrizen, lineare Gleichungssysteme, Determinanten, Eigenwerte von Matrizen

6.1 Matrizenrechnung

a) Definitionen (Z 117)

Unter einer m×n-Matrix versteht man ein (rechteckiges) Schema von m·n Zahlen, den Elementen, die in m Zeilen und n Spalten angeordnet sind [1]:

$$A = \begin{pmatrix} a_{11} & a_{12} & a_{13} & \cdots & a_{1n} \\ a_{21} & a_{22} & a_{23} & \cdots & a_{2n} \\ & & \cdots\cdots & & \\ a_{m1} & a_{m2} & a_{m3} & \cdots & a_{mn} \end{pmatrix} = (a_{ik})$$

Um das Schema setzt man gewöhnlich runde Klammern. Das Element a_{ik} steht in der i-ten Zeile und k-ten Spalte, deshalb heißt der 1. Index der Zeilen-, der zweite der Spaltenindex. m ist die Zeilen-, n die Spaltenzahl der Matrix A.

(1) $A = \begin{pmatrix} 1 & 0 & 9 \\ 2 & 8 & 6 \\ 3 & e & 4 \\ 0 & 0 & 7 \end{pmatrix}$ ist eine 4×3-Matrix, es ist z.B. $a_{23} = 6$, $a_{32} = e$. Die zweite Zeile lautet (2 8 6).

Zwei Matrizen A und B heißen gleichartig, wenn die Anzahl der Zeilen von A gleich der Anzahl der Zeilen von B ist und die Anzahl der Spalten von A gleich der Anzahl der Spalten von B ist.

(2) $A = \begin{pmatrix} 2 & 7 & 9 \\ 3 & 8 & 6 \end{pmatrix}$ und $B = \begin{pmatrix} 3 & 5 & 7 \\ 1 & 4 & 4 \end{pmatrix}$ sind gleichartig.

Zwei Matrizen $A = (a_{ik})$ und $B = (b_{ik})$ heißen gleich, wenn sie gleichartig sind und $a_{ik} = b_{ik}$ für alle Elemente gilt. An gleichen Stellen stehen also gleiche Elemente. Man schreibt dann A = B.

(3) $A = \begin{pmatrix} 2 & 7 & 4 \\ 0 & 3 & 6 \end{pmatrix}$, $B = \begin{pmatrix} 2 & 7 & 5 \\ 0 & 3 & 6 \end{pmatrix}$, $C = \begin{pmatrix} 2 & 7 & 4 \\ 0 & 3 & 6 \end{pmatrix}$ Es gilt $A \neq B$ $(a_{13} \neq b_{13})$, $A = C$.

Eine Matrix, deren sämtliche Elemente 0 sind, heißt eine Nullmatrix. Zeilen und Spaltenzahl müssen angegeben werden, gehen meist aber aus dem Zusammenhang hervor.

(4) $\begin{pmatrix} 0 & 0 & 0 \\ 0 & 0 & 0 \end{pmatrix}$ und $\begin{pmatrix} 0 & 0 & 0 \\ 0 & 0 & 0 \\ 0 & 0 & 0 \end{pmatrix}$ sind Nullmatrizen.

Gilt m = n, so heißt die n×n-Matrix n-reihig-quadratisch. Die

---

1) Oft werden Matrizen mit großen deutschen Buchstaben bezeichnet.

Elemente a_{11}, a_{22}, ..., a_{nn} heißen Diagonalelemente, sie bilden die Hauptdiagonale [1]. Die Summe der Diagonalelemente heißt die Spur von A: $Sp(A) = a_{11} + a_{22} + \ldots + a_{nn}$.

(5) $A = \begin{pmatrix} 2 & 1 & 7 \\ 0 & e & 8 \\ 1 & 1 & 5 \end{pmatrix}$ ist dreireihig-quadratisch; 2, e, 5 sind ihre Diagonalelemente, $Sp(A) = 2 + e + 5 = 7 + e$.

Eine quadratische Matrix $E = (e_{ik})$ heißt Einheitsmatrix, wenn $e_{ik} = 0$ falls $i \neq k$ und $e_{ii} = 1$. Sämtliche Diagonalelemente sind 1, sämtliche anderen 0. Die Reihenzahl muß, wenn sie nicht aus dem Zusammenhang hervorgeht, angegeben werden. Eine quadratische Matrix (a_{ik}) heißt Diagonalmatrix, falls $a_{ik} = 0$ für $i \neq k$; sie heißt obere Dreiecksmatrix falls $a_{ik} = 0$ für $i > k$, untere Dreiecks-Matrix falls $a_{ik} = 0$ für $i < k$.

(6) $\begin{pmatrix} 1 & 0 & 0 \\ 0 & 1 & 0 \\ 0 & 0 & 1 \end{pmatrix}$ ist die 3-reihige Einheitsmatrix.

$\begin{pmatrix} 2 & 0 & 0 \\ 0 & 8 & 0 \\ 0 & 0 & 5 \end{pmatrix}$ ist eine Diagonalmatrix.

$\begin{pmatrix} 2 & 8 & 9 \\ 0 & 5 & 1 \\ 0 & 0 & e \end{pmatrix}$ ist eine obere, $\begin{pmatrix} 3 & 0 & 0 \\ 2 & 3 & 0 \\ 1 & 5 & 7 \end{pmatrix}$ eine untere Dreiecksmatrix.

Ist $A = (a_{ik})$ eine quadratische Matrix, so versteht man unter der transponierten [2] Matrix A^T von A die Matrix $A^T = (a_{ki})$, die aus A also durch Vertauschen der Zeilen mit den Spalten hervorgeht.

(7) Ist $A = \begin{pmatrix} 2 & 0 & 5 \\ 0 & 3 & 3 \\ 2 & 1 & 8 \end{pmatrix}$, so ist $A^T = \begin{pmatrix} 2 & 0 & 2 \\ 0 & 3 & 1 \\ 5 & 3 & 8 \end{pmatrix}$

Eine quadratische Matrix A heißt symmetrisch, wenn $A = A^T$, also $a_{ik} = a_{ki}$ gilt.

(8) $A = \begin{pmatrix} 3 & 0 & 1 \\ 0 & 6 & e \\ 1 & e & 8 \end{pmatrix}$ ist eine symmetrische Matrix.

Eine quadratische Matrix $A = (a_{ik})$ heißt schiefsymmetrisch, wenn $a_{ik} = -a_{ki}$ gilt.

(9) $A = \begin{pmatrix} 0 & 2 & -8 \\ -2 & 0 & 5 \\ 8 & -5 & 0 \end{pmatrix}$ ist schiefsymmetrisch.

Bei einer schiefsymmetrischen Matrix sind alle Diagonalelemente 0.

1) einfach "Diagonale" genannt

2) Andere Bezeichnungen: gespiegelte, gestürzte Matrix, A'.

b) Operationen mit Matrizen

(i) Multiplikation einer Matrix mit einer Zahl

Eine Matrix $A = (a_{ik})$ wird mit einer Zahl c multipliziert, indem ihre sämtlichen Elemente mit c multipliziert werden:
$c \cdot A = A \cdot c := (c \cdot a_{ik})$; $(-1) \cdot A =: -A$.

(10) Ist $A = \begin{pmatrix} 2 & 1 & 0 \\ 0 & 3 & 2 \end{pmatrix}$, so sind $3A = \begin{pmatrix} 6 & 3 & 0 \\ 0 & 9 & 6 \end{pmatrix}$, $-A = \begin{pmatrix} -2 & -1 & 0 \\ 0 & -3 & -2 \end{pmatrix}$.

Für schiefsymmetrische Matrizen A gilt $A = -A^T$.

(ii) Addition zweier Matrizen

Zwei gleichartige Matrizen $A = (a_{ik})$ und $B = (b_{ik})$ werden addiert, indem man entsprechende Elemente addiert:
$$A + B = (a_{ik}) + (b_{ik}) := (a_{ik} + b_{ik})$$

(11) Sind $A = \begin{pmatrix} 3 & 2 & 5 \\ 7 & 1 & 8 \end{pmatrix}$ und $B = \begin{pmatrix} 2 & 1 & 4 \\ 2 & 0 & 1 \end{pmatrix}$, so werden:

$A + B = \begin{pmatrix} 5 & 3 & 9 \\ 9 & 1 & 9 \end{pmatrix}$, $A - B = \begin{pmatrix} 1 & 1 & 1 \\ 5 & 1 & 7 \end{pmatrix}$, $A + 2B = \begin{pmatrix} 7 & 4 & 13 \\ 11 & 1 & 10 \end{pmatrix}$.

$A + B = B + A$; $(A + B) + C = A + (B + C) =: A + B + C$

Sind die Matrix A und die Nullmatrix N gleichartig, so $A+N = A$.

Man kann jede quadratische Matrix A in eine Summe aus einer symmetrischen Matrix A_s und einer schiefsymmetrischen Matrix A_a "zerlegen", A_s und A_a sind durch A eindeutig bestimmt:

$$A_s = \frac{1}{2} \cdot (A + A^T) \ , \ A_a = \frac{1}{2} \cdot (A - A^T)$$

(12) Ist $A = \begin{pmatrix} 3 & 2 & 7 \\ 4 & e & 1 \\ 3 & 3 & 5 \end{pmatrix}$ so ist $A^T = \begin{pmatrix} 3 & 4 & 3 \\ 2 & e & 3 \\ 7 & 1 & 5 \end{pmatrix}$ und also bekommt man

$A_s = \begin{pmatrix} 3 & 3 & 5 \\ 3 & e & 2 \\ 5 & 2 & 5 \end{pmatrix}$ und $A_a = \begin{pmatrix} 0 & -1 & 2 \\ 1 & 0 & -1 \\ -2 & 1 & 0 \end{pmatrix}$.

(Probe: $A_s + A_a = A$, $A_s = A_s^T$, $A_a = -A_a^T$.)

(iii) Multiplikation zweier Matrizen (Z 120)

Es sei $A = (a_{ik})$ eine $m \times l$-Matrix, $B = (b_{ik})$ eine $l \times n$-Matrix (A hat also soviele Spalten wie B Zeilen!). Dann versteht man unter dem Produkt AB von A und B diejenige $m \times n$-Matrix $C = (c_{ik})$, deren Element c_{ik} sich als inneres Produkt der i-ten Zeile von A mit der k-ten Spalte von B ergibt ("Zeilen × Spalten"):

$$c_{ik} = a_{i1}b_{1k} + a_{i2}b_{2k} + \ldots + a_{il}b_{lk} = \sum_{j=1}^{l} a_{ij}b_{jk}$$
$$i = 1, \ldots, m \ , \ k = 1, \ldots, n.$$

Um AB = C übersichtlich berechnen zu können, schreibt man diese drei Matrizen A, B, AB zweckmäßig auf folgende Art:

$$\begin{array}{rc|c|c|l}
\cline{4-4}
 & & & \begin{array}{c} b_{11}\ldots b_{1k}\ldots b_{1n} \\ b_{21}\ldots b_{2k}\ldots b_{2n} \\ \cdot\quad\cdot\quad\cdot\quad\cdot \\ b_{l1}\ldots b_{lk}\ldots b_{ln} \end{array} & = B \\
\cline{3-4}
A = & & \begin{array}{c} a_{11}\ a_{12}\ \cdots\ a_{1l} \\ \cdot\quad\cdot\quad\cdot\quad\cdot \\ a_{i1}\ a_{i2}\ \cdots\ a_{il} \\ \cdot\quad\cdot\quad\cdot\quad\cdot \\ a_{m1}\ a_{m2}\ \cdots\ a_{ml} \end{array} & \begin{array}{c} c_{11}\ldots c_{1k}\ldots c_{1n} \\ \cdot\quad\cdot\quad\cdot\quad\cdot \\ c_{i1}\ldots c_{ik}\ldots c_{in} \\ \cdot\quad\cdot\quad\cdot\quad\cdot \\ c_{m1}\ldots c_{mk}\ldots c_{mn} \end{array} & = AB = C \\
\cline{3-4}
\end{array}$$

(13)

$$\begin{array}{rc|c|l}
\cline{3-3}
 & & \begin{array}{cccc} 1 & 2 & 3 & \boxed{1} \\ 1 & 0 & 0 & \boxed{1} \\ 2 & 5 & 0 & \boxed{4} \end{array} & = B \\
\cline{2-3}
A = & \multicolumn{1}{|c|}{\begin{array}{ccc} 2 & 3 & 1 \\ \hline 3 & 5 & 0 \end{array}} & \begin{array}{cccc} 7 & 9 & 6 & 9 \\ 8 & 6 & 9 & \textcircled{8} \end{array} & = AB = C = (c_{ik}) \\
\cline{2-3}
\end{array}$$

A ist 2×3-Matrix, B ist 3×4-Matrix, folglich existiert das Produkt AB = C und ist eine 2×4-Matrix. Das Element $c_{24} = 8$ (eingekreist) entsteht als inneres Produkt der 2. Zeile von A mit der 4. Spalte von B: $3\cdot 1 + 5\cdot 1 + 0\cdot 4 = 8$.

Statt AA schreibt man A^2, $A^k = A\cdot A^{k-1}$.

Wenn alle Produkte existieren, gilt $\boxed{A(BC) = (AB)C =: ABC.}$

Ist A eine beliebige m×n-Matrix, E die n-reihige Einheitsmatrix, so ist AE = A; analog wenn E die m-reihige Einheitsmatrix ist EA = A.

<u>ACHTUNG</u>: Im allgemeinen ist AB ≠ BA, es kann sogar AB existieren, BA aber nicht, wie in (13).

(14) Sind $A = \begin{pmatrix} 2 & 3 \\ 3 & 1 \end{pmatrix}$, $B = \begin{pmatrix} 0 & 1 \\ 2 & 1 \end{pmatrix}$, so sind $AB = \begin{pmatrix} 6 & 5 \\ 2 & 4 \end{pmatrix} \neq \begin{pmatrix} 3 & 1 \\ 7 & 7 \end{pmatrix} = BA$.

Man beachte, daß AB = N (Nullmatrix) sein kann, obwohl weder A noch B Nullmatrizen sind:

(15)

$$\begin{pmatrix} 1 & -2 & 4 \\ -2 & 3 & -5 \end{pmatrix} \cdot \begin{pmatrix} 2 & 4 \\ 3 & 6 \\ 1 & 2 \end{pmatrix} = \begin{pmatrix} 0 & 0 \\ 0 & 0 \end{pmatrix} = N$$

Sind A und B keine Nullmatrizen und ist AB Nullmatrix, so heißen A und B <u>Nullteiler</u>.

Sind A und B quadratische Matrizen (gleicher Zeilenzahl) und gilt AB = E (Einheitsmatrix), so heißt B die <u>inverse Matrix</u> von A und man schreibt $B = A^{-1}$. Es gilt dann $A \cdot A^{-1} = A^{-1} A = E$. A^{-1} ist durch A eindeutig bestimmt. Numerisch rechnet man die inverse Matrix mit dem Gaußschen Algorithmus aus (s. 6.2, Bsp. (24)), Existenzkriterien findet man in 6.3. Wenn A^{-1} nicht existiert, heißt A <u>singulär</u>, sonst <u>regulär</u>.

(16) Ist $A = \begin{pmatrix} 1 & 2 & 3 \\ 1 & 3 & 3 \\ 1 & 2 & 4 \end{pmatrix}$, so ist $A^{-1} = \begin{pmatrix} 6 & -2 & -3 \\ -1 & 1 & 0 \\ -1 & 0 & 1 \end{pmatrix}$.

Man mache die Probe: $A^{-1} \cdot A = E$.

Eine quadratische Matrix A heißt <u>orthogonal</u>, wenn $A^T = A^{-1}$ gilt.

(17) Die zweireihige Matrix $A = \begin{pmatrix} \cos t & -\sin t \\ \sin t & \cos t \end{pmatrix}$

ist für jedes $t \in \mathbb{R}$ orthogonal. (Probe!)

Für das Rechnen mit Matrizen gilt das Distributivgesetz:

$$\boxed{(A + B) \cdot C = A \cdot C + B \cdot C}$$

wenn beide Seiten existieren.

<u>6.2 Lineare Gleichungssysteme</u> (B ; Z 91) [1]

In den Bezeichnungen der Matrizenrechnung erscheinen Spaltenvektoren des $\mathbb{R}^n$ als $n \times 1$-Matrizen. Daher ist das Produkt der $m \times n$-Matrix mit dem Spaltenvektor (lies: der $n \times 1$-Matrix) $\vec{x} \in \mathbb{R}^n$ definiert und eine $m \times 1$-Matrix, ein Vektor des $\mathbb{R}^m$. Ist $\vec{b} \in \mathbb{R}^m$, so ist die Gleichung $A\vec{x} = \vec{b}$ sinnvoll. Wenn

$$A = \begin{pmatrix} a_{11} & \dots & a_{1n} \\ & \dots & \\ a_{m1} & \dots & a_{mn} \end{pmatrix}, \quad \vec{x} = \begin{pmatrix} x_1 \\ \vdots \\ x_n \end{pmatrix}, \quad \vec{b} = \begin{pmatrix} b_1 \\ \vdots \\ b_m \end{pmatrix}, \qquad (a)$$

dann ist $A\vec{x} = \vec{b}$ gleichwertig mit dem Bestehen der m linearen Gleichungen (des lin. Gl-Syst)

$$\begin{array}{ccccccccc} a_{11}x_1 & + & a_{12}x_2 & + & \dots & + & a_{1n}x_n & = & b_1 \\ a_{21}x_1 & + & a_{22}x_2 & + & \dots & + & a_{2n}x_n & = & b_2 \\ \vdots & & \vdots & & \vdots & & \vdots & & \vdots \\ a_{m1}x_1 & + & a_{m2}x_2 & + & \dots & + & a_{mn}x_n & = & b_m \end{array} \qquad (b)$$

(b) bzw. die gleichwertige Matrizengleichung $A\vec{x} = \vec{b}$ sind ein <u>lineares Gleichungssystem</u> für $x_1, x_2, \dots, x_n$. Die Matrix A aus (a) heißt seine <u>Koeffizientenmatrix</u>, $\vec{b}$ sein <u>Zielvektor</u>.

(18) Ist $A = \begin{pmatrix} 2 & 3 & 5 \\ 0 & 3 & 7 \\ 1 & 8 & 6 \\ 4 & 0 & 3 \end{pmatrix}$, $\vec{x} = \begin{pmatrix} x \\ y \\ z \end{pmatrix}$, $\vec{b} = \begin{pmatrix} 0 \\ 1 \\ 3 \\ 2 \end{pmatrix}$, so $A\vec{x} = \vec{b}$:

$$\begin{aligned} 2x + 3y + 5z &= 0 \\ 3y + 7z &= 1 \\ x + 8y + 6z &= 3 \\ 4x + 3z &= 2 \end{aligned}$$

1) Fortan mit lin. Gl-Syst abgekürzt.

Man nennt das lin. Gl-Syst $A\vec{x} = \vec{b}$ <u>homogen</u>, wenn $\vec{b} = \vec{o}$ (der Nullvektor) ist, sonst <u>inhomogen</u>. Ein homogenes Gl-Syst besitzt stets die <u>triviale Lösung</u> $\vec{x} = \vec{o}$ (d.h. $x_1 = x_2 = \ldots = x_n = 0$).

Das lin. Gl-Syst löst man mit dem

<u>Gaußschen Algorithmus</u>

Man addiert geeignete Vielfache einer der Gleichungen (der "Eliminationsgleichung", in den Bsp. mit (*) gekennzeichnet) zu allen anderen Gleichungen, um damit in diesen eine der Unbekannten zu eliminieren. Auf das so entstandene Gl.-Syst. wendet man dasselbe Verfahren zur Elimination einer weiteren Unbekannten erneut an usw. Dazu schreibt man zur Ersparnis von Schreibarbeit zweckmäßig nur das Koeffizientenschema und die rechten Seiten des Systems auf.

(19) Man löse das Gl-Syst

$$\begin{aligned} -x_1 + 8x_2 + 3x_3 &= 2 \\ 2x_1 + 4x_2 - x_3 &= 1 \\ -2x_1 + x_2 + 2x_3 &= -1 \end{aligned}$$

Lsg: Wir rechnen mit dem Koeffizientenschema:

x_1	x_2	x_3			
-1	8	3	2	]2]-2	(*) : Eliminationsgleichung
2	4	-1	1		
-2	1	2	-1		
-1	8	3	2		(alte 1. Gl)
	20	5	5	]3/4 (*)	(2. Gl + 2×1. Gl)
	-15	-4	-5		(3. Gl + (-2)×1. Gl)
-1	8	3	2		(alte 1. Gl)
	20	5	5		(neue 2. Gl von oben)
		-1/4	-5/4		(neue 3. Gl + 3/4×neue 2.)

Die letzten drei Gln lauten ausgeschrieben:

$$\begin{aligned} -x_1 + 8x_2 + 3x_3 &= 2 \\ 20x_2 + 5x_3 &= 5 \\ (-1/4)x_3 &= -5/4 \end{aligned}$$

Die Lösung ist dann : $x_3 = 5$, $x_2 = -1$, $x_1 = 5$: $\vec{x} = \begin{pmatrix} 5 \\ -1 \\ 5 \end{pmatrix}$.

(20) Man löse das Gl-Syst

$$\begin{aligned} x + 2y + z &= 3 \quad \rbrack^{-1} \rbrack^{-3} \quad (*) \\ x - y - z &= 1 \\ 3x + 3y + z &= 8 \end{aligned}$$

$$\begin{aligned} x + 2y + z &= 3 \\ -3y - 2z &= -2 \quad \rbrack^{-1} \quad (*) \\ -3y - 2z &= -1 \end{aligned}$$

$$\begin{aligned} x + 2y + z &= 3 \\ -3y - 2z &= -2 \\ 0 &= 1 \quad \text{Widerspruch!} \end{aligned}$$

Das Gl-Syst hat k e i n e Lösung.

(21) Man löse das Gl-Syst

$$\begin{array}{rcl} 2x + y + z &=& 1 \\ 4x + y + 2z &=& 0 \\ 2x \quad + z &=& -1 \\ \hline 2x + y + z &=& 1 \\ -y &=& -2 \\ -y &=& -2 \\ \hline \end{array} \quad \begin{array}{l}](-2)\,](-1) \quad (*) \end{array}$$

Also ist $y = 2$. Aus der 1. Gl folgt dann: $2x + z = -1$.
Hieraus sind x und z nicht mehr eindeutig zu bestimmen. Setzt man $x = t$ ($\in \mathbb{R}$ beliebig), so wird $z = -1 - 2t$, d.h. jeder Vektor

$$\vec{x} = \begin{pmatrix} t \\ 2 \\ -1-2t \end{pmatrix} = \begin{pmatrix} 0 \\ 2 \\ -1 \end{pmatrix} + t \cdot \begin{pmatrix} 1 \\ 0 \\ -2 \end{pmatrix}, \; t \in \mathbb{R} \text{ ist Lösung.}$$

Es können genau die folgenden drei Fälle bei lin. Gl-Systemen auftreten:

1) Das Gl-Syst ist nicht lösbar (enth. einen Widerspruch)	(20)
2) Das Gl-Syst ist eindeutig lösbar	(19)
3) Das Gl-Syst besitzt mehr als eine Lösung, dann sogar unendlich viele	(21)

(22) Man löse $A\vec{x} = \vec{b}$ mit

$$A = \begin{pmatrix} 1 & -3 & 5 & -2 \\ -2 & 6 & -10 & 4 \\ 3 & -1 & 3 & -10 \\ 1 & -1 & 2 & -3 \end{pmatrix}, \quad \vec{b} = \begin{pmatrix} -1 \\ 2 \\ -19 \\ -5 \end{pmatrix}.$$

Lsg: Mit dem Gaußschen Algorithmus:

$$\begin{array}{rrrr|r} 1 & -3 & 5 & -2 & -1 \\ -2 & 6 & -10 & 4 & 2 \\ 3 & -1 & 3 & -10 & -19 \\ 1 & -1 & 2 & -3 & -5 \\ \hline 1 & -3 & 5 & -2 & -1 \\ & & & 0 & 0 \\ & 8 & -12 & -4 & -16 \\ & 2 & -3 & -1 & -4 \\ \hline 1 & -3 & 5 & -2 & -1 \\ & 8 & -12 & -4 & -16 \\ & & & 0 & 0 \\ \hline \end{array} \quad \begin{array}{l}]2 \;]-3 \;]-1 \quad (*) \\ \\ \\ \\ \\ \\ ]-1/4 \quad (*) \end{array}$$

Hier bricht das Verfahren ab. Setzt man $x_2 = s$, $x_3 = t$, $s,t \in \mathbb{R}$, dann wird $x_4 = 4+2s-3t$, ferner $x_1 = -1+2x_4-5t+3s = 7+7s-11t$.
Die allgemeine Lösung lautet also

$$\vec{x} = \begin{pmatrix} 7+7s-11t \\ s \\ t \\ 4+2s-3t \end{pmatrix} = \begin{pmatrix} 7 \\ 0 \\ 0 \\ 4 \end{pmatrix} + s \cdot \begin{pmatrix} 7 \\ 1 \\ 0 \\ 2 \end{pmatrix} + t \cdot \begin{pmatrix} -11 \\ 0 \\ 1 \\ -3 \end{pmatrix},$$

ist eine "zweiparametrige Lösungsschar"

(23) Für welche Wertepaare (a,b) besitzt das folgende Gl-Syst keine, genau eine, mehr als eine Lösung? Man gebe die Lösung(en) in Abhängigkeit von a an.

x	y	z	rechte Seite		
b	0	$-a$	1	$\cdot a$	$\cdot 1$
a	1	b	1	$\cdot(-b)$	
1	$-a$	0	-1		$\cdot(-b)$
0	b	-1	-1		
b	0	$-a$	1		
0	$-b$	$-(a^2+b^2)$	$a-b$	$\cdot a$	$\cdot 1$
0	ab	$-a$	$1+b$	$\cdot 1$	
0	b	-1	-1		$\cdot 1$
b	0	$-a$	1		
0	$-b$	$-(a^2+b^2)$	$a-b$		
0	0	$-a(1+a^2+b^2)$	$a^2-ab+b+1$	$\cdot 1$	
0	0	$-(1+a^2+b^2)$	$a-b-1$	$\cdot(-a)$	
b	0	$-a$	1		
0	$-b$	$-(a^2+b^2)$	$a-b$		
0	0	$-(1+a^2+b^2)$	$a-b-1$		
0	0	0	$a+b+1$		

Die letzte Zeile ergibt für $a+b+1 \neq 0$ einen Widerspruch. Notwendig für die Lösbarkeit ist $a+b+1 = 0$. Sei daher $b = -a-1$.
Hiermit lautet die vorletzte Zeile $-2(a^2+a+1)\cdot z = 2a$, also $z = \frac{-a}{a^2+a+1}$. Durch Einsetzen berechnet man x und y :

$$x = \frac{-1}{a^2+a+1} \qquad y = \frac{a+1}{a^2+a+1} .$$

Ergebnis: Das Gl-System ist nicht lösbar, wenn $1+a+b \neq 0$;
in allen anderen Fällen besitzt es genau eine Lösung:
$\vec{x} = (a^2+a+1)^{-1}\cdot(-1 \;,\; a+1 \;,\; -a)^T$.

Geometrische Interpretation: Jede der m Gln. der Form $ax+by+cz = d$ beschreibt eine Ebene. Die Lösungen des Systems sind diejenigen Punkte, die allen m Ebenen angehören:

1) Die Ebenen haben keinen Punkt gemeinsam $\hat{=}$ Das Gl-Syst ist nicht lösbar.
2) Die Ebenen haben genau einen Punkt gemeinsam $\hat{=}$ Das Gl-Syst hat genau eine Lösung.

3) Die Ebenen haben mehrere Pkte. gemein, dann aber mindestens eine Gerade $\hat{=}$ Das Gl.-Syst hat unendlich viele Lösungen.

<u>Berechnung der inversen Matrix von A</u> (Z 134)

Es sei $A = (a_{ik})$ eine n-reihig-quadratische Matrix, $A^{-1} = (b_{ik})$ deren (n-reihig-quadratische) Inverse mit zu berechnenden Elementen b_{ik}, die aus der Gleichung $AA^{-1} = E$ zu bestimmen sind. Multipliziert man A mit der 1. Spalte von A^{-1}, so erhält man für die Elemente $b_{11},\dots,b_{n1}$ der 1. Spalte der zu berechnenden Matrix A^{-1} ein lin. Gl-Syst mit der Koeffizientenmatrix A:

$$
\begin{array}{c|c}
 & \begin{matrix} b_{11} & \cdots & b_{1n} \\ \vdots & & \vdots \\ b_{n1} & \cdots & b_{nn} \end{matrix} \; = A^{-1} \\
\hline
A = \begin{matrix} a_{11} & \cdots & a_{1n} \\ \vdots & & \vdots \\ a_{n1} & \cdots & a_{nn} \end{matrix} & \begin{matrix} 1 & \cdots & 0 \\ \vdots & & \vdots \\ 0 & \cdots & 1 \end{matrix} \; = E
\end{array}
$$

$$
\begin{array}{ccccccc|c}
a_{11}b_{11} & + & a_{12}b_{21} & + \cdots + & a_{1n}b_{n1} & = & 1 & 0 \;\; 0 \;\cdots\; 0 \\
a_{21}b_{11} & + & a_{22}b_{21} & + \cdots + & a_{2n}b_{n1} & = & 0 & 1 \;\; 0 \;\cdots\; 0 \\
\vdots & & \vdots & \vdots \;\; \vdots & \vdots & & \vdots & \vdots \\
a_{n1}b_{11} & + & a_{n2}b_{21} & + \cdots + & a_{nn}b_{n1} & = & 0 & 0 \;\; 0 \;\cdots\; 1
\end{array}
$$

Für die k-te Spalte von A^{-1} gewinnt man auf analoge Weise ein Gl-Syst, dessen Koeffizientenmatrix ebenfalls A ist, die rechte Seite ist die k-te Spalte der $n \times n$-Einheitsmatrix E. Diese sind oben schon eingetragen. Diese n Gl-Syst für die n Spalten von A^{-1} werden mit dem Gaußschen Algorithmus simultan gelöst. Kommt man auf einen Widerspruch, so existiert A^{-1} nicht.

(24) Besitzt die Matrix A eine Inverse? Wenn ja, berechne man diese!

$$
A = \begin{pmatrix} -2 & 2 & 2 & 4 \\ 1 & 0 & 5 & 2 \\ -1 & 2 & 5 & 4 \\ 3 & -2 & 3 & 0 \end{pmatrix}
$$

Lsg: Es sei $A^{-1} = (b_{ik})$, falls sie existiert.

-2	2	2	4	1	0	0	0		
1	0	5	2	0	1	0	0	]2]+1]-3	(*)
-1	2	5	4	0	0	1	0		
3	-2	3	0	0	0	0	1		
1	0	5	2	0	1	0	0		
	2	12	8	1	2	0	0	]-1]1	(*)
	2	10	6	0	1	1	0		
	-2	-12	-6	0	-3	0	1		
1	0	5	2	0	1	0	0		
	2	12	8	1	2	0	0		
		-2	-2	-1	-1	1	0		
			2	1	-1	0	1		

↑

Mit dem 1. Zielvektor der rechten Seite (↑) bekommt man die 1. Spalte von A^{-1} (nun von unten angeschrieben):

$$\begin{array}{rcrcl} 2b_{41} & = & 1 & : & b_{41} = 1/2 \\ -2b_{31} - 2b_{41} & = & -1 & : & b_{31} = 0 \\ 2b_{21} + 12b_{31} + 8b_{41} & = & 1 & : & b_{21} = -3/2 \\ b_{11} + 0b_{21} + 5b_{31} + 2b_{41} & = & 0 & : & b_{11} = -1 \end{array}$$

Die zweite Spalte von A^{-1} erhält man, wenn man die 2. Spalte der rechten Seite als Zielvektor benutzt, usw.

$$A^{-1} = \begin{pmatrix} -1 & -3 & 5/2 & 3/2 \\ -3/2 & -3 & 3 & 1 \\ 0 & 1 & -1/2 & -1/2 \\ 1/2 & -1/2 & 0 & 1/2 \end{pmatrix}$$

Man vollziehe die Rechnung im einzelnen nach! Probe: $AA^{-1} = E$.

25) Besitzt $A = \begin{pmatrix} 4 & 3 & 2 \\ 3 & -1 & -5 \\ 1 & 1 & 1 \end{pmatrix}$ eine Inverse? Wenn ja, berechne man sie!

Lsg:

$$\begin{array}{rrr|rrr} 1 & 1 & 1 & 0 & 0 & 1 \\ & -4 & -8 & 0 & 1 & -3 \\ & -1 & -2 & 1 & 0 & -4 \\ \hline 1 & 1 & 1 & 0 & 0 & 1 \\ & -4 & -8 & 0 & 1 & -3 \\ & & 0 & 4 & -1 & -13 \\ \hline \end{array}$$

(alte 3. Matrixzeilen)

Widerspruch!

A besitzt keine Inverse.

6.3 Determinanten

a) Definition und Haupteigenschaften

Im Folgenden seien alle auftretenden Matrizen quadratisch.

Wir betrachten einleitend das lin. Gl-System:

$$\begin{array}{rcl} a_{11}x_1 + a_{12}x_2 & = & b_1 \\ a_{21}x_1 + a_{22}x_2 & = & b_2 \end{array}$$

Multipliziert man die 1. Gl. mit a_{22}, die 2. mit $-a_{12}$ und addiert sie dann, so entsteht die Gl.

$$(a_{11}a_{22} - a_{12}a_{21})\cdot x_1 = b_1a_{22} - a_{12}b_2 \qquad (a)$$

Entsprechend kann man für x_2 die Gleichung herleiten:

$$(a_{11}a_{22} - a_{12}a_{21})\cdot x_2 = a_{11}b_2 - b_1a_{21} \qquad (b)$$

Die in (a) und (b) auftretende Zahl $a_{11}a_{22} - a_{12}a_{21} =: D$ heißt die Determinante der zweireihigen Matrix (a_{ik}), man schreibt[1])

$$\boxed{\det A = \det(a_{ik}) = |(a_{ik})| = \begin{vmatrix} a_{11} & a_{12} \\ a_{21} & a_{22} \end{vmatrix} := a_{11}a_{22} - a_{12}a_{21}}$$

1) Andere Schreibweisen sind z.B. $\|A\|$ und $|A|$.

(26) $\begin{vmatrix} 2 & 4 \\ 3 & 1 \end{vmatrix} = 2\cdot 1 - 4\cdot 3 = -10$

Schreibt man (a) und (b) in der Form $D_1 = Dx_1$ bzw. $D_2 = Dx_2$, so:

$$D_1 = \begin{vmatrix} b_1 & a_{12} \\ b_2 & a_{22} \end{vmatrix} \quad \text{und} \quad D_2 = \begin{vmatrix} a_{11} & b_1 \\ a_{21} & b_2 \end{vmatrix} .$$

Rekursive Definition der Determinante einer quadratischen $n\times n$-Matrix $A = (a_{ik})$:

Es sei A_{1k} diejenige $(n-1)\times(n-1)$-Matrix, die aus A entsteht, wenn man in A die 1. Zeile und k-te Spalte streicht, also

$$A_{1k} := \begin{pmatrix} a_{21} & a_{22} & \cdots & a_{2\,k-1} & a_{2\,k+1} & \cdots & a_{2n} \\ \cdot & \cdot & \cdot & \cdot & \cdot & \cdot & \cdot \\ a_{n1} & a_{n2} & \cdots & a_{n\,k-1} & a_{n\,k+1} & \cdots & a_{nn} \end{pmatrix}.$$

(27) Ist $A = \begin{pmatrix} 2 & 7 & 4 \\ 0 & 8 & 8 \\ 1 & 1 & 5 \end{pmatrix}$, so sind $A_{11} = \begin{pmatrix} 8 & 8 \\ 1 & 5 \end{pmatrix}$, $A_{12} = \begin{pmatrix} 0 & 8 \\ 1 & 5 \end{pmatrix}$, $A_{13} = \begin{pmatrix} 0 & 8 \\ 1 & 1 \end{pmatrix}$.

Unter der Determinante von A versteht man (nach Laplace) die Zahl

$$\det A := a_{11}\det A_{11} - a_{12}\det A_{12} + a_{13}\det A_{13} -+\ldots+(-1)^{n+1}a_{1n}\det A_{1n} = \sum_{k=1}^{n} a_{1k}\cdot(-1)^{k+1}\det A_{1k}$$

Für n = 2 gilt obige Definition. Für n = 3 wird die Determinante auf die zweireihigen zurückgeführt usw. Die praktische Berechnung wird auf der folgenden Seite beschrieben.

(28)
$$\begin{vmatrix} a_{11} & a_{12} & a_{13} \\ a_{21} & a_{22} & a_{23} \\ a_{31} & a_{32} & a_{33} \end{vmatrix} = a_{11}\begin{vmatrix} a_{22} & a_{23} \\ a_{32} & a_{33} \end{vmatrix} - a_{12}\begin{vmatrix} a_{21} & a_{23} \\ a_{31} & a_{33} \end{vmatrix} + a_{13}\begin{vmatrix} a_{21} & a_{22} \\ a_{31} & a_{32} \end{vmatrix} =$$

$$a_{11}a_{22}a_{33}-a_{11}a_{23}a_{32}-a_{12}a_{21}a_{33}+a_{12}a_{23}a_{31}+a_{13}a_{21}a_{32}-a_{13}a_{22}a_{31}.$$

(29)
$$D = \begin{vmatrix} 2 & 3 & 0 & 1 \\ 3 & 2 & 1 & 0 \\ 0 & 1 & 0 & 3 \\ 3 & 2 & 0 & 0 \end{vmatrix} = 2\cdot\begin{vmatrix} 2 & 1 & 0 \\ 1 & 0 & 3 \\ 2 & 0 & 0 \end{vmatrix} - 3\cdot\begin{vmatrix} 3 & 1 & 0 \\ 0 & 0 & 3 \\ 3 & 0 & 0 \end{vmatrix} + 0 - 1\cdot\begin{vmatrix} 3 & 2 & 1 \\ 0 & 1 & 0 \\ 3 & 2 & 0 \end{vmatrix} =$$

$$2(2\cdot\begin{vmatrix} 0 & 3 \\ 0 & 0 \end{vmatrix} - 1\cdot\begin{vmatrix} 1 & 3 \\ 2 & 0 \end{vmatrix} + 0) - 3(3\cdot\begin{vmatrix} 0 & 3 \\ 0 & 0 \end{vmatrix} - 1\cdot\begin{vmatrix} 0 & 3 \\ 3 & 0 \end{vmatrix} + 0)$$

$$-1(3\cdot\begin{vmatrix} 1 & 0 \\ 2 & 0 \end{vmatrix} - 2\cdot\begin{vmatrix} 0 & 0 \\ 3 & 0 \end{vmatrix} + 1\cdot\begin{vmatrix} 0 & 1 \\ 3 & 2 \end{vmatrix}) = 2(0+6+0) - 3(0+9+0) - 1(0-0-3) = -12$$

Mit A_{ik} werde diejenige $(n-1)\times(n-1)$-Matrix bezeichnet, die aus A entsteht, wenn man in A die i-te Zeile und k-te Spalte streicht. Mit diesen Bezeichnungen gilt der

Laplacesche Entwicklungssatz — Ist $A = (a_{ik})$, so gilt

$$\det A = \sum_{k=1}^{n} (-1)^{i+k}\cdot a_{ik}\cdot \det A_{ik} = \sum_{i=1}^{n} (-1)^{i+k}\cdot a_{ik}\cdot \det A_{ik} .$$

"Entwicklung nach der i-ten Zeile; der k-ten Spalte"

$(-1)^{i+k}\cdot \det A_{ik}$ heißt <u>algebraisches Komplement</u> zu a_{ik}.

Wie man sieht, sind die Vorzeichen schachbrettartig verteilt, mit + links oben beginnend.

$$\begin{matrix} + & - & + & - & + & - & \cdots \\ - & + & - & + & - & + & \cdots \\ + & - & + & - & + & - & \cdots \\ - & + & - & + & - & + & \cdots \\ + & - & + & - & + & - & \cdots \end{matrix}$$

(30) Wir entwickeln die Determinante nach der 4. Zeile:

$$\begin{vmatrix} 2 & 3 & 0 & 1 \\ 3 & 2 & 1 & 0 \\ 0 & 1 & 0 & 3 \\ 3 & 2 & 0 & 0 \end{vmatrix} = -3\cdot\begin{vmatrix} 3 & 0 & 1 \\ 2 & 1 & 0 \\ 1 & 0 & 3 \end{vmatrix} + 2\cdot\begin{vmatrix} 2 & 0 & 1 \\ 3 & 1 & 0 \\ 0 & 0 & 3 \end{vmatrix} - 0 + 0 \quad = (\text{s.u.}) = -12$$

(die erste dieser Determinanten entwickeln wir nach der 2. Spalte, die zweite nach der 3. Zeile):

$$\begin{vmatrix} 3 & 0 & 1 \\ 2 & 1 & 0 \\ 1 & 0 & 3 \end{vmatrix} = +1\cdot\begin{vmatrix} 3 & 1 \\ 1 & 3 \end{vmatrix} = 8; \qquad \begin{vmatrix} 2 & 0 & 1 \\ 3 & 1 & 0 \\ 0 & 0 & 3 \end{vmatrix} = +3\cdot\begin{vmatrix} 2 & 0 \\ 3 & 1 \end{vmatrix} = 6.$$

Am zweckmäßigsten entwickelt man nach einer Zeile oder Spalte, die viele Nullen enthält!

Zur praktischen Berechnung von Determinanten benutzt man die

<u>Haupteigenschaften von Determinanten</u>

1) Vertauschen zweier Zeilen (Spalten) der Determinante bewirkt eine Multiplikation mit -1.
2) Multipliziert man eine Zeile von A mit einer Zahl a, so multipliziert sich ihre Determinante mit a, desgl. für Spalten.
3) Addiert man ein Vielfaches einer Zeile von A zu einer anderen, so ändert sich der Wert der Determinante von A nicht, dgl. Spalten.

Also: $\begin{vmatrix} 3 & 6 & 4 & 5 \\ \cdot & \cdot & \cdot & \cdot \\ 2 & 4 & 3 & 3 \end{vmatrix} \overset{1)}{=} -\begin{vmatrix} 2 & 4 & 3 & 3 \\ \cdot & \cdot & \cdot & \cdot \\ 3 & 6 & 4 & 5 \end{vmatrix}$; $\begin{vmatrix} & \cdots & \\ 2 & 8 & 6 \\ & \cdots & \end{vmatrix} \overset{2)}{=} 2\begin{vmatrix} & \cdots & \\ 1 & 4 & 3 \\ & \cdots & \end{vmatrix}$; $\begin{vmatrix} 6 & 3 & 5 \\ & \cdots & \\ 2 & 7 & 8 \\ & \cdots & \end{vmatrix} \overset{3)}{=} \begin{vmatrix} 8 & 10 & 13 \\ & \cdots & \\ 2 & 7 & 8 \\ & \cdots & \end{vmatrix}$

Ist eine Zeile (oder Spalte) ein Vielfaches einer anderen Zeile (oder Spalte), so hat die Determinante den Wert 0.

(31)
$$\begin{pmatrix} \cdot & \cdot & \cdot & \cdot \\ 2 & 4 & 1 & 3 \\ \cdot & \cdot & \cdot & \cdot \\ 4 & 8 & 2 & 6 \end{pmatrix} = 0 \; ; \begin{pmatrix} 1 & \cdot & 3 \\ 3 & \cdot & 9 \\ 5 & \cdot & 15 \end{pmatrix} = 0 \; ; \begin{pmatrix} 3 & 0 & 7 \\ 2 & 5 & 9 \\ 1 & 2 & 6 \end{pmatrix} = \begin{pmatrix} 3 & 6 & 7 \\ 2 & 9 & 9 \\ 1 & 4 & 6 \end{pmatrix}$$

<u>Praktische Berechnung</u> von Determinanten

Man erzeuge durch Addition von Vielfachen einer Zeile (Spalte) zu den anderen möglichst viele Nullen in einer Zeile (Spalte) und entwickle die Determinante dann nach dieser Zeile (Spalte).

(32)
$$\begin{vmatrix} 4 & 2 & 2 & 5 \\ 2 & 0 & 1 & 2 \\ 3 & 0 & 1 & 4 \\ 7 & 1 & 3 & 8 \end{vmatrix} \overset{(1)}{=} \begin{vmatrix} 0 & 2 & 0 & 1 \\ 2 & 0 & 1 & 2 \\ 1 & 0 & 0 & 2 \\ 1 & 1 & 0 & 2 \end{vmatrix} \overset{(2)}{=} (-1)\cdot\begin{vmatrix} 0 & 2 & 1 \\ 1 & 0 & 2 \\ 1 & 1 & 2 \end{vmatrix} \overset{(3)}{=} (-1)\cdot\begin{vmatrix} 0 & 2 & 1 \\ 1 & 0 & 2 \\ 0 & 1 & 0 \end{vmatrix} \overset{(4)}{=} (-1)^2\cdot\begin{vmatrix} 0 & 1 \\ 1 & 2 \end{vmatrix} = -1$$

(1) Wir addierten im 1. Schritt das (-2)-fache, (-1)-fache, (-3)-fache der 2. Zeile zur 1., 3., 4. Zeile.

(2) Wir entwickeln nach der 3. Spalte.

(3) Wir addieren das (-1)-fache der 2. Zeile zur 3. Zeile.

(4) Wir entwickeln nach der 3. Zeile.

<u>Multiplikationssatz</u> für Determinanten

Sind A und B gleichartige quadratische Matrizen, so gilt

$$\det(AB) = \det A \cdot \det B = \det(BA)$$

Ein entsprechender Satz für die Summe gilt n i c h t !

(33) $A = \begin{pmatrix} 2 & 3 \\ 3 & 1 \end{pmatrix}$, $B = \begin{pmatrix} 0 & 1 \\ 2 & 1 \end{pmatrix}$. Dann $AB = \begin{pmatrix} 6 & 5 \\ 2 & 4 \end{pmatrix}$, $BA = \begin{pmatrix} 3 & 1 \\ 7 & 7 \end{pmatrix}$ und $\det A = -7$, $\det B = -2$, $\det AB = 14 = \det BA = \det A \cdot \det B$.

Für einige besondere Matrizen gilt

1) Ist $A = (a_{ik})$ (obere oder untere) Dreiecksmatrix, so ist $\det A = a_{11}a_{22}a_{33}\dots a_{nn}$, also gleich dem Produkt der Diagonalelemente.
2) $\det A = \det A^T$.
3) Ist A orthogonal, so ist $\det A = \pm 1$.

(34) 1) $\begin{vmatrix} 2 & 4 & e \\ 0 & 7 & 1 \\ 0 & 0 & 3 \end{vmatrix} = 2 \cdot 7 \cdot 3 = 42$ 2) $\begin{vmatrix} 2 & 2 & 4 \\ 1 & 3 & 6 \\ 0 & 5 & 2 \end{vmatrix} = \begin{vmatrix} 2 & 1 & 0 \\ 2 & 3 & 5 \\ 4 & 6 & 2 \end{vmatrix} = -32$

(35) $$\begin{vmatrix} \cos t & -\sin t \\ \sin t & \cos t \end{vmatrix} = \cos^2 t + \sin^2 t = 1 \quad \text{(Vgl. (17)!)}$$

b) Anwendungen auf lineare Gleichungssysteme

Gegeben sei das lineare Gleichungssystem $A\vec{x} = \vec{b}$, wobei die Koeffizientenmatrix $A = (a_{ik})$ n-reihig-quadratisch sei,

$$\vec{x} = \begin{pmatrix} x_1 \\ \vdots \\ x_n \end{pmatrix} \quad \vec{b} = \begin{pmatrix} b_1 \\ \vdots \\ b_n \end{pmatrix}.$$

A_i sei diejenige Matrix, die aus A entsteht, wenn man in ihr die i-te Spalte durch den Spaltenvektor $\vec{b}$ ersetzt.

<u>Eindeutigkeitssatz und Cramersche Regel</u>

Das Gleichungssystem $A\vec{x} = \vec{b}$ ist eindeutig lösbar genau dann wenn $\det A \neq 0$ gilt. Es gilt dann $x_i = \det A_i / \det A$, $i = 1,\dots,n$.

Diesen Satz benutzt man n i c h t zur praktischen Lösung gegebener linearer Gl.-Syst. Man löst sie i.a. mit dem Gaußschen Algorithmus. Anwendungen findet dieser Satz in 6.4.

Tabellarisch kann man zusammenfassen:

Für das lineare Gleichungssystem $A\vec{x} = \vec{b}$ gilt: (A quadratisch)

	homogen $\vec{b} = \vec{o}$	inhomogen $\vec{b} \neq \vec{o}$
$\det A \neq 0$	genau eine Lösung = triv. Lsg.	genau eine Lösung
$\det A = 0$	unendlich viele Lsgn	unendlich viele Lsgn oder keine Lsg.

6) Die Koeffizientendeterminante in Bsp. (19) hat den Wert 5, d.h. das Gl-Syst. ist eindeutig lösbar. Dort ist: $A_1 = 25$, $A_2 = -5$, $A_3 = 25$, folglich $x_1 = 5$, $x_2 = -1$, $x_3 = 5$.
Die Koeffizientendeterminanten in den Beispielen (20) und (21) haben den Wert 0, die Gl-Systeme sind nicht eindeutig lösbar.

Ist A quadratische Matrix, so sind folgende Aussagen äquivalent:
1) A besitzt eine Inverse A^{-1}.
2) A ist nicht-singulär (d.h. regulär).
3) $\det A \neq 0$.
4) $A\vec{x} = \vec{b}$ besitzt genau eine Lösung.

Aufg: Man bestätige, daß in (22) gilt: $\det A = 0$.

6.4 Eigenwertaufgaben bei Matrizen (Z 150)

Eigenwertaufgaben des hier zu besprechenden Typs treten in den Anwendungen häufig auf, vor allem in der Elastizitätstheorie und in Zusammenhang mit Schwingungen.
Alle im folgenden auftretenden Matrizen seien quadratisch.
Eine 3-reihig-quadratische Matrix A definiert eine Abbildung des $\mathbb{R}^3$ in sich: $\vec{y} = A\vec{x}$. Jedem Vektor $\vec{x} \in \mathbb{R}^3$ wird ein Vektor $\vec{y} = A\vec{x} \in \mathbb{R}^3$ zugeordnet: der Raum wird "verformt", aus $\vec{x}$ wird $A\vec{x}$. Oft interessiert, welche Vektoren $\vec{x} \neq \vec{o}$ ihre R i c h t u n g bei dieser "Verformung" nicht ändern, d.h. nur in ein Vielfaches, das λ-fache, von sich übergehen. Für solche Vektoren gilt also

$$A\vec{x} = \lambda\vec{x} \qquad \text{(a)}$$

Der Vektor $\vec{x} = \vec{o}$ erfüllt (a) stets, ist daher nicht von Interesse. Man nennt Vektoren $\vec{x}$ mit $\vec{x} \neq \vec{o}$, die (a) erfüllen, Eigenvektoren der Matrix A.

Wir können statt (a) auch schreiben:

$$A\vec{x} - \lambda E\vec{x} = \vec{o} \quad (E : \text{Einheitsmatrix}) \qquad (b)$$

oder (nach dem Distributivgesetz für Matrizen)

$$(A - \lambda E)\vec{x} = \vec{o}. \qquad (c)$$

Dies ist ein lin. homogenes Gl-System. Nach dem Eindeutigkeitssatz besitzt es genau die triviale Lösung oder unendlich viele Lösungen. Jede Zahl λ, für die (c) nicht-triviale Lösungen hat, heißt ein Eigenwert von A.[1] Genau dann wenn (vgl. obige Tabelle)

$$\det(A - \lambda E) = 0 \qquad (d)$$

besitzt (a), (b) bzw. (c) (außer der trivialen Lösung auch) nicht-triviale Lösungen. Ausgeschrieben sieht (d), wenn $A = (a_{ik})$ n-reihig-quadratisch ist, wie folgt aus:

$$\begin{vmatrix} a_{11}-\lambda & a_{12} & \cdots & a_{1n} \\ a_{21} & a_{22}-\lambda & \cdots & a_{2n} \\ & & & \\ a_{n1} & a_{n2} & \cdots & a_{nn}-\lambda \end{vmatrix} = 0$$

Von den Elementen der Hauptdiagonalen wird also λ subtrahiert.

(37) Man berechne die Eigenwerte der Matrix $A = \begin{pmatrix} 3 & 2 \\ 2 & 3 \end{pmatrix}$.

Lsg: Man hat λ aus der Gleichung $\begin{vmatrix} 3-\lambda & 2 \\ 2 & 3-\lambda \end{vmatrix} = 0$ zu berechnen.

Es ist $\det(A-\lambda E) = \begin{vmatrix} 3-\lambda & 2 \\ 2 & 3-\lambda \end{vmatrix} = (3-\lambda)^2 - 4 = \lambda^2 - 6\lambda + 5 = 0.$

Diese quadratische Gleichung in λ hat die Lösungen $\lambda_1 = 1$, $\lambda_2 = 5$.
Dies sind die (einzigen) Eigenwerte von A.

(38) Man berechne die Eigenwerte von $A = \begin{pmatrix} 3 & -5 \\ 2 & 1 \end{pmatrix}$.

Lsg: $\det(A-\lambda E) = \begin{vmatrix} 3-\lambda & -5 \\ 2 & 1-\lambda \end{vmatrix} = (3-\lambda)\cdot(1-\lambda) + 10 = \lambda^2 - 4\lambda + 13 = 0.$

Lösungen: $\lambda_1 = 2+3i$, $\lambda_2 = 2-3i$.
Es existieren hier keine reellen Eigenwerte.

(39) Man berechne die Eigenwerte von $A = \begin{pmatrix} 3 & -1 \\ 1 & 1 \end{pmatrix}$.

Lsg: $\det(A-\lambda E) = \begin{vmatrix} 3-\lambda & -1 \\ 1 & 1-\lambda \end{vmatrix} = (3-\lambda)\cdot(1-\lambda) + 1 = \lambda^2 - 4\lambda + 4 = 0.$

Lösungen: $\lambda_1 = \lambda_2 = 2$.

Ist A n-reihig-quadratisch, so ist $\det(A-\lambda E)$ ein Polynom vom Grade n in λ (mit reellen Koeffizienten), es heißt das charakteristische Polynom der Matrix A, die Gleichung $\det(A-\lambda E) = 0$ die charakteristische Gleichung der Matrix A.[2]

---

1) $1/\lambda$ heißt oft charakteristische Zahl, viele Autoren wählen die Bezeichnungen aber auch entgegensetzt.

2) Oft auch Säkulargleichung genannt.

Berechnung der Eigenwerte und Eigenvektoren der Matrix A

1) Man bestimme die Lösungen $\lambda_1, \lambda_2, \ldots, \lambda_n$ der charakteristischen Gleichung $\det(A-\lambda E) = 0$, das sind die Eigenwerte.
2) Man löse für jedes λ_i das homogene Gl-System $(A-\lambda_i E)\vec{x} = \vec{o}$. Jede nicht-triviale Lösung ist ein Eigenvektor zu λ_i; er ist nicht eindeutig bestimmt.

(40) Man berechne Eigenwerte und -vektoren der Matrix $A = \begin{pmatrix} 3 & 2 \\ 2 & 3 \end{pmatrix}$.
Lsg:

1) Nach (37) besitzt A die Eigenwerte $\lambda_1 = 1, \lambda_2 = 5$.
2) (i) Eigenvektor zum Eigenwert $\lambda_1 = 1$:

Man setzt $\lambda_1 = 1$ in das Gl.-System (c) ein und löst es:

$$\begin{aligned} (3-\lambda_1)x_1 + 2 \cdot x_2 &= 0 \\ 2 \cdot x_1 + (3-\lambda_1)x_2 &= 0 \end{aligned}$$

also

$$\begin{aligned} 2x_1 + 2x_2 &= 0 \\ 2x_1 + 2x_2 &= 0 \end{aligned}$$

Dann $x_1 = t$ beliebig reell, $x_2 = -t$. Jeder Vektor $\vec{x}_1 = t \cdot \begin{pmatrix} 1 \\ -1 \end{pmatrix}$ ist Eigenvektor zu $\lambda_1 = 1$ $(t \neq 0)$.

(ii) Eigenvektor zum Eigenwert $\lambda_2 = 5$:

$$\begin{aligned} (3-5)x_1 + 2 \cdot x_2 &= 0 \\ 2 \cdot x_1 + (3-5)x_2 &= 0 \end{aligned}$$

Dann $x_1 = s$ beliebig reell, $x_2 = s$. Eigenvektor zu $\lambda_2 = 5$:

$$\vec{x}_2 = s \cdot \begin{pmatrix} 1 \\ 1 \end{pmatrix}, \quad s \neq 0 \text{ reell.}$$

Ist $A = (a_{ik})$ eine n-reihig-quadratische Matrix, $\det(A-\lambda E) = (-1)^n \lambda^n + a_{n-1}\lambda^{n-1} + \ldots + a_1\lambda + a_o$ ihr charakteristisches Polynom, $\lambda_1, \lambda_2, \ldots, \lambda_n$ ihre Eigenwerte - mit Vielfachheiten gezählt - so gilt:

$$a_o = \det A = \lambda_1 \cdot \lambda_2 \cdot \ldots \cdot \lambda_n$$
$$(-1)^{n+1} \cdot a_{n-1} = \mathrm{Spur}(A) = \lambda_1 + \lambda_2 + \ldots + \lambda_n .$$

Dieser Satz liefert insbes. für a_{n-1} eine einfache Rechenprobe. Man führe sie für obiges Bsp. (40) aus!

(41) $\lambda = 0$ ist Eigenwert von A genau dann wenn $\det A = 0$.

(42) Ist A eine (obere oder untere) Dreiecksmatrix, so sind die Diagonalelemente ihre Eigenwerte. Insbes. hat E den einzigen Eigenwert 1 und zwar n-fach, falls E n-reihig ist.

(43) Die Matrix $\begin{pmatrix} 2 & 4 & e \\ 0 & 7 & 1 \\ 0 & 0 & 5 \end{pmatrix}$ hat die Eigenwerte 2,7 und 5. (Das sind ihre Diagonalelemente)

(44) Man berechne Eigenwerte und Eigenvektoren der Matrix

$$A = \begin{pmatrix} 35 & 88 & 116 \\ -2 & -5 & -6 \\ -8 & -20 & -27 \end{pmatrix}.$$

Lsg: 1) Berechnung der Eigenwerte. det(A- E) =

$$\begin{vmatrix} 35-\lambda & 88 & 116 \\ -2 & -5-\lambda & -6 \\ -8 & -20 & -27-\lambda \end{vmatrix} = \ldots = \lambda^3 - 3\lambda^2 - \lambda + 3 = 0$$ hat die

Lösungen (= Eigenwerte) $\lambda_1 = 1, \lambda_2 = -1, \lambda_3 = 3$.

2) Berechnung der Eigenvektoren.

a) Zu $\lambda_1 = 1$: Man löst dazu das Gl-Syst. $(A-\lambda E)\vec{x} = \vec{o}$:

$$\begin{array}{rrr|r l} 34 & 88 & 116 & 0 &]\,17 \quad]\,-4 \qquad (*) \\ -2 & -6 & -6 & 0 & \\ -8 & -20 & -28 & 0 & \\ \hline -2 & -6 & -6 & 0 & :2 \\ & -14 & 14 & 0 & :(-14) \\ & 4 & -4 & 0 & \\ \hline 1 & 3 & 3 & 0 & \\ & 1 & -1 & 0 & \end{array}$$

Lösung mit $x_3 = s \in \mathbb{R}$ bel.: Eigenvektor zu $\lambda_1 = 1$ ist $\vec{x}_1 = s\cdot(-6,1,1)^T$.

b) Analog zu $\lambda_2 = -1$: $\vec{x}_2 = t\cdot(-4,-1,2)^T$, $t \in \mathbb{R}$ bel.

c) Analog zu $\lambda_3 = 3$: $\vec{x}_3 = u\cdot(-10, 1, 2)^T$, $u \in \mathbb{R}$ bel.

(45) Man berechne Eigenwerte und -vektoren der Matrix A:

$$A = \begin{pmatrix} 2 & 1 & -3 \\ 1 & 3 & 1/2 \\ -8 & -2 & 4 \end{pmatrix}$$

Lsg: 1) Berechnung der Eigenwerte:

$$\det(A-\lambda E) = \begin{vmatrix} 2-\lambda & 1 & -3 \\ 1 & 3-\lambda & 1/2 \\ -8 & -2 & 4-\lambda \end{vmatrix} = -\lambda^3 + 9\lambda^2 - 2\lambda - 48 = 0.$$

Diese charakteristische Gleichung hat die drei Lösungen

$$\lambda_1 = -2, \lambda_2 = 3, \lambda_3 = 8.$$

2) Berechnung der drei Eigenvektoren:

(i) Eigenvektor $\vec{x}_1$ zum Eigenwert $\lambda_1 = -2$.

$$\begin{array}{rrr|r l} 4 & 1 & -3 & 0 &]\,-4 \quad]\,8 \qquad (*) \\ 1 & 5 & 1/2 & 0 & \\ -8 & -2 & 6 & 0 & \\ \hline 1 & 5 & 1/2 & 0 & \qquad\qquad (*) \\ & -19 & -5 & 0 &]\,2 \\ & 38 & 10 & 0 & \\ \hline 1 & 5 & 1/2 & 0 & \\ & -19 & -5 & 0 & \\ & & 0 & 0 & \end{array}$$

Lösung: $x_3 = s \in \mathbb{R}$ beliebig, $x_2 = -\frac{5}{19}\cdot s$, $x_1 = \frac{31}{38}\cdot s$.

Eigenvektor zu $\lambda_1 = -2$:

$$\text{Für } s \neq 0: \quad \vec{x}_1 = s \cdot \begin{pmatrix} \frac{31}{38} \\ -\frac{5}{19} \\ 1 \end{pmatrix} = s^* \cdot \begin{pmatrix} 31 \\ -10 \\ 38 \end{pmatrix}, \quad s^* := \frac{s}{38} .$$

(ii) Eigenvektor $\vec{x}_2$ zu $\lambda_2 = 3$.

-1	1	-3	0	]1
1	0	1/2	0	]8 (*)
-8	-2	1	0	
1	0	1/2	0	
	1	-5/2	0	]2 (*)
	-2	5	0	
1	0	1/2	0	
	1	-5/2	0	
		0	0	

Lösung: $x_3 = t \in \mathbb{R}$ beliebig, $x_2 = \frac{5}{2}\cdot t$, $x_1 = -\frac{1}{2}\cdot t$.

Eigenvektor zu $\lambda_2 = 3$:

$$\text{Für } t \neq 0: \quad \vec{x}_2 = t \cdot \begin{pmatrix} -1/2 \\ 5/2 \\ 1 \end{pmatrix} = t^* \cdot \begin{pmatrix} -1 \\ 5 \\ 2 \end{pmatrix}, \quad t^* := \frac{t}{2} .$$

(iii) Eigenvektor x_3 zu $\lambda_3 = 8$.

Der Leser möge ihn berechnen! Er lautet:

$$\text{Für } u^* \neq 0: \quad \vec{x}_3 = u^* \cdot \begin{pmatrix} -1 \\ 0 \\ 2 \end{pmatrix} .$$

Es gilt der Satz:

1) Ist die Matrix A symmetrisch, so sind ihre Eigenwerte reell.
2) Eigenvektoren zu verschiedenen Eigenwerten sind linear unabhängig.

(Man bestätige diese letzte Aussage am Bsp. (44)!)

(46) Die in der Spannungstheorie auftretenden Matrizen (Spannungstensoren) sind i.a. symmetrisch, daher sind ihre Eigenwerte ("Normalspannungen") reell. Die zugehörigen Eigenvektoren sind dann die Normalen der Hauptspannungsebenen. (SH 133)

Es gilt folgender Satz:

Sind A und B n-reihig-quadratische Matrizen, so gilt, wenn B^{-1} existiert (etwa $\det B \neq 0$): A und $B^{-1}AB$ haben dasselbe charakteristische Polynom, also auch dieselben Eigenwerte. Hat A die Eigenvektoren $\vec{x}_i$, so hat $B^{-1}AB$ die Eigenvektoren $B\vec{x}_i$. A und $B^{-1}AB$ heißen einander <u>ähnlich</u>.

Von dieser Tatsache machen einige Verfahren zur numerischen Bestimmung des charakteristischen Polynoms Gebrauch.

6.5 Aufgaben

1) $\begin{pmatrix} 2 & 3 & 4 \\ 1 & 5 & 6 \end{pmatrix} \cdot \begin{pmatrix} 1 \\ 2 \\ 3 \end{pmatrix} = \ ?$

2) $\begin{pmatrix} 1 & 2 & 1 \\ 4 & 0 & 2 \end{pmatrix} \cdot \begin{pmatrix} 3 & -4 \\ 1 & 5 \\ -2 & 2 \end{pmatrix} = \ ?$

3) Man zeige: Gilt $A^2 = A$, so ist $\det A = 0$ oder $= 1$. Hinweis: Man benutze den Multiplikationssatz für Determinanten.

4) $A = \begin{pmatrix} 2 & -1 & 1 \\ 0 & 1 & 2 \\ 1 & 0 & 1 \end{pmatrix}$. Man berechne A^2 und A^3.

5) Man zerlege $A = \begin{pmatrix} 5 & 1 & -4 \\ 3 & 7 & 8 \\ -2 & 0 & 3 \end{pmatrix}$ in eine symmetrische Matrix A_s und eine schiefsymmetrische Matrix A_a.

6) Man berechne die Inverse von $A = \begin{pmatrix} 1 & 2 & 3 \\ 1 & 3 & 3 \\ 1 & 2 & 4 \end{pmatrix}$.

7) Sei $A = \begin{pmatrix} 1 & 2 & 2 \\ 2 & 1 & 2 \\ 2 & 2 & 1 \end{pmatrix}$. Man berechne $A^2 - 4A - 5E$.

8) Sei $A = \begin{pmatrix} 2 & -3 & -5 \\ -1 & 4 & 5 \\ 1 & -3 & -4 \end{pmatrix}$. Man berechne A^2.

9) Für welche Werte a besitzt folgendes Gleichungssystem keine, genau eine, mehr als eine Lösung? Wie lauten die Lösungen?

$$\begin{aligned} x + y + z + at &= 1 \\ 2y + z + t &= 0 \\ x - y - az - t &= 0 \end{aligned}$$

10) Man berechne folgende Determinanten:

a) $\begin{vmatrix} 4 & 3 & 2 \\ 8 & 7 & 4 \\ 7 & 5 & 2 \end{vmatrix}$ b) $\begin{vmatrix} 6 & 7 & 2 & 2 \\ 1 & 7 & 4 & 3 \\ 4 & 0 & 1 & 7 \\ 6 & 9 & 5 & 5 \end{vmatrix}$ c) $\begin{vmatrix} 3 & 1 & -1 \\ 5 & 8 & 2 \\ -2 & -1 & -3 \end{vmatrix}$

11) Man berechne charakteristische Gleichung, Eigenwerte und Eigenvektoren folgenden Matrizen:

a) $\begin{pmatrix} 1 & 0 & 24 \\ -8 & -14 & -19 \\ 8 & 15 & 20 \end{pmatrix}$ b) $\begin{pmatrix} -29 & -68 & -104 \\ 4 & 10 & 14 \\ 7 & 16 & 25 \end{pmatrix}$ c) $\begin{pmatrix} 3 & 1 & 3 \\ 1 & 2 & 1 \\ 1 & -2 & 5 \end{pmatrix}$

12) Für welche Werte a besitzt das folgende Gleichungssystem keine, genau eine, mehr als eine Lösung und wie lauten diese?

$$\begin{aligned} -ax + 8y + 3z &= 2 \\ 2x + 4ay - z &= 1 \\ -2x + ay + 2z &= -1 \end{aligned}$$

13) Man berechne das charakteristische Polynom $p(\lambda)$ der folgenden Matrix A und berechne sodann $p(A)$.

$$A = \begin{pmatrix} 1 & -4 & -1 & -4 \\ 2 & 0 & 5 & -4 \\ -1 & 1 & -2 & 3 \\ -1 & 4 & -1 & 6 \end{pmatrix}$$

14) Man berechne die Inversen von

$$A = \begin{pmatrix} 2 & 1 & -1 & 2 \\ 1 & 3 & 2 & -3 \\ -1 & 2 & 1 & -1 \\ 2 & -3 & -1 & 4 \end{pmatrix} \quad B = \begin{pmatrix} 2 & 3 & -1 \\ 1 & 2 & 1 \\ -1 & -1 & 3 \end{pmatrix} \quad C = \begin{pmatrix} -1 & 2 & -3 \\ 2 & 1 & 0 \\ 4 & -2 & 5 \end{pmatrix}.$$

15) Man löse folgende Gl-Systeme:

a) $\begin{aligned} x+2y-z+3w &= 3 \\ 2x+4y+4z+3w &= 9 \\ 3x+6y-z+8w &= 10 \end{aligned}$ b) $\begin{aligned} x+2y+3z &= 3 \\ 2x+3y+8z &= 4 \\ 3x+2y+17z &= 1 \end{aligned}$ c) $\begin{aligned} x+y-z &= 0 \\ 2x+4y-z &= 0 \\ 3x+2y+2z &= 0 \end{aligned}$

16) Man löse folgende Gleichungssysteme:

a) $\begin{aligned} x+2y-3z &= -1 \\ 3x-y+2z &= 7 \\ 5x+3y-4z &= 2 \end{aligned}$ b) $\begin{aligned} x+y-z &= 0 \\ x-y+z &= 2 \\ -x+y+z &= 4 \end{aligned}$ c) $\begin{aligned} x+2y+z &= 0 \\ x+y+2z &= 1 \\ x+2y+2z &= 1 \end{aligned}$

6.6 Ergebnisse

1) $\begin{pmatrix} 20 \\ 29 \end{pmatrix}$ 2) $\begin{pmatrix} 3 & 8 \\ 8 & -12 \end{pmatrix}$ 3) $\det A^2 = \det A \cdot \det A = \det A.$

4) $A^2 = \begin{pmatrix} 5 & -3 & 1 \\ 2 & 1 & 4 \\ 3 & -1 & 2 \end{pmatrix}, \quad A^3 = \begin{pmatrix} 11 & -8 & 0 \\ 8 & -1 & 8 \\ 8 & -4 & 3 \end{pmatrix}$

5) $A_s = \begin{pmatrix} 5 & 2 & -3 \\ 2 & 7 & 4 \\ -3 & 4 & 3 \end{pmatrix}, \quad A_a = \begin{pmatrix} 0 & -1 & -1 \\ 1 & 0 & 4 \\ 1 & -4 & 0 \end{pmatrix}, \quad A_s + A_a = A.$

6) $A^{-1} = \begin{pmatrix} 6 & -2 & -3 \\ -1 & 1 & 0 \\ -1 & 0 & 1 \end{pmatrix}$ 7) Nullmatrix N

8) $A^2=A$; solche Matrizen heißen <u>idempotent</u>.

9) a=0: keine Lösung. $a \neq 0$: mehr als eine Lösung:
$\vec{x} = (1-\frac{1}{2a} + t-at\ ,\ -\frac{1}{2a}\ ,\ \frac{1}{a}-t\ ,\ t)^T,\ t \in \mathbb{R}.$

10) a) -6 b) -286 c) -66

11) a) $\det(A-\lambda E) = -\lambda^3 + 7\lambda^2 + 181\lambda - 187 = 0,\ \lambda_1 = 1\ \lambda_2 = -11, \lambda_3 = 17$
$\vec{x}_1 = u(-15,8,0)^T\quad \vec{x}_2 = v(-2,-1,1)^T\quad \vec{x}_3 = w(3,-2,2)^T$

b) $\det(A-\lambda E) = -\lambda^3 + 6\lambda^2 - 11\lambda + 6 = 0,\ \lambda_1 = 1,\ \lambda_2 = 2,$
$\lambda_3 = 3.\ \vec{x}_1 = u\cdot(8,-2,-1)^T,\ \vec{x}_2 = v(20,-3,-4)^T,\ \vec{x}_3 = w(14,-2,-3)^T$

c) $\det(A-\lambda E) = -\lambda^3 + 10\lambda^2 - 29\lambda + 20 = 0;\ \lambda_1 = 1,\ \lambda_2 = 4,\ \lambda_3 = 5$
$\vec{x}_1 = u\cdot(-2,1,1)^T,\ \vec{x}_2 = v\cdot(7,4,1)^T,\ \vec{x}_3 = w\cdot(2,1,1)^T.$

12) Es sei $d = 9a^2-30a+16$. Keine Lösung, falls d=0 und $a \neq -4$.
Genau eine Lösung, falls $d \neq 0$: $\vec{x} = \frac{1}{d}\cdot(8-33a\ ,\ 4+a\ ,\ -20a-5a^2)^T.$
Mehr als eine Lösung nicht möglich; d=0 u. a=-4 widerspr. sich.

13) $p(\lambda) = \lambda^4-5\lambda^3+9\lambda^2-7\lambda+2$; $p(A) = A^4-5A^3+9A^2-7A+2E = N$ Nullmatrix
Satz von <u>Cayley-Hamilton:</u> p(A)=N, wenn $p(\lambda)$ char. Polynom zu A.

14) $A^{-1} = 1/18 \cdot \begin{pmatrix} 2 & 5 & -7 & 1 \\ 5 & -1 & 5 & -2 \\ -7 & 5 & 11 & 10 \\ 1 & -2 & 10 & 5 \end{pmatrix}, \quad B^{-1} = \begin{pmatrix} 7 & -8 & 5 \\ -4 & 5 & -3 \\ 1 & -1 & 1 \end{pmatrix}, \quad C^{-1} = \begin{pmatrix} -5 & 4 & -3 \\ 10 & -7 & 6 \\ 8 & -6 & 5 \end{pmatrix}$

15) a) $\vec{x} = (6-2t-5u,t,u,2u-1)^T$ b) $\vec{x} = (-1-7t,2+2t,t)^T$ c) $\vec{x} = \vec{o}$

16) a) Es exist. keine Lösung. b) $\vec{x} = (1,2,3)^T$. c) $\vec{x} = (-1,0,1)^T$.

7. Differentialrechnung

7.1 Differenzierbarkeit

Sei I ein offenes Intervall und $x_o \in I$. Eine Funktion $f: I \to \mathbb{R}$ heißt differenzierbar im Punkt x_o, wenn der Grenzwert

$$\lim_{x \to x_o} \frac{f(x) - f(x_o)}{x - x_o} = a \text{ existiert.}$$

$$\boxed{f'(x_o) := \frac{df}{dx}(x_o) := a \quad \text{Ableitung von } f \text{ in } x_o}$$

Äquivalent dazu ist: f ist in x_o diff-bar, wenn eine Zahl $f'(x_o)$ existiert, so daß

$$\lim_{x \to x_o} \frac{f(x) - f(x_o) - f'(x_o)(x - x_o)}{x - x_o} = 0$$

$T(x) = f(x_o) + f'(x_o)(x - x_o)$ ist die Tangente an die Funktion f im Punkte $(x_o, f(x_o))$.

Ist $dx = x - x_o$ ein Zuwachs von x, so ist die Zahl $dy = df(x_o) = f'(x_o)dx$ der Zuwachs der Tangente. Für genügend kleine dx ist dy als Näherung für $\Delta y = f(x_o + dx) - f(x_o) \approx dy$ anzusehen.

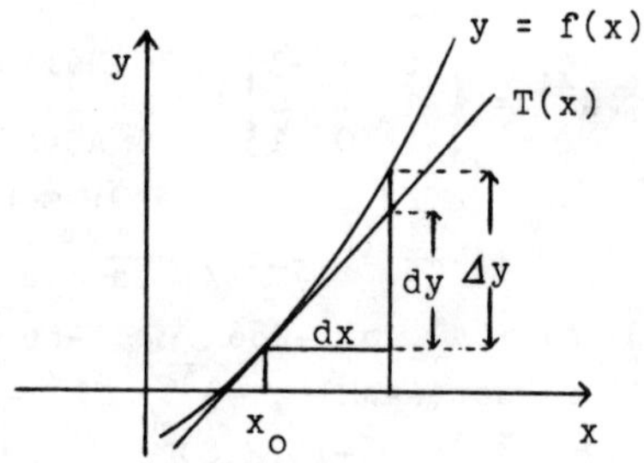

$$\boxed{dy = f'(x)dx \quad \text{heißt totales Differential von f.}}$$

(1) Man bestimme die Ableitung von $f(x) = x^2$ in $x_o = 1$.

Lsg:

$$\frac{f(x) - f(x_o)}{x - x_o} = \frac{x^2 - 1}{x - 1} = \frac{(x+1)(x-1)}{x-1}, \text{ also gilt}$$

$$\lim_{x \to x_o} \frac{f(x) - f(x_o)}{x - x_o} = \lim_{x \to 1} (x+1) = 2$$

$$T(x) = 1 + 2(x-1) = 2x - 1$$

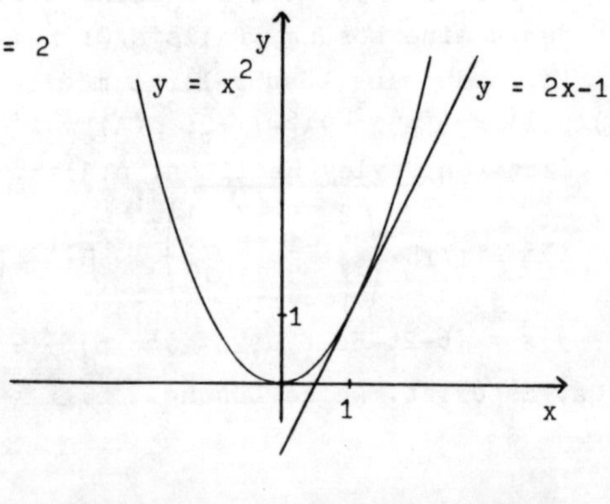

Sei I ein offenes Intervall und $f: I \to \mathbb{R}$. f heißt <u>in I diff-bar</u>, wenn f in jedem Punkt von I diff-bar ist. Die <u>Funktion $y' = f'(x)$</u> heißt <u>Ableitung</u> von f. f heißt <u>stückweise glatt</u>, wenn f und f′ stetig sind bis auf höchstens endlich viele Sprungstellen.

Alle elementaren Funktionen sind an allen Stellen diff-bar, an denen sie definiert sind. Ableitungen der wichtigsten (B)

2) Man berechne eine Näherung von $\sqrt[3]{25}$ mit Hilfe des Differentials.
Lsg: $y = \sqrt[3]{x}$, also $dy = \frac{1}{3}x^{-2/3}dx$, $x_o = 27$, $dx = -2$, dann ist
$y = \sqrt[3]{27-2} \approx 3 + \frac{1}{3}27^{-2/3}(-2) = 3 - \frac{2}{27} = 2{,}926$; $(2{,}926)^3 \approx 25{,}05$.

3) Man zeige, daß folg. Funktionen in $]-2,2[$ stückw. glatt sind:
a) $y = |x|$
b) $y = \begin{cases} 1 & \text{für } x \leq 0 \\ x^2 & \text{für } 0 < x \leq 1 \\ -x+2 & \text{für } 1 < x \leq 2 \end{cases}$

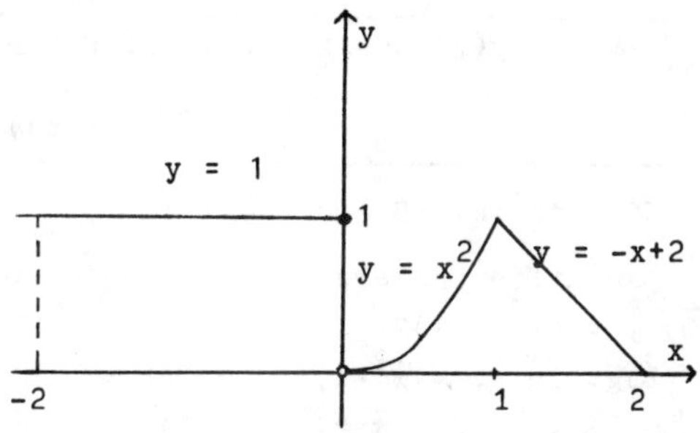

Lsg: a) $y = |x|$ ist stetig, $y' = -1$ für $x < 0$, $y' = 1$ für $x > 0$ sind also auch stetig.
b) Ableitung von y:
Für $x < 0$ ist $y = 1$, also ist $y' = 0$ für $x < 0$. Entsprechend gilt $y' = 2x$ für $0 < x < 1$ und $y' = -1$ für $x > 1$. In diesen Bereichen ist y′ stetig; in $x = 0$ und $x = 1$ existieren die Ableitungen nicht.

<u>7.2 Rechnen mit differenzierbaren Funktionen</u>

f und g seien in einem Intervall I diff-bare Funktionen. Dann sind auch die unten angegebenen Funktionen diff-bar und es gilt:

a) $(f+g)' = f' + g'$	
b) $(r \cdot f)' = r \cdot f'$	r reelle Zahl
c) $(f \cdot g)' = f'g + g'f$	<u>Produktregel</u>
d) $\left(\frac{f}{g}\right)' = \frac{f'g - g'f}{g^2}$	<u>Quotientenregel</u> $(g(x) \neq 0)$

Man differenziere:

4) $y = x^3 + 2x^2 + 1$
Lsg: Nach a) und b) ist $y' = 3x^2 + 4x$

5) $y = x\sqrt{x}$
Lsg: $f(x) = x$, $g(x) = \sqrt{x}$, $y' = \sqrt{x} \cdot 1 + \frac{1}{2}x^{-1/2}x = \frac{3}{2}\sqrt{x}$

(6) $y = x \cdot \ln x$ für $x > 0$

Lsg: $y' = \frac{d}{dx}(x)\ln x + \frac{d}{dx}(\ln x)x = \ln x + 1$

(7) $y = 2x^2 e^x \sin x$

Lsg: $y' = (4x\sin x + 2x^2\sin x + 2x^2\cos x)e^x$

(8) $y = \tan x$

Lsg: $y = \frac{\sin x}{\cos x}$, $y' = \frac{(\sin x)'\cos x - (\cos x)'\sin x}{\cos^2 x} = \frac{\cos^2 x + \sin^2 x}{\cos^2 x}$

$y' = \frac{1}{\cos^2 x}$

(9) $y = \frac{x^3 - x^2 + 1}{x - 1}$

Lsg: $y' = \frac{(3x^2-2x)(x-1)-1(x^3-x^2+1)}{(x-1)^2} = \frac{2x^3-4x^2+2x-1}{(x-1)^2}$

Sei $y = y(x)$ bzw. $x = x(t)$ diff-bar, dann ist

$$\frac{dy}{dt} = \frac{dy}{dx} \cdot \frac{dx}{dt} = y'(x(t)) \cdot x'(t) \quad \text{Kettenregel}$$

Näheres bei (B) und (LII63).

Man differenziere:

(10) $y = (x^2 - 1)^2$

Lsg: Sei $z = x^2-1$, dann ist $y = z^2$, d.h. $\frac{dy}{dx} = \frac{dy}{dz}\frac{dz}{dx}$

$y' = 2z \cdot 2x = 4x(x^2-1)$.

(11) $y = e^{\cos x}$

Lsg: $z = \cos x$, also $y = e^z$, $\frac{dy}{dx} = \frac{d}{dz}(e^z)\frac{d}{dx}(\cos x) = -\sin x\, e^z$

$y' = -\sin x\, e^{\cos x}$

(12) $y = a^{2x}$ mit $a > 0$

Lsg: $y = e^{2x \ln a}$, $z = 2x \ln a$, $\frac{dy}{dx} = e^z\, 2\ln a = 2\ln a\, a^{2x}$

(13) $y = x^x$ für $x > 0$

Lsg: $y = e^{x\ln x}$, $z = x\ln x$, $y' = e^z(\ln x+1) = (\ln x+1)x^x$ (s.(6)).

(14) $y = (3\cos^2 x + \ln(1+x^2))^{1/5}$

Lsg: $z = 3\cos^2 x + \ln(1+x^2)$, $\frac{dy}{dz} = \frac{1}{5}z^{-4/5}$

$\frac{dz}{dx} = 3\frac{d}{dx}(\cos^2 x) + \frac{d}{dx}(\ln(1+x^2))$, $u = \cos x$, $v = 1+x^2$, d.h.

$\frac{d}{dx}(\cos^2 x) = -2\sin x\cos x$, $\frac{d}{dx}(\ln(1+x^2)) = \frac{2x}{1+x^2}$. Also ist

$\frac{dz}{dx} = -6\sin x\cos x + \frac{2x}{1+x^2}$ und

$y' = \frac{1}{5}(3\cos^2 x+\ln(1+x^2))^{-4/5}(\frac{2x}{1+x^2}-6\sin x\cos x)$

Differentiation von Umkehrfunktionen (LII38)

> Ist y = f(x) eine diff-bare umkehrbare Funktion, dann ist die Umkehrfunktion x = g(y) diff-bar und es gilt:
>
> $$g'(y) = \frac{1}{f'(g(y))} \quad \text{oder} \quad \frac{dx}{dy} = \frac{1}{\frac{dy}{dx}} \quad \text{für } f'(x) \neq 0$$

(15) Man differenziere $y = \sqrt{x}$ für $x > 0$

Lsg: $x = y^2$, $\frac{dx}{dy} = 2y = 2\sqrt{x}$, also ist $y' = \frac{1}{2\sqrt{x}}$.

(16) Man differenziere y = Arc cosx für $0 < x < 1$

Lsg: x = cosy mit $0 < y < \pi$, $\frac{dx}{dy} = -\sin y = -\sqrt{1-\cos^2 y} = -\sqrt{1-x^2}$,

also ist $y' = -\frac{1}{\sqrt{1-x^2}}$.

7.3 Höhere Ableitungen

Ist y = f(x) eine diff-bare Funktion und ihre Ableitung $y' = f(x)$ ebenfalls, dann heißt f zweimal diff-bar. Man schreibt:

> $y'' = f''(x)$ oder $\frac{d^2f}{dx^2} = \frac{d^2y}{dx^2}$ <u>zweite Ableitung</u> von f

Entsprechend sind die höheren Ableitungen definiert. Man schreibt:

> $y^{(n)} = f^{(n)}(x)$, $\frac{d^nf}{dx^n} = \frac{d^ny}{dx^n}$ <u>n-te Ableitung</u> von f

Man bestimme die jeweils angegebene Ableitung folgender Funktionen:

(17) $y = x^3 + 2x^2$, $y'' = ?$

Lsg: $y' = 3x^2 + 4x$, $y'' = 6x + 4$

(18) y = sinx, $y^{(4)} = ?$

Lsg: $y' = \cos x$, $y'' = -\sin x$, $y^{(3)} = -\cos x$, $y^{(4)} = \sin x$

(19) $y = \frac{1}{1-x}$, $y^{(n)} = ?$

Lsg: $y = (1-x)^{-1}$, mit Kettenregel $y' = (1-x)^{-2}$, $y'' = 2(1-x)^{-3}$

$y^{(3)} = 2\cdot 3(1-x)^{-4}$, . . ., $y^{(n)} = n!(1-x)^{-n-1}$.

7.4 Extremwerte von Funktionen einer Veränderlichen

Eine Menge U(a) von reellen Zahlen heißt <u>Umgebung</u> der reellen Zahl a, wenn es ein offenes Intervall gibt, das a enthält und ganz in U(a) liegt. Folgende Mengen sind Umgebungen der 0:

Die Funktion $y = f(x)$ hat in dem Bereich B der x-Achse bei $x_o \in B$ einen <u>absoluten Extremwert</u> $f(x_o)$, wenn $f(x_o) \geq f(x)$ (<u>abs. Max.</u>), bzw. $f(x_o) \leq f(x)$ (<u>abs. Min.</u>) ist für alle $x \in B$;
sie hat bei $x_o \in B$ einen <u>relativen Extremwert</u> $f(x_o)$, wenn es eine Umgebung $U(x_o)$ gibt, so daß die Funktion $y = f(x)$ bei x_o einen absoluten Extremwert im Bereich $B \cap U(x_o)$ besitzt.

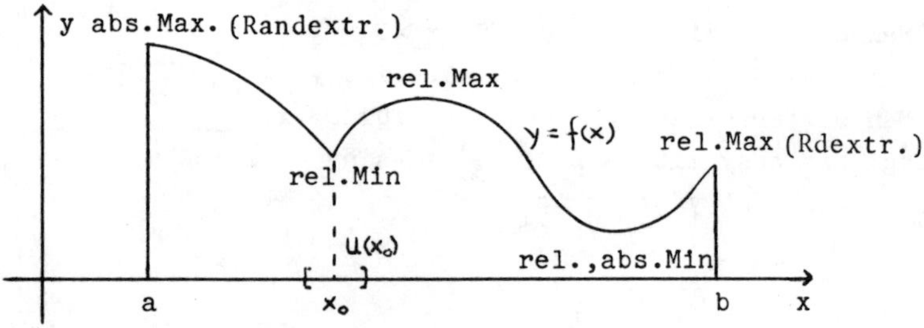

Bestimmung der Extremwerte

a) Bestimmung der <u>kritischen Punkte x mit $y' = f'(x) = 0$</u> und der Punkte, in denen f nicht diffbar (notwendige Bedingung).
b) Man prüft, ob $y' = f'(x)$ in diesen Punkten das Vorzeichen wechselt:

von " + " nach " - "	rel. Max.
von " - " nach " + "	rel. Min.

c) Sonst stellt man in den kritischen Punkten den Wert von $y'' = f''(x)$ fest, falls die zweite Ableitung existiert.

$f''(x) > 0$	rel. Min.
$f''(x) < 0$	rel. Max.

d) Die Punkte am Rand und Punkte, in denen f nicht diff-bar bzw. $f'' = 0$, müssen extra betrachtet werden (d.h. der Größe nach miteinander verglichen werden).

Nicht jede Funktion nimmt auf einem Intervall ihre Extremwerte an: $y = \frac{1}{x}$ z.B. ist auf (0,1) nicht beschränkt, und die Funktion mit: $y = x$ für $0 \leq x < 2$ und $y = 1$ für $x \geq 2$, ist wohl beschränkt auf $[0,3]$, nimmt das Maximum jedoch nicht an. Es gilt aber:

Satz von Weierstraß:
Eine auf $I = [a,b]$ stetige Funktion nimmt dort ihre Extrema an.

(20) Man bestimme die abs. Extremwerte von $y = x^3-3x-2$ in $I = \left[-\frac{3}{2},3\right]$.
Lsg: a) y ist überall diff-bar und $y' = 3x^2-3$, d.h. $y' = 0$ für $x_1 = -1$, $x_2 = 1$.

b) $y' = 3(x^2-1) = 0$ für $x_1 = 1$ und $x_2 = -1$. Für $x < -1$ ist $y' > 0$, für $-1 < x < 1$ ist $y' < 0$ und für $1 < x$ ist $y' > 0$. Also liegt bei $x_1 = 1$ rel. Min., $x_2 = -1$ rel. Max.; rel.Min bei $x_3 = -\frac{3}{2}$.

d) $f(3) = 16$, $f(-\frac{3}{2}) = -\frac{7}{8}$, $f(-1) = 0$, $f(1) = -4$.

Das abs. Max. $f_{max} = 16$ liegt also bei $x = 3$ und das abs. Min. $f_{min} = -4$ bei $x = 1$.

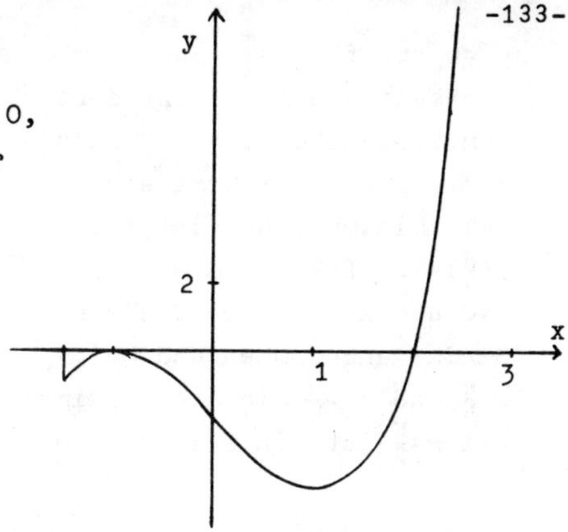

(21) Aus einem Draht der Länge L forme man einen Kreis und ein Quadrat, so daß die Summe der Flächeninhalte möglichst groß wird.

Lsg:

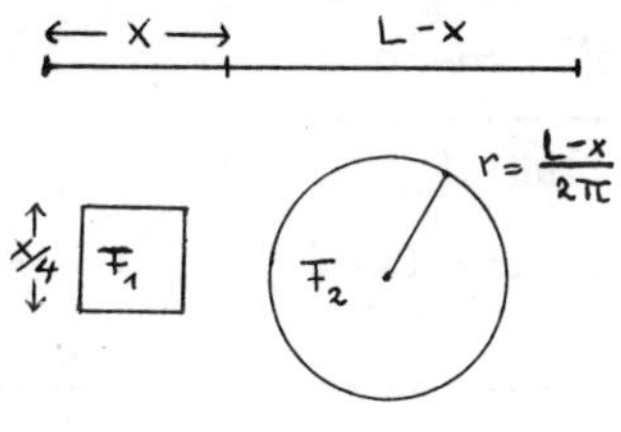

Aus dem Teil der Länge x werde das Quadrat geformt:

$F_1 = (\frac{x}{4})^2 = \frac{x^2}{16} \quad (0 \leq x \leq L)$

Aus dem Teil der Länge L-x werde der Kreis geformt:

$F_2 = \pi r^2, \quad 2\pi r = L-x$

$F(x) = F_1 + F_2 = \frac{x^2}{16} + \frac{(x-L)^2}{4\pi} \longrightarrow \text{max!} \quad (0 \leq x \leq L).$

$F'(x) = \frac{x}{8} + \frac{x-L}{2\pi} = 0$, also $x_0 = \frac{8L}{8+2\pi}$. Nun ist $F''(x_0) > 0$, also ist bei x_0 ein relatives Minimum. Das absolute Maximum von F auf dem Intervall $[0,L]$ wird also in einem der Randpunkte $x = 0$ bzw. $x = L$ angenommen.

$F(0) = \frac{L^2}{4\pi} > F(L) = \frac{L^2}{16}$. Lösung: $x = 0$. Man formt also nur einen Kreis.

(22) Man berechne die Extrema von $y = |2\sin x| - |\cos 2x|$ auf $I = [0,\pi]$

Lsg: Es ist $f(\frac{\pi}{2}-x) = f(\frac{\pi}{2}+x)$, d.h. $x = \frac{\pi}{2}$ ist Symmetrieachse, so daß man die Funktion nur für $0 \leq x \leq \frac{\pi}{2}$ zu untersuchen braucht. Auflösung der Beträge (siehe 2.3).

$$y = \begin{cases} 2\sin x - \cos 2x & \text{für } 0 < x < \frac{\pi}{4} \\ 2\sin x + \cos 2x & \text{für } \frac{\pi}{4} < x < \frac{\pi}{2} \end{cases} \qquad y' = \begin{cases} (1+2\sin x)2\cos x & 0 < x < \frac{\pi}{4} \\ (1-2\sin x)2\cos x & \frac{\pi}{4} < x < \frac{\pi}{2} \end{cases}$$

Für $0 < x < \frac{\pi}{4}$ ist $y' = (1+2\sin x)2\cos x \neq 0$, für $\frac{\pi}{4} < x < \frac{3\pi}{4}$ ist

$y'=0$ nur für $x=\frac{\pi}{2}$, außerdem wechselt die Ableitung dort ihr Vorzeichen von "-" nach "+", also liegt dort ein rel. Minimum. Nun ist $f(0)=-1$, $f(\frac{\pi}{4})= 2$, $f(\frac{\pi}{2})=1$, d.h. bei $x=0$ und $x=\pi$ werden die abs. Minima angenommen und bei $x=\frac{\pi}{4}$ und $x=\frac{3\pi}{4}$ die abs. Maxima; bei $x=\frac{\pi}{2}$ ist ein rel. Minimum.

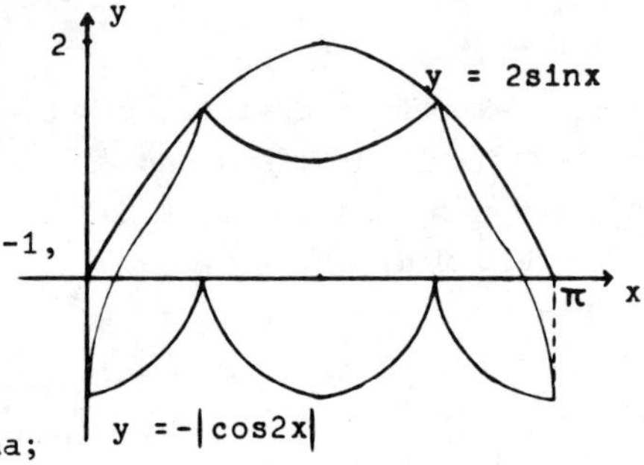

7.5 Grenzwertbestimmungen (Regel von l'Hospital)

Die Rechenregeln für das Rechnen mit Grenzwerten erfassen folgende Fälle nicht, die man symbolisch wie folgt schreibt:

$$\frac{0}{0} \qquad 0\cdot\infty \qquad \infty^0 \qquad 0^0 \qquad 1^\infty \qquad \infty-\infty$$

(23) Beispiele für solche Grenzwerte sind:

$\lim\limits_{x\to 0}\frac{\sin x}{x}$, $\lim\limits_{x\to\infty}\frac{x}{e^x}$, $\lim\limits_{x\to 0}(\cos x)^{x^{-2}}$, $\lim\limits_{x\to 0}(\sin^{-2}x-x^{-2})$ usw.

Regel von l'Hospital

Sind f und g in einem Intervall um a diff-bar, $g'(x)\neq 0$ und ist $\lim\limits_{x\to a}\frac{f(x)}{g(x)}$ von der Form $\frac{0}{0}$ bzw. $\frac{\infty}{\infty}$, dann ist

$$\lim_{x\to a}\frac{f(x)}{g(x)} = \lim_{x\to a}\frac{f'(x)}{g'(x)},$$

falls der letzte Grenzwert existiert!

Bemerkung:

Die anderen Fälle lassen sich durch geeignete Umformungen auf diese zurückführen (siehe folg. Beispiele). Das Verfahren kann für höhere Ableitungen wiederholt werden, wenn die Voraussetzungen für den vorhergehenden Ausdruck zutreffen (Aufgabe (26)). Das Verfahren funktioniert auch für den Fall $\lim\limits_{x\to\infty}$ (Aufgabe (26)).

(24) $\lim\limits_{x\to 0}\frac{\sin x}{x}$ Fall: $\frac{0}{0}$ Lsg: $\lim\limits_{x\to 0}\frac{\sin x}{x} = \lim\limits_{x\to 0}\frac{\cos x}{1} = 1$

(25) $\lim\limits_{x\to 0}\frac{\ln(1+x)}{x}$ Fall: $\frac{0}{0}$ Lsg: $\lim\limits_{x\to 0}\frac{\ln(1+x)}{x} = \lim\limits_{x\to 0}\frac{1}{1+x} = 1$

<u>Achtung:</u> Man vergewissere sich, daß die Voraussetzungen erfüllt sind. Sonst passiert beispielsweise folgendes:

$\lim\limits_{x\to 0} \frac{x}{e^x} = \lim\limits_{x\to 0} x \frac{1}{\lim\limits_{x\to 0} e^x} = 0$, durch Ableiten hat man aber: $\lim\limits_{x\to 0} \frac{1}{e^x} = 1.$

(26) $\lim\limits_{x\to\infty} \frac{x^3}{e^x}$, $\left[\frac{\infty}{\infty}\right]$

Lsg: $\lim\limits_{x\to\infty} \frac{x^3}{e^x} = \lim\limits_{x\to\infty} \frac{3x^2}{e^x} = \lim\limits_{x\to\infty} \frac{6x}{e^x} = \lim\limits_{x\to\infty} \frac{6}{e^x} = 0$

Man beachte: **Oft ist es zweckmäßig, den Grenzwert mit Hilfe der Taylorreihen (B) zu berechnen!**

(27) $\lim\limits_{x\to 0} \frac{x\sin 2x}{\sinh^2 x}$, $\left[\frac{0}{0}\right]$

Lsg: Mit der Regel von l'Hospital:

$$\lim_{x\to 0} \frac{x\sin 2x}{\sinh^2 x} = \lim_{x\to 0} \frac{\sin 2x + 2x\cos 2x}{2\cosh x \sinh x} = \lim_{x\to 0} \frac{4\cos 2x - 4x\sin 2x}{2(\cosh^2 x + \sinh^2 x)} = \frac{4}{2} = 2$$

Mit Taylorreihen:

$$\lim_{x\to 0} \frac{x(2x - \frac{1}{3!}(2x)^3 - \frac{1}{5!}(2x)^5 \pm \,..) \cdot x^{-2}}{(x + \frac{1}{3!}x^3 + \,..)(x + \frac{1}{3!}x^3 + \,..) \cdot x^{-2}} = 2$$

(28) $\lim\limits_{x\to 0} \frac{\cos x - \sqrt{1-x^2}}{x^4}$, $\left[\frac{0}{0}\right]$

Lsg: Mit Taylorreihen:

$$\lim_{x\to 0} \frac{(1 - \frac{1}{2}x^2 + \frac{1}{4!}x^4 \mp \,..) - (1 - \frac{1}{2}x^2 - \frac{1}{8}x^4 - \,..)}{x^4} = \frac{1}{6}$$

Mit der Regel von l'Hospital:

$$\lim_{x\to 0} \frac{\cos x - \sqrt{1-x^2}}{x^4} = \lim_{x\to 0} \frac{-\sin x + x(1-x^2)^{-1/2}}{4x^3}$$

$$= \lim_{x\to 0} \frac{-\cos x + (1-x^2)^{-1/2} + x^2(1-x^2)^{-3/2}}{12x^2}$$

$$= \lim_{x\to 0} \frac{\sin x + x(1-x^2)^{-3/2} + 2x(1-x^2)^{-3/2} + 3x^3(1-x^2)^{-5/2}}{24x}$$

$$= \lim_{x\to 0} \frac{\cos x + (1-x^2)^{-3/2} + x^2(1-x^2)^{-5/2} 3 + 2(1-x^2)^{-3/2} + x^2(\;.\;.\;.)}{24}$$

$$= \frac{4}{24} = \frac{1}{6}$$

Man beachte: **Die Bestimmung eines Grenzwertes nach "l'Hospital" muß nicht zum Ziel führen!**

(29) $\lim\limits_{x\to\infty} \frac{\sinh x}{\cosh x}$, $\left[\frac{\infty}{\infty}\right]$

Lsg: $(\sinh x)' = \cosh x$ und $(\cosh x)' = \sinh x$, also hilft die Regel nicht. Man geht auf die Definition zurück:

$$\lim_{x\to\infty} \frac{\sinh x}{\cosh x} = \lim_{x\to\infty} \frac{e^x-e^{-x}}{e^x+e^{-x}} = \lim_{x\to\infty} \frac{1-e^{-2x}}{1+e^{-2x}} = 1$$

(30) $\lim\limits_{x\to 0+0} x\ln x$, $[0\cdot\infty]$

Lsg: $\lim\limits_{x\to 0+0} x\ln x = \lim\limits_{x\to 0+0} \frac{\ln x}{x^{-1}} = \lim\limits_{x\to 0+0} \frac{x^{-1}}{-x^{-2}} = 0$

(31) $\lim\limits_{x\to 0}(\frac{1}{\ln(1+x)} - \frac{1}{x})$, $[\infty-\infty]$

Lsg: $\lim\limits_{x\to 0} (\ln^{-1}(1+x)-x^{-1}) = \lim\limits_{x\to 0} \frac{x - \ln(1+x)}{x\ln(1+x)} = \lim\limits_{x\to 0} \frac{1-(1+x)^{-1}}{x(1+x)^{-1}+\ln(1+x)}$

$$= \lim_{x\to 0} \frac{x}{x+(1+x)\ln(1+x)} = \lim_{x\to 0} \frac{1}{2+\ln(1+x)} = \frac{1}{2}$$

(32) $\lim\limits_{x\to 0+0} x^x$, $[0^0]$

Lsg: $\lim\limits_{x\to 0+0} x^x = \lim\limits_{x\to 0+0} e^{x\ln x}$, $\lim\limits_{x\to 0+0} x\ln x = 0$ (s. (30)), also

$\lim\limits_{x\to 0+0} x^x = e^0 = 1$

(33) $\lim\limits_{x\to\infty} (e^{3x}-5x)^{x^{-1}}$, $[\infty^0]$

Lsg: $\ln(e^{3x}-5x)^{x^{-1}} = \frac{\ln(e^{3x}-5x)}{x}$, d.h. $\lim\limits_{x\to\infty} \ln(e^{3x}-5x)^{x^{-1}} =$

$$= \lim_{x\to\infty} \frac{3e^{3x}-5}{e^{3x}-5x} = \lim_{x\to\infty} \frac{27e^{3x}}{9e^{3x}} = 3, \text{ also } \lim_{x\to\infty} (e^{3x}-5x)^{x^{-1}} = e^3.$$

7.6 Näherungsweise Nullstellenbestimmung

Problem: Gegeben sei eine Funktion $y = f(x)$, die an der (näherungsweise zu bestimmenden) Stelle $\overline{x}$ eine Nullstelle besitzt: $y = f(\overline{x}) = 0$.

a) Lösung mit dem Newtonschen Iterationsverfahren (Z10ff)

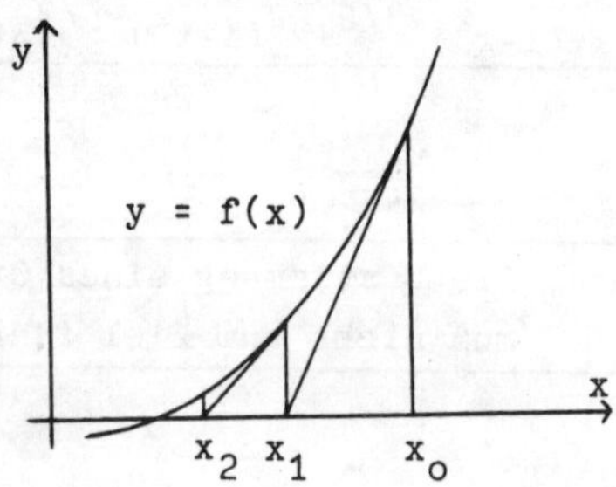

Das von Newton angegebene Verfahren besteht darin, von einer (möglichst guten aus einer Skizze abzulesender) Ausgangsnäherung x_o ausgehend, die Funktion f durch ihre

Tangente im Punkte $(x_o, f(x_o))$ zu ersetzen und deren Nullstelle als verbesserte Näherung x_1 zu nehmen usw.

$$\boxed{x_{n+1} = x_n - \frac{f(x_n)}{f'(x_n)}}$$

Die Folge (x_n) konvergiert gegen $\overline{x}$, wenn die Ausgangsnäherung genügend nahe bei $\overline{x}$ gewählt wurde und $f''(x) \neq 0$ ist in einem offenen Intervall, das $\overline{x}$ enthält (Z15).

(34) Man bestimme eine Nullstelle von $y = f(x) = x + \ln x - 2$

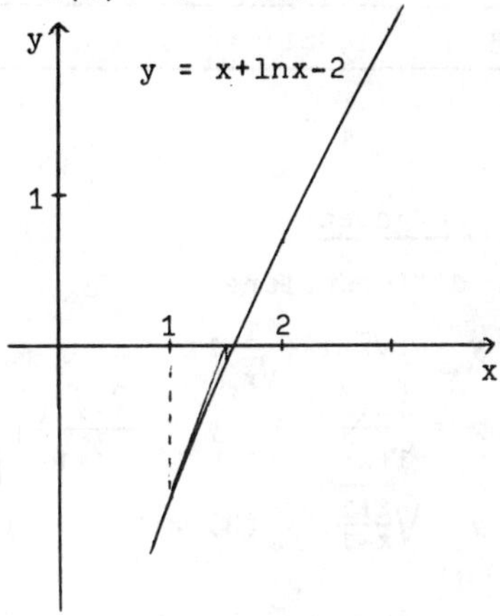

Lsg: Die Nullstelle liegt zwischen 1 und 2, denn $f(1) = -1$ und $f(2) = \ln 2 > 0$.
Nun ist $y' = 1 + \frac{1}{x}$ und $y'' = -x^{-2} \neq 0$ für $x \neq 0$.
Ausgangsnäherung $x_o = 1$ (sehr grob!).

n	x_n	$f(x_n)$	$f'(x_n)$
0	1	-1	2
1	1,5	-0,0945	$\frac{5}{3}$
2	1,557	0,000	

b) Iterationsverfahren:

Durch geeignete Umformungen bringt man die Gleichung $f(x) = 0$ auf die Form:

$$\boxed{x = \varphi(x)}$$

mit $|\varphi'(x)| < 1$ in einer Umgebung der Nullstelle $\overline{x}$. Dann konvergiert die von einer (hinreichend gut aus einer Skizze abzulesender) Ausgangsnäherung x_o ausgehenden iterativ gewonnene Folge (x_n) mit

$$\boxed{x_{n+1} = \varphi(x_n)}$$

gegen $\overline{x}$ (Z22).

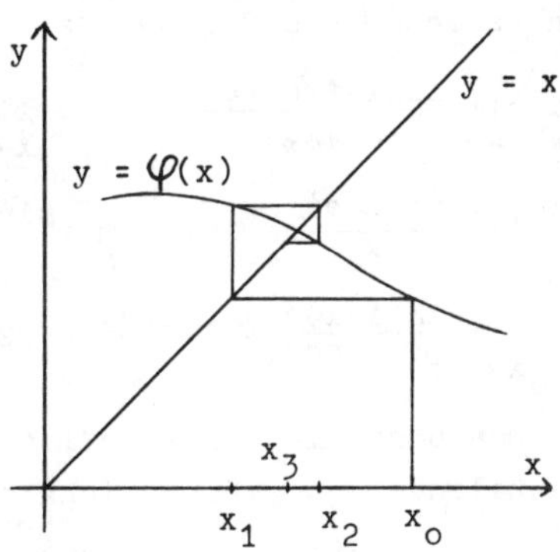

(35) Man berechne die Lösung der Gleichung $x - 1 = \tanh x$ mit dem Iterationsverfahren auf drei Stellen hinter dem Komma.

Lsg: $x = \tanh x + 1 = \varphi(x)$, $\varphi'(x) = \cosh^{-2}x < \frac{4}{9}$ für $1 < x < \infty$.

Ausgangsnäherung $x_o = 2$ aus Skizze.

n	x_n	$\tanh x_n + 1$
0	2	1,96403
1	1,964	1,96139
2	1,961	1,96117
3	1,961	

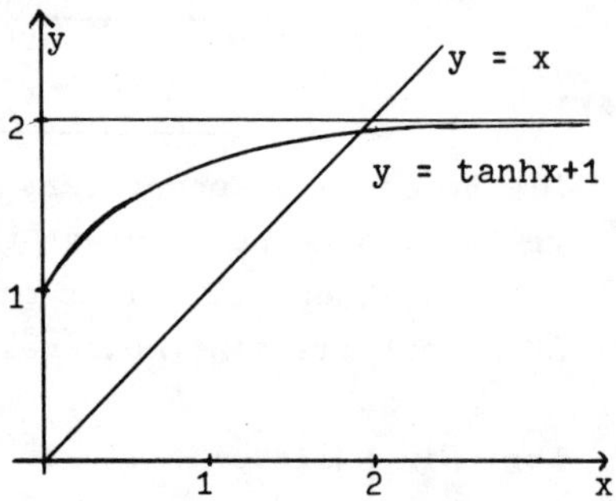

7.7 Aufgaben

Man differenziere:

1. $y = (\sqrt{x}+1)(\frac{1}{\sqrt{x}}-1)$ 2. $y = (x^2-1)(x^2-4)(x^2-9)$

3. $y = \frac{1-x^3}{1+x^3}$ 4. $y = \frac{x^2+x-1}{x^3+1}$ 5. $y = \frac{1}{x+2} + \frac{3}{x^2+1}$, $y'(0) = ?$

6. $y = \sqrt{\frac{x+1}{x-1}}$, $y'(2) = ?$ 7. $y = \sin(\sin x)$ 8. $y = \cos^2 \frac{1-\sqrt{x}}{1+\sqrt{x}}$

9. $y = \text{Arc}\tan^2 \frac{1}{x}$ 10. $y = \ln^4(\sin x)$ 11. $y = \frac{x^3+2^x}{e^x}$

12. $y = \frac{\ln x}{1+x^2}$ 13. $y = (\ln x)^x$

14. $y = x\,e^{-x}$, $\frac{dx}{dy} = ?$ 15. $x = e^{\text{arc}\sin y}$, $\frac{dy}{dx} = ?$

Man berechne die Grenzwerte:

16. $\lim\limits_{x\to 0} \frac{\sin x - \text{Arc}\tan x}{x^2 \ln(1+x)}$ 17. $\lim\limits_{x\to 0} (\sin^{-2}x - x^{-2})$

18. $\lim\limits_{x\to 0} \frac{3^x - 2^x}{x}$ 19. $\lim\limits_{x\to 0} x^{\sin x}$ 20. $\lim\limits_{x\to 0} (\cot x - \frac{1}{x})$

21. $\lim\limits_{x\to 1} \frac{\ln(1-x)+\tan(\pi x/2)}{\cot(\pi x)}$ 22. $\lim\limits_{x\to 0} (\frac{1}{x})^{\tan x}$

23. Man bestimme das Verhältnis von Radius r und Höhe h eines Zylinders gegebenen Inhaltes, wenn die Oberfläche minimal ist.

24. Man bestimme die abs. und rel. Extr. von
$y = |x^2+2x| + |x| - (2x+x^2)$ für $-3 \le x \le 1$.

25. Zwei Masten von je 27m Höhe stehen auf gleichmäßig ansteigendem Gelände; ihre waagerechte Entfernung beträgt 200m, ihr Höhenunterschied 15m. Die Spitzen der Masten sind durch Leitungen verbunden. Die in der Spitze A des tiefer gelegenen Mastes an die Leitung gelegte Tangente trifft den zweiten Mast im Punkt C, der 9m tiefer liegt als A. In welchem Punkt kommt die Leitung dem Boden am nächsten, wenn man sie näherungsweise als Parabel mit senkrechter Achse auffaßt?

26. Man bestimme das abs. Max. von $y = |4x-3| + |4x^2-8x+3|$ für $0 \leq x \leq 2$.

27. Extremwerte von $y = \text{Arc tan } \frac{x^2-1}{x^2+1}$

28. Abs. Extr. von $y = x^3-3x^2-9\cdot|x-1| + 11$ für $0 \leq x \leq 4$

Man bestimme bis auf drei Stellen hinter dem Komma genau:

29. Die Nullstelle von $y = x^3-2x^2-2x-7$

30. Die positive Nullstelle von $5\sin x - 4x = y$

31. Die Nullstelle zwischen 1 und 2 von $y = x^4-2x^2+4x-8$

32. Die Nullstelle von $y = e^{-x} - x$ (auf sechs Stellen).

33. Eine 400 m-Laufbahn, bestehend aus zwei parallelen Geraden mit zwei angesetzten Halbkreisen, soll so angelegt werden, daß der Inhalt des Rechtecks zwischen den Geraden möglichst groß wird. Welche Länge hat dann die Gerade, welchen Flächeninhalt das Rechteck?

34. Die Kosten für den verbrauchten Strom einer Elektrolokomotive sind proportional zum Quadrat der gefahrenen Geschwindigkeit und bei einer Geschw. von 50 km/h betragen sie 100 DM/h. Weitere Kosten entstehen pro Stunde von 400 DM unabhängig von der gefahrenen Gechw. Bei welcher Geschw. sind die Kosten pro gefahrenen km minimal und wie hoch sind die Kosten dann?

35. Ein Massenpunkt bewege sich mit konstanter Geschwindigkeit v_1 bzw. v_2 im Medium I bzw. II (siehe Skizze!). Man zeige: Damit er am schnellsten von P nach Q kommt, muß er dem Weg PAQ folgen, wobei A so liegt, daß $v_2 \sin\varphi_1 = v_1 \sin\varphi_2$.

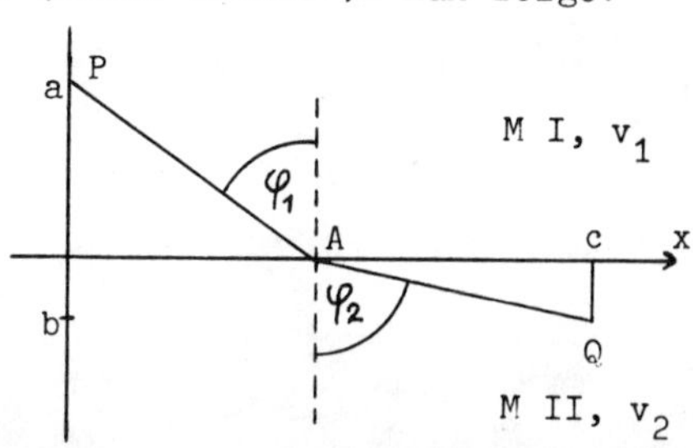

7.8 Ergebnisse

1. $-\frac{1}{2}x^{-1/2}(1+\frac{1}{x}) = y'$ 2. $y' = 2x(3x^4-28x^2+49)$ 3. $y' = \frac{-6x^2}{(x^3+1)^2}$

4. $y' = \frac{1+2x+3x^2-2x^3-x^4}{(x^3+1)^2}$ 5. $y'(0) = -\frac{1}{4}$ 6. $y'(2) = -\frac{1}{3}\sqrt{3}$

7. $y' = \cos(\sin x)\cos x$ 8. $y' = \frac{\sin(2\frac{1-\sqrt{x}}{1+\sqrt{x}})}{\sqrt{x}(1+\sqrt{x})^2}$ 9. $y' = -\frac{2\mathrm{Arc}\tan\frac{1}{x}}{1+x^2}$

10. $y' = 4\cot x \ln^3(\sin x)$ 12. $y' = \frac{1+x^2-2x^2\ln x}{x(x^2+1)^2}$

11. $y' = \frac{2^x(\ln 2 - 1) + 3x^2 - x^3}{e^x}$ 13. $y' = (\ln x)^x(\frac{1}{\ln x}+\ln(\ln x))$

14. $\frac{dx}{dy} = \frac{e^x}{1-x}$ 15. $\frac{dy}{dx} = \cos(\ln x)\cdot x^{-1}$ 16. $\frac{1}{6}$ 17. $\frac{1}{3}$

18. $\ln\frac{3}{2}$ 19. 1 20. 0 21. -2 22. 1 23. $h = 2r$

24. Abs. Max. $f(-\frac{5}{4}) = \frac{25}{8}$ auch rel. Max., rel. Min. $f(-2) = 2$ und abs. Min. $f(0) = 0$.

25. Ansatz $y = ax^2+bx+c$; $y(0) = 27$, d.h. $c = 27$, $y'(0) = -\frac{9}{200}$, d.h. $b = -\frac{9}{200}$, $y(200) = 42$, also $a = 6\cdot 10^{-4}$; Lösung $x_m = 100$m

26. $f(2) = 8$ 27. Minimum $f(0) = -\frac{\pi}{4}$ 28. Abs. M: $f(1) = 9$

Abs. Min.: $f(3) = -7$

29. 3,268 30. 1,131 31. 1,612 32. 0,567119

33. Die Gerade ist 100 m lang, Flächeninhalt $F = \frac{2}{\pi}10^4$ m^2

34. Geschwindigkeit 100 km/h, Kosten 8 DM/km

8. Integralrechnung

8.1 Das unbestimmte Integral

a) Rechnen mit unbestimmten Integralen

Ist $F'(x)=f(x)$, so heißt $F(x)$ eine Stammfunktion von $f(x)$.
Ist F eine Stammfunktion von f, so erhält man alle Stammfunktionen von f, wenn man eine beliebige Konstante C zu F addiert.

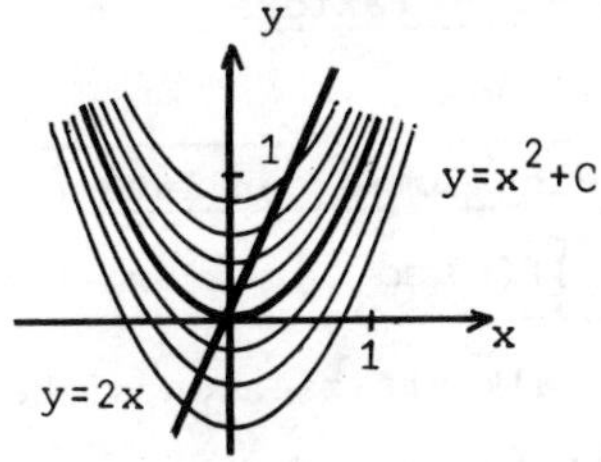

Die Menge aller Stammfunktionen von f(x), das heißt die Menge der Funktionen, die f(x) als Ableitung besitzen, nennt man das

unbestimmte Integral von f(x) :	$\int f(x)dx = F(x) + C$

*

(1) Weil $(x^2)'=2x$ ist, ist $F(x)=x^2$ eine Stammfunktion von $f(x)=2x$ und es ist $\int 2x dx = x^2+C$.
Das heißt: Jede Funktion, deren Ableitung 2x ist, hat die Form x^2+C.

(2) Weil $(\ln(x^2+1))' = \frac{2x}{x^2+1}$ ist, gilt

$$\int \frac{2x}{x^2+1}dx = \ln(x^2+1) + C.$$

(3) Weil $(\sin x)' = \cos x$ ist, ist $\int \cos x \, dx = \sin x + C$

Das Bilden des unbestimmten Integrals ist also gewissermaßen die Umkehrung des Differenzierens. Deshalb kennt man schon manche unbestimmten Integrale aus der Differentialrechnung!

Umkehrung der Differential- und Integraloperation:

$$\int \frac{d\,F(x)}{dx}dx = F(x)+C \qquad \frac{d}{dx}\int f(x)dx = f(x)$$

(4) $\int \frac{dx}{1+x^2} = \text{Arctan } x + C$

(5) $\int \frac{dx}{x} = \ln|x| + C$

(6) $\int \frac{dx}{2\sqrt{x}} = \sqrt{x} + C$

* Diese Schreibweise ist üblich!
Da $\int f(x)dx$ die Menge aller Stammfunktionen ist, müßte man korrekt schreiben: $\int f(x)dx=\{F(x)+C;\ F'=f, C\in\mathbb{R}\}$.

Jede stetige Funktion besitzt zwar eine Stammfunktion; dennoch ist es oft schwierig (und manchmal unmöglich: $\int \frac{e^x}{x} dx$), eine solche durch bekannte Funktionen auszudrücken. Als bekannt dürfen alle Integrale gelten, die z.B. in (B   ) stehen.
Unbestimmte Integrale löst man, indem man sie durch geschickte Umformungen auf bekannte Integrale zurückführt. Zum Umformen benutzt man folgende Hilfsmittel:

Vorziehen eines konstanten Faktors $\int a \cdot f(x)dx = a \cdot \int f(x)dx$
Integral der Summe gleich Summe der Integrale $\int (f(x)+g(x)-h(x))dx = \int f(x)dx + \int g(x)dx - \int h(x)dx$

(7) $\int (x^2+1)^5 dx$ Binomialkoeffizienten siehe 2.2

$$= \int (x^{10}+5x^8+10x^6+10x^4+5x^2+1)dx$$

$$= \int x^{10}dx + 5\int x^8 dx + 10\int x^6 dx + 10\int x^4 dx + 5\int x^2 dx + \int dx$$

$$= \frac{x^{11}}{11} + \frac{5x^9}{9} + \frac{10x^7}{7} + \frac{10x^5}{5} + \frac{5x^3}{3} + x + C$$

(8) $\int (5\sin x - \frac{3}{x} + \frac{4}{1+x^2})dx$

$$= \int 5\sin x dx - \int \frac{3}{x}dx + \int \frac{4}{1+x^2}dx = 5\int \sin x dx - 3\int \frac{dx}{x} + 4\int \frac{dx}{1+x^2}$$

$$= -5\cos x - 3\ln|x| + 4\operatorname{Arctan} x + C$$

b) Integration durch Substitution

Substitutionsregel: $x=g(t)$ $dx=g'(t)dt$ $\int f(x)dx = \int f(g(t))g'(t)dt$

Ist $t=\hat{g}(x)$ die Umkehrfunktion von $x=g(t)$, so gilt für die Ableitungen $g'=\frac{dx}{dt}$ und $\hat{g}'=\frac{dt}{dx}$:

$$\frac{dx}{dt} = \frac{1}{\frac{dt}{dx}}$$

Man kann also dx aus der Ableitung $g'(t)=\frac{dx}{dt}$ oder aus der Ableitung $\hat{g}'(x)=\frac{dt}{dx}$ berechnen. (Genaueres über die nötigen Voraussetzungen: (DE 296))

(9) $\int(2-3x)^4dx$ Subst.: $2-3x=\hat{g}(x)=t$ oder $x=g(t)=-\frac{t-2}{3}$

$=\int t^4\cdot(-\frac{1}{3})dt$ $-3=\hat{g}'=\frac{dt}{dx}$ $\frac{dx}{dt}=g'=-\frac{1}{3}$

$=-\frac{1}{3}\int t^4dt$ $dx=-\frac{1}{3}dt$ $dx=-\frac{1}{3}dt$

$=-\frac{1}{15}t^5+C = -\frac{1}{15}(2-3x)^5 + C$

(1o) $\int 3x^2e^{x^3}dx$ Subst.: $x^3=t$

$=\int e^tdt$ $3x^2dx=dt$

$=e^t+C = e^{x^3} + C$

(11) $\int 2x\cdot\cot x^2dx$ Subst.: $x^2=t$

$=\int \cot t\,dt$ $2xdx=dt$

$=\int\frac{\cos t}{\sin t}dt$ Subst.: $\sin t=u$

$\cos t\,dt=du$

$=\int\frac{du}{u}=\ln|u|+C=\ln|\sin t|+C$

$= \ln|\sin x^2|+ C$

(12) $\int\frac{dx}{(2+x)\sqrt{1+x}}$ Subst.: $\sqrt{1+x}=t$

$dx=2tdt$

$=2\int\frac{dt}{1+t^2}=2\text{Arctan}\,t+C$

$= 2\text{Arctan}\sqrt{1+x} + C$

(13) $\int\frac{dx}{a^x+a^{-x}}$ Subst.: $a^x=t$

$e^{x\ln a}=t$

$a^x\ln a\,dx=dt$

$=\frac{1}{\ln a}\int\frac{\frac{1}{t}dt}{t+\frac{1}{t}}$

$=\frac{1}{\ln a}\int\frac{dt}{t^2+1}=\frac{1}{\ln a}\text{Arctan}\,t+C = \frac{1}{\ln a}\text{Arctan}\,a^x + C$

" Ableitung des Nenners im Zähler "

$\int\frac{f'(x)}{f(x)}dx = \ln|f(x)| +C$ Subst.: $f(x) = t$

$f'(x)dx = dt$

Hinweis: Falls man ein Integral aus (B) entnimmt, so ersetzt man immer $\ln f(x)$ durch $\ln|f(x)|$.

(14) $\int\tan x\,dx= \int\frac{\sin x}{\cos x}dx=-\int\frac{-\sin x}{\cos x}dx=-\ln|\cos x|+C$

In (B) findet man dagegen: $\int\tan x\,dx=-\ln(\cos x)+C$

Die Betragstriche hat man aus dem im folgenden Beispiel erläuterten Grund zu setzen:

(15) $\int \frac{dx}{x-1} = \ln|x-1| + C$

Hier sind Integrand $\frac{1}{x-1}$ und rechte Seite $\ln|x-1| + C$ beide für $x \neq 1$ erklärt und es gilt dort $(\ln|x-1| + C)' = \frac{1}{x-1}$, wie man durch Rechnung (Fallunterscheidung zur Beseitigung der Betragstriche: $x > 1$, $x < 1$) bestätigt.)

Entnimmt man dagegen (B Nr.2) $\int \frac{dx}{x-1} = \ln(x-1) + C$, so ist die rechte Seite nur für $x > 1$ erklärt; während der Integrand $\frac{1}{x-1}$ für alle $x \neq 1$ erklärt ist.

c) partielle Integration

partielle Integration
$\int u'v\,dx = uv - \int uv'\,dx$

(16) $\int \underset{u' \cdot v}{9x^2 \cdot \ln|x|}\,dx = \underset{u \cdot v}{3x^3 \ln|x|} - \int \underset{u \cdot v'}{3x^3 \cdot \frac{1}{x}}\,dx = 3x^3 \ln|x| - x^3 + C$

(17) $\int \frac{1}{\cos^2 x} \cdot x\,dx = \tan x \cdot x - \int \tan x \cdot 1\,dx = x \cdot \tan x + \ln|\cos x| + C$

(18) $\int e^x \sin x\,dx$,zweimalige Anwendung der partiellen Integration...

$= e^x \sin x - \int e^x \cos x\,dx = e^x \sin x - e^x \cos x - \int e^x \sin x\,dx.$

Also ist: $\int e^x \sin x\,dx = e^x \sin x - e^x \cos x - \int e^x \sin x\,dx.$

Aus dieser Gleichung läßt sich das gesuchte Integral berechnen:

$\int e^x \sin x\,dx = \frac{1}{2} e^x (\sin x - \cos x) + C$

Häufig gelingt es, durch Substitutionen Integrale rationaler Funktionen zu erhalten. Dann ist man praktisch fertig; denn diese lassen sich elementar lösen, d.h. durch geeignete Umformungen auf bekannte Integrale zurückführen. (Stichwort: Partialbruchzerlegung) Diese Umformungen können allerdings zeitraubend sein!

d. Integration rationaler Funktionen (Partialbruchzerlegung)

Rationale Funktionen (siehe 3.2) lassen sich immer integrieren. Mittels der Partialbruchzerlegung (siehe 3.2) führt man die unbestimmten Integrale rationaler Funktionen auf folgende Grundintegrale zurück:

Integration von Partialbrüchen:

$$\left.\begin{array}{ll} \int \frac{dx}{x-a} = \ln|x-a| & \\ \int (x-a)^n dx = \frac{(x-a)^{n+1}}{n+1} & \text{für } n \neq -1 \\ \int \frac{dx}{(x-a)^k} = \frac{(x-a)^{-k+1}}{-k+1} & \text{für } k \neq 1 \end{array}\right\} \quad \text{(B Nr.1,2)}$$

$$\int \frac{dx}{(x^2+px+q)^n}, \quad \int \frac{x \cdot dx}{(x^2+px+q)^n} \quad \text{(B Nr.4o-46)}$$

(19) $\int \frac{dx}{x^2+3x+5}$ (B Nr.4o) $a=1,\ b=3,\ c=5,\ \Delta=11$

$$= \frac{2}{\sqrt{11}} \text{Arctan} \frac{2x+3}{\sqrt{11}} + C$$

(2o) $\int \frac{dx}{x^2+3x-1}$ (B Nr.4o) $a=1,\ b=3,\ c=-1,\ \Delta=-13$

$$= -\frac{2}{\sqrt{13}} \text{Artanh} \frac{2x+3}{\sqrt{13}} + C$$

(21) $\int \frac{dx}{(x^2+2x+3)^3}$ (B Nr.42) $a=1,\ b=2,\ c=3,\ \Delta=8$

$$= \frac{2x+2}{8}\left(\frac{1}{2(x^2+2x+3)^2} + \frac{3}{8(x^2+2x+3)}\right) + \frac{6}{64}\int \frac{dx}{x^2+2x+3} \quad \text{(B Nr.4o)}$$

$$= \frac{x+1}{32}\left(\frac{4}{(x^2+2x+3)^2} + \frac{3}{x^2+2x+3}\right) + \frac{3}{32}\left(\frac{2}{\sqrt{8}} \text{Arctan} \frac{2x+2}{\sqrt{8}}\right) + C$$

$$= \frac{x+1}{32}\left(\frac{4}{(x^2+2x+3)^2} + \frac{3}{x^2+2x+3}\right) + \frac{3 \cdot \sqrt{2}}{64} \text{Arctan} \frac{x+1}{\sqrt{2}} + C$$

Integration rationaler Funktionen mittels Partialbruchzerlegung:

(22) $\int \frac{x^3-2x^2+x+5}{x^2-1} dx$ aber: $\int \frac{x^4 dx}{x^5-1}$ nicht PBZ !

(1) Durchdividieren: sondern $\int \frac{f'}{f} dx = \ln|f| + C$

$\frac{x^3-2x^2+x+5}{x^2-1} = x-2+\frac{2x+3}{x^2-1}$ also $= \frac{1}{5} \cdot \ln|x^5-1| + C$

(2) Nullstellen des Nenners:

$x^2-1=0 \Longrightarrow x_1=1, \quad x_2=-1$

(3) Ansatz der Partialbrüche:

$$\frac{2x+3}{(x-1)(x+1)}=\frac{A}{x-1}+\frac{B}{x+1}$$

(4) Bestimmung der Koeffizienten:

Die Zuhaltemethode ergibt unmittelbar $A=\frac{5}{2}$, $B=-\frac{1}{2}$

(5) Integration:

$$\int\frac{x^3-2x^2+x+5}{x^2-1}dx = \int(x-2)dx + \frac{5}{2}\int\frac{dx}{x-1} - \frac{1}{2}\int\frac{dx}{x+1}$$

$$= \frac{x^2}{2} - 2x + \frac{5}{2}\ln|x-1| - \frac{1}{2}\ln|x+1| + C$$

(23) $\displaystyle\int\frac{(2x+1)dx}{x^4+3x^3+4x^2+3x+1}$

(1) Durchdividieren: Entfällt, da Integrand schon echt gebrochen!

(2) Nullstellen des Nenners:

$x^4+3x^3+4x^2+3x+1 = 0 \qquad x_1 = -1$ (Probieren)

$(x^4+3x^3+4x^2+3x+1) : (x+1) = x^3+2x^2+2x+1$

$x^3+2x^2+2x+1 = 0 \qquad x_2 = -1$ (Probieren)

$(x^3+2x^2+2x+1) : (x+1) = x^2+x+1$

$x^2+x+1 = 0 \qquad x_{3,4} = -\frac{1}{2}\pm\frac{\sqrt{3}}{2}i$ (nicht reell),

also ist x^2+x+1 unzerlegbar!

Faktorzerlegung des Nenners: $\displaystyle\frac{2x+1}{x^4+3x^3+4x^2+3x+1} = \frac{2x+1}{(x^2+x+1)(x+1)^2}$

(3) Ansatz der Partialbrüche:

$$\frac{2x+1}{(x^2+x+1)(x+1)^2} = \frac{Ax+B}{x^2+x+1} + \frac{C_1}{x+1} + \frac{C_2}{(x+1)^2}$$

(4) Bestimmung der Koeffizienten:

Die Zuhaltemethode liefert zunächst nur $C_2=-1$

$$\frac{2x+1}{(x^2+x+1)(x+1)^2} + \frac{1}{(x+1)^2} = \frac{x^2+3x+2}{(x^2+x+1)(x+1)^2} = \frac{Ax+B}{x^2+x+1} + \frac{C_1}{x+1}$$

Kürzen durch (x+1) (Probe!) ergibt:

$$\frac{x+2}{(x^2+x+1)(x+1)} = \frac{Ax+B}{x^2+x+1} + \frac{C}{x+1}$$

Die Zuhaltemethode liefert nun: $C_1=1$

$$\frac{x+2}{(x^2+x+1)(x+1)} - \frac{1}{x+1} = \frac{-x^2+1}{(x^2+x+1)(x+1)} = \frac{-x+1}{x^2+x+1} = \frac{Ax+B}{x^2+x+1}$$

Koeffizientenvergleich ergibt: $\underline{A=-1}$, $\underline{B=1}$

(5) Integration:

$$\int \frac{(2x+1)dx}{x^4+3x^3+4x^2+3x+1} = \int \frac{-x+1}{x^2+x+1}dx + \int \frac{dx}{x+1} - \int \frac{dx}{(x+1)^2}$$

$$\int \frac{-x+1}{x^2+x+1}dx = -\int \frac{xdx}{x^2+x+1} + \int \frac{dx}{x^2+x+1}$$

$$= -\frac{1}{2}\ln|x^2+x+1| + \frac{1}{2}\int \frac{dx}{x^2+x+1} + \int \frac{dx}{x^2+x+1}$$

$$= -\frac{1}{2}\ln|x^2+x+1| + \frac{3}{2}\int \frac{dx}{x^2+x+1}$$

$$=$$

$$= \underline{-\frac{1}{2}\ln|x^2+x+1| + \sqrt{3}\operatorname{Arctan}\frac{2x+1}{\sqrt{3}} + C}$$

$$\int \frac{dx}{x+1} = \underline{\ln|x+1| + C}$$

$$\int \frac{dx}{(x+1)^2} = \underline{\frac{-1}{x+1} + C}$$

$$\int \frac{(2x+1)dx}{x^4+3x^3+4x^2+3x+1} = \underline{\underline{-\frac{1}{2}\ln|x^2+x+1| + \sqrt{3}\operatorname{Arctan}\frac{2x+1}{\sqrt{3}} + \ln|x+1| + \frac{1}{x+1} + C}}$$

(24) $$\int \frac{x^3-x^2-7x+11}{x^3-2x^2-5x+6}dx$$

(1) Dividieren: $$\frac{x^3-x^2-7x+11}{x^3-2x^2-5x+6} = 1 + \frac{x^2-2x+5}{x^3-2x^2-5x+6}$$

(2) Nullstellen des Nenners: $\underline{x_1=1}$ (Probieren)

$(x^3-2x^2-5x+6):(x-1)=x^2-x-6$ $\underline{x_2=3}$

$\underline{x_3=-2}$

Faktorzerlegung des Nenners:

$$\frac{x^2-2x+5}{x^3-2x^2-5x+6} = \frac{x^2-2x+5}{(x-1)(x-3)(x+2)}$$

(3) Ansatz der Partialbrüche:

$$\frac{x^2-2x+5}{(x-1)(x-3)(x+2)} = \frac{A}{x-1} + \frac{B}{x-3} + \frac{C}{x+2}$$

(4) Bestimmung der Koeffizienten:

Die Zuhaltemethode liefert: $\underline{A=-\frac{2}{3}}$, $\underline{B=\frac{4}{5}}$, $\underline{C=\frac{13}{15}}$

(5) Integration:

$$\int \frac{x^3-x^2-7x+11}{x^3-2x^2-5x+6}dx = \int dx - \int \frac{\frac{2}{3}dx}{x-1} + \int \frac{\frac{4}{5}dx}{x-3} + \int \frac{\frac{13}{15}dx}{x+2}$$

$$= x - \frac{2}{3}\ln|x-1| + \frac{4}{5}\ln|x-3| + \frac{13}{15}\ln|x+2| + C$$

(25) $\int \frac{12dx}{e^x \operatorname{sh}x(e^{2x}-4)}$ Subst.: $e^x = t$, $e^x dx = dt$, dabei ist $\operatorname{sh}x = \frac{e^x - e^{-x}}{2}$, $\operatorname{sh}x = \frac{t^2-1}{2t}$

$$= \int \frac{12dt}{t^2 \cdot \frac{(t^2-1)}{2t}(t^2-4)}$$

PBZ unmittelbar mit Zuhaltemethode!

$$= \int \frac{24dt}{t(t-1)(t+1)(t-2)(t+2)} = \int \left(\frac{6}{t} - \frac{4}{t-1} - \frac{4}{t+1} + \frac{1}{t-2} + \frac{1}{t+2}\right)dt$$

$$= 6\ln|t| - 4\ln|t-1| - 4\ln|t+1| + \ln|t-2| + \ln|t+2| + C$$

$$= 6x + \ln\frac{e^{2x}-4}{(e^{2x}-1)^4} + C$$

siehe auch Aufgabe 26a, Seite 173, 175.

e) Integration einiger nicht rationaler Funktionen (algebraische, transzendente Funktionen)

Anders als bei der Menge der rationalen Funktionen gibt es keine allgemeingültige Methode, die unbestimmten Integrale nicht rationaler Funktionen zu lösen.
In speziellen Fällen läßt sich der Integrand durch geschicktes Substituieren rational machen (und dann mittels PBZ integrieren). Im Folgenden bezeichnet R(u,v) eine rationale Funktion der Veränderlichen u und v (siehe 3.9).

$\int R\left(x, \sqrt[m]{\frac{px+q}{rx+s}}\right)dx$	Subst.: $\sqrt[m]{\frac{px+q}{rx+s}} = t$

Merke: Wurzel wegsubstituieren

(26) $\int \frac{dx}{\sqrt[3]{x}(\sqrt[3]{x}+1)}$ Subst.: $\sqrt[3]{x} = t$, $dx = 3t^2dt$

dabei ist $\sqrt[m]{\frac{px+q}{rx+s}} = \sqrt[3]{x}$, also $m=3$, $p=s=1$, $q=r=0$.

$$= \int \frac{3t^2dt}{t(t+1)} = 3\int \frac{tdt}{t+1} = \text{(B)}\ldots \text{ oder einfacher:}$$

$$= 3\int \frac{t+1-1}{t+1}dt = 3\int dt - 3\int \frac{dt}{t+1} = 3t - 3\ln|t+1| + C$$

$$= 3\sqrt[3]{x} - 3\ln|\sqrt[3]{x}+1| + C$$

(27) $\int \frac{1}{x}\sqrt{\frac{1-x}{1+x}}dx$ <u>Subst.:</u> $\sqrt{\frac{1-x}{1+x}} = t$

$$\frac{1-x}{1+x} = t^2$$
$$1-x = (1+x)t^2$$
$$-x-xt^2 = -1+t^2$$
$$x = \frac{1-t^2}{1+t^2}$$
$$dx = \frac{-4t\,dt}{(1+t^2)^2}$$

$$= \int \frac{1+t^2}{1-t^2}.t.\frac{-4t}{(1+t^2)^2}dt$$

$$= \int \frac{-4t^2dt}{(1-t^2)(1+t^2)} = \int \frac{4t^2dt}{(t^2-1)(t^2+1)}$$

$$= \int \frac{4t^2dt}{(t-1)(t+1)(t^2+1)} = \int \left(\frac{1}{t-1} - \frac{1}{t+1} + \frac{2}{t^2+1}\right)dt$$

$$= \ln|t-1| - \ln|t+1| + 2\text{Arctan}t + C$$

$$= \ln\left|\frac{t-1}{t+1}\right| + 2\text{Arctan}t + C$$

$$= \ln \frac{\sqrt{1-x}-\sqrt{1+x}}{\sqrt{1-x}+\sqrt{1+x}} + 2\text{Arctan}\sqrt{\frac{1-x}{1+x}} + C$$

(28) $\int \sqrt[3]{\frac{x+1}{x-1}}dx$ <u>Subst.:</u> $\sqrt[3]{\frac{x+1}{x-1}} = t$

$$\frac{x+1}{x-1} = t^3$$
$$x+1 = (x-1)t^3$$
$$x = \frac{t^3+1}{t^3-1}$$
$$dx = -6\frac{t^2dt}{(t^3-1)^2}$$

$$= -6\int \frac{t^3}{(t^3-1)^2}dt$$

Partialbruchzerlegung und Integration ergibt:

$$= \frac{2t}{t^3-1} + \frac{1}{3}\ln\left|\frac{t^3-1}{(t-1)^3}\right| + \frac{2}{\sqrt{3}}\text{Arctan}\frac{2t+1}{3} + C$$

Nun setzt man noch $t=\sqrt[3]{\frac{x+1}{x-1}}$ und hat das Integral gelöst!

$$\int R\left(x, \left(\frac{px+q}{rx+s}\right)^k, \left(\frac{px+q}{rx+s}\right)^l\right)dx \qquad k,l \in \mathbb{Q}$$

<u>Subst.:</u> $\frac{px+q}{rx+s} = t^m$, m = Hauptnenner der Brüche k,l

|| <u>Merke:</u> <u>Wurzeln wegsubstituieren!</u> ||

(29) $\int \frac{dx}{\sqrt{\frac{x+1}{2}}+\sqrt[3]{\frac{x+1}{2}}}$ $\qquad \frac{px+q}{rx+s} = \frac{x+1}{2}$, $k=\frac{1}{2}$, $l=\frac{1}{3}$,also $m=6$

Subst.: $\frac{x+1}{2} = t^6 \qquad x = 2t^6-1$

$= 12\int \frac{t^5dt}{t^3+t^2} \qquad dx = 12t^5dt$

$= 12\int \frac{t^3dt}{t+1} = 12\int (t^2-t+1-\frac{1}{t+1})dt = 4t^3-6t^2 + 12t - 12\ln|t+1| + C$

$= 4\sqrt{\frac{x+1}{2}} - 6\sqrt[3]{\frac{x+1}{2}} + 12\sqrt[6]{\frac{x+1}{2}} - 12\ln \sqrt[6]{\frac{x+1}{2}} + 1 + C$

(3o) $\int \frac{\sqrt{x}dx}{6\sqrt[3]{x}+6}$ $\qquad \frac{px+q}{rx+s} = x$, $k=\frac{1}{2}$, $l=\frac{1}{3}$,also $m=6$

$= \int \frac{t^3 6t^5dt}{6(t^2+1)}$ $\qquad$ Subst.: $x = t^6$

$dx = 6t^5dt$

$= \int \frac{t^8dt}{t^2+1}$

$= \int (t^6-t^4+t^2-1+\frac{1}{t^2+1})dt = 1/7t^7 - 1/5t^5 + 1/3t^3 - t + \text{Arctan}t + C$

$= \frac{1}{7}x\sqrt[6]{x} - \frac{1}{5}\sqrt[6]{x^5} + \frac{1}{3}\sqrt{x} - \sqrt[6]{x} + \text{Arctan}\sqrt[6]{x} + C$

$$\int R\left(x,\sqrt{ax^2+bx+c}\right)dx$$

Durch quadratische Ergänzung und Substitution wird ax^2+bx+c auf eine der drei Formen zurückgeführt:

$k(u^2+1)$
$k(u^2-1)$
$k(1-u^2)$

k ist eine reelle Konstante!

(31) $\int \sqrt{2x^2+4x-2}dx$ $\qquad 2x^2+4x-2 = 2(x^2+2x+1)-4$

$= 2(x+1)^2-4$

$= 4\left(\frac{(x+1)^2}{2}-1\right)$ $\qquad$ Subst.: $\frac{x+1}{\sqrt{2}}=u$

$= \int 2\sqrt{2}\sqrt{u^2-1}du \qquad = 4(u^2-1)$,k=4 $\qquad dx=\sqrt{2}du$

Man erhält so eines der drei Integrale, die man folgendermaßen behandelt:

$\int R(u,\sqrt{u^2-1})du$	Subst.:	$u=cht$, $u^2-1=sh^2t$, $du=shtdt$
$\int R(u,\sqrt{1-u^2})du$	Subst.:	$u=sint$, $1-u^2=cos^2t$, $du=costdt$
$\int R(u,\sqrt{u^2+1})du$	Subst.:	$u=sht$, $u^2+1=ch^2t$, $du=chtdt$

Durch diese Substitutionen werden die Integranden rationale Funktionen in den Argumenten sht, cht oder sint, cost.
Oft läßt sich dann eine Stammfunktion sofort angeben. Andernfalls sind Methoden anzuwenden, die im Folgenden besprochen werden:

$\int R(sinx,cosx)dx$

Subst.: $tan\frac{x}{2}=t$,dabei ist $sinx=\frac{2t}{1+t^2}$

$dx=\frac{2dt}{1+t^2}$ $\qquad cosx=\frac{1-t^2}{1+t^2}$

Die Substitution $tan\frac{x}{2}=t$ führt zwar immer zum Ziel, in einigen Sonderfällen sind folgende Substitutionen einfacher:

① $R(-sinx,cosx)=-R(sinx,cosx)$ Subst.: $cosx=t$, $-sinxdx=dt$
R ist ungerade in sinx

② $R(sinx,-cosx)=-R(sinx,cosx)$ Subst.: $sinx=t$, $cosxdx=dt$
R ist ungerade in cosx

③ $R(-sinx,-cosx)=R(sinx,cosx)$ Subst.: $tanx=t$, $\frac{1}{cos^2x}dx=dt$

$\int R(e^x,shx,chx)dx$

Subst.: $e^x=t$,dabei ist $shx=\frac{t^2-1}{2t}$

$dx=\frac{dt}{t}$ $\qquad chx=\frac{t^2+1}{2t}$

Diese Substitutionen machen in den angegebenen Fällen den Integranden rational in t, so daß die unbestimmten Integrale mittels Partialbruchzerlegung gelöst werden können!

(32) $\int \frac{sinx\cdot cosx}{1-sinx}dx$,dabei ist $R(sinx,cosx)=\frac{sinx\cdot cosx}{1-sinx}$

Die Substitution $tan\frac{x}{2}=t$ ist möglich!

Besser ist jedoch sinx=t, weil R ungerade in cosx ist, denn es ist:

$$R(sinx,-cosx)=\frac{sinx\cdot(-cosx)}{1-sinx}=-\frac{sinx\cdot cosx}{1-sinx}=-R(sinx,cosx)$$

$\int \frac{\sin x \cdot \cos x}{1-\sin x}dx$ Subst.: $\sin x=t$

$=\int \frac{t\,dt}{1-t}$ $\cos x\,dx=dt$

$= -\int \frac{t-1}{t-1}dt - \int \frac{dt}{t-1} = -t - \ln|t-1| + C$

$= \underline{\underline{-\sin x - \ln|\sin x-1| + C}}$

(33) $\int \frac{dx}{\sin x \cdot \cos x}$ Man hat folgende 3 Lösungsmöglichkeiten:

Die Substitution $\tan\frac{x}{2}=t$ ist möglich!

Besser ist jedoch $\underline{\tan x=t}$, weil R unter den Sonderfall ③ fällt:

$R(-\sin x,-\cos x) = \frac{1}{(-\sin x)\cdot(-\cos x)} = \frac{1}{\sin x \cdot \cos x} = R(\sin x,\cos x)$

$=\int \frac{dt}{t}$ Subst.: $\tan x=t$

$= \ln|t| + C$ $\frac{dx}{\cos^2 x}=dt$

$= \underline{\underline{\ln|\tan x| + C}}$

Dagegen wird die Substitution $\underline{\underline{\tan\frac{x}{2}=t}}$ recht umständlich:

$\int \frac{dx}{\sin x \cdot \cos x}$ Subst.: $\tan\frac{x}{2}=t$, ,dabei ist $\sin x=\frac{2t}{1+t^2}$

$=\int \frac{2dt}{(1+t^2)\frac{2t}{1+t^2}\frac{(1-t^2)}{1+t^2}}$ $dx=\frac{2dt}{1+t^2}$ $\cos x=\frac{1-t^2}{1+t^2}$

$= \int \frac{(1+t^2)dt}{t(1-t^2)} = -\int \frac{(1+t^2)dt}{t(t-1)(t+1)} =$ ...Partialbruchzerlegung...

Benutzt man $\sin 2x = 2\sin x \cdot \cos x$, so ist auch $\underline{\underline{t=\cos 2x}}$ möglich! ①

(34) $\int \frac{\sin^2 x+\sin x}{\cos^2 x+\cos x}dx$ Subst.: $\tan\frac{x}{2}=t$

Hier ist keine andere Substitution möglich, weil keine der Voraussetzungen für ① ② ③ erfüllt ist.
Durch diese Substitution erhält man folgendes Integral:

$= 2\int \frac{t^3+2t^2+t}{(t-1)(t+1)(1+t^2)}dt = 2\int \frac{t(t+1)}{(t-1)(1+t^2)}dt = 2\int \left(\frac{1}{t-1}+\frac{t-1}{t^2+1}\right)dt$

$= 2\ln|t-1| + \ln|t^2+1| - 2\arctan t + C$

$= \underline{\underline{2\cdot\ln\left|\tan\frac{x}{2}-1\right| + \ln\left|\tan^2(\frac{x}{2})+1\right| - x + C}}$

35) $\int \frac{\sinh x+\cosh x}{e^x\cdot\cosh x}dx$ $\qquad \frac{\sinh x+\cosh x}{e^x\cdot\cosh x} = R(e^x,\sinh x,\cosh x)$

<u>Subst.:</u> $e^x=t$,dabei ist $\sinh x = \frac{t^2-1}{2t}$

$dx=\frac{dt}{t}$ $\qquad \cosh x = \frac{t^2+1}{2t}$

$$= \int \frac{\frac{t^2-1}{2t}+\frac{t^2+1}{2t}}{t\cdot\frac{t^2+1}{2t}}dt$$

<u>Einfacher:</u> $\sinh x + \cosh x = e^x$

$$\int \frac{\sinh x + \cosh x}{e^x\cdot\cosh x}dx = \int\frac{dx}{\cosh x} = 2\int\frac{dt}{1+t^2}=\ldots$$

$$= 2\int\frac{dt}{1+t^2} = 2\text{Arctan}t + C$$

$$= \underline{\underline{2\text{Arctan}e^x + C}}$$

36) $\int \frac{2\cdot\sqrt{-x^2+2x}}{x-1}dx$ $\qquad \frac{\sqrt{-x^2+2x}}{x-1} = R(x,\sqrt{ax^2+bx+c})$,wobei $a=-1$, $b=2$, $c=o$ ist.

<u>Umformung von $-x^2+2x$:</u> $-x^2+2x = -x^2+2x-1+1$

$= -(x-1)^2+1$

<u>Subst.:</u> $x-1 = u$

$dx = du$

$$= 2\int\frac{\sqrt{1-u^2}}{u}du \qquad \frac{\sqrt{1-u^2}}{u} = R(u,\sqrt{1-u^2})$$

<u>Subst.:</u> $u = \sin t$

$du = \cos t\, dt$

$$= 2\int\frac{\cos^2 t}{\sin t}dt \qquad \frac{\cos^2 t}{\sin t} = R(\sin t,\cos t)$$

Der Integrand ist ungerade in sint: $R(-\sin t,\cos t) = -R(\sin t,\cos t)$

$$\frac{\cos^2 t}{-\sin t} = -\frac{\cos^2 t}{\sin t}$$

<u>Subst.:</u> $\cos t = v$

$-\sin t\,dt = dv$,dabei ist $\sin^2 t=1-v^2$

$$= 2\int\frac{v^2dv}{v^2-1}$$

$$= 2\int(1+\frac{1}{v^2-1})dv = 2v + \int\frac{2dv}{(v-1)(v+1)} = 2v + \int(\frac{1}{v-1}-\frac{1}{v+1})dv$$

$$= 2v + \ln\left|\frac{v-1}{v+1}\right| + C$$

<u>Rücksubst.:</u> $v = \cos t = \sqrt{1-\sin^2 t} = \sqrt{1-u^2} = \sqrt{-x^2+2x}$

$$= \underline{\underline{2\sqrt{-x^2+2x} + \ln\left|\frac{\sqrt{-x^2+2x}-1}{\sqrt{-x^2+2x}+1}\right| + C}}$$

(37) $\int \sqrt{2x^2+4x-2}\,dx$ Umformung des Integranden siehe (31)

<u>Subst.:</u> $\frac{x+1}{\sqrt{2}} = u$

$dx = \sqrt{2}du$,siehe (31)

$= 2\sqrt{2}\int \sqrt{u^2-1}\,du$ <u>Subst.:</u> $u = \cosh t$

$du = \sinh t\,dt$

$= 2\sqrt{2}\int \sinh^2 t\,dt$ * <u>Subst.:</u> $e^t = v$

$e^t dt = dv$

$= \frac{\sqrt{2}}{2}\int \frac{v^4-2v^2+1}{v^3}dv$

$= \frac{\sqrt{2}}{2}\int (v-\frac{2}{v}+\frac{1}{v^3})dv$

$= \frac{\sqrt{2}}{2}(\frac{v^2}{2}-2\ln|v|-\frac{1}{2v^2}) + C$ <u>Rücksubst.:</u> $v = e^{\mathrm{Arcosh}\frac{x+1}{\sqrt{2}}}$

---

*Diese Substitutionen führen immer zum Ziel.
Oft gibt es elegantere Wege, die zu übersichtlicheren Ergebnissen führen!
Bei der Lösung des Integrals $\int \sinh^2 t\,dt$ benutzen wir folgende Formeln (B) :

$$\sinh t = \sqrt{\cosh^2 t-1}$$

$$\sinh 2t = 2\sinh t\cdot\cosh t \quad \text{(Funktion des doppelten Arguments)}$$

$$\sinh t = \pm\sqrt{\tfrac{1}{2}(\cosh 2t-1)} \quad \text{(Funktion des halben Arguments)}$$

$$\begin{aligned}
2\cdot\sqrt{2}\int \sinh^2 t\,dt &= \sqrt{2}\int(\cosh 2t-1)dt\\
&= \sqrt{2}(\frac{\sinh 2t}{2}-t) + C\\
&= \sqrt{2}(\sinh t\cdot\cosh t-t) + C\\
&= \sqrt{2}(\sqrt{\cosh^2 t-1}\cdot\cosh t-t) + C\\
&= \sqrt{2}(\frac{\sqrt{x^2+2x-1}}{\sqrt{2}}\cdot\frac{x+1}{\sqrt{2}} - \mathrm{Arcosh}\frac{x+1}{\sqrt{2}}) + C\\
&= \frac{x+1}{\sqrt{2}}\cdot\sqrt{x^2+2x-1} - \sqrt{2}\,\mathrm{Arcosh}\frac{x+1}{\sqrt{2}} + C
\end{aligned}$$

8.2 Das bestimmte Integral

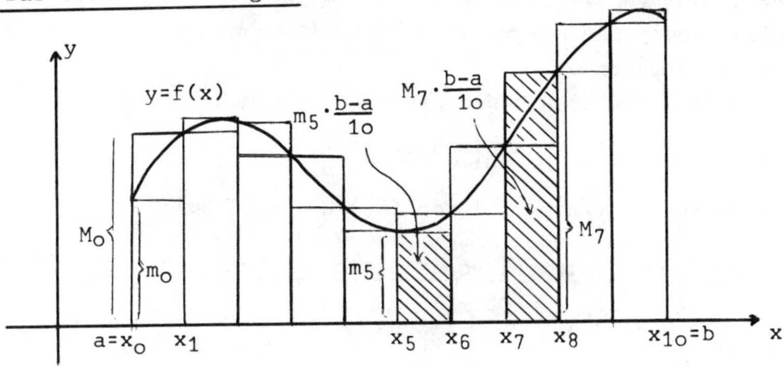

$y=f(x)$ sei eine auf dem Intervall $[a,b]$ stetige Funktion. Teilt man das Intervall $[a,b]$ in n gleiche Teilintervalle $[x_i,x_{i+1}]$ der Länge $(b-a)/n$ (im obigen Beispiel ist n=10), so besitzt f in jedem Teilintervall sowohl ein absolutes Maximum M_i als auch ein absolutes Minimum m_i.

In $[x_i,x_{i+1}]$ ist also stets: $m_i \leq f(x) \leq M_i$.

Man bildet nun Obersummen S_n und Untersummen s_n:

$$S_n = M_0\frac{b-a}{n} + M_1\frac{b-a}{n} + \ldots + M_{n-1}\frac{b-a}{n} = \sum_{i=0}^{n-1} M_i \cdot \frac{b-a}{n}$$

$$s_n = m_0\frac{b-a}{n} + m_1\frac{b-a}{n} + \ldots + m_{n-1}\frac{b-a}{n} = \sum_{i=0}^{n-1} m_i \cdot \frac{b-a}{n}$$

S_n und s_n sind geometrisch Summen von Flächeninhalten von Rechtecken und lassen sich als Inhalte der unter einer Treppenkurve gelegenen Fläche deuten. Die zu S_n gehörige Treppenkurve verläuft oberhalb und die zu s_n gehörige Treppenkurve unterhalb der Kurve $y=f(x)$.

Obersumme

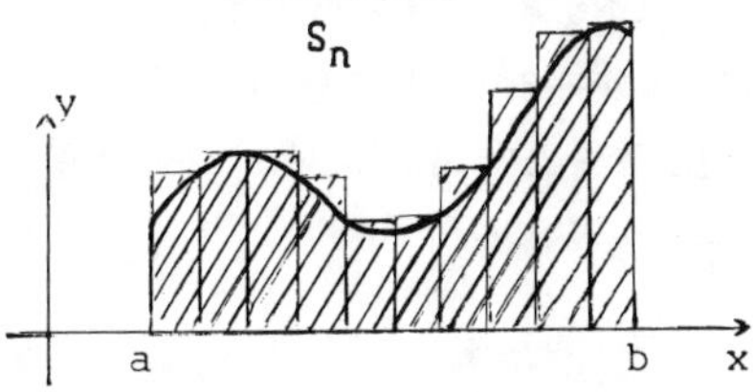

Untersumme

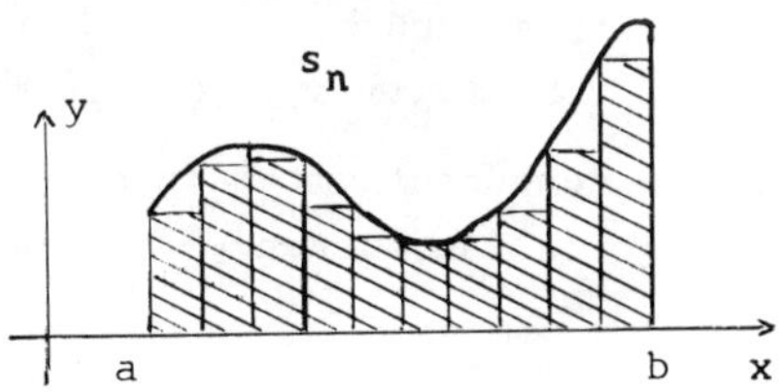

Verfeinert man nun die Einteilung des Intervalls $[a,b]$ in Teilintervalle, indem man $n \to \infty$ gehen läßt, so gehen die Längen der Teilintervalle gegen o.

Die Folgen (S_n) und (s_n) haben einen gemeinsamen Grenzwert I:

$$\lim_{n\to\infty} S_n = \lim_{n\to\infty} s_n = I$$

Dieser gemeinsame Grenzwert I von (S_n) und (s_n) heißt:

<u>Das bestimmte Integral von a bis b der Funktion f(x)</u>

$$I = \int_a^b f(x)dx$$

Ist f(x) im Intervall $[a,b]$ nicht negativ, so ist das bestimmte Integral $\int_a^b f(x)dx$ der <u>Flächeninhalt</u> des von der Kurve f(x), der x-Achse und den beiden Geraden x=a, y=b begrenzten Gebietes in der x,y-Ebene (ausführlich siehe Seite 160):

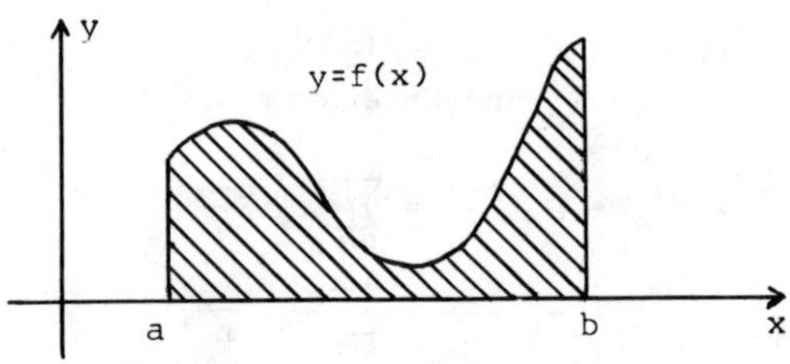

Ist $f \geq 0$ auf $[a,b]$, so gilt: <u>Flächeninhalt</u> $F = \int_a^b f(x)dx$

a) Hauptsatz der Differential- und Integralrechnung

Um bestimmte Integrale zu berechnen, greift man selten auf die Definition zurück, d.h. man berechnet <u>nicht</u> die Grenzwerte $\lim_{n\to\infty} S_n$ bzw. $\lim_{n\to\infty} s_n$, sondern man benutzt folgenden Satz, der die Berechnung bestimmter Integrale auf die Berechnung unbestimmter Integrale (Aufsuchen von Stammfunktionen) zurückführt:

Hauptsatz der Differential- und Integralrechnung:

Ist F(x) eine Stammfunktion der stetigen Funktion f(x), also $F'(x)=f(x)$, so gilt:

$$\int_a^b f(x)dx = \Big[F(x)\Big]_a^b = F(b) - F(a)$$

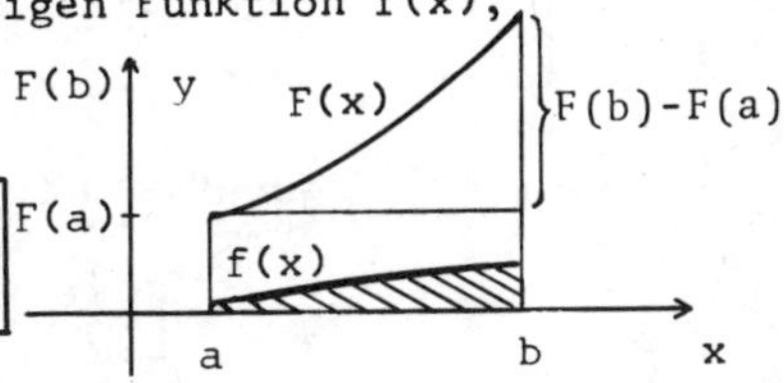

8) $\int_1^3 x^2dx = \left[\frac{x^3}{3}\right]_1^3 = 9 - \frac{1}{3} = \underline{\underline{\frac{26}{3}}}$

9) $\int_o^1 -e^xdx = \left[-e^x\right]_o^1 = \underline{\underline{-e+1}}$

o) $\int_o^{\pi} \sin x dx = \left[-\cos x\right]_o^{\pi} = 1-(-1) = \underline{\underline{2}}$

1) $\int_1^e -\frac{1}{x}dx = \left[-\ln|x|\right]_1^e = -\ln e = \underline{\underline{-1}}$

f(x) heißt auf [a,b] <u>stückweise stetig</u>, wenn [a,b] sich so in endlich viele Teilintervalle zerlegen läßt, daß f in ihnen jeweils mit einer auf dem Teilintervall stetigen Funktion übereinstimmt.

$\int_a^b f(x)dx$ ist dann die Summe der bestimmten Integrale über die Teilintervalle!

2)

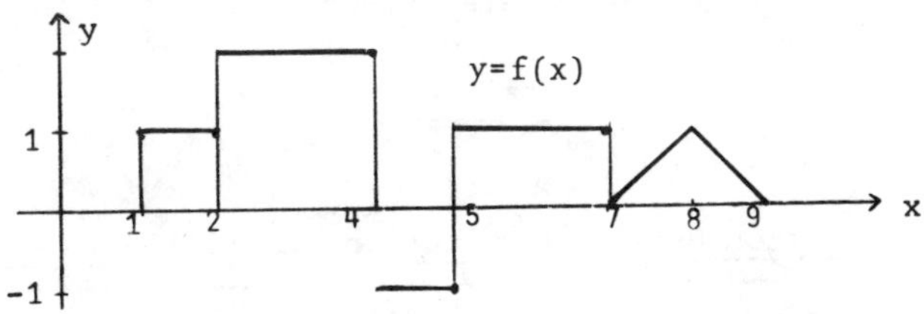

$$f(x) = \begin{cases} 1 & ,\text{für } 1 \le x \le 2 \\ 2 & ,\text{für } 2 < x \le 4 \\ -1 & ,\text{für } 4 < x \le 5 \\ 1 & ,\text{für } 5 < x \le 7 \\ x-7 & ,\text{für } 7 < x \le 8 \\ -x+9 & ,\text{für } 8 < x \le 9 \end{cases}$$

f(x) ist auf [1,9] stückweise stetig!

$$\int_1^9 f(x)dx = \int_1^2 1dx + \int_2^4 2dx + \int_4^5 -1dx + \int_5^7 1dx + \int_7^8 (x-7)dx + \int_8^9 (-x+9)dx$$

$$= \left[x\right]_1^2 + \left[2x\right]_2^4 + \left[-x\right]_4^5 + \left[x\right]_5^7 + \left[\frac{x^2}{2}-7x\right]_7^8 + \left[-\frac{x^2}{2}+9x\right]_8^9$$

$$= 1 + 4 + (-1) + 2 + 1/2 + 1/2$$

$$= \underline{\underline{7}}$$

(43)

$$f(x) = \begin{cases} \frac{1}{2} & ,\text{für} \quad -3 \leq x < -1 \\ x^2-1 & ,\text{für} \quad -1 \leq x < 1 \\ -x+3 & ,\text{für} \quad 1 \leq x \leq 3 \end{cases}$$

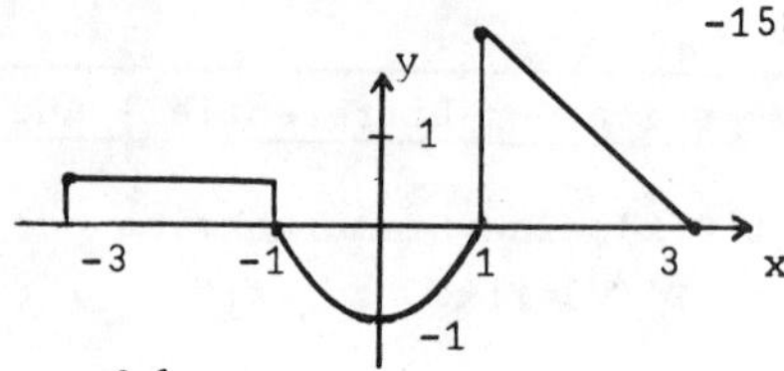

$$\int_{-3}^{3} f(x)dx = \int_{-3}^{-1} \frac{1}{2}dx + \int_{-1}^{1} (x^2-1)dx + \int_{1}^{3} (-x+3)dx$$

$$= \left[\frac{x}{2}\right]_{-3}^{-1} + \left[\frac{x^3}{3}-x\right]_{-1}^{1} + \left[-\frac{x^2}{2}+3x\right]_{1}^{3} = 1-\frac{4}{3}+2 = \underline{\underline{\frac{5}{3}}}$$

Rechenregeln für das bestimmte Integral:

$$\int_a^b f(x)dx = \int_a^c f(x)dx + \int_c^b f(x)dx$$

$$\int_a^b f(x)dx = -\int_b^a f(x)dx$$

$$\int_a^b (f(x)+g(x))dx = \int_a^b f(x)dx + \int_a^b g(x)dx$$

$$\int_a^b c \cdot f(x)dx = c \cdot \int_a^b f(x)dx$$

(44)

$$\int_1^2 \left(3x^2-\frac{15}{(x-3)^2}+\frac{5}{x}\right)dx = 3\cdot\int_1^2 x^2dx - 15\cdot\int_1^2 \frac{dx}{(x-3)^2} + 5\cdot\int_1^2 \frac{dx}{x}$$

$$= 3\left[\frac{x^3}{3}\right]_1^2 - 15\left[\frac{-1}{x-3}\right]_1^2 + 5\left[\ln|x|\right]_1^2$$

$$= 8-1-15\left(1-\frac{1}{2}\right)+5\cdot\ln 2$$

$$= \underline{\underline{-\frac{1}{2}+5\cdot\ln 2}}$$

b) Integration durch Substitution, partielle Integration

Substitutionsregel:

$$x = g(t) \qquad t = \hat{g}(x)$$

$$dx = g'(t)dt \qquad dt = \hat{g}'(x)\,dx$$

$$\int_a^b f(x)dx = \int_{\hat{g}(a)}^{\hat{g}(b)} f(g(t))\cdot g'(t)dt$$

[DE 296,438]

(45) $\int_o^2 2xe^{x^2}dx$ Subst.: $x^2 = \hat{g}(x) = t$

$2xdx = dt$

$$= \int_{\hat{g}(o)}^{\hat{g}(2)} e^t dt$$

$$= \int_o^4 e^t dt = \left[e^t\right]_o^4 = \underline{\underline{e^4-1}}$$

Das Mitsubstituieren der Grenzen ("läuft x zwischen o und 2, so läuft t zwischen o und 4") erspart ein Zurücksubstituieren von e^t.

Will man die Grenzen nicht mitsubstituieren, so löst man zunächst das unbestimmte Integral und setzt hinterher die Grenzen ein:

$$\int 2xe^{x^2}dx = \int e^t dt = e^t + C = \underline{e^{x^2} + C}.$$ Dann ist

$$\int_0^2 2xe^{x^2}dx = \left[e^{x^2}\right]_0^2 = \underline{\underline{e^4-1}}.$$

(46) $\displaystyle\int_0^{\frac{\pi}{2}} \frac{\cos^3 x}{1-\sin x}dx$

Der Integrand ist eine rationale Funktion in sinx und cosx:

$R(\sin x,\cos x) = \dfrac{\cos^3 x}{1-\sin x}$. Außerdem ist der Integrand ungerade in cosx:

$R(\sin x,-\cos x) = \dfrac{-\cos^3 x}{1-\sin x} = -R(\sin x,\cos x)$,also:

<u>Subst.:</u> $\sin x = \hat{g}(x) = t$, $\cos x\,dx = dt$; $\hat{g}(\frac{\pi}{2}) = 1$, $\hat{g}(o) = o$

$$= \int_0^1 \frac{1-t^2}{1-t}dt$$

$$= \int_0^1 (1+t)dt = \left[t+\frac{t^2}{2}\right]_0^1 = \underline{\underline{\frac{3}{2}}}$$

<u>partielle Integration</u>

$$\int_a^b u'\cdot v\,dx = \left[u\cdot v\right]_a^b - \int_a^b u\cdot v'dx$$

(47) $\displaystyle\int_0^1 \underset{u'\cdot v}{e^x\cdot x}dx = \left[e^x\cdot x\right]_0^1 - \int_0^1 e^x dx$,dabei ist: $u = e^x$, $v = x$

$\displaystyle = \left[e^x\cdot x\right]_0^1 - \left[e^x\right]_0^1 = \underline{\underline{1}}$ $\qquad u' = e^x$, $v' = 1$

(48) $\displaystyle\int_0^{\frac{\pi}{4}} \underset{v\cdot u'}{x^2\sin x}dx = \left[-x^2\cos x\right]_0^{\frac{\pi}{4}} + \int_0^{\frac{\pi}{4}} 2x\cdot\cos x\,dx$

$$= \left[-x^2\cos x\right]_0^{\frac{\pi}{4}} + \left[2x\cdot\sin x\right]_0^{\frac{\pi}{4}} - \int_0^{\frac{\pi}{4}} \sin x\,dx$$

$$= \left[-x^2\cos x\right]_0^{\frac{\pi}{4}} + \left[2x\cdot\sin x\right]_0^{\frac{\pi}{4}} + \left[2\cos x\right]_0^{\frac{\pi}{4}}$$

$$= -\frac{\pi^2}{16}\cdot\frac{1}{2}\sqrt{2} + \frac{\pi}{2}\cdot\frac{1}{2}\sqrt{2} + \sqrt{2} - 2$$

$$= \underline{\underline{-\frac{\pi^2\sqrt{2}}{32} + \frac{\pi\sqrt{2}}{4} + \sqrt{2} - 2}}$$

c) Flächenberechnung

Bezeichnet F den Flächeninhalt der zwischen der Kurve y=f(x), der x-Achse und den Geraden x=a und x=b gelegenen Fläche, so gilt:

$$F = \int_a^b f(x)dx \quad ,\text{wenn} \quad f(x) \geq o \text{ auf } [a,b]$$

$$F = -\int_a^b f(x)dx \quad ,\text{wenn} \quad f(x) \leq o \text{ auf } [a,b]$$

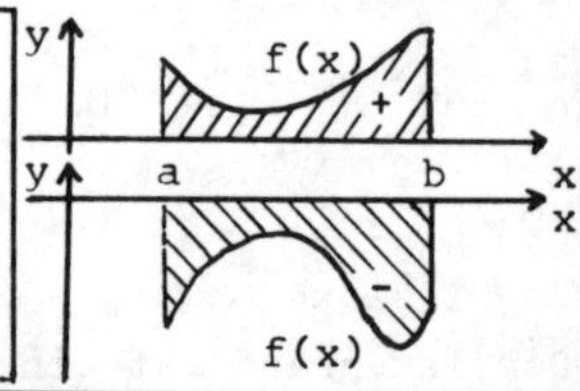

(49) Man berechne den Flächeninhalt der zwischen der Kurve $y=x^2$, der x-Achse und den Geraden x=o und x=2 gelegenen Fläche!

Es ist $f(x)=x^2$, a=o, b=2 und damit ergibt sich für F:

$$F = \int_o^2 x^2 dx = \left[\frac{x^3}{3}\right]_o^2 = \underline{\underline{\frac{8}{3}}}$$

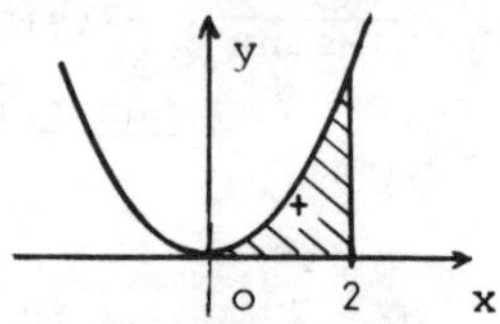

(5o) Man berechne den Flächeninhalt der zwischen der Kurve y=cosx der x-Achse und den Geraden $x=\pi/2$ und $x=3\pi/2$ gelegenen Fläche!
Es ist f(x)=cosx, $a=\pi/2$, $b=3\pi/2$. Für F erhält man also, weil $f(x) \leq o$ auf $[a,b]$ ist:

$$F = -\int_{\frac{\pi}{2}}^{\frac{3}{2}\pi} \cos x dx = \left[-\sin x\right]_{\frac{\pi}{2}}^{\frac{3}{2}\pi} = 1+1 = \underline{\underline{2}}$$

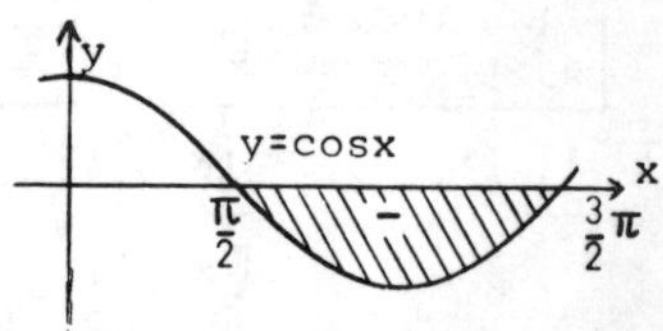

Ist f(x) auf $[a,b]$ sowohl positiv als auch negativ, so teilt man, um die Fläche zwischen Kurve und x-Achse zu berechnen, das Intervall $[a,b]$ so in (endlich viele) Teilintervalle ein, daß f(x) auf ihnen jeweils von einerlei Vorzeichen ist. Dazu muß man die Nullstellen von f(x) berechnen!

(51) Man berechne den Flächeninhalt der zwischen der Kurve $y=(x-1)^3$, der x-Achse und den Geraden x=o und x=3 gelegenen Fläche!
Im Intervall $[o,3]$ hat f(x) eine Nullstelle bei 1 und sonst keine! Da f im Intervall $[o,1)$ negativ und im Intervall $(1,3]$ positiv ist, ergibt sich für den gesuchten Flächeninhalt F:

$$F = -\int_o^1 \quad + \int_1^3$$

$$F = -\int_0^1 (x-1)^3dx + \int_1^3 (x-1)^3dx$$

$$= -\left[\tfrac{1}{4}(x-1)^4\right]_0^1 + \left[\tfrac{1}{4}(x-1)^4\right]_1^3$$

$$= -(o-\tfrac{1}{4}) + (4-o) = \underline{\underline{\tfrac{17}{4}}}$$

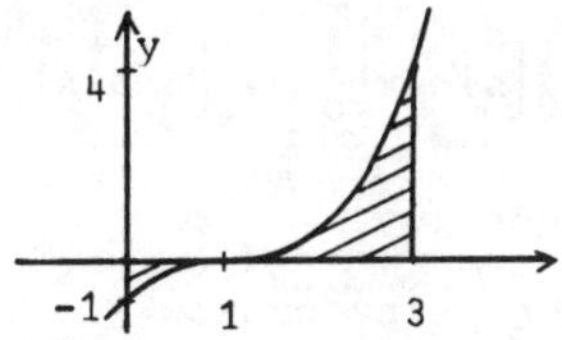

Integriert man über die Nullstelle hinweg, so erhält man nicht den gesuchten Flächeninhalt F, sondern das bestimmte Integral I der Funktion f von o bis 3:

$$I = \int_0^3 (x-1)^3dx = \left[\tfrac{1}{4}(x-1)^4\right]_0^3 = (4-\tfrac{1}{4}) = \underline{\underline{\tfrac{15}{4}}}$$

In diesem Beispiel ist also $F \neq I$!

(52)

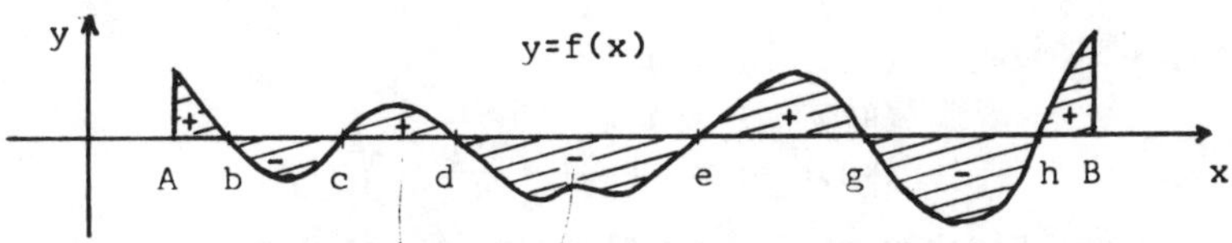

$$F = +\int_A^b - \int_b^c + \int_c^d - \int_d^e + \int_e^g - \int_g^h + \int_h^B$$

F ist nicht zu verwechseln mit dem bestimmten Integral $I = \int_A^B f(x)dx$.

$$I = \int_A^B f(x)dx = +\int_A^b + \int_b^c + \int_c^d + \int_d^e + \int_e^g + \int_g^h + \int_h^B$$

(53) Man berechne die Fläche F zwischen $f(x)=\sin x\cdot\cos x$, der x-Achse und den Geraden $x=o$ und $x=2\pi$:

Die Nullstellen von $f(x)=\sin x\cdot\cos x$ im Intervall $[o,2\pi]$ sind:

$$x_1=o,\ x_2=\tfrac{\pi}{2},\ x_3=\pi,\ x_4=\tfrac{3}{2}\pi,\ x_5=2\pi$$

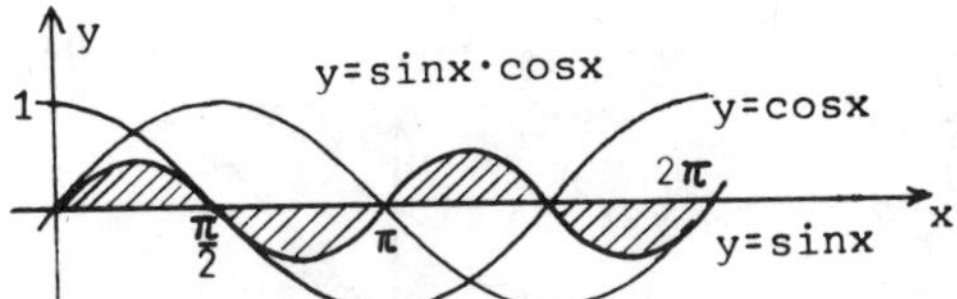

$$F = \int_0^{\pi/2} f(x)dx - \int_{\pi/2}^{\pi} f(x)dx + \int_{\pi}^{3\pi/2} f(x)dx - \int_{3\pi/2}^{2\pi} f(x)dx$$

Um die Grenzen nicht mitsubstituieren zu müssen, löst man zunächst das unbestimmte Integral:

$$\int \sin x\cdot\cos x dx \qquad \underline{\text{Subst.:}}\quad \sin x = t$$

$$\cos x dx = dt$$

$$= \int t dt = \frac{t^2}{2} + C$$

$$= \underline{\frac{\sin^2 x}{2} + C}$$

$$F = \frac{1}{2}\left[\sin^2 x\right]_o^{\frac{\pi}{2}} - \frac{1}{2}\left[\sin^2 x\right]_{\frac{\pi}{2}}^{\pi} + \frac{1}{2}\left[\sin^2 x\right]_{\pi}^{\frac{3\pi}{2}} - \frac{1}{2}\left[\sin^2 x\right]_{\frac{3\pi}{2}}^{2\pi} = \underline{\underline{2}}$$

Dagegen ist

$$I = {}_o^{2\pi}\int \sin x \cdot \cos x dx = \underline{\underline{o}}$$

(54) Welche der bestimmten Integrale aus Beispiel (38) bis (48) sind Flächeninhalte zwischen den entsprechenden Kurven, der x-Achse und den Geraden x=a und x=b?

Lsg.:

(38)	F = 26/3
(4o)	F = 2
(45)	$F = e^4-1$
(46)	F = 3/2
(47)	F = 1
(48)	$F = -\frac{\pi^2\sqrt{2}}{32} + \frac{\pi\sqrt{2}}{4} + \sqrt{2} - 2$

Welche Flächeninhalte erhält man in den übrigen Beispielen?

(39)	F = e-1
(41)	F = 1
(42)	F = 9
(43)	F = 13/3

In Beispiel (44) ist die Nullstellenbestimmung des Integranden zu schwierig. Es gibt mindestens eine Nullstelle zwischen 1 und 2, weil der Integrand bei 1 positiv und bei 2 negativ und in dem Intervall stetig ist!

Oft lassen sich Flächeninhalte als Summe oder Differenz von bestimmten Integralen darstellen:

(55) Welchen Flächeninhalt F hat das durch folgende Ungleichungen beschriebene Gebiet?

$y \geq x^2$

$y \leq x$

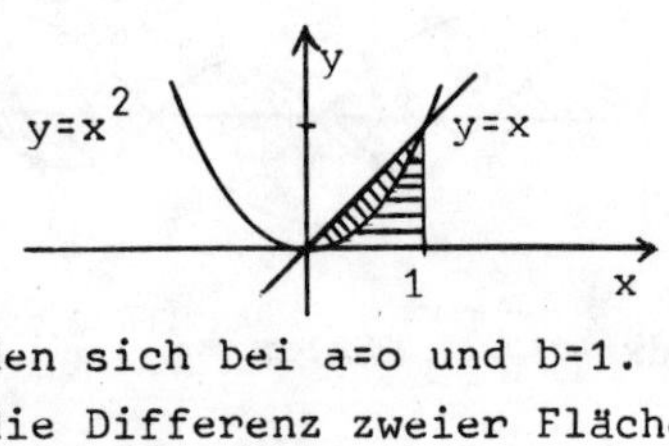

Die beiden Kurven schneiden sich bei a=o und b=1.
Der Flächeninhalt F ist die Differenz zweier Flächeninhalte, die sich durch bestimmte Integrale berechnen lassen:

$$F = {}_o^1\int x dx - {}_o^1\int x^2 dx = \left[\frac{x^2}{2}\right]_o^1 - \left[\frac{x^3}{3}\right]_o^1 = \frac{1}{2} - \frac{1}{3} = \underline{\underline{\frac{1}{6}}}$$

(56) Welchen Flächeninhalt hat das durch folgende Ungleichungen beschriebene Gebiet?

$$o \leq x \leq \frac{\pi}{2}$$

$$\tan x \leq y \leq \sin 2x$$

Die beiden Kurven schneiden sich im Intervall $\left[o, \frac{\pi}{2}\right]$ nur bei $a=o$ und $b=\frac{\pi}{4}$. Im Intervall $\left[\frac{\pi}{4}, \frac{\pi}{2}\right)$ ist $\tan x \geq \sin 2x$.

Für den Flächeninhalt F erhält man also:

$$F = \int_o^{\frac{\pi}{4}} \sin 2x dx - \int_o^{\frac{\pi}{4}} \tan x dx$$

$$= \left[-\frac{1}{2}\cos 2x\right]_o^{\frac{\pi}{4}} - \left[-\ln|\cos x|\right]_o^{\frac{\pi}{4}}$$

$$= \frac{1}{2} - \left(-\ln\frac{\sqrt{2}}{2}\right) = \frac{1}{2} + \ln\sqrt{2} - \ln 2$$

$$= \underline{\underline{\frac{1}{2}(1-\ln 2)}}$$

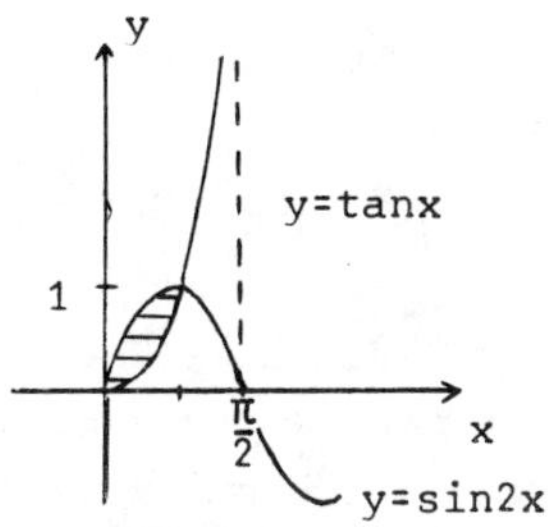

d) Das bestimmte Integral als Funktion seiner oberen Grenze

Faßt man die obere Grenze b in dem bestimmten Integral $\int_a^b f(x)dx$ als Variable auf, so ist $\int_a^b f(x)dx$ eine Funktion der oberen Grenze.

Geometrische Deutung:

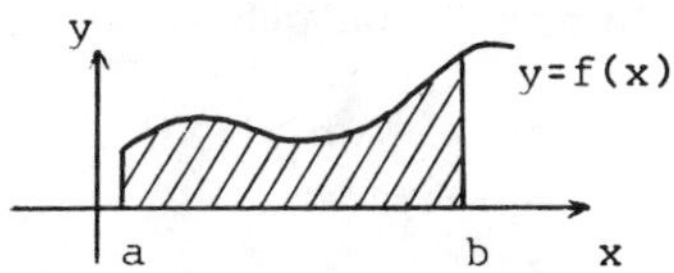

Ist $f(x) \geq o$, so bezeichnet $\int_a^b f(x)dx$ den Flächeninhalt der schraffierten Fläche.
Dieser Flächeninhalt, d.h. $\int_a^b f(x)dx$, hängt natürlich von b ab!
Es ist üblich, die variable obere Grenze mit x zu bezeichnen und die Integrationsvariable in ξ umzubenennen.

$$\boxed{\int_a^x f(\xi)d\xi = \left[F(\xi)\right]_a^x = F(x)-F(a)}$$

Weil $\int_a^x f(\xi)d\xi = F(x)+C$ ist, ist $\int_a^x f(\xi)d\xi$ eine Stammfunktion von f(x), und zwar gerade die Stammfunktion von f(x), die bei a eine Nullstelle hat; denn es ist

$$\boxed{\int_a^a f(\xi)d\xi = o.}$$

(57) $\int_1^x \frac{1}{2}\xi \, d\xi = [\xi^2]_1^x = \underline{\underline{x^2-1}}$

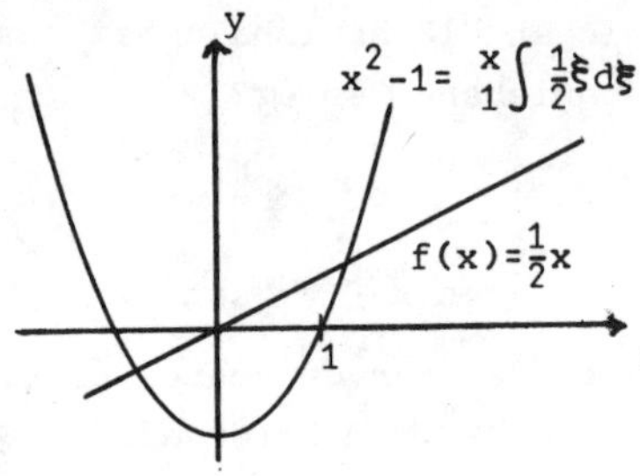

<u>Geometrische Veranschaulichung:</u>

Die Parabeln $F(x)=x^2+C$ sind die Stammfunktionenen von $f(x)=\frac{1}{2}x$.

$\int_1^x \frac{1}{2}\xi d\xi = x^2-1$ ist die Stammfunktion, die bei 1 eine Nullstelle hat!

(58) Welche Stammfunktion G(x) von $f(x)=6x^2+6x-18$ hat bei -2 eine Nullstelle?

$$G(x) = \int_{-2}^{x} (6\xi^2+6\xi-18)d\xi = [2\xi^3+3\xi^2-18\xi]_{-2}^{x}$$

$$= \underline{\underline{2x^3+3x^2-18x-32}}$$

Sucht man zu der gegebenen Funktion $y=f(x)$ <u>die Stammfunktion, die durch den Punkt (x_o,y_o) geht,</u> so berechnet man das unbestimmte Integral $\int f(x)dx = F(x)+C$, und berechnet C aus der Gleichung $y_o = F(x_o)+C$.

(59) Welche Stammfunktion von $f(x)=6x^2-2x^{-1}+1$ hat bei 1 den Wert 7, d.h. welche Stammfunktion geht durch den Punkt (1,7)?

$$\int(6x^2-2x^{-1}+1)dx = 2x^3-2\ln|x|+x+C$$

$$7 = 2+o+1+C$$

$$\underline{4 = C}$$

$\underline{\underline{F(x)=2x^3-2\ln|x|+x+4}}$ ist die Stammfunktion von f(x), die durch den Punkt (1,7) geht.

(6o) Man berechne für den bei o eingespannten Balken der Länge 1 mit der gegebenen konstanten Belastung $q(x)=2$ Querkraft Q(x) und Biegemoment M(x)!

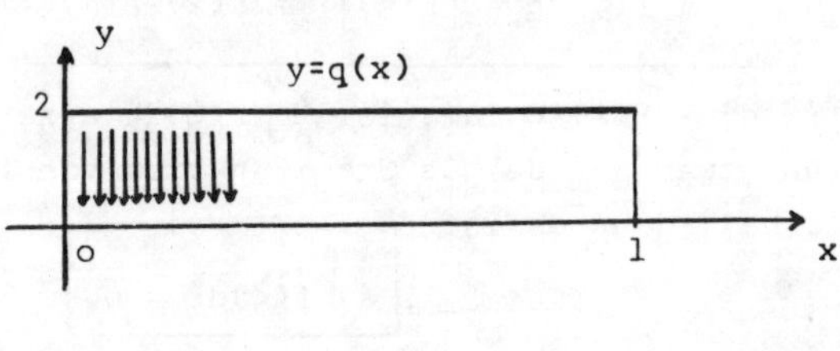

<u>Lösung:</u>

$$Q(x) = -\int_0^x q(\xi)d\xi + C$$

$$Q(x) = -\int_0^x 2d\xi + C$$

$$Q(x) = -2x + C$$

Dabei ist C so zu bestimmen, daß $Q(l)=0$ ist: $0=-2l+C \Longrightarrow \underline{C=2l}$

$$\underline{\underline{Q(x) = -2x+2l}}$$

Q(x) ist die Stammfunktion von -q(x), die bei l eine Nullstelle hat!

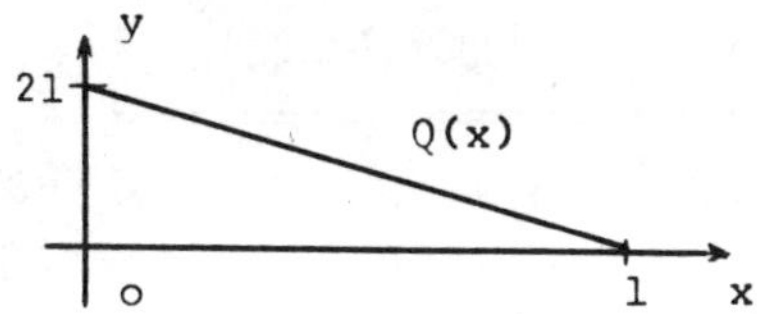

$$M(x) = \int_0^x Q(\xi)d\xi + D$$

$$M(x) = \int_0^x (-2\xi + 2l)d\xi + D$$

$$M(x) = -x^2 + 2lx + D$$

Dabei ist D so zu bestimmen, daß $M(l)=0$ ist: $0=-l^2+2l^2+D \Longrightarrow \underline{D=-l^2}$

$$\underline{\underline{M(x) = -x^2+2lx-l^2}}$$

M(x) ist die Stammfunktion von Q(x), die bei l eine Nullstelle hat!

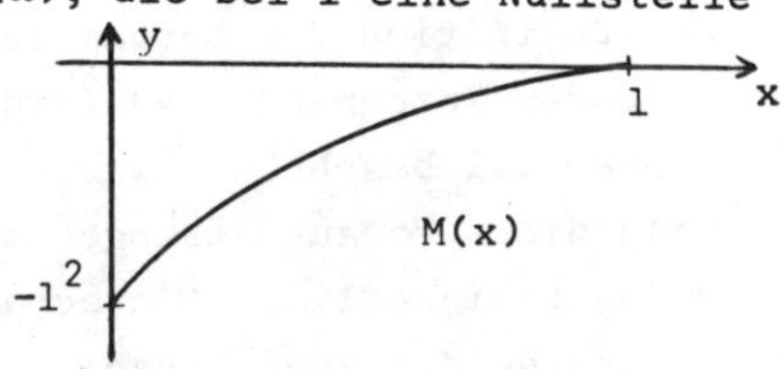

61) Man berechne für den bei o eingespannten Balken der Länge l mit der gegebenen Belastung q(x) Querkraft Q(x) und Biegemoment M(x)! (S 78)

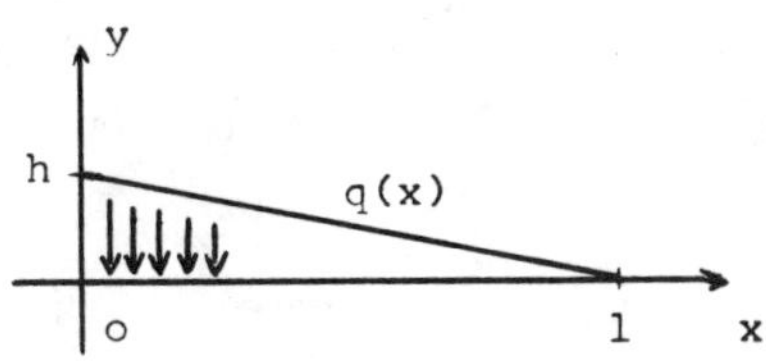

<u>Lösung:</u>

$$q(x) = -\frac{h}{l}x + h$$

$$Q(x) = -\int_0^x q(\xi)d\xi + C$$

$$Q(x) = \int_0^x \left(\frac{h}{l}\xi - h\right)d\xi + C$$

$$Q(x) = \frac{h}{2l}x^2 - hx + C$$

Dabei ist C so zu bestimmen, daß $Q(l)=0$ ist: $0=\frac{h}{2}l-hl+C \Longrightarrow \underline{C=\frac{hl}{2}}$

$$\underline{\underline{Q(x) = \frac{h}{2l}x^2 - hx + \frac{hl}{2}}}$$

$$M(x) = \int_o^x Q(\xi)d\xi + D$$

$$= \int_o^x \left(\frac{h}{2l}\xi^2 - h\xi + \frac{hl}{2}\right)d\xi + D$$

$$= \frac{h}{6l}x^3 - \frac{h}{2}x^2 + \frac{hl}{2}x + D$$

Dabei ist D so zu bestimmen, daß M(l)=o ist: $o = \frac{h}{6}l^2 - \frac{h}{2}l^2 + \frac{h}{2}l^2 + D$

$$\Longrightarrow \underline{D = -\frac{1}{6}hl^2}$$

$$\underline{\underline{M(x) = \frac{h}{6\cdot l}x^3 - \frac{h}{2}x^2 + \frac{h\cdot l}{2}x - \frac{1}{6}h\cdot l^2}}$$

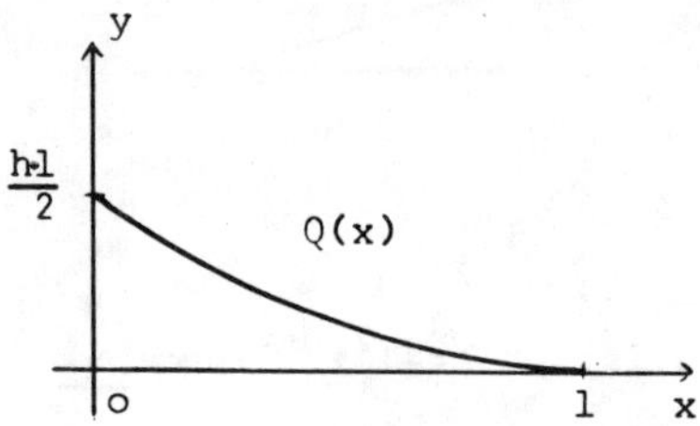

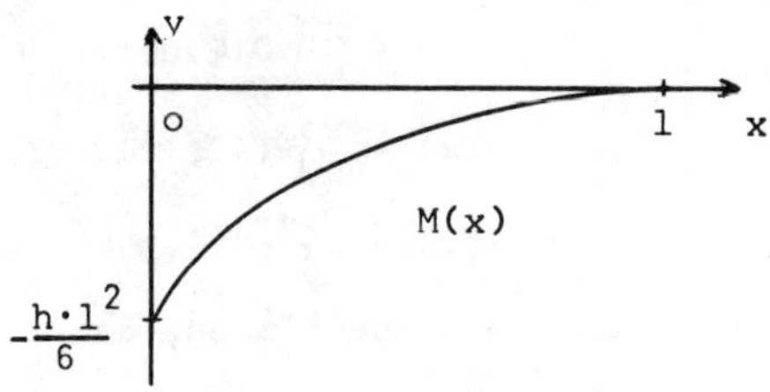

8.3 Uneigentliche Integrale

Bei der Definition des bestimmten Integrals war vorausgesetzt worden, daß der Integrand f(x) (stückweise) stetig und das Integrationsintervall beschränkt war.
Läßt man diese Voraussetzungen teilweise fallen, kommt man zum Begriff des uneigentlichen Integrals.
Man unterscheidet zwei Typen:

(I) Integrale mit unbeschränkten Integrationsintervallen der Form:

(62) ① $[a,\infty)$: $\int_1^\infty \frac{dx}{x}$ siehe (68)

② $(-\infty,b]$: $\int_{-\infty}^{-2} \frac{dx}{x^2}$ siehe (69)

③ $(-\infty,\infty)$: $\int_{-\infty}^{\infty} x\cdot e^{-x^2}dx$ siehe (7o)

(II) Integrale, deren Integrand f(x) am Rand oder im Innern des Integrationsintervalls $[a,b]$ an (mindestens) einer Stelle nicht beschränkt ist:

(63) ① uneigentlich an der oberen Grenze : $\int_1^2 \frac{dx}{(x-2)^2}$ siehe (74)

(64) ② uneigentlich an der unteren Grenze : $\int_1^2 \frac{dx}{\sqrt{x-1}}$ siehe (75)

(65) ③ uneigentlich an beiden Grenzen ; $\int_{-1}^{1} \frac{-2x\,dx}{\sqrt{1-x^2}}$ siehe (76)

(66) ④ uneigtl. an einer Stelle im Innern: $\int_{-1}^{8} \frac{dx}{\sqrt[3]{x}}$ siehe (77)

(67) ⑤ Ist $\int_b^a f(x)dx$ an mehreren (aber endlich vielen) Stellen in $[a,b]$ uneigentlich, so läßt sich $\int_b^a f(x)dx$ als Summe uneigentlicher Integrale dieser vier Typen schreiben:

$\int_o^{\pi} \frac{dx}{\sin^2 x \cdot \cos x}$ Der Nenner des Integranden hat im Intervall $[o,\pi]$ Nullstellen bei o, $\pi/2$, π.

Das Integral ist uneigentlich bei o, $\pi/2$, π.

$$\underbrace{\int_o^{\pi} \frac{dx}{\sin^2 x \cdot \cos x}}_{o,\frac{\pi}{2},\pi} = \underbrace{\int_o^{\frac{\pi}{2}} \frac{dx}{\sin^2 x \cdot \cos x}}_{o,\frac{\pi}{2}} + \underbrace{\int_{\frac{\pi}{2}}^{\pi} \frac{dx}{\sin^2 x \cdot \cos x}}_{\frac{\pi}{2},\pi}$$

uneigentlich bei: $o, \frac{\pi}{2}, \pi$ — $o, \frac{\pi}{2}$ — $\frac{\pi}{2}, \pi$

Uneigentliche Integrale werden als Grenzwerte von bestimmten Integralen definiert und wie diese zur Flächenberechnung benuzt. Nur handelt es sich diesmal um Flächen, die sich ins Unendliche erstrecken und deshalb keinen endlichen Flächeninhalt zu haben brauchen. Existiert der entsprechende Grenzwert, so heißt das uneigentliche Integral konvergent und sonst divergent.
Wie beim bestimmten Integral erscheinen Flächen unter der x-Achse mit negativem Vorzeichen. Deshalb muß man bei Flächenberechnungen die Stellen beachten, wo der Integrand sein Vorzeichen ändert.

Uneigentliche Integrale vom Typ (I):

$[a,\infty)$	$\int_a^{\infty} f(x)dx = \lim\limits_{b\to\infty} \int_a^b f(x)dx$
$(-\infty,b]$	$\int_{-\infty}^{b} f(x)dx = \lim\limits_{a\to-\infty} \int_a^b f(x)dx$
$(-\infty,\infty)$	$\int_{-\infty}^{\infty} f(x)dx = \int_{-\infty}^{a} f(x)dx + \int_a^{\infty} f(x)dx$

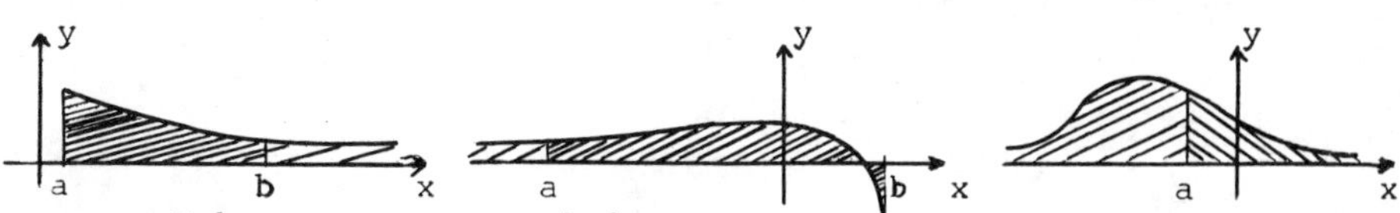

$\int_a^{\infty} f(x)dx$ $\int_{-\infty}^{b} f(x)dx$ $\int_{-\infty}^{\infty} f(x)dx$

(68) $\int_1^{\infty} \frac{dx}{x} = \lim_{b\to\infty} \int_1^{b} \frac{dx}{x} = \lim_{b\to\infty} \left[\ln|x|\right]_1^b = \lim_{b\to\infty} \ln b = \underline{\underline{\infty}}$

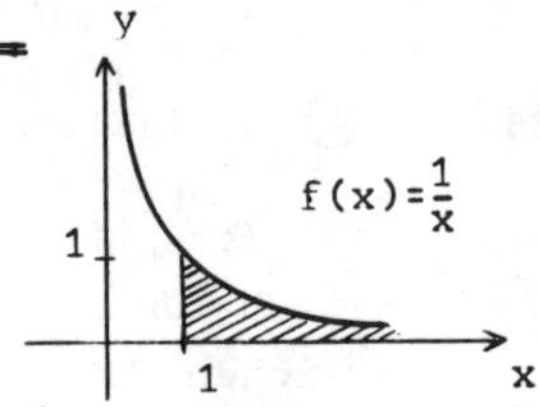

Das uneigentliche Integral divergiert!
Der Flächeninhalt der Fläche zwischen Kurve, x-Achse und Gerade x=1 ist unendlich.

(69) $\int_{-\infty}^{-2} \frac{dx}{x^2} = \lim_{a\to-\infty} \int_a^{-2} \frac{dx}{x^2} = \lim_{a\to-\infty} \left[-\frac{1}{x}\right]_a^{-2} = \lim_{a\to-\infty} \left(\frac{1}{2}+\frac{1}{a}\right) = \underline{\underline{\frac{1}{2}}}$

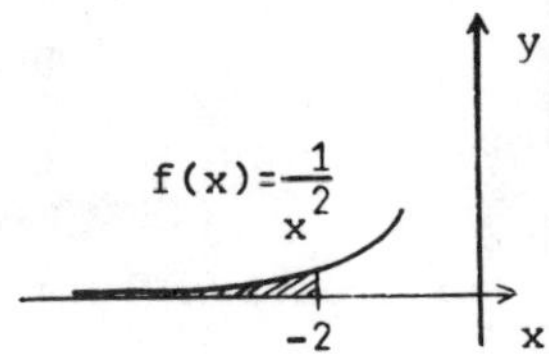

Das uneigtl. Integral konvergiert und ist $\frac{1}{2}$.
Weil $\frac{1}{x^2} \geq 0$ für $x \leq -2$ ist, ist der Flächeninhalt zwischen Kurve, neg. x-Achse und Gerade x=-2 ebenfalls $\frac{1}{2}$.

(7o) $\int_{-\infty}^{\infty} xe^{-x^2} dx = \int_{-\infty}^{0} x\cdot e^{-x^2} dx + \int_{0}^{\infty} x\cdot e^{-x^2} dx$

$= \lim_{a\to-\infty} \int_a^0 xe^{-x^2} dx + \lim_{b\to\infty} \int_0^b xe^{-x^2} dx$

Statt $\int_{-\infty}^{\infty} = \int_{-\infty}^{0} + \int_{0}^{\infty}$ wäre auch jede andere Zerlegung $\int_{-\infty}^{\infty} = \int_{-\infty}^{c} + \int_{c}^{\infty}$ $c \in \mathbb{R}$, möglich!

$\lim_{a\to-\infty} \int_a^0 xe^{-x^2} dx = \lim_{a\to-\infty} \left[-\frac{1}{2}e^{-x^2}\right]_a^0 = \lim_{a\to-\infty} \left(-\frac{1}{2}+\frac{1}{2}e^{-a^2}\right) = \underline{-\frac{1}{2}}$

$\lim_{b\to\infty} \int_0^b xe^{-x^2} dx = \lim_{b\to\infty} \left[-\frac{1}{2}e^{-x^2}\right]_0^b = \lim_{b\to\infty} \left(-\frac{1}{2}e^{-b^2}+\frac{1}{2}\right) = \underline{\frac{1}{2}}$

$\int_{-\infty}^{\infty} xe^{-x^2} dx = -\frac{1}{2}+\frac{1}{2} = \underline{\underline{0}}$

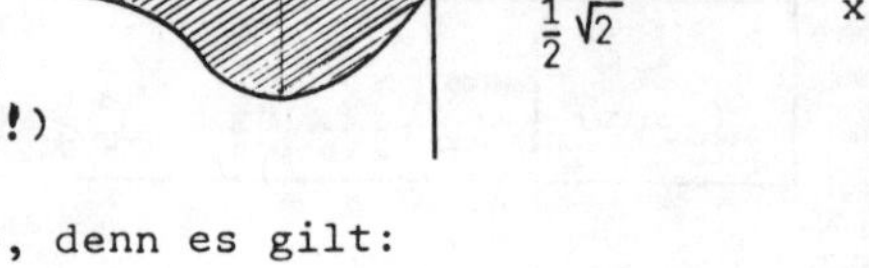

$\int_{-\infty}^{\infty} f(x)dx$ heißt <u>absolut konvergent</u>, wenn $\int_{-\infty}^{\infty} |f(x)|\, dx$ existiert.
Ist ein uneigentliches Integral absolut konvergent, so ist es auch konvergent! (Umkehrung i.a. falsch!)

$\int_{-\infty}^{\infty} xe^{-x^2} dx$ ist absolut konvergent, denn es gilt:

$\int_{-\infty}^{\infty} |xe^{-x^2}|\, dx = \int_{-\infty}^{0} -xe^{-x^2} dx + \int_{0}^{\infty} xe^{-x^2} dx = \frac{1}{2}+\frac{1}{2} = \underline{1}$

Ist nur gefragt, ob ein uneigentliches Integral vom Typ (I) konvergiert oder divergiert, so kann man oft folgendes hinreichende Kriterium benutzen:

> **Konvergenz uneig. Integrale Typ I**
>
> Existiert $\int_a^b f(x)dx$ für jedes $b > a$,
>
> dann ist $\int_a^\infty f(x)dx$
>
> konvergent, wenn es ein $s > 1$ gibt, für das $\lim_{x\to\infty} x^s \cdot f(x)$ existiert
>
> divergent, wenn $\lim_{x\to\infty} x \cdot f(x) \neq 0$ ist.

Konvergieren oder divergieren folgende uneigentlichen Integrale?

(71) $\int_1^\infty \frac{\sin x}{x^2}dx$ ist konvergent, weil

$\lim_{x\to\infty} x^s \cdot \frac{\sin x}{x^2} = \lim_{x\to\infty} x^{s-2} \cdot \sin x = 0$ für $1 < s < 2$ ist.

(72) $\int_1^\infty \frac{dx}{\sqrt{x}}$ ist divergent, weil

$\lim_{x\to\infty} x \cdot \frac{1}{\sqrt{x}} = \lim_{x\to\infty} \sqrt{x} \neq 0$ ist.

Uneigentliche Integrale der Form $\int_{-\infty}^b f(x)dx$ behandelt man analog, indem man die Grenzwerte

$$\lim_{x\to-\infty} x^s \cdot f(x)$$

$$\lim_{x\to-\infty} x \cdot f(x)$$ untersucht!

(73) $\int_{-\infty}^0 \frac{dx}{x^2+x+5}$ ist konvergent, weil

$\lim_{x\to-\infty} \frac{x^s}{x^2+x+5} = 0$ für $1 < s < 2$ ist.

Uneigentliche Integrale vom Typ (II)

> $\int_a^b f(x)dx$ ist an der oberen Grenze uneigentlich:
>
> $$\int_a^b f(x)dx = \lim_{c\to b-0} \int_a^c f(x)dx$$

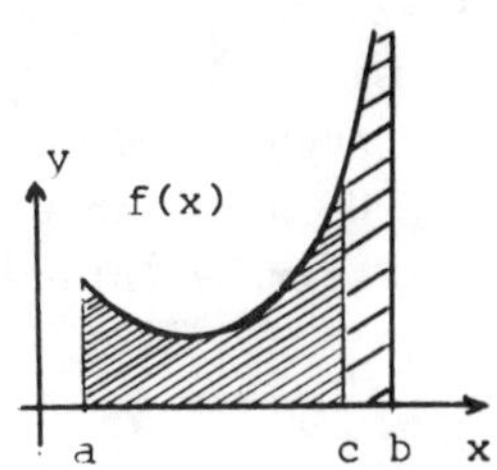

> $\int_a^b f(x)dx$ ist an der unteren Grenze uneigentlich:
>
> $$\int_a^b f(x)dx = \lim_{c\to a+0} \int_c^b f(x)dx$$

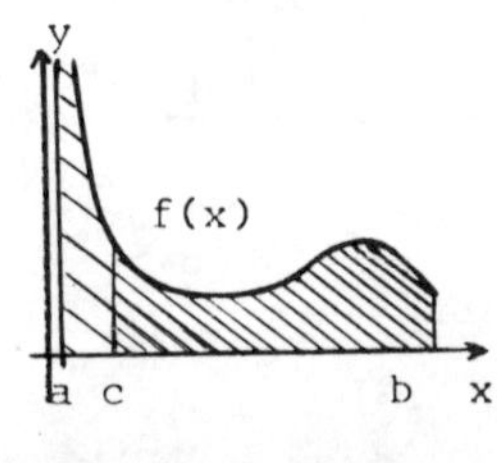

(74) $\int_1^2 \frac{dx}{(x-2)^2} = \lim_{c\to 2-} \int_1^c \frac{dx}{(x-2)^2} = \lim_{c\to 2-} \left[-\frac{1}{x-2}\right]_1^c = \lim_{c\to 2-} (-\frac{1}{c-2}-1) = \underline{\underline{\infty}}$ *

Das an der oberen Grenze uneigentliche Integral <u>divergiert!</u>
Der Flächeninhalt des von der Kurve, der x-Achse, den Geraden x=1 und x=c begrenzten Gebietes wird für $c \to 2$ unendlich groß!

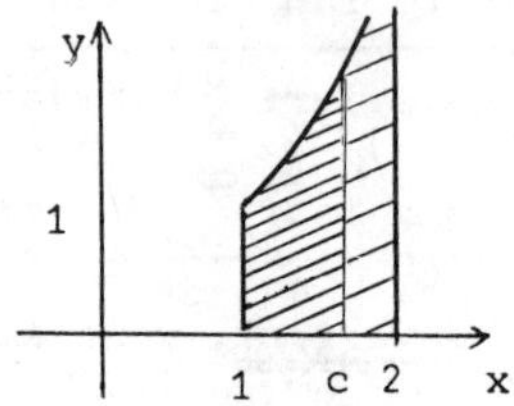

(75) $\int_1^2 \frac{dx}{\sqrt{x-1}} = \lim_{c\to 1+} \int_c^2 \frac{dx}{\sqrt{x-1}} = \lim_{c\to 1+} \left[2\sqrt{x-1}\right]_c^2 = \lim_{c\to 1+} (2-2\sqrt{c-1}) = \underline{\underline{2}}$

Das an der unteren Grenze uneigentliche Intgral konvergiert und ist gleich 2. Da f(x) in dem Intervall (1,2] positiv ist, ist der Flächeninhalt dieses sich ins Unendliche erstreckenden Gebietes gleich 2.

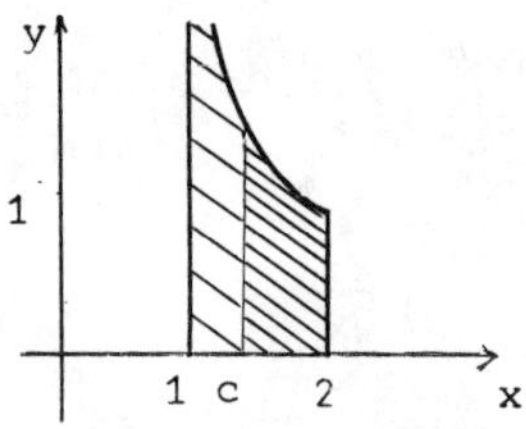

<u>$\int_a^b f(x)dx$ ist an der unteren und an der oberen Grenze uneigentlich:</u>

Integrale, die nur an der unteren und an der oberen Grenze uneigentlich sind, stellt man als Summe zweier Integrale dar, von denen das eine nur an der unteren und das andere nur an der oberen Grenze uneigentlich ist:

$$\int_a^b f(x)dx = \int_a^c f(x)dx + \int_c^b f(x)dx$$

Dabei ist c beliebig aus (a,b)

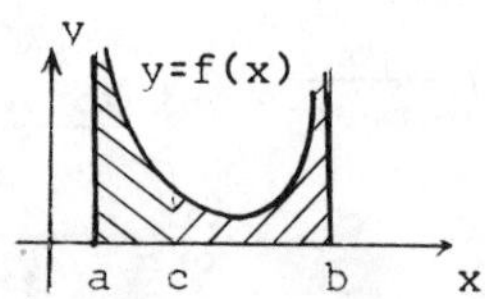

(76) $\int_{-1}^{1} \frac{-2xdx}{\sqrt{1-x^2}} = \int_{-1}^{o} \frac{-2xdx}{\sqrt{1-x^2}} + \int_{o}^{1} \frac{-2xdx}{\sqrt{1-x^2}} = \lim_{a\to -1+} \int_a^o \frac{-2xdx}{\sqrt{1-x^2}} + \lim_{b\to 1-} \int_o^b \frac{-2xdx}{\sqrt{1-x^2}}$

Auch hier kann statt o irgendein $c \in (-1,1)$ genommen werden!
Um sich Schreibarbeit zu ersparen, löst man zunächst das unbestimmte Integral:

$\int \frac{-2xdx}{\sqrt{1-x^2}}$

<u>Subst.:</u> $1-x^2 = t$
$-2xdx = dt$

$= \int \frac{dt}{\sqrt{t}} = 2\sqrt{t} + C$

$= \underline{2\sqrt{1-x^2}}$

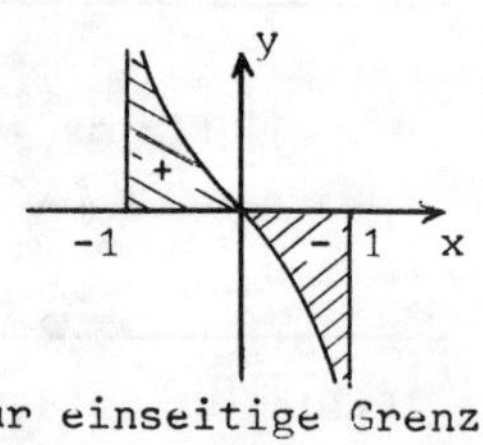

* Da in diesem Kapitel nur einseitige Grenzwerte untersucht werden, schreibt man statt $\lim_{c\to b-o}$ bzw. $\lim_{c\to a+o}$ kurz $\lim_{c\to b-}$ bzw. $\lim_{c\to a+}$.

$$\lim_{a\to -1+} \int_a^0 \frac{-2x\,dx}{\sqrt{1-x^2}} = \lim_{a\to -1+} \left[2\sqrt{1-x^2}\right]_a^0 = \lim_{a\to -1+} (2-2\sqrt{1-a^2}) = \underline{2}$$

$$\lim_{b\to 1} \int_0^b \frac{-2x\,dx}{\sqrt{1-x^2}} = \lim_{b\to 1-} \left[2\sqrt{1-x^2}\right]_0^b = \lim_{b\to 1-} (2\sqrt{1-b^2}-2) = \underline{-2}$$

$$\int_{-1}^1 \frac{-2x\,dx}{\sqrt{1-x^2}} = 2-2 = \underline{\underline{0}}$$

Beachtet man, daß die Funktion bei o ihr Vorzeichen wechselt, d.h. daß die eine Fläche unter der x-Achse liegt, so erhält man als Flächeninhalt F der Fläche zwischen Kurve, x-Achse und Asymptoten:

$$F = \int_{-1}^0 \frac{-2x\,dx}{\sqrt{1-x^2}} - \int_0^1 \frac{-2x\,dx}{\sqrt{1-x^2}} = 2-(-2) = \underline{\underline{4}}$$

<u>$\int_a^b f(x)dx$ ist an einer Stelle c im Innern des Integrationsintervalls uneigentlich:</u>

Integrale, die nur an einer Stelle im Innern des Integrationsintervalls uneigentlich sind, zerlegt man in eine Summe von zwei uneigentlichen Integralen, von denen das eine nur an der oberen und das andere nur an der unteren Grenze uneigentlich ist.

$\int_a^b f(x)dx$ ist bei $c \in (a,b)$ uneigtl.
$\int_a^b f(x)dx = \int_a^c f(x)dx + \int_c^b f(x)dx$

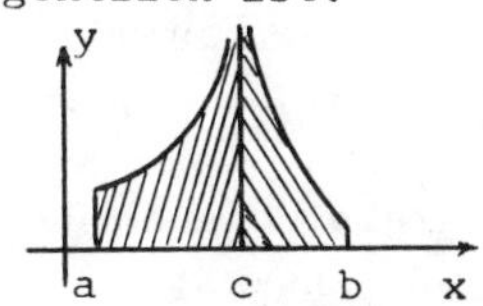

(77) $$\int_{-1}^8 \frac{dx}{\sqrt[3]{x}} = \int_{-1}^0 \frac{dx}{\sqrt[3]{x}} + \int_0^8 \frac{dx}{\sqrt[3]{x}}$$ Dieses Integral ist uneigentlich bei $0 \in (-1,8)$.

$$\int_{-1}^0 \frac{dx}{\sqrt[3]{x}} = \lim_{b\to 0-} \int_{-1}^b \frac{dx}{\sqrt[3]{x}} = \lim_{b\to 0-} \left[\frac{3}{2}x^{2/3}\right]_{-1}^b = \lim_{b\to 0-} \left(\frac{3}{2}b^{2/3}-\frac{3}{2}\right) = \underline{-\frac{3}{2}}$$

$$\int_0^8 \frac{dx}{\sqrt[3]{x}} = \lim_{a\to 0+} \int_a^8 \frac{dx}{\sqrt[3]{x}} = \lim_{a\to 0+} \left[\frac{3}{2}x^{2/3}\right]_a^8 = \lim_{a\to 0+} \left(6-\frac{3}{2}a^{2/3}\right) = \underline{6}$$

$$\int_{-1}^8 \frac{dx}{\sqrt[3]{x}} = -\frac{3}{2}+6 = \underline{\frac{9}{2}}$$

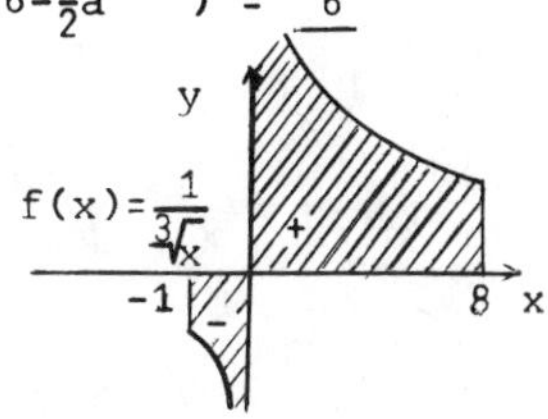

<u>Der Inhalt des schraffierten Gebietes:</u>

$$F = -\int_{-1}^0 + \int_0^8 = \frac{3}{2}+6 = \underline{\underline{\frac{15}{2}}}$$

Ist ein Integral an mehreren Stellen des Integrationsintervalles uneigentlich, so kann man es als Summe von uneigentlichen Integralen der hier besprochenen Typen darstellen!

Ist nur gefragt, ob ein uneigentliches Integral vom Typ (II) konvergiert oder divergiert, so kann man oft folgendes hinreichende Kriterium benutzen:

Konvergenz uneig. Integrale II

Ist $\int_a^b f(x)dx$ an der oberen Grenze uneigentlich, und existiert $\int_a^c f(x)dx$ für jedes $a < c < b$,

dann ist $\int_a^b f(x)dx$

konvergent, wenn es ein $s < 1$ gibt, für das $\lim\limits_{x \to b-} (b-x)^s \cdot f(x)$ exist.

divergent, wenn $\lim\limits_{x \to b-} (b-x)f(x) \neq 0$ ist.

Konvergieren oder divergieren folgende uneigentlichen Integrale?

(78) $\int_0^1 \frac{\sin^2 x}{\sqrt{1-x}} dx$,ist an der oberen Grenze uneigentlich und konvergiert, weil

$$\lim_{x \to 1-} (1-x)^s \cdot \frac{\sin^2 x}{\sqrt{1-x}} = \lim_{x \to 1-} (1-x)^{s-1/2} \cdot \sin^2 x = 0 \text{ ist, für } \tfrac{1}{2} < s < 1$$

(79) $\int_{-1}^1 \frac{dx}{1-x}$,ist an der oberen Grenze uneigentlich und divergiert, weil

$$\lim_{x \to 1+} (1-x) \cdot \frac{1}{1-x} = 1 \neq 0 \text{ ist.}$$

Integrale, die an der unteren Grenze uneigentlich sind, werden analog behandelt:

(80) $\int_0^1 \frac{\sin^2 x}{x^3} dx$,ist an der unteren Grenze uneigentlich und divergiert, weil

$$\lim_{x \to 0+} x \cdot \frac{\sin^2 x}{x^3} = \lim_{x \to 0+} \left(\frac{\sin x}{x}\right)^2 = 1 \neq 0 \text{ ist.}$$

(81) $\int_0^{\pi/2} \frac{dx}{\sqrt{\sin x}}$,ist an der unteren Grenze uneigentlich und konvergiert, weil

$$\lim_{x \to 0+} \frac{x^s}{\sqrt{\sin x}} = \lim_{x \to 0+} \sqrt{\frac{x}{\sin x}} \cdot x^{s-1/2} = 0 \text{ ist, für } \tfrac{1}{2} < s < 1.$$

8.4 Aufgaben

(1) $\int (2x-5)^5 dx$

(2) $\int \frac{8x^2 dx}{(2x-3)^3}$

(3) $\int \frac{9dx}{x(2x-3)^2}$

(4) $\int \frac{6x dx}{(2x-1)(x+1)}$

(5) $\int \frac{x dx}{1-\sin x}$

(6) $\int 4x \cdot \cos 2x dx$

(7) $\int 2x \cdot \ln(x^2-1) dx$

(8) $\int 15\sqrt{x\sqrt{x\sqrt{x}}} dx$

(9) $\int \frac{dx}{x\sqrt{x}}$

(1o) $\int 2x \cdot \ln^2 x dx$

(11) $\int \frac{\cos x dx}{\sin^6 x}$ (B) oder $\underline{\sin x = t}$

(12) $\int \frac{x - \cos x \cdot \sin x}{x^2 + \cos^2 x} dx$, $\underline{x^2+\cos^2 x = t}$

(13) $\int 2x^3 \sin x^2 dx$, $\underline{x^2=t}$, (B) oder partiell

(14) $\int \frac{25x dx}{\sqrt{16-25x^2}}$

(15) $\int e^x(1-3x+x^2) dx$, partiell

(16) $\int \frac{e^x+1}{e^x-1} dx$

(17) $\int \frac{dx}{x \cdot \ln 2x}$, Hinweis: $\int \frac{f'}{f} dx = \ldots$

(18) $\int \frac{dx}{\sqrt{1-x^2} \text{Arcsin} x}$

(19) $\int \frac{\sin x dx}{\sqrt{2+\cos x}}$

(2o) $\int \frac{3\sqrt{\tan x}}{\cos^2 x} dx$

(21) $\int \frac{\sin 2x dx}{3+\sin^2 x}$

(22) $\int \frac{\cos x + \sin x}{\cos x \cdot \sin x} dx$

(23) $\int \frac{2x^2 dx}{(x-1)(x-2)(x-3)}$

(24) $\int \frac{x^5+1}{x^6+x^4} dx$

(25) $\int \frac{2x^4 dx}{x^3-6x^2+11x-6}$

(26) $\int \frac{x^6+16}{x^4-4} dx$

(26a) $\int \frac{dx}{x^4+1}$

(27) $\int_0^1 \sqrt[5]{x^6} dx$

(28) $\int_0^1 \frac{dx}{x^2+1}$

(29) $\int_0^{\pi/3} \tan x dx$

(3o) Man berechne den Inhalt der von der Kurve $y = \frac{\ln(\ln x)}{x \ln x}$, der x-Achse und den Geraden $x = e$ und $x = e^2$ eingeschlossenen Fläche! (Subst. : $\ln x = t$)

(31) Wie groß ist der Inhalt der von den Kurven $y=ax^2$, $y=\sqrt{9-x^2}$ und der x-Achse eingeschlossenen Fläche, wenn a so gewählt wird, daß sich die Kurven auf der Geraden $y=\sqrt{5}$ schneiden?

(32) Man berechne den Inhalt der von den Kurven $y=\frac{x^2}{\sqrt{x+4}}$ und $y=\frac{x}{\sqrt{x^2+4}}$ eingeschlossenen Fläche!

(33) Man berechne den Inhalt der von der Kurve $y = x\cdot\sin x^2$, der x-Achse und den Geraden $x = 0$ und $x = \sqrt{\pi}$ eingeschlossenen Fläche!

(34) Man berechne den Inhalt der von der Kurve $y = \operatorname{ch}x\cdot\cos x$ bzw. $y = \operatorname{sh}x\cdot\sin x$ der x-Achse und den Geraden $x = +\frac{\pi}{2}$ und $x = -\frac{\pi}{2}$ eingeschlossenen Fläche! (partiell)

(35) Man berechne den Flächeninhalt der Figur, die von den Parabeln $y = x^2$ und $y^2 = x$ begrenzt wird!

(36) Man berechne den Inhalt der Fläche zwischen den Kurven $y = \frac{1}{1-|x|}$ und $y = 2$.

(37) In welchem Verhältnis wird die Fläche zwischen den Koordinaten-achsen und der Kurve $y = \cos x$ im Intervall $0 \leq x \leq \frac{\pi}{2}$ durch die Kurve $y = e^{-x}\cos x$ geteilt?

(38) $\int_3^\infty \frac{dx}{x^2-1}$

(39) $\int_{-1}^0 \frac{dx}{x^2}$

(40) $\int_0^1 \frac{dx}{\sqrt{1-x}}$

(41) $\int_{-1}^0 \frac{dx}{\sqrt{1-x^2}}$

(42) $\int_{-1}^1 \frac{dx}{x^2-1}$

(43) $\int_{-1}^1 \frac{dx}{x^2}$

(44) Wie groß ist der Inhalt der von der Kurve $y = \frac{1}{x^2}\cdot e^{-1/x}$ und der positiven x-Achse begrenzten Fläche?

(45) Ist der Flächeninhalt der Fläche zwischen der Kurve $\frac{\ln x}{1+x^3}, x \geq 1$ und der x-Achse endlich oder unendlich?

(46) Wie groß ist der Inhalt der Fläche zwischen der Kurve $y=\frac{1}{x^2+16}$ und der positiven x-Achse?

(47) Ist der Flächeninhalt der Fläche zwischen der Kurve $y=\frac{1}{x\sqrt{1-x^3}}$ der x-Achse und den Geraden $x = a$ mit $0 \leq a < 1$ und $x = 1$ endlich oder unendlich?

(48) Wie groß ist die Fläche zwischen der Kurve $y = \frac{\operatorname{Arctan}x}{1+x^2}$ und der positiven x-Achse?
In welchem Verhältnis wird die Fläche von der Geraden $x = 1$ geteilt?

8.5 Ergebnisse

(Die Konstante C ist bei den unbestimmten Integralen zu ergänzen!)

(1) $\frac{1}{12}(2x-5)^6$

(2) $\ln|2x-3|-\frac{6}{2x-3}-\frac{9}{2(2x-3)^2}$

(3) $-\ln\left|\frac{2x-3}{x}\right|-\frac{3}{2x-3}$

(4) $\ln|2x-1|+2\cdot\ln|x+1|$

(5) $x\cdot\cot(\frac{\pi}{4}-\frac{x}{2})+2\cdot\ln\left|\sin(\frac{\pi}{4}-\frac{x}{2})\right|$

(6) $\cos 2x+2x\sin 2x$

(7) $(x^2-1)\cdot\ln(x^2-1)-x^2+1$

(8) $8x\cdot\sqrt[8]{x^7}$

(9) $-\frac{2}{\sqrt{x}}$

(10) $x^2(\ln^2x-\ln x+\frac{1}{2})$

(11) $\frac{-1}{5\sin^5x}$

(12) $\frac{1}{2}\ln(x^2+\cos^2x)$

(13) $\sin x^2-x^2\cos x^2$

(14) $-\sqrt{16-25x^2}$

(15) $e^x(x^2-5x+6)$

(16) $-x+2\cdot\ln|e^x-1|$

(17) $\ln|\ln 2x|$

(18) $\ln|\operatorname{Arcsin}x|$

(19) $-2\sqrt{\cos x+2}$

(20) $2\tan x\sqrt{\tan x}$

(21) $\ln(\sin^2x+3)$

(22) $\ln\left|\tan\frac{x}{2}\right|+\ln\left|\tan(\frac{x}{2}+\frac{\pi}{4})\right|$

(23) $\ln|x-1|-8\cdot\ln|x-2|+9\cdot\ln|x-3|$

(24) $-\frac{1}{3x^3}+\frac{1}{x}+\frac{1}{2}\ln(x^2+1)+\operatorname{Arctan}x$

(25) $+12x+\ln|x-1|-32\cdot\ln|x-2|+81\cdot\ln|x-3|+x^2$

(26) $\frac{x^3}{3}+\frac{3}{\sqrt{2}}\ln\left|\frac{x-\sqrt{2}}{x+\sqrt{2}}\right|-\sqrt{2}\operatorname{Arctan}\frac{x}{\sqrt{2}}$

(26a) Nullstellen des Nenners:

$x_1=\frac{\sqrt{2}}{2}(1+i)$ $\quad x_3=\frac{\sqrt{2}}{2}(-1+i)$

$x_2=\frac{\sqrt{2}}{2}(1-i)$ $\quad x_4=\frac{\sqrt{2}}{2}(-1-i)$

$x^4+1=(x-x_1)(x-x_2)\cdot(x-x_3)(x-x_4)$

$=(x^2-\sqrt{2}x+1)\cdot(x^2+\sqrt{2}x+1)$

PBZ: $\frac{1}{x^4+1}=\frac{-1/4\sqrt{2}x+1/2}{x^2-\sqrt{2}x+1}+\frac{1/4\sqrt{2}x+1/2}{x^2+\sqrt{2}x+1}$

Berechnung der Integrale: B Nr. 40-44 oder B Nr. 97

(27) $\frac{5}{11}$

(28) $\frac{\pi}{4}$

(29) $\ln 2$

(30) $F=\int_e^{e^2}\frac{\ln(\ln x)}{x\cdot\ln x}dx$ Subst.: $\ln x=t$, $\frac{1}{x}dx=dt$

$F=\int_1^2\frac{\ln t}{t}dt$ Subst.: $\ln t=z$, $\frac{1}{t}dt=dz$

$F=\int_0^{\ln 2}z\,dz=\left[\frac{z^2}{2}\right]_0^{\ln 2}=\frac{1}{2}\ln^2 2\approx 0{,}24$

(31) Wenn sich $y=\sqrt{9-x^2}$ und $y=ax^2$ auf der Geraden $y=\sqrt{5}$ schneiden, gilt:

$$\sqrt{5} = \sqrt{9-x^2} \quad \text{,also } \underline{x_1=2} \text{ und } \underline{x_2=-2}$$

und $$\sqrt{5} = a\cdot 4 \qquad \underline{\underline{a=\tfrac{1}{4}\sqrt{5}}}$$

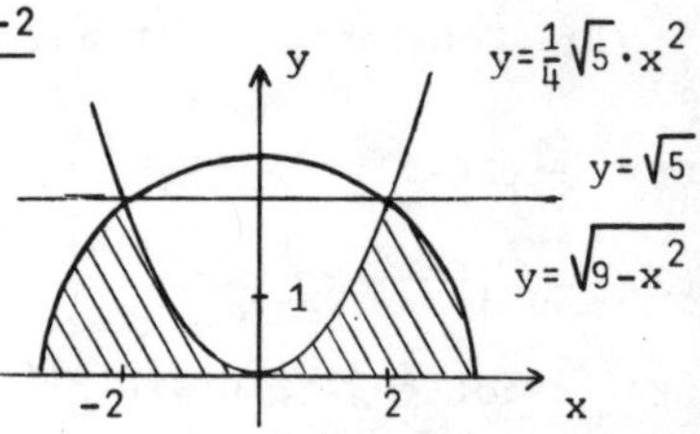

Infolge der Symmetrie der Fläche gilt:

$$F = 2\cdot\int_0^2 \frac{\sqrt{5}}{4}x^2dx + 2\cdot\int_2^3 \sqrt{9-x^2}dx$$

$$= \frac{\sqrt{5}}{2}\left[\frac{x^3}{3}\right]_0^2 + \left[\frac{x}{2}\sqrt{9-x^2} + \frac{9}{2}\text{Arcsin}\frac{x}{3}\right]_2^3 \approx \underline{\underline{6{,}1}}$$

(32) Die Kurven schneiden sich bei $\underline{x_0=0}$ und $\underline{x_1=1}$

$$F = \int_0^1 \frac{xdx}{\sqrt{x^2+4}} - \int_0^1 \frac{x^2dx}{\sqrt{x+4}} \qquad \text{(B Nr.126)}$$

$$= \left[\sqrt{x^2+4}\right]_0^1 - \left[\frac{2(3x^2-16x+128)\sqrt{x+4}}{15}\right]_0^1$$

$$= \sqrt{5} - 2 - \frac{46}{3}\sqrt{5} + \frac{4\cdot 128}{15} =$$

$$= -\frac{43}{3}\sqrt{5} + \frac{482}{15} \approx \underline{\underline{0{,}08}}$$

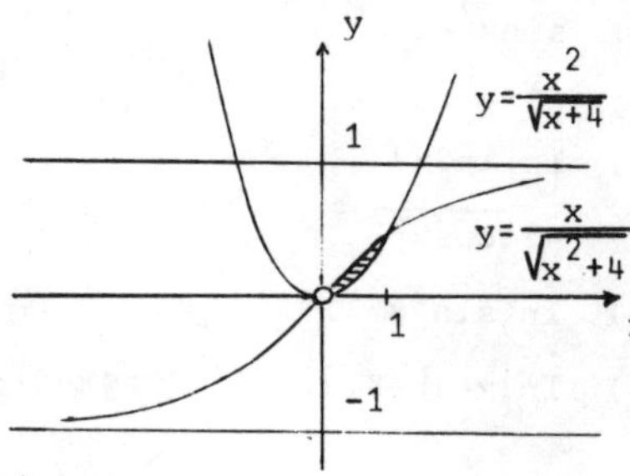

(33)
$$F = \int_0^{\sqrt{\pi}} x\cdot\sin x^2dx \qquad \underline{\text{Subst.:}} \quad x^2=t$$

$$2xdx=dt$$

$$= \frac{1}{2}\cdot\int_0^{\pi}\sin t\,dt$$

$$= \left[-\frac{1}{2}\cos t\right]_0^{\pi} = \underline{\underline{1}}$$

(34) $F_1 = \int_{-\pi/2}^{\pi/2} \text{ch}x\cdot\cos x\,dx$,partielle Integration ergibt:

$$\int \text{ch}x\cdot\cos x\,dx = \text{sh}x\cdot\cos x + \int \text{sh}x\cdot\sin x\,dx$$

$$= \text{sh}x\cdot\cos x + \text{ch}x\cdot\sin x - \int\text{ch}x\cdot\cos x\,dx$$

$$= \frac{1}{2}(\text{sh}x\cdot\cos x + \text{ch}x\cdot\sin x) + C$$

$$F_1 = \int_{-\pi/2}^{\pi/2} \text{ch}x\cdot\cos x\,dx = \left[\frac{1}{2}\ \text{sh}x\cdot\cos x + \text{ch}x\cdot\sin x\right]_{-\pi/2}^{\pi/2} = \underline{\underline{\text{ch}\frac{\pi}{2}}}$$

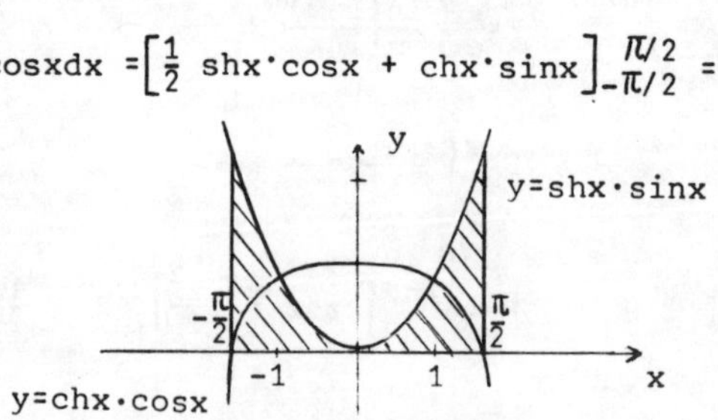

$$\int \mathrm{shx}\cdot\sin x\,dx = \int \mathrm{chx}\cdot\cos x\,dx - \mathrm{shx}\cdot\cos x = \frac{1}{2}(\mathrm{chx}\cdot\sin x - \mathrm{shx}\cdot\cos x)+C$$

$$F_2 = \int_{-\pi/2}^{\pi/2} \mathrm{shx}\cdot\sin x\,dx = \frac{1}{2}\Big[\mathrm{chx}\cdot\sin x-\mathrm{shx}\cdot\cos x\Big]_{-\pi/2}^{\pi/2} = \underline{\underline{\mathrm{ch}\frac{\pi}{2}}}$$

(35) $F = \int_0^1 \sqrt{x}\,dx - \int_0^1 x^2\,dx$

$= \left[\frac{2}{3}x^{\frac{3}{2}}\right]_0^1 - \left[\frac{1}{3}x^3\right]_0^1 = \underline{\underline{\frac{1}{3}}}$

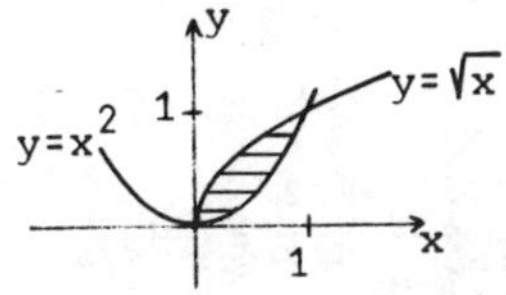

(36)

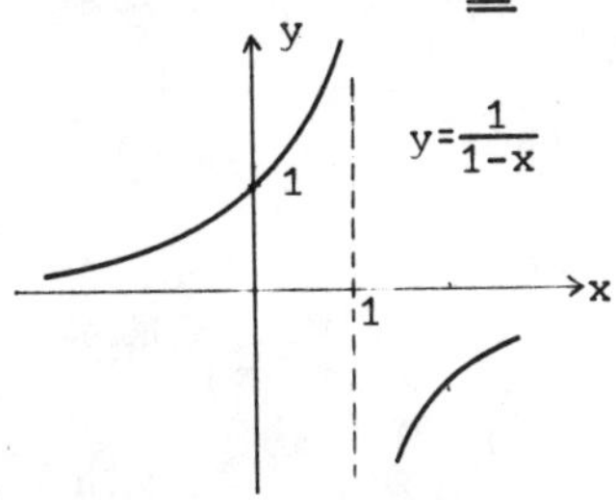

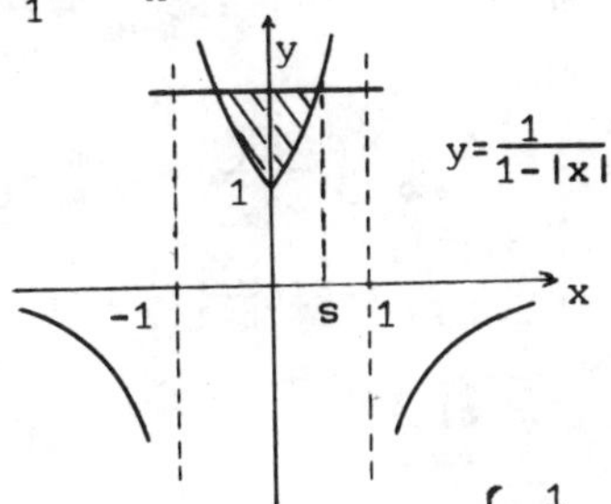

$$F = \int_{-s}^{s} 2\,dx - \int_{-s}^{s} \frac{dx}{1-|x|}$$

$$y = \frac{1}{1-|x|} = \begin{cases} \dfrac{1}{1-x} & ,x \geq 0 \\ +\dfrac{1}{1+x} & ,x \leq 0 \end{cases}$$

$$= \int_{-s}^{s} \left(2-\frac{1}{1-|x|}\right)dx$$

$$= 2\cdot\int_0^s \left(2-\frac{1}{1-|x|}\right)dx$$

,denn $y=\frac{1}{1-|x|}$ ist eine gerade Funktion, liegt also symmetrisch zur y-Achse!

<u>Berechnung von s</u>:

$\frac{1}{1-|x|}=2 \iff 1=2-2|x| \iff \frac{1}{2}=|x| \iff x=\frac{1}{2}$ oder $x=-\frac{1}{2}$,also $\underline{s=\frac{1}{2}}$

$$F = 2\cdot\int_0^{1/2} \left(2-\frac{1}{1-|x|}\right)dx$$

$$= 2\cdot\int_0^{1/2} \left(2-\frac{1}{1-x}\right)dx$$

,weil $|x|=x$ ist, wenn $x \geq 0$ ist!

$$= 2\Big[2x+\ln|1-x|\Big]_0^{1/2} = 2(1+\ln\tfrac{1}{2}) = 2(1-\ln 2) \approx \underline{\underline{0{,}61}}\cdot$$

(37) $F_1 = \int_0^{\pi/2} e^{-x}\cos x\,dx = \Big[-e^{-x}\cos x\Big]_0^{\pi/2} - \int_0^{\pi/2} e^{-x}\sin x\,dx$

$$= \Big[-e^{-x}\cos x\Big]_0^{\pi/2} + \Big[e^{-x}\sin x\Big]_0^{\pi/2} - \int_0^{\pi/2} e^{-x}\cos x\,dx$$

$$= \frac{1}{2}\Big[-e^{-x}\cos x+e^{-x}\sin x\Big]_0^{\pi/2}$$

$$= \underline{\underline{\frac{1}{2}(e^{-\pi/2}+1)}}$$

$$F_2 = \int_0^{\pi/2} \cos x\,dx - F_1$$

$$= \Big[\sin x\Big]_0^{\pi/2} - F_1 = 1-\frac{1}{2}(e^{-\pi/2}+1) = \underline{\underline{\frac{1}{2}(1-e^{-\pi/2})}}.$$

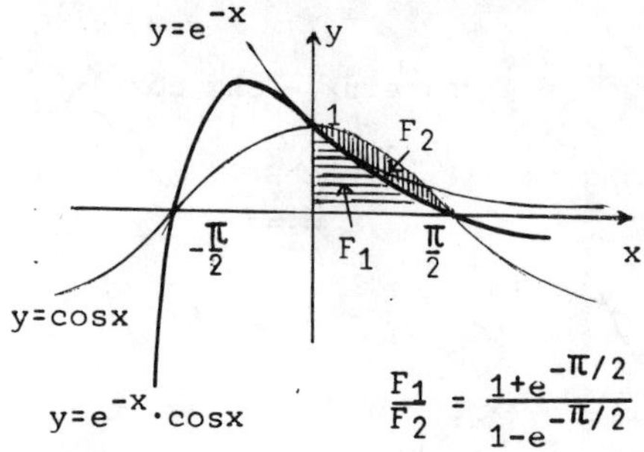

$$\frac{F_1}{F_2} = \frac{1+e^{-\pi/2}}{1-e^{-\pi/2}} = \underline{\underline{\frac{\text{ch}\,\pi/4}{\text{sh}\,\pi/4}}}$$

(38) $\int_3^{\infty} \frac{dx}{x^2-1} = \lim\limits_{b\to\infty} \int_3^{b} \frac{dx}{x^2-1} = \lim\limits_{b\to\infty} -\left[\frac{1}{2}\ln\frac{x+1}{x-1}\right]_3^b$

$= \lim\limits_{b\to\infty} \left(-\frac{1}{2}\ln\frac{b+1}{b-1}+\frac{1}{2}\ln 2\right)$

$= \underline{\underline{\frac{1}{2}\ln 2}}$,weil $\lim\limits_{b\to\infty} \ln\frac{b+1}{b-1} = 0$ ist!

(39) $\int_{-1}^{0} \frac{dx}{x^2} = \lim\limits_{b\to 0} \int_{-1}^{b} \frac{dx}{x^2} = \lim\limits_{b\to 0}\left[-\frac{1}{x}\right]_{-1}^{b} = \lim\limits_{b\to 0} -\frac{1}{b}-1 = \underline{\underline{\infty}}.$

(40) $\int_0^1 \frac{dx}{\sqrt{1-x}} = \lim\limits_{b\to 1} \int_0^b \frac{dx}{\sqrt{1-x}} = \lim\limits_{b\to 1} \left[-2\sqrt{1-x}\right]_0^b = \lim\limits_{b\to 1} (-2\sqrt{1-b}+2) = \underline{\underline{2}}$

(41) $\int_{-1}^{0} \frac{dx}{\sqrt{1-x^2}} = \lim\limits_{a\to -1} \int_a^0 \frac{dx}{\sqrt{1-x^2}} = (B) = \lim\limits_{a\to -1} \left[\text{Arcsin}x\right]_a^0$

$= \lim\limits_{a\to -1} (-\text{Arcsin}a) = \text{Arcsin}(-1) = \underline{\underline{\frac{\pi}{2}}}$

(42) $\int_{-1}^{1} \frac{dx}{x^2-1} = \int_{-1}^{0} \frac{dx}{x^2-1} + \int_0^1 \frac{dx}{x^2-1}$

$\int_{-1}^{0} \frac{dx}{x^2-1} = \lim\limits_{a\to -1} \int_a^0 \frac{dx}{x^2-1} = \lim\limits_{a\to -1} \frac{1}{2}\left[\ln\left|\frac{x-1}{x+1}\right|\right]_a^0$

$= \lim\limits_{a\to -1} \left(-\frac{1}{2}\ln\left|\frac{a-1}{a+1}\right|\right) = \underline{\underline{-\infty.}}$

Ebenso erhält man :

$\int_0^1 \frac{dx}{x^2-1} = \underline{\underline{-\infty.}}$

Das uneigentliche Integral $\int_{-1}^{1} \frac{dx}{x^2-1}$ divergiert also!

(43) $\int_{-1}^{1} \frac{dx}{x^2} = \int_{-1}^{0} \frac{dx}{x^2} + \int_0^1 \frac{dx}{x^2} =$,also divergent! Siehe Aufgabe (39)!

(44)
$$F = \int_0^{\infty} \frac{1}{x^2}\cdot e^{-\frac{1}{x}}dx$$

Das Integral ist nur an der oberen Grenze uneigentlich, denn

$$\lim_{x\to 0} \frac{e^{-\frac{1}{x}}}{x^2} = \lim_{x\to\infty} x^2\cdot e^{-x} = \lim_{x\to\infty} \frac{x^2}{e^x} = (\text{l'Hospital}) = \underline{\underline{0}}.$$

$$F = \int_0^{\infty} \frac{1}{x^2}\cdot e^{-\frac{1}{x}}dx$$

Subst.: $\frac{1}{x} = t$

$-\frac{1}{x^2}dx = dt$

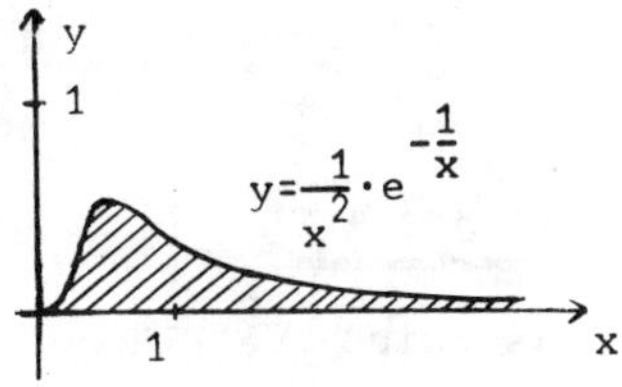

$$= -\int_{\infty}^{0} e^{-t}dt = \left[e^{-t}\right]_{\infty}^{0} = \underline{\underline{1}}$$

(45) $F = \int_1^{\infty} \frac{\ln x}{1+x^3}dx$

Weil $x > \ln x$ ist für $x \geq 1$, gilt: $\lim_{x\to\infty} \frac{x^s\cdot\ln x}{1+x^3} < \lim_{x\to\infty} \frac{x^{s+1}}{1+x^3} = \underline{\underline{0}},\ s < 2.$

Also konvergiert das uneigentliche Integral und F ist endlich!

(46) $F = \int_0^{\infty} \frac{dx}{x^2+16} = \lim_{b\to\infty} \int_0^{b} \frac{dx}{x^2+16} = \lim_{b\to\infty} \frac{1}{4}\left[\text{Arctan}\frac{x}{4}\right]_0^b = \underline{\underline{\frac{\pi}{8}}}.$

(47) $F = \int_a^{1} \frac{dx}{x\sqrt{1-x^3}}$

① $a > 0$ In diesem Fall ist $\int_a^1$ nur an der oberen Grenze uneigentlich.

Wegen $\sqrt{1-x^3} = \sqrt{1-x}\cdot\sqrt{1+x+x^2}$ gilt:

$$\lim_{x\to 1} \frac{(1-x)^s}{x\sqrt{1-x^3}} = \lim_{x\to 1} \frac{(1-x)^{s-1/2}}{x\sqrt{1+x+x^2}} = \underline{0}\ ,\text{für}\quad 1 > s > \frac{1}{2}$$

Demnach ist $\int_a^1$ für $a > 0$ konvergent und der Flächeninhalt F_1 zwischen der Kurve, der x-Achse und den Geraden $x=a$ und $x=1$ ist endlich!

② $a = 0$ In diesem Fall ist $\int_0^1$ an der oberen und an der unteren Grenze uneigentlich.

$$F = \int_0^1 \frac{dx}{x\sqrt{1-x^3}} = \int_0^c \frac{dx}{x\sqrt{1-x^3}} + \int_c^1 \frac{dx}{x\sqrt{1-x^3}}\quad , c \in (0,1)$$

$\int_0^c \frac{dx}{x\sqrt{1-x^3}}$ ist divergent, weil $\lim_{x\to 0} \frac{x}{x\sqrt{1-x^3}} = 1$ ist.

Deshalb ist auch $\int_0^1$ divergent, also F unendlich!

<u>Zusammenfassend ergibt sich:</u>

Ist $a \geq o$, so ist der Flächeninhalt zwischen der Kurve, der x-Achse und den Geraden x=o und x=a endlich, wenn a > o ist und sonst (a=o) unendlich!

(48) $$F_1 = \int_0^\infty \frac{\text{Arctan}x}{1+x^2}dx = \lim_{b\to\infty}\left[\frac{1}{2}\text{Arctan}^2x\right]_0^b = \frac{\pi^2}{8}.$$

$$F_2 = \int_0^1 \frac{\text{Arctan}x}{1+x^2}dx = \frac{\pi^2}{32}$$

$$F_1:F_2 = 4:1$$

Also wird die Fläche zwischen der Kurve und der positiven x-Achse durch die Gerade x=1 im Verhältnis 1:3 geteilt!

9. Reihen

9.1 Zahlenfolgen

(1)

	Zahlenfolge	Bildungsgesetz	
a)	$4,5,6,7,\ldots$	$a_n = n+3$	für $n = 1,2,3,..$
b)	$1,\frac{1}{2},\frac{1}{3},\frac{1}{4},\ldots$	$a_n = \frac{1}{n}$	für $n = 1,2,3,..$
c)	$4,4,4,4,\ldots$	$a_n = 4$	für $n = 1,2,3,..$
d)	$2,\frac{2}{3},\frac{2}{9},\frac{2}{27},\ldots$	$a_n = 2(\frac{1}{3})^n$	für $n = 0,1,2,..$
e)	$1,-2,4,-8,16,\ldots$	$a_n = (-2)^n$	für $n = 0,1,2,..$
f)	$\frac{1}{3},\frac{2}{5},\frac{3}{7},\frac{4}{9},\ldots$	$a_n = \frac{n}{2n+1}$	für $n = 1,2,3,..$
g)	$\sqrt{1},\sqrt{2},\sqrt{3},\sqrt{4},\ldots$	$a_n = \sqrt{n}$	für $n = 1,2,3,..$

In einer Folge $a_1,a_2,a_3,\ldots$,kurz (a_n), heißen die Zahlen a_n die Glieder der Folge.Die Formel "$a_n=f(n)$" heißt Bildungsgesetz der Folge.

Eine Folge heißt :

nach oben (nach unten) beschränkt, wenn es eine Zahl M (m) gibt, so daß für alle Folgenglieder $a_n \leq M$ ($a_n \geq m$) gilt.

beschränkt, wenn sie nach oben und unten beschränkt ist.

monoton steigend (monoton fallend), wenn für alle Folgenglieder $a_n \leq a_{n+1}$ ($a_n \geq a_{n+1}$) gilt.

alternierend, wenn für jede natürliche Zahl n gilt : $a_n \cdot a_{n+1} < 0$.

(2) Es werden Folgen aus Bsp.1 betrachtet.

a) Nach unten beschränkt, aber nicht beschränkt schlechthin. Monoton steigend (Da sogar $a_n < a_{n+1}$ gilt, wird zuweilen präzisiert : streng monoton steigend)

b) Nach oben und unten beschränkt, also beschränkt. Monoton fallend.

c) Beschränkt. Monoton steigend und monoton fallend. (Die letzte Eigenschaft haben natürlich nur diese sog. konstanten Folgen.)

d) Beschränkt und streng monoton fallend.

e) Alternierend

f) Beschränkt.Monoton steigend.

g) Nach unten beschränkt, nicht beschränkt.Monoton steigend.

Eine Zahl h heißt Häufungspunkt der Folge (a_n), wenn es unendlich viele Folgenglieder gibt, die "beliebig nahe" an der Zahl h liegen. Beachtet man, daß $|a-b|$ den Abstand der Zahlen a und b auf der Zahlengeraden angibt, läßt sich diese Definition folgendermaßen präzisieren : Zu jeder (beliebig kleinen) Zahl $\varepsilon > o$ gibt es unendlich viele Folgenglieder a_n, für die $|h-a_n| < \varepsilon$ gilt.

(3) o ist Häufungspunkt der Folge in Bsp.1b.
Es gibt nämlich unendlich viele Folgenglieder, die "beliebig nahe" an der Zahl o liegen. Zu jeder Zahl $\varepsilon > o$ kann man nämlich einen (hinreichend großen) Index n_o finden, so daß für alle auf a_{n_o} folgenden Folgenglieder- und das sind unendlich viele - gilt : $|o-a_n| < \varepsilon$. Betrachtet man z.B. $\varepsilon = 10^{-6}$, so ist klar : Alle Folgenglieder, die auf das 10^6te folgen, haben von der Zahl o einen Abstand, der kleiner als 10^{-6} ist.

(4) $(a_n) = 1,-1+1,2-1,1,-1+\frac{1}{2},2-\frac{1}{2},1,-1+\frac{1}{3},2-\frac{1}{3},1,-1+\frac{1}{4},2-\frac{1}{4},1,-1+\frac{1}{5},.....$

$$\text{also ist}\quad a_n = \begin{cases} 1 & \text{falls } n = 3k+1 \\ -1+\frac{1}{k+1} & \text{falls } n = 3k+2 \\ 2-\frac{1}{k+1} & \text{falls } n = 3k+3 \end{cases}$$

Entsprechend der Konstruktion der Folge betrachtet man die drei Teilfolgen : $(b_k) = 1$, $(c_k) = -1+\frac{1}{k+1}$, $(d_k) = 2-\frac{1}{k+1}$

1 ist Häufungspunkt der Folge (a_n), weil die unendlich vielen Glieder der Teilfolge (b_k) "beliebig nahe" an 1 liegen (sogar gleich 1 sind).
-1 ist Häufungspunkt von (a_n), da die unendlich vielen Glieder der Teilfolge (c_k) der Zahl -1 beliebig nahekommen : Für z.B. $\varepsilon = 10^{-2}$ gilt, daß sich alle Folgenglieder von (c_k), die auf das 100ste folgen - und das sind unendlich viele -, um weniger als 10^{-2} von der Zahl -1 unterscheiden.
2 ist Häufungspunkt von (a_n) aus entsprechenden Gründen.

Der kleinste Häufungspunkt einer Zahlenfolge (a_n) wird mit $\underline{\lim}\, a_n$, der größte Häufungspunkt mit $\overline{\lim}\, a_n$ bezeichnet. (Gelesen : limes inferior bzw. limes superior.)

(5) In Bsp.4 ist $\underline{\lim}\, a_n = -1$ und $\overline{\lim}\, a_n = 2$.

<u>Eine Zahl g heißt Grenzwert</u> der beschränkten Zahlenfolge (a_n), wenn g der einzige Häufungspunkt von (a_n) ist.
Eine beschränkte Folge mit genau einem Häufungspunkt besitzt einen Grenzwert, nämlich diesen Häufungspunkt. Eine Folge mit mehr als einem Häufungspunkt besitzt keinen Grenzwert.
Eine andere Möglichkeit, den Grenzwert zu beschreiben, ist :
<u>g heißt Grenzwert</u> der Folge (a_n), wenn die Folgenglieder "schließlich" beliebig nahe an der Zahl g liegen. Präziser :
<u>g heißt Grenzwert</u> der Folge (a_n), wenn es zu jeder (beliebig kleinen) Zahl $\varepsilon > 0$ ein Folgenglied gibt, so daß für alle Glieder, die auf dieses folgen, $|g-a_n| < \varepsilon$ gilt. Kürzer :
<u>g heißt Grenzwert</u> der Folge (a_n), wenn es zu jedem $\varepsilon > 0$ einen Index n_0 gibt, so daß $|g-a_n| < \varepsilon$ für $n \geq n_0$.
Ist g Grenzwert der Folge (a_n), schreibt man $g = \lim\limits_{n\to\infty} a_n$ (gelesen : limes von a_n für n gegen unendlich). Vielfach schreibt man auch nur : $a_n \longrightarrow g$.
Eine Folge heißt <u>konvergent</u>, wenn sie einen Grenzwert besitzt, andernfalls <u>divergent</u>.
Eine Folge, deren Grenzwert 0 ist, heißt <u>Nullfolge</u>.

Jede konvergente Folge ist beschränkt.

(6) Es werden Folgen aus Bsp.1 betrachtet.
Die Folgen 1a, 1e und 1g sind divergent, da sie nicht beschränkt sind.
Die beschränkten Folgen 1b und 1d haben 0 als einzigen Häufungspunkt, sind also Nullfolgen. Die beschränkte Folge 1c hat 4 als einzigen Häufungspunkt, also ist 4 ihr Grenzwert.

(7) Bei der Folge 1f, $a_n = \frac{n}{2n+1}$, läßt sich durch Hinschreiben der ersten Glieder vermuten, daß der Grenzwert $\frac{1}{2}$ ist. Nachweisen läßt sich dies, indem man zu jedem $\varepsilon > 0$ ein Folgenglied (bzw. seinen Index) angibt, von dem ab sich die Folgenglieder um weniger als ε von $\frac{1}{2}$ unterscheiden.
$\left|\frac{1}{2} - a_n\right| = \left|\frac{1}{2} - \frac{n}{2n+1}\right| = \left|\frac{2n+1-2n}{2(2n+1)}\right| = \frac{1}{2(2n+1)}$. Der letzte Bruch soll kleiner als ε werden, also

$\frac{1}{2(2n+1)} < \varepsilon$; Somit (nach n auflösen): $n > \frac{1}{2}\left[\frac{1}{2\varepsilon} - 1\right]$.

Bezeichnet n_0 die kleinste natürliche Zahl, die größer ist als

$\frac{1}{2}\left[\frac{1}{2\varepsilon}-1\right]$, so gilt für $n \geq n_0$: $\left|\frac{1}{2} - a_n\right| < \varepsilon$.

Ist z.B. $\varepsilon = 10^{-2}$, so ist $\frac{1}{2}\left[\frac{1}{2\varepsilon} - 1\right] = 24{,}5$. Vom 25sten Glied ab sind die Folgenglieder um weniger als 10^{-2} von $\frac{1}{2}$ entfernt.

(8) $a_n = \sqrt{n+1} - \sqrt{n-1}$ ist Nullfolge.

Lsg:

$$0 \leq a_n = \frac{(\sqrt{n+1} - \sqrt{n-1})(\sqrt{n+1} + \sqrt{n-1})}{\sqrt{n+1} + \sqrt{n-1}} = \frac{2}{\sqrt{n+1} + \sqrt{n-1}}$$

$$\leq \frac{2}{\sqrt{n+1}} \quad \text{(Der Nenner wurde verkleinert)}$$

$\frac{2}{\sqrt{n+1}} < \varepsilon$ gilt für $n > \frac{4}{\varepsilon^2} - 1$. z.B. für $\varepsilon = \frac{1}{10}$: $n_0 = 400$

Zusammenhang zwischen Grenzwert und Häufungspunkt

> h ist <u>Häufungspunkt</u> von (a_n) genau dann, wenn es eine gegen h <u>konvergierende Teilfolge</u> von (a_n) gibt.

(9) Man bestimme die Häufungspunkte von $a_n = \sin\frac{n}{2}\pi$.

Lsg: Man betrachtet wegen der Periodizität von y=sinx die Teilfolgen für (i) n=4k (ii) n=4k+1 (iii) n=4k+2 (iv) n=4k+3.

(i) $a_{4k} = \sin\frac{4k}{2}\pi = \sin 2k\pi = 0$ $\qquad a_{4k} \longrightarrow 0$

(ii) $a_{4k+1} = \sin\frac{4k+1}{2}\pi = \sin(2k\pi + \frac{\pi}{2}) = \sin\frac{\pi}{2} = 1$ $\qquad a_{4k+1} \longrightarrow 1$

(iii) $a_{4k+2} = \sin\frac{4k+2}{2}\pi = \sin(2k+1)\pi = 0$ $\qquad a_{4k+2} \longrightarrow 0$

(iv) $a_{4k+3} = \sin\frac{4k+3}{2}\pi = \sin(2k\pi + \frac{3}{2}\pi) = \sin\frac{3}{2}\pi = -1$ $\qquad a_{4k+3} \longrightarrow -1$

Die Häufungspunkte sind also -1,0 und 1.

<u>Folgende Grenzwerte sollte man kennen</u> :

$a_n = \frac{a^n}{n!}$ für $a \in \mathbb{R}$	$\lim\limits_{n\to\infty} a_n = 0$	$a_n = \sqrt[n]{n!}$	$\lim\limits_{n\to\infty} a_n = \infty$
$a_n = (1+\frac{1}{n})^n$	$\lim\limits_{n\to\infty} a_n = e$	$a_n = (1+\frac{k}{n})^n$	$\lim\limits_{n\to\infty} a_n = e^k$
$a_n = \sqrt[n]{a}$ für $a > 0$	$\lim\limits_{n\to\infty} a_n = 1$	$a_n = \frac{1}{n}\cdot\sqrt[n]{n!}$	$\lim\limits_{n\to\infty} a_n = \frac{1}{e}$
$a_n = \sqrt[n]{n}$	$\lim\limits_{n\to\infty} a_n = 1$		

<u>Rechenregeln für Grenzwerte</u>

$a_n \longrightarrow a$, $b_n \longrightarrow b$ $\quad\Longrightarrow\quad (a_n+b_n) \longrightarrow a+b$

$\quad\Longrightarrow\quad a_n \cdot b_n \longrightarrow ab$

für $b \neq 0$ $\quad\Longrightarrow\quad \frac{a_n}{b_n} \longrightarrow \frac{a}{b}$

für $a_n \geq 0$ und $a > 0$ $\quad\Longrightarrow\quad a_n^k \longrightarrow a^k$

(1o) $a_n = \frac{n}{2n+1} + \sqrt[n]{n} \longrightarrow \frac{1}{2} + 1 = \frac{3}{2}$

$a_n = (1+\frac{1}{n})^n \cdot \sqrt[n]{n} \longrightarrow e \cdot 1 = e$

$$a_n = \frac{n}{(1+\frac{1}{n})^n \cdot (2n+1)} = \frac{\frac{n}{2n+1}}{(1+\frac{1}{n})^n} \longrightarrow \frac{\frac{1}{2}}{e} = \frac{1}{2e}$$

$$a_n = \frac{n^2}{4n^2+4n+1} = (\frac{n}{2n+1})^2 \longrightarrow (\frac{1}{2})^2 = \frac{1}{4}$$

Ist der Exponent von n abhängig, darf die letzte Rechenregel <u>nicht</u> angewendet werden ! Folgendes <u>Gegenbeispiel</u> soll das erläutern : Bei $a_n = (1+\frac{1}{n})^n$ ist $\lim\limits_{n\to\infty} (1+\frac{1}{n}) = 1$ also $\lim\limits_{n\to\infty} a_n = \lim\limits_{n\to\infty} 1^n = 1$. (und das ist bekanntlich falsch)

Eine Folge der Form $a_n = a_o \cdot q^n$, n=o,1,2,.. , also ausgeschrieben $a_o, a_o \cdot q, a_o \cdot q^2, a_o \cdot q^3, \ldots$ heißt <u>geometrische Folge</u>, die Zahl q der <u>Quotient</u> dieser Folge.

Die <u>geometrische Folge</u> ist Nullfolge für $\lvert q\rvert < 1$, für $\lvert q\rvert > 1$ ist sie divergent.

(11) a) $a_n = 2(\frac{1}{3})^n$ ist Nullfolge

b) $a_n = (-2)^n$ ist divergent

Ist $a_n = \frac{P(n)}{Q(n)}$, wobei P und Q Polynome sind, so ersieht man das Konvergenzverhalten nach dem Kürzen durch die höchste Potenz von n, die im Nenner erscheint.

(12) a)

$$a_n = \frac{2n^2+2n+4}{4n^4+3} = \frac{\frac{2}{n^2} + \frac{2}{n^3} + \frac{4}{n^4}}{4 + \frac{3}{n^4}}$$

$\frac{2}{n^2}, \frac{2}{n^3}, \frac{4}{n^4}, \frac{3}{n^4}$ sind Nullfolgen, also $a_n \to \frac{o+o+o}{4+o} = o$

b)

$$a_n = \frac{3n^2+n+1}{4n^2+5} = \frac{3 + \frac{1}{n} + \frac{1}{n^2}}{4 + \frac{5}{n^2}} \longrightarrow \frac{3+o+o}{4+o} = \frac{3}{4}$$

c)

$$a_n = \frac{2n^2+1}{4n+1} = \frac{2n + \frac{1}{n}}{4 + \frac{1}{n}}$$

Der Nenner konvergiert gegen 4, der Zähler divergiert. Die Folge ist nicht beschränkt, also divergent.

Die Folge (a_n) heißt <u>bestimmt divergent</u> und "∞" heißt <u>uneigentlicher Grenzwert</u> von (a_n), $\lim\limits_{n\to\infty} a_n = \infty$, wenn es zu jeder (noch so großen) Zahl M einen Index n_o gibt, so daß $a_n \geq M$ für alle $n \geq n_o$.

Der uneigentliche Grenzwert $-\infty$ wird entsprechend erklärt.

(13) a)

$a_n = \frac{3n^2+1}{n+1}$ ist bestimmt divergent. $\lim\limits_{n\to\infty} a_n = \infty$.

Lsg:

$$a_n = \frac{3n + \frac{1}{n}}{1 + \frac{1}{n}} > \frac{3n}{1 + \frac{1}{n}} > \frac{3n}{1 + 1} = \frac{3}{2}n \geq M \quad \text{gilt für } n \geq \frac{2}{3}M.$$

b) $a_n = (-2)^n$ ist divergent, aber nicht bestimmt divergent.

Lsg: Als geometrische Folge mit $q = -2$ ist (a_n) divergent. Ist eine Zahl $M > o$ gegeben, so gibt es sicher beliebig große Indizes n, für die $a_n < M$ ist. (Für ungerade Indizes ist a_n ja negativ!)

(14) $a_n = \sqrt[n]{n!}$ ist bestimmt divergent. $\lim\limits_{n\to\infty} \sqrt[n]{n!} = \infty$.

9.2 Numerische Reihen

Zu einer Folge $a_1, a_2, a_3, ..$ kann man die zugeordnete <u>Folge der Partialsummen</u> $s_1, s_2, s_3, ..$ betrachten, wobei :

$s_1 = a_1$
$s_2 = a_1 + a_2$
$s_3 = a_1 + a_2 + a_3$
.
$s_n = a_1 + a_2 + ... + a_n = \sum\limits_{k=1}^{n} a_k$

(15) $(a_k) = 1,4,9,16,....$
$s_n = 1+4+9+...+n^2 \qquad (s_n) = 1,5,14,3o,...$

Die Folge der Partialsummen wird (<u>unendliche</u>) <u>Reihe</u> genannt. Ist die Folge der Partialsummen konvergent, $s_n \longrightarrow s$, so heißt der Grenzwert s <u>Wert</u> (<u>Summe</u>, <u>Grenzwert</u>) der Reihe.

$$s = \lim_{n\to\infty} s_n = \lim_{n\to\infty} \sum_{k=1}^{n} a_k =: \sum_{k=1}^{\infty} a_k$$

Auch das Symbol $\sum_{k=1}^{\infty} a_k$ wird als Reihe bezeichnet und es ist zu untersuchen, ob die Folge der Partialsummen konvergiert. Ist das der Fall, heißt die Reihe <u>konvergent</u>, falls nicht, <u>divergent</u>.

Die Frage der Konvergenz einer Reihe ist oft einfach zu beantworten, wenn es gelingt, die Partialsumme $s_n = a_1 + .. a_n$ als Funktion von n auszudrücken.

(16) Man untersuche auf Konvergenz und bestimme ggf. den Grenzwert

a) $\sum_{k=1}^{\infty} \frac{1}{k(k+1)}$.

Lsg: Partialbruchzerlegung. $\frac{1}{k(k+1)} = \frac{1}{k} - \frac{1}{k+1}$ Somit ist

$$s_n = \sum_{k=1}^{n} \frac{1}{k(k+1)} = \sum_{k=1}^{n} \left(\frac{1}{k} - \frac{1}{k+1}\right) = \frac{1}{1} - \frac{1}{2} + \frac{1}{2} - \frac{1}{3} + \frac{1}{3} - \ \dots \ -\frac{1}{n} + \frac{1}{n} - \frac{1}{n+1}$$

$$= 1 - \frac{1}{n+1}.$$

$$\sum_{k=1}^{\infty} \frac{1}{k(k+1)} = \lim_{n\to\infty} s_n = \lim_{n\to\infty} \left(1 - \frac{1}{n+1}\right) = 1.$$

Die Reihe ist konvergent mit dem Wert 1.

b) $\sum_{k=1}^{\infty} k$.

Lsg: $s_n = 1+2+3+..+n = \frac{n(n+1)}{2}$ $\lim_{n\to\infty} s_n = \infty$ Die Reihe ist divergent.

c) $\sum_{k=1}^{\infty} \frac{3}{k^2+5k+4}$.

Lsg: Partialbruchzerlegung $\frac{3}{k^2+5k+4} = \frac{1}{k+1} - \frac{1}{k+4}$

$$s_n = \sum_{k=1}^{n} \frac{3}{k^2+5k+4} = \sum_{k=1}^{n} \frac{1}{k+1} - \sum_{k=1}^{n} \frac{1}{k+4} =$$

$$= \left(\frac{1}{2} + \frac{1}{3} + \frac{1}{4} + .. + \frac{1}{n+1}\right) - \left(\frac{1}{5} + \frac{1}{6} + ... + \frac{1}{n+3} + \frac{1}{n+4}\right)$$

$$= \frac{1}{2} + \frac{1}{3} + \frac{1}{4} - \frac{1}{n+2} - \frac{1}{n+3} - \frac{1}{n+4} .$$

$$\lim_{n\to\infty} s_n = \frac{1}{2} + \frac{1}{3} + \frac{1}{4} - 0 - 0 - 0 = \frac{13}{12} .$$

<u>Endliche geometrische Reihe</u>

$$a_0 + a_0 q + a_0 q^2 + .. + a_0 q^n = \sum_{k=0}^{n} a_0 q^k = a_0 \frac{1 - q^{n+1}}{1 - q} \quad \text{für } q \neq 1$$

z.B. ist : $1 + x + x^2 + .. + x^n = \frac{1 - x^{n+1}}{1 - x}$ für $x \neq 1$.

Es ist nämlich :

$$\begin{array}{rl} s_n = & a_o + a_oq + a_oq^2 + \ldots + a_oq^n \\ qs_n = & \quad\;\; a_oq + a_oq^2 + \ldots + a_oq^n + a_oq^{n+1} \\ \hline s_n\cdot(1-q) = & a_o - a_oq^{n+1} \end{array} \Bigg] -$$

Eine Reihe der Form $a_o+a_oq+a_oq^2+\ldots = \sum_{k=o}^{\infty} a_oq^k$ heißt <u>geometrische Reihe</u>.

Aus der Formel für die endliche geometrische Reihe erkennt man :

Die <u>geometrische Reihe</u> $\sum_{k=o}^{\infty} a_oq^k$ ist konvergent genau dann, wenn $\lvert q\rvert < 1$ ist. Der Wert der Reihe ist dann $s = \frac{a_o}{1-q}$.

(17) Man untersuche auf Konvergenz und bestimme ggf. den Grenzwert :

$$\sum_{k=o}^{\infty} \frac{4}{(-3)^k}.$$

Lsg: Geometrische Reihe mit $a_o = 4$ und $q = -\frac{1}{3}$. Die Reihe ist konvergent mit dem Wert $s = \frac{4}{1-(-\frac{1}{3})} = 3$.

Die Reihe $\sum_{k=1}^{\infty} \frac{1}{k^a}$ ist konvergent genau dann, wenn $a > 1$.

(18) Die <u>harmonische Reihe</u> $1+\frac{1}{2}+\frac{1}{3} + \ldots = \sum_{k=1}^{\infty} \frac{1}{k}$ ist divergent.

Lsg: Die Reihe hat die obige Form mit $a = 1$.

(19) Die Reihe $\sum_{k=1}^{\infty} \frac{1}{\sqrt{k^3}}$ ist konvergent.

Lsg: Die Reihe hat die obige Form mit $a = \frac{3}{2}$.

Notwendig dafür, daß $\sum_{k=1}^{\infty} a_k$ konvergiert, ist $\lim_{k\to\infty} a_k = o$.

(2o) $\sum_{k=1}^{\infty} (1+\frac{1}{k})^k$ ist divergent.

Lsg: Die Glieder bilden keine Nullfolge; $\lim_{k\to\infty} a_k = e$.

<u>Die Umkehrung des letzten Satzes ist falsch</u> : Aus der Tatsache, daß die Glieder eine Nullfolge bilden, folgt nicht die Konvergenz der Reihe ! s. Bsp.18.

Rechnen mit konvergenten Reihen :

Sind $\sum_{k=1}^{\infty} a_k$ und $\sum_{k=1}^{\infty} b_k$ konvergent, so sind es auch

$\sum_{k=1}^{\infty} (a_k+b_k)$ und $\sum_{k=1}^{\infty} ca_k$ für $c \in \mathbb{R}$ und es gilt

$$\sum_{k=1}^{\infty} a_k + \sum_{k=1}^{\infty} b_k = \sum_{k=1}^{\infty} (a_k+b_k) \text{ und } c\sum_{k=1}^{\infty} a_k = \sum_{k=1}^{\infty} ca_k .$$

Das Cauchy-Produkt der Reihen $\sum_{k=o}^{\infty} a_k = a_o + a_1 + a_2 + \ldots$ und $\sum_{k=o}^{\infty} b_k = b_o + b_1+b_2 + \ldots$ ist die Reihe :

$$a_ob_o + (a_ob_1 + a_1b_o) + (a_ob_2 + a_1b_1 + a_2b_o) + (a_ob_3 + a_1b_2+ \ldots$$
$$= \sum_{k=o}^{\infty} \left(\sum_{i=o}^{k} a_ib_{k-i}\right)$$

Eine Reihe heißt alternierend, falls $a_k \cdot a_{k+1} < o$ für alle k.

> Leibnizkriterium : Eine alternierende Reihe $\sum_{k=1}^{\infty} a_k$ ist konvergent, wenn $|a_k|$ eine monotone Nullfolge ist.

(21) a) $1 - \frac{1}{2} + \frac{1}{3} - \frac{1}{4} + .. = \sum_{k=1}^{\infty} \frac{(-1)^{k-1}}{k}$ ist konvergent.

Lsg: $|a_k| = \frac{1}{k}$ ist eine monotone Nullfolge.

b) $\sum_{k=1}^{\infty} \frac{(-1)^k}{\sqrt{k}}$ ist konvergent , da $\frac{1}{\sqrt{k}}$ monotone Nullfolge ist.

Eine Reihe $\sum_{k=1}^{\infty} a_k$ heißt absolut konvergent, falls $\sum_{k=1}^{\infty} |a_k|$ konvergiert.

Jede absolut konvergente Reihe ist konvergent.

(22) a) $\sum_{n=1}^{\infty} (-1)^{n+1} \cdot \frac{1}{n^2} = 1 - \frac{1}{4} + \frac{1}{9} - \frac{1}{16} + ..$ ist absolut kvg., da $\sum_{n=1}^{\infty} \frac{1}{n^2} = 1 + \frac{1}{4} + \frac{1}{9} + \frac{1}{16} + ..$ konvergiert.

b) $\sum_{n=1}^{\infty} (-1)^{n+1} \cdot \frac{1}{n} = 1 - \frac{1}{2} + \frac{1}{3} - \frac{1}{4} + ..$ ist kvg. (Bspl.21a), aber nicht absolut kvg., da $\sum_{n=1}^{\infty} \frac{1}{n}$ divergiert (Bsp.18).

> Majorantenkriterium : Die Reihe $\sum_{k=1}^{\infty} x_k$ ist absolut konvergent, wenn es eine konvergente Reihe mit positiven Gliedern $\sum_{k=1}^{\infty} a_k$ gibt, so daß für alle k : $|x_k| \leq a_k$ gilt.

(23) Man untersuche auf Konvergenz:

a) $\sum_{k=1}^{\infty} \frac{(-1)^k k}{k^3+1}$.

$\left|\frac{(-1)^k k}{k^3+1}\right| = \frac{k}{k^3+1} < \frac{k}{k^3} = \frac{1}{k^2}$. Da $\sum_{k=1}^{\infty} \frac{1}{k^2}$ konvergiert, ist die gegebene Reihe konvergent.

b) $\sum_{k=1}^{\infty} \frac{\sin k + \cos^2 k}{k^3}$

Lsg: $\left|\frac{\sin k + \cos^2 k}{k^3}\right| \leq \frac{|\sin k|}{k^3} + \frac{|\cos^2 k|}{k^3} \leq \frac{1}{k^3} + \frac{1}{k^3} = 2\frac{1}{k^3}$.

Mit $\sum_{k=1}^{\infty} \frac{1}{k^3}$ konvergiert auch $\sum_{k=1}^{\infty} \frac{2}{k^3}$, also auch die geg. Reihe.

<u>Minorantenkriterium</u> : Die Reihe $\sum_{k=1}^{\infty} x_k$ mit positiven Gliedern ist divergent, falls es eine divergente Reihe $\sum_{k=1}^{\infty} a_k$ mit positiven Gliedern gibt, so daß $a_k \leq x_k$ gilt.

(24) Man untersuche auf Konvergenz :

a) $\sum_{k=1}^{\infty} \frac{1}{\sqrt{k(k+1)}}$

Lsg: $\frac{1}{\sqrt{k(k+1)}} > \frac{1}{\sqrt{(k+1)(k+1)}} = \frac{1}{k+1}$. Da $\sum_{k=1}^{\infty} \frac{1}{k+1}$ divergiert, ist die gegebene Reihe divergent.

b) $\sum_{n=2}^{\infty} \frac{1}{3\sqrt{n} + (-1)^n \cdot n}$

$\frac{1}{3\sqrt{n} + (-1)^n \cdot n} \geq \frac{1}{4n}$. Die geg. Reihe ist divergent.

<u>Quotientenkriterium</u> : $(x_k \neq 0)$

$\lim_{k\to\infty} \left|\frac{x_{k+1}}{x_k}\right| < 1 \implies \sum_{k=1}^{\infty} x_k$ ist absolut konvergent

$\lim_{k\to\infty} \left|\frac{x_{k+1}}{x_k}\right| > 1 \implies \sum_{k=1}^{\infty} x_k$ ist divergent

(25) Man untersuche auf Konvergenz :

a) $\sum_{k=1}^{\infty} k^2\, 2^{-k}$.

Lsg: $\left|\frac{x_{k+1}}{x_k}\right| \cdot \frac{(k+1)^2}{k^2}\,\frac{2^{-k-1}}{2^{-k}} = \frac{k^2+2k+1}{2k^2} \longrightarrow \frac{1}{2}$ Konvergent

b) $\sum_{k=1}^{\infty} \frac{(-2)^k}{k}$

Lsg: $\left|\frac{x_{k+1}}{x_k}\right| = \left|\frac{(-2)^{k+1}}{(k+1)}\,\frac{k}{(-2)^k}\right| = \frac{2k}{k+1} \longrightarrow 2.$ Divergent.

c) $\sum_{k=1}^{\infty} \frac{1}{2k+1}$

Lsg: $\left|\frac{x_{k+1}}{x_k}\right| = \frac{2k+1}{2k+3} \longrightarrow 1$ Keine Aussage des Quotientenkriteriums

Wurzelkriterium

$\lim_{k\to\infty} \sqrt[k]{|x_k|} < 1 \Longrightarrow \sum_{k=1}^{\infty} x_k$ ist absolut konvergent

$\lim_{k\to\infty} \sqrt[k]{|x_k|} > 1 \Longrightarrow \sum_{k=1}^{\infty} x_k$ ist divergent

(26) Man untersuche auf Konvergenz :

a) $\sum_{k=1}^{\infty} \left(\frac{k}{k+2}\right)^{2k^2}$

Lsg: $\sqrt[k]{|x_k|} = \left(\frac{k}{k+2}\right)^{2k} = \frac{1}{\left(1+\frac{2}{k}\right)^{2k}} \longrightarrow e^{-4} < 1$ Konvergent

b) $\sum_{k=1}^{\infty} \left(2+\frac{1}{k}\right)^k$

Lsg: $\sqrt[k]{|x_k|} = 2+\frac{1}{k} \longrightarrow 2.$ Divergent.

c) $\sum_{k=2}^{\infty} \left(\frac{k}{k-1}\right)^{2k}$

Lsg: $\sqrt[k]{|x_k|} = \left(\frac{k}{k-1}\right)^2 \longrightarrow 1$ Keine Aussage des Wurzelkriteriums.

d) $\sum_{n=1}^{\infty} 2^{(-1)^n-n} = \frac{1}{2^2} + \frac{1}{2^1} + \frac{1}{2^4} + \frac{1}{2^3} + \ldots$

Das Quotientenkrit. versagt, denn

$\frac{x_{n+1}}{x_n} = \frac{2^{(-1)^{n+1}-(n+1)}}{2^{(-1)^n-n}} = \frac{1}{2}\cdot 4^{(-1)^{n+1}}$ ist divergent, HP : 2 und $\frac{1}{8}$

Das Wurzelkrit. ergibt :

$\sqrt[n]{|x_n|} = 2^{\frac{1}{n}\cdot\left[(-1)^n-n\right]} \longrightarrow 2^{-1}$ Konvergent.

9.3 Potenzreihen

Reihen der Form

$$a_o + a_1(x-x_o) + a_2(x-x_o)^2 + a_3(x-x_o)^3 + \dots = \sum_{n=o}^{\infty} a_n(x-x_o)^n$$

heißen Potenzreihen.

$a_o, a_1, a_2, \dots$ sind die Koeffizienten, x_o der Entwicklungspunkt.

(27) a) $(x-1) - \frac{1}{2}(x-1)^2 + \frac{1}{3}(x-1)^3 - \frac{1}{4}(x-1)^4 + \dots$ ist eine Potenzreihe mit dem Entwicklungspunkt $x_o = 1$ und den Koeffizienten $a_o = o$, $a_1 = 1$, $a_2 = -\frac{1}{2}$ ... $a_k = \frac{(-1)^{k+1}}{k}$

b) $1 + x + \frac{1}{2!}x^2 + \frac{1}{3!}x^3 + \frac{1}{4!}x^4 + \dots$ ist eine Potenzreihe mit dem Entwicklungspunkt $x_o = o$ und den Koeffizienten $a_o = 1$, $a_1 = 1$, $a_2 = \frac{1}{2!}, \dots, a_k = \frac{1}{k!}$.

Der Konvergenzbereich einer Potenzreihe ist die Menge aller reellen Zahlen, die man für x einsetzen kann, so daß die so entstandene numerische Reihe konvergiert.

(28) Zum Konvergenzbereich von $1+x+x^2+x^3+x^4+\dots = \sum_{n=o}^{\infty} x^n$ gehört sicher die Zahl $\frac{1}{2}$, da die Reihe $\sum_{n=o}^{\infty} (\frac{1}{2})^n$ konvergiert, aber nicht die Zahl -2, da die Reihe $\sum_{n=o}^{\infty} (-2)^n$ divergiert.

Für den Konvergenzbereich von Potenzreihen bestehen nun nur folgende drei Möglichkeiten :

(i) Die Reihe ist nur konvergent für den Entwicklungspunkt x_o.

(ii) Die Reihe ist konvergent für alle $x \in \mathbb{R}$.

(iii) Die Reihe ist konvergent für alle Zahlen x aus dem offenen Intervall (x_o-r, x_o+r) und höchstens noch in den Randpunkten $x=x_o-r$, $x=x_o+r$

r heißt Konvergenzradius und ist bestimmt durch :

$$r = \frac{1}{\lim\limits_{k\to\infty} \sqrt[k]{|a_k|}} \quad \text{oder auch} \quad r = \lim_{k\to\infty} \left| \frac{a_k}{a_{k+1}} \right| .$$

(Existiert $\lim\limits_{k\to\infty} \sqrt[k]{|a_k|}$ nicht, ist stattdessen der größte Häufungspunkt $\overline{\lim} \sqrt[k]{|a_k|}$ zu nehmen.)

Der Fall (i) folgt aus $\lim\limits_{k\to\infty} \sqrt[k]{|a_k|} = \infty$. Dann ist $r = 0$.

Der Fall (ii) folgt aus $\lim\limits_{k\to\infty} \sqrt[k]{|a_k|} = 0$. Dann ist $r = \infty$.

(29) Man bestimme den Konvergenzradius r und den Konvergenzbereich K.

a) $1 + \frac{2}{1}x + \frac{4}{2}x^2 + \frac{8}{6}x^3 + \frac{16}{24}x^4 + \dots \quad = \sum\limits_{n=0}^{\infty} \frac{2^n}{n!} x^n$

Lsg: $\lim\limits_{n\to\infty} \sqrt[n]{|a_n|} = \lim\limits_{n\to\infty} \frac{2}{\sqrt[n]{n!}} = 0$ (s.Bsp.14)

Es ist $r = \infty$ und $K = \mathbb{R}$.

b) $x + 4x^2 + 27x^3 + 256x^4 + \dots \quad = \sum\limits_{n=1}^{\infty} n^n x^n$

Lsg: $\lim\limits_{n\to\infty} \sqrt[n]{|a_n|} = \lim\limits_{n\to\infty} n = \infty$. Also $r = 0$ und $K = \{x_0\} = \{0\}$.

c) $\sum\limits_{n=1}^{\infty} \frac{2^n}{n^n} x^n$

Lsg: $\lim\limits_{n\to\infty} \sqrt[n]{|a_n|} = \lim\limits_{n\to\infty} \frac{2}{n} = 0$. Also $r = \infty$ und $K = \mathbb{R}$.

d) $\sum\limits_{n=1}^{\infty} n^2 \cdot 5^n \cdot (x-2)^n$.

Lsg: $\lim\limits_{n\to\infty} \sqrt[n]{|a_n|} = \lim\limits_{n\to\infty} \sqrt[n]{n^2 5^n} = \lim\limits_{n\to\infty} 5 \sqrt[n]{n^2} = \lim\limits_{n\to\infty} 5(\sqrt[n]{n})^2 = 5$.

Es ist $r = \frac{1}{5}$ und $K = (2-\frac{1}{5}, 2+\frac{1}{5}) = (\frac{9}{5}, \frac{11}{5})$

e) $\sum\limits_{n=0}^{\infty} 3^n x^n$

Lsg: $\lim\limits_{n\to\infty} \sqrt[n]{|3^n|} = 3$. Also $r = \frac{1}{3}$ und $K = (-\frac{1}{3}, \frac{1}{3})$.

Ordnet man jeder Zahl x des Konvergenzbereichs den Wert der Reihe $\sum\limits_{k=0}^{\infty} a_k (x-x_0)^k$ zu, so ist damit eine Funktion erklärt. Sie heißt <u>die durch die Potenzreihe dargestellte Funktion</u>.

Besonders wichtig ist die geometrische Reihe :

$$\boxed{\sum_{n=0}^{\infty} x^n = \frac{1}{1-x} \quad \text{für } |x| < 1}$$

(30) Welche Funktion wird für welche x dargestellt durch :

a) $\sum\limits_{n=0}^{\infty} 2^n x^n$

Lsg: $\sum_{n=o}^{\infty} 2^n x^n = \sum_{n=o}^{\infty} (2x)^n$ mit $z = 2x$:

$= \sum_{n=o}^{\infty} z^n = \frac{1}{1-z}$ für $|z|<1$. Aus $|z|<1$ folgt $|x|<\frac{1}{2}$, also ist

$\sum_{n=o}^{\infty} 2^n x^n = \frac{1}{1-2x}$ für $|x|<\frac{1}{2}$.

b) $\sum_{k=o}^{\infty} (-\frac{1}{3})^{k+1} x^k$

Lsg: $\sum_{k=o}^{\infty} (-\frac{1}{3})^{k+1} x^k = -\frac{1}{3}\sum_{k=o}^{\infty} (-\frac{1}{3})^k x^k = -\frac{1}{3}\sum_{k=o}^{\infty} (-\frac{x}{3})^k$ mit $z = -\frac{x}{3}$:

$= -\frac{1}{3}\sum_{k=o}^{\infty} z^k = -\frac{1}{3}\frac{1}{1-z}$ für $|z|<1$. Aus $|z|<1$ folgt $|x|<3$. Daher :

$\sum_{k=o}^{\infty} (-\frac{1}{3})^{k+1} x^k = -\frac{1}{3}\frac{1}{1-(-\frac{x}{3})} = \frac{-1}{3+x}$ für $|x|<3$.

Folgende Reihendarstellungen werden häufig benötigt :

$\sin x = \sum_{n=o}^{\infty} \frac{(-1)^n}{(2n+1)!} x^{2n+1} = x - \frac{1}{3!}x^3 + \frac{1}{5!}x^5 - \ldots$ für $x \in \mathbb{R}$

$\cos x = \sum_{n=o}^{\infty} \frac{(-1)^n}{(2n)!} x^{2n} = 1 - \frac{1}{2!}x^2 + \frac{1}{4!}x^4 - \ldots$ für $x \in \mathbb{R}$

$e^x = \sum_{n=o}^{\infty} \frac{x^n}{n!} = 1 + \frac{1}{1!}x + \frac{1}{2!}x^2 + \frac{1}{3!}x^3 + \ldots$ für $x \in \mathbb{R}$

Weitere Darstellungen : (B 278)

(31) Man stelle als Reihe mit dem Entwicklungspunkt $x_o=o$ dar :

a) sin5x.

Lsg: $\sin 5x = \sum_{n=o}^{\infty} \frac{(-1)^n}{(2n+1)!}(5x)^{2n+1} = \sum_{n=o}^{\infty} \frac{(-1)^n 5^{2n+1}}{(2n+1)!} x^{2n+1}$

$= 5x - \frac{5^3}{3!}x^3 + \frac{5^5}{5!}x^5 - \ldots$ für $x \in \mathbb{R}$

b) e^{2x^2}.

Lsg: $e^{2x^2} = \sum_{n=o}^{\infty} \frac{(2x^2)^n}{n!} = \sum_{n=o}^{\infty} \frac{2^n x^{2n}}{n!} = \sum_{n=o}^{\infty} \frac{2^n}{n!} x^{2n}$

$= 1 + \frac{2}{1!}x^2 + \frac{4}{2!}x^4 + \frac{8}{3!}x^6 + \ldots$ für $x \in \mathbb{R}$

Rechnen mit Potenzreihen

$f(x) = \sum_{n=0}^{\infty} a_n x^n$ und $g(x) = \sum_{n=0}^{\infty} b_n x^n$

$$f(x) + g(x) = \sum_{n=0}^{\infty} (a_n+b_n)x^n = a_0+b_0+(a_1+b_1)x+(a_2+b_2)x^2+\ldots.$$

$$f(x)g(x) = \sum_{n=0}^{\infty} a_n x^n \cdot \sum_{n=0}^{\infty} b_n x^n = (a_0+a_1x+a_2x^2+..)(b_0+b_1x+b_2x^2+..)$$

$$= a_0b_0+(a_0b_1+a_1b_0)x+(a_0b_2+a_1b_1+a_2b_0)x^2+(a_0b_3+..)x^3+\ldots$$

$$\frac{f(x)}{g(x)} = \sum_{n=0}^{\infty} c_n x^n$$, dabei können die c_n durch Koeffvgl. aus $\sum_{n=0}^{\infty} a_n x^n = (\sum_{n=0}^{\infty} b_n x^n)\cdot(\sum_{n=0}^{\infty} c_n x^n)$ berechnet werden.

32) Man berechne die Potenzreihendarstellung für $x_0=0$ von :

a) $\sin x + \cos x$

Lsg: $$\sin x + \cos x = \sum_{n=0}^{\infty} \frac{(-1)^n}{(2n+1)!} x^{2n+1} + \sum_{n=0}^{\infty} \frac{(-1)^n}{(2n)!} x^{2n} =$$

$$= 1 + x - \frac{1}{2!}x^2 - \frac{1}{3!}x^3 + \frac{1}{4!}x^4 + \frac{1}{5!}x^5 + \ldots$$

b) $\sin x \cdot e^x$

Lsg: $$(x-\frac{1}{3!}x^3+\frac{1}{5!}x^5-\frac{1}{7!}x^7+\ldots)(1+x+\frac{1}{2!}x^2+\frac{1}{3!}x^3+\frac{1}{4!}x^4+\frac{1}{5!}x^5+\frac{1}{6!}x^6+\ldots)$$

$$=x+x^2+(\frac{1}{2!}-\frac{1}{3!})x^3+(\frac{1}{3!}-\frac{1}{3!})x^4+(\frac{1}{4!}-\frac{1}{3!2!}+\frac{1}{5!})x^5+(\frac{1}{5!}-\frac{1}{3!3!}+\frac{1}{5!})x^6+\ldots.$$

$$=x+x^2+\frac{1}{3}x^3-\frac{1}{30}x^5-\frac{1}{90}x^6+\ldots.$$

c) $(\sinh x)^2$

Lsg: $$(x+\frac{1}{3!}x^3+\frac{1}{5!}x^5+\frac{1}{7!}x^7+\frac{1}{9!}x^9+..)(x+\frac{1}{3!}x^3+\frac{1}{5!}x^5+\frac{1}{7!}x^7+\frac{1}{9!}x^9+\ldots)$$

$$=x^2+\frac{2}{3!}x^4+(\frac{2}{5!}+\frac{1}{3!3!})x^6+(\frac{2}{7!}+\frac{2}{3!5!})x^8+(\frac{2}{9!}+\frac{2}{3!7!}+\frac{1}{5!5!})x^{10}+\ldots.$$

d) $\frac{\cos 2x + 1}{e^x}$ bis zum Glied c_4x^4.

Lsg: mit $\frac{\cos 2x + 1}{e^x} = \sum_{n=0}^{\infty} c_n x^n$ ist :

$$\cos 2x + 1 = e^x \cdot \sum_{n=0}^{\infty} c_n x^n$$

Es ist $$\cos 2x + 1 = \left(1-\frac{1}{2!}(2x)^2+\frac{1}{4!}(2x)^4+\ldots.\right) + 1$$

$$= 2 - 2x^2 + \frac{2}{3}x^4+ \ldots.$$

Einsetzen der Reihendarstellungen ergibt :

$$2-2x^2+\frac{2}{3}x^4+\,..\, = (1+x+\frac{1}{2}x^2+\frac{1}{6}x^3+\frac{1}{24}x^4+\,..)(c_o+c_1x+c_2x^2+c_3x^3+c_4x^4+\,..)$$
$$= c_o+(c_1+c_o)x+(c_2+c_1+\frac{1}{2}c_o)x^2+(c_3+c_2+\frac{1}{2}c_1+\frac{1}{6}c_o)x^3$$
$$+(c_4+c_3+\frac{1}{2}c_2+\frac{1}{6}c_1+\frac{1}{24}c_o)x^4+\,...$$

Koeffvgl :

$c_o=2$

$c_1+c_o=o$

$c_2+c_1+\frac{1}{2}c_o=-2$

$c_3+c_2+\frac{1}{2}c_1+\frac{1}{6}c_o=o$

$c_4+c_3+\frac{1}{2}c_2+\frac{1}{6}c_1+\frac{1}{24}c_o=\frac{2}{3}$

Einfacher und schneller ist folgender Lösungsweg : Man multipliziert die Reihendarstellungen von cos2x + 1 und von e^{-x} miteinander !

Hieraus berechnet man nacheinander :

$c_o=2, c_1=-2, c_2=-1, c_3=\frac{5}{3}, c_4=-\frac{1}{4}$ Also ist :

$$\frac{\cos 2x + 1}{e^x} = 2 - 2x - x^2 + \frac{5}{3}x^3 - \frac{1}{4}x^4 + \,....$$

e) $e^{\sin x}$ bis zum Glied c_5x^5

Lsg: Hier muß eine Potenzreihe (die von sinx) in eine andere (die von e^x) eingesetzt werden.

$e^z = 1+z+\frac{1}{2}z^2+\frac{1}{6}z^3+\frac{1}{24}z^4+\frac{1}{12o}z^5+...$ Setzt man z = sinx, so ist :

$z = x-\frac{1}{6}x^3+\frac{1}{12o}x^5-...$ $z^2 = x^2-\frac{1}{3}x^4+...$ $z^3 = x^3-\frac{1}{2}x^5+...$

$z^4 = x^4-...$ $z^5 = x^5-...$

Es werden hier nicht mehr Glieder berücksichtigt, da die folgenden x in höherer als der fünften Potenz enthalten.

$$e^{\sin x} = 1+(x-\frac{1}{6}x^3+\frac{1}{12o}x^5-...)+\frac{1}{2}(x^2-\frac{1}{3}x^4+...)+\frac{1}{6}(x^3-\frac{1}{2}x^5+...)$$
$$+\frac{1}{24}(x^4-...)+\frac{1}{12o}(x^5-...)+....$$

Zusammenfassen :

$$= 1 + x + \frac{1}{2}x^2 - \frac{1}{8}x^4 - \frac{1}{15}x^5 + \,....$$

f) $\frac{1}{\sqrt{2-3x}}$ bis zum Glied mit x^3.

Hier kann die Binomische Reihe (B) verwendet werden :

$(1+z)^m = 1 + \binom{m}{1}z + \binom{m}{2}z^2 + \binom{m}{3}z^3 + \,...$ für $|z|<1$.

Es ist $\frac{1}{\sqrt{2-3x}} = (2-3x)^m = 2^m(1-\frac{3}{2}x)^m$ mit $m = -\frac{1}{2}$.

Entwicklung in eine Binomische Reihe mit $z = -\frac{3}{2}x$ ergibt :

$$2^m(1-\frac{3}{2}x)^m = 2^m\left[1 - \frac{3}{2}\binom{m}{1}x + \frac{9}{4}\binom{m}{2}x^2 - \frac{27}{8}\binom{m}{3}x^3 \ldots\right] \quad \text{für } |x|<\frac{2}{3}$$

Ausrechnen der Binomialkoeffizienten mit $m = -\frac{1}{2}$ ergibt :

$$\frac{1}{\sqrt{2-3x}} = \frac{1}{\sqrt{2}}\left(1 + \frac{3}{4}x + \frac{27}{32}x^2 + \frac{135}{128}x^3 + \ldots\right)$$

Potenzreihen dürfen gliedweise differenziert und integriert werden.

(33) Man entwickle in eine Potenzreihe um $x_o=o$: $f(x) = \frac{1}{(1-x)^2}$.

Lsg: Es wird benutzt, daß f(x) die Ableitung von $\frac{1}{1-x}$ ist.

$$f(x) = \left(\frac{1}{1-x}\right)' = \left(\sum_{n=o}^{\infty} x^n\right)' = \sum_{n=o}^{\infty} nx^{n-1} = 1 + 2x + 3x^2 + 4x^3 + \ldots$$

Die Darstellung gilt für $|x|<1$.

(34) Man bestimme den Konvergenzbereich und die dargestellte Funktion:

a) $\sum_{n=1}^{\infty} \frac{3^n}{n} x^n$

Lsg: Mit $f(x) = \sum_{n=1}^{\infty} \frac{3^n}{n} x^n$ ist $f'(x) = \sum_{n=1}^{\infty} 3^n x^{n-1} = 3\sum_{n=1}^{\infty} (3x)^{n-1}$

$= 3\,\frac{1}{1-3x}$ für $|x|<\frac{1}{3}$ (s.Bsp.3o)

Aus $f'(x) = \frac{3}{1-3x}$ erhält man durch Integration $-\ln|1-3x| + c$.

Für x=o ist der Wert der Reihe o, daher muß c=o sein.

Die dargestellte Funktion ist $f(x) = -\ln|1-3x|$ für $|x|<\frac{1}{3}$.

b) $\sum_{n=1}^{\infty} 5nx^{n-1}$

Lsg: Mit $f(x) = \sum_{n=1}^{\infty} 5nx^{n-1}$ ist $\int f(x)dx = \sum_{n=1}^{\infty} 5x^n + c = \frac{5}{1-x} - 5 + c$

für $|x| < 1$. Differenzieren ergibt : $f(x) = 5(1-x)^{-2}$ für $|x| < 1$.

Ist f <u>gerade</u>, enthält die Potenzreihendarstellung von f um $x_o = o$ nur <u>gerade</u> Potenzen von x. Ist f <u>ungerade</u>, enthält die Potenzreihendarstellung von f um $x_o = o$ nur <u>ungerade</u> Potenzen von x.

(35)
Man berechne die Potenzreihendarstellung von $f(x) = \frac{e^{x^2}}{\cos x}$ um $x_o = o$ bis zum Glied mit x^5.

Lsg: Da f gerade ist, brauchen im Ansatz nur die geraden Potenzen von x berücksichtigt zu werden :

$$\frac{e^{x^2}}{\cos x} = \sum_{n=o}^{\infty} c_{2n}x^{2n} = c_o + c_2x^2 + c_4x^4 + \ldots.$$

Da $e^{x^2} = 1 + \frac{1}{1!}x^2 + \frac{1}{2!}x^4 + \frac{1}{3!}x^6 + \ldots$, ergibt sich :

$$1+x^2+\frac{1}{2}x^4+\frac{1}{6}x^6+ \ldots = (1-\frac{1}{2}x^2+\frac{1}{24}x^4+\ldots)(c_o+c_2x^2+c_4x^4+\ldots)$$

$$= c_o+(c_2-\frac{1}{2}c_o)x^2+(c_4-\frac{1}{2}c_2+\frac{1}{24}c_o)x^4+ \ldots$$

Koeffizientenvergleich ergibt : $c_o=1, c_2=\frac{3}{2}, c_4=\frac{29}{24}$.

$$\frac{e^{x^2}}{\cos x} = 1 + \frac{3}{2}x^2 + \frac{29}{24}x^4 + \ldots$$

9.4 Taylorreihen

Ist f eine im Punkt x_o hinreichend oft differenzierbare Funktion, ordnet man ihr das Taylorpolynom $T_n(x)$ zu :

$$T_n(x) = f(x_o) + \frac{f'(x_o)}{1!}(x-x_o) + \frac{f''(x_o)}{2!}(x-x_o)^2 + \ldots + \frac{f^{(n)}(x_o)}{n!}(x-x_o)^n$$

$$= \sum_{k=o}^{n} \frac{f^{(k)}(x_o)}{k!}(x-x_o)^k$$

$T_n(x)$ ist als Polynom anzusehen, das f(x) in einer Umgebung von x_o annähert. Es ist $T_n(x_o) = f(x_o)$.

(36) Man berechne das Taylorpolynom von $f(x) = e^{2x}$ für $x_o = 1$.

Lsg:

$$f(x) = e^{2x} \qquad f(1) = e^2$$
$$f'(x) = 2e^{2x} \qquad f'(1) = 2e^2$$
$$f''(x) = 4e^{2x} \qquad f''(1) = 4e^2$$
$$\vdots \qquad\qquad \vdots$$
$$f^{(k)}(x) = 2^k e^{2x} \qquad f^{(k)}(1) = 2^k e^2$$

$$T_n(x) = e^2 + 2e^2(x-1) + 2e^2(x-1)^2 + \frac{4}{3}e^2(x-1)^3 + \ldots + \frac{2^n e^2}{n!}(x-1)^n.$$

T_o ist die Annäherung von f(x) durch die Gerade $y = f(x_o)$.

T_1 ist die Annäherung durch $y = f(x_o)+f'(x_o)(x-x_o)$; das ist die Tangente !

T_2 ist die Annäherung durch eine durch den Punkt $(x_o, f(x_o))$ gehende Parabel. u.s.w.

Die Differenz zwischen der Funktion und dem Näherungspolynom ist das Restglied $R_n(x)$.

$$R_n(x) = f(x) - T_n(x)$$

<u>Satz von Taylor</u> :

Ist f in einer Umgebung von x_o hinreichend oft differenzierbar, so gilt in dieser Umgebung :

$$f(x)=T_n(x)+R_n(x)=f(x_o)+\frac{f'(x_o)}{1!}(x-x_o)+\ldots+\frac{f^{(n)}(x_o)}{n!}(x-x_o)^n+R_n(x)$$

mit $R_n(x)=\frac{f^{(n+1)}(\xi)}{(n+1)!}(x-x_o)^{n+1}$ für eine zwischen x und x_o gelegene Zahl ξ.

Die wesentliche Aussage des Satzes ist : Das Restglied, also die Differenz zwischen dem Funktionswert f(x) und der Näherung $T_n(x)$, läßt sich auf die angegebene Weise berechnen.Da man über ξ aber nur weiß, daß es zwischen den Zahlen x und x_o liegt, wird man das Restglied nicht tatsächlich berechnen, sondern lediglich abschätzen können.

Gilt $\lim\limits_{n\to\infty} R_n(x) = 0$, d.h. die Approximation der Funktion f(x) durch das Polynom $T_n(x)$ wird mit wachsendem n immer besser, so wird f(x) durch seine Taylorreihe dargestellt.

$$f(x)=f(x_o)+\frac{f'(x_o)}{1!}(x-x_o)+\frac{f''(x_o)}{2!}(x-x_o)^2+\ \ldots\ =\sum_{k=o}^{\infty}\frac{f^{(k)}(x_o)}{k!}(x-x_o)^k$$

für $\lim\limits_{n\to\infty} R_n(x) = 0$

<u>Vorsicht</u> : Es kann vorkommen, daß

1. die Taylorreihe nicht im ganzen Definitionsbereich von f konvergiert.
2. die Taylorreihe konvergiert, aber nicht gegen die darzustellende Funktion f(x).

(37) Man gebe die Taylorformel mit Restglied an für die Funktion $f(x)=xe^x$ und $x_o= o$.

Lsg: $f(x) = xe^x \qquad f(o) = o$

$f'(x) = (1+x)e^x \qquad f'(o) = 1$

$f''(x) = (2+x)e^x \qquad f''(o) = 2$

$\vdots \qquad\qquad \vdots$

$f^{(k)}(x) = (k+x)e^x \qquad f^{(k)}(o) = k$

$$f(x)=\frac{1}{1!}x+\frac{2}{2!}x^2+\frac{3}{3!}x^3+\ldots+\frac{n}{n!}x^n+R_n(x)$$

$$= x + x^2 + \frac{1}{2!}x^3 + \ldots + \frac{1}{(n-1)!}x^n + \frac{(n+1+\xi)e^{\xi}}{(n+1)!}x^{n+1}$$

Da $R_n(x) = xe^{\xi}\frac{x^n}{n!} + \xi e^{\xi}\frac{x^{n+1}}{(n+1)!}$, gilt $\lim\limits_{n\to\infty} R_n(x) = 0$.

Die Funktion $f(x) = xe^x$ wird deshalb durch ihre Taylorreihe dargestellt :

$$f(x) = xe^x = \sum_{n=1}^{\infty} \frac{1}{(n-1)!} x^n$$

Die Darstellung einer Funktion durch die Taylorreihe ist dasselbe wie die Darstellung als Potenzreihe (bei gleichem Entwicklungspunkt).
Sofern es möglich ist, benutzt man bekannte Potenzreihendarstellungen, um die Taylorreihe einer Funktion anzugeben.

(38) Man berechne die Taylorreihe von $f(x)=xe^x$ für $x_o=o$.

Lsg: $e^x = \sum_{n=o}^{\infty} \frac{x^n}{n!} \Longrightarrow xe^x = \sum_{n=o}^{\infty} \frac{x^{n+1}}{n!} = \sum_{n=1}^{\infty} \frac{x^n}{(n-1)!}$ (s.Bsp.37)

(39) Man berechne die Taylorreihe von $f(x) = e^x \sin x$ für $x_o=0$

a) nach Definition

b) unter Benutzung bekannter Potenzreihendarstellungen.

Lsg:

a)

$$\begin{array}{llll}
f(x) = e^x \sin x & & f(o) = o \\
f'(x) = e^x(\sin x + \cos x) & & f'(o) = 1 \\
f''(x) = 2e^x \cos x & & f''(o) = 2 \\
f^{(3)}(x) = 2e^x(\cos x - \sin x) & & f^{(3)}(o) = 2 \\
f^{(4)}(x) = -4e^x \sin x = -4f(x) & & f^{(4)}(o) = o \\
\vdots & & \vdots \\
f^{(4k)}(x) = (-4)^k f(x) = (-4)^k e^x \sin x & & f^{(4k)}(o) = o \\
f^{(4k+1)}(x) = (-4)^k e^x(\sin x + \cos x) & & f^{(4k+1)}(o) = (-4)^k \\
f^{(4k+2)}(x) = (-4)^k 2e^x \cos x & & f^{(4k+2)}(o) = 2(-4)^k \\
f^{(4k+3)}(x) = (-4)^k 2e^x(\cos x - \sin x) & & f^{(4k+3)}(o) = 2(-4)^k
\end{array}$$

$$\sum_{n=o}^{\infty} \frac{f^{(n)}(x_o)}{n!}(x-x_o)^n = \sum_{n=o}^{\infty} \frac{f^{(n)}(o)}{n!} x^n =$$

$$\sum_{k=o}^{\infty} \left[\frac{(-4)^k}{(4k+1)!} x^{4k+1} + \frac{2(-4)^k}{(4k+2)!} x^{4k+2} + \frac{2(-4)^k}{(4k+3)!} x^{4k+3} \right]$$

$$= x + x^2 + \frac{2}{3!}x^3 - \frac{4}{5!}x^5 - \frac{8}{6!}x^6 - \frac{8}{7!}x^7 + \frac{16}{9!}x^9 + \dots$$

$$= x + x^2 + \frac{1}{3}x^3 - \frac{1}{3o}x^5 - \frac{1}{9o}x^6 - \dots$$

b) s.Bsp.32b!

<u>Die Taylorreihe eines Polynoms</u> an der Stelle x_o ist die Umordnung des Polynoms nach Potenzen von $(x-x_o)$. s.Horner-Schema!

Auch im folgenden Fall kann man sich manchmal das aufwendige Ausrechnen der einzelnen Koeffizienten ersparen :

Sind <u>Taylorentwicklungen rationaler Funktionen</u> zu bestimmen : Partialbruchzerlegung ! Dann so umformen, daß

$$\frac{1}{1-z} = \sum_{k=o}^{\infty} z^k \ , \quad \frac{1}{(1-z)^2} = \sum_{k=o}^{\infty} (k+1) z^k$$ o.dgl. verwendet werden

können.

(4o) Man bestimme die Taylorentwicklung an der Stelle $x_o = 1$ von

$$f(x) = \frac{2x^2-11}{x^3-3x^2+4}$$

Lsg: $$\frac{2x^2-11}{x^3-3x^2+4} = \frac{-1}{x+1} + \frac{3}{x-2} + \frac{-1}{(x-2)^2} = \frac{-1}{2+(x-1)} + \frac{3}{-1+(x-1)}$$

$$+ \frac{-1}{(-1+(x-1))^2} = -\frac{1}{2}\frac{1}{1+\frac{x-1}{2}} - 3\frac{1}{1-(x-1)} - \frac{1}{(1-(x-1))^2}$$

$$= -\frac{1}{2}\sum_{k=o}^{\infty}(-\frac{x-1}{2})^k - 3\sum_{k=o}^{\infty}(x-1)^k - \sum_{k=o}^{\infty}(k+1)(x-1)^k$$

für $\left|\frac{x-1}{2}\right| < 1$ und $|x-1| < 1$, also für $|x-1| < 1$.

$$= \sum_{k=o}^{\infty}\left[-\frac{1}{2}(-\frac{1}{2})^k - 3 - (k+1)\right](x-1)^k$$

$$= \sum_{k=o}^{\infty}\left[(-\frac{1}{2})^{k+1} - k - 4\right](x-1)^k$$

$$= -\frac{9}{2} - \frac{19}{4}(x-1) - \frac{49}{8}(x-1)^2 - \ldots \quad \text{für} \quad o < x < 2.$$

(41) Man berechne die Taylorreihe von $f(x) = \cos x$ für $x_o = \frac{\pi}{6}$

a) nach Definition

b) unter Benutzung des Additionstheorems

c) unter Benutzung der Formel für $\cos(x+a)$

Lsg:

a) $f(x) = \cos x$ $\qquad f(x_o) = \frac{\sqrt{3}}{2}$

$f'(x) = -\sin x$ $\qquad f'(x_o) = -\frac{1}{2}$

$f''(x) = -\cos x$ $\qquad f''(x_o) = -\frac{\sqrt{3}}{2}$

$f^{(3)}(x) = \sin x$

$f^{(4)}(x) = \cos x = f(x)$ $\qquad f^{(3)}(x_o) = \frac{1}{2}$ $\qquad f^{(4)}(x_o) = \frac{\sqrt{3}}{2}$

$$\cos x = \sum_{k=o}^{\infty}\left[\frac{\sqrt{3}}{2(4k)!}(x-\frac{\pi}{6})^{4k} - \frac{1}{2(4k+1)!}(x-\frac{\pi}{6})^{4k+1} - \frac{\sqrt{3}}{2(4k+2)!}(x-\frac{\pi}{6})^{4k+2}\right.$$

$$+ \frac{1}{2(4k+3)!}(x-\frac{\pi}{6})^{4k+3}\Big]$$

$$= \frac{\sqrt{3}}{2} - \frac{1}{2}(x-\frac{\pi}{6}) - \frac{\sqrt{3}}{4}(x-\frac{\pi}{6})^2 + \frac{1}{2\cdot 3!}(x-\frac{\pi}{6})^3 + \frac{\sqrt{3}}{2\cdot 4!}(x-\frac{\pi}{6})^4 - \ldots$$

b) $\cos x = \cos(\frac{\pi}{6} + (x - \frac{\pi}{6})) = \cos\frac{\pi}{6}\cos(x-\frac{\pi}{6}) - \sin\frac{\pi}{6}\sin(x-\frac{\pi}{6})$

$$\cos\frac{\pi}{6}\cos(x-\frac{\pi}{6}) = \cos\frac{\pi}{6}\left[1 - \frac{(x-\frac{\pi}{6})^2}{2!} + \frac{(x-\frac{\pi}{6})^4}{4!} - \frac{(x-\frac{\pi}{6})^6}{6!} + \ldots\right]$$

$$\sin\frac{\pi}{6}\sin(x-\frac{\pi}{6}) = \sin\frac{\pi}{6}\left[(x-\frac{\pi}{6}) - \frac{(x-\frac{\pi}{6})^3}{3!} + \frac{(x-\frac{\pi}{6})^5}{5!} - \ldots\right]$$

$$\cos x = \cos\frac{\pi}{6} - \sin\frac{\pi}{6}(x-\frac{\pi}{6}) - \frac{\cos\frac{\pi}{6}}{2!}(x-\frac{\pi}{6})^2 + \frac{\sin\frac{\pi}{6}}{3!}(x-\frac{\pi}{6})^3 + \ldots$$

c) Das x in der Formel wird durch $x - \frac{\pi}{6}$ und das a durch $\frac{\pi}{6}$ ersetzt. Die Reihe ergibt sich dann wie in a) und b).

Die Reihendarstellungen lassen sich dazu verwenden, "unbestimmte" Ausdrücke der Form $\frac{0}{0}$, $0\cdot\infty$ o.dgl. zu berechnen. s.S 135.

(42) a) $\lim\limits_{x\to 0}\frac{\sin x}{x} = \lim\limits_{x\to 0}\frac{1}{x}(x - \frac{1}{3!}x^3 + ..) = \lim\limits_{x\to 0}(1 - \frac{1}{3!}x^2 + ..) = 1.$

b) $$\lim_{x\to 0}\frac{\cos 2x - \cos 5x}{\sin^2 x} = \lim_{x\to 0}\frac{(1 - \frac{4}{2!}x^2 + ..) - (1 - \frac{25}{2!}x^2 + \ldots)}{x^2 - \frac{x^4}{3} + \ldots}$$

$$= \lim_{x\to 0}\frac{\frac{-4+25}{2!}x^2 + \ldots}{x^2 - \frac{x^4}{3} + ..} = \frac{-4+25}{2!} = \frac{21}{2}$$

Reihen werden benutzt, um Funktionswerte von Funktionen, die als Taylorreihen gegeben sind, angenähert zu berechnen. So sind z.B. die Tafeln für ln, sin, cos u.s.w. auf diese Weise entstanden.

(43) Man berechne $\sqrt[5]{267,3}$ auf 4 Stellen hinter dem Komma genau !

Lsg: $\sqrt[5]{267,3} = (243(1 + \frac{1}{10}))^m = 3(1 + \frac{1}{10})^m$ mit $m = \frac{1}{5}$.

Gesucht ist also der Funktionswert der Funktion $3(1 + x)^m, m=\frac{1}{5}$, an der Stelle $x = \frac{1}{10}$.

$$3(1+\frac{1}{10})^m = 3(1 + \binom{m}{1}\frac{1}{10} + \binom{m}{2}\frac{1}{100} + \binom{m}{3}\frac{1}{1000} + \ldots + R_n(\frac{1}{10}))$$

Um festzustellen, wieviele Glieder man für die verlangte Genauigkeit berücksichtigen muß, betrachtet man das Restglied :

$$R_n(\frac{1}{10}) = \binom{m}{n+1}\frac{1}{10^{n+1}}(1+\xi)^{m-(n+1)} \quad \text{mit } 0 \leq \xi \leq \frac{1}{10},\ m=\frac{1}{5}$$

Für n=3 ergibt sich :

$R_3(\frac{1}{1o}) = -\frac{4\cdot 9\cdot 14}{5^4\cdot 4!\cdot 1o^4}(1+\xi)^{-19/5}$. Es ist $(1+\xi)^{-19/5} \leq 1$, also

$\left|R_3(\frac{1}{1o})\right| \leq \frac{4\cdot 9\cdot 14}{5^4\cdot 4!\cdot 1o^4} < \frac{15}{3!\cdot 5^4\cdot 1o^3} = \frac{1}{2\cdot 5^3\cdot 1o^3} = 4\cdot 1o^{-6}$.

Berücksichtigt man für die Näherung also die ersten vier Glieder, ist der Fehler betragsmäßig kleiner als $3\cdot 4\cdot 1o^{-6} = 1{,}2\cdot 1o^{-5}$, die vierte Stelle hinter dem Komma ist also sicher.

$\sqrt[5]{267{,}3} = 3(\ 1 + \frac{1}{5\cdot 1o} - \frac{4}{2!\cdot 25\cdot 1oo} + \frac{4\cdot 9}{3!\cdot 125\cdot 1ooo} + R_3(\frac{1}{1o})\ )$

$= 3(\ 1 + o{,}o2 - o{,}ooo8 + o{,}oooo48 + R_3(\frac{1}{1o})$

$= 3{,}o57744 + 3R_3(\frac{1}{1o})$.

Wegen $R_3(\frac{1}{1o}) < o$ und $\left|3R_3(\frac{1}{1o})\right| < 1{,}2\cdot 1o^{-5}$ ist

$3{,}o57732 < \sqrt[5]{267{,}3} < 3{,}o57744$

Bestimmte Integrale kann man mit Hilfe von Reihenentwicklungen des Integranden näherungsweise berechnen :

(44) Man berechne durch Entwicklung des Integranden bis zum Glied mit x^9 : $\int_o^{o,5}(\sqrt{1+x^4}\ )^{-1}\,dx$.

Lsg: $\frac{1}{\sqrt{1+x^4}} = 1 - \frac{1}{2}x^4 + \frac{3}{8}x^8 - \ldots \quad \int_o^{o,5}\frac{dx}{\sqrt{1+x^4}} \approx \left[x-\frac{x^5}{1o}+\frac{3x^9}{72}\right]_o^{o,5} \approx o{,}4969.$

9.5 Fourierreihen

Eine Funktion f heißt periodisch mit der <u>Periode</u> $p \neq 0$, wenn für alle $x \in \mathbb{R}$ gilt : $f(x+p) = f(x)$

(45) $f(x) = \tan x$ hat die Perioden $\ldots,-2\pi,-\pi,\pi,2\pi,\ldots$, also $k\pi$ mit $k \in \mathbb{Z}$.

Meist meint man mit "die Periode" die kleinste positive Periode.*

(46) Man bestimme die kleinste positive Periode von :

a) $f(x) = \sin(3\pi x)$

Lsg: $f(x) = f(x+p)$ bedeutet hier : $\sin(3\pi x) = \sin 3\pi(x+p)$, also $\sin(3\pi x) = \sin(3\pi x + 3\pi p)$. Von der sin-Fkt. ist bekannt, daß ihre Perioden gerade $2k\pi$ mit $k \in \mathbb{Z}$ sind, daher ist $2k\pi = 3\pi p$, daher : $p = \frac{2}{3}\cdot k$. Die kleinste positive Periode ist $p = \frac{2}{3}$.

b) $f(x) = \cos(2x+1)$

Lsg: $\cos(2x+1) = \cos(\ 2(x+p)\ +1)$, also $\cos(2x+1)=\cos(2x+1 + 2p)$ Dann ist $2p = 2k\pi$, daher $p = k\pi$.Kleinste positive Periode: π .

* sofern sie existiert

c) $f(x) = \sin(ax+b)$

Lsg: $\sin(ax+b) = \sin(\,a(x+p)+b\,) = \sin(ax+b + ap\,)$, also ist $ap = 2k\pi$ und somit $p = \frac{2k\pi}{a}$. Die kleinste positive Periode : $\frac{2\pi}{a}$.

d) $f(x) = \sin^2 5x$

Lsg: $\sin^2 5x = \frac{1}{2}(1 - \cos 10x)$. Also gilt

$\sin^2 5(x+p) = \frac{1}{2}(1 - \cos 10(x+p)\,) = \frac{1}{2}(1 - \cos 10x)$

Daraus folgt $\cos 10(x+p) = \cos 10x$, also ist $10p = 2k\pi$, $p = \frac{k\pi}{5}$

Die kleinste positive Periode ist $\frac{\pi}{5}$.

Eine Funktion der Periode p ist eindeutig bestimmt durch ihr Verhalten auf einem Intervall der Länge p.

Sei <u>f periodisch mit der Periode p</u>. Dann heißen (wenn die Integrale existieren) :

<u>Fourierkoeffizienten</u>

$$a_n = \frac{2}{p}\cdot\int_0^p f(x)\cos\frac{2\pi}{p}nx\,dx \qquad b_n = \frac{2}{p}\cdot\int_0^p f(x)\sin\frac{2\pi}{p}nx\,dx$$

<u>Fourierreihe</u>

$$\frac{a_0}{2} + a_1\cos\frac{2\pi}{p}x + b_1\sin\frac{2\pi}{p}x + a_2\cos\frac{2\pi}{p}2x + b_2\sin\frac{2\pi}{p}2x + a_3\cos\frac{2\pi}{p}3x + \ldots$$

$$= \frac{a_0}{2} + \sum_{n=1}^{\infty}(a_n\cos\frac{2\pi}{p}nx + b_n\sin\frac{2\pi}{p}nx)$$

(47) Man skizziere die angegebene Funktion und berechne ihre Fourierreihe.

a) $f(x) = \pi - x$ für $0 \leq x < \pi$, $f(x+\pi) = f(x)$.

Lsg:

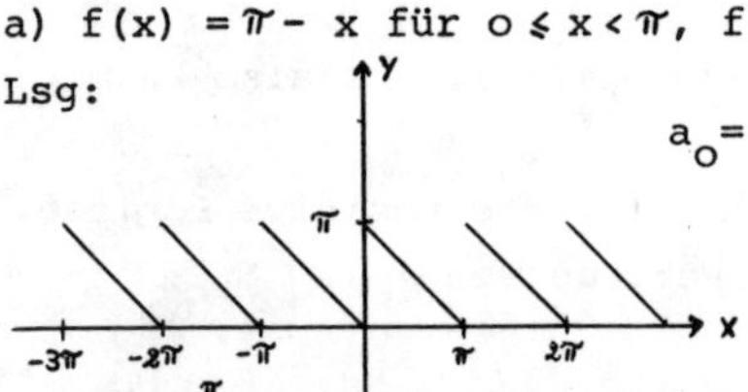

$$a_0 = \frac{2}{\pi}\int_0^{\pi}(\pi - x)\,dx = \frac{2}{\pi}\left[\pi x - \frac{1}{2}x^2\right]_0^{\pi} = \pi$$

($= \frac{2}{\pi}\cdot$Fläche unter der Kurve)

$$a_n = \frac{2}{\pi}\cdot\int_0^{\pi}(\pi - x)\cos 2nx\,dx = 2\int_0^{\pi}\cos 2nx\,dx - \frac{2}{\pi}\int_0^{\pi}x\cos 2nx\,dx$$

$$= \left[\frac{1}{n}\sin 2nx - \frac{\cos 2nx}{2\pi\cdot n^2} - \frac{x\sin 2nx}{\pi\cdot n}\right]_0^{\pi} = 0$$

$$b_n = \frac{2}{\pi}\int_0^{\pi}(\pi - x)\sin 2nx\,dx = \frac{2}{\pi}\left[\frac{-\pi\cos 2nx}{2n} - \frac{\sin 2nx}{4n^2} + \frac{x\cos 2nx}{2n}\right]_0^{\pi} = \frac{1}{n}$$

Die Fourierreihe ist :

$$\frac{\pi}{2} + \sin 2x + \frac{\sin 4x}{2} + \frac{\sin 6x}{3} + \ldots \quad = \frac{\pi}{2} + \sum_{n=1}^{\infty}\frac{\sin 2nx}{n}.$$

b) $f(x) = x$ für $o \leq x \leq 1$, $f(x) = 1$ für $1 \leq x < 2$, $f(x+2) = f(x)$

Lsg:

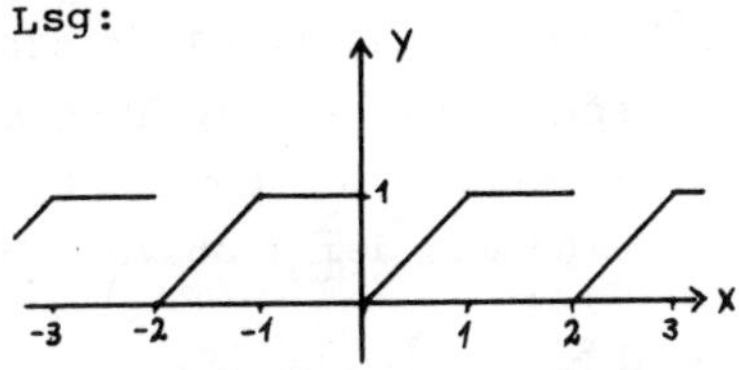

$a_o = \int_0^2 f(x)\,dx = \frac{3}{2}$ (keine Rechnung notwendig : Fläche unter der Kurve!)

$a_n = \int_0^2 f(x)\cos\pi nx\ dx = \int_0^1 x\cos\pi nx\ dx + \int_1^2 \cos\pi nx\ dx = \left[\frac{\cos\pi nx}{n^2\pi^2} + \frac{x\sin\pi xn}{n\pi}\right]_0^1 +$

$\left[\frac{\sin\pi nx}{n\pi}\right]_1^2 = \frac{\cos\pi n}{n^2\pi^2} - \frac{1}{n^2\pi^2} = \frac{(-1)^n - 1}{n^2\pi^2}$

$b_n = \int_0^2 f(x)\sin\pi nx\ dx = \int_0^1 x\sin\pi nx\ dx + \int_1^2 \sin\pi nx\ dx = \left[\frac{\sin\pi nx}{n^2\pi^2} - \frac{x\cos\pi nx}{n\pi}\right]_0^1$

$+ \left[\frac{-\cos\pi nx}{n\pi}\right]_1^2 = -\frac{\cos\pi n}{n\pi} - \frac{\cos 2\pi n}{n\pi} + \frac{\cos\pi n}{n\pi} = -\frac{1}{n\pi}$ Fourierreihe :

$\frac{3}{4} - \frac{2\cos\pi x}{\pi^2} - \frac{\sin\pi x}{\pi} - \frac{\sin 2\pi x}{2\pi} - \frac{2\cos 3\pi x}{3^2\pi^2} - \frac{\sin 3\pi x}{3\pi} - \dots$

$= \frac{3}{4} + \sum_{n=1}^{\infty}\left[\frac{(-1)^n - 1}{n^2\pi^2}\cos\pi nx - \frac{1}{n\pi}\sin\pi nx\right]$

f gerade $\Longrightarrow b_n = 0$	f ungerade $\Longrightarrow a_n = 0$

Beim Berechnen der Fourierkoeffizienten ist der Anfangspunkt des Integrationsintervalls (der Länge p) beliebig.

$$a_n = \frac{2}{p}\int_0^p f(x)\cos\frac{2\pi}{p}nx\ dx = \frac{2}{p}\int_{x_o}^{x_o+p} f(x)\cos\frac{2\pi}{p}nx\ dx\ ,\ b_n \text{ entsprechend}$$

(48) Man skizziere die angegebene Funktion und berechne ihre Fourierreihe :

$$f(x) = \begin{cases} o & \text{für } -2 \leq x < -1 \\ 2 & \text{für } -1 \leq x < 1 \\ o & \text{für } 1 \leq x < 2 \end{cases} \qquad f(x+4) = f(x)$$

Lsg:

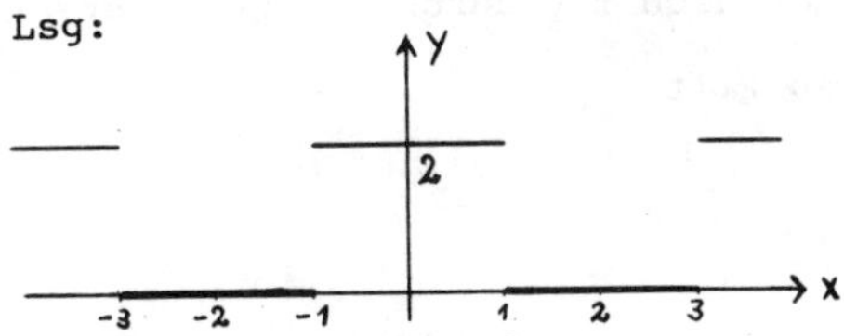

$a_o = 2$ (= $\frac{2}{4}\cdot$Fläche)

Zweckmäßigerweise wird im folgenden nicht von o bis 4, sondern von -1 bis 3 integriert.

$a_n = \frac{1}{2}\int_{-1}^3 f(x)\cos\frac{n\pi}{2}x\ dx =$

$\frac{1}{2}\int_{-1}^1 2\cos\frac{n\pi}{2}x\ dx + \frac{1}{2}\int_1^3 0dx = \left[\frac{2}{n\pi}\sin\frac{n\pi}{2}x\right]_{-1}^1 = \frac{4}{n\pi}\sin\frac{n\pi}{2}.$

$b_n = 0$, da f gerade ist. Die Fourierreihe ist :

$1 + \frac{4}{\pi}(\ \cos\frac{\pi}{2}x - \frac{1}{3}\cos\frac{3}{2}\pi x + \frac{1}{5}\cos\frac{5}{2}\pi x - \dots\ ) = 1 + \frac{4}{\pi}\sum_{n=1}^{\infty}\frac{(-1)^{n+1}}{2n-1}\cos\frac{2n-1}{2}\pi x$

In vielen Fällen kann man die im Bronstein angegebenen Fourierentwicklungen verwenden.

(49) a) Die Funktion $f(x) = \pi - x$ für $o \leq x < \pi$ des Beispiels 47 entsteht aus der im Bronstein unter 3. angegebenen durch : Spiegelung an der y-Achse und Stauchung in x- und y-Richtung mit dem Faktor 2. Setzt man $\bar{y} = \frac{1}{2}y$ und $\bar{x} = -\frac{1}{2}x$ in die Reihe aus dem Bronstein ein, erhält man

$$2\bar{y} = \pi - 2\left(\frac{\sin(-2\bar{x})}{1} + \frac{\sin(-4\bar{x})}{2} + \dots\right) \quad \text{also :}$$

$$\bar{y} = \frac{\pi}{2} + \frac{\sin 2\bar{x}}{1} + \frac{\sin 4\bar{x}}{2} + \dots \quad \text{(vgl.Bsp.47!)}$$

b) $f(x) = 2\cos x$ für $-\frac{\pi}{2} \leq x < \frac{\pi}{2}$, $f(x+\pi) = f(x)$

Lsg:

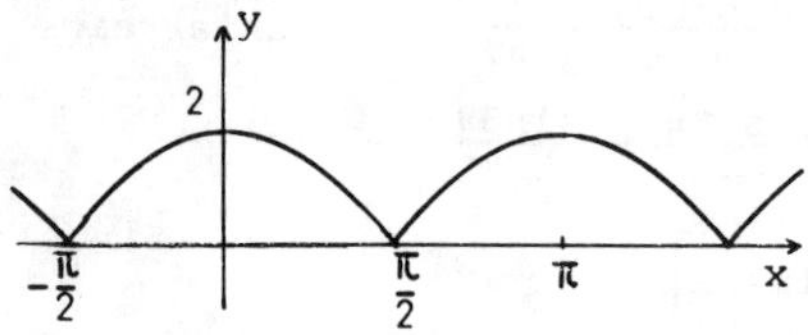

Die Kurve entsteht aus der im B. unter 11. angegebenen durch Verschiebung um $\frac{\pi}{2}$ nach links, also $\bar{x} = x - \frac{\pi}{2}$, und Streckung in y-Richtung mit dem Faktor 2, also $\bar{y} = 2y$. Einsetzen ergibt :

$$\frac{\bar{y}}{2} = \frac{2}{\pi} - \frac{4}{\pi}\left(\frac{\cos 2(\bar{x}+\frac{\pi}{2})}{1\cdot 3} + \frac{\cos 4(\bar{x}+\frac{\pi}{2})}{3\cdot 5} + \frac{\cos 6(\bar{x}+\frac{\pi}{2})}{5\cdot 7} + \dots\right)$$

$$\cos 2n(\bar{x}+\tfrac{\pi}{2}) = \cos(2n\bar{x} + n\pi)$$
$$= \cos 2n\bar{x}\cdot\cos\pi n - \sin 2n\bar{x}\cdot\sin\pi n$$
$$= (-1)^n \cos 2n\bar{x}$$

Also ist

$$\frac{\bar{y}}{2} = \frac{2}{\pi} - \frac{4}{\pi}\left(-\frac{\cos 2\bar{x}}{1\cdot 3} + \frac{\cos 4\bar{x}}{3\cdot 5} - \frac{\cos 6\bar{x}}{5\cdot 7} + \dots\right)$$

$$\bar{y} = \frac{4}{\pi} - \frac{8}{\pi}\left(-\frac{\cos 2\bar{x}}{1\cdot 3} + \frac{\cos 4\bar{x}}{3\cdot 5} - \frac{\cos 6\bar{x}}{5\cdot 7} + \dots\right)$$
$$= \frac{4}{\pi} - \frac{8}{\pi}\sum_{n=1}^{\infty}\frac{(-1)^n\cos 2n\bar{x}}{(2n-1)\cdot(2n+1)}$$

(Im Ergebnis sind nun natürlich noch $\bar{x},\bar{y}$ durch x,y zu ersetzen.)

Sind m,n natürliche Zahlen, so gilt :

$$\int_o^p \sin\frac{2\pi}{p}nx\ \cos\frac{2\pi}{p}mx\ dx = o$$

$$\int_o^p \sin\frac{2\pi}{p}nx\ \sin\frac{2\pi}{p}mx\ dx = \begin{cases} o & \text{für } n \neq m \\ \frac{p}{2} & \text{für } n = m \end{cases}$$

$$\int_o^p \cos\frac{2\pi}{p}nx\ \cos\frac{2\pi}{p}mx\ dx = \begin{cases} o & \text{für } n \neq m \\ \frac{p}{2} & \text{für } n = m \end{cases}$$

Hieraus folgt leicht :

Die Fourierreihe einer endlichen trigonometrischen Summe

$T(x) = \sum_{k=0}^{n} (\alpha_k \cos\frac{2\pi}{p}kx + \beta_k \sin\frac{2\pi}{p}kx)$ ist wieder T(x).

Einen Zusammenhang zwischen der Funktion und ihrer Fourierreihe gibt der folgende Satz :

> Ist f periodisch mit der Periode p und stückweise glatt in $\left[-\frac{p}{2},\frac{p}{2}\right]$, so konvergiert ihre Fourierreihe und zwar gegen :
>
> $\begin{cases} f(x_0), & \text{wenn f in } x_0 \text{ stetig ist} \\ \frac{1}{2}\left(\lim\limits_{x\to x+0} f(x) + \lim\limits_{x\to x-0} f(x) \right), & \text{wenn f in } x_0 \text{ unstetig ist.} \end{cases}$

Die Fourierreihe stellt also die Funktion in ihren Stetigkeitsstellen dar, während sie in den Unstetigkeitsstellen gegen das arithmetische Mittel von links- und rechtsseitigem Grenzwert konvergiert.

So ist etwa in Bsp.47 $\lim\limits_{x\to 0-0} f(x) = 0$ und $\lim\limits_{x\to 0+0} f(x) = \pi$, der Wert der Fourierreihe bei $x_0 = 0$ ist $\frac{\pi}{2}$.

9.6 Aufgaben

1) Man berechne die Häufungspunkte der Folge $a_n = \frac{(-1)^n n^2}{(2n+3)^2}$.

2) Man untersuche auf Konvergenz und bestimme ggf. den Grenzwert :

a) $a_n = \sqrt{n^2+n} - n$ b) $a_n = \frac{\sqrt[3]{27n+2} \cdot \sqrt[3]{n^2}}{\sqrt{16n^2-1}}$ c) $a_n = (1-\frac{2}{n})^{2n}$

d) $a_n = \frac{2n^4-n}{3n^4+n^3+1}$ e) $a_n = \frac{2n^5+1}{n^2}$ f) $a_n = \frac{6n+2}{n^3+5}$

3) Für welche x ist $\sum_{n=0}^{\infty} \tan^n x$ konvergent und wie lautet der Grenzwert ?

4) Man untersuche auf Konvergenz und bestimme ggf. den Grenzwert :

a) $\sum_{k=4}^{\infty} \frac{-5}{k^2-k-6}$ b) $\sum_{k=1}^{\infty} \frac{2}{k(k+2)}$ c) $\sum_{k=0}^{\infty} 2^k x^{3k}$

5) Man untersuche auf Konvergenz :

a) $\sum_{k=0}^{\infty} \frac{(-1)^k}{(2k+1)!}$ b) $\sum_{k=0}^{\infty} \frac{1}{2^{2k+1}(2k+1)}$ c) $\sum_{n=1}^{\infty} \frac{1}{3n+1}$ d) $\sum_{n=1}^{\infty} \frac{1}{n^n}$

e) $\sum_{n=1}^{\infty} \frac{(n!)^2}{(2n)!}$ f) $\sum_{n=1}^{\infty} \frac{(-1)^n}{ne^n}$ g) $\sum_{n=o}^{\infty} \frac{2n}{3n^3+1}$ h) $\sum_{n=1}^{\infty} \frac{\sin^n x}{n^2}$

6) Man bestimme den Konvergenzradius von :

a) $\sum_{k=1}^{\infty} (\sqrt{k})^k x^k$ b) $\sum_{k=o}^{\infty} \frac{3^k x^{3k}}{2}$ c) $\sum_{n=o}^{\infty} \frac{(2x)^n}{e^n}$ d) $\sum_{n=1}^{\infty} \frac{(-1)^n}{ne^n}(x+1)^n$

7) Man bestimme den Konvergenzradius und die dargestellte Funktion :
$1 + 2x + x^2 + 2x^3 + x^4 + 2x^5 + x^6 + 2x^7 + x^8 + \ldots$

8) Man entwickle in eine Potenzreihe um $x_o = o$ und berechne die ersten drei Glieder von $f(x) = \frac{x}{\sin x}$.

9) Man berechne für die Funktion $f(x) = \frac{\sin x}{\text{Arcsin}x}$, $f(o) = 1$, die Näherungsparabel $T_2(x)$ im Punkt (O,1).

1o) Man berechne näherungsweise $\int_0^1 \ln\cos x \, dx$.

11) Wie lauten die ersten beiden Glieder der Potenzreihe von
$f(x) = \frac{e^{-x} \ln(1+x)}{x\sqrt{1-x}}$ um $x_o = o$?

12) Man berechne die Taylorreihe von $f(x) = \frac{1}{1-\sin x}$ in $x_o = o$ bis zum Glied a_5x^5.

13) Für welche x gilt: $\frac{1}{2}\ln x = \frac{x-1}{x+1} + \frac{1}{3}(\frac{x-1}{x+1})^3 + \frac{1}{5}(\frac{x-1}{x+1})^5 + \ldots$

14) Man bestimme die Taylorreihe von $f(x) = \cosh x \cdot \cos x$ in $x_o = o$.

15) Wie lauten die ersten beiden Glieder der Potenzreihe von
$f(x) = (\cos x)^{-4}$ um $x_o = o$?

16) Sei $f(x) = \frac{\cosh^2 x - 1}{x^2}$, $f(o) = 1$. Man gebe die Taylorformel mit Restglied für $x_o = o$ an.

17) Man berechne die Fourierreihe von

a) $f(x) = \sin x \cdot \cos^2(\frac{x}{2})$ b) $f(x) = \sin \pi x \cos^3(\frac{\pi x}{2})$

c) $f(x) = 2x^2 - x^4$ für $-1 \leq x \leq 1$, $f(x+2) = f(x)$

d) $$f(x) = \begin{cases} x + \frac{\pi}{2} & \text{für } -\frac{\pi}{2} \leq x \leq \frac{\pi}{2} \\ \frac{3}{2}\pi - x & \text{für } \frac{\pi}{2} \leq x \leq \frac{3}{2}\pi \end{cases} \qquad f(x+2\pi) = f(x)$$

18) Man nähere $f(x) = \int_0^x \frac{\sin t}{t} dt$ so durch ein Polynom P(x) an, daß $|f(x) - P(x)| < \frac{1}{2}10^{-2}$ ist für alle $x \in [-2,2]$.

19) Man stelle $f(x) = \frac{5-2x}{x^2-5x+6}$ als Potenzreihe um $x_o = o$ dar.

2o) Man berechne die Potenzreihenentwicklung von $f(x) = \ln\cos x$ um $x_o = o$ bis zum Glied mit x^6.

9.7 Ergebnisse

1) $a_{2k} \longrightarrow \frac{1}{4}$, $a_{2k+1} \longrightarrow -\frac{1}{4}$

2) a) $a_n = \frac{1}{1+\sqrt{1+\frac{1}{n}}} \rightarrow \frac{1}{2}$ b) $a_n \longrightarrow \frac{3}{4}$ c) $a_n \longrightarrow e^{-4}$ d) $a_n \longrightarrow \frac{2}{3}$

e) bestimmt divergent f) $a_n \longrightarrow 0$

3) Für $|\tan x| < 1$, also für $x \in (-\frac{\pi}{4} + k\pi, \frac{\pi}{4} + k\pi)$. Grenzwert: $\frac{1}{1-\tan x}$

4) a) $s_n \longrightarrow -\frac{137}{60}$ b) $s_n \longrightarrow \frac{3}{2}$ c) kvg. für $|x| < \frac{1}{\sqrt[3]{2}}$ gegen $\frac{1}{1-2x^3}$.

5) a) $\left|\frac{x_{k+1}}{x_k}\right| \rightarrow 0$ kvg. b) $\sqrt[k]{|a_k|} \rightarrow \frac{1}{4}$ kvg. c) $\frac{1}{3n+1} > \frac{1}{3}\cdot\frac{1}{n+1}$ div. nach dem Minorantenkriterium. d) $\sqrt[n]{|a_n|} \rightarrow 0$ kvg. e) $\left|\frac{x_{k+1}}{x_k}\right| \rightarrow \frac{1}{4}$ kvg. f) $\sqrt[n]{|a_n|} \rightarrow e^{-1}$ kvg. g) $\frac{2n}{3n^3+1} < \frac{2n}{3n^3} = \frac{2}{3n^2}$ kvg. nach dem Majorantenkrit. h) $|a_n| \leq \frac{1}{n^2}$ kvg für alle $x \in \mathbb{R}$ nach dem Maj.krit.

6) a) $r=0$ b) $r=\frac{1}{\sqrt[3]{3}}$ c) $r=\frac{e}{2}$ d) $r=e$

7) $r=1$, $1+2x+x^2(1+2x)+x^4(1+2x)+x^6(1+2x)+\dots = (1+2x)\frac{1}{1-x^2}$.

8) $1 + \frac{1}{6}x^2 + \frac{7}{360}x^4 + \dots$

9) $T_2(x) = 1 - \frac{1}{3}x^2$ 10) $\approx \int_0^1 (-\frac{x^2}{2} - \frac{x^4}{12} - \frac{x^6}{45})\,dx \approx 0{,}187$

11) $1 - x + \dots$ 12) $1+x+x^2+\frac{5}{6}x^3+\frac{2}{3}x^4+\frac{61}{120}x^5+\dots$

13) $\frac{1}{2}\ln\frac{1+u}{1-u} = u+\frac{1}{3}u^3+\frac{1}{5}u^5+\dots$ für $|u|<1$. Mit $x = \frac{1+u}{1-u}$ folgt

$|u| = \left|\frac{x-1}{x+1}\right| < 1$, also $x > 0$.

14) $f(x) = \sum_{n=0}^{\infty} \frac{(-4)^n}{(4n)!}x^{4n}$ 15) $1+2x^2+\dots$

16) $f(x) = 1+\frac{1}{3}x^2+\dots+\frac{2^{2n-3}}{(2n-2)!}x^{2n-4} + \frac{2^{2n-1}\cosh 2\xi}{(2n)!}x^{2n-2}$, $0 \leq \xi \leq x$.

17) a) $\frac{1}{2}\sin x+\frac{1}{4}\sin 2x$ b) $\frac{1}{8}(2\sin\frac{\pi x}{2} + 3\sin\frac{3\pi x}{2} + \sin\frac{5\pi x}{2})$

c) $\frac{a_0}{2} + \sum_{k=1}^{\infty} a_k \cos k\pi x$ mit $a_0=\frac{14}{15}$, $a_k=\frac{(-1)^k 48}{k^4\pi^4}$

d) $\frac{\pi}{2} + \frac{4}{\pi}(\sin x - \frac{1}{9}\sin 3x + \frac{1}{25}\sin 5x - \dots)$

18) $T_3(x) = x - \frac{1}{18}x^3 + \frac{1}{600}x^5$ genügt, da $|f(x)-T_3(x)| \leq \frac{2^7}{7\cdot 7!} < 0{,}5\cdot 10^{-2}$.

19) $f(x) = \sum_{n=0}^{\infty} (\frac{1}{2^{n+1}} + \frac{1}{3^{n+1}})x^n$, $|x|<2$.

20) $f(x) = -\frac{1}{2}x^2 - \frac{1}{12}x^4 - \frac{1}{45}x^6 - \dots$

10. Funktionen mehrerer Veränderlicher

10.1 Bezeichnungen, Funktionsbilder

Eine reellwertige Funktion von mehreren Veränderlichen ist eine Abbildung $f: \mathbb{R}^n \to \mathbb{R}$, Funktionsgleichung: $w = f(x_1, \ldots, x_n)$. Die x_i $(i = 1,2, \ldots, n)$ heißen unabhängig Veränderliche, w heißt abhängig Veränderliche (s. 1.5). Bei zwei bzw. drei Veränderlichen schreibt man gewöhnlich $w = f(x,y)$ bzw. $w = f(x,y,z)$.

(1) $w = f(x_1, \ldots, x_n) = x_1 \cdot x_2 \cdot \ldots \cdot x_n$, $w = f(x_1, \ldots, x_n) = x_1^2 + \ldots + x_n^2$
$w = f(x,y) = x^2 + \sin xy$, $w = f(x,y,z) = x + xy \sin z$

Die im folgenden für Funktionen zweier Veränderlichen eingeführten Begriffe lassen sich unmittelbar übertragen auf Funktionen mit mehr Veränderlichen.

Im allg. wird durch $w = f(x,y)$ eine Fläche über der x,y-Ebene beschrieben. Zur graphischen Darstellung ist es zweckmäßig, folgende Schnittkurven zu berechnen:

a) $w = f(x,y) = \text{const}$	Höhenlinien oder Niveaulinien
b) $x = \text{const}$	Schnitt mit der Ebene $x = \text{const}$
c) $y = \text{const}$	Schnitt mit der Ebene $y = \text{const}$

(2) Man skizziere die durch $w = \frac{1}{x^2 + y^2}$ bestimmte Fläche.

Lsg: a) $k = \frac{1}{x^2+y^2} > 0$, d.h. $1 = k(x^2+y^2)$. Die Höhenlinien sind also konzentrische Kreise um den Punkt $P = (0,0)$.

b) $x = 0$: $w = \frac{1}{y^2}$

c) $y = 0$: $w = \frac{1}{x^2}$

Die Fläche ist rot.-sym. um die w-Achse.

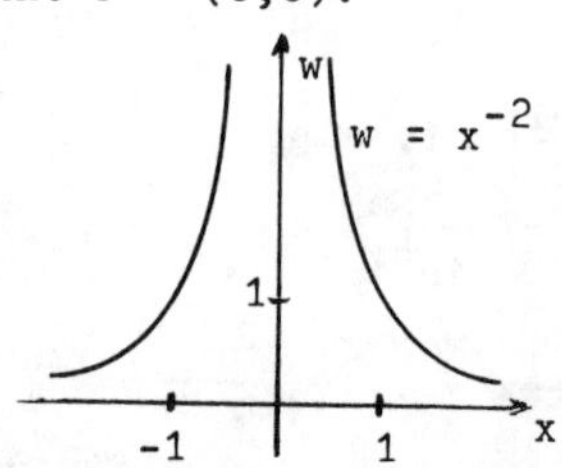

(3) Man skizziere die durch $w = yx$ bestimmte Fläche.

Lsg: a) $k = xy$ Hyperbel

b) $x = a$: $w = ay$ Gerade

c) $y = b$: $w = bx$ Gerade

Außerdem hat man:

$x = y$: $w = x^2$ Parabel

$x = -y$: $w = -x^2$

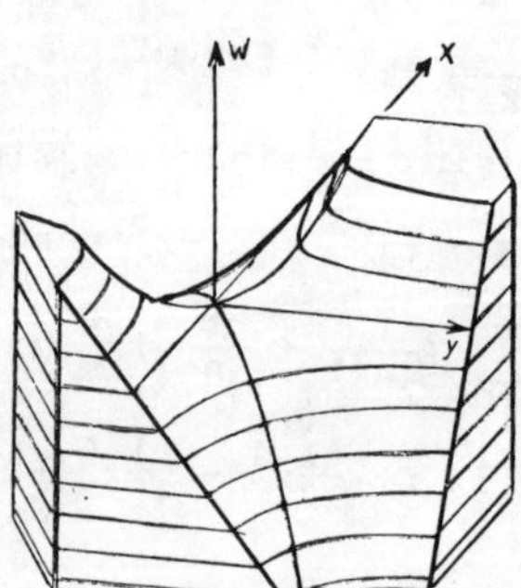

10.2 Stetigkeit

Wie in der Vektorrechnung setzt man:

$$\left|(x_1,y_1) - (x_2,y_2)\right| = \sqrt{(x_1 - x_2)^2 + (y_1 - y_2)^2}$$

<u>Abstand</u> der Punkte $P_1 = (x_1,y_1)$ und $P_2 = (x_2,y_2)$

Man definiert:

$$\lim_{x,y\to x_o,y_o} f(x,y) = a$$

wenn für jedes $\varepsilon > 0$ ein $\delta > 0$ existiert, so daß für $\left|(x,y) - (x_o,y_o)\right| < \delta$ folgt $\left|f(x,y) - a\right| < \varepsilon$

Wie bei Funktionen einer Veränderlichen heißt $f(x,y)$ stetig bei (x_o,y_o), wenn $\lim\limits_{x,y\to x_o,y_o} f(x,y) = f(x_o,y_o)$.

Es gelten die gleichen Rechengesetze für Grenzwerte und stetige Funktionen, wie bei Funktionen einer Veränderlichen.

(4) Die Funktionen $w = x^2+y^2$, $w = 4x^3y^2-3xy^3+2y+1$, $w = \cos xy$ sind stetig, da sie aus stetigen Funktionen zusammengesetzt sind.

(5) Man zeige:

$$f(x,y) = \begin{cases} \dfrac{1-\cos xy}{y} & \text{für } y \neq 0 \\ 0 & \text{für } y = 0 \end{cases} \quad \text{ist überall stetig.}$$

Lsg: Für $y \neq 0$ ist f stetig als Quotient von stetigen Funktionen. Bleibt zu zeigen $\lim\limits_{x,y\to x_o,0} f(x,y) = 0$.

Dazu benutzen wir die Taylorreihe der cos-Funktion:

$$\cos u = 1 - \frac{1}{2!}u^2 + \frac{1}{4!}u^4 \mp \ldots$$

$$f(x,y) = \frac{1 - (1 - \frac{1}{2!}x^2y^2 + \frac{1}{4!}x^4y^4 \mp)}{y} = (\frac{1}{2!}x^2y - \frac{1}{4!}x^4y^3 \pm \ldots)$$

$$\lim_{x,y\to x_o,0} f(x,y) = 0,$$ d.h. f ist überall stetig.

Gelegentlich ist es nützlich für Grenzwertbestimmungen Polarkoordinaten zu verwenden, insbesondere bei rationalen Funktionen.

(6) Man untersuche auf Stetigkeit:

$$f(x,y) = \begin{cases} xy\,\dfrac{x^2-y^2}{x^2+y^2} & \text{für } (x,y) \neq (0,0) \\ 0 & \text{für } (x,y) = (0,0) \end{cases}$$

Lsg: Für $(x,y) \neq (0,0)$ ist f als Quotient von stetigen Funktionen stetig. Bleibt der Punkt (0,0). Polarkoordinaten r,φ: $x = r\cos\varphi$ $y = r\sin\varphi$;

$$f(x,y) = r^4\cos\varphi\sin\varphi\,\frac{\cos^2\varphi-\sin^2\varphi}{r^2}$$

$$|f(x,y)-f(0,0)| = \left|\tfrac{1}{2}r^2\sin 2\varphi\cos 2\varphi\right| < \tfrac{1}{2}r^2$$

d.h. f ist überall stetig.

Achtung: Man muß sorgfältig folgende Ausdrücke unterscheiden:

$$\lim_{x,y\to x_o,y_o} f(x,y);\quad \lim_{x\to x_o}\left(\lim_{y\to y_o} f(x,y)\right);\quad \lim_{y\to y_o}\left(\lim_{x\to x_o} f(x,y)\right)$$

(7) Man untersuche $f(x,y) = \dfrac{x^2-y^2}{x^2+y^2}$ mit $(x_o,y_o) = (0,0)$ auf diese Gr.-w.

Lsg: $\lim\limits_{y\to 0}\left(\lim\limits_{x\to 0}\dfrac{x^2-y^2}{x^2+y^2}\right) = \lim\limits_{y\to 0} -\dfrac{y^2}{y^2} = -1$, $\lim\limits_{x\to 0}\left(\lim\limits_{y\to 0} = \lim\limits_{x\to 0}\dfrac{x^2}{x^2}\right) = 1$

Insbesondere folgt daraus, daß $\lim\limits_{x,y\to 0,0} f(x,y)$ nicht existiert, f also nicht stetig ergänzt werden kann.

Vermutet man die Unstetigkeit einer Funktion $w = f(x,y)$ bei (x_o,y_o), so kann man untersuchen, ob zu zwei verschiedenen Kurven (durch (x_o,y_o)) verschiedene Grenzwerte gehören.

(8) Man zeige die Unstetigkeit folgender Funktionen in $(x,y) = (0,0)$:

a) $f(x,y) = \begin{cases} \dfrac{xy}{x^2+y^2} & \text{für } (x,y) \neq (0,0) \\ 0 & \text{für } (x,y) = (0,0) \end{cases}$

b) $f(x,y) = \begin{cases} \dfrac{y\cdot\sin xy}{x^2+y^4} & \text{für } (x,y) \neq (0,0) \\ 0 & \text{für } (x,y) = (0,0) \end{cases}$

Lsg: a) Annäherung auf y = 0: $\lim\limits_{x\to 0} f(x,0) = 0$

Annäherung auf x= 0: $\lim\limits_{y\to 0} f(0,y) = 0$

Annäherung auf x = y: $\lim\limits_{x\to 0}\dfrac{x^2}{2x^2} = \dfrac{1}{2}$

b) $y = 0$: $\lim\limits_{x\to 0} f(x,0) = 0$

$y = cx$: $\lim\limits_{x\to 0} f(x,cx) = \lim\limits_{x\to 0} \frac{c^2x}{1+c^4x^2} \frac{\sin cx^2}{cx^2} = \lim\limits_{x\to 0} \frac{c^2x}{1+c^4x^2} \lim\limits_{x\to 0} \frac{\sin cx^2}{cx^2} = 0$

$y = x^2$: $\lim\limits_{x\to 0} f(x,x^2) = \lim\limits_{x\to 0} \frac{\sin x^3}{1+x^6} = 0$

$y = \sqrt{x}$: $\lim\limits_{x\to 0+} f(x,\sqrt{x}) = \lim\limits_{x\to 0+} \frac{\sqrt{x}\sin x\sqrt{x}}{2x^2} = \lim\limits_{x\to 0+} \frac{\sqrt{x}}{2\sqrt{x}} \lim\limits_{x\to 0+} \frac{\sin x\sqrt{x}}{\sqrt{x}\, x} = \frac{1}{2}$

10.3 Differenzierbarkeit

(a) Partielle Ableitungen

$w = f(x,y)$ heißt an der Stelle (x_o,y_o) partiell nach x differenzierbar, wenn die Funktion $F(x) = f(x,y_o)$ bei x_o diff.bar ist. y wird beim Differenzieren nach x als Konstante behandelt. Entsprechend ist die partielle Ableitung nach y definiert.

$\frac{\partial w}{\partial x} = \frac{\partial f}{\partial x} = f_x = w_x$	partielle Ableitung nach x
$\frac{\partial w}{\partial y} = \frac{\partial f}{\partial y} = f_y = w_y$	partielle Ableitung nach y

Man bestimme die partiellen Ableitungen von:

(9) $f(x,y) = x^2y^3 + xy^2 + 2y$

Lsg: $f_x = 2xy^3 + y^2$, $f_y = 3x^2y^2 + 2xy + 2$

(10) $f(x,y) = \begin{cases} \frac{x^2-y^2}{x^2+y^2} & \text{für } (x,y) \neq (0,0) \\ 1 & \text{für } (x,y) = (0,0) \end{cases}$

Lsg: $f_x = \frac{2x(x^2+y^2) - 2x(x^2-y^2)}{(x^2+y^2)^2} = \frac{4xy^2}{(x^2+y^2)^2}$ für $(x,y) \neq (0,0)$

$f_y = \frac{-2y(x^2+y^2) - 2y(x^2-y^2)}{(x^2+y^2)^2} = \frac{-4yx^2}{(x^2+y^2)^2}$ für $(x,y) \neq (0,0)$

$f_x(0,0) = \lim\limits_{x\to 0} \frac{f(x,0)-f(0,0)}{x} = \lim\limits_{x\to 0} \frac{x^2x^{-2} - 1}{x} = 0$

$\lim\limits_{y\to 0+0} \frac{f(0,y)-f(0,0)}{y} = \lim\limits_{y\to 0+0} \frac{-y^2y^{-2} - 1}{y} = -\infty$, also existiert $f_y(0,0)$ nicht.

(b) Totale oder vollständige Differenzierbarkeit

Die Funktion $w = f(x,y)$ heißt vollständig diff.bar in (x_o,y_o), wenn die partiellen Ableitungen in (x_o,y_o) existieren und wenn:

$$\lim_{x,y\to x_o,y_o} \frac{f(x,y) - f(x_o,y_o) - f_x(x_o,y_o)(x-x_o) - f_y(x_o,y_o)(y-y_o)}{\left|(x,y) - (x_o,y_o)\right|} = 0$$

> $E(x,y) = f(x_o,y_o) + f_x(x_o,y_o)(x-x_o) + f_y(x_o,y_o)(y-y_o)$
> ist die Tangentialebene von $w = f(x,y)$ in (x_o,y_o).

Anschaulich ist das die Ebene, die die Fläche $w = f(x,y)$ im Punkt $(x_o,y_o,f(x_o,y_o))$ berührt.

> $df(x_o,y_o) = f_x(x_o,y_o)dx + f_y(x_o,y_o)dy$
> mit $dx = x-x_o$ und $dy = y-y_o$ heißt das totale Differential von f in (x_o,y_o).

f diff.bar in (x_o,y_o) bedeutet, daß $\Delta f = f(x,y)-f(x_o,y_o)$ für genügend nahe bei (x_o,y_o) liegende (x,y) durch das totale Differential "gut" angenähert wird.

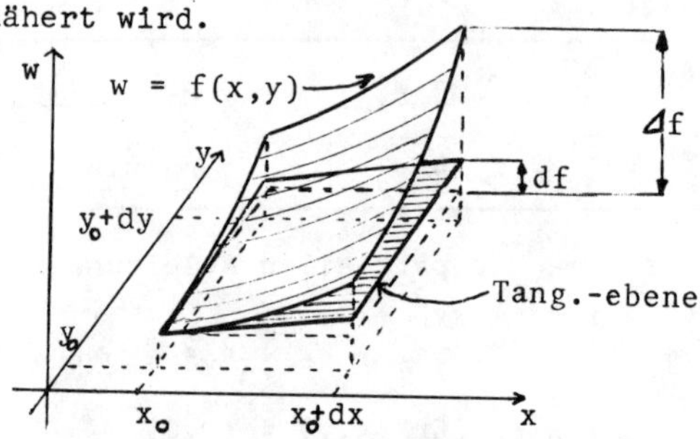

> Aus der Differenzierbarkeit von $w = f(x,y)$ folgt die Stetigkeit von f.

Vorsicht: Aus der Existenz der partiellen Ableitungen folgt nicht die vollständige Diff-barkeit.

(11) Man zeige:

$$f(x,y) = \begin{cases} \frac{xy}{x^2+y^2} & \text{für } (x,y) \neq (0,0) \\ 0 & \text{für } (x,y) = (0,0) \end{cases}$$

besitzt partielle Ableitungen in (0,0).

Lsg: $f_x(0,0) = \lim_{x\to 0} \frac{f(x,0)-0}{x} = 0$, $f_y(0,0) = \lim_{y\to 0} \frac{f(0,y)-0}{y} = 0$

f ist aber nicht diff-bar in (0,0), denn f ist dort nicht einmal stetig (siehe (8)).

Satz über die vollständige Differenzierbarkeit:
Hat die Funktion $w = f(x,y)$ in einem Gebiet* stetige partielle Ableitungen, dann ist sie dort vollständig differenziebar.

12) Sei $w = x^2y - 3y$. Man berechne:

a) die Tangentialebene von w in $P = (4,3)$

b) Δw und dw für $(3{,}99;3{,}02)$

c) eine Näherung für $w(5{,}12;6{,}85)$

Lsg: a) $w_x = 2xy$, $w_y = x^2-3$, also ist die Tang.-ebene E

E: $w = w(4,3)+w_x(4,3)(x-4)+w_y(4,3)(y-3) = 39+24(x-4)+13(y-3)$

Also E: $24x + 13y - w = 96$.

b) $\Delta w = w(3{,}99;3{,}02) - w(4,3) = 3{,}99^2 \cdot 3{,}02 - 3 \cdot 3{,}02 - 39 = 0{,}018702$

$dw = w_x(4,3)(-0{,}01) + w_y(4,3) \cdot 0{,}02 = -24 . 0{,}01 + 13 \cdot 0{,}02 = 0{,}02.$

c) $w(5,7) = 154$, $dw = 2xy\ dx + (x^2-3)\ dy = 70dx + 22dy = 5{,}1$;

Also gilt: $w \approx 159{,}1$. Genau gilt andererseits: $w = 159{,}01864$.

13) Man bestimme dw von $w = \frac{1}{2}\ln(x^2+y^2)$

Lsg: $w_x = \frac{x}{x^2+y^2}$, $w_y = \frac{y}{x^2+y^2}$, d.h. $dw = \frac{x\ dx + y\ dy}{x^2 + y^2}$

14) Man zeige, daß für die Clapeyronsche Gleichung der Thermodynamik $p \cdot v = R \cdot T$ gilt: $p_v\ v_T\ T_p = -1$.

Lsg: $p_v = -\frac{RT}{v^2}$, $v_T = \frac{R}{p}$, $T_p = \frac{v}{R}$, d.h. $p_v v_T T_p = -\frac{RT}{v^2}\frac{R}{p}\frac{v}{R} = -\frac{RT}{pv} = -1$

(c) Kettenregel für $w = w(x,y)$ (LII,130)	
(i) wenn $x = x(u,v)$ und $y = y(u,v)$	
$w_u = w_x x_u + w_y y_u$	$w_v = w_x x_v + w_y y_v$
(ii) wenn $x = x(t)$ und $y = y(t)$	
$\frac{dw}{dt} = w_x \frac{dx}{dt} + w_y \frac{dy}{dt}$	

15) Sei $w = e^{xy^2}$, $x = t \cos t$, $y = t \sin t$. Man bestimme $\frac{dw}{dt}$ bei $t = \frac{\pi}{2}$.

Lsg: $w_x = y^2 e^{xy^2}$ und $w_y = 2xy\ e^{xy^2}$, $\frac{dx}{dt} = \cos t - \sin t$

und $\frac{dy}{dt} = \sin t + t\cos t$,

*(LV18).

$\frac{dw}{dt} = y^2e^{xy^2}(\cos t - t\sin t) + 2xy\, e^{xy^2}(\sin t + t\cos t)$

$\frac{dw}{dt}(\frac{\pi}{2}) = \frac{1}{4}\pi^2e^0(-\frac{\pi}{2}) + 0 = -\frac{1}{8}\pi^3$

Man kann auch x,y einsetzen und direkt differenzieren:

$w = e^{t^3\sin^2t\cos t}$, d.h. $\frac{dw}{dt} = e^{t^3\sin^2t\cos t}(t^3\sin^2t\cos t)'$

$(t^3\sin^2t\cos t)' = (3t^2\cos t - t^3\sin t)\sin^2t + 2\sin t\cos t\, t^3\cos t$

$\frac{dw}{dt} = e^{t^3\sin^2t\cos t}(3t^2\sin^2t\cos t - t^3\sin^3t + 2t^3\sin t\cos^2t)$

$\frac{dw}{dt}(\frac{\pi}{2}) = -\frac{1}{8}\pi^3$

(16) Sei $w = f(x,y,z) = z\sin\frac{y}{x}$, $x = 3u^2+2v$, $y = 4u-2v^3$, $z = 2u^2-3v^2$.
Man bestimme $dw = w_u du + w_v dv$.

Lsg: $w_u = w_xx_u+w_yy_u+w_zz_u = (-\frac{yz}{x^2}\cos\frac{y}{x})6u+(\frac{z}{x}\cos\frac{y}{x})4+(\sin\frac{y}{x})4u$

$w_v = w_xx_v+w_yy_v+w_zz_v = (-\frac{yz}{x^2}\cos\frac{y}{x})2+(\frac{z}{x}\cos\frac{y}{x})(-6v^2)+(\sin\frac{y}{x})(-6v)$

$dw = (\frac{z}{x}\cos\frac{y}{x}(4-6\frac{uy}{x})+4u\sin\frac{y}{x})du + (-\frac{z}{x}\cos\frac{y}{x}(6v^2+2\frac{y}{x})-6v\sin\frac{y}{x})dv$

(17) Sei $w = f(x,y)$ und $x = r\cos t$, $y = r\sin t$ (Polarkoordinaten).
Man zeige $w_x^2 + w_y^2 = w_r^2 + \frac{1}{r^2}w_t^2$.

Lsg: $w_r = w_xx_r+w_yy_r = w_x\cos t+w_y\sin t$

$w_t = w_xx_t+w_yy_t = r(-w_x\sin t+w_y\cos t)$

$w_r^2 + \frac{1}{r^2}w_t^2 = (w_x\cos t+w_y\sin t)^2 + (-w_x\sin t+w_y\cos t)^2 = w_x^2 + w_y^2$

(d) Differentiation von impliziten Funktionen

Im Allgemeinen wird durch eine Gleichung der Form $F(x,y,z) = 0$ eine der Variablen, sagen wir z, als Funktion der anderen definiert, also $z = f(x,y)$. Man sagt z ist eine implizite Funktion von x,y, zur Unterscheidung zur expliziten Funktion $z = f(x,y)$ mit $F(x,y,f(x,y)) = 0$.
In vielen Fällen ist die formelmäßige Auflösung nach z, d.h. die Darstellung als explizite Funktion, nicht möglich. Man muß sich mit dem Existenzsatz für implizite Funktionen begnügen (s. Smirnow, Höhere Mathe I, 2. Aufl., 1956, S. 323).

(18) Sei $F(x,y,z) = x^2+y^2-z^2 = 0$. z ist eine implizite Funktion von x und y. Es existieren zwei Auflösungen:
$z = \sqrt{x^2+y^2}$ und $z = -\sqrt{x^2+y^2}$. Für die Gleichung $F(x,y) = xe^x+ye^y+xy = 0$ ist eine Auflösung zumindest sehr schwierig.

Immerhin ist es aber möglich, die partiellen Ableitungen der implizit gegebenen Funktion z(x,y) zu berechnen, indem man die Differentiale bestimmt:

$dF = F_x dx + F_y dy + F_z dz = 0$, nun ist $dz = z_x dx + z_y dy$, also gilt

$dF = (F_x + F_z z_x)dx + (F_y + F_z z_y)dy = 0$ bei beliebigen Zuwächsen dx,dy.

Folglich müssen die Koeffizienten verschwinden. Man hat zur

Berechnung der partiellen Ableitungen von impliziten Funktionen			
$F_x + F_z z_x = 0 \quad F_y + F_z z_y = 0$ oder	$z_x = -\frac{F_x}{F_z}$	$z_y = -\frac{F_y}{F_z}$	$F_z \neq 0$

(19) Sei $F(x,y,z) = x^2+y^2-z^2 = 0$. Man bestimme z_x, z_y, der implizit gegeben Funktion $z = z(x,y)$.

Lsg: $F_x = 2x$, $F_y = 2y$, $F_z = -2z$. Also $z_x = -\frac{F_x}{F_z} = \frac{x}{z}$ und $z_y = \frac{y}{z}$.

Berechnet man z_x aus den Auflösungen: $z = \sqrt{x^2+y^2}$, $z = -\sqrt{x^2+y^2}$

$$z_x = \frac{1}{2}(x^2+y^2)^{-\frac{1}{2}}2x = \frac{x}{\sqrt{x^2+y^2}} = \frac{x}{z}, \quad z_x = -\frac{1}{2}(x^2+y^2)^{-\frac{1}{2}}2x = \frac{x}{z}$$

(20) Man bestimme $\frac{dy}{dx}$ der durch $F(x,y) = \sin xy - e^{xy} - x^2y = 0$ implizit gegebenen Funktion $y = y(x)$.

Lsg: $dF = F_x dx + F_y dy = 0$,

$dF = (y\cos xy - ye^{xy} - 2xy)dx + (x\cos xy - xe^{xy} - x^2)dy = 0$

$$\frac{dy}{dx} = \frac{y}{x}\,\frac{2x+e^{xy}-\cos xy}{\cos xy - e^{xy} - x}$$

(e) Partielle Ableitungen höherer Ordnung

Existieren die partiellen Ableitungen von $w = f(x,y)$, dann sind f_x, f_y Funktionen von x, y, die ihrerseits partielle Ableitungen besitzen können. Man schreibt:

$\frac{\partial}{\partial x}\left(\frac{\partial w}{\partial x}\right): = \frac{\partial^2 w}{\partial x^2} = w_{xx}$	$\frac{\partial}{\partial y}\left(\frac{\partial w}{\partial x}\right) = \frac{\partial^2 w}{\partial y \partial x} = w_{xy}$ usw.

Analog sind die partiellen Ableitungen höherer Ordnung definiert.

Man beachte die Reihenfolge der Ableitungen

$$\frac{\partial^4 w}{\underleftarrow{\partial y \partial x \partial y \partial y}} = \frac{\partial^4 w}{\partial y \partial x \partial y^2} = w_{\underrightarrow{yyxy}}$$ 1. nach y, 2. nach y, 3. nach x, 4. nach y

Vertauschbarkeitssatz:

Sind w_{xy} und w_{yx} stetig, dann ist $w_{xy} = w_{yx}$.

Achtung: Es gilt nicht immer $w_{xy} = w_{yx}$.

(21) Sei $w = x^3y + e^{xy^2}$. Man berechne w_{xx}, w_{yy}, w_{yx}, w_{xy}.

Lsg: $w_x = 3x^2y+y^2e^{xy^2}$, $w_{xy} = 3x^2+2ye^{xy^2}(1+2xy^2)$

$w_y = x^3+2xye^{xy^2}$, $w_{yx} = 3x^2+2ye^{xy^2}(1+2xy^2)$

$w_{xx} = 6xy+y^4e^{xy^2}$, $w_{yy} = 2xe^{xy^2}(1+2xy^2)$

(22) Man berechne $w_{xx} + w_{yy} + w_{zz}$ von $(x^2+y^2+z^2)^{-\frac{1}{2}} = w$

Lsg: $-\frac{1}{2}(x^2+y^2+z^2)^{-3/2}2x = -x(x^2+y^2+z^2)^{-3/2} = w_x$

$w_{xx} = -(x^2+y^2+z^2)^{-3/2}+\frac{3}{2}(x^2+y^2+z^2)^{-5/2}2x^2$

$w_{xx} = \frac{2x^2-y^2-z^2}{(x^2+y^2+z^2)^{5/2}}$, $w_{yy} = \frac{2y^2-x^2-z^2}{(x^2+y^2+z^2)^{5/2}}$, $w_{zz} = \frac{2z^2-x^2-y^2}{(x^2+y^2+z^2)^{5/2}}$

$w_{yy} + w_{xx} + w_{zz} = 0$

(23) Man berechne z_{xy} der durch $z^3-xz-y = 0$ implizit gegebenen Funktion.

Lsg: $z_x = \frac{-F_x}{F_z} = \frac{z}{3z^2-x}$, $z_{xy} = \frac{\partial}{\partial y}(\frac{z}{3z^2-x}) = \frac{\partial}{\partial z}(\frac{z}{3z^2-x})\frac{\partial z}{\partial y}+\frac{\partial}{\partial x}(\frac{z}{3z^2-x})\frac{\partial x}{\partial y}$

Nun ist $\frac{\partial x}{\partial y} = 0$, da x, y unabhängige Variable sind.

$z_y = -\frac{F_y}{F_z} = \frac{1}{3z^2-x}$, $\frac{\partial}{\partial z}(\frac{z}{3z^2-x}) = \frac{-3z^2-x}{(3z^2-x)^2}$, also $z_{xy} = \frac{-3z^2-x}{(3z^2-x)^3}$

10.4 Taylorentwicklung von w = f(x,y)

Taylorentwicklung von $f(x,y)$ bei (x_o,y_o) mit Restglied
$f(x,y) = f(x_o,y_o)+(\frac{\partial}{\partial x}\Delta x+\frac{\partial}{\partial y}\Delta y)f(x_o,y_o)+\frac{1}{2!}(\frac{\partial}{\partial x}\Delta x+\frac{\partial}{\partial y}\Delta y)^2f(x_o,y_o)+\ldots$ $+\frac{1}{n!}(\frac{\partial}{\partial x}\Delta x+\frac{\partial}{\partial y}\Delta y)^nf(x_o,y_o) + R_n$ $R_n = \frac{1}{(n+1)!}(\frac{\partial}{\partial x}\Delta x+\frac{\partial}{\partial y}\Delta y)^{n+1}f(x_o+p\Delta x,y_o+p\Delta y)$, wobei $0<p<1$, $\Delta x = x-x_o$, $\Delta y = y-y_o$.

Erläuterungen:

① Man begreift $(\frac{\partial}{\partial x}\Delta x+\frac{\partial}{\partial y}\Delta y)$ als ein Rechensymbol, mit dem man wie mit Zahlen rechnet.

$$(\frac{\partial}{\partial x}\Delta x+\frac{\partial}{\partial y}\Delta y)^2 = (\frac{\partial}{\partial x}\Delta x+\frac{\partial}{\partial y}\Delta y)(\frac{\partial}{\partial x}\Delta x+\frac{\partial}{\partial y}\Delta y) = \frac{\partial^2}{\partial x^2}\Delta x^2+2\frac{\partial^2}{\partial x\partial y}\Delta x\Delta y+\frac{\partial^2}{\partial y^2}\Delta y^2$$

(24) Man bestimme $(\frac{\partial}{\partial x}\Delta x+\frac{\partial}{\partial y}\Delta y)^3$

Lsg: $$(\frac{\partial}{\partial x}\Delta x+\frac{\partial}{\partial y}\Delta y)^3 =(\frac{\partial^2}{\partial x^2}\Delta x^2+\frac{2\partial^2}{\partial x\partial y}\Delta x\Delta y+\frac{\partial^2}{\partial y^2}\Delta y^2)(\frac{\partial}{\partial x}\Delta x+\frac{\partial}{\partial y}\Delta y)$$

$$= \frac{\partial^3}{\partial x^3}\Delta x^3+3\frac{\partial^3}{\partial x^2\partial y}\Delta x^2\Delta y+3\frac{\partial^3}{\partial x\partial y^2}\Delta x\Delta y^2+\frac{\partial^3}{\partial y^3}\Delta y^3$$

Analog rechnet man für die Exponenten 4, 5 usw.

②
$$(\frac{\partial}{\partial x}\Delta x+\frac{\partial}{\partial y}\Delta y)f(x_o,y_o): = f_x(x_o,y_o)\Delta x+f_y(x_o,y_o)\Delta y$$

(25) Man berechne $(\frac{\partial}{\partial x}\Delta x+\frac{\partial}{\partial y}\Delta y)^2 f(0,0)$ mit $f(x,y) = x^2+2xy+y^2$

Lsg: $$(\frac{\partial}{\partial x}\Delta x+\frac{\partial}{\partial y}\Delta y)^2 f(0,0) = (\frac{\partial^2}{\partial x^2}\Delta x^2+2\frac{\partial^2}{\partial x\partial y}\Delta x\Delta y+\frac{\partial^2}{\partial y^2}\Delta y^2)f(0,0)$$

$$= f_{xx}(0,0)\Delta x^2+2f_{yx}(0,0)\Delta x\Delta y+f_{yy}(0,0)\Delta y^2$$

Nun ist $f_{xx} = 2$, $f_{xy} = 2$, $f_{yy} = 2$, d.h.

$$(\frac{\partial}{\partial x}\Delta x+\frac{\partial}{\partial y}\Delta y)^2 f(0,0) = 2x^2+4xy+2y^2,$$ denn $\Delta x = x-x_o= x$, $\Delta y = y$.

③ Setzt man $\vec{r}_o = (x_o,y_o)$ und $\vec{r} = (x,y)$, dann ist $(x_o+p(x-x_o),y_o+p(y-y_o)) = \vec{r}_o+p(\vec{r}-\vec{r}_o)$ mit $0<p<1$.
Das ist ein Punkt auf der Geraden durch (x,y) und (x_o,y_o), der zwischen diesen Punkten liegt. Bei der Berechnung des Restgliedes R_n bildet man also die durch $(\frac{\partial}{\partial x}\Delta x+\frac{\partial}{\partial y}\Delta y)^{n+1}$ beschriebenen partiellen Ableitungen in einem Punkt, von dem man nur weiß, daß er zwischen (x_o,y_o) und (x,y) liegt.
Benutzt wird die Taylorentwicklung zur näherungsweisen Bestimmung der Funktion $w = f(x,y)$. In den meisten Fällen begnügt man sich mit der Bestimmung der linearen Glieder $(\frac{\partial}{\partial x}\Delta x+\frac{\partial}{\partial y}\Delta y)f(x_o,y_o)$ und evt. des Restgliedes R_1, oder aber man bricht die Entwicklung nach den quadratischen Gliedern ab.

Taylorentwicklung, wie sie benutzt wird

(i) $f(x,y) = f(x_o,y_o)+f_x(x_o,y_o)\Delta x+f_y(x_o,y_o)\Delta y+R_1$

(ii) $f(x,y) \approx f(x_o,y_o)+f_x(x_o,y_o)\Delta x+f_y(x_o,y_o)\Delta y+\frac{1}{2}f_{xx}(x_o,y_o)\Delta x^2+$

$+f_{xy}(x_o,y_o)\Delta x\Delta y+\frac{1}{2}f_{yy}(x_o,y_o)\Delta y^2$

Bemerkung: a) $w = f(x_o,y_o)+(\frac{\partial}{\partial x}\Delta x+\frac{\partial}{\partial y}\Delta y)f(x_o,y_o)$ ist die Tangentialebene von $f(x,y)$ in (x_o,y_o).

b) Ein Polynom in zwei Veränderlichen ist gleich seiner Taylorentwicklung in (0,0).

Zur praktischen Berechnung von Taylorentwicklungen benutze man mit Hilfe von Umformungen und Substitutionen die bekannten Taylorentwicklungen von Funktionen einer Veränderlichen. Insbesondere ist die geometrische Reihe nützlich.

(26) Man berechne die Taylorentwicklung von $w = \frac{2x}{x^2-y^2}$ bei (2,1) bis zu den quadratischen Gliedern.

Lsg: $w = \frac{2x}{(x-y)(x+y)} = \frac{1}{x-y}+\frac{1}{x+y}$ Partialbruchzerlegung, also

$$w = \frac{1}{3}\,\frac{1}{1+(\frac{x-2}{3}+\frac{y-1}{3})} + \frac{1}{1+((x-2)-(y-1))}$$

Das läßt sich mit der geometrischen Reihe ausdrücken:

$$w = \frac{1}{3}(1-\frac{1}{3}(x-2)-\frac{1}{3}(y-1)+\frac{1}{9}((x-2)+(y-1))^2\mp\ .\ .\ .) +$$

$$+ (1 - (x-2)+(y-1) + ((x-2)-(y-1))^2\mp\ .\ .\ .)$$

$$w \approx \frac{4}{3} - \frac{10}{9}(x-2) + \frac{8}{9}(y-1) +\frac{28}{27}(x-2)^2 - \frac{52}{27}(x-2)(y-1) + \frac{28}{27}(y-1)^2$$

(27) Man bestimme von $w = \sin x\cdot \sin y$

a) die Tangentialebene in $(\frac{\pi}{4},\frac{\pi}{4})$

b) die Taylorentwicklung mit R_1 in $(\frac{\pi}{4},\frac{\pi}{4})$

Lsg: $w = \sin x \sin y = \sin(u+\frac{\pi}{4})\sin(v+\frac{\pi}{4})$ mit $x = u+\frac{\pi}{4}$, $y = v+\frac{\pi}{4}$.

$$w = (\sin\tfrac{\pi}{4}+u\cos\tfrac{\pi}{4}-\tfrac{1}{2}u^2\sin\tfrac{\pi}{4}\mp\ ...)(\sin\tfrac{\pi}{4}+v\cos\tfrac{\pi}{4}-\tfrac{1}{2}v^2\sin\tfrac{\pi}{4}\mp\ ...) \quad (B279)$$

$$w = \sin^2\tfrac{\pi}{4} + u\cos\tfrac{\pi}{4}\sin\tfrac{\pi}{4} + v\sin\tfrac{\pi}{4}\cos\tfrac{\pi}{4} + ...$$

Also ist die Tangentialebene bestimmt durch:

$$w =\frac{1}{2}(1 + (x-\frac{\pi}{4}) + (y-\frac{\pi}{4}))$$

Es ist $w_x = \cos x \sin y$, $w_y = \sin x \cos y$, $w_{xx} = -\sin x \sin y$

$w_{yy} = -\sin x \sin y$, $w_{xy} = \cos x \cos y$

Es sei: $P = (x,y) := (\frac{\pi}{4},\frac{\pi}{4})$, $\overline{P} = (\overline{x},\overline{y}) := (\frac{\pi}{4}+p(x-\frac{\pi}{4}),\frac{\pi}{4}+p(y-\frac{\pi}{4}))$, $0<p<1$;

$$w = w(P)+w_x(P)(x-\tfrac{\pi}{4})+w_y(P)(y-\tfrac{\pi}{4})+\tfrac{1}{2}w_{xx}(\overline{P})(x-\tfrac{\pi}{4})^2+w_{xy}(\overline{P})(x-\tfrac{\pi}{4})(y-\tfrac{\pi}{4})+$$
$$+\tfrac{1}{2}w_{yy}(\overline{P})(y-\tfrac{\pi}{4})^2$$

$$w = \frac{1}{2} + \frac{1}{2}(x-\frac{\pi}{4}) + \frac{1}{2}(y-\frac{\pi}{4}) - \frac{1}{2}\sin\overline{x}\,\sin\overline{y}\,\left((x-\frac{\pi}{4})^2+(y-\frac{\pi}{4})^2\right)$$
$$+ \cos\overline{x}\,\cos\overline{y}\,(x-\frac{\pi}{4})(y-\frac{\pi}{4})$$

(28) Man bestimme die Tangentialebene E von $w = yx^2 + \ln y$ im Punkt $P = (2,1)$ und schätze den Ersetzungsfehler $F = E - w$ für das Rechteck G: $|x-2| \le \frac{1}{5}$, $|y-1| \le \frac{1}{10}$ ab.

Lsg: Tangentialebene:

$w = f(P)+f_x(P)(x-2)+f_y(P)(y-1)$; $f_x = 2xy$, $f_y = x^2+\frac{1}{y}$

E: $w = 4+4(x-2)+5(y-1) = 4x+5y-9$

Ersetzungsfehler:

$F = E - f = R_1$, denn $w = f(x,y) = E + R_1$

Berechnung von R_1:

$f_{xx} = 2y$, $f_{xy} = 2x$, $f_{yy} = -y^{-2}$, $R_1 = \overline{y}(x-2)^2+2\overline{x}(x-2)(y-1)-\frac{\overline{y}^{-2}}{2}(y-1)^2$

Nun ist $0{,}9 \le \overline{y} \le 1{,}1$ und $\overline{x} \le 2{,}2$, d.h.

$|R_1| \le |\overline{y}(x-2)^2-\frac{1}{2}\overline{y}^{-2}(y-1)^2| + |2\overline{x}(x-2)(y-1)|$

$R_1 \le 1{,}1(0{,}2)^2-\frac{1}{2}(1{,}1)^{-2}0{,}1^2+4{,}4(0{,}2)(0{,}1) \le 0{,}12$,

denn $|x-2| \le 0{,}2$ und $|y-1| \le 0{,}1$

10.5 Extremwerte einer Funktion mehrerer Veränderlichen

Die Funktion $w = f(x,y)$ hat bei (x_o,y_o) einen absoluten Extremwert $f(x_o,y_o)$ im Bereich B der x,y-Ebene, wenn $f(x,y) \le f(x_o,y_o)$ für alle $(x,y) \in B$ ist (abs. Maximum), oder wenn $f(x,y) \ge f(x_o,y_o)$ für alle (x,y) B ist (abs. Minimum).

Die Funktion $w = f(x,y)$ hat bei (x_o,y_o) einen relativen Extremwert $f(x_o,y_o)$, wenn es eine Umgebung von (x_o,y_o) gibt, z.B. ein Quadrat Q: $|x-x_o| < d$; $|y-y_o| < d$, so daß $f(x_o,y_o)$ abs. Extremwert in $B \cap Q$ ist. Jeder abs. Extremwert ist auch rel. Extremwert, aber nicht umgekehrt. Liegt (x_o,y_o) auf dem Rand des Bereiches B und hat die Funktion dort einen rel. Extremwert, so heißt dieser Randextremwert. Zur Veranschaulichung siehe Skizze auf Seite 132.

Die Begriffsbildungen bei Funktionen mehrerer Veränderlichen sind völlig analog zu denen bei einer Veränderlichen. (Weitere Skizzen B).

> Die Funktion $w = f(x,y)$ kann höchstens (braucht aber nicht!) bei folgenden Punkten rel. Extremwerte haben:
>
> Ⓐ Punkte, für die die part. Ableitungen verschwinden, also $w_x = w_y = 0$ ist. (stationäre Punkte)
>
> Ⓑ Punkte, für die die part. Ableitungen nicht existieren. (Hierzu gehören speziell die Randpunkte).

Berechnung der rel. Extremwerte von $w = f(x,y)$

Ⓐ ① Man berechnet die stationären Punkte.

② Für die stat. Punkte berechnet man $D = w_{xx}w_{yy} - w_{yx}^2$.

③ $D > 0$ und $w_{xx} < 0$, bzw. $w_{yy} < 0$ rel. Maximum

$D > 0$ und $w_{xx} > 0$, bzw. $w_{yy} > 0$ rel. Minimum

$D < 0$ kein Extremwert (Sattelpunkt)

$D = 0$ muß gesondert untersucht werden.

Ⓑ ① Man berechnet die Randextremwerte.

② Man untersucht die verbleibenden Punkte, für die die partiellen Ableitungen nicht existieren.

Muß man Punkte gesondert untersuchen, bedient man sich folgender Methoden, die auch bei stationären Punkten bisweilen schneller zum Ziel führen als das oben beschriebene Verfahren.

ⓐ Zeichnung der Höhenlinie $f(x,y) = f(x_o,y_o)$ [(29),(30)]

ⓑ Anwendung des Satzes von Weierstraß [(30)]

ⓒ direkte Berechnung von $f(x,y)-f(x_o,y_o)$ [(31)]
(evtl. mit Polarkoordinaten)

Sind die absoluten Extremwerte gesucht, so bestimmt man das absolut größte rel. Max. und das absolut kleinste rel. Min. (falls es sie gibt!). Der Satz von Weierstraß (B) sagt über die Existenz der abs. Extremwerte folgendes aus:

> Jede auf einem abgeschlossenen und beschränkten Bereich stetige Funktion hat dort sowohl ein abs. Maximum als auch ein abs. Minimum.

(29) Man bestimme die rel. und abs. Extremwerte von $w = yx^2(4-x-y)$ im Dreieck, das begrenzt wird durch: $x = 0$, $y = 0$, $x + y = 6$.

Lsg: Ⓐ① Bestimmung der stationären Punkte:

$w_x = xy(8-3x-2y)$ und $w_y = x^2(4-x-2y)$

Ist eine partielle Ableitung als Produkt darstellbar, so setzt man die Faktoren einzeln Null und löst jeweils nach x oder y auf. Alle Ergebnisse setzt man in die andere Gleichung ein.

$w_y = x^2(4-x-2y) = 0$, also $x^2 = 0$ oder $4-x-2y = 0$. $x^2 = 0$, d.h. $x = 0$, braucht hier nicht weiter verfolgt zu werden, da nur Randpunkte herauskommen können. $4-x-2y = 0$; also wird $x = 4-2y$ in $w_x = 0$ eingesetzt:

$(4-2y)y(8-12+6y-2y) = 0$

$4-2y = 0 \;\rightarrow\; y = 2$; $\quad y = 0 \;\rightarrow\; y = 0$; $\quad -4+4y = 0 \;\rightarrow\; y = 1$

Man setzt in $x = 4-2y$ ein und erhält die zugehörigen x-Werte:

$x = 0 \rightarrow (0,2)$; $\quad x = 4 \rightarrow (4,0)$; $\quad x = 2 \rightarrow (2,1)$

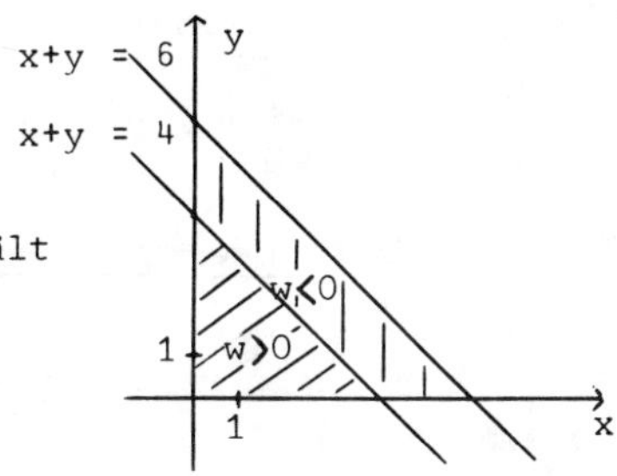

Die beiden ersten liegen auf dem Rand. Sie werden später untersucht.

② $D = [2y(4-x-y)-4xy](-2x^2) - [2x(4-x-2y)-x^2]^2$

Also ist $D(2,1) > 0$ und $w_{xx}(2,1) < 0 \Rightarrow$ rel. Maximum.

Ⓑ Randextremwerte:

Man skizziert die Höhenlinie $w = yx^2(4-x-y) = 0$, also die Geraden: $x = 0$, $y = 0$, $x+y = 4$.

a) Für $x = 0$ ist $w = f(0,y) = 0$. Damit erkennt man aus der Skizze, daß für $(0,y)$ mit $0 \leq y < 4$ rel. Minima vorliegen und für $(0,y)$ mit $4 < y \leq 6$ rel. Maxima. Bei $(0,4)$ ist kein Extremwert, weil in jeder Umgebung $w > 0$ und $w < 0$ ist.

b) Entsprechend sind für $y = 0$ bei $(x,0)$ mit $0 \leq x < 4$ rel. Minima und bei $(x,0)$ mit $4 < x \leq 6$ rel. Maxima.

c) Für $y = 6-x$, $0 \leq x \leq 6$, betrachtet man $w = f(x,y)$ auf diesem Randstück: $F(x) = f(x,6-x) = -2x^2(6-x)$. Die Funktion $w = f(x,y)$ hat hier höchstens dort rel. Extr., wo $F(x)$ welche hat. Man erhält die Punkte $(0,6)$ und $(4,2)$.

Unter allen rel. Extremwerten sucht man sich die absoluten heraus: abs. Max. $w = f(2,1) = 4$, abs. Min. $w = f(4,2) = -64$.

(30) Man bestimme die rel. Extrema von $w = y^2-y+2-\frac{y-1}{1+x^2}$

Lsg: $w_x = \frac{2x(y-1)}{(1+x^2)^2} = 0$, $w_y = 2y-1-\frac{1}{1+x^2}$

$w_x = 0$ heißt $x = 0$ oder $y = 1$. Einsetzen in $w_y = 0$: $2y-2 = 0$, $y = 1$ für $x = 0$, für $y = 1$ ist $1 - \frac{1}{1+x^2} = 0$, also $x = 0$.

Also kommt als einziger rel. Extremwert $w(P)$ mit $P = (0,1)$ in Frage. Ohne die höheren Ableitungen zu berechnen, zeichnen wir gleich die Höhenlinie $w = f(x,y) = f(0,1)$.

$w = y^2-y+2-\frac{y-1}{1+x^2} = f(0,1) = 2$, $y^2-y-\frac{y-1}{1+x^2} = (y-1)(y-\frac{1}{1+x^2}) = 0$,

d.h. Höhenlinie $w = 2$ ist bestimmt durch $y = 1$ und $y = \frac{1}{1+x^2}$.

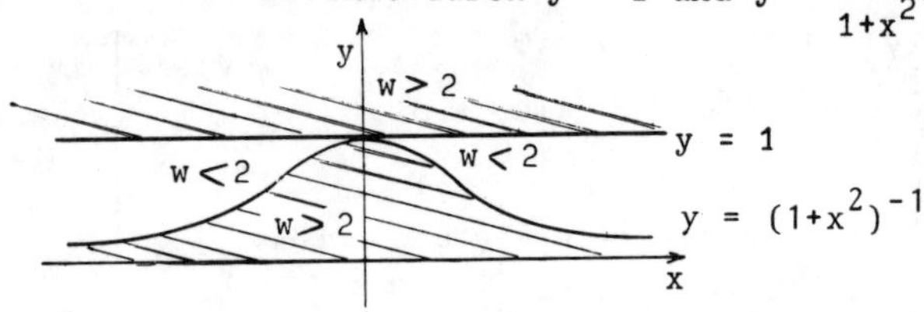

$P = (0,1)$ ist kein rel. Extremwert, da beliebig nahe bei P $w<2$ als auch $w>2$.

(31) Man berechne die abs. und rel. Extrema von $w = x^4+\frac{1}{2}y^2+\cos(x^2+y^2)$ in der Kreisscheibe $x^2+y^2 \leq \frac{\pi}{2}$.

Lsg: Man braucht f nur im Viertelkreis des 1. Quadranten zu betrachten, denn es ist: $f(x,y) = f(-x,y) = f(-x,-y) = f(x,-y)$.

a) rel. Extrema

(i) $w_x = 4x^3-2x\sin(x^2+y^2) = 0$, $w_y = y(1-2\sin(x^2+y^2)) = 0$

1) $w_y = 0$, d.h. $y = 0$, $\sin(x^2+y^2) = \frac{1}{2}$

2) $y = 0$, $w_x = 0$ liefert:

$4x^3-2x\sin x^2 = 0$, d.h. $x = 0$ oder $2x^2 = \sin x^2$, also auch $x = 0$

3) $w_x = 0$, $\sin(x^2+y^2) = \frac{1}{2}$:

$4x^3-x = 0$, d.h. $x = 0$ oder $x = \frac{1}{2}$ (Man betrachtet den 1.Quadr.).

3a) $x = 0$, $\sin(x^2+y^2) = \frac{1}{2}$: $\sin y^2 = \frac{1}{2}$, also $y = \sqrt{\frac{\pi}{6}}$, denn (x,y) soll im 1. Quadranten liegen und in dem Viertelkreis.

3b) $x = \frac{1}{2}$, $\sin(x^2+y^2) = \frac{1}{2}$: $y = \sqrt{\frac{\pi}{6}-\frac{1}{4}}$

Die stationären Punkte sind also: $S_1 = (0,0)$, $S_2 = (0,\sqrt{\frac{\pi}{6}})$ $S_3 = (\frac{1}{2},\sqrt{\frac{\pi}{6}-\frac{1}{4}})$.

(ii) $w_{xx} = 12x^2-2\sin(x^2+y^2)-4x^2\cos(x^2+y^2)$

$w_{yy} = 1-2\sin(x^2+y^2)-4y^2\cos(x^2+y^2)$

$w_{xy} = -4xy\cos(x^2+y^2)$

	x	y	w_{xx}	w_{yy}	w_{xy}	D	Ergebnis	f(S)
S_1	0	0	0	1	0	0	Krit. versagt	1
S_2	0	$\sqrt{\frac{\pi}{6}}$	-1	$-\frac{\sqrt{3}}{3}\pi$	0	>0	rel. Max.	$\frac{\pi}{12}+\frac{1}{2}\sqrt{3}$
S_3	$\frac{1}{2}$	$\sqrt{\frac{\pi}{6}-\frac{1}{4}}$	$2-\frac{1}{2}\sqrt{3}$	$\frac{1}{2}\sqrt{3}(1-\frac{2\pi}{3})$	—	<0	Sattelp.	$\frac{\pi}{12}+\frac{1}{2}\sqrt{3}-\frac{1}{16}$

Bleibt noch der Punkt $S_1 = (0,0)$ zu untersuchen.

$$f(x,y)-f(0,0) = x^4+\tfrac{1}{2}y^2+\cos(x^2+y^2)-1 = x^4+\tfrac{1}{2}y^2-2\sin^2(\tfrac{x^2+y^2}{2}) \geqslant$$

$$x^4+\tfrac{1}{2}y^2-2(\tfrac{x^2+y^2}{2})^2 = \tfrac{1}{2}x^4+y^2(\tfrac{1}{2}-x^2-\tfrac{1}{4}y^2) > 0$$

für $0<|x|<\frac{1}{4}$ und $0<|y|<\frac{1}{4}$, denn dann ist $x^2+\frac{1}{4}y^2 < \frac{1}{2}$.

Also liegt bei S_1 ein rel. Minimum.

b) Randextrema

$y = \sqrt{\frac{\pi}{2}-x^2}$, d.h. $F(x) = f(x,\sqrt{\frac{\pi}{2}-x^2}) = x^4+\frac{\pi}{4}-\frac{1}{2}x^2$ mit $0 \leq x \leq \sqrt{\frac{\pi}{2}}$

Extrema von F(x): $F'(x) = x(4x^2-1) = 0$, d.h. $x = 0$ oder $x = \frac{1}{2}$

$F(0) = \frac{\pi}{4}$, $F(\frac{1}{2}) = \frac{\pi}{4}-\frac{1}{16}$, $F(\sqrt{\frac{\pi}{2}}) = \frac{1}{4}\pi^2$.

Man hat insgesamt:

Absolute Maxima bei $(\pm\sqrt{\frac{\pi}{2}},0)$ $\quad f_{max} = \frac{1}{4}\pi^2$

Absolute Minima bei $(\pm\frac{1}{2},\sqrt{\frac{\pi}{2}-\frac{1}{4}})$ $\quad f_{min} = \frac{\pi}{4}-\frac{1}{16}$

Relative Maxima bei $(0,\pm\sqrt{\frac{\pi}{6}})$

Relatives Minimum bei (0,0)

10.6 Extrema mit Nebenbedingung

Aufgabenstellung:

> Gesucht sind die Extrema der Funktion $w = f(x,y,z)$ für jene (x,y,z), für die gilt $G(x,y,z) = 0$.

Für zwei Veränderliche hat man:

> Gesucht sind die Extrema von $f(x,y)$ für jene (x,y), für die $G(x,y) = 0$ ist.

Die Punkte $w = f(x,y)$ mit $G(x,y) = 0$ beschreiben im allgemeinen eine Kurve in der Fläche $w = f(x,y)$.

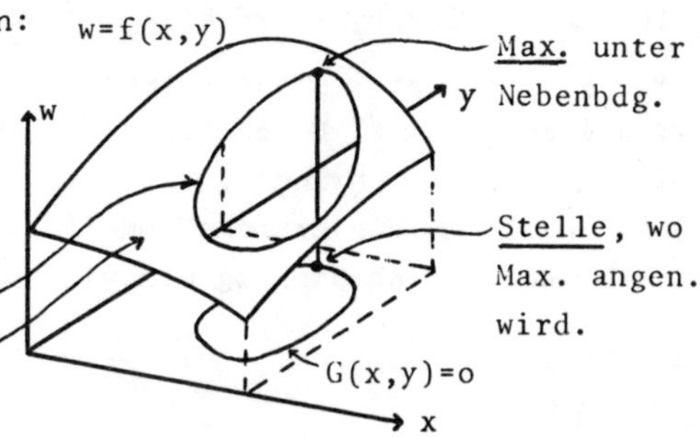

Gesucht wird dann der Extremwert auf dieser Kurve.

(32) Sei $w = f(x,y) = \sqrt{1-x^2-y^2}$. Man bestimme die Extrema unter der Nebenbedingung $G(x,y) = (x-\frac{1}{2})^2+y^2-\frac{1}{16} = 0$.

Lsg: Durch $w = f(x,y)$ wird die Kugelschale über der x,y-Ebene mit dem Radius 1 beschrieben. $G(x,y) = 0$ stellt den Kreis in der x,y-Ebene um den Punkt $(\frac{1}{2},0)$ mit dem Radius $\frac{1}{4}$ dar. Anschaulich ist klar, daß das Maximum von w

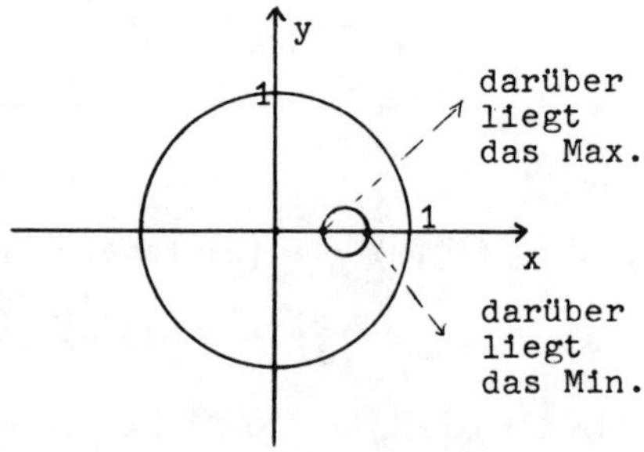

unter der angegebenen Nebenbedingung im höchsten Punkt auf der Kugelfläche über der Kreislinie liegt, also bei $(\frac{1}{4},0)$. Das Minimum liegt bei $(\frac{3}{4},0)$.

Das Problem läßt sich auch allgemeiner in n Veränderlichen behandeln.

Lösungsweg

> a) Man betrachtet die <u>Lagrangesche Hilfsfunktion</u>
> $L(x,y,z) := f(x,y,z) + \lambda G(x,y,z)$.
> Man bestimmt die (x,y,z) und λ, für die
> $L_x = L_y = L_z = L_\lambda = 0$ (notwendige Bedingung).
> λ heißt <u>Lagrangescher Multiplikator</u>.
>
> b) Unter den nach a) bestimmten Punkten werden die Extrema ermittelt.

(33) Man berechne die Extrema von (32).

Lsg:
$$L = \sqrt{1-x^2-y^2} + \lambda((x-\tfrac{1}{2})^2+y^2-\tfrac{1}{16})$$
$$L_x = -xK + 2\lambda(x-\tfrac{1}{2}) = 0, \quad L_y = -yK + 2\lambda y = 0 \text{ mit } K = \frac{1}{\sqrt{1-x^2-y^2}}.$$

$L_y = 0$ heißt $y = 0$ oder $2\lambda = K$,
für $2\lambda = K$ ist $L_x = -xK+K(x-\frac{1}{2}) = -\frac{K}{2} \neq 0$. Das liefert keine Lös.

Für $y = 0$ folgt aus der Nebenbedingung $x^2-x+\frac{3}{16} = 0$, also $x = \frac{1}{4}$ oder $x = \frac{3}{4}$. Durch Einsetzen in L_x kann man die λ bestimmen, für die L_x verschwindet.

(34) Man bestimme die Extrema von $f(x,y,z) = y^2+4z^2-4yz-2xz-2xy$ unter der Nebenbedingung $G(x,y,z) = 2x^2+3y^2+6z^2-1 = 0$.

Lsg: $L = (2z-y)^2-2x(y+z)+\lambda(2x^2+3y^2+6z^2-1)$

$$L_x = -2(y+z)+4\lambda x = 0$$
$$L_y = -2(2z-y)-2x+6\lambda y = 0$$
$$L_z = 4(2z-y)-2x+12\lambda z = 0$$

$L_x = 0$: $2\lambda x = y+z$; $2L_y+L_z = -6x+12(y+z)\lambda = 0$; einsetzen von $y+z = 2\lambda x$ ergibt $-6x+24x\lambda^2 = 0$, d.h. $x = 0$ oder $\lambda = \pm\frac{1}{2}$.

1) $\lambda = \frac{1}{2}$:

Dann ist $x = y+z$; einsetzen in $L_y = 0$ ergibt $y = 2z$, also $x = 3z$. Aus der Nebenbedingung erhält man $18z^2+12z^2+6z^2 = 1$, also $z = \pm\frac{1}{6}$.

$P_1 = (\frac{1}{2},\frac{1}{3},\frac{1}{6})$, $P_2 = (-\frac{1}{2},-\frac{1}{3},-\frac{1}{6})$.

2) $-\frac{1}{2} = \lambda$:

Dann ist $-x = y+z$; mit $L_y = 0$ ergibt das $y = 2z$, also $x = -3z$. Aus der Nebenbedingung ergibt sich $z = \pm\frac{1}{6}$.

$P_3 = (-\frac{1}{2},\frac{1}{3},\frac{1}{6})$, $P_4 = (\frac{1}{2},-\frac{1}{3},-\frac{1}{6})$

3) $x = 0$:

$L_x = 0$ heißt $y = -z$, aus $L_y = L_z = 0$ folgt $\lambda = -1$. Aus der Nebenbedingung erhält man $y = \frac{1}{3}$ bzw. $y = -\frac{1}{3}$.

$P_5 = (0,-\frac{1}{3},\frac{1}{3})$, $P_6 = (0,\frac{1}{3},-\frac{1}{3})$

Nun ist $f(P_1) = f(P_2) = -\frac{1}{2}$, $f(P_3) = f(P_4) = \frac{1}{2}$, $f(P_5) = f(P_6) = 1$

Die Punktmenge mit $2x^2+3y^2+6z^2 = 1$ ist beschränkt und abgeschlossen, mithin kann man den Satz von Weierstaß auf die stetige Funktion f anwenden, d.h. bei P_1, P_2 liegen die abs. Min. und bei P_5, P_6 die abs. Maxima.

(35) Es soll ein rechteckiger Behälter, der an einer Seite offen ist, mit minimaler Oberfläche von $32m^3$ Inhalt gebaut werden. Welche Abmessungen muß er haben?

Lsg: Seien x, y, z die Kantenlängen. Die Oberfläche ist dann: $F = xy + 2yz + 2xz$.

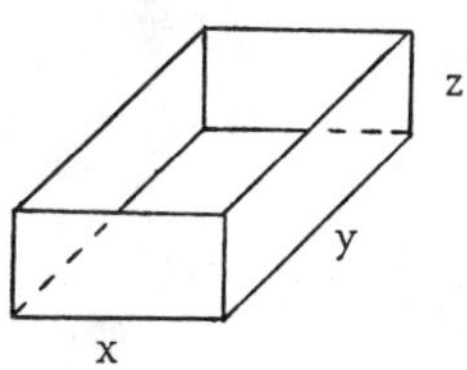

Nebenbedingung: $xyz = 32$

$L = xy+2xz+2yz+\lambda(xyz-32)$

$L_x = y+2z+\lambda yz$, $L_y = x+2z+\lambda xz$, $L_z = 2y+2x+\lambda xy$

Aus $L_x-L_y = 0$ folgt $(y-x)(1+\lambda z) = 0$, d.h. $y = x$ oder $-1 = \lambda z$

Aus $L_z = 0$ folgt $4x+\lambda x^2 = 0$, also $x = 0$ oder $\lambda x = -4$. $x = 0$ ist nicht möglich. Aus $L_y = 0$ folgt $2z = x$ und damit aus der Nebenbedingung $x = 4 = y$ und $z = 2$.

Ist $-1 = \lambda z$, dann folgt aus $L_y = 0$, daß $2z = 0$. Das ist keine Lösungsmöglichkeit. Man kann sich jetzt überlegen, daß in $P = (4,4,2)$ das Minimum angenommen wird.

Diese Aufgabe läßt sich auch auf andere Weise lösen, indem man nämlich die Nebenbedingung gleich in $F = xy+2xz+2yz$ einsetzt.

Man hat dann $F = xy+\frac{64}{x}+\frac{64}{y}$. Gesucht ist das Minimum dieser Funktion.

$F_x = y - 64x^{-2}$, $F_y = x - 64y^{-2}$. $F_x = 0$ heißt $y = 64x^{-2}$ und mit $F_y = 0$ folgt $x^4-64x = 0$, also $x = 0$ oder $x = 4$, $x = 0$ ist nicht möglich also $x = 4$ und $y = 4$.

$F_{xx} = 128x^{-3}$, $F_{xy} = 1$, $F_{yy} = 128y^{-3}$, also $D(4,4) > 0$.

Damit wird bei $(4,4,2)$ das Minimum angenommen.

(36) Man berechne den Abstand der Hyperbel $x^2+8xy+7y^2 = 225$ vom Ursprung.

Lsg: Gesucht ist das Minimum der Funktion $f(x,y) = x^2+y^2$ mit der Nebenbedingung $G(x,y) = x^2+8xy+7y^2-225 = 0$.

$L_x = 2x+2\lambda x+8\lambda y$, $L_y = 2y+14\lambda y+8\lambda x$. Man hat also folgendes Gleichungssystem auf nicht triviale Lösungen zu prüfen:

$$\left| \begin{array}{l} x(1+\lambda)+4\lambda y = 0 \\ 4\lambda x+(1+7\lambda)y = 0 \end{array} \right. \quad \text{d.h. } 1+8\lambda-9\lambda^2 = 0$$

Also $\lambda = 1$ oder $\lambda = -\frac{1}{9}$.

Für $\lambda = 1$ ist $x = -2y$, setzt man das in die Nebenbedingung ein, erhält man $-5y^2 = 225$. Also scheidet diese Möglichkeit aus.

Für $\lambda = -\frac{1}{9}$ ergibt sich $y = 2x$, und damit aus der Nebenbedingung $x^2 = 5$ und $y^2 = 20$. Der Abstand ist damit 5.

10.7 Aufgaben

Man zeige:

1. $w = \begin{cases} (x^3-y^3)/(x^2+y^2) & \text{für } (x,y) \neq (0,0) \\ 0 & \text{für } (x,y) = (0,0) \end{cases}$ ist überall stetig

2. $w = \begin{cases} e^{x/(x^2+y^2)} & \text{für } (x,y) \neq (0,0) \\ 1 & \text{für } (x,y) = (0,0) \end{cases}$ ist unstetig in (0,0).

Man berechne:

3. $\lim\limits_{x,y\to 0,0} \dfrac{x^2+y^2}{\sqrt{x^2+y^2+1} - 1}$

4. $\lim\limits_{x,y\to 2,1} \dfrac{\sin(xy-2)}{\tan(3xy-6)}$

Man bestimme die partiellen Ableitungen von:

5. $w = \ln(x+\sqrt{x^2+y^2})$ 6. $w = \text{Arc tan } \frac{x}{y}$ 7. $w = \frac{x\cos y - y\cos x}{1+\sin x+\sin y}$ bei(0,0)

Man berechne das totale Differential

8. $w = \frac{x+y}{x-y}$ 9. $w = \text{Arc tan } xy$

Man berechne mit Hilfe des Differentials eine Näherung von:

10. $\ln(\sqrt[3]{1{,}03} + \sqrt[4]{0{,}98} - 1)$ 11. $\sqrt[5]{(3{,}8)^2 + 2(2{,}1)^3}$

12. $w = x^2y - 3y$; man berechne:

a) die Schnittkurven der Fläche $w = f(x,y)$ mit den Ebenen $x = 4$ und $y = 3$,

b) die Tangentenvektoren dieser Kurven in $(4,3,f(4,3))$,

c) die Ebene, die von ihnen in diesem Punkt aufgespannt wird (s.(12)).

13. $w = e^{x-2y}$, $x = \sin t$, $y = t^3$, $\frac{dw}{dt} = ?$

14. $w = x^2 \ln y$, $x = \frac{u}{v}$, $y = 3u-2v$, $w_u = ?$, $w_v = ?$

15. $w = f(x,y)$, $x = 2u-v$, $y = u+2v$; man drücke w_{xy} durch w_{uu}, w_{uv}, w_{vv} aus (Hinweis: Man löse das lin. Gl.-system!).

16. $z^3 + 3xyz = 0$; $z_x = ?$, $z_y = ?$

17. $xe^y+ye^x-e^{xy} = 0$; $\frac{dy}{dx} = ?$

18. $w = x^3y$; $x^5+y = t$, $x^2+y^3 = t^2$, $\frac{dw}{dt} = ?$ (Hinweis: x, y sind als implizite Funktionen von t gegeben. Man berechnet $\frac{dx}{dt}$, $\frac{dy}{dt}$, indem man beide Seiten der definierenden Gleichungen nach t diff. und das lin. Gleich.-system löst).

19. $w = x^3+axy^2$; für welche a ist $w_{xx} + w_{yy} = 0$?

20. $w = f(x,y)$; $u = x+y$, $v = x-y$. Man zeige: $w_{xx} - w_{yy} = 4w_{uv}$

Man berechne $(\frac{\partial}{\partial x}dx+\frac{\partial}{\partial y}dy)^2$ von:

21. $w = xy^2-x^2y$ 22. $w = \ln(x-y)$ 23. $w = x\sin^2 y$

24. Man berechne $(\frac{\partial}{\partial x}dx+\frac{\partial}{\partial y}dy)^3$ von $w = \sin(2x+y)$ bei $(0,\pi)$, $(-\frac{\pi}{2},\frac{\pi}{2})$

25. Man berechne $f(5,6) - f(5+dx,6+dy)$ von $w = x^3+y^2-6xy-39x+18y+4$ (Hinweis: Man bestimme die Tayl.-entw. in (5,6))

Man bestimme die Taylorentwicklung bis zu den quadr. Gliedern von:

26. $e^x\ln(1+y)$ bei (0,0) 27. $(1-x-y+xy)^{-1}$ bei (0,0)

28. $\sin xy$ bei $(1,\frac{\pi}{2})$

29. Man ersetze $w = y\ln(1+e^x)$ im Quadrat $0 \leq x \leq 1$, $0 \leq x \leq 1$ durch die Tangentialebene in (0,0) und zeige: der Fehler ist kleiner 1.

30. Abs. Extrema von $w = x^2-y^2$ im Kreis $x^2+y^2 \leq 4$

31. Abs. Extr. von $w = x^2+2xy-4x+8y$ im Rechteck $0 \leq x \leq 1$, $0 \leq y \leq 2$

32. $w = e^{-x^2-y^2}(2x^2+3y^2)$ in $x^2+y^2 \leq 4$

33. $p_1 = (1,0,1)$; $p_2 = (3,4,-2)$; $p_3 = (0,2,-1)$; $p_4 = (-1,0,0)$
Man bestimme den Punkt in der x,y-Ebene, so daß die Summe der Abständequadrate zu diesen Punkten minimal wird.

34. Rel. und abs. Extr. von $w = x^2-\cos(y-x^2)$ in $x^2 \leq 2\pi, |y| \leq 2\pi$

35. Rel. Extr. von $w = x^4+y^4-2x^2+4xy-2y^2$

36. In der "Hütte" steht folgende Formel:
$\sqrt{a^2+b^2} \cong 0{,}960a + 0{,}398b$ für $0 < b < a$, der Fehler ist kleiner als 4% des wirklichen Wertes. Man beweise diese Formel!
(Abs. Extr. von $f(a,x) = \dfrac{\sqrt{a^2+x^2}-sa-tx}{\sqrt{a^2+x^2}}$ mit $0 \leq x \leq b$)

37. Rel. Extr. von $w = y^5-x^2y^3+x^2y-y^3$ (Höhenlinie $w = 0$ zeichnen!)

38. Extr. von $w = xy$ Nebenbdg. $x^2+y^2 = 2$

39. Extr. von $w = x+y+z$ Nebenbdg. $\frac{1}{x}+\frac{1}{y}+\frac{1}{z} = 1$

40. Man bestimme die äußeren Abmessungen einer rechtwinkligen offenen Schachtel mit gegebener Wandstärke a und gegebenem Inhalt V, so daß der Materialaufwand am geringsten ist.

10.8 Ergebnisse

3. 2   4. $\frac{1}{3}$ 5. $w_x = (x^2+y^2)^{-1/2}$, $w_y = \dfrac{y}{x^2+y^2+x\sqrt{x^2+y^2}}$

6. $w_x = y(x^2+y^2)^{-1}$, $w_y = -x(x^2+y^2)^{-1}$ 7. $w_x = 1$, $w_y = -1$

8. $dw = (2xdx-2ydy)(x-y)^{-2}$ 9. $dw = (xdy+ydx)(1+x^2y^2)^{-1}$

10. 0,005   11. 2,01

12. $\overrightarrow{f(x)} = (x,3,3x^2-9)$, $\vec{t}_1 = (1,0,24)$, $\overrightarrow{g(y)} = (4,y,13y)$,
$\vec{t}_2 = (0,1,13)$; E: $24x+13y-z = 96$

13. $e^{\sin t-2t^3}(\cos t-6t^2)$ 14. $w_u = 2uv^{-2}\ln(3u-2v)+3u^2(v^{-2}(3u-2v)^{-1})$

$w_v = -2u^2v^{-3}\ln(3u-2v)-2u^2(v^{-2}(3u-2v)^{-1})$

15. $w_{xy} = \frac{1}{25}(2w_{uu}+3w_{uv}-2w_{vv})$ 16. $z_x = -yz(xy+z^2)^{-1}$

$z_y = -xz(xy+z^2)^{-1}$ 17. $\frac{dy}{dx} = \frac{ye^{xy}-ye^x-e^y}{xe^y-e^x-xe^{xy}}$

18. $5x^4\frac{dx}{dt} + \frac{dy}{dt} = 1,\ 2x\frac{dx}{dt} + 3y^2\frac{dy}{dt} = 2t$

$\frac{dw}{dt} = 3x^2y\frac{3y^2-2t}{15x^4y^2-2x} + x^3\frac{10x^4t-2x}{15x^4y^2-2x}$

19. $a = -3$ 21. $-2y\,dx^2 + 4(y-x)dxdy + 2x\,dy^2$

22. $(dx-dy)^2(x-y)^{-2}$ 23. $2\sin 2y\,dxdy + 2x\cos 2y\,dy^2$

24. $(2dx+dy)^3$ und 0 25. $15\,dx^2 - 6dxdy + dy^2 + dx^3$

26. $y + xy -\frac{1}{2}y^2$ 27. $1 + x + y + x^2 + xy + y^2$

28. $1 - \frac{1}{8}\pi^2(x-1)^2 - \frac{1}{2}\pi(x-1)(y-\frac{\pi}{2}) - \frac{1}{2}(y-\frac{\pi}{2})^2$

30. Abs. Max. $f(2,0) = f(-2,0) = 4$, Abs. Min. $f(0,2) = f(0,-2) = -4$

31. M: $f(2,1) = 17$, m: $f(1,0) = -3$ 32. M: $f(0,1) = f(0,-1) = \frac{3}{e}$

m: $f(1,0) = 12e^{-4}$ 33. $(x,y,z) = (\frac{3}{4},\frac{3}{2},0)$

34. rel. und abs. m: $f(0,0) = -1$ und $f(0,\pm 2\pi) = -1$,
rel. M keins, abs. M: $f(\pm\sqrt{2\pi},\pm\pi) = 2\pi+1$

35. rel. m bei $(\sqrt{2},-\sqrt{2})$, $(-\sqrt{2},\sqrt{2})$; $(0,0)$ kein rel. m da $f(x,x)>0$ und $f(0,y)<0$ für $|y|<\sqrt{2}$

37. rel. m bei $(0,\sqrt{\frac{3}{5}})$, rel. M bei $(0,-\sqrt{\frac{3}{5}})$

38. M: $f(1,1) = f(-1,-1) = 1$, m: $f(-1,1) = f(1,-1) = -1$

39. Minimum bei $(3,3,3)$

40. Grundfläche Quadrat mit Seitenlänge $2a+\sqrt[3]{2V}$, Höhe halb so groß.

11. Gewöhnliche Differentialgleichungen

11.1 Bezeichnungen

Eine gewöhnliche Differentialgleichung [1] ist eine Gleichung zwischen Funktionen, und zwar enthält diese Gleichung Ableitungen einer unbekannten Funktion sowie (möglicherweise) die unbekannte Funktion [2] und bekannte Funktionen der unabhängigen Variablen.

Beispiele: Die unabhängige Variable werde mit x bezeichnet.

(1) $y' = \frac{1}{\cos^2 x}$ (2) $xy' - y = x^2 \sin x$

(3) $y' = y$ (4) $y'' + \omega^2 y = 0$

(5) $4x^5y^2 + 2y'(y'')^2\cos x = \ln y'''$

(4) ist die Dgl einer harmonischen Schwingung ohne Dämpfung (PII 50).

Eine gewöhnliche Dgl für eine unbekannte Funktion y der unabhängien Variablen x hat die allgemeine Form

$$f(x,y,y',\ldots,y^{(n)}) = 0.$$

Sie heißt explizit, wenn sie nach der höchsten vorkommenden Ableitung aufgelöst ist

$$y^{(n)} = F(x,y,y',\ldots,y^{(n-1)}).$$

Die Ordnung der höchsten in einer Dgl auftretenden Ableitung heißt die Ordnung der Dgl.

Beispiele: (1), (2) und (3) sind Dgln 1. Ordnung, (4) ist von 2. Ordnung und (5) von 3. Ordnung. (1) und (3) sind explizite Dgln, die übrigen oben angegebenen Beispiele sind leicht auf explizite Form zu bringen.

Eine partielle Dgl ist eine Gleichung zwischen Funktionen, und zwar enthält diese Gleichung partielle Ableitungen einer unbekannten Funktion nach mehreren unabhängigen Variablen sowie (möglicherweise) die unbekannte Funktion [2] und bekannte Funktionen der unabhängigen Variablen.

---

1) fortan durch Dgl abgekürzt

2) bzw. bei Systemen von Dgln mehrere unbekannte Funktionen und deren Ableitungen

Beispiel: Die unabhängigen Variablen seien x (Ort) und t (Zeit). w(x,t) sei die unbekannte Auslenkung einer schwingenden Saite am Ort x zur Zeit t. w ist Lösung der partiellen Dgl (SH 61)

$$\frac{\partial^2 w}{\partial t^2} = a^2 \frac{\partial^2 w}{\partial x^2} .$$

Im folgenden werden partielle Dgln nicht mehr betrachtet.

Eine Lösung einer gewöhnlichen Dgl ist eine Funktion y = u(x), die zusammen mit ihren Ableitungen in die Dgl eingesetzt, diese identisch (d.h. für alle x) erfüllt.

Die allgemeine Lösung [1] einer Dgl hängt von willkürlichen Integrationskonstanten ab. Die allg. Lsg. einer Dgl n-ter Ordnung hängt im allg. von n Konstanten ab (= ist eine n-parametrige Funktionenschar).

Stellt man an die allg. Lsg. Bedingungen (z.B. die Lsg. verlaufe durch einen bestimmten Punkt), so erhält man spezielle Lösungen [2].

Eine Dgl aufzustellen, die ein technisches oder physikalisches Problem beschreibt, ist Aufgabe der technischen Einzelwissenschaften bzw. der Physik. Es ist Sache der Mathematik, die allg. Lsg. dieser Dgl zu bestimmen. Die Technik bzw. Physik hat dann die Aufgabe, geeignete Bedingungen anzugeben und mit diesen die spez. Lsg. zu ermitteln, die das technische oder physikalische Problem löst.

(6) $\frac{1}{\cos^2 x}$ ist die Ableitung von tan x. Deshalb sind alle Lösungen der Dgl (1) $y' = 1/\cos^2 x$ durch $y = \tan x + c$, $c \in \mathbb{R}$ gegeben (einparametrige Funktionenschar).

(7) Weil für $y = e^x$ $y' = e^x$ gilt, ist die Exponentialfunktion eine Lösung der Dgl (3) $y'-y = 0$. Dann ist auch jede Funktion $y = ce^x$, $c \in \mathbb{R}$, eine Lösung dieser Dgl. Dies ist die allg. Lsg., eine einparametrige Funktionenschar, s. Bsp. (10).

(8) $y = x(c-\cos x)$, $c \in \mathbb{R}$, ist die Lösung der Dgl (2).
Bew: $y' = c-\cos x+x\sin x$, $xy'-y = x(c-\cos x+x\sin x)-x(c-\cos x) = x^2\sin x$.
$y = x(c-\cos x)$, $c \in \mathbb{R}$, ist die allg. Lsg. der geg. Dgl (2), siehe dazu unten Beispiel (15). Gibt es eine Lösung, die durch den Punkt $(\pi/2,0)$ verläuft? Die spez. Lsg., die diese Bedingung erfüllt, findet man aus der allg. Lsg., indem man verlangt, daß für $x = \pi/2$

1) fortan durch allg. Lsg. abgekürzt

2) fortan durch spez. Lsg. abgekürzt

y = 0 sein soll: $0 = \frac{\pi}{2}(c-0) \Rightarrow c = 0$. Die spez. Lsg. $y = -x\cos x$ genügt also der gestellten Bedingung.

Existenz- und Eindeutigkeitssatz:

Ist in der Dgl $y' = f(x,y)$ die Funktion $f(x,y)$ in einer Umgebung des Punktes (a,b) stetig, so existiert wenigstens eine Lösung, die durch den Punkt (a,b) verläuft. Ist außerdem die partielle Ableitung $\frac{\partial f}{\partial y}$ in einer Umgebung von (a,b) beschränkt (= schärfere Lipschitz-Bedingung), so gibt es genau eine Lösung durch den Punkt (a,b).

Zur Existenz und Eindeutigkeit von Lösungen bei Dgls-Systemen und Dgln höherer Ordnung s. C 31 ff.

Man kann Lösungskurven einer expliziten Dgl 1. Ordnung $y' = f(x,y)$ auf graphischem Wege näherungsweise aus dem Richtungsfeld gewinnen. Jedem Punkt (x,y) der Definitionsmenge von f wird durch die Dgl (d.h. durch f) eine Richtung y' zugeordnet. Diese Richtung kennzeichnet man durch ein kurzes Geradenstück durch den Punkt (x,y) mit der Steigung y'. Praktisch geht man so vor, daß man sich verschiedene Werte c für y' vorgibt und die durch $c = f(x,y)$ gegebene Kurve zeichnet (vgl. Höhenlinien!). Diese Kurven heißen hier Isoklinen, weil durch jeden ihrer Punkte ein Geradenstück mit derselben Steigung c zu legen ist. In das Richtungsfeld zeichnet man nach der Anschauung einige "Lösungskurven" ein.

(9) Man skizziere das Richtungsfeld der Dgl $y' = \sqrt{1-xy}$, $xy \leq 1$.
Isoklinen: $c = \sqrt{1-xy}$. Alle Steigungen c sind hier ≥ 0. Um die Isoklinen bequem zeichnen zu können, löst man nach x oder am besten nach y auf: $c^2 = 1-xy$, $xy = 1-c^2$, $y = \frac{1-c^2}{x}$. Die Isoklinen bilden eine Schar rechtwinkliger Hyperbeln.

y' = c	Isokline
0	$y = 1/x$
1/2	$y = 3/4x$
1	$y=0,\ x=0$
3/2	$y = -5/4x$
2	$y = -3/x$

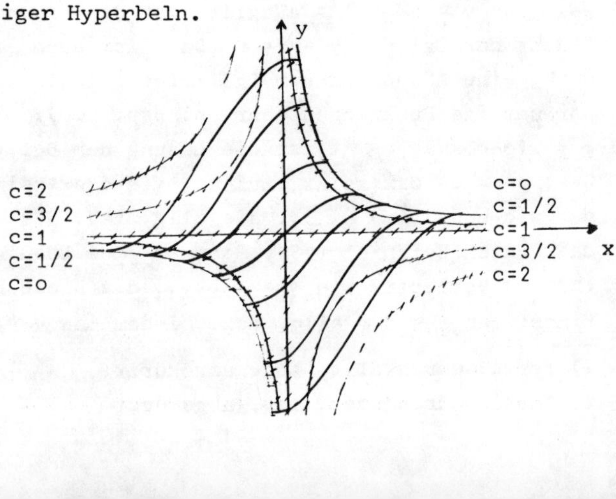

Im folgenden werden für einige Typen gewöhnlicher Dgln Methoden beschrieben, wie die allgemeine Lösung zu finden ist. Generell setzen wir dabei voraus, daß alle vorkommenden Funktionen auf ihren Definitionsmengen stetig sind.

11.2 Elementar integrierbare Dgln 1. Ordnung

Trennung der Veränderlichen	$y' = f(x)\cdot g(y)$

Die Gesamtheit der Lösungen besteht

(i) aus allen Geraden $y = y_o$, wenn y_o Nullstelle der Funktion g ist: $g(y_o) = 0$

(ii) aus allen Funktionen y(x), die sich aus

$$\int \frac{dy}{g(y)} = \int f(x)dx + c, \quad c \in \mathbb{R}$$

ergeben. Diese Gleichung stellt man praktisch so auf, daß man in $\frac{dy}{dx} = f(x)\cdot g(y)$ dx "herauf- und g(y) heruntermultipliziert".

(10) $y' = y$. Hier ist $f(x) = 1$, $g(y) = y$.

(i) $y = 0$ ist Lösung.

(ii) $\frac{dy}{y} = dx$, $\int \frac{dy}{y} = \int dx$, $\ln|y| = x+c$, $c \in \mathbb{R}$, $|y| = e^{x+c}$,

$y = \pm e^c e^x = K\cdot e^x$, $K = \pm e^c$, $K \in \mathbb{R}$. Für $K = 0$ ist die "triviale" Lösung $y = 0$ in dieser Schar enthalten.

(11) Man bestimme die allg. Lsg. von $y'(x^2-6x+5) = xy+x-3y-3$ sowie die spezielle Lösung durch den Punkt (3,1). Ferner skizziere man einige Lösungen.

Lsg: $y'(x^2-6x+5) = (x-3)(y+1)$, $y' = \frac{(x-3)(y+1)}{x^2-6x+5}$.

Die Dgl kann durch Trennung der Veränderlichen gelöst werden.

$$f(x) = \frac{x-3}{x^2-6x+5} = \frac{x-3}{(x-5)(x-1)}, \qquad g(y) = y+1$$

(i) $y = -1$ ist Lösung.

(ii) $\int \frac{dy}{y+1} = \int \frac{x-3}{x^2-6x+5}\,dx = \int \frac{x-3}{(x-5)(x-1)}\,dx = \int \left(\frac{1/2}{x-5} + \frac{1/2}{x-1}\right)dx$

(Partialbruchzerlegung). Die Integration ergibt

$\ln|y+1| = \frac{1}{2}\ln|(x-5)(x-1)| + \ln c$, $c \in \mathbb{R}^+$. Es ist oft zweckmäßig, der Integrationskonstanten eine besondere Form zu geben. Setzt man hier z.B. $c_1 = \ln c$, so erhält man die einfache Gleichung

$\ln|y+1| = \ln c\sqrt{|(x-5)(x-1)|}$, die man weiter umformen kann, um nach y aufzulösen. Eine Auflösung nach y (evtl. auch nach x) wird man immer dann versuchen, wenn man ein Bild über den Verlauf der Lösungen benötigt.

$|y+1| = c\sqrt{|(x-5)(x-1)|}$, $y+1 = \pm c\sqrt{|(x-5)(x-1)|}$, $y = \pm c\sqrt{|(x-5)(x-1)|}-1$.

Diese Auflösung eignet sich nicht gut, um danach Lösungskurven zu skizzieren. Die Quadratwurzel legt es nahe, durch Quadrieren eine andere Darstellung der Lösungen zu suchen:

$$(y+1)^2 = c^2|(x-5)(x-1)| = c^2|(x-3)^2-4| \quad \text{(quadr. Ergänzung)}$$
$$= c^2\cdot\begin{cases} (x-3)^2-4 & \text{wenn } (x-3)^2 > 4 \iff x > 5 \text{ oder } x < 1 \\ -(x-3)^2+4 & \text{wenn } \quad 1 < x < 5. \end{cases}$$

Die allgemeine Lösung ist $y = -1$ und

$$\frac{(x-3)^2}{4} - \frac{(y+1)^2}{4c^2} = 1 , \quad x > 5 \text{ oder } x < 1 \quad \text{(Hyperbeln)}$$

$$\frac{(x-3)^2}{4} + \frac{(y+1)^2}{4c^2} = 1 , \quad 1 < x < 5 \quad \text{(Ellipsen)}$$

Die spezielle Lösung durch (3,1) ergibt sich aus $1 = \pm c\sqrt{2\cdot 2} -1 = \pm 2c-1$, $\pm 2c = 2$, $\pm c = 1$. $c = +1$ gehört zu der speziellen Lösung durch (3,1), denn nur die Lösungsfunktion, die den oberen Halbkreis beschreibt, geht durch den Punkt (3,1).

Skizze einiger Lösungen

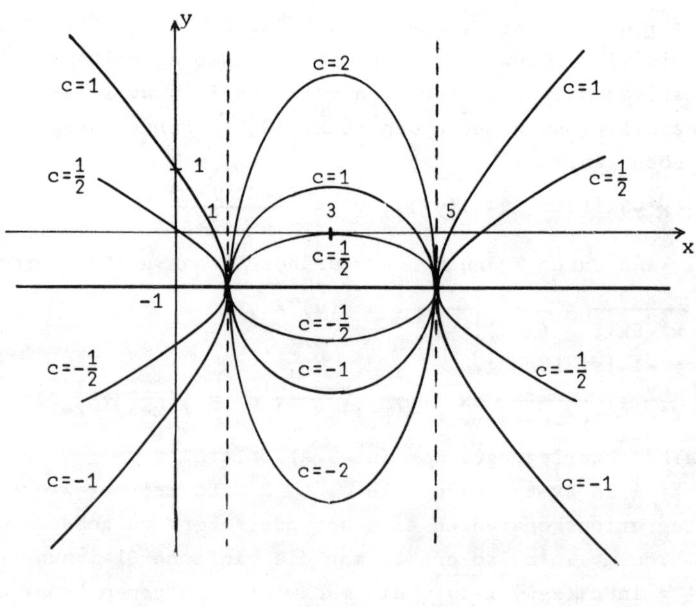

12) Durch die Dgl $\frac{dv}{dt} = \alpha\frac{(v_s^2-v^2)}{\beta-\mu t}$ (t = Zeit, v = v(t) Geschwindigkeit, α eine technische Konstante, ß Masse des Wagens + anfängliche Treibstoffmasse) wird die Bewegung eines Raketenwagens beschrieben (S 268), dessen Motor mit konstanter Verbrennungsgeschwindigkeit μ arbeitet. v_s ist die leicht zu berechnende (s. S 268) und deshalb hier als bekannt anzusehende Höchstgeschwindigkeit (=stationäre Endgeschwindigkeit).

Man bestimme die Geschwindigkeit als Funktion der Zeit unter der Anfangsbedingung v(t=0) = 0.

Lsg: Durch Trennung der Veränderlichen erhält man

$$\int\frac{dv}{v_s^2-v^2} = \int\frac{\alpha}{\beta-\mu t}dt = \frac{\alpha}{\beta}\int\frac{dt}{1-\frac{\mu}{\beta}t},$$

$$\frac{1}{v_s}\operatorname{Artanh}\frac{v}{v_s} = -\frac{\alpha}{\mu}\ln(1-\frac{\mu t}{\beta}) \qquad \text{(Für } t = 0 \text{ wird } v = 0!)$$

$$v = v(t) = v_s\cdot\tanh(\frac{v_s\alpha}{\mu}\ln\frac{1}{1-\frac{\mu}{\beta}t})$$

Einige andere für die Anwendungen weniger wichtige Typen von Dgln 1. Ordnung lassen sich durch geeignete Substitutionen auf Dgln zurückführen, bei denen sich die Variablen trennen lassen. Ausführlicheres bei (C 18 ff).

<u>Homogene lineare Dgl 1. Ordnung</u> $\boxed{y' + f(x)y = 0}$

(y u.y' treten nur in 1.Potenz auf. y = 0 ist e. (triviale) Lsg.)

<u>Lösungswege</u>:

1) Allg. Lsg: $y = ce^{-F(x)}$, $c\in\mathbb{R}$; $F(x) = \int f(x)dx$ <u>eine</u> Stammfkt. von f
2) Die homogene lineare Dgl 1. Ordnung läßt sich durch Trennung der Veränderlichen lösen.
3) Kennt man eine spezielle nichttriviale Lösung y = u(x), so lautet die allg. Lsg $y_h = c\cdot u(x)$, $c\in\mathbb{R}$.

(13) $y' - y/x = 0$. Es gibt drei Lösungsmöglichkeiten:

3) Eine Lösung ist zu raten: y=x. Allg. Lösung: $y = c\cdot x$, $c\in\mathbb{R}$.
1) $f(x) = -\frac{1}{x}$, $F(x) = -\int\frac{dx}{x} = -\ln|x|$, Allg. Lsg: $y = ce^{\ln|x|} = c\cdot|x| = c^*\cdot x$, $c^*\in\mathbb{R}$.
2) Trennung der Veränderlichen: $\int\frac{dy}{y} = \int\frac{dx}{x}$, $\ln|y| = \ln|x| + \ln d = \ln d\cdot|x|$, $|y| = d\cdot|x|$, $y = \pm dx = cx$, $c = \pm d$, $c\in\mathbb{R}$.

(14) $y' + \tan x\cdot y = 0$ Trennung der Veränderlichen.

$\int\frac{dy}{y} = \int\frac{-\sin x}{\cos x}dx$, $\ln|y| = \ln|\cos x| + \ln d = \ln d|\cos x|$, $y = c\cdot\cos x$
$c\in\mathbb{R}$.

Inhomogene lineare Dgl 1. Ordnung	$y' + f(x)\cdot y = r(x)$

1. Lösungsweg:

Lösungsformel: $y = c(x)e^{-F(x)}$, $c(x) = \int r(x)e^{F(x)}dx + c$, $c \in \mathbb{R}$,
$F(x) = \int f(x)dx$ ist dabei eine Stammfunktion von $f(x)$.

Häufig wird hierbei die Umrechnung $e^{\alpha \ln z} = e^{\ln z^{\alpha}} = z^{\alpha}$ benötigt.
Die Dgl $y' + f(x)y = 0$ heißt die zur gegebenen Dgl gehörige homogene Dgl.

2. Lösungsweg:

(i) Die allg. Lsg. y_h der zugehörigen homogenen Dgl $y' + f(x)\cdot y = 0$ ist zu ermitteln.

(ii) Eine Lösung y_s der inhomogenen Dgl ist zu bestimmen. Die allg. Lsg. der inhomogenen linearen Dgl ist dann

$$y = y_h + y_s$$

Der 2. Lösungsweg ist erfahrungsgemäß weniger Rechenfehler-anfällig.

Oftmals kann man eine spezielle Lösung der inhomogenen Dgl raten. Stets läßt sich die inhomogene Dgl (nachdem man die homogene Dgl gelöst hat!) mit der Methode der Variation der Konstanten lösen:

Man ersetzt in der allg. Lsg. der homogenen Dgl $y_h = c\cdot u(x)$ die Konstante c durch eine (unbekannte) Funktion $c(x)$[1] und sucht diese so zu bestimmen, daß $y = c(x)u(x)$ Lösung der inhomogenen Dgl wird! Dazu setzt man $y = c(x)u(x)$ und $y' = c'(x)u(x) + c(x)u'(x)$ in die inhomogene Dgl ein. Hierbei fällt $c(x)$ heraus [2] und man erhält für $c'(x)$ eine unmittelbar zu integrierende Gleichung: $c'(x) = \frac{r(x)}{u(x)}$. Eine so bestimmte spezielle Lösung $y_s = c(x)u(x)$ der inhomogenen Dgl ist zur allg. Lsg. der homogenen Dgl zu addieren, um die allg. Lsg. der inhomogenen Dgl zu erhalten.

(15) $y' - y/x = x\cdot \sin x$

(i) $y' - y/x = 0$ besitzt nach Bsp. (13) die allg. Lsg. $y = cx$.

(ii) Eine spezielle Lösung der inhomogenen Dgl wird durch V.d.K. bestimmt (da sich auf den ersten Blick keine raten läßt): Wir setzen $y = c(x)\cdot x$, $y' = c'(x)\cdot x + c(x)$ in die inhomogene Dgl ein:

$$c'(x)\cdot x + c(x) - c(x)\cdot\frac{x}{x} = x\cdot \sin x \qquad c'(x)\cdot x = x\cdot \sin x$$

1) Hieraus erklärt sich die Bezeichnung "Variation der Konstanten", die wir mit V.d.K. abkürzen.

2) Wenn c(x) nicht herausfällt, hat man einen Fehler gemacht (Probe!).

$c'(x) = \sin x$, $c(x) = \int \sin x \, dx = -\cos x + K$.
Da wir nur eine spezielle Lösung der inhomogenen Dgl brauchen, können wir K = 0 setzen. Die Funktion $y_s = c(x) \cdot x = -x\cos x$ ist eine spezielle Lösung der inhomogenen Dgl. Deshalb ist

$$y = cx - x\cos x = x(c - \cos x)$$

die allg. Lsg. der inhomogenen Dgl. Vgl. Bsp. (8).

16) $y' + y \cdot \tan x = \frac{1}{2} \cdot \sin 2x$

(i) $y' + y \tan x = 0$ besitzt nach Bsp. (14) die allg. Lsg.
$y_h = c \cdot \cos x$.

(ii) V.d.K. $y = c(x)\cos x$, $y' = c'(x)\cos x - c(x)\sin x$
$c'(x)\cos x = \frac{1}{2} \sin 2x = \sin x \cos x$, $c'(x) = \sin x$, $c(x) = -\cos x$,
$y_s = -\cos^2 x$ ist eine spez. Lsg. der inhomogenen Dgl. Ihre allg. Lsg. lautet $y = \cos x(c - \cos x)$.

17) $\frac{di}{dt} + \frac{R}{L} i = \frac{U}{L}$ beschreibt den Einschaltvorgang (t = Zeit) eines Gleichstroms i in einem Stromkreis mit einer Stromquelle der konstanten Spannung U, dem Widerstand R und der Selbstinduktion L.

(i) $\frac{di}{dt} + \frac{R}{L} i = 0$, $\int \frac{di}{i} = \int -\frac{R}{L} dt$, $i_h(t) = c\, e^{-\frac{R}{L}t}$

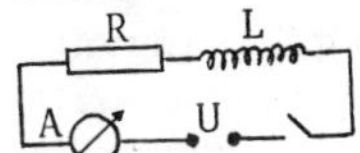

(ii) Eine spezielle Lsg. der inhomogenen Dgl ist $i(t) = \frac{U}{R} = \text{const.}$
Sie beschreibt den "stationären Zustand", wenn $\frac{di}{dt} = 0$ ist. Die allg. Lsg. lautet also $i(t) = \frac{U}{R} + c\, e^{-Rt/L}$, c reell.

Den Einschaltvorgang beschreibt die spez. Lsg., die der Anfangsbedingung $i(0) = 0$ genügt. Für diese ist $0 = U/R + c$, also
$i(t) = \frac{U}{R}(1 - e^{-Rt/L})$.

Bemerkung: Die Dgl (17) läßt sich auch direkt durch Trennung der Veränderlichen lösen. Das gilt nicht mehr für die Dgl des folgenden Problems. Legt man eine Wechselspannung $U = U_o \sin \omega t$ an den Kreis, so lautet die Dgl

$$\frac{di}{dt} + \frac{R}{L} i = \frac{U_o}{L} \cdot \sin \omega t.$$

(i) zur homogenen Dgl siehe oben

(ii) V.d.K. $i(t) = c(t)\, e^{-Rt/L}$ $\qquad c'(t) = \frac{U_o}{L} e^{Rt/L} \sin \omega t$,

$$c(t) = \frac{U_o}{L} \frac{e^{Rt/L}}{\frac{R^2}{L^2} + \omega^2} \left(\frac{R}{L} \sin \omega t - \omega \cos \omega t\right) \qquad \text{(B 327, Nr. 459)}$$

Allg. Lsg.: $i(t) = c \cdot e^{-Rt/L} + \frac{U_o}{R^2 + \omega^2 L^2} (R \sin \omega t - L\, \omega \cos \omega t)$.

Berücksichtigung der Anfangsbedingung i(0) = 0:

$$0 = c - \frac{U_o L \omega}{R^2 + \omega^2 L^2},$$

$$i(t) = \frac{U_o}{R^2 + \omega^2 L^2}(L \omega e^{-Rt/L} + R \sin \omega t - L \omega \cos \omega t)$$

Das erste Glied (die Lösung der homogenen Dgl) strebt schnell gegen 0, wenn $t \to \infty$. Im "stationären Zustand" ist der Strom i(t) allein durch die partikuläre Lösung gegeben.

Einige andere elementar integrierbare Dgln 1. Ordnung lassen sich durch geeignete Substitutionen auf die lineare Dgl 1. Ordnung zurückführen. Sie sind für die Anwendungen weniger wichtig. (C 23)

11.3 Einige elementar integrierbare Dgln höherer Ordnung

Bei einer Dgl n-ter Ordnung hat man, um aus der allg. Lsg. eine spezielle Lösung festzulegen, n Bedingungen, etwa Anfangsbedingungen $y(a) = b_o$, $y'(a) = b_1, \ldots, y^{(n-1)}(a) = b_{n-1}$ zu stellen.

$$y^{(n)} = f(x)$$

Die allg. Lsg. wird durch n-fache Integration gewonnen. Sie enthält n Integrationskonstanten.

(18) $\frac{d^2z}{dx^2} = \frac{q(x)}{H}$ ist die allg. Dgl einer Seilkurve für ein durch eine Streckenlast q(x) in Vertikalrichtung belastetes Seil. (S 184). H ist der konstante Horizontalzug. Die allg. Lsg. lautet: $z = \frac{1}{H}\int(\int q(x)dx)dx + c_1 x + c_2$. ($c_1$, c_2 und H müssen aus 3 Bedingungen, die sich auf Form und Beanspruchung des Seiles beziehen, bestimmt werden (S 184)).
Ist insbesondere q(x) = q = const, so gilt

$$z(x) = \frac{q}{2H}x^2 + c_1 x + c_2.$$

$$y'' = f(y)$$

Ist y_o Nullstelle von f: $f(y_o) = 0$, so ist die konstante Funktion $y = y_o$ Lösung der Dgl. Die Dgl wird mit y' multipliziert und bzgl. x integriert:

$\int y''y'dx = \int f(y)y'dx \Longrightarrow \frac{(y')^2}{2} = \int f(y)dy + c$

Diese Dgl kann durch Trennung der Veränderlichen gelöst werden.

Die Rechnung vereinfacht sich im allg. wesentlich, wenn nicht die ganze zweiparametrige Lösungsschar verlangt wird, sondern eine oder 2 Anfangsbedingungen vorgegeben sind. Durch sie sind die auftretenden Konstanten so bald als möglich zu bestimmen.

.9) $y'' = 2(y + 1), y'(0) = \sqrt{2}, y(0) = 0$

Die "konstante" Lösung $y = -1$ erfüllt nicht die Anfangsbedingungen. Multiplikation der Dgl mit y' und Integration liefert

$\frac{1}{2}(y')^2 = y^2 + 2y + c_1$. Aus den Anfangsbedingungen ergibt sich

$c_1 = \frac{1}{2}\sqrt{2}^{\,2} = 1$, also $(y')^2 = 2(y+1)^2$, $y' = \sqrt{2}|y+1| =$

$= \sqrt{2}\cdot\begin{cases} y+1 & y > -1 \\ -y-1 & y < -1 \end{cases}$, $\int\frac{dy}{\pm(y+1)} = \sqrt{2}\int dx$, $\pm\ln|y+1| = \sqrt{2}x+c_2$

Aus $y(0) = 0$ folgt $c_2 = 0$, $|y+1| = e^{\pm\sqrt{2}x}$, $y+1 = \pm e^{\pm\sqrt{2}x}$

$y = -1 \pm e^{\pm\sqrt{2}x}$. Von diesen Lösungen genügt nur $y = -1 + e^{\sqrt{2}x}$ den beiden Anfangsbedingungen.

!0) Der <u>Energiesatz der Mechanik</u>

Ein Massenpunkt der Masse m bewege sich auf einer Geraden unter dem Einfluß einer Kraft $K(x)$, die eine reine Funktion des Ortes ist. Die Bewegung wird beschrieben durch die Newtonsche Gleichung $m\ddot{x} = K(x)$. Der Punkt bedeutet (üblicherweise) Ableitung nach der Zeit t. Multiplizieren wir diese Gleichung mit der Geschwindigkeit $\dot{x}$, so erhalten wir eine Beziehung zwischen Leistungen $m\dot{x}\ddot{x} = K(x)\cdot\dot{x}$.

Links steht $\frac{d}{dt}\frac{m}{2}(\dot{x})^2 = \frac{d}{dt}\frac{m}{2}v^2 = \dot{T}(t)$ die Ableitung der kinetischen Energie T nach der Zeit. Berechnen wir das bestimmte Integral bzgl. t in den Grenzen t_1, t_2, so erhält man den Energiesatz der Mechanik:

$$T(t_2) - T(t_1) = \int_{t_1}^{t_2} K(x(t))\dot{x}(t)dt = \int_{x(t_1)}^{x(t_2)} K(x)dx \quad (\text{Subst. } x = x(t)),$$

der auch in der Form $\frac{m}{2}v_2^2 - \frac{m}{2}v_1^2 = A$ geschrieben werden kann.

Links steht die Differenz der kinetischen Energiewerte in den Zeitpunkten t_1, t_2, rechts die für die Umsetzung aufgewendete Arbeit A.

In der Energiegleichung tritt nur noch die Geschwindigkeit $\dot{x}$ auf.

Die Energiegleichung ist für den Ort x nur noch eine Dgl 1. Ordnung, die durch Trennung der Veränderlichen weiter behandelt werden kann.

Bei den folgenden zwei Typen von Dgln läßt sich die Ordnung der Dgl durch geeignete Substitutionen erniedrigen.

$$F(x,y',y'',\ldots,y^{(n)}) = 0$$

Kennzeichen: y kommt nicht vor. (B , C 60)

Durch die Substitution $z = y'$ erhält man eine Dgl für z von (n-1)ter Ordnung.

(21) $y''(x^2+1) - xy' = 1$ Man setzt $y' = z$ und erhält für z die Dgl $z'(x^2+1) - xz = 1$ (li. Dgl 1. Ordnung).

(i) $z' - \frac{x}{x^2+1} z = 0$ besitzt die allg. Lsg. $z_h = c\sqrt{1+x^2}$

(ii) Die spez. Lsg. der inhomogenen Dgl $z = x$ ist zu raten, sonst V.d.K.: $y' = z = c\sqrt{1+x^2} + x$. Durch nochmalige Integration erhält man $y = \frac{c}{2}(x\sqrt{1+x^2} + \text{Arsinh } x) + x^2/2 + d$ (B Nr.185).

(22) Auf eine längs ihres Umfanges eingespannte kreisförmige (dünne) Platte wird durch die Einspannung ein (längs des Umfanges) konstanter Radialdruck ausgeübt. Bei einem kritischen Druck beult die Platte aus. Die Berechnung dieses kritischen Druckwertes (SH 316) macht es erforderlich, die Dgl ($w = w(r)$ Durchbiegung, Auslenkung aus der Ruhelage der Plattenpunkte im Abstand r vom Mittelpunkt)

$$\frac{d^2w}{dr^2} + \frac{1}{r}\frac{dw}{dr} = 0$$

zu lösen. Da w nicht vorkommt, setzt man $\frac{dw}{dr} = p$ und erhält für p die homogene lineare Dgl 1. Ordnung $p' + p/r = 0$, die durch Trennen der Veränderlichen gelöst wird: $\int\frac{dp}{p} = -\int\frac{1}{r}dr$, $\ln|p| = \ln\frac{1}{r} + c_1$, $p = c_1/r$, $\frac{dw}{dr} = p = c_1/r$, $w = c_1 \ln r + c_2$.

Bemerkung: die Dgl kann auch als homogene lineare Dgl 2.Ordnung gelöst werden.

$$F(y,y',\ldots,y^{(n)}) = 0$$

Kennzeichen: x kommt nicht vor. (B , C 62)

Man faßt y' als neue unbekannte Funktion von y auf: $y' = p(y)$.
Dann ist $y' = p$, $y'' = \frac{dp}{dy}\cdot p$, $y''' = \frac{d^2p}{dy^2}\cdot p^2 + (\frac{dp}{dy})^2\cdot p$, ...
Man erhält für p eine Dgl (n-1)ter Ordnung.

Bew: $y'' = \frac{dp}{dx} = \frac{dp}{dy}\cdot\frac{dy}{dx} = \frac{dp}{dy}\cdot p$, usw.

(23) $y'' = 2yy'$

Man setzt $y' = p(y)$, $y'' = \frac{dp}{dy}\cdot p$ ein und erhält für p die Dgl $p\cdot\frac{dp}{dy} = 2yp$. $p = 0$ liefert die konstanten Lösungen $y = c$, $c \in \mathbb{R}$. Für $p \neq 0$ kann man p kürzen und erhält $\frac{dp}{dy} = 2y$, $p = y^2+c$, $p = \frac{dy}{dx} = y^2+c$. Diese Dgl kann durch Trennung der Veränderlichen weiter behandelt werden: $\int\frac{dy}{y^2+c} = x+d$.

11.4 Die homogene lineare Dgl n-ter Ordnung

$$y^{(n)}+a_{n-1}(x)y^{(n-1)}+\ldots+a_1(x)\cdot y'+a_o(x)\cdot y = 0$$

Die unbekannte Funktion y und ihre Ableitungen $y', y'',\ldots,y^{(n)}$ treten nur in 1. Potenz auf. $y = 0$ ist stets eine (sog. triviale) Lösung.

Kennt man ein System von n linear unabhängigen Lösungen $y_1, y_2,\ldots,y_n$ der homogenen linearen Dgl n-ter Ordnung (= ein Fundamentalsystem oder eine Integralbasis), so lautet ihre allg. Lsg. $y = c_1y_1 + c_2y_2 +\ldots+ c_ny_n$, $c_k \in \mathbb{R}$.

Ein System von n Funktionen heißt (auf einem Intervall I) linear unabhängig, wenn aus $\alpha_1y_1(x)+\alpha_2y_2(x)+\ldots+\alpha_ny_n(x) = 0$ für alle $x \in I$ $\alpha_1 = \alpha_2 = \ldots = \alpha_n = 0$ folgt. Ein solches System heißt linear abhängig, wenn es Koeffizienten $\alpha_1,\ldots,\alpha_n$ gibt, die nicht alle gleich Null sind, so daß $\alpha_1y_1(x)+\alpha_2y_2(x)+\ldots+\alpha_ny_n(x) = 0$ für alle $x \in I$.

Hinreichendes Kriterium für lineare Unabhängigkeit: (C 71)

n Funktionen $y_1,\ldots,y_n$ mit stetiger n-ter Ableitung sind (auf einem Intervall I) linear unabhängig, wenn ihre sog. Wronskische Determinante

$$W(x) = \begin{vmatrix} y_1(x) & y_2(x) & \ldots\ldots & y_n(x) \\ y_1'(x) & y_2'(x) & \ldots\ldots & y_n'(x) \\ \vdots & \vdots & & \vdots \\ y_1^{(n-1)}(x) & y_2^{(n-1)}(x) & \ldots & y_n^{(n-1)}(x) \end{vmatrix}$$

an einer einzigen Stelle aus I von Null verschieden ist.

Dieser Satz ist im allgemeinen nicht umkehrbar. Sind die Funktionen $y_1,\ldots,y_n$ jedoch Lösungen einer homogenen linearen Dgl, so folgt aus $W(x_o) = 0$ an einer Stelle $x_o \in I$, daß die Funktionen linear abhängig sind.

Praktisches Vorgehen:

Hat man die n Funktionen $y_1,\ldots,y_n$ (auf I) auf lineare Unabhängigkeit bzw. Abhängigkeit zu prüfen und vermutet man

a) ihre lineare Abhängigkeit, so versucht man Konstanten $\alpha_1,\ldots,\alpha_n$ (die nicht alle gleich Null sind) zu finden, so daß $\alpha_1 y_1(x)+\ldots+\alpha_n y_n(x) = 0$ ist für alle $x \in I$.

b) ihre lineare Unabhängigkeit, so untersucht man ihre Wronskische Determinante.

(24) Die homogene lin. Dgl 3. Ordnung
$(x^3+x^2-x-x^3\ln x)y'''-(x^3-2x+2-x^3\ln x)y''-(x^2+2x)y'+(x+2)y = 0$ besitzt die Funktionen $y_1 = e^x$, $y_2 = \ln x$, $y_3 = x$ als Lösungen.
Bilden sie ein Fundamentalsystem?

Da die Funktionen so verschiedenartig sind, wird man lineare Unabhängigkeit vermuten. Weil man weiß, daß die Funktionen Lösungen einer homogenen lin. Dgl sind, würde man auch bei andersartiger Vermutung die Wronskische Determinante berechnen:

$$W(x) = \begin{vmatrix} e^x & \ln x & x \\ e^x & 1/x & 1 \\ e^x & -1/x^2 & 0 \end{vmatrix}$$

Da man nur den Wert von W an irgendeiner Stelle $x > 0$ benötigt, kann man eine Stelle bequem wählen, z.B. $x = 1$

$$W(1) = \begin{vmatrix} e & 0 & 1 \\ e & 1 & 1 \\ e & -1 & 0 \end{vmatrix} = e \begin{vmatrix} 1 & 0 & 1 \\ 1 & 1 & 1 \\ 1 & -1 & 0 \end{vmatrix} = e \begin{vmatrix} 0 & 0 & 1 \\ 0 & 1 & 1 \\ 1 & -1 & 0 \end{vmatrix} = e \begin{vmatrix} 0 & 1 \\ 1 & 1 \end{vmatrix} = -e \neq 0$$

(Von der 1. Spalte wurde die 3. Spalte subtrahiert und dann nach der 1. Spalte entwickelt.) Also sind die Funktionen auf ihrem gemeinsamen Definitionsbereich $\mathbb{R}^+$ linear unabhängig, sie bilden ein Fundamentalsystem. Deshalb lautet die allg. Lsg. der geg. Dgl $y = c_1e^x+c_2\ln x+c_3x$.

(25) Sind $y_1(x) = e^x$, $y_2(x) = \sinh x$, $y_3(x) = \cosh x$ linear unabhängig?
1. Lsg. Hier liegt die gegenteilige Vermutung nahe, weil die

Hyperbel-Funktionen über die e-Funktion definiert sind. Deshalb setzt man an:

(*) $\alpha_1 e^x + \alpha_2 \sinh x + \alpha_3 \cosh x = 0$

$\iff \alpha_1 e^x + \frac{\alpha_2}{2}(e^x - e^{-x}) + \frac{\alpha_3}{2}(e^x + e^{-x}) = 0$

$\iff e^x(\alpha_1 + \frac{\alpha_2}{2} + \frac{\alpha_3}{2}) + e^{-x}(-\frac{\alpha_2}{2} + \frac{\alpha_3}{2}) = 0$

Wenn $\alpha_2 = \alpha_3 \neq 0$ und $\alpha_1 = -\alpha_2$ gewählt wird (z.B. $\alpha_2 = 1 = \alpha_3$, $\alpha_1 = -1$) gilt die Gleichung (*) für alle x ohne daß alle Koeffizienten verschwinden. Also sind die Funktionen linear abhängig.

2. Lsg. Bekanntlich ist jede der drei gegebenen Funktionen Lösung der homogenen lin. Dgl 2. Ordnung $y'' - y = 0$.*) Dann ist das Kriterium mit der Wronskischen Determinante notwendig und hinreichend.

$$W(x) = \begin{vmatrix} e^x & \sinh x & \cosh x \\ e^x & \cosh x & \sinh x \\ e^x & \sinh x & \cosh x \end{vmatrix} \equiv 0,$$

weil die 1. und 3. Zeile identisch sind, also lineare Abhängigkeit.

Bemerkung: Je zwei der drei geg. Funktionen bilden jedoch ein Fundamentalsystem der Dgl $y'' - y = 0$. Das erkennt man sofort an den Wronskischen Determinanten.

26) $y'' + \omega^2 y = 0$, $\omega^2 \in \mathbb{R}^+$, hat die beiden Lösungen $y_1 = \sin\omega x$, $y_2 = \cos\omega x$. Da deren Wronskische Determinante

$$W(x) = \begin{vmatrix} \sin\omega x & \cos\omega x \\ \omega\cos\omega x & -\omega\sin\omega x \end{vmatrix} = -\omega(\cos^2\omega x + \sin^2\omega x) = -\omega$$

sogar überall von Null verschieden ist, bilden sie ein Fundamentalsystem. Also lautet die allg. Lsg. $y = c_1\cos\omega x + c_2\sin\omega x$.

Reduktionsverfahren von d'Alembert:

Kennt man eine Lösung $u(x) \not\equiv 0$ einer homogenen linearen Dgl n-ter Ordnung und geht man mit dem Ansatz

$$y = u(x)\cdot z$$

in die Dgl ein, so erhält man eine homogene lineare Dgl n-ter Ordnung für z, in der aber z nicht vorkommt. Man substituiert $p = z'$ und erhält eine homogene lineare Dgl (n-1)ter Ordnung für p. Ist $p = v(x)$ eine Lösung dieser Dgl, so integriert man diese, $z(x) = \int v(x)dx$. $u(x)$, $u(x)\cdot z(x)$ sind dann zwei linear unabhängige Lösungen der ursprünglichen Dgl.

*) dann auch der Dgl $y''' - y' = 0$

(27) $x^3y''' - 3x^2y'' + (x^3+6x)y' -(x^2+6)y = 0$

Eine Lösung muß bekannt sein. Hier läßt sich z.B. die Lösung $y = u(x) = x$ raten. Man setzt dann $y = u(x)\cdot z = x\cdot z$,

$$y' = z + xz'$$
$$y'' = 2z' + xz''$$
$$y''' = 3z'' + xz'''$$

in die Dgl ein und erhält

$$x^3(3z''+xz''') - 3x^2(2z'+xz'') + (x^3+6x)(z+xz') - (x^2+6)xz = 0$$

$x^4z''' + x^4z' = 0, \quad z''' + z' = 0$ (z muß herausfallen!)

(Das ist eine spezielle homogene lin Dgl, nämlich mit konstanten Koeffizienten, s.u.). Man substituiert nun $z' = p$: $p'' + p = 0$. Ein Fundamentalsystem dieser Dgl wird von den Funktionen $p_1 = \cos x$, $p_2 = \sin x$ gebildet, vgl. Bsp. (26). Man integriert diese Funktionen $z_1(x) = \int \cos x \, dx = \sin x$, $\quad z_2(x) = \int \sin x \, dx = -\cos x$.
x, $z_1(x)\cdot x$, $z_2(x)\cdot x$, also hier x, $x\sin x$, $-x\cos x$ bilden ein Fundamentalsystem für die geg. Dgl. Deren allg. Lsg. lautet
$y = c_1x + c_2x\sin x + c_3x\cos x$.

(28) $y'' - \frac{x}{x-1}y' + \frac{1}{x-1}y = 0$

Eine spezielle Lösung ist $y = u(x) = x$. Der Reduktionsansatz $y = xz$, $y' = z+xz'$, $y'' = 2z'+xz''$ führt auf $2z'+xz'' - \frac{x}{x-1}(z+xz') + \frac{1}{x-1}xz=0$, $z''(x^2-x) + z'(2x-x^2-2) = 0$, mit $z' = p$ auf die Dgl $p'(x^2-x) + p(2x-x^2-2) = 0$, also eine homogene lineare Dgl 1. Ordnung. Trennung der Veränderlichen ergibt:

$$\int\frac{dp}{p} = \int\frac{x^2-2x+2}{x^2-x}dx = \int(1+\frac{1}{x-1}-\frac{2}{x})dx = x + \ln\left|\frac{x-1}{x^2}\right| + c_1, \quad p = c\,\frac{e^x}{x^2}(x-1).$$

Man kann $c = 1$ setzen, weil nur eine weitere Lösung benötigt wird. $z' = p$, $z(x) = \int p(x)dx = \int\frac{e^x}{x^2}(x-1)dx = \int(\frac{e^x}{x}-\frac{e^x}{x^2})dx = \frac{e^x}{x}$ (Der 2. Summand wird partiell integriert (e^x differenzieren, $\frac{1}{x^2}$ integrieren), dabei fällt das nicht elementar lösbare Integral $\int\frac{e^x}{x}dx$ heraus). Ein Fundamentalsystem x, $z(x)\cdot x$ der geg. Dgl ist also x, e^x; die allg. Lsg. lautet $y = c_1x + c_2e^x$.

Weiteres Beispiel zum Reduktionsverfahren von d'Alembert: (32).

11.5 Die inhomogene lineare Dgl n-ter Ordnung

$$y^{(n)}+a_{n-1}(x)y^{(n-1)}+\ldots+a_1(x)y'+a_o(x)y = r(x)$$

Die unbekannte Funktion y und ihre Ableitungen $y',\ldots,y^{(n)}$ treten nur in der 1. Potenz auf. Die Dgl $y^{(n)}+a_{n-1}(x)y^{(n-1)}+\ldots+a_1(x)y'+a_o(x)y = 0$ heißt die zur geg. Dgl. gehörige homogene Dgl.
$r(x)$ heißt Störfunktion der Dgl.

Die allgemeine Lösung der inhomogenen linearen Dgl ist die Summe aus der allg. Lsg. y_h der zugehörigen homogenen Dgl und einer speziellen Lösung y_s der inhomogenen Dgl $y = y_h + y_s$

Oftmals kann man eine spezielle Lösung der inhomogenen Dgl raten oder durch einen speziellen Ansatz gewinnen. Stets läßt sich die inhomogene Dgl (nachdem man die homogene gelöst hat!) mit der Methode der Variation der Konstanten lösen. [1)]

Man achte darauf, daß die inhomogene Dgl mit $y^{(n)}+a_{n-1}(x)y^{(n-1)}+\ldots$ beginnt (vor $y^{(n)}$ steht nur der Faktor 1).

Variation der Konstanten (B , C 83)

Ist $y_h = c_1u_1(x)+\ldots+c_nu_n(x)$ die allg. Lsg. der zugehörigen homogenen linearen Dgl, so findet man durch den Ansatz

$$y_s = c_1(x)u_1(x)+c_2(x)u_2(x)+\ldots+c_n(x)u_n(x)$$

eine spezielle Lösung der inhomogenen Dgl auf folgende Weise.
Man löst das inhomogene lineare Gleichungssystem für die Ableitungen $c_1'(x),\ldots,c_2'(x)$ der unbekannten Koeffizientenfunktionen:

$$\begin{array}{l} u_1(x)c_1'(x) + u_2(x)c_2'(x) + \ldots + u_n(x)c_n'(x) = 0 \\ u_1'(x)c_1'(x) + u_2'(x)c_2'(x) + \ldots + u_n'(x)c_n'(x) = 0 \\ \ldots\ldots\ldots\ldots\ldots\ldots\ldots\ldots \\ \ldots\ldots\ldots\ldots\ldots\ldots\ldots\ldots = 0 \\ u_1^{(n-1)}(x)c_1'(x)+u_2^{(n-1)}(x)c_2'(x) + \ldots+u_n^{(n-1)}(x)c_n'(x) = r(x) \end{array}$$

---

1) Man vgl. das Verfahren der V.d.K. bei der linearen Dgl 1. Ordnung. Die hier beschriebene Methode ist eine Verallgemeinerung dieses Verfahrens. Im Falle n = 1 handelt es sich wörtlich um dasselbe Verfahren!

Dieses Gleichungssystem besitzt genau eine Lösung $c_1'(x),\dots,c_n'(x)$. Man bestimmt dazu irgendwelche Stammfunktionen $c_1(x),\dots,c_n(x)$. Dann ist $y_s = c_1(x)u_1(x)+\dots+c_n(x)u_n(x)$ eine spez. Lsg. der inhomogenen Dgl und $y = y_h + y_s$ ihre allg. Lsg.

Das Gleichungssystem ist eindeutig lösbar, weil die Koeffizienten-determinante als Wronskische Determinante des Fundamentalsystems von 0 verschieden ist. (C 83)

Man bestimme die allg. Lsgn der folgenden Dgln.

(29) $y'' - \frac{x}{x-1}\, y' + \frac{1}{x-1}\, y = e^x(x-1)$

(i) Die allg. Lsg. der zugehörigen homogenen Dgl $y''-\frac{x}{x-1}y'+\frac{1}{x-1}y=0$ lautet nach Bsp. (28) $y_h=c_1x+c_2e^x$.

(ii) Durch V.d.K. wird eine spezielle Lsg. y_s der inhomogenen Dgl bestimmt. Man macht den Ansatz $y = c_1(x)\, x + c_2(x)\, e^x$ und schreibt für $c_1'(x)$, $c_2'(x)$ sofort das Gleichungssystem

$$x\cdot c_1'(x) + e^x\cdot c_2'(x) = 0$$

$$1\cdot c_1'(x) + e^x\cdot c_2'(x) = e^x(x-1)$$

hin. Durch Subtraktion der Gleichungen findet man $c_1'(x)(x-1) = -e^x(x-1)$, $c_1'(x) = -e^x$, $c_1(x) = -e^x$. Aus der 1. Gleichung erhält man $c_2'(x)e^x = xe^x$, $c_2'(x) = x$, $c_2(x) = x^2/2$. Eine spezielle Lösung der inhomogenen Dgl ist also $y_s = c_1(x)x + c_2(x)\, e^x = e^x(-x+(x^2/2))$. Die allg. Lsg. lautet

$$y = c_1x + c_2e^x + e^x(\frac{x^2}{2}-x).$$

(30) $x^3y''' - 3x^2y'' + (x^3+6x)y' - (x^2+6)y = x^2 + 6$

(i) Die allg. Lsg. der zugeh. homogenen Dgl lautet nach Bsp (27) $y_h = c_1x + c_2x\sin x + c_3x\cos x$.

(ii) Eine spezielle Lösung der inhomogenen Dgl ist hier zur raten: $y_s = -1$, also lautet die allg. Lsg. $y = c_1x+c_2x\sin x+c_3x\cos x-1$ (Die V.d.K. wird hier sehr aufwendig.)

Weitere Beispiele zur V.d.K. s.Bspe (32), (45)

<u>Superpositionssatz:</u>

Ist y_1	eine Lösung von $y^{(n)}+a_{n-1}(x)y^{(n-1)}+\dots+a_o(x)y$	$= r_1(x)$ und ist
y_2	" " " " " " "	$= r_2(x)$, so ist
y_1+y_2	" " " " " " "	$= r_1(x)+r_2(x)$.

Man bestimme die allg. Lsg. der Dgl

31) $y'' - \frac{x}{x-1}\, y' + \frac{1}{x-1}\, y = e^x(x-1) + \frac{2}{x-1}$.

(i) Die zugehörige homogene Dgl hat nach Bsp. (28) die allg. Lsg. $y_h = c_1x+c_2e^x$.

(ii)a) Die inhomogene Dgl $y''-\frac{x}{x-1}y'+\frac{1}{x-1}y = e^x(x-1)$ hat nach Bsp. (29) die spezielle Lsg. $y_1 = e^x((x^2/2)-x)$.

b) Die inhomogene Dgl $y''-\frac{x}{x-1}y'+\frac{1}{x-1}y = \frac{2}{x-1}$ hat die spez. Lsg. $y_2 = 2$. Nach dem Superpositionssatz lautet die allg. Lsg. der geg. inhomogenen Dgl $y = c_1x+c_2e^x+e^x((x^2/2)-x)+2$.

<u>Zerlegungssatz</u>

In der linearen inhomogenen Dgl $y^{(n)}+a_{n-1}(x)y^{(n-1)}+\ldots+a_1(x)y'+a_o(x)y = g_1(x)+ig_2(x)$ seien die Koeffizienten $a_{n-1}(x),\ldots,a_o(x)$ und $g_1(x)$, $g_2(x)$ reell.
Jst $y = y_1 + iy_2$ e. Lsg. von $y^{(n)} + a_{n-1}(x)\, y^{(n-1)} + \cdots + a_o(x)\, y = g_1(x) + i\, g_2(x)$,
so ist $y_1 = \mathrm{Re}\,(y)$ " " " " " " " $= g_1(x)$ und
$y_2 = \mathrm{Jm}\,(y)$ " " " " " " " $= g_2(x)$.

32) Man berechne die allg. Lösung der Dgl $x^2y'' + (x^2-2x)y' + (2-x)y = x\cdot e^{ix}$ und daraus (ohne weitere Rechnung) die allg. Lsg. der Dgln

$$x^2y'' + (x^2-2x)y' + (2-x)y = \begin{cases} x \cos x \\ x \sin x. \end{cases}$$

Lsg: (i) $x^2y'' + (x^2-2x)y' + (2-x)y = 0$.

Hier ist es sinnvoll, ein Polynom 1. Grades $y = ax+b$ als Lsg zu vermuten, weil dann $y'' = 0$ wird und die Summanden $(x^2-2x)y'$ und $(x-2)y$ beide vom Grade 2 sind, sich also gut wegheben können. Der <u>Polynomansatz</u> 1. Grades $y = ax+b$, $y' = a$, $y'' = 0$ führt auf die Gleichung $0 + (x^2-2x)a + (2-x)(ax+b) = 0$. Koeffizientenvergleich:

$$\left.\begin{array}{ll} x^2: & a - a = 0 \\ x^1: & -2a+2a-b = 0 \\ x^o: & 2b = 0 \end{array}\right\} \quad b = 0,\ a \text{ beliebig.}$$

Weil a herausfällt, die Gleichung also für jedes $a \in \mathbb{R}$ erfüllt ist, ist jede Funktion $y = ax$ eine Lösung der Dgl.

Reduktion nach d'Alembert mit der spez. Lösung $y = x$: $y = x\cdot z$, $y' = z + xz'$, $y'' = 2z' + xz''$.

$x^2(2z'+xz'') + (x^2-2x)(z+xz') + (2-x)xz = 0$

$z''x^3 + z'x^3 = 0$, $z'' + z' = 0$, $z' = p$, $p' + p = 0$, $p = e^{-x}$ (zu raten oder Trennung der Veränderlichen), $z' = p = e^{-x}$,

$z = \int e^{-x}dx = -e^{-x}$, $y = -xe^{-x}$.

Fundamentalsystem: x, $-xe^{-x}$; allg. Lsg. der homogenen Dgl:

$y_h = c_1x + c_2xe^{-x}$.

(ii) V.d.K. $y = c_1(x)\,x + c_2(x)xe^{-x}$:

$$x\cdot c_1'(x) + xe^{-x}c_2'(x) = 0$$

$$c_1'(x) + e^{-x}(1-x)\,c_2'(x) = x\,e^{ix}$$

Multipliziert man die 2. Gleichung mit x und subtrahiert sie von der 1., so folgt $c_2'(x)\,xe^{-x}(1-1+x) = -x^2e^{ix}$, $c_2'(x) = -e^{(1+i)x}$,

$c_2(x) = -\frac{1}{1+i}e^{(1+i)x} = \frac{-1}{2}(1-i)e^{(1+i)x}$.

Aus der 1. Gleichung findet man $c_1'(x) = -e^{-x}c_2'(x) = e^{ix}$,

$c_1(x) = \frac{1}{i}e^{ix} = -ie^{ix}$. Eine spezielle Lösung ist

$$y_s = -ixe^{ix} - \frac{1}{2}(1-i)xe^{ix} = -\frac{x}{2}e^{ix}(1+i)$$

$$= -\frac{x}{2}(\cos x+i\sin x)(1+i) = -\frac{x}{2}[\cos x-\sin x+i(\cos x+\sin x)]\,.$$

Die allg. Lsg. lautet deshalb

$y = c_1x + c_2xe^{-x} - \frac{x}{2}(\cos x-\sin x+i(\cos x+\sin x))$.

Nach dem Zerlegungssatz ist $y = c_1x+c_2xe^{-x}-\frac{x}{2}(\cos x-\sin x)$ die allg. Lsg. der Dgl $x^2y''+(x^2-2x)y'+(2-x)y = x\cos x$ und $y = c_1x+c_2xe^{-x} - \frac{x}{2}(\cos x+\sin x)$ die allg. Lsg. derselben Dgl, auf der rechten Seite nur cosx durch sinx ersetzt.

11.6 Die homogene lineare Dgl n-ter Ordnung mit konstanten Koeffizienten

$$y^{(n)} + a_{n-1}y^{(n-1)} + \dots + a_1y' + a_oy = 0$$

Die unbekannte Funktion y und ihre Ableitungen $y',\dots,y^{(n)}$ treten nur in 1. Potenz auf. Die Koeffizienten $a_{n-1},\dots,a_1,a_o$ sind reelle Konstanten.Dieser Spezialfall einer linearen Dgl, in dem die Koeffizienten $a_{n-1},\dots,a_o$ nicht von x abhängen, kommt in den Anwendungen besonders häufig vor.

Zur Bestimmung eines Fundamentalsystems von Lösungen der homogenen Dgl macht man den Ansatz $y = e^{rx}$. Geht man damit in die Dgl ein, so kommt man auf die charakteristische Gleichung[1] (die man sofort hinschreibt!)

$$r^n + a_{n-1}r^{n-1} + \dots + a_1 r + a_o = 0.$$

Diese Gleichung entsteht aus der homogenen Dgl, wenn man die Ersetzungen $y \to 1$, $y' \to r$, $y'' \to r^2$, ... , $y^{(n)} \to r^n$ durchführt. Es sind alle Lösungen der char. Glg. zu ermitteln. Zu jeder Lösung gehört eine Funktion des Fundamentalsystems nach folgender Tabelle:

Lösung d. char. Glg.	reell/ komplex	Vielfachheit	Zugehörige Funktionen des Fundamentalsystems reelle Schreibweise	kompl. Schreibw.
r	reell	einfach	$\{e^{r\cdot x}$	
r	reell	k-fach	$\{e^{r\cdot x}, xe^{r\cdot x}, \dots, x^{k-1}\cdot e^{r\cdot x}$	
$r=\alpha+i\beta$, $\bar r=\alpha-i\beta$	konjug. kompl.	einfach	$e^{\alpha x}\cos\beta x$, $e^{\alpha x}\sin\beta x$	e^{rx}, $e^{\bar r x}$
$r=\alpha+i\beta$, $\bar r=\alpha-i\beta$	konjug. kompl.	k-fach	$e^{\alpha\cdot x}\cdot\cos\beta x, xe^{\alpha x}\cdot\cos\beta x, \dots, x^{k-1}e^{\alpha x}\cos\beta x$ $e^{\alpha x}\cdot\sin\beta x, xe^{\alpha x}\cdot\sin\beta x, \dots, x^{k-1}e^{\alpha x}\sin\beta x$	$e^{rx}, xe^{rx}, \dots, x^{k-1}e^{rx}$ $e^{\bar r x}, xe^{\bar r x}, \dots, x^{k-1}e^{\bar r x}$

Die so ermittelten n Funktionen $y_1, \dots, y_n$ bilden ein Fundamentalsystem. Die allg. Lsg. der homogenen linearen Dgl lautet

$$y_h = c_1 y_1 + c_2 y_2 + \dots + c_n y_n, \quad c_k \in \mathbb{R}$$

(33) Beispiele zur Benutzung der Tabelle

Lösungen der char. Gleichung	Fundamentalsystem	Allg. Lösung
1, -1	e^x, e^{-x}	$c_1e^x + c_2e^{-x}$
$0, \sqrt{2}$	$1, e^{\sqrt{2}x}$	$c_1 + c_2e^{\sqrt{2}x}$
0, 1, 1, 1	$1, e^x, xe^x, x^2e^x$	$c_1+c_2e^x+c_3xe^x+c_4x^2e^x$
1, 1+2i, 1-2i	$e^x, e^x\cos 2x, e^x\sin 2x$	$c_1e^x+c_2e^x\cos 2x+c_3e^x\sin 2x$
2+3i, 2+3i, 2-3i, 2-3i	$e^{2x}\cos 3x$, $e^{2x}\sin 3x$, $xe^{2x}\cos 3x, xe^{2x}\sin 3x$	$c_1e^{2x}\cos 3x+c_2e^{2x}\sin 3x+c_3xe^{2x}\cos 3x+c_4xe^{2x}\sin 3x$

(34) $y'' + y' = 0$ Char. Glg: $r^2 + r = 0$, $r(r+1) = 0$; ihre Lösungen $r_1 = 0, r_2 = -1$ sind beide einfach reell. Fundamentalsyst: $1, e^{-x}$. Allg. Lsg: $y_h = c_1 + c_2e^{-x}$.

(35) $y^{(4)} - 2y''' + 2y'' - 2y' + y = 0$. Char. Glg: $r^4-2r^3+2r^2-2r+1=0$, Eine Lsg. ist $r_1=1$. Man dividiert durch r-1 (Horner-Schema!) und erhält $r^3-r^2+r-1 = 0$. $r_2=1$ ist nochmals Lsg. Division durch r-1 ergibt: $r^2+1 = 0$, $r_{3,4} = \pm i$. Fundamentalsystem: $e^x, xe^x, \cos x, \sin x$; Allg. Lsg: $y_h = c_1e^x + c_2xe^x + c_3\cos x + c_4\sin x$.

1) fortan mit char. Glg. abgekürzt. Das Polynom $P(r) = r^n + a_{n-1}r^{n-1} + \dots + a_1 r + a_o$ heißt charakteristisches Polynom.

(36) Dgl einer freien gedämpften Schwingung bei geschwindigkeitsproportionaler Dämpfung: (t = Zeit = unabhängige Variable)

$$\ddot{y} + 2\delta\dot{y} + \omega_1^2 y = 0$$

1.) <u>Mechanische Schwingungen</u>: Auf eine Masse m wirkt außer der zur Ruhelage y = 0 zurücktreibenden Kraft $c\cdot y$ noch eine geschwindigkeitsproporionale Dämpfungskraft $r\cdot\dot{y}$. Es ist dann $\frac{c}{m} = \omega_1^2$, $\frac{r}{m} = 2\delta$. (PII 79) (S 297) (C 81)

2.) <u>Elektrische Schwingungen</u>: (W 295) In einem Stromkreis, der aus einer Reihenschaltung einer Induktivität, eines Ohmschen Widerstandes R und einer Kapazität C besteht, wird der Kondensator entladen. Es ist dann $y = u_c$ die Spannung am Kondensator, $2\delta = \frac{R}{L}$, $\omega_1^2 = \frac{1}{LC}$.

Charakteristische Gleichung: $r^2 + 2\delta r + \omega_1^2 = 0$

Lösungen: $r_{1,2} = -\delta \pm \sqrt{\delta^2 - \omega_1^2}$.

Man hat jetzt die Fälle $\delta < \omega_1$, $\delta > \omega_1$, $\delta = \omega_1$ zu diskutieren.

a) $\delta < \omega_1$: <u>Schwache Dämpfung</u> = <u>Schwingfall</u>. Zur Abkürzung werde $\omega_1^2 - \delta^2 = \omega^2$ gesetzt. $r_1 = -\delta + \omega i$, $r_2 = -\delta - \omega i$

Fundamentalsystem: $e^{-\delta t}\cos\omega t$, $e^{-\delta t}\sin\omega t$

Die allg. Lsg. $y_h = e^{-\delta t}(c_1\cos\omega t + c_2\sin\omega t)$ stellt eine gedämpfte Schwingung dar mit der Kreisfrequenz ω. (S 300)

b) $\delta > \omega_1$: <u>Starke Dämpfung</u> = <u>Kriechfall</u>.

$r_1 = -\delta + \sqrt{\delta^2 - \omega_1^2}$, $r_2 = -\delta - \sqrt{\delta^2 - \omega_1^2}$

Fundamentalsystem: $e^{-\delta t + \sqrt{\delta^2 - \omega_1^2}\cdot t}$, $e^{-\delta t - \sqrt{\delta^2 - \omega_1^2}\cdot t}$

Die allg. Lsg. stellt die Überlagerung zweier abklingender Exponentialfunktionen dar (S 298).

c) $\delta = \omega_1$: <u>Aperiodischer Grenzfall</u>

$r_{1,2} = -\delta$ (δ ist doppelte Nullstelle der char. Glg.)

Fundamentalsystem: $e^{-\delta t}$, $te^{-\delta t}$

Allg. Lsg. $y_h = e^{-\delta t}(c_1 + c_2 t)$.

Qualitativ hat man das gleiche Verhalten wie bei starker Dämpfung (S 299).

11.7 Die inhomogene lineare Dgl n-ter Ordnung mit konstanten Koeffizienten

$$y^{(n)} + a_{n-1}y^{(n-1)}+\ldots+a_1y' + a_oy = r(x)$$

Die unbekannte Funktion y und ihre Ableitungen $y',\ldots,y^{(n)}$ treten nur in 1. Potenz auf. Die Koeffizienten $a_{n-1},\ldots,a_o$ sind reelle Konstanten. Die Dgl $y^{(n)}+a_{n-1}y^{(n-1)}+\ldots+a_1y'+a_oy = 0$ heißt die zur geg. Dgl gehörige homogene Dgl. r(x) heißt wieder die Störfunktion. Da die lineare Dgl mit konstanten Koeffizienten ein Spezialfall der allg. linearen Dgl ist, gilt:

Die allgemeine Lösung der inhomogenen linearen Dgl ist die Summe aus der allg. Lsg. y_h der zugehörigen homogenen Dgl und einer speziellen Lösung y_s der inhomogenen Dgl $y = y_h + y_s$.

Stets läßt sich die inhomogene Dgl mit der Methode der V.d.K. lösen. In den meisten Fällen der Anwendungen kann man eine spezielle Lösung der inhomogenen Dgl durch einen geeigneten Ansatz (mit unbestimmten Koeffizienten) gewinnen, mit dem man in die Dgl eingeht, um die Koeffizienten durch Koeffizientenvergleich zu berechnen. Wenn ein spezieller Lösungsansatz möglich ist, ist er der V.d.K. unbedingt vorzuziehen!

Hat die Störfunktion r(x) die besondere Gestalt $r(x) = e^{sx}P(x)$ (s reell oder komplex), $r(x) = e^{\alpha x}\cdot\cos\beta x\cdot P(x)$ oder $r(x) = e^{\alpha x}\cdot\sin\beta x\cdot P(x)$ (α,β reell), wobei $P(x) = A_o+A_1x+\ldots+A_mx^m$ ein Polynom ist, gibt es eine spezielle Lösung der inhomogenen Dgl der in der folgenden Tabelle angegebenen Gestalt.
$Q(x) = a_o+a_1x+\ldots+a_mx^m$ und $R(x) = b_o+b_1+\ldots+b_mx^m$ sind immer Polynome von genau demselben Grad wie P(x), die mit unbestimmten Koeffizienten anzusetzen sind.

Störfunktion r(x)	Ist s Lösung der char. Gleichung?	Ansatz einer spez. Lsg. y_{sp} der inh. Dgl Grad P = Grad Q = Grad R
$e^{sx}P(x)$	s ist <u>nicht</u> Lsg. d. char. Glg.	$y_{sp} = e^{sx}\cdot Q(x)$
	s ist k-fache " " " "	$y_{sp} = x^k\cdot e^{sx}\cdot Q(x)$
$e^{\alpha x}\cos\beta x\, P(x)$	$s=\alpha+i\beta$ ist <u>nicht</u> Lsg. d. char. Glg.	$y_{sp} = e^{\alpha x}(Q(x)\cos\beta x + R(x)\sin\beta x)$
	$s=\alpha+i\beta$ ist k-fache " " " "	$y_{sp} = x^k e^{\alpha x}(Q(x)\cos\beta x + R(x)\sin\beta x)$
$e^{\alpha x}\sin\beta x\, P(x)$	$s=\alpha+i\beta$ ist <u>nicht</u> Lsg. d. char. Glg.	$y_{sp} = e^{\alpha x}(Q(x)\cos\beta x + R(x)\sin\beta x)$
	$s=\alpha+i\beta$ ist k-fache	$y_{sp} = x^k e^{\alpha x}(Q(x)\cos\beta x + R(x)\sin\beta x)$

Beispiele zur Benutzung der Tabelle:

Lös. d. char. Glg.	Störfkt. r(x)	s	k	Grad von P	Ansatz einer spez. Lösung Q(x)	y_{sp}
1, -1	2x+1	0	0	1	a_0+a_1x	a_0+a_1x
0, 1	$2e^x$	1	1	0	a	$xe^x\cdot a$
0, 1, 1, 1	$2xe^x$	1	3	1	a_0+a_1x	$x^3e^x(a_0+a_1x)$
0, 1, 1, -1	cos x	i	0	0	a	acos x + bsin x
1, -1, $\sqrt{2}$	$xe^x\cos x$	1+i	0	1	a_0+a_1x	$e^x\cdot[(a_0+a_1x)\cos x + (b_0+b_1x)\sin x]$
2+3i, 2-3i	$e^{2x}\sin 3x$	2+3i	1	0	a	$xe^{2x}(a\cos 3x+b\sin 3x)$
i, -i, 3, -3	xsinx	i	1	1	a_0+a_1x	$x\cdot[(a_0+a_1x)\cos x + (b_0+b_1x)\sin x]$
0, 1, i, -i	ln x	Variation der Konstanten, S. 247				

Bemerkung: Wenn s Lösung der charakteristischen Gleichung ist, spricht man vom <u>Resonanzfall</u>, vgl. dazu Bsp. (40), Teil 2. Hat die Störfunktion r(x) die Gestalt einer Summe, so benutzt man den Superpositionssatz. Wenn die Störfunktion die Form

a) $r_1(x) = e^{\alpha x}\cos\beta x\ P(x)$
b) $r_2(x) = e^{\alpha x}\sin\beta x\ P(x)$

mit einem Polynom P mit reellen Koeffizienten hat, rechnet man am bequemsten (mit geringerem Rechenaufwand) komplex. In beiden Fällen löst man erst die inhomogene lineare Dgl mit der Störfunktion $r(x) = e^{(\alpha+i\beta)x}\ P(x) = e^{s\cdot x}\ P(x)$ mit einem entsprechenden Ansatz. Ist y_s die spez. Lsg. mit dieser Störfunktion, so ist nach dem Zerlegungssatz der Realteil von y_s, $y_1 = \text{Re } y_s$, eine spez. Lsg. für den Fall a) und der Imaginärteil von y_s eine spez. Lsg. für den Fall b). Zur Berechnung von Real- bzw. Imaginärteil benutzt man die Eulersche Formel (s. 4.2)

$$e^{it} = \cos t + i \sin t.$$

Man ermittle die allg. Lsg. der folgenden Dgln.

(37) $y'' + y' = x + 1$

Die charakteristische Gleichung hat nach Bsp. (33) die Nullstellen $r_1 = 0$, $r_2 = -1$.

(i) Die allg. Lsg. der homogenen Dgl ist deshalb $y_h = c_1 + c_2 e^{-x}$.

(ii) Die Störfunktion $r(x) = x+1$ hat die Gestalt $r(x) = e^{ox}(x+1)$. $s = 0$ ist 1-fache Nullstelle der char. Glg. und $P(x) = x+1$ ein Polynom 1. Grades, also gibt es eine spezielle Lösung $y_{spez} = x \cdot e^{ox}(ax+b) = ax^2+bx$. $y_s' = 2ax+b$, $y_s'' = 2a$ eingesetzt in die Dgl liefert $2a + 2ax + b = x + 1$, Koeffizientenvergleich:

x^1: $2a = 1$ $\quad a = 1/2$

x^o: $2a + b = 1$ $\quad b = 0$ $\qquad y_{spez} = \frac{1}{2}x^2$

Die allg. Lsg. lautet $y = c_1 + c_2 e^{-x} + \frac{1}{2}x^2$.

(38) $y''' - 7y' + 6y = xe^{-x}$

(i) Char. Glg: $r^3-7r+6 = 0$. Lösungen: 1,2,-3. Also lautet die allg. Lsg: $y_h = c_1 e^x + c_2 e^{2x} + c_3 e^{-3x}$.

(ii) Die Störfunktion $r(x) = xe^{-x}$ hat die Gestalt $r(x) = e^{-1\cdot x}\cdot x$. $s = -1$ ist nicht Lösung der char. Glg. Das Polynom $P(x) = x$ hat den Grad 1. Deshalb gibt es eine spezielle Lsg. $y_{spez} = e^{-x}(ax+b)$. $y' = e^{-x}(a-ax-b)$, $y'' = e^{-x}(-2a+ax+b)$, $y''' = e^{-x}(3a-ax-b)$ in die Dgl eingesetzt liefert:

$e^{-x}(3a-ax-b) - 7e^{-x}(a-ax-b) + 6e^{-x}(ax+b) = xe^{-x}$.

Man kürzt durch e^{-x} und macht Koeffizientenvergleich:

x^1: $-a + 7a + 6a = 1$ $\quad a = 1/12$

x^o: $3a - 7a - b + 7b + 6b = 0$ $\quad b = 1/36$

$y_{spez} = e^{-x}(\frac{1}{12}x+\frac{1}{36})$

Allg. Lsg: $y = c_1 e^x + c_2 e^{2x} + c_3 e^{-3x} + e^{-x}(\frac{1}{12}x + \frac{1}{36})$.

(39) $y''' + 6y' + 20y = 2e^x \sin 3x$

(i) Char. Glg. $r^3+6r+20 = 0$, $r_1 = -2$. Division durch $r+2$ ergibt
$r^2-2r+10 = 0$, $r_{2,3} = 1 \pm 3i$
Fundamentalsystem: e^{-2x}, $e^x\cos 3x$, $e^x \sin 3x$
Allg. Lsg der homogenen Dgl $y_h = c_1e^{-2x}+c_2e^x\cos 3x+c_3e^x\sin 3x$

(ii) a) "reelle Rechnung":
Zur Störfunktion $r(x) = 2\cdot e^x\sin 3x$ gehört $s = 1+3i$ und diese Zahl ist einfache Nullstelle der char. Glg. Das Polynom $P(x) = 2$ hat den Grad 0. Es gibt demnach eine spezielle Lösung der Gestalt $y_{sp} = xe^x(a\cos 3x+b\sin 3x)$.

$y_{sp}' = e^x\left[(x+1)(a\cos 3x+b\sin 3x) + 3x(b\cos 3x-a\sin 3x)\right]$

$y_{sp}'' = e^x\left[(-8x+2)(a\cos 3x+b\sin 3x) + (6x+6)(b\cos 3x-a\sin 3x)\right]$

$y_{sp}''' = e^x\left[(-26x-24)(a\cos 3x+b\sin 3x) + (-18x+18)(b\cos 3x-a\sin 3x)\right]$

eingesetzt in die Dgl ergibt nach Kürzung von e^x

$(-26x-24)(a\cos 3x+b\sin 3x) + (-18x+18)(b\cos 3x-a\sin 3x)$
$+ 6(x+1)(a\cos 3x+b\sin 3x) + 18x(b\cos 3x-a\sin 3x)$
$+ 20x(a\cos 3x+b\sin 3x) = 2 \sin 3x$

Koeffizientenvergleich:

$x \cos 3x$: $-26a + 6a + 20a - 18b + 18b = 0$
$x \sin 3x$: $-26b + 6b + 20b + 18a - 18a = 0$
$\cos 3x$: $-24a + 6a + 18b = 0$
$\sin 3x$: $-24b + 6b - 18a = 2$

Die ersten zwei Gleichungen sind für beliebige a und b erfüllt, aus den letzten zwei Gleichungen erhält man $a = b = \frac{-1}{18}$. Die allg. Lsg. lautet $y = c_1e^{-2x}+c_2e^x\cos 3x+c_3e^x\sin 3x$
$-\frac{1}{18}xe^x(\cos 3x+\sin 3x)$.

b) "komplexe" Rechnung
Unter Benutzung des Zerlegungssatzes und der komplexen Störfunktion $r(x) = 2e^{(1+3i)x}$ kommt man mit weniger Rechenaufwand aus. Da $s = 1 + 3i$ einfache Nullstelle der char. Glg. ist und das Polynom $P(x) = 2$ den Grad 0 hat, gibt es eine spez. Lsg. $y_s = a\cdot x\cdot e^{(1+3i)x}$, von derwir nachher nur den Imaginärteil zu nehmen haben!

$y_s' = a\cdot e^{sx}(x\cdot s + 1)$ $\qquad s = 1 + 3i$
$y_s'' = a\cdot e^{sx}(x\cdot s + 2)\cdot s$ $\qquad s^2 = -8 + 6i$
$y_s''' = a\cdot e^{sx}(x\cdot s + 3)\cdot s^2$ $\qquad s^3 = -26 - 18i$

in die Dgl mit der Störfunktion $e^{sx}\cdot 2$ eingesetzt ergibt nach Kürzung von e^{sx}

$as^2(xs+3) + 6a(xs+1) + 20ax = 2.$

Koeffizientenvergleich:

x^1: $as^3 + 6as + 20a = 0$

x^o: $3as^2 + 6a = 2$

Die erste Gleichung gilt für alle a, denn s ist Nullstelle der char. Glg. Aus der letzten Gleichung erhält man

$$a = \frac{2}{3s^2+6} = \frac{2}{-24+18i+6} = -\frac{1}{9}\cdot\frac{1}{1-i} = -\frac{1}{9}\cdot\frac{1}{2}\cdot(1+i) = -\frac{1}{18} - \frac{1}{18}i\ .$$

Eine spez. Lsg. zur Störfunktion $2e^{(1+3i)x}$ ist

$$y_s = -\frac{1}{18}(1+i)\ x\ e^{(1+3i)x} = -\frac{1}{18}xe^x(1+i)(\cos 3x + i\sin 3x).$$

Ihr Imaginärteil $y_{sp} = \operatorname{Im} y_s = -\frac{1}{18}xe^x(\cos 3x+\sin 3x)$ ist eine spez. Lsg. der gegebenen Dgl, in Übereinstimmung mit dem reellen Resultat.

(40) Dgl einer erzwungenen gedämpften Schwingung bei geschwindigkeitsproportionaler Dämpfung (t = Zeit = unabhängige Variable)

$$\boxed{\ddot{y} + 2\delta\dot{y} + \omega_1^2 y = r(t)}$$

1.) Mechanische Schwingungen: $r(t) = \frac{1}{m}\cdot F(t)$. F(t) ist eine in Richtung der y-Achse auf die Masse m einwirkende eingeprägte Kraft (S 302).

2.) Elektrische Schwingungen: $r(t) = \frac{U(t)}{LC}$. U(t) ist die zur Zeit t an den Schwingkreis angelegte Spannung (W 295).

(i) Die homogene Dgl wurde unter Bsp. (36) gelöst.

(ii) Die inhomogene lineare Dgl läßt sich stets durch V.d.K. lösen. Die bei praktischen Schwingungsproblemen auftretenden Störfunktionen haben fast immer eine Form, die einen speziellen Lösungsansatz zuläßt. Bei periodischen Störfunktionen benutzt man deren Fourierreihe (S 304).

Wir betrachten im folgenden den besonders wichtigen Fall, daß die Störfunktion die Gestalt a) $r_1(t) = A\cos\omega t$ oder b) $r_2(t) = A\sin\omega t$ besitzt (A ist eine bekannte reelle Konstante). In beiden Fällen benutzt man zunächst die komplexe Störfunktion $r(t) = Ae^{i\omega t}$: $\ddot{y} + 2\delta\dot{y} + \omega_1^2 y = Ae^{i\omega t}$.

Wir müssen nun die 2 möglichen Fälle für den Ansatz einer spez. Lsg. diskutieren:

1.) Wenn $s = i\omega$ nicht Lsg. der char. Gl. ist, gibt es eine spez. Lsg. der Form $y_{spez} = Be^{i\omega t}$. Der unbekannte Koeffizient B läßt sich durch Einsetzen von y_{sp} in die Dgl bestimmen:

$\dot{y}_{sp} = Bi\omega e^{i\omega t}$, $\ddot{y}_{sp} = -B\omega^2 e^{i\omega t}$

$-B\omega^2 e^{i\omega t} + 2\delta Bi\omega e^{i\omega t} + \omega_1^2 Be^{i\omega t} = Ae^{i\omega t} \implies$

$$B = \frac{A}{\omega_1^2 - \omega^2 + 2i\delta\omega} = A\frac{\omega_1^2 - \omega^2 - 2i\delta\omega}{(\omega_1^2 - \omega^2)^2 + 4\delta^2\omega^2}$$

Damit ist eine spez. Lsg. der Schwingungsgleichung mit komplexer Störfunktion

$$y_{sp} = A\frac{\omega_1^2 - \omega^2 - 2i\delta\omega}{(\omega_1^2 - \omega^2)^2 + 4\delta^2\omega^2}(\cos\omega t + i\sin\omega t)$$

$$= \frac{A}{(\omega_1^2 - \omega^2)^2 + 4\delta^2\omega^2}\Big[(\omega_1^2 - \omega^2)\cos\omega t + 2\delta\omega\sin\omega t +$$

$$i\cdot\left[(\omega_1^2 - \omega^2)\sin\omega t - 2\delta\omega\cos\omega t\right]\Big]$$

Der Realteil stellt eine spez. Lsg. der inhomogenen Dgl mit der Störfunktion $r_1(t) = A\cos\omega t$ dar, Fall a), entsprechend stellt der Imaginärteil eine spez. Lsg. für den Fall b) dar. Die allg. Lsg. im Falle b) der Störfunktion $r_2(t) = A\sin\omega t$ lautet z.B.

$$y = y_h + \frac{A}{(\omega_1^2 - \omega^2)^2 + 4\delta^2\omega^2}\left[(\omega_1^2 - \omega^2)\sin\omega t - 2\delta\omega\cos\omega t\right] .$$

Ist $\delta > 0$, so gilt in allen drei Fällen (Schwingfall, Kriechfall, aperiodischer Grenzfall) für die allg. Lsg. der homogenen Dgl $y_h \longrightarrow 0$ für $t \longrightarrow \infty$, d.h. im "stationären Zustand" (für $t \longrightarrow \infty$) wird der Schwingungsvorgang durch die spez. Lsg. y_{sp} beschrieben. Die Lösung der homogenen Dgl y_h beschreibt den Einschwingvorgang. Im stationären Zustand schwingt das System also mit der Erregerfrequenz ω.

2.) Wenn $s = i\omega$ Lösung der char. Glg. ist, muß auch $\bar{s} = -i\omega$ Lösung sein, also lautet die char. Glg. $(r-i\omega)(r+i\omega) = 0$, $r^2+\omega^2=0$. In der Schwingungsgleichung muß dann $\delta = 0$ und $\omega_1 = \omega$ sein: $\ddot{y} + \omega^2 y = Ae^{i\omega t}$.

Es muß eine spez. Lsg. der Form $y_{sp} = Bte^{i\omega t}$ geben. Durch Einsetzen in die Dgl bestimmt man B: $\dot{y}_{sp} = Be^{i\omega t}(1+ti\omega)$,
$\ddot{y}_{sp} = Be^{i\omega t}(2i\omega - t\omega^2)$.

$B(2i\omega - t\omega^2) + B\omega^2 t = A$, $B = \frac{A}{2i\omega} = -\frac{A}{2\omega}i$

$y_{sp} = -\frac{A}{2\omega}ite^{i\omega t} = \frac{At}{2\omega}(\sin\omega t - i\cos\omega t)$

Im Fall b) der Störfunktion $r_2(t) = A\sin\omega t$ lautet jetzt die allg. Lsg. der Dgl $\ddot{y} + \omega^2 y = A\sin\omega t$ einer ungedämpften erzwungenen Schwingung (zur zugeh. homogenen Dgl vgl. Bsp. (26) bzw. Bsp. (36) a) für $\delta = 0$.)

$$y = c_1 \cos \omega t + c_2 \sin \omega t - \frac{At}{2\omega} \cos \omega t.$$

Die Amplituden der erzwungen Schwingung wachsen linear mit der Zeit an, werden also beliebig groß, da der Anteil, der von der freien Schwingung herrührt, beschränkt bleibt. Von diesem Beispiel, dem sog. Resonanzfall, rührt die oben angegebene Bezeichnung "Resonanzfall" her.

Bemerkung: Der Rechenaufwand bei einem rein reellen Ansatz der Störfunktion ist erheblich größer.

11.8 Die homogene Eulersche Dgl

$$x^n y^{(n)} + a_{n-1} x^{n-1} y^{(n-1)} + \ldots + a_1 x y' + a_o y = 0$$

Kennzeichen: Es handelt sich um eine spezielle lineare Dgl mit nichtkonstanten Koeffizienten. Die Zahlen $a_{n-1}, \ldots, a_o$ sind reell. (C 88)

Für $x > 0$ führt der Lösungsansatz $y = x^r$ auf die charakteristische Gleichung (die man sofort hinschreibt)

$$\underbrace{r(r-1)\ldots(r-n+1)}_{\text{n Faktoren}} + a_{n-1}\underbrace{r(r-1)\ldots(r-n+2)}_{\text{n-1 Faktoren}} + \ldots + a_1 r + a_o = 0$$

Es sind alle Lösungen der char. Glg. zu ermitteln. Zu jeder Lösung gehört eine Funktion des Fundamentalsystems nach folgender Tabelle.

Lsg.d.char. Glg.	reell kompl.	Vielfachheit	Zugehörige Funktionen des Fundamentalsystems
r	reell	einfach	x^r
r	reell	k-fach	$x^r, x^r \ln x, \ldots, x^r (\ln x)^{k-1}$
$r = \alpha + i\beta$, $r = \alpha - i\beta$	konj. kompl.	einfach	$x^\alpha \cdot \cos(\beta \ln x)$, $x^\alpha \cdot \sin(\beta \ln x)$
$r = \alpha + i\beta$, $r = \alpha - i\beta$	konj. kompl.	k-fach	$x^\alpha \cos(\beta \ln x), x^\alpha \ln x \cos(\beta \ln x), \ldots, x^\alpha (\ln x)^{k-1} \cdot \cos(\beta \ln x)$; $x^\alpha \sin(\beta \ln x), x^\alpha \ln x \sin(\beta \ln x), \ldots, x^\alpha (\ln x)^{k-1} \cdot \sin(\beta \ln x)$

Die so ermittelten n Funktionen $y_1, \ldots, y_n$ bilden ein Fundamentalsystem. Die allg. Lsg. der homogenen Eulerschen Dgl lautet

$$y = c_1 y_1 + c_2 y_2 + \ldots + c_n y_n, \quad c_k \in \mathbb{R}.$$

Wenn $x < 0$ ist, hat man x durch $|x|$ zu ersetzen.

(41) $x^2y'' + 3xy' + y = 0$

Char. Glg: $r(r-1) + 3r + 1 = 0$, $r^2 + 2r + 1 = 0$, $(r+1)^2 = 0$

$r_{1,2} = -1$.

Fundamentalsystem: $\frac{1}{x}, \frac{1}{x}\cdot\ln x$

Allg. Lsg: $y_h = \frac{c_1}{x} + \frac{c_2}{x}\cdot\ln x$.

(42) $x^2y'' - 2y = 0$

Char. Glg: $r(r-1) - 2 = 0$, $r^2 - r - 2 = 0$, $r_1 = -1$, $r_2 = 2$.

Fundamentalsystem: $\frac{1}{x}, x^2$

Allg. Lsg: $y_h = \frac{c_1}{x} + c_2x^2$.

(43) $x^2y'' + xy' + y = 0$, $x > 0$.

Char. Glg: $r(r-1) + r + 1 = r^2 + 1 = 0$, $r_{1,2} = \pm i$.

Fundamentalsystem: $\cos(\ln x)$, $\sin(\ln x)$

Allg. Lsg. $y_h = c_1\cos(\ln x) + c_2\sin(\ln x)$.

(Für $x < 0$ lautet die allg. Lsg. $y_h = c_1\cos(\ln|x|)+c_2\sin(\ln|x|)$.

Weiteres Bsp. (49).

11.9 Die inhomogene Eulersche Dgl

$$x^ny^{(n)} + a_{n-1}x^{n-1}y^{(n-1)} +\ldots+ a_1xy' + a_oy = r(x)$$

Stets läßt sich eine spez. Lösung der inhomogenen Dgl durch V.d.K. bestimmen. Dazu muß man zuerst durch x^n dividieren und die Störfunktion $\frac{r(x)}{x^n}$ benutzen.

Hat die Störfunktion $r(x)$ die besondere Gestalt $r(x) = x^sP(\ln x)$, wo $P(z) = A_o + A_1z +\ldots+ A_mz^m$ ein Polynom ist, gibt es eine spezielle Lösung der inhomogenen Eulerschen Dgl der in der folgenden Tabelle angegebenen Gestalt. $Q(z) = a_o + a_1z +\ldots+ a_mz^m$ ist dabei ein Polynom von genau demselben Grad wie P, das mit unbestimmten Koeffizienten anzusetzen ist.

Störfkt. $r(x)$	Ist s Lösung der char. Gleichung?	Ansatz einer spez. Lsg. y_{sp} Grad P = Grad Q
$x^sP(\ln x)$	s ist nicht Lsg. d. char. Glg.	$y_{sp} = x^sQ(\ln x)$
	s ist k-fache Lsg. d. char. Glg.	$y_{sp} = x^s(\ln x)^kQ(\ln x)$

Substituiert man für $x > 0$ [1] $x = e^t$, $t = \ln x$ und bezeichnet man die Ableitungen nach t mit einem Punkt, so gilt

$$x y' = \dot{y}$$
$$x^2 y'' = \ddot{y} - \dot{y}$$
$$x^3 y''' = \dddot{y} - 3\ddot{y} + 2\dot{y}, \ldots$$

Ersetzt man in dieser Weise in der Eulerschen Dgl (C 89) die unabhängige Variable x durch t, so wird man auf eine lineare Dgl mit konstanten Koeffizienten geführt. Daraus gewinnt man die oben genannten Ansätze. Läßt sich die Eulersche Dgl nicht direkt mit diesen Ansätzen behandeln, führt man sie zweckmäßigerweise über die Substitution $x = e^t$ auf eine lineare zurück.

(44) $x^2y'' + 3xy' + y = \frac{1}{x}$

(i) Die char. Glg. der zugeh. homogenen Dgl hat nach Bsp (41) die Nullstellen $r_{1,2} = -1$. Die allg. Lsg. der zugeh. homogenen Dgl lautet $y_h = \frac{c_1}{x} + \frac{c_2}{x} \ln x$.

(ii) $r(x) = x^{-1}$. $s = -1$ ist 2-fache Nullstelle der char. Glg. $P(\ln x) = 1$ ist eine Konstante. Es muß also eine spez. Lsg. der Gestalt $y_{sp} = x^{-1}(\ln x)^2 a$ geben.

$$y'_{sp} = a\left(-\frac{1}{x^2}(\ln x)^2 + \frac{1}{x}\cdot 2\cdot \ln x\cdot\frac{1}{x}\right) = \frac{a\ln x}{x^2}(2-\ln x)$$

$$y''_{sp} = a\left(\frac{1}{x^3}(2-\ln x) + \ln x\frac{(-2)}{x^3}(2-\ln x)+\frac{\ln x}{x^2}\left(-\frac{1}{x}\right)\right)$$

in die inhomogene Dgl eingesetzt ergibt

$$\frac{ax^2}{x^3}(2-\ln x-4\cdot\ln x + 2(\ln x)^2 - \ln x) + \frac{3xa\ln x}{x^2}(2-\ln x) + \frac{a}{x}(\ln x)^2=\frac{1}{x}.$$

Multipliziert man mit x und faßt zusammen, erhält man

$$a(-2 - 6\ln x + 2(\ln x)^2 + 6\ln x - 3(\ln x)^2 + (\ln x)^2) = 1$$

$$a = -\frac{1}{2}, \quad y_{sp} = -\frac{1}{2x}(\ln x)^2.$$

Die allg. Lsg. lautet $y = \frac{c_1}{x} + \frac{c_2}{x} \ln x - \frac{1}{2x}(\ln x)^2$.

(45) $x^2y'' - 2y = x^3 \sin x$

(i) Die allg. Lsg. der zugeh. homogenen Dgl ist nach Bsp (42) $y_h = \frac{c_1}{x} + c_2x^2$.

(ii) Die Störfunktion hat keine für einen sofortigen Lösungsansatz geeignete Gestalt. Man muß V.d.K. durchführen. Division durch x^2 ergibt die Dgl $y'' - \frac{2}{x^2}\cdot y = x\sin x$ mit der Störfunktion $x\sin x$.

---

1) Für $x < 0$ substituiert man $x = -e^t$.

$$\frac{1}{x}c_1'(x) + x^2c_2'(x) = 0 \quad \Big| \cdot \frac{1}{x}$$
$$-\frac{1}{x^2}c_1'(x) + 2xc_2'(x) = x \sin x \qquad \Big] +$$

$3xc_2'(x) = x \cdot \sin x$, $c_2'(x) = \frac{1}{3}\sin x$, $c_2(x) = -\frac{1}{3}\cos x$, $c_1'(x) = -x^3c_2'(x) = -\frac{x^3}{3}\sin x$, $c_1(x) = -\frac{1}{3}\left[(3x^2-6)\sin x - (x^3-6x)\cos x\right]$ (B 316, Nr.281). Allg. Lsg.

$$y = \frac{c_1}{x} + c_2x^2 - \frac{1}{3x}\left[(3x^2-6)\sin x - (x^3-6x)\cos x\right] - \frac{1}{3}x^2\cos x.$$

(46) $x^2y'' + xy' + y = \ln x$

(i) Die char. Glg. der zugeh. homogenen Dgl hat nach Bsp (43) die Nullstellen $r_{1,2} = \pm i$. Die allg. Lsg. der hom. Dgl lautet $y_h = c_1\cos(\ln x) + c_2\sin(\ln x)$.

(ii) $r(x) = x^0 \ln x$, 0 ist nicht Lsg. der char. Glg. $P(\ln x) = \ln x$ ist vom 1. Grad. Es muß also eine spez. Lsg. der Form $y_{sp} = a\ln x + b$ geben. $y'_{sp} = a/x$, $y''_{sp} = -a/x^2$ eingesetzt in die Dgl liefert $-a + a + a\ln x + b = \ln x$, $a = 1$, $b = 0$: $y_{sp} = \ln x$. Allg. Lsg. $y = c_1\cos(\ln x) + c_2\sin(\ln x) + \ln x$.

Weiteres Bsp (49)

11.10 Potenzreihenansatz

Es ist oft zweckmäßig, eine Lösung $y = f(x)$ einer Dgl als Potenzreihe anzusetzen:

$$y = f(x) = c_o + c_1(x-a) + c_2(x-a)^2 + c_3(x-a)^3 + \ldots$$
$$c_k = \frac{f^{(k)}(a)}{k!}$$

a ist der Entwicklungsmittelpunkt, die c_k sind unbestimmte Koeffizienten. Sind Anfangsbedingungen

$$y(x_o) = b_o,\ y'(x_o) = b_1,\ \ldots$$

vorgegeben, wählt man als Entwicklungsstelle $a = x_o$. Zur Bestimmung der Koeffizienten gibt es zwei Verfahren.

1) Man setzt die Reihe in die Dgl ein und macht Koeffizientenvergleich.
2) Man differenziert die Dgl wiederholt und berechnet die Koeffizienten über die Formel $c_k = f^{(k)}(a)/(k!)$.

In beiden Fällen kann man sukzessive, wenn die ersten Koeffizienten bekannt sind, die folgenden Koeffizienten berechnen. In manchen Fällen lassen sich auch übersichtliche Rekursionsformeln für die Koeffizienten angeben.

(47) Die Lösung der Anfangswertaufgabe $y'' = (x^2 + 5)y$, $y(0) = 1$, $y'(0) = 0$ läßt sich durch eine konvergente Potenzreihe der Gestalt $c_o + c_1x + c_2x^2 + \ldots + c_kx^k + \ldots$ darstellen. Man bestimme $c_o, c_1, \ldots, c_5$.

Lsg. $y = c_o + c_1x + c_2x^2 + \ldots + c_kx^k + \ldots \quad y(0) = 1 \Rightarrow c_o = 1$

$y' = c_1 + 2c_2x + 3c_3x^2 + \ldots + kc_kx^{k-1} + \ldots$

$y'(0) = 0 \Rightarrow c_1 = 0$

$y'' = 1\cdot 2c_2 + 2\cdot 3c_3x + 3\cdot 4c_4x^2 + \ldots + k(k-1)c_kx^{k-2} + \ldots$

eingesetzt in die Dgl liefert

$$1\cdot 2c_2 + 2\cdot 3c_3x + 3\cdot 4c_4x^2 + 4\cdot 5c_5x^3 + \ldots$$
$$= (x^2 + 5)(c_o + c_1x + \ldots + c_5x^5 + \ldots)$$
$$= c_ox^2 + c_1x^3 + c_2x^4 + c_3x^5 + \ldots$$
$$+ 5c_o + 5c_1x + 5c_2x^2 + \ldots + 5c_5x^5 + \ldots$$

Durch Koeffizientenvergleich erhält man

x^o: $2c_2 = 5c_o$ $\qquad c_2 = \frac{5}{2}c_o = \frac{5}{2}$

x^1: $6c_3 = 5c_1$ $\qquad c_3 = \frac{5}{6}c_1 = 0$

x^2: $12c_4 = c_o + 5c_2$ $\qquad c_4 = \frac{1}{12}(1 + \frac{25}{2}) = \frac{27}{24} = \frac{9}{8}$

x^3: $20c_5 = c_1 + 5c_3$ $\qquad c_5 = 0$

Die Potenzreihenentwicklung der Lösung beginnt also mit

$$y = 1 + \frac{5}{2}x^2 + \frac{9}{8}x^4 + \ldots$$

In den Anwendungen nimmt man ein geeignetes Anfangsstück der Reihe als Näherung für die gesuchte Funktion.

Zusatz: Vergleicht man die Koeffizienten vor x^k ($k \geq 2$) auf beiden Seiten der Gleichung, so erhält man $(k+2)(k+1)c_{k+2} = c_{k-2} + 5c_k$,

$$c_{k+2} = \frac{c_{k-2} + 5c_k}{(k+2)(k+1)} .$$

Diese Rekursionsformel erlaubt, aus den bekannten Koeffizienten c_2 und c_3 zunächst c_4 und c_5, daraus c_6 und c_7 usw. zu berecheen. Weil $c_3 = 0$ ist, sind alle c_k mit ungeradem Index k gleich 0. Die Lösung ist also eine gerade Funktion.

Manchmal gelingt es, ein Bildungsgesetz für die Koeffizienten c_k zu erkennen und mit dessen Hilfe die Summe der Reihe anzugeben.

(48) Die Anfangswertaufgabe $x^2(1-x)^2y'' + x(1-x)(1-2x)y' - y = 0$, $y(2) = 2$, $y'(2) = -1$ ist durch Potenzreihenansatz zu lösen. Hier ist $a = 2$ zu setzen und

$$y = c_o + c_1(x-2) + c_2(x-2)^2 + \ldots + c_k(x-2)^k + \ldots$$

Aus den Anfangsbedingungen ergibt sich $c_o = 2$, $c_1 = -1$. Die übrigen Koeffizienten können hier mit weniger Rechenaufwand durch wiederholtes Ableiten der Dgl gewonnen werden. Man erhält aus
$(x^4-2x^3+x^2)y'' + (2x^3-3x^2+x)y' - y = 0$, $y''(2) = 2$, $c_2 = 1$.
$(x^4-2x^3+x^2)y''' + (6x^3-9x^2+3x)y'' + (6x^2-6x)y' = 0$ Division durch x:
$(x^3-2x^2+x)y''' + (6x^2-9x+3)y'' + (6x-6)y' = 0$. Man berechnet
$y'''(2) = -\frac{1}{2}(9\cdot 2-6) = -6$, $c_3 = -1$.
$(x^3-2x^2+x)y^{(4)} + (9x^2-13x+4)y''' + (18x-15)y'' + 6y' = 0$ $\quad y^{(4)}(2) = 24$, $c_4 = 1$. Die Potenzreihe beginnt also mit

$$y = 2 - (x-2) + (x-2)^2 - (x-2)^3 + (x-2)^4 -+ \ldots$$

Vermutung: Die Koeffizienten sind abwechselnd +1 und -1. Dann handelt es sich bei der Reihe (abgesehen von der Konstanten 2) um eine spezielle geometrische Reihe $1 + q + q^2 + q^3 + \ldots = \frac{1}{1-q}$ mit $q = -(x-2)$. Wenn die Vermutung richtig ist, müßte
$y = 1 + \frac{1}{1+(x-2)} = \frac{x}{x-1}$ die Lösung der Anfangswertaufgabe sein. Diese Funktion erfüllt Dgl und Anfangsbedingung tatsächlich, wie man durch Einsetzen in die Dgl nachprüfen kann.

11.11 Systeme linearer Dgln (mit nichtkonstanten Koeffizienten)

Hat man ein System von mehreren linearen Dgln, in denen beliebige bekannte (stetige) Funktionen einer unabhängigen Variablen t vorkommen und mehrere unbekannte Funktionen x, y, z, ... von der unabhängigen Variablen t sowie deren Ableitungen $\dot{x}$, $\dot{y}$, $\dot{z}$, $\ddot{x}$, $\ddot{y}$,... [1] (alle in 1. Potenz!), so kann man dieses System mit einem verallgemeinerten Gauß'schen Eliminationsverfahren [2] behandeln, um ein Lösungssystem (x, y, z, ...) zu bestimmen.

Durch elementare Operationen mit den Dgln: evt. wiederholtes Differenzieren, Multiplizieren mit einer Funktion von t, Addieren, Subtrahieren, Ineinandereinsetzen usw. kann man nach und nach unbekannte Funktionen eliminieren. Am Ende erhält man eine Dgl für eine unbekannte Funktion, wenn das System weder widerspruchsvoll noch unterbestimmt ist.

1) $\dot{x} = \frac{dx}{dt}$, $\ddot{y} = \frac{d^2y}{dt^2}$, usw $\qquad$ 2) vgl. 6.2

Enthält die letze Gleichung mehr als eine unbekannte Funktion, so kann man alle bis auf eine willkürlich wählen. Das System war unterbestimmt.

Kommt man im Verlauf des Eliminationsprozesses auf einen Widerspruch, so gibt es keine Lösung (x,y,z,...).

Die allg. Lsg. (x, y, z, ...) kann höchstens so viele willkürliche Konstanten enthalten, wie die Summe der jeweils höchsten Ordnungen der Ableitungen von x, y, z,,... beträgt.

(49)
$$t\cdot\dot{x} - x - 3y = t$$
$$t\cdot\dot{y} - x + y = 4$$

In der allg. Lsg. dürfen maximal 2 willkürliche Konstanten vorkommen. Aus der letzten Gleichung gewinnt man

$$x = t\dot{y} + y - 4.$$

In der ersten Gleichung kommen y, x und $\dot{x}$ vor. Man berechnet deshalb $\dot{x} = \dot{y} + t\ddot{y} + \dot{y}$ und setzt x und $\dot{x}$ in die 1. Gleichung ein. Man erhält so eine Dgl, in der nur noch die eine unbekannte Funktion y vorkommt:

$$t(2\dot{y} + t\ddot{y}) - (t\dot{y} + y - 4) - 3y = t,$$
$$t^2\ddot{y} + t\dot{y} - 4y = t - 4$$

Das ist eine inhomogene Eulersche Dgl.

(i) Lösung der homogenen Eulerschen Dgl $t^2\ddot{y} + t\dot{y} - 4y = 0$

Char. Glg. $r(r-1) + r - 4 = 0$, $r_1 = 2$, $r_2 = -2$.

$y_h = c_1t^2 + c_2/t^2$.

(ii) Lösung der inhomogenen Dgl.

a) Man betrachtet zunächst die Störfunktion $r_1(t) = t$. Sie ist von der Gestalt $t^1P(\ln t)$, wobei 1 nicht Lösung der char. Glg. ist und P die Konstante 1. Also existiert eine spez. Lsg. $y_1 = t\cdot a$.

b) Die Störfunktion $r_2(t) = -4$ ist von der Gestalt $t^oP(\ln t)$, wobei 0 nicht Lsg. der char. Glg. ist und P die Konstante -4. Also gibt es eine spez. Lsg. $y_2 = b$.

Zusammengefaßt kann man nach dem Superpositionssatz den Ansatz $y_s = at + b$ machen: $\dot{y}_s = a$, $\ddot{y}_s = 0$.

$$t^2\,0 + at - 4(at+b) = t - 4$$

Koeffizientenvergleich ergibt: $a = -1/3$, $b = 1$. Allg. Lsg. $y = c_1t^2 + c_2/t^2 - t/3 + 1$. Setzt man dies in die nach x aufgelöste Glg. ein (dazu hat man $\dot{y} = 2c_1t - 2c_2/t^3 - 1/3$ zu berechnen), so erhält man $x = 2c_1t^2 - 2c_2/t^2 - t/3 + c_1t^2 + c_2/t^2 - t/3 - 3$,

$x = 3c_1t^2 - c_2/t^2 - 2t/3 - 3$

Insgesamt enthält die Lösung (x,y) zwei willkürliche Konstanten.

(50) Wie lautet die allg. Lsg. des Systems $\dot{x} + t\dot{y} = 0$, $\dot{x} + x + y = 0$?

1. Lsg. Auflösen der letzten Gleichugn nach y ergibt: $y = -\dot{x} - x$. Man setzt $\dot{y} = -\ddot{x} - \dot{x}$ in die 1. Glg. ein und erhält $\dot{x} - t\ddot{x} - t\dot{x} = 0$, $-t\ddot{x} - (t-1)\dot{x} = 0$ eine homogene lineare Dgl 2. Ordnung. Für $\dot{x} = z$ hat man die homogene lineare Dgl 1. Ordnung $t\dot{z} + (t-1)z = 0$, die durch Trennung der Veränderlichen gelöst werden kann:

$$\int \frac{dz}{z} = -\int \frac{t-1}{t}\,dt = \int (\frac{1}{t} - 1)dt,\ \ln|z| = \ln|t| - t + c,\ z = c_1te^{-t},$$

$$\dot{x} = z,\ x = -c_1e^{-t}(t+1) + c_2,\quad y = -c_1te^{-t} + c_1te^{-t} + c_1e^{-t} - c_2 =$$

$$y = c_1e^{-t} - c_2.$$

2. Lsg. Differentiation beider Gleichungen nach t ergibt

$$\ddot{x} + t\ddot{y} + \dot{y} = 0$$
$$\ddot{x} + \dot{x} + \dot{y} = 0$$

Subtrahiert man, so folgt $t\ddot{y} = +\dot{x} = -t\dot{y}$ (aus der 1. Glg.), also $\ddot{y} + \dot{y} = 0$. (homog. lin. Dgl mit konstanten Koeffizienten).

Char. Glg. $r^2 + r = r(r+1) = 0$. Lösung: $y = c_1e^{-t} + c_2$.

Aus $-\dot{x} = t\dot{y} = -c_1te^{-t}$ erhält man $x = -c_1e^{-t}(t+1) + c_3$.

Da das Lösungssystem (x,y) insgesamt nur 2 willkürliche Konstanten enthalten darf, muß man c_3 durch c_1 und c_2 ausdrücken können. Setzt man x, $\dot{x}$ und y in die 2. Glg. ein so folgt $c_3 = -c_2$.

(51) Die Winkelausschläge φ und ψ zweier aneinanderhängender Pendel (Doppelpendel) genügen den Dgln (t = Teit = unabhängige Variable) (SH 87)

$$A\ddot{\varphi} + C\ddot{\psi}\cos(\varphi - \psi) + C\dot{\psi}^2\sin(\varphi - \psi) + E\sin\varphi = 0$$
$$C\ddot{\varphi}\cos(\varphi - \psi) + B\ddot{\psi} - C\dot{\varphi}^2\sin(\varphi - \psi) + F\sin\psi = 0$$

A,B,...,F sind physikalische Konstanten, Charakteristika der Pendel. Die beiden Dgln bilden ein System nicht-linearer Dgln für φ und ψ. Beschränkt man sich auf kleine Schwingungen, so kann man $\cos(\varphi - \psi) \approx 1$, $\dot{\psi}^2\sin(\varphi - \psi) \approx 0$, $\dot{\varphi}^2\sin(\varphi - \psi) \approx 0$, $\sin\varphi \approx \varphi$, $\sin\psi \approx \psi$ setzen und das folgende lineare Dgls-System gewinnen

$$A\ddot{\varphi} + C\ddot{\psi} + E\varphi = 0$$
$$C\ddot{\varphi} + B\ddot{\psi} + F\psi = 0$$

Fortsetzung dieses Bsps in Bsp (53).

11.12 Systeme linearer Dgln mit konstanten Koeffizienten

Sind alle Koeffizienten vor den unbekannten Funktionen und vor deren Ableitungen unabhängig von t (auf den rechten Seiten dürfen beliebige stetige Störfunktionen stehen), kann man das Eliminationsverfahren noch schematisieren. An Stelle des Differentiationspunktes (in der Bedeutung von $\frac{d}{dt}$) führt man den Differentiationsoperator D ein:

$$D = \frac{d}{dt}, \quad D^n = \frac{d^n}{dt^n}.$$

Mit diesem Operator darf man addieren, subtrahieren, multiplizieren (er muß seiner Bedeutung nach immer links vor Funktionen geschrieben werden!). Division durch D ist verboten. Jedes System linearer Dgln mit konstanten Koeffizienten läßt sich dann umschreiben in eine Form, die das übliche Gauß'sche Eliminationsverfahren anwendbar macht.

(52) Gesucht ist die allg. Lsg. des Systems

$$\ddot{x} - 3x - y = 10$$
$$\ddot{y} + x - 5y = 2.$$

Umschreibung unter Verwendung des Differentiationssymbols D:

$$\left.\begin{array}{ll} (D^2-3)x \quad - y = 10 & |\cdot(D^2-5) \\ x + (D^2-5)y = 2 & \end{array}\right]+$$

Multipliziert man die 1. Glg. mit (D^2-5) und addiert sie zur zweiten, so wird y eliminiert:

$[(D^2-3)(D^2-5)+1]\,x = (D^2-5)10+2 = -48$ weil $D^2 10 = 0$ ist.

$(D^4-8D^2+16)x = -48$. Diese lineare Dgl mit konstanten Koeffizienten schreibt man wieder in der ursprünglichen Form

$$\ddddot{x} - 8\ddot{x} + 16x = -48$$

(i) Char. Glg. der homogenen Dgl: $r^4-8r^2+16 = (r^2-4)^2 = (r-2)^2(r+2)^2 = 0$, $x_{hom} = c_1e^{2t} + c_2te^{2t} + c_3e^{-2t} + c_4te^{-2t}$

(ii) Eine spez. Lsg. der inhomogenen Dgl ist $x_s = -3$. Allg. Lsg.

Allg. Lsg. $x = c_1e^{2t} + c_2te^{2t} + c_3e^{-2t} + c_4te^{-2t} - 3$.

Diese Lsg. enthält schon 4 willkürliche Konstanten, die notwendig durch die Integration hereingekommen sind. Da die Lösungen x und y insgesamt nur maximal 4 Konstanten enthalten können, wird sich y ohne eine weitere Integration bestimmen lassen. Aus der 1. Glg. folgt $y = \ddot{x} - 3x - 10$

$$= e^{2t}(c_1+4c_2+c_2t) + e^{-2t}(c_3-4c_4+c_4t) - 1.$$

Bemerkung: Um y zu bestimmen, kann man auch integrieren und dabei zusätzliche Konstanten c_5, ... hereinnehmen. Anschließend muß man jedoch c_5, ... durch c_1, ... ,c_4 ausdrücken. Das geschieht dadurch, daß man x und y in eine Gleichung des Systems einsetzt und Koeffizientenvergleich macht. Man versuche diese zusätzliche Arbeit zu umgehen! Vgl. Bsp (50), 2. Lsg.

(53) Man löse das lineare Dgl-System aus Bsp (51). Umgeschrieben lautet es:

$$\left.\begin{array}{lll}(AD^2+E)\varphi + CD^2\psi = 0 & \mid\cdot CD^2 \\ CD^2\varphi + (BD^2+F)\psi = 0 & \mid\cdot (AD^2+E)\end{array}\right] -$$

$(C^2D^4 - [ABD^4+AFD^2+BED^2+FE])\psi = 0$, $(C^2-AB)\ddddot{\psi} - (AF+BE)\ddot{\psi} - FE\psi = 0.$

Die char. Glg. $(C^2-AB)r^4 - (AF+BE)r^2 - EF = 0$ (SH 88) besitzt nur konjugiert komplexe Nullstellen $r_{1,2} = \pm\alpha i$, $r_{3,4} = \pm ßi$ (das kann man einer genaueren Betrachtung der physikalischen Konstanten A, ... ,F entnehmen, SH 88). Also lautet die allg. Lsg. für

$$\psi = c_1\cos\alpha t + c_2\sin\alpha t + c_3\cos ßt + c_4\sin ßt \quad (\alpha \neq ß).$$

Eine entsprechende Gleichung kann man für φ gewinnen. Beide Pendel führen gekoppelte harmonische Schwingungen aus.

11.13 Aufgaben

Schwere Aufgaben sind durch einen * gekennzeichnet. Besonders wichtige Aufgaben werden mit einem ! versehen. Ihre Lösungen werden im Abschnitt 11.14 ausführlicher besprochen.

Sofern nichts anderes gesagt ist, bestimme man alle Lösungen der folgenden Dgln.

1)a) Man skizziere das Richtungsfeld und einige Lösungen der Dgl $y' = 2\sqrt{y}/\sin x$ im Intervall $0 < x < \pi$

b) Wie lautet die allg. Lösung dieser Dgl?

2) $y' = 4\cdot\sqrt{|y^2-1|}\,/\cosh^2 x$

3) $\frac{dS}{d\varphi} = (S-\mu C^2)\tan\varphi$, $\mu C^2 = \text{const.}$ (SH 116)

4) $y' - 2xy - x^3 = 0$. Welche Lösung genügt der Anfangsbedingung $y(1) = -1$?

5) $(x+1)y' + (x-1)y = x^2 + x$ Hinweis: Eine Lsg. ist ein Polynom.

6)! Welche für $x > 0$ stetige Funktion genügt der Dgl $y' - y/(2x) = |x-1|$ und der Bedingung $y(4) = 8$?

7) Die Dgl der Seilreibung $\frac{dS}{d\alpha} = \mu_0 S$, μ_0 = Haftreibungskoeffizient zwischen Seil und Rolle (S 258, PI 189) ist zu lösen unter der Anfangsbedingung $S(\alpha=0) = S_0$.

8)!Ein Balken konstanten Querschnitts der Länge l wird einseitig eingespannt (Einspannungsstelle: x = 0) und am anderen Ende mit der Einzellast P belastet. Die Biegelinie w = w(x) genügt der Dgl

$$\frac{w''(x)}{(1+w'^2(x))^{3/2}} = -\frac{P(l-x)}{EJ}, \quad w(0) = 0, \ w'(0) = 0$$

(S 105,109)

E = Elastizitätsmodul, J = achsiales Flächenträgheitsmoment, E,J = const. P(l-x) = Biegemoment an der Stelle x

a) Man berechne w'(x) exakt (das sog. erste Integral).

b) Man berechne w(x) näherungweise unter der Voraussetzung kleiner Werte von w'(x).

9) $y'' = \ln x$

10) $y'' = y' + x$

11) $(y'')^2 = y'$

12) $y\,y'' = (y')^2$

13) Sind die Funktionen $\ln\sqrt{x} - x$, $x - e^x$, $4e^x - \ln x^2$ linear unabhängig?

14) $y'' - (2-\tan x)y' + (1-\tan x)y = xe^x\cos x$ Hinweis: Die homogene Dgl besitzt eine Exponentialfunktion $y = e^{ax}$ als Lsg.

15) $(x^2+1)y'' - xy' + y = 1$. Gibt es eine Lösung, die den Randbedingungen $y(0) = 1$, $y(1) = 3$ genügt?

16) $y'' + y' = x + 1$

17) $x^2(x-1)y'' + 2x(x-2)y' - 2(x+1)y = -2$

Hinweis: Es gibt eine Lsg. der homogenen Dgl der Gestalt $y = 1/x^k$ und eine spez. Lsg. der inhom. Dgl der Form $y = b/x$.

18)* $(x^2+x)y''' - (x^2+3x+1)y'' + (x+4+2/x)y' - (1+4/x+2/x^2)y = 3x^2(x+1)^2$

19) $y^{(4)} + y = x^2 + 1$

20) $y'' + 2y' + y = e^{-x}\cos x + xe^{-x}$

21) $x^2y'' - xy' + y = 2x$

22)* $y''' + 6y' + 20y = 2xe^x\sin 3x$ Hinweis: komplex rechnen!

23)* ! $y'' + y = 3|\sin 2x|$, $x \in [0,\pi]$

24) Die Dgl $w^{(4)}(x) + \frac{4}{\alpha^4}w(x) = -\beta q(x)$ [1] (α,β techn. Konstanten) beschreibt die Biegelinie einer Schiene auf nachgiebiger Unterlage unter Belastung durch eine Streckenlast mit der Belastungsdichte q(x) (S 131). Man löse diese Dgl für den Fall q(x) = q = const.

---

1) Durch eine Dgl derselben Form wird die Biegung eines dünnwandigen kreiszylindrischen Rohres bei achsensymmetrischer Belastung beschrieben (S 133).

25) $x^3y''' + 8x^2y'' + 13xy' + 3y = 1/x^3$

26)! Man löse die Anfangswertaufgabe $y'' + xy' + y = 0$, $y(0) = 1$, $y'(0) = 0$ durch Potenzreihenansatz exakt!

27) $\dot{x} + \dot{y} + x + 4y = e^t$
$\dot{x} + \dot{y} + 3x + 2y = e^{2t}$

28) Die Lösung der Anfangswertaufgabe $y'' + e^x y' + x^2 y = 0$, $y(0) = 1$, $y'(0) = 0$ läßt sich in eine Potenzreihe entwickeln. Man bestimme die Koeffizienten $c_o, \ldots, c_5$.

29)! Es sei $f(x)$ eine ungerade Funktion und $u(x)$ eine Lösung der Dgl $y''f(x) - xy = 0$. Man zeige: dann ist auch $v(x) = u(-x)$ eine Lösung der Dgl.

30) $t\dot{x} + y = 0$
$t\dot{y} + x = 0$

31) $x(x-1)y'' - 2(x-1)y' + 2y = 0$ Hinweis: Eine Lsg. ist ein Polynom.

32) $\dot{z} - y + x = 0$
$\dot{y} - z - y = t$
$\dot{x} - z - x = t$

33)* Man berechne diejenige Lösung der Dgl $y'' - 2y' + y = |x|$, welche die Randbedingungen $y(-1) = -1$, $y'(1) = 1$ erfüllt.

34) $\dot{x} + t\dot{y} = 0$
$\dot{x} + x + y = 0$

35) Man löse die Anfangswertaufgabe $(1-x^2)y'' - xy' + 4y = 6x + 2$, $y(0) = 1$, $y'(0) = 2$ exakt durch Potenzreihenansatz.

36) Welche Lösung des Systems
$$\begin{aligned} \dot{x} - \dot{y} + \dot{z} + x \phantom{{}+2y} &= 2e^{-t} \\ \dot{x} + \dot{y} - \dot{z} + x + 2y &= 3e^{-t} \\ \dot{x} - \dot{y} - \dot{z} + x - 2z &= -e^{-t} \end{aligned}$$
genügt den Anfangsbedingungen $x(0) = y(0) = z(0) = 1$?

37) Man bestimme diejenige Lsg. der Dgl $y''' - 5y'' + 3y' + 9y = 8e^{3x}$, welche den Bedingungen $\lim_{x \to -\infty} y(x) = 0$, $y(0) = 0$, $y'(0) = 1$ genügt.

38) Man löse die Randwertaufgabe $2yy'' = y'^2$, $y(0) = y(2\pi) = \frac{\pi^2}{4}$.

39) Man zeige: Die Lösung der Anfangswertaufgabe $y'' = y(x^2+1)\cos x - e^x y'$, $y(0) = 1, y'(0) = 0$ besitzt an der Stelle $x = 0$ ein relatives Minimum.

40) Man löse die Anfangswertaufgabe $y'' + 4y = f(x)$, mit
$$f(x) = \begin{cases} 4x & 0 \leq x \leq \pi \\ 4\pi & \pi < x \end{cases} \qquad y(0) = 2,\ y'(0) = 3.$$

11.14 Ergebnisse

1) a) Isoklinen: $y = \frac{c^2}{4} \sin^2 x$

$y' = c$

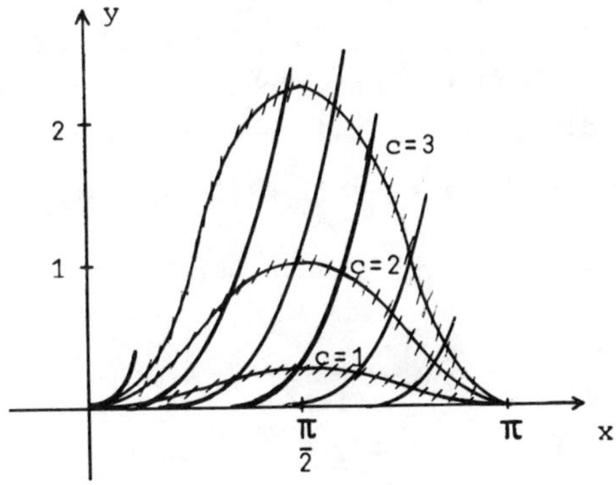

b) Trennung der Veränderlichen: $\sqrt{y} = \ln|c \cdot \tan \frac{x}{2}|$, $y = 0$.

2) Trennung der Veränderlichen: $y = \pm 1$

$$\tanh x = \begin{cases} \text{Arcosh } y & y > 1 \\ \text{Arcsin } y & |y| < 1 \\ -\text{Arcosh } (-y) & y < -1 \end{cases}$$

3) (SH 116)

4) Lin. Dgl 1. Ordnung: $y = ce^{x^2} - \frac{1}{2}(x^2+1)$, $y = -\frac{1}{2}(x^2+1)$ genügt der Anfangsbedingung.

5) Lin. Dgl 1. Ordnung: $y = ce^{-x}(x+1)^2 + 1 + x$.

6)! Lin. Dgl 1. Ordnung:

(i) $y_{hom} = c\sqrt{x}$

(ii) Zur Lösung der inhomogenen Dgl hat man die Fälle a) $x \geq 1$ und b) $x \leq 1$ zu unterscheiden.

a) $x \geq 1$. $2xy' - y = 2x^2 - 2x$. Es ist sinnvoll, ein Polynom 2. Grades als Lösung anzusetzen: $y = ax^2 + bx + c$. Mit diesem Ansatz erhält man $c = 0$, $b = -2$, $a = \frac{2}{3}$. Die allg. Lsg. für $x \geq 1$ lautet also $y_1 = c_1\sqrt{x} + \frac{2}{3}x^2 - 2x$, $c_1 \in \mathbb{R}$.

b) $0 < x < 1$. Mit demselben Polynomansatz findet man die allg. Lsg. $y_2 = c_2\sqrt{x} - \frac{2}{3}x^2 + 2x$, $c_2 \in \mathbb{R}$.

Die beiden Lösungen y_1 und y_2 sind nicht unabhängig voneinander. An der Stelle $x = 1$ müssen sie stetig ineinander übergehen. Aus der Bedingung $y_1(1) = y_2(1)$ kann man c_2 durch c_1 ausdrücken. $y_1(1) = c_1 + \frac{2}{3} - 2 = y_2(1) = c_2 - \frac{2}{3} + 2 \Rightarrow c_2 = c_1 + \frac{4}{3} - 4 = c_1 - \frac{8}{3}$. Die allg. Lsg. für $x > 0$ lautet deshalb

$$y = \begin{cases} c_1\sqrt{x} + \frac{2}{3}x^2 - 2x & x \geq 1 \\ (c_1 - \frac{8}{3})\sqrt{x} - \frac{2}{3}x^2 + 2x, & 0 < x < 1. \end{cases}$$

Die spez. Lsg. die der geg. Anfangsbedingung genügt, gehört zu $c_1 = \frac{8}{3}$.

7) $S = S(\alpha) = S_o e^{\mu_o \alpha}$ (Trennung der Veränderlichen)

8)! a) Weil w nicht vorkommt, kann man durch die Substitution $z = w'$ die Ordnung um 1 reduzieren:

$$\frac{z'}{(1+z^2)^{3/2}} = -\alpha(l-x), \qquad \alpha = \frac{P}{E\cdot J}$$

Diese Dgl läßt sich durch Trennung der Veränderlichen weiter behandeln:

$$\int\frac{dz}{(1+z^2)^{3/2}} = \frac{z}{(1+z^2)^{1/2}} \qquad \text{(B 310, Nr. 206)}$$

$= \frac{\alpha}{2}(x-l)^2 + c_1$, $\quad x = 0 \Longrightarrow z = 0,\ c_1 = -\frac{\alpha}{2}l^2$

$= \frac{\alpha}{2}((x-l)^2 - l^2)$, $\quad$ Auflösung nach z ergibt

$$z = w'(x) = \frac{\frac{\alpha}{2}(l^2 - (x-l)^2)}{\sqrt{1 - \frac{\alpha^2}{4}((x-l)^2 - l^2)^2}} \qquad \text{(S 106)}$$

Leider ist die rechte Seite nicht elementar integrierbar. Diese Formel für $w'(x)$ kann aber dazu dienen, die Voraussetzung $|w'(x)| \ll 1$ für die näherungsweise Berechnung von $w(x)$ nach b) zu überprüfen.

b) Ist $|w'(x)| \ll 1$, kann man im Nenner $w'^2(x)$ vernachlässigen und erhält die elementar integrierbare Dgl $w''(x) = -\frac{P}{E\cdot J}(l-x)$ mit dem Zwischenintegral $w'(x) = \frac{P}{2EJ}((l-x)^2 - l^2)$ und der Lösung $w(x) = \frac{P}{6EJ}x^2(x-3l)$. (S 108)

9) $y = \frac{x^2}{2}(\ln x - \frac{3}{2}) + c_1x + c_2$

10) Lin. Dgl 2. Ordnung mit konst. Koeff. $y = c_1e^x + c_2 - x - \frac{x^2}{2}$ (oder "y kommt nicht vor")

11) "y kommt nicht vor" oder "x kommt nicht vor":
$y = c$, $y = \frac{1}{12}(x-c_1)^3 + c_2$

12) "x kommt nicht vor": $y = c$, $y = c_1e^{c_2x}$.

13) Linear abhängig!

14) Lin. Dgl 2. Ordnung mit <u>nicht</u>konstanten Koeffizienten
(i) $y_h = c_1e^x + c_2e^x\sin x$ (Reduktion nach d'Alembert)
(ii) V.d.K. $y_s = e^x(x\cos x - \sin x + (x^2/2)\sin x)$.
Allg. Lsg: $y = c_1e^x + c_2e^x\sin x + e^x(x\cos x - \sin x + (x^2/2)\sin x)$.

15) Lin. Dgl 2. Ordnung mit nichtkonstanten Koeffizienten
(i) $y = x$ ist eine Lösung der homogenen Dgl
$$y_h = c_1x + c_2(x + \ln(x+\sqrt{x^2+1}) - \sqrt{x^2+1}\,)$$

(ii) $y_s = 1$ ist zu raten.

Allg. Lsg: $y = 1 + y_h$.

(iii) $y = 2x + 1$ genügt den Randbedingungen.

16) Lin. Dgl 2. Ordnung mit konstanten Koeffizienten

(i) $r_1 = 0$, $r_2 = -1$, $y_h = c_1 + c_2 e^{-x}$

(ii) $y_s = (1/2)x^2$, $y = y_h + y_s$

17) Lin. Dgl 2. Ordnung mit nichtkonstanten Koeffizienten

(i) $y_h = c_1/x^2 + c_2 \frac{(x-1)^3}{x^2}$.

(ii) $y_s = 1/x$, $y = y_h + y_s$.

18)* Lin. Dgl 3. Ordnung mit nichtkonstanten Koeffizienten

(i) $y = x$ ist eine spez. Lsg. der homogenen Dgl.

Reduktion nach d'Alembert: $x^2(x+1)p'' - x(x^2-2)p' - x(x+2)p = 0$,

$p = z'$, $y = xz$. $p = e^x$ und $p = \frac{1}{x}$ sind Lösungen, also

$y_h = c_1 x + c_2 x e^x + c_3 x \ln|x|$.

(ii) V.d.K. $y_s = -x^4/3 - 3x^3/2 - 3x^2$, $y = y_h + y_s$.

19) Lin. Dgl 4. Ordnung mit konstanten Koeffizienten

(i) Char. Glg. $r^4 + 1 = 0$, $r_{1,2,3,4} = \frac{1}{\sqrt{2}}(\pm 1 \pm i)$ (alle Vorzeichenverteilungen!)

$$y_h = e^{\frac{x}{\sqrt{2}}}\left(c_1 \cos\frac{x}{\sqrt{2}} + c_2 \sin\frac{x}{\sqrt{2}}\right) + e^{-\frac{x}{\sqrt{2}}}\left(c_3 \cos\frac{x}{\sqrt{2}} + c_4 \sin\frac{x}{\sqrt{2}}\right)$$

(ii) $y_s = x^2 + 1$ (unmittelbar zu sehen!), $y = y_h + y_s$.

20) Lin. Dgl 2. Ordnung mit konstanten Koeffizienten

(i) $r_{1,2} = -1$, $y_h = c_1 e^{-x} + c_2 x e^{-x}$

(ii) $y_s = e^{-x}(\frac{x^3}{6} - \cos x)$, $y = y_h + y_s$.

21) Eulersche Dgl 2. Ordnung

(i) $r_{1,2} = 1$, $y_h = c_1 x + c_2 x \ln|x|$

(ii) $y_s = x \ln^2|x|$, $y = y_h + y_s$.

22)* Lin. Dgl 3. Ordnung mit konstanten Koeffizienten

(i) $r_1 = -2$, $r_{2,3} = 1 \pm 3i$, $y_h = c_1 e^{-2x} + c_2 e^x \cos 3x + c_3 e^x \sin 3x$

(ii) $r(x) = 2xe^{(1+3i)x}$. Von der spez. Lsg. ist nachher der Imaginärteil zu nehmen. Ansatz $y_s = x(ax+b)e^{(1+3i)x}$.

$$y_s = x\,\frac{3-3x-i(1+3x)}{108}\,e^{(1+3i)x}$$

$\mathrm{Im}\, y_s = xe^x(\frac{3-3x}{108}\sin 3x - \frac{1+3x}{108}\cos 3x)$, $y = y_h + \mathrm{Im}\, y_s$.

23)*! Lin. Dgl 2. Ordnung mit konstanten Koeffizienten

(i) $y_h = c_1 \sin x + c_2 \cos x$

(ii) $r(x) = 3|\sin 2x| = \begin{cases} 3\sin 2x & x \in [0,\frac{\pi}{2}] \quad \text{Fall } \alpha) \\ -3\sin 2x & x \in [\frac{\pi}{2},\pi] \quad \text{Fall } \beta) \end{cases}$

$$y_s = \begin{cases} -\sin 2x & \text{Fall } \alpha) \\ \sin 2x & \text{Fall } \beta) \end{cases}$$

Allg. Lsg: $y_1 = c_1\sin x + c_2\cos x - \sin 2x \quad x \in [0,\frac{\pi}{2}]$

$y_2 = c_3\sin x + c_4\cos x + \sin 2x \quad x \in [\frac{\pi}{2},\pi]$

Aus den Bedingungen 1.) Stetigkeit von y bei $\frac{\pi}{2}$, $y_1(\frac{\pi}{2}) = y_2(\frac{\pi}{2})$

2.) " " y' " $\frac{\pi}{2}$, $y_1'(\frac{\pi}{2}) = y_2'(\frac{\pi}{2})$

sind c_3 und c_4 durch c_1 und c_2 auszudrücken:

$c_3 = c_1$, $c_4 = c_2 - 4$.

Allg. Lsg:

$$y = \begin{cases} c_1\sin x + c_2\cos x - \sin 2x, & x \in [0,\frac{\pi}{2}] \\ c_1\sin x + (c_2-4)\cos x + \sin 2x, & x \in [\frac{\pi}{2},\pi] \end{cases}$$

24) Lin. Dgl 4. Ordnung mit konstanten Koeffizienten

(i) Char. Glg. $r^4 - \frac{4}{\alpha^4} = 0$, $r^4 = -\frac{4}{\alpha^4}$, $r_{1,2,3,4} = \frac{1}{\alpha}(\pm 1 \pm i)$

(alle Vorzeichenverteilungen!)

$w_h(x) = e^{x/\alpha}(c_1\cos\frac{x}{\alpha} + c_2\sin\frac{x}{\alpha}) + e^{-x/\alpha}(c_3\cos\frac{x}{\alpha} + c_4\sin\frac{x}{\alpha})$ (S 131)

(ii) $w_s(x) = -\frac{\alpha^4}{4}\beta q$ ist eine spez. Lsg. der inhomogenen Dgl

Allg. Lsg: $w(x) = w_h(x) + w_s(x)$. (S 132)

25) Eulersche Dgl 3. Ordnung.

(i) $r_{1,2} = -1$, $r_3 = -3$, $y_h = \frac{c_1}{x} + c_2\frac{\ln|x|}{x} + c_3\frac{1}{x^3}$.

(ii) $r = -3$ ist 1-fache Nullstelle d. char. Glg.

Ansatz: $y_2 = a\frac{1}{x^3}\ln|x|$, $a = \frac{1}{4}$, $y = y_h + y_s$.

26)! Ansatz $y = c_o + c_1x + c_2x^2 + c_3x^3 + \ldots + c_kx^k + \ldots$

$c_o = 1$, $c_1 = 0$. Einsetzen in die Dgl und Koeffizientenvergleich vor x^k: $(k+2)(k+1)c_{k+2} + (k+1)c_k = 0$,

$c_{k+2} = \frac{-1}{k+2}\cdot c_k$ (Rekursionsformel) $c_1 = 0 \Rightarrow c_3 = 0 \Rightarrow \ldots$

$c_{2n+1} = 0$ $(n = 1,2,\ldots)$. $c_2 = -\frac{1}{2}$, $c_4 = -\frac{1}{4}\cdot c_2 = \frac{1}{2\cdot 4}$,

$c_6 = \frac{(-1)c_2}{6} = \frac{-1}{2\cdot 4\cdot 6}$, Vermutung: $c_{2n} = \frac{(-1)^n}{2\cdot 4\cdot\ldots\cdot(2n)} = \frac{(-1)^n}{2^n n!}$

Beweis: entweder durch vollst. Induktion oder durch Verifikation der vermuteten "Lsg.", d.h. man prüft nach, ob die vermutete "Lösung" eine ist:

$$y = 1 - \frac{x^2}{2} + \frac{x^4}{2\cdot 4} - + \ldots + \frac{(-1)^n}{2^n n!}x^{2n} + \ldots$$

$$= 1 + (\frac{-x^2}{2}) + \frac{(-\frac{x^2}{2})^2}{2!} + \ldots + \frac{(-\frac{x^2}{2})^n}{n!} + \ldots$$

$$= e^{-\frac{x^2}{2}}$$ ist die Lsg. der Anfangswertaufgabe.

27) System linearer Dgln mit konstanten Koeffizienten

$$y = c\,e^{-\frac{5}{2}t} + \frac{2}{7}e^{t} - \frac{1}{6}e^{2t}$$

$$x = c\,e^{-\frac{5}{2}t} - \frac{3}{14}e^{t} + \frac{1}{3}e^{2t}$$

28) $c_o = 1,\ c_1 = 0,\ c_2 = 0,\ c_3 = 0,\ c_4 = -\frac{1}{12},\ c_5 = \frac{2}{5!}$

(z.B. Differentiation der Dgl) $y = 1 - \frac{1}{12}x^4 + \frac{1}{60}x^5 + \ldots$

29)! Nach Voraussetzung gilt $u''(x)\cdot f(x) - xu(x) = 0$. Ersetzt man x durch $-x$, so muß auch $u''(-x)\cdot f(-x) + xu(-x) = 0$ sein. Klammert man -1 aus und berücksichtigt $f(-x) = -f(x)$, $v''(x) = u''(-x)$, so folgt $-(u''(-x)\cdot f(x) - xu(-x)) = 0$, also ist $v(x) = u(-x)$ Lösung.

30) Elimination von y führt auf die Eulersche Dgl $-t^2\ddot{x} - t\dot{x} + x = 0$, $x = c_1 t + \frac{c_2}{t}$, $y = -c_1 t + \frac{c_2}{t}$.

31) Lin. Dgl. 2. Ordnung mit nichtkonstanten Koeffizienten

$y_{sp} = x - 1$ ist spez. Lsg.. Reduktion nach d'Alembert.

Allg. Lsg: $y = c_1(x-1) + c_2(x-1)\,(x + 2\ln|x-1| - \frac{1}{x-1})$

32) $(x,y,z) = -(t,t,1) + c_1e^{t}(1,1,0) + c_2e^{t}(t-2,t-1,1) + c_3(1,1,-1)$

33) Lin. Dgl 2. Ordnung mit konst. Koeff.

$$y = \begin{cases} -x - 2 & x \leq 0 \\ x + 2 - 4e^{x} + 2xe^{x} & x \geq 0. \end{cases}$$

34) s. Bsp. (50): $(x,y) = -c_1e^{-t}(t+1,-1) + c_2(+1,-1)$

35) $c_o = 1,\ c_1 = 2,\ c_2 = -1,\ c_3 = 0,\ c_4 = 0, \ldots \quad y = 1 + 2x - x^2$.

36) $(x,y,z) = e^{-t}(1 + \frac{3}{2}t - \frac{1}{2}t^2 + \frac{1}{4}t^3,\ 1 + t - \frac{3}{4}t^2,\ 1 + \frac{3}{2}t)$

37) Lin. Dgl 3. Ordnung mit konst. Koeff.

Allg. Lsg: $y = c_1e^{-x} + (c_2 + c_3x + x^2)e^{3x}$

Spez. Lsg: $y = x(x+1)e^{3x}$.

38) "x kommt nicht vor". $y' = p(y)$ $\quad p(2y\dot{p} - p) = 0,\ \dot{p} = \frac{dp}{dy}$

1.) $p = 0$, $y = b$, Anpassung an die Randwerte: $y = \frac{\pi^2}{4}$

2.) $2y\dot{p} = p$, $y = \frac{c^2}{4}(x-d)^2$. Anpassung an die Randwerte: $y = \frac{1}{4}(x-\pi)^2$.

39) Bew: $y''(0) = 1 \Longrightarrow$ rel. Minimum.

40) $$y = \begin{cases} \sin 2x + 2\cos 2x + x & 0 \leq x \leq \pi \\ (3/2)\sin 2x + 2\cos 2x + \pi & x \geq \pi \end{cases}$$

12. Mehrfache Integrale

12.1 Doppelintegrale

Sei G ein Bereich der (x,y)-Ebene mit endlichem Flächeninhalt, f auf G definierte stetige Funktion. Unter dem Doppelintegral

$$\iint_G f \, dG$$

versteht man eine Zahl, die wie folgt definiert wird:

1) Man zerlege G in die paarweise disjunkten Bereiche G_i mit den Flächeninhalten ΔG_i $(i=1,\dots,n)$ mit $G = \bigcup_{i=1}^{n} G_i$ [1]. Unter dem Durchmesser von G_i versteht man den größten Abstand irgend zweier Punkte aus G_i oder seinem Rand; $d(\mathfrak{Z})$ sei der größte darunter.
2) Sei $(x_i,y_i) \in G_i$ beliebig. Man berechne $f(x_i,y_i)\cdot\Delta G_i$ (falls $f(x,y)\geq 0$, ist dies das Volumen des Zylinders mit der Grundfläche G_i und der Höhe $f(x_i,y_i)$).

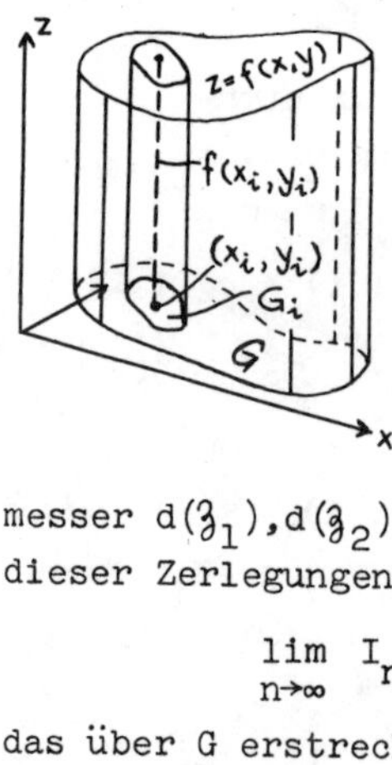

3) Man berechne $I := \sum_{i=1}^{n} f(x_i,y_i)\cdot\Delta G_i$ (falls $f(x,y)\geq 0$ ist dies eine Näherung für das Volumen des Zylinders über G, der nach oben von $z=f(x,y)$ begrenzt ist).

Nun wähle man eine F o l g e solcher Zerlegungen $\mathfrak{Z}_1,\mathfrak{Z}_2,\dots$ von G, für die jene Maximaldurchmesser $d(\mathfrak{Z}_1), d(\mathfrak{Z}_2),\dots$ eine Nullfolge bilden und berechne für jede dieser Zerlegungen die Zahl I: $I_1, I_2, \dots$. Dann heißt

$$\lim_{n\to\infty} I_n =: \iint_G f \, dG$$

das über G erstreckte Doppelintegral der Funktion f (falls $f(x,y)\geq 0$ ist dies das Volumen des unter 3) genannten Zylinders).

Berechnung von Doppelintegralen [2]

Kartesische Koordinaten:

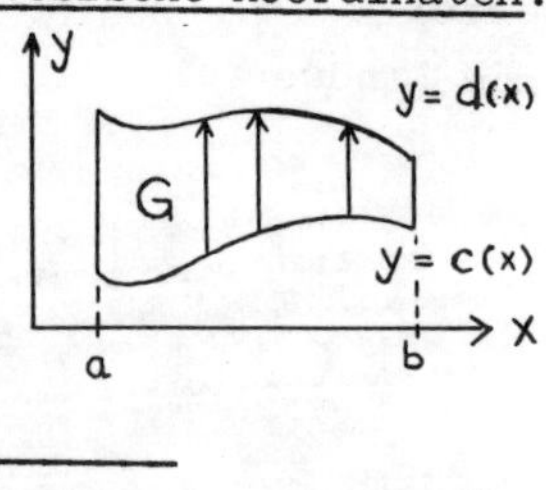

$$\iint_G f \, dG = \int_a^b \Big[\int_{c(x)}^{d(x)} f(x,y)\, dy \Big]\, dx$$

---

1) Man sagt, die G_i bilden eine Zerlegung $\mathfrak{Z}$ von G.
2) Die Klammern um das "innere" Integral läßt man gewöhnlich weg.

bzw.

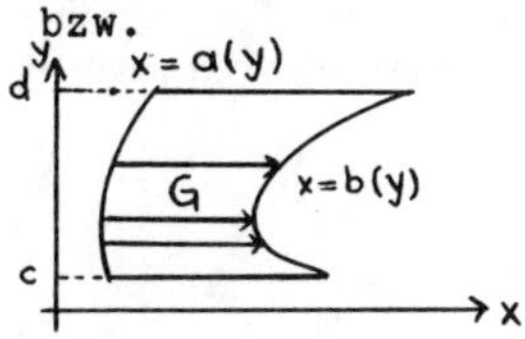

$$_G\iint f\,dG = \int_c^d \left[\int_{a(y)}^{b(y)} f(x,y)\,dx \right] dy$$

Polarkoordinaten: $x = r\cdot\cos\varphi$, $y = r\cdot\sin\varphi$, $r \geq 0$, $0 \leq \varphi < 2\pi$

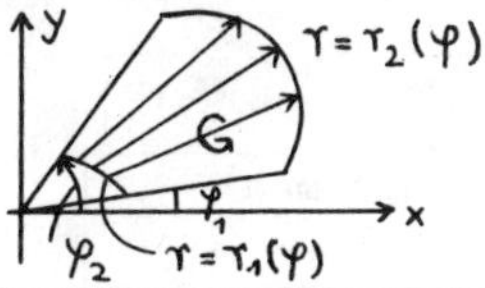

$$_G\iint f\,dG = \int_{\varphi_1}^{\varphi_2} \left[\int_{r_1(\varphi)}^{r_2(\varphi)} f(r,\varphi)\,r\,dr \right] d\varphi$$

Man beachte, daß das äußere Integral stets feste Grenzen hat. Beliebige Koordinaten siehe unten!

(1) $f(x,y) = x + 2y$, G: $2 \leq x \leq 3$, $x \leq y \leq x^2$. Man berechne $_G\iint f\,dG$.

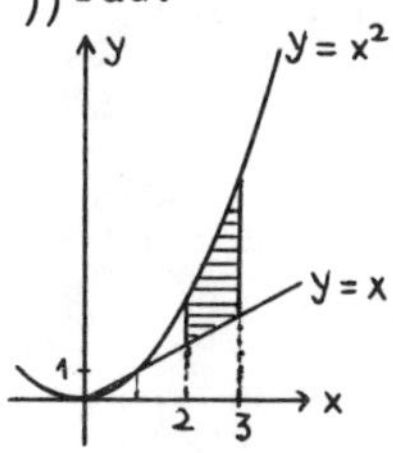

Lsg: Hier sind $a = 2$, $b = 3$, $c(x) = x$, $d(x) = x^2$.

$$_G\iint f\,dG = \int_2^3 \int_x^{x^2} (x + 2y)\,dy\,dx =$$

$$\int_2^3 \left[xy + y^2 \right]_{y=x}^{y=x^2} dx =$$

$$\int_2^3 \left[x^3 + x^4 - x^2 - x^2 \right] dx = \left[\frac{1}{4}x^4 + \frac{1}{5}x^5 - \frac{2}{3}x^3 \right]_2^3 = \frac{2747}{60} .$$

(2) Das Gebiet G sei durch die Ungleichungen $x > 0$, $y > 0$, $x^2 + y^2 \leq R^2$ bestimmt, $f(x,y) = x^2 + y^2$. Man berechne $_G\iint f\,dG$.

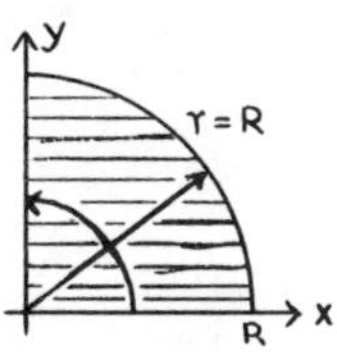

Lsg: Einführung von Polarkoordinaten: Dann schreibt sich G in der Form $0 \leq r \leq R$, $0 \leq \varphi \leq \pi/2$.

$$_G\iint f\,dG = \int_0^{\pi/2} \int_0^R r^2 \cdot r\,dr\,d\varphi = \int_0^{\pi/2} \frac{1}{4} r^4 \Big|_0^R d\varphi = \frac{\pi}{8} R^4 .$$

(3) Man berechne das Volumen der Halbkugel vom Radius R.

Lsg: Die (obere Hälfte der) Kugelfläche ist durch $z = f(x,y) = \sqrt{R^2 - x^2 - y^2}$ beschrieben, das Gebiet in der (x,y)-Ebene der Kreis $-R \leq x \leq R$, $-\sqrt{R^2 - x^2} \leq y \leq \sqrt{R^2 - x^2}$.

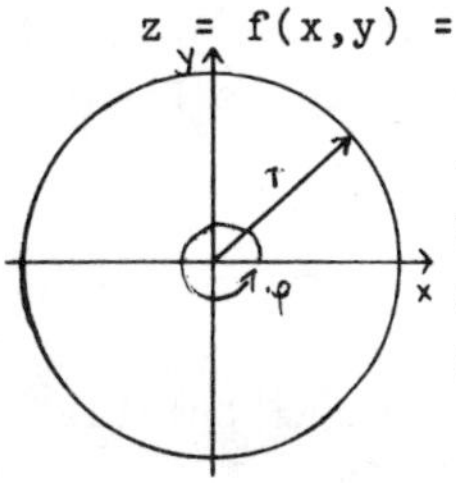

Wir führen Polarkoordinaten ein. In diesen wird der Kreis beschrieben durch die Ungleichungen $0 \leq r \leq R$, $0 \leq \varphi < 2\pi$.

Hier sind $\varphi_1 = 0$, $\varphi_2 = 2\pi$, $r_1(\varphi) \equiv 0$, $r_2(\varphi) \equiv R$, r_1 und r_2 hängen nicht mehr von φ ab, was den Vorteil der Polarkoordinaten ausmacht.

Dann ist $z = \sqrt{R^2 - r^2}$.

$$^G\iint f\,dG = \int_0^{2\pi}\int_0^R \sqrt{R^2 - r^2}\, r\, dr\, d\varphi = \int_0^{2\pi}\left[-\frac{1}{3}\sqrt{(R^2 - r^2)^3}\right]_0^R d\varphi =$$

$$\int_0^{2\pi} \frac{1}{3} R^3\, d\varphi = \frac{2}{3}\pi R^3 .$$

Das Volumen der Vollkugel ist also $\frac{4}{3}\pi R^3$.

Einführung neuer Variablen in Doppelintegralen

Substituiert man $x = x(u,v)$, $y = y(u,v)$, so bekommt man

$$dG = \left|\frac{\partial(x,y)}{\partial(u,v)}\right| du\, dv$$

Hierin ist

$$\frac{\partial(x,y)}{\partial(u,v)} := \begin{vmatrix} \frac{\partial x}{\partial u} & \frac{\partial x}{\partial v} \\ \frac{\partial y}{\partial u} & \frac{\partial y}{\partial v} \end{vmatrix}$$

die (Jacobische) <u>Funktionaldeterminante</u>.

(4) Für (ebene) Polarkoordinaten $x = r\cdot\cos\varphi$, $y = r\cdot\sin\varphi$ $(u=r,\ v=\varphi)$ berechne man die Funktionaldeterminante.

Lsg:

$$\frac{\partial(x,y)}{\partial(r,\varphi)} = \begin{vmatrix} \frac{\partial x}{\partial r} & \frac{\partial x}{\partial \varphi} \\ \frac{\partial y}{\partial r} & \frac{\partial y}{\partial \varphi} \end{vmatrix} = \begin{vmatrix} \cos\varphi & -r\cdot\sin\varphi \\ \sin\varphi & r\cdot\cos\varphi \end{vmatrix} = r\cdot(\cos^2\varphi + \sin^2\varphi) = r .$$

Der <u>Flächeninhalt</u> des Gebietes G ist $^G\iint dG$

(5) Man berechne den Flächeninhalt F des Kreises K vom Radius R.

Lsg: Wir benutzen zweckmäßig Polarkoordinaten. In ihnen wird K beschrieben durch die Ungleichungen: $0 \leq r \leq R$, $0 \leq \varphi < 2\pi$.

$$F = {}^G\iint dG = \int_0^{2\pi}\int_0^R r\, dr\, d\varphi = \int_0^{2\pi} \frac{1}{2} R^2\, d\varphi = R^2\pi .$$

Ist G der "Sektor" $0 \leq r \leq r(\varphi)$, $\varphi_1 \leq \varphi = \varphi_2$, so wird sein Flächeninhalt F gegeben durch die

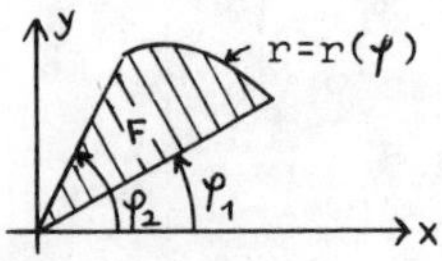

<u>Sektorformel</u>: $F = \frac{1}{2}\int_{\varphi_1}^{\varphi_2} r^2(\varphi)\, d\varphi$

(6) Man berechne den Flächeninhalt F der in Polarkoordinaten durch $0 \leq \varphi = 2\pi$, $0 \leq r \leq \varphi$ beschriebenen Figur.

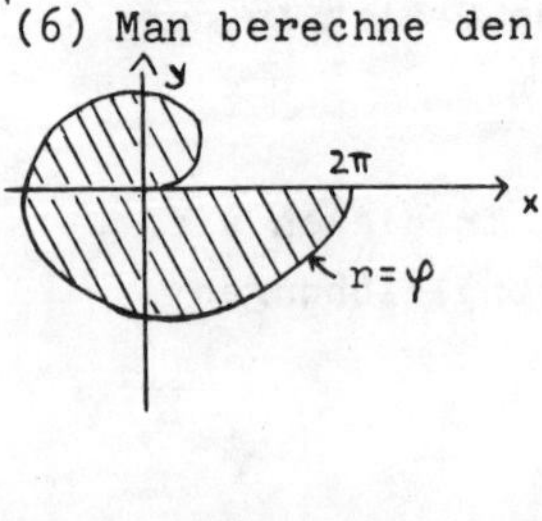

Lsg: Nach der Sektorformel ist

$$F = \frac{1}{2}\int_0^{2\pi} \varphi^2\, d\varphi = \frac{4}{3}\pi^3 .$$

($r = \varphi$ ist eine "archimedische Spirale")

(7) Es sei $f(x,y) = x\cdot y$; G: $x \geq 0,\ y \geq 0,\ x^2 + y^2 \leq 2,\ y \leq x^2$.

Man berechne $\iint_G f dG$.

Lsg:

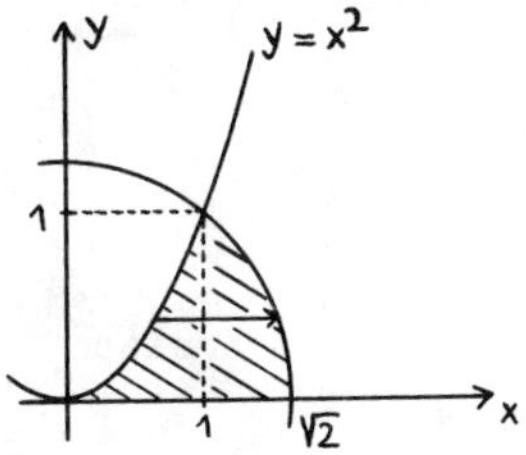

1) G läßt sich durch die zwei doppelten Ungleichungen beschreiben:

$0 \leq y \leq 1,\ \sqrt{y} \leq x \leq \sqrt{2 - y^2}$.

$\iint_G f dG = \int_0^1 \int_{\sqrt{y}}^{\sqrt{2-y^2}} xy\ dx\ dy =$

$\int_0^1 \frac{1}{2}\cdot y(2 - y^2 - y)\ dy = \frac{5}{24}$.

2) Will man innen nach y integrieren, so läßt sich G nicht "geschlossen" darstellen, nur als Summe der zwei Gebiete:

G_1: $0 \leq x \leq 1,\ 0 \leq y \leq x^2$

G_2: $1 \leq x \leq \sqrt{2},\ 0 \leq y \leq \sqrt{2 - x^2}$

$$\iint_G f dG = \iint_{G_1} f dG + \iint_{G_2} f dG = \int_0^1 \int_0^{x^2} xy\ dy\ dx + \int_1^{\sqrt{2}} \int_0^{\sqrt{2-x^2}} xy\ dy\ dx$$

Man rechne weiter! Ergebnis wieder $\frac{5}{24}$.

Oft ist eine der Hauptschwierigkeiten die mathematisch richtige Beschreibung der Integrationsgebiete. (Vgl. 2.3)

(8) Aus der Kugel vom Radius R werde ein Zylinder Z mit kreisförmiger Grundfläche herausgeschnitten, Radius R/2, so, daß der Kugelmittelpunkt auf der Zylinderwand von Z liegt. Man berechne das Volumen des verbleibenden Körpers.

Lsg: Wir legen den Kugelmittelpunkt in den Nullpunkt des Koordinatensystems und bohren senkrecht zur (x,y)-Ebene (Skizze!).

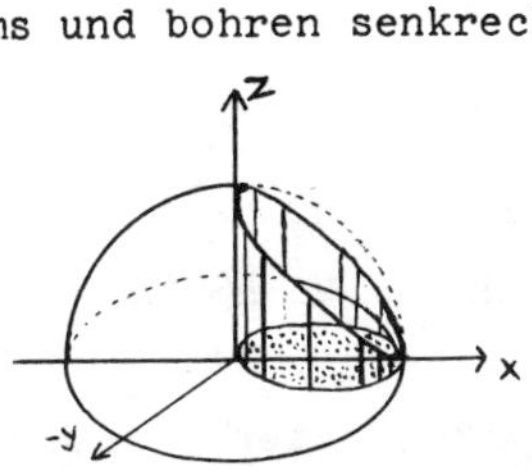

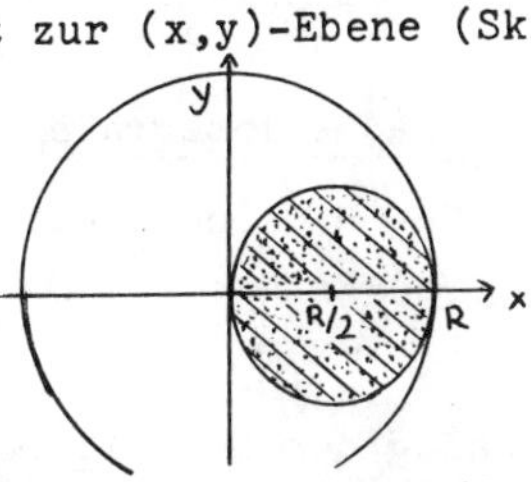

Wir berechnen das Vol. V^* des herausgebohrten Zylinderteiles Z, das oberhalb der (x,y)-Ebene liegt. Er wird nach oben durch die Kugelfläche $x^2 + y^2 + z^2 = R^2$ begrenzt, also ist

$$z = f(x,y) = \sqrt{R^2 - (x^2 + y^2)}\ .$$

Das Integrationsgebiet in der (x,y)-Ebene ist die Kreisscheibe G mit dem Mittelpunkt (R/2 , 0) vom Radius R/2, also:

$$(x - R/2)^2 + y^2 \leq \tfrac{1}{4}\cdot R^2 .$$

Hieraus sind nun Ungleichungen für x und y zu gewinnen:

$$a(x) := -\sqrt{\tfrac{1}{4}\cdot R^2 - (x - \tfrac{R}{2})^2} \leq y \leq \sqrt{\tfrac{1}{4}\cdot R^2 - (x - \tfrac{R}{2})^2} =: b(x)$$

$$0 \leq x \leq R .$$

Das zunächst zu berechnende Volumen V^* ist dann

$$V^* = {}^{G}\iint f dG = \int_0^R \int_{a(x)}^{b(x)} \sqrt{R^2 - x^2 - y^2}\, dy\, dx .$$

Man wird vermuten, daß wegen der auftretenden Kugeln und Kreise die Rechnung in Polarkoordinaten einfacher wird als in kartesischen Koordinaten. Daher wollen wir erstere benutzen. Dann wird, wie man am einfachsten einer Skizze entnimmt, G beschrieben durch die Ungleichungen:

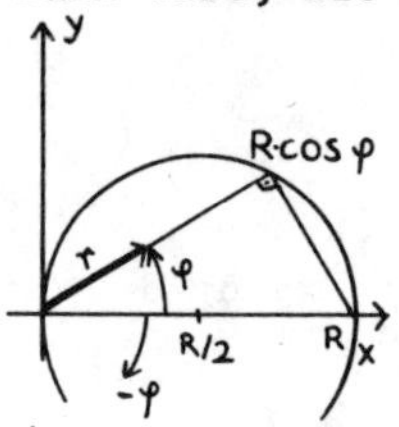

$$-\pi/2 \leq \varphi \leq \pi/2 , \quad 0 \leq r \leq R\cdot\cos\varphi .$$

Dann werden $z = \sqrt{R^2 - r^2}$, $dG = r\cdot dr\, d\varphi$.

$$V^* = {}^{G}\iint \sqrt{R^2 - r^2}\cdot r\cdot dr\, d\varphi =$$

$$\int_{-\pi/2}^{\pi/2} \int_0^{R\cos\varphi} \sqrt{R^2 - r^2}\cdot r\, dr\, d\varphi = \int_{-\pi/2}^{\pi/2} \Big[-\tfrac{1}{3}\cdot\sqrt{R^2 - r^2}^{\,3} \Big]_0^{R\cos\varphi} d\varphi$$

[1]
$$= \frac{-1}{3}\cdot R^3\cdot \int_{-\pi/2}^{\pi/2} (|\sin\varphi|^3 - 1)\, d\varphi =$$

$$= -\tfrac{1}{3}\cdot R^3\cdot \Big(-\int_{-\pi/2}^{0} \sin^3\varphi\, d\varphi + \int_0^{\pi/2} \sin^3\varphi\, d\varphi - \pi \Big) = \tfrac{1}{3}\cdot R^3\cdot (\pi - \tfrac{4}{3}).$$

Da die Kugel das Volumen $\frac{4}{3}\pi R^3$ hat, bekommt man für das gesuchte Volumen

$$V = \tfrac{4}{3}\pi R^3 - \tfrac{2}{3}\cdot R^3\cdot(\pi - \tfrac{4}{3}) = \tfrac{2}{3}\cdot R^3\cdot (\pi + \tfrac{4}{3}) .$$

12.2 Dreifache Integrale

Sei $f: V \to \mathbb{R}$ eine stetige Funktion, definiert auf einem Bereich V des (x,y,z)-Raumes $\mathbb{R}^3$. Das <u>dreifache Integral</u>

$${}^{V}\iiint f dV$$

wird analog dem Doppelintegral definiert, wenn man dort G_i durch V_i, (x_i,y_i) durch (x_i,y_i,z_i) ersetzt. Die geometrische Interpretation als ein Volumen ist hier nicht mehr möglich. Seine Bedeutung ist jedoch in den Anwendungen sehr groß: Massen, Trägheitsmomente und Schwerpunkte lassen sich mit dreifachen Integralen berechnen.

---

1) Man beachte, daß $\sqrt{x^2} = |x|$.

Berechnung dreifacher Integrale

Kartesische Koordinaten:

V: $a \le x \le b$, $c(x) \le y \le d(x)$, $z_1(x,y) \le z \le z_2(x,y)$

$$\iiint_V f\,dV = \int_a^b \left[\int_{c(x)}^{d(x)} \left\{\int_{z_1(x,y)}^{z_2(x,y)} f(x,y,z)\,dz\right\} dy\right] dx$$

bzw.

V: $c \le y \le d$, $z_1(y) \le z \le z_2(y)$, $a(y,z) \le x \le b(y,z)$

$$\iiint_V f\,dV = \int_c^d \left[\int_{z_1(y)}^{z_2(y)} \left\{\int_{a(y,z)}^{b(y,z)} f(x,y,z)\,dx\right\} dz\right] dy$$

usw. (vgl. auch (9))

Zylinderkoordinaten: $x = r\cdot\cos\varphi$, $y = r\cdot\sin\varphi$, $z = z$, $r \ge 0$, $0 \le \varphi < 2\pi$

$dV = r\,dr\,d\varphi\,dz$ (Bsp. (12), (15))

Kugelkoordinaten: $x = r\cdot\sin\theta\cdot\cos\varphi$, $y = r\cdot\sin\theta\cdot\sin\varphi$, $z = r\cdot\cos\theta$

$r \ge 0$, $0 \le \varphi \le 2\pi$, $0 \le \theta \le \pi$

$dV = r^2\sin\theta\,dr\,d\theta\,d\varphi$ (Bsp. (10),(11))

Beliebige Koordinaten: $x = x(u,v,w)$, $y = y(u,v,w)$, $z = z(u,v,w)$

$$dV = \left|\begin{vmatrix} \frac{\partial x}{\partial u} & \frac{\partial x}{\partial v} & \frac{\partial x}{\partial w} \\ \frac{\partial y}{\partial u} & \frac{\partial y}{\partial v} & \frac{\partial y}{\partial w} \\ \frac{\partial z}{\partial u} & \frac{\partial z}{\partial v} & \frac{\partial z}{\partial w} \end{vmatrix}\right| du\,dv\,dw =: \left|\frac{\partial(x,y,z)}{\partial(u,v,w)}\right| du\,dv\,dw$$

(Bsp. (16))

Diese Determinante heißt (Jacobische) Funktionaldeterminante.

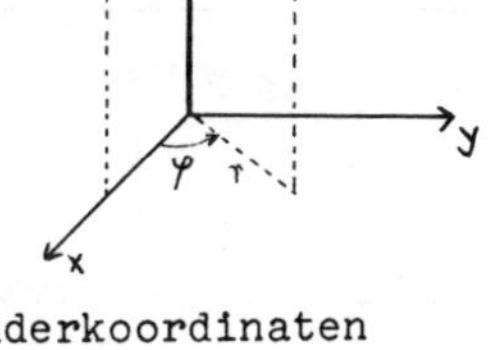

Zylinderkoordinaten

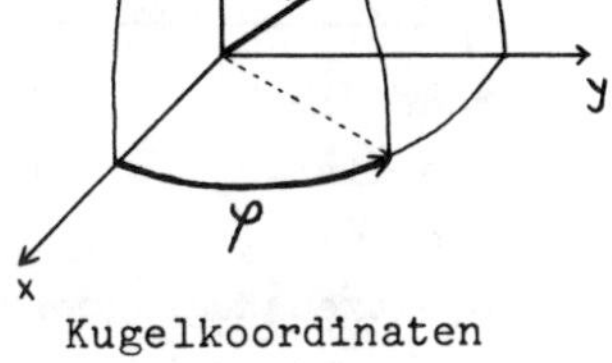

Kugelkoordinaten

(9) Man berechne $I = \iiint_V (2x+y+z)dV$, wo V der von der Ebene $x+y+z=1$ und den Koordinatenebenen begrenzte Körper ist.

Lsg: Beschreibung von V: In der (x,y)-Ebene wird V begrenzt von dem Dreieck $0\le x\le 1$, $0\le y\le 1-x$, in z-Richtung durch $0\le z\le 1-x-y$. Also bekommt man:

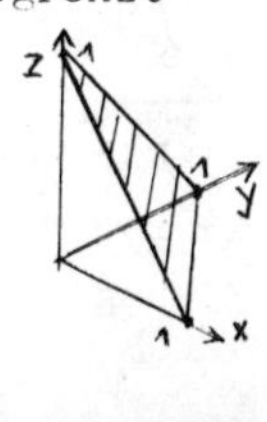

$$I = \int_0^1 \int_0^{1-x} \int_0^{1-x-y} (2x+y+z)dz\,dy\,dx =$$

$$= \int_0^1 \int_0^{1-x} \left(\frac{1}{2} + x - \frac{3}{2}x^2 - 2xy - \frac{1}{2}y^2\right) dy\, dx = \int_0^1 \left(\frac{1}{3} - x^2 + \frac{2}{3}x^3\right) dx = \frac{1}{6} .$$

Das **Volumen** des Bereiches (Körpers) V ist $\iiint_V dV$	3)

(10) Wir wollen das Volumen der Kugel vom Radius R berechnen.

Lsg: In kartesischen Koordinaten wird die Kugel mit Mittelpunkt bei (0,0,0) beschrieben durch $x^2 + y^2 + z^2 \leq R^2$.

Wir benutzen Kugelkoordinaten (s.o.):

Dann ist $0 \leq r \leq R$, $0 \leq \Theta \leq \pi$, $0 \leq \varphi < 2\pi$.

Das Volumen V ist

$$V = \iiint_V dV = \iiint_V r^2 \cdot \sin\Theta \, dr\, d\Theta\, d\varphi =$$

$$\int_0^R \int_0^{2\pi} \int_0^{\pi} r^2 \cdot \sin\Theta \, d\Theta\, d\varphi\, dr = \int_0^R \int_0^{2\pi} (-r^2 \cdot \cos\Theta)_0^{\pi} \, d\varphi\, dr =$$

$$= \int_0^R \int_0^{2\pi} 2r^2 \, d\varphi\, dr = \int_0^R 2r^2 \cdot 2\pi \, dr = \frac{4}{3}\pi \cdot R^3 .$$

Wichtige Anwendungen finden dreifache Integrale in der Berechnung von Massen, Trägheitsmomenten und Massenmittelpunkten sowie Schwerpunkten von (i.a. inhomogenen) Körpern. [1]

Es sei $\varrho = \varrho(x,y,z)$ die Massendichte des Körpers K, γ sein spezifisches Gewicht, G sein Gewicht, a der Abstand des Massenelementes $dm := \varrho\, dV$ von einer Drehachse. Dann sind:

Gesamtmasse von K: $M = \iiint_K \varrho\, dV$ (11)

Trägheitsmoment von K bzgl. der Drehachse: $T = \iiint_K a^2 \cdot \varrho\, dV$ (12)

Massenmittelpunkt[2] von K:

$$x_m = \frac{1}{M} \cdot \iiint_K x\varrho\, dV , \quad y_m = \frac{1}{M} \cdot \iiint_K y\varrho\, dV , \quad z_m = \frac{1}{M} \cdot \iiint_K z\varrho\, dV \qquad (13)$$

Schwerpunkt von K: (S 62)

$$x_s = \frac{1}{G} \cdot \iiint_K x\gamma\, dV , \quad y_s = \frac{1}{G} \cdot \iiint_K y\gamma\, dV , \quad z_s = \frac{1}{G} \cdot \iiint_K z\gamma\, dV$$

(11) Man berechne die Masse M einer Kugel K vom Radius R, deren Massendichte linear mit dem Abstand vom Mittelpunkt von 0 auf 1 zunimmt.

Lsg: Wir benutzen Kugelkoordinaten (r,Θ,φ). Dann ist die Dichte gegeben durch $\varrho = r/R$ und daher

$$M = \iiint_K \varrho\, dV = \iiint_K \frac{r}{R} dV = \int_0^R \int_0^{2\pi} \int_0^{\pi} \frac{r}{R} \cdot r^2 \cdot \sin\Theta \, d\Theta\, d\varphi\, dr =$$

$$\int_0^R \int_0^{2\pi} \left(-\frac{r^3}{R} \cdot \cos\Theta \right)_0^{\pi} d\varphi\, dr = \int_0^R \int_0^{2\pi} 2 \cdot \frac{r^3}{R} \, d\varphi\, dr = \int_0^R 4\pi \cdot \frac{r^3}{R} \, dr = \pi \cdot R^3 .$$

1) Für Kurven (Drähte) bzw. Flächen (Bleche) s. 13., S.293 bzw. 298.

2) Ist $\varrho \equiv 1$, so ist dies der geometrische Schwerpunkt.

3) Bzgl. Rotationskörpern s. auch 2.Guldinsche Regel (S.300).

12) Man berechne das Trägheitsmoment T_z eines geraden Kreiskegels K bzgl. seiner Symmetrieachse bei konstanter Massendichte ρ_o.

Lsg: Wir wählen die z-Achse als Symmetrieachse und benutzen Zylinderkoordinaten: $x = r\cdot\cos\varphi$, $y = r\cdot\sin\varphi$, $z = z$.

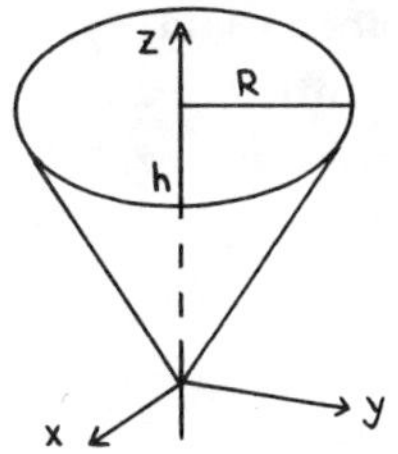

1) Beschreibung des Kegels:

$0 \leq z \leq h,\ 0 \leq \varphi \leq 2\pi\ ,\ 0 \leq r \leq \frac{R}{h}\cdot z\ .$

2) In diesen Koordinaten ist, wenn die z-Achse die Drehachse ist: $a = r$. Daher wird

$$T_z = {}^K\!\!\iiint a^2\rho\, dV = \int_0^h\int_0^{2\pi}\int_0^{Rz/h} r^2\cdot\rho_o\cdot r\, dr\, d\varphi\, dz =$$

$$\frac{1}{4}\cdot\rho_o\cdot\frac{R^4}{h^4}\int_0^h\int_0^{2\pi} z^4\, d\varphi\, dz = \frac{2}{4}\pi\cdot\rho_o\,\frac{R^4}{h^4}\int_0^h z^4 dz = \frac{1}{10}\pi\rho_o R^4\cdot h\ .$$

13) Man berechne den Massenmittelpunkt der Halbkugel K vom Radius R bei konstanter Massendichte $\rho = 1$.

Lsg: Wir legen den Mittelpunkt in den Nullpunkt und betrachten die obere Hälfte. Dann sind aus Symmetriegründen $x_m = y_m = 0$.

Da $M = \frac{2}{3}\pi R^3$, ist dann

$$z_m = \frac{3}{2\pi R^3}\cdot {}^K\!\!\iiint z dV\ .$$

Wir führen Kugelkoordinaten ein. Dann wird die Kugelhälfte K beschrieben durch die Ungleichungen

$$0 \leq r \leq R\ ,\ 0 \leq \Theta \leq \pi/2\ ,\ 0 \leq \varphi \leq 2\pi\ .$$

$${}^K\!\!\iiint z dV = \int_0^R\int_0^{2\pi}\int_0^{\pi/2} r\cdot\cos\Theta\cdot r^2\cdot\sin\Theta\, d\Theta\, d\varphi\, dr = \int_0^R\int_0^{2\pi} r^3\cdot\left(\frac{1}{2}\sin^2\Theta\right)_0^{\pi/2} d\varphi dr$$

$$= \frac{1}{2}\int_0^R\int_0^{2\pi} r^3\, d\varphi\, dr = \frac{1}{4}\pi R^4\ .$$

Also: $\quad z_m = \frac{1}{M}\cdot\frac{1}{4}\pi R^4 = \frac{3}{8}\cdot R\ .$

14) Man berechne das Trägheitsmoment T_z der in Bsp. (11) beschriebenen Kugel K mit der dort beschriebenen Massenverteilung in Bezug auf eine durch ihren Mittelpunkt gehenden Drehachse.

Lsg: Der Mittelpunkt sei (0,0,0), die Drehachse die z-Achse.

Wir rechnen in Kugelkoordinaten. Dann ist:

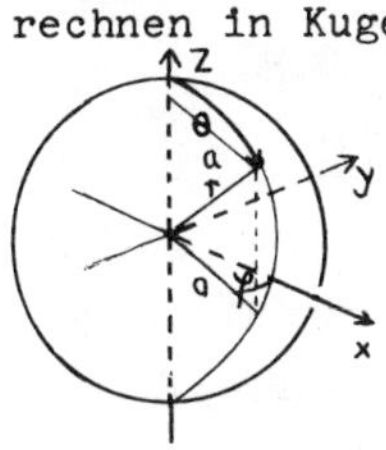

$$a^2 = x^2 + y^2 = r^2\cdot(\sin^2\Theta\cdot\cos^2\varphi + \sin^2\Theta\cdot\sin^2\varphi) =$$
$$= r^2\cdot\sin^2\Theta\ .$$

Daher ist das Trägheitsmoment

$$T_z = {}^K\!\!\iiint a^2\rho\, dV = \int_0^R\int_0^{2\pi}\int_0^{\pi} r^2\sin^2\Theta\cdot\frac{r}{R}\cdot r^2\sin\Theta\, d\Theta d\varphi dr$$

$$= \int_0^R \int_0^{2\pi} \frac{r^5}{R} \left(-\frac{1}{3}\cdot\sin^2\theta\cdot\cos\theta - \frac{2}{3}\cdot\cos\theta \right)_0^{\pi} d\varphi\, dr =$$

$$= \int_0^R \int_0^{2\pi} \frac{r^5}{R}\cdot\frac{4}{3}\, d\varphi\, dr = \frac{4}{9}\cdot\pi\cdot R^5 .$$

(15) Der Kreis mit dem Mittelpunkt (R,0) in der (x,z)-Ebene und dem Radius b (<R) rotiere um die z-Achse. Dabei entsteht ein Torus (Kreisring). Man berechne sein Volumen und Trägheitsmoment bzgl. der z-Achse, wenn die Massendichte $\varrho = 1$ ist.

Lsg:

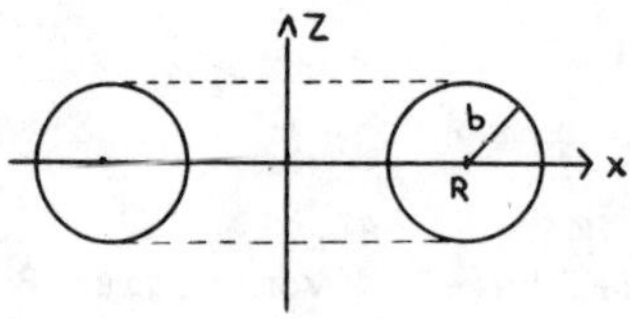

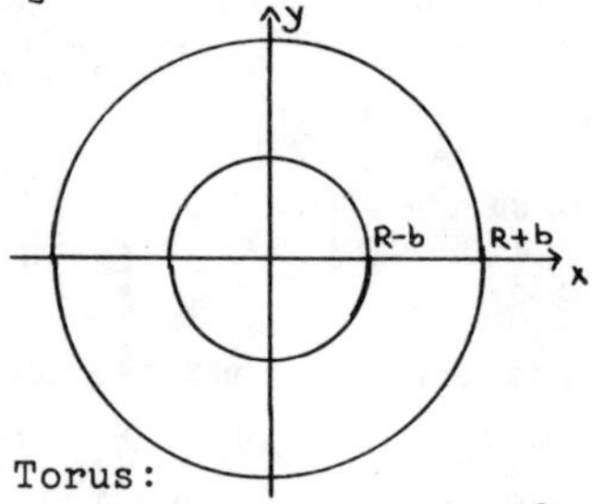

1) Mathematische Beschreibung des Torus:
Der Kreis in der (x,z)-Ebene ist gegeben durch $(x-R)^2 + z^2 \leq b^2$. In Zylinderkoordinaten erhält man den Torus, indem man hierin x durch r ersetzt: $(r-R)^2 + z^2 \leq b^2$. Seine Projektion in die (x,y)-Ebene ist der Kreisring $R-b \leq r \leq R+b$, $0 \leq \varphi < 2\pi$, $z = 0$. Also wird der Torus in Zylinderkoordinaten durch die folgenden Ungleichungen beschrieben:

$$R-b \leq r \leq R+b\ ,\ 0 \leq \varphi < 2\pi\ ,\ -\sqrt{b^2 - (r-R)^2} \leq z \leq \sqrt{b^2 - (r-R)^2} .$$

In diesen Koordinaten ist $dV = r\cdot dz\, d\varphi\, dr$.

2) Volumen des Torus:

$$V = {}^{K}\!\!\iiint dV = \int_{R-b}^{R+b} \int_0^{2\pi} \int_{-\sqrt{b^2-(r-R)^2}}^{\sqrt{b^2-(r-R)^2}} r\cdot dz\, d\varphi\, dr =$$

$$= \int_{R-b}^{R+b} \int_0^{2\pi} 2r\cdot\sqrt{b^2 - (r-R)^2}\, d\varphi\, dr =$$

$$= 4\pi \int_{R-b}^{R+b} r\cdot\sqrt{b^2 - (r-R)^2}\, dr = 2\,\pi^2\cdot b^2\cdot R .$$

3) Trägheitsmoment T_z bei Rotation um die z-Achse, Dichte $\varrho = 1$:

$$T_z = {}^{K}\!\!\iiint a^2\cdot\varrho\, dV = \int_{R-b}^{R+b} \int_0^{2\pi} \int_{-\sqrt{b^2-(r-R)^2}}^{\sqrt{b^2-(r-R)^2}} r^2\cdot r\, dz\, d\varphi\, dr$$

$$= \frac{1}{4}\cdot\pi^2\cdot b^2\cdot R\cdot(4R^2 + 3b^2).$$

(16) Man berechne Volumen V und Trägheitsmomente bzgl. der Achsen eines Ellipsoids E mit den Halbachsen a, b, c, Massendichte $\varrho = 1$.

Lsg: Wir benutzen folgendes (r,θ,φ)-Koordinatensystem:

$$x = a\cdot r\cdot \sin\theta\cdot\cos\varphi$$
$$y = b\cdot r\cdot \sin\theta\cdot\sin\varphi$$
$$z = c\cdot r\cdot \cos\theta$$
$$r \geq 0,\ 0 \leq \varphi < 2\pi,\ 0 \leq \theta = \pi .$$

Das hat den Vorteil, daß E durch Ungleichungen mit f e s t e n Grenzen beschrieben wird, nämlich:

$$E:\ 0 \leq r \leq 1,\ 0 \leq \theta \leq \pi,\ 0 \leq \varphi < 2\pi .$$

Wir müssen noch die zugehörige Funktionaldeterminante berechnen:

$$\frac{\partial(x,y,z)}{\partial(r,\theta,\varphi)} = \begin{vmatrix} \frac{\partial x}{\partial r} & \frac{\partial x}{\partial \theta} & \frac{\partial x}{\partial \varphi} \\ \frac{\partial y}{\partial r} & \frac{\partial y}{\partial \theta} & \frac{\partial y}{\partial \varphi} \\ \frac{\partial z}{\partial r} & \frac{\partial z}{\partial \theta} & \frac{\partial z}{\partial \varphi} \end{vmatrix} = \begin{vmatrix} a\sin\theta\cdot\cos\varphi & ar\cdot\cos\theta\cdot\cos\varphi & -ar\cdot\sin\theta\cdot\sin\varphi \\ b\sin\theta\cdot\sin\varphi & br\cdot\cos\theta\cdot\sin\varphi & br\cdot\sin\theta\cdot\cos\varphi \\ c\cdot\cos\theta & -cr\cdot\sin\theta & 0 \end{vmatrix}$$

$$= abc\cdot r^2\cdot\sin\theta .$$

1) Volumen V des Ellipsoids E:

$$V = \iiint_E dV = \int_0^1\int_0^\pi\int_0^{2\pi} abc\cdot r^2\cdot\sin\theta\ d\varphi\, d\theta\, dr = \frac{4}{3}\pi\, abc .$$

2) Trägheitsmomente T_x, T_y, T_z bzgl. der Koordinatenachsen:

Wir beginnen mit T_z. Der $(\text{Abstand})^2$ von der z-Achse ist dann

$$x^2 + y^2 = r^2\,(a^2\cdot\cos^2\varphi + b^2\cdot\sin^2\varphi)\,\sin^2\theta,$$ daher ist

$$T_z = \iiint_E (x^2+y^2)dV = \int_0^1\int_0^\pi\int_0^{2\pi} r^2(a^2\cos^2\varphi+b^2\sin^2\varphi)\sin^2\theta\cdot abcr^2\sin\theta d\varphi d\theta dr$$

$$= \frac{4}{15}\pi\cdot abc\cdot(a^2 + b^2) = \frac{1}{5}\cdot(a^2 + b^2)\cdot V .$$

Aus Symmetriegründen werden dann

$$T_x = \frac{1}{5}\cdot(b^2 + c^2)\cdot V \quad \text{und} \quad T_y = \frac{1}{5}\cdot(a^2 + c^2)\cdot V .$$

12.3 Aufgaben

1) Man berechne den von der Kurve $r = \sin 2\varphi$, $0 \leq \varphi \leq \pi/2$ eingeschlossenen Flächeninhalt F.
2) Man berechne den von den Kurven $y = x^2$ und $y^2 = x$ eingeschlossenen Flächeninhalt F.
3) Aus der Kugel $(x^2+y^2+z^2) \leq R^2$ wird ein Zylinder $x^2+y^2 \leq A^2$ $(A < R)$ herausgebohrt. Man berechne das Volumen des Restkörpers.
4) Man berechne das Trägheitsmoment des Restkörpers aus Aufg. 3) bzgl. der z-Achse, Massendichte $\rho = 1$.

5) Man berechne das Volumen V, das durch die Zylinder $x^2 + y^2 = a^2$ und $x^2 + z^2 = a^2$ eingeschlossen wird.

6) Man berechne die Masse des durch die Ebenen $x=0$, $y=0$, $z=0$, $4x + 2y + z = 8$ begrenzten Körpers, wenn seine Massendichte $= 45\, x^2 \cdot y$ ist.

7) Man berechne $\iiint_V f\,dV$ für $f = \sqrt{x^2 + y^2}$, wenn V begrenzt wird von den Flächen $z = x^2 + y^2$ und $z = 8 - (x^2 + y^2)$.

8) Man berechne das Volumen des kleineren der beiden Körper, die von $x^2 + y^2 + z^2 = 16$, $z^2 = x^2 + y^2$ begrenzt werden.

9) Man berechne das Trägheitsmoment des in Bsp. (15) beschriebenen Torus bzgl. eines Äquatorialdurchmessers.

10) Die Kurve $y = \sin x$, $0 \leq x \leq \pi$ rotiere um die x-Achse. Man berechne das Volumen des entstehenden Körpers.

11) Man berechne das Volumen des Zylinders, der über dem Kreis $x^2+y^2 \leq a^2$ liegt und nach oben von der Fläche $z = \arctan \frac{y}{x}$ begrenzt wird ($0 \leq z \leq 2\pi$).

12) Man berechne das Trägheitsmoment T einer Kugel vom Radius R bzgl. einer durch ihren Mittelpunkt gehenden Achse, wenn die Massendichte $\varrho = x^2+y^2+z^2$ ist.

13) Man berechne das Volumen des Körpers, der von den Ebenen $z = 0$, $x+1 = 0$, $x+y-1 = 0$, $2x-y-2 = 0$ und dem Paraboloid $z = x^2+y^2$ begrenzt wird.

14) Man berechne den Massenmittelpunkt desjenigen homogenen Körpers, der durch die Flächen $x^2+y^2 = z$ und $x+y+z = 0$ begrenzt wird.

15) Man berechne den Flächeninhalt desjenigen Teiles der (x,y)-Ebene, der von der Kurve $(x^2+y^2)^3 = a^2(x^4+y^4)$ eingeschlossen wird.

16) Man berechne $\iiint_V f\,dV$ für $f = xyz$, wenn V der von den Flächen $x^2+y^2 = 1$, $z = x + y$, $z = xy - 2$ eingeschlossene Körper ist.

17) Man berechne das Trägheitsmoment der Kugel vom Radius R mit dem Mittelpunkt (0,0,0), wenn die Drehachse durch ihren Mittelpunkt geht und die Dichte durch $\varrho = \varrho_o \cdot (x^2+y^2+z^2+1)^{-1}$ gegeben ist.

18) Man berechne die Masse des durch $x^2+y^2+z^2 \leq 4$, $x \geq 0$, $y \geq 0$, $z \geq 0$ beschriebenen Körpers mit der Dichte $\varrho = xyz$.

19) Man berechne das Volumen des durch die Flächen $z = x^2+y^2$, $z = 0$, $x = -a$, $x = a$, $y = -a$, $y = a$ begrenzten Körpers.

20) Man berechne $\iint_G \sqrt{x^2+y^2}\, dx\, dy$ mit G: $x^2+y^2 \leq a^2$.

21) Man berechne das Volumen des durch $z = 4 - x^2 - y^2$ und die (x,y)-Ebene begrenzten Körpers.

22) Man berechne den Massenmittelpunkt des in Aufg. 21) beschriebenen Körpers, wenn die Dichte konstant ist.

23) Man berechne das gesamte Volumen des aus vier Teilen bestehenden Körpers, der von $z = x^2+y^2$ und $z = \sqrt{|x^2-y^2|}$ begrenzt wird.

24) Man berechne den Flächeninhalt des Gebietes G, das von der Kurve $(x^2 + y^2)^2 = 2x^3$ berandet wird.

25) Man berechne die Masse eines geraden Kreiszylinders vom Radius R, der Höhe H, dessen Massendichte proportional zum Quadrat vom Abstand der Symmetrieachse zunimmt (Faktor **k**)

26) Man berechne Masse M und Trägheitsmoment T eines Kreiskegels, Grundradius R, Höhe H, bezogen auf die Symmetrieachse, wenn die Massendichte (nach Einf. dimensionsloser Größen) gleich dem Abstand von der Symmetrieachse ist.

27) Man berechne den Massenmittelpunkt des in 26) beschriebenen Körpers.

28) Man berechne die Masse eines Kreiskegels, Grundradius R, Höhe H, dessen Massendichte proportional (Faktor k) zum Quadrat des Abstandes von der Symmetrieachse zunimmt.

12.4 Ergebnisse

1) $\pi/8$ 2) $1/3$ 3) $\frac{4}{3}\pi\cdot\sqrt{R^2 - A^2}^{\,3}$

4) $\frac{4}{5}\pi\sqrt{R^2 - A^2}^{\,3}\cdot(\frac{2}{3}R^2 + A^2)$ 5) $\frac{16}{3}\cdot a^3$ 6) 128

7) $\frac{256}{15}\pi$ 8) $\frac{1}{3}\cdot 64\pi\cdot(2 - \sqrt{2})$ 9) $\frac{1}{4}\pi^2 bR^2\cdot(4b^2 + 5R^2)$

10) $0{,}5\cdot\pi^2$ 11) $a^2\pi^2$ 12) $(8/21)\cdot\pi\cdot R^7$ 13) 14

14) $(-0{,}5\ ,\ -0{,}5\ ,\ 5/6)$ 15) $(3/4)\pi a^2$ 16) $\pi/8$

17) $\varrho_0\,(R^4/4 - R^3/3 + R^2/2 - R + \ln(R+1))\cdot(8/3)\pi$

18) $4/3$ 19) $\frac{8}{3}\cdot a^4$ 20) $\frac{2}{3}\pi a^3$ 21) 8π

22) $x_m = y_m = 0\ ,\ z_m = 4/3$ 23) $\pi/12$ 24) $\frac{5}{8}\pi$

25) $0{,}5\cdot\pi\cdot k\cdot R^4 H$ 26) $M = \frac{1}{6}\pi R^3 H\ ,\ T = \frac{2}{5}R^2 M$

27) Im Körper auf der Symmetrieachse im Abst. 0,8H von d. Spitze.

28) $0{,}1\cdot\pi k\cdot R^4 H$

13. Differentialgeometrie

Die Differentialgeometrie befaßt sich mit Kurven und Flächen und ist unerläßlich zum Verständnis der Vektoranalysis. Bei der Auswertung von Bahnkurven, der Berechnung von Energien und Strömungen macht man Gebrauch von diesen Gebieten.

13.1 Kurven im Raum

> Eine <u>Kurve (Kurvenstück)</u> im Raum wird beschrieben in Parameterform: [1)]
> $$\vec{r} = \vec{r}(t) = (x(t)\ ,\ y(t)\ ,\ z(t))\quad ,\quad a \leq t \leq b$$
> wobei t der "laufende" <u>Parameter</u> heißt. Die Kurve verbindet den Anfangspunkt $\vec{r}(a) = (x(a),y(a),z(a))$ mit dem Endpunkt $\vec{r}(b) = (x(b),y(b),z(b))$.

Es sind auch andere Intervalle, auch unbeschränkte, zugelassen.

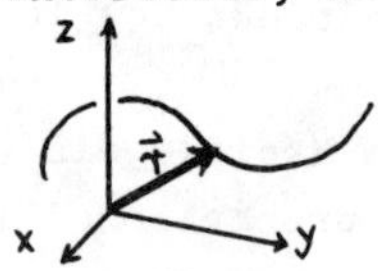

Man kann sich die Kurve kinematisch entstanden denken: Ein Punkt $\vec{r}$ "bewegt" sich im Raum. Zur Zeit t befindet er sich an der Stelle mit dem Ortsvektor $\vec{r}(t)$. Er "durchläuft" seine Bahnkurve $\vec{r}(t)$.

(1) Ein Punkt bewege sich in der (x,y)-Ebene auf einer Kreisbahn vom Radius R um den Punkt (2,3,0). Dann lautet seine Bahnkurve $\vec{r} = \vec{r}(t) = (2+R\cos t, 3+R\sin t, 0)$. Das ist die Parameterdarstellung jenes Kreises. Für $0 \leq t < 2\pi$ wird er genau einmal durchlaufen. Oft schreibt man φ statt t, da t hier die geometrische Bedeutung von φ bei Polarkoordinaten hat, mit dem Polarzentrum (2,3).

(2)

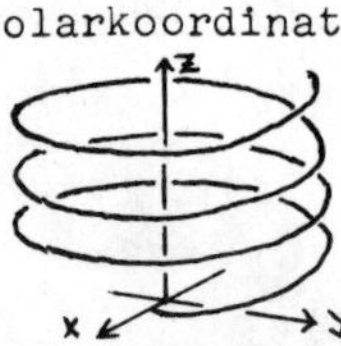

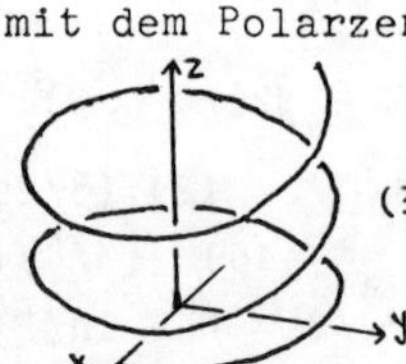

(3) (3)

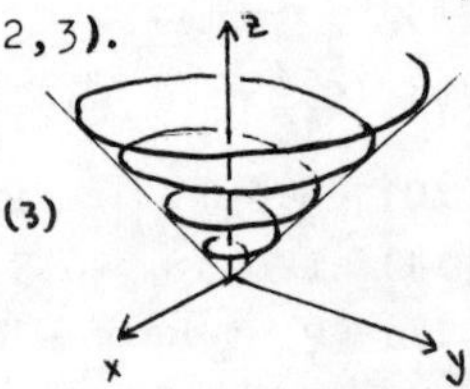

(2) $\vec{r} = \vec{r}(t) = (3\cdot\cos t\ ,\ 3\cdot\sin t\ ,\ t)\ ,\ 0 \leq t$ ist eine Schraubenlinie (Kreisspirale) (B), "beginnend" bei $\vec{r}(0) = (3,0,0)$. Sie hat die z-Achse als Symmetrieachse, den Radius 3, die Ganghöhe 2π, d.h. für $t = 2\pi$ ist man "erstmalig" wieder über dem Anfangspunkt, nämlich bei $(3,0,2\pi)$.

---

1) $\vec{r}$ sei stets der Ortsvektor des Punktes (x,y,z).

3) Durch $\vec{r} = \vec{r}(t) = (3\cdot\cos t\ ,\ 3\cdot\sin t\ ,\ t^2)\ ,\ 0 \leq t$ wird ebenfalls eine Schraubenlinie beschrieben, deren Ganghöhe nicht konstant ist, sie nimmt nach oben hin quadratisch zu. (Skizze vorige Seite).
Ist $\vec{r} = (t\cdot\cos t\ ,\ t\cdot\sin t\ ,\ t)\ ,\ 0 \leq t$, so haben wir eine Schraubenlinie, deren Durchmesser nach oben zunimmt, ihre Ganghöhe ist 2π: Sie liegt auf einem geraden Kreiskegel. (Skizze vorige Seite).

Durch $\vec{r} = \vec{r}(t) = (x(t),y(t),0)$ wird eine Kurve in der (x,y)-Ebene beschrieben; insbesondere die Funktion $y = f(x),\ a \leq x \leq b$ durch $\vec{r} = (t,f(t),0),\ a \leq t \leq b$.

---

4) Das Parabelstück $y = x^2\ ,\ 3 \leq x \leq 7$ schreibt sich in Parameterform: $\vec{r} = (t,t^2,0),\ 3 \leq t \leq 7$.

Ist die Kurve $\vec{r} = \vec{r}(t)$ gegeben, so versteht man unter der Ableitung $\dot{\vec{r}}(t)$ den Vektor $\dot{\vec{r}}(t) := (\dot{x}(t),\dot{y}(t),\dot{z}(t))$, man differenziert also komponentenweise. $\dot{x}$ bedeute $\frac{dx}{dt}$, usw.

<u>Differential der Bogenlänge (Bogenelement)</u>:

$$ds = \sqrt{\dot{x}^2(t) + \dot{y}^2(t) + \dot{z}^2(t)}\ dt = |\dot{\vec{r}}(t)|\,dt$$

<u>Bogenlänge</u> der Kurve $\vec{r} = \vec{r}(t)$ zwischen $\vec{r}(a)$ und $\vec{r}(b)$: (B 214)

$$L = \int_a^b |\dot{\vec{r}}(t)|\,dt$$

<u>Variable Bogenlänge</u> zwischen $\vec{r}(a)$ und $\vec{r}(t)$:

$$s = s(t) = \int_a^t |\dot{\vec{r}}(t)|\,dt$$

---

5) Man berechne die Länge einer Windung der Schraubenlinie

$$\vec{r} = (\ R\cdot\cos t\ ,\ R\cdot\sin t\ ,\ t\ )\ .$$

Lsg: Eine Windung wird beschrieben durch ein Parameterintervall der Länge 2π , etwa $0 \leq t \leq 2\pi$. Die gesuchte Länge ist demnach

$$L = \int_0^{2\pi} \sqrt{R^2\sin^2 t + R^2\cos^2 t + 1}\ dt = 2\pi\cdot\sqrt{R^2+1}\ .$$

Häufig benutzt man die Bogenlänge der Kurve als "<u>natürlichen</u>" Parameter. Viele Formeln besitzen mit der Bogenlänge als Parameter eine besonders einfache Gestalt. Man löst dazu obige Gleichung $s = s(t)$ nach t auf: $t = t(s)$, und setzt dies für t in die Parameterdarstellung $\vec{r} = \vec{r}(t)$ ein: $\vec{r} = \vec{r}(t(s)) = \vec{r}(s)$.

---

6) Man stelle die Schraubenlinie $\vec{r} = (\cos t,\sin t,t)$ mit der Bogenlänge als Parameter dar, mit $s = 0$ für $t = 0$.

Lsg:
$$s(t) = \int_0^t \sqrt{\sin^2 t + \cos^2 t + 1}\ dt = \sqrt{2}\cdot t.$$

Auflösung nach t: $t = s/\sqrt{2}$; gesuchte Darstellung:

$$\vec{r} = (\ \cos(s/\sqrt{2}),\sin(s/\sqrt{2}),s/\sqrt{2}\ ).$$

Es bedeute:

der Punkt $\dot{...}$ die Ableitung nach einem Parameter, meist t oder φ;
der Strich ...' die Ableitung nach der Bogenlänge s.

Durch $\vec{r} = \vec{r}(s)$ (s Bogenlänge) bzw. $\vec{r} = \vec{r}(t)$ sei eine Kurve beschrieben. Dann werden im Kurvenpunkt $\vec{r}(s)$ bzw. $\vec{r}(t)$: 1)

Darstellung:	$\vec{r}(s)$	$\vec{r}(t)$
Tangentenvektor $\vec{t}$ Hauptnormalenvektor $\vec{n}$ Binormalenvektor $\vec{b}$	$\vec{t}_o = \vec{r}'$ $\vec{r}''$ $\vec{r}' \times \vec{r}''$	$\dot{\vec{r}}$ $\dot{\vec{r}} \times [\dot{\vec{r}} \times \ddot{\vec{r}}]$ $\dot{\vec{r}} \times \ddot{\vec{r}}$
Krümmung $\varkappa$	$\lvert\vec{r}''\rvert$	$\sqrt{\dfrac{\dot{\vec{r}}^2 \cdot \ddot{\vec{r}}^2 - (\dot{\vec{r}} \cdot \ddot{\vec{r}})^2}{\lvert\dot{\vec{r}}\rvert^6}}$
Krümmungsradius ϱ	$1/\varkappa$	$1/\varkappa$
Torsion (Windung) τ	$\varrho^2 \cdot \langle \vec{r}', \vec{r}'', \vec{r}''' \rangle$	$\dfrac{\varrho^2 \cdot \langle \dot{\vec{r}}, \ddot{\vec{r}}, \dddot{\vec{r}} \rangle}{\lvert\dot{\vec{r}}\rvert^6}$

Skizze siehe folgende Seite!

Dividiert man Tangenten-, Hauptnormalen-, bzw. Binormalenvektor durch ihren Betrag, so bekommt man:
Tangenteneinheitsvektor $\vec{t}_o$, Hauptnormaleneinheitsvektor $\vec{n}_o$, Binormaleneinheitsvektor $\vec{b}_o$. $(\vec{t}_o, \vec{n}_o, \vec{b}_o)$ bilden im betreffenden Kurvenpunkt ein rechtsorientiertes Orthonormalsystem, das begleitende Dreibein.

Es gilt noch: 1)

$\tau = -\vec{b}_o' \cdot \vec{n}_o$, $\varkappa = \vec{t}_o' \cdot \vec{n}_o$.
$\varkappa \equiv 0$ genau dann wenn die Kurve eine Gerade ist.
$\tau \equiv 0$ genau dann wenn die Kurve in einer Ebene liegt.

(7) Man berechne begleitendes Dreibein, Krümmung und Torsion der Schraubenlinie $\vec{r} = (\cos t, \sin t, t)$, $t \in \mathbb{R}$

Wir verwenden die aus (6) gewonnene Darstellung mit der Bogenlänge s als Parameter: $\vec{r} = (\cos(s/\sqrt{2}), \sin(s/\sqrt{2}), s/\sqrt{2})$.

Es werden dann:
$$\vec{t}_o = 1/\sqrt{2} \cdot (-\sin(s/\sqrt{2}), \cos(s/\sqrt{2}), 1)$$
$$\vec{n}_o = (-\cos(s/\sqrt{2}), -\sin(s/\sqrt{2}), 0)$$
$$\vec{b}_o = 1/\sqrt{2} \cdot (\sin(s/\sqrt{2}), -\cos(s/\sqrt{2}), 1)$$
$$\varkappa = \lvert\vec{t}'\rvert = 1/2$$
$$\tau = -\vec{b}_o' \cdot \vec{n}_o = 1/2$$

1) Alle diese Größen, insbes. $\varkappa$, ϱ und τ hängen über den Parameter vom betrachteten Kurvenpunkt ab.

Für die Kurve $\vec{r} = \vec{r}(s)$ bzw. $\vec{r} = \vec{r}(t)$ werden im Kurvenpunkt $\vec{r}$ mit obigen Bezeichnungen aus dem Kasten:

Tangente: $\vec{x} = \vec{x}(u) = \vec{r} + u\cdot\vec{t}, \quad u \in \mathbb{R}$

Hauptnormale: $\vec{x} = \vec{x}(u) = \vec{r} + u\cdot\vec{n}, \quad u \in \mathbb{R}$

Binormale: $\vec{x} = \vec{x}(u) = \vec{r} + u\cdot\vec{b}, \quad u \in \mathbb{R}$

Ortsvektor des Krümmungsmittelpunktes: $\vec{r} + \rho^2\cdot\vec{t}'$

Hierbei ist $\vec{x} = (x(u), y(u), z(u))$, u der Parameter der Geraden

Im Kurvenpunkt $\vec{r}$ definiert man folgende drei Ebenen:

Normalebene: $\mathcal{E}_n$: $\vec{t}\cdot(\vec{x} - \vec{r}) = 0$, steht senkrecht auf $\vec{t}$

Rektifizierende Ebene: $\mathcal{E}_r$: $\vec{n}\cdot(\vec{x} - \vec{r}) = 0$, steht senkrecht auf $\vec{n}$

Schmiegebene: $\mathcal{E}_s$: $\vec{b}\cdot(\vec{x} - \vec{r}) = 0$, steht senkrecht auf $\vec{b}$

Hierbei ist $\vec{x} = (x,y,z)$

Die Normalebene wird senkrecht von der Kurve (im entspr. Kurvenpunkt) geschnitten. In dieser Ebene liegen $\vec{n}$ und $\vec{b}$.

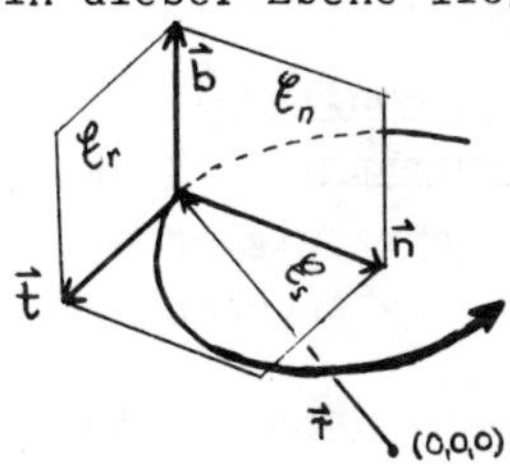

(8) Man berechne begleitendes Dreibein, Krümmung $\varkappa$, Torsion τ, Normal-, rektifizierende und Schmiegebene der Kurve $\vec{r} = (t, t^2, \cos\pi t)$ im Kurvenpunkt $\vec{r}(1) = (1,1,-1)$. Liegt die Kurve in einer Ebene?

Lsg: Es werden:

$\dot{\vec{r}} = (1, 2t, -\pi\sin\pi t) \quad ; \quad \dot{\vec{r}}(1) = (1,2,0)$

$\ddot{\vec{r}} = (0, 2, -\pi^2\cdot\cos\pi t) \quad ; \quad \ddot{\vec{r}}(1) = (0,2,\pi^2)$

$\dddot{\vec{r}} = (0, 0, \pi^3\cdot\sin\pi t) \quad ; \quad \dddot{\vec{r}}(1) = (0,0,0)$

Man bekommt daher: $\vec{t}_o = 1/\sqrt{5}\cdot(1,2,0)$.

$$\dot{\vec{r}} \times [\dot{\vec{r}} \times \ddot{\vec{r}}] = (1,2,0) \times [(1,2,0) \times (0,2,\pi^2)] = (4,-2,-5\pi^2)$$

$$\vec{n}_o = \frac{1}{\sqrt{20 + 25\pi^4}}\cdot(4,-2,-5\pi^2) .$$

$\dot{\vec{r}} \times \ddot{\vec{r}} = (2\pi^2, -\pi^2, 2)$, also:

$$\vec{b}_o = \frac{1}{\sqrt{5\pi^4 + 4}}\cdot(2\pi^2, -\pi^2, 2).$$

Ferner im betrachteten Kurvenpunkt (mit t=1) weiter:

$$\varkappa^2 = \frac{(1+4+0)\,(0+4+\pi^4) - (0+4+0)^2}{(1+4+0)^3} = \frac{20+5\pi^4-16}{5^3} = \frac{4+5\pi^4}{5^3}$$

Daher bekommt man: $\varkappa = \sqrt{\frac{4+5\pi^4}{125}}$ und $\varrho = \sqrt{\frac{125}{4+5\pi^4}}$

Ferner wird $\tau = \frac{\varrho^2}{|\dot{\vec r}|^6}\cdot\langle \dot{\vec r},\ddot{\vec r},\dddot{\vec r}\rangle = \frac{\varrho(t)^2}{|\dot{\vec r}|^6}\cdot 2\cdot\pi^3\cdot\sin\pi t \not\equiv 0$,

da $\tau \not\equiv 0$, liegt die Kurve nicht in einer Ebene. Es ist $\tau(1) = 0$.

Für t = 1 werden:

$\mathcal{E}_n$: $(1,2,0)\cdot(x-1,y-1,z+1) = x + 2y - 3 = 0$

$\mathcal{E}_r$: $(4,-2,-5\pi^2)\cdot(x-1,y-1,z+1) = 4x - 2y - 5\pi^2 z - 2-5\pi^2 = 0$

$\mathcal{E}_s$: $(2\pi^2,-\pi^2,2)\cdot(x-1,y-1,z+1) = 2\pi^2 x - \pi^2 y + 2z + 2-\pi^2 = 0.$

(9) Kinematische Deutung: (t = Zeit) (PII, S.25ff)

Bewegt sich ein Punkt mit der Geschwindigkeit vom Betrage $v(t)=\dot s(t)$ auf der Raumkurve $\vec r = \vec r(s) = \vec r(s(t))$, so sind seine

<u>Tangentialgeschwindigkeit</u>: $\dot{\vec r}(t) = \dot s\cdot\vec r' = v\cdot\vec r'$;

Beschleunigung: $\ddot{\vec r}(t) = \dot v\cdot\vec r' + v\cdot\dot s\cdot\vec r'' = \dot v\cdot\vec r' + v^2\cdot|\vec r''|\cdot\vec n_o = \dot v\cdot\vec r' + \frac{v^2}{\varrho}\cdot\vec n_o$

<u>Tangentialkomponente der Beschleunigung</u>: $\dot v$ (Richtung $\vec t$)

<u>Normalkomponente der Beschleunigung</u>: v^2/ϱ (Richtung $\vec n$)

Die Binormalkomponente der Beschleunigung ist identisch 0. (PII,28,(1.4-20)); Darstellung in anderen Koordinaten:

Zylinderkoordinaten: 14.1,(13),

Kugelkoordinaten: 14.6, Aufg.22).

(10) Ein Punkt bewegt sich in Abhängigkeit von der Zeit t längs der durch $\vec r = (t,t^2,1-t)$, $0 \leq t$ gegebenen Kurve. Man berechne Geschwindigkeit v, Tangential- und Normalkomponente der Beschl.

Lsg: $\dot{\vec r}(t) = (1,2t,-1)$, $\ddot{\vec r}(t) = (0,2,0)$.

$v(t) = \frac{ds}{dt} = |\dot{\vec r}(t)| = \sqrt{1+4t^2+1} = \sqrt{2+4t^2}$.

$$\varkappa^2 = \frac{(1+4t^2+1)\cdot(0+4+0) - [(1,2t,-1)\cdot(0,2,0)]^2}{(1+4t^2+1)^3} = \frac{1}{(1+2t^2)^3}$$

$\varrho = \sqrt{1+2t^2}^{\,3}$.

Tangentialkomponente der Beschleunigung: $\dot v = \frac{4t}{\sqrt{2+4t^2}}$

Normalkomponente der Beschleunigung: $v^2/\varrho = 2\cdot(1+2t^2)^{-1/2}$

Diese Bahnkurve liegt übrigens in einer Ebene, da $\dddot{\vec r}(t) \equiv \vec o$, also $\tau \equiv 0$; und zwar liegt sie in der durch $x+z = 1$ beschriebenen Ebene.

Darstellung der Ableitungen $\vec t_o', \vec n_o', \vec b_o'$ durch $\vec t_o, \vec n_o, \vec b_o$

<u>(Frenetsche Formeln)</u>:

$$\begin{aligned} \vec t_o' &= \quad\ \ \varkappa\cdot\vec n_o \\ \vec n_o' &= -\varkappa\cdot\vec t_o \qquad\quad + \tau\cdot\vec b_o \\ \vec b_o' &= \qquad -\tau\cdot\vec n_o \end{aligned}$$

Masse, Trägheitsmoment und Massenmittelpunkt der Kurve

$\vec{r} = \vec{r}(t) = (x(t), y(t), z(t))$, $a \leq t \leq b$.

$ds = |\dot{\vec{r}}(t)|dt$ ist das Bogenelement der Kurve

$\delta = \delta(t)$ sei die Massendichte der Kurve

$a = a(t)$ sei der Abstand des Kurvenpunktes $\vec{r}(t)$ von einer Drehachse.

1) Masse der Kurve: $M = \int_a^b \delta \, ds = \int_a^b \delta |\dot{\vec{r}}(t)| dt$

2) Trägheitsmoment: $T = \int_a^b \delta a^2(t) \, ds = \int_a^b a^2(t) \cdot \delta \cdot |\dot{\vec{r}}(t)| dt$

3) Massenmittelpunkt: (x_m, y_m, z_m)

$$x_m = \frac{1}{M} \cdot \int_a^b x(t) \delta \, ds = \frac{1}{M} \cdot \int_a^b x(t) \cdot \delta \cdot |\dot{\vec{r}}(t)| dt$$

$$y_m = \frac{1}{M} \cdot \int_a^b y(t) \delta \, ds = \frac{1}{M} \cdot \int_a^b y(t) \cdot \delta \cdot |\dot{\vec{r}}(t)| dt$$

$$z_m = \frac{1}{M} \cdot \int_a^b z(t) \delta \, ds = \frac{1}{M} \cdot \int_a^b z(t) \cdot \delta \cdot |\dot{\vec{r}}(t)| dt$$

Ist $\delta \equiv 1$, so sind M = Länge der Kurve und der Massenmittelpunkt ihr geometrischer Schwerpunkt.

(11) Von der Schraubenlinie $\vec{r} = \vec{r}(t) = (R \cdot \cos t , R \cdot \sin t , t)$, $0 \leq t < 2\pi$ berechne man Masse M, Massenmittelpunkt $\vec{x}_m$ und Trägheitsmoment T_z bzgl. der z-Achse, wenn die Dichte $\delta = 1$ ist.

Lsg: Es ist $ds = \sqrt{R^2 \sin^2 t + R^2 \cos^2 t + 1}\, dt = \sqrt{R^2 + 1}\, dt$.

$$M = \int_0^{2\pi} ds = \sqrt{R^2 + 1} \cdot 2\pi .$$

$x_m = y_m = 0$ aus Symmetriegründen (Man rechne es nach!).

$$z_m = \frac{1}{M} \int_0^{2\pi} z(t) \, ds = \frac{1}{M} \int_0^{2\pi} t \, ds = \pi$$, also die halbe Ganghöhe.

$$T_z = \int_0^{2\pi} R^2 \cdot \sqrt{R^2+1}\, dt = 2\pi R^2 \cdot \sqrt{R^2+1} = R^2 M$$

13.2 Flächen im Raum

Eine Fläche (Flächenstück) im Raum wird dargestellt in Parameterform: 1)

$$\vec{r} = \vec{r}(u,v) = (x(u,v) , y(u,v) , z(u,v))$$

wobei (u,v) ein Gebiet G der (u,v)-Ebene durchläuft: $(u,v) \in G \subset \mathbb{R}^2$.

(Wir haben also eine Abbildung aus $\mathbb{R}^2$ in $\mathbb{R}^3$)

1) $\vec{r}$ ist stets der Ortsvektor des Punktes (x,y,z).

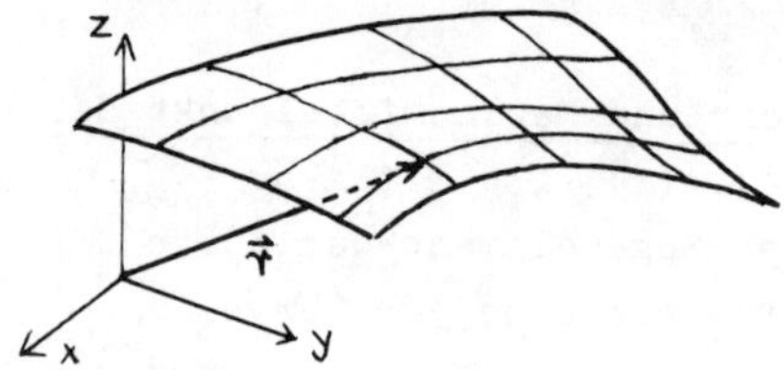

(12) Durch $\vec{r} = \vec{r}(\theta,\varphi) = (R\cdot\sin\theta\cdot\cos\varphi\ ,\ R\cdot\sin\theta\cdot\sin\varphi\ ,\ R\cdot\cos\theta)$
$0 \leq \theta \leq \pi,\ 0 \leq \varphi < 2\pi$ wird eine Kugelfläche vom Radius R (>0) mit dem Mittelpunkt (0,0,0) beschrieben. Hier sind also wegen ihrer geometrischen Bedeutung (vgl. Kugelkoordinaten) gesetzt: $u = \theta,\ v = \varphi$, und es ist G: $0 \leq \theta \leq \pi,\ 0 \leq \varphi < 2\pi$ ein Rechteck in der (u,v)-, d.h. (θ,φ)-Ebene.

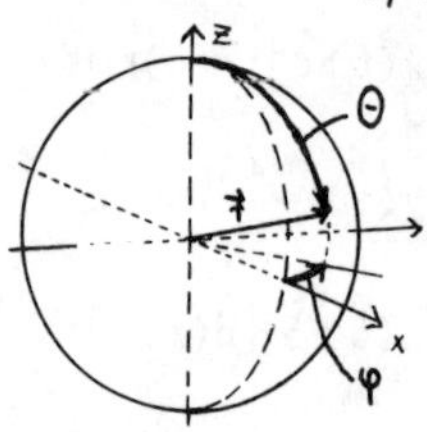

(11)

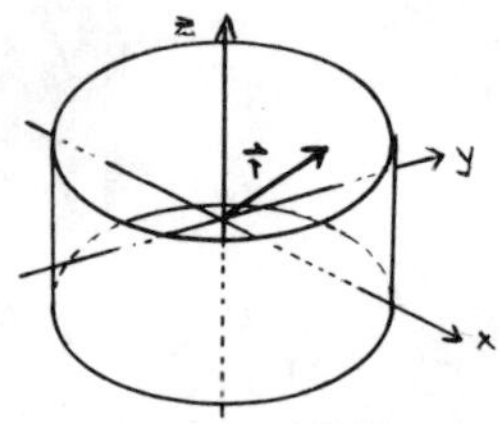

(12)

(13) $\vec{r} = \vec{r}(\varphi,z) = (R\cdot\cos\varphi\ ,\ R\cdot\sin\varphi\ ,\ z)\ ,\ 0 \leq \varphi < 2\pi\ ,\ 0 \leq z \leq h$
beschreibt eine Kreiszylinderfläche mit der z-Achse als Mittellinie, der Höhe h und dem (Grundflächen-) Radius R auf der (x,y)-Ebene stehend.
Ist $-\infty < z < \infty$ (statt $0 \leq z \leq h$), so bekommt man den nach beiden Seiten unendlich langen Zylinder.

Beschränkt man sich auf ein Teilgebiet von G, so bekommt man nur einen Teil der ursprünglichen Fläche.

(14) Die Parameterdarstellung $\vec{r} = (z\cdot\cos\varphi\ ,\ z\cdot\sin\varphi\ ,\ z),\ 0 \leq \varphi < 2\pi$, $z \geq 0$, beschreibt einen Kreiskegelmantel mit der Spitze im

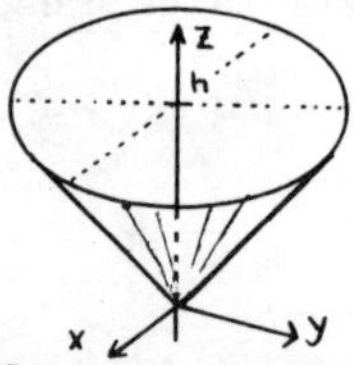

Punkte (0,0,0), der z-Achse als Symmetrieachse, auf der (x,y)-Ebene stehend; vgl. nebenstehende Skizze.
Beschränkt man G' auf $0 \leq \varphi \leq \pi\ ,\ 0 \leq z \leq h$, so bekommt man den im "Halbraum" $y \geq 0$ gelegenen Teil der Kegelfläche der Höhe h.

(15) Wählt man in Bsp.(12) statt G das kleinere Gebiet
G': $0 \leq \theta \leq \pi/2\ ,\ 0 \leq \varphi < 2\pi$, so bekommt man (nur) die obere Hälfte jener Kugelfläche.
Wählt man nur G": $0 \leq \theta \leq \frac{\pi}{2},\ 0 \leq \varphi = \pi/2$, bekommt man eine "Achtel-Kugel", nämlich den im 1. Oktanten gelegenen Teil der Kugel aus (12).

Ist die Fläche in der Form $z = f(x,y)$, $(x,y) \in G \subset \mathbb{R}^2$ gegeben, so ordnet sich diese der hier verwendeten Parameterdarstellung unter, wenn man $x = u$, $y = v$ als Parameter wählt:

$$\vec{r} = \vec{r}(u,v) = (u,v,f(u,v)) \ , \ (u,v) \in G.$$

(16) Die obere Hälfte der Kugel aus Bsp. (15) läßt sich auch so beschreiben: $z = \sqrt{R^2 - x^2 - y^2}$,

$$G: 0 \leq x \leq R \ , \ -\sqrt{R^2 - x^2} \leq y \leq \sqrt{R^2 - x^2} \ .$$

Dann $\vec{r} = (x,y,\sqrt{R^2 - x^2 - y^2}) \ , \ (x,y) \in G.$

(17) $Ax + By + Cz - D = 0$ beschreibt eine Ebene im Raum, wenn mindestens eine der Zahlen A, B, C von Null verschieden ist.

Ist $A \neq 0$, so lösen wir auf: $x = \frac{D}{A} - \frac{B}{A}y - \frac{C}{A}z$, $(y,z) \in \mathbb{R}^2$.

Parameterdarstellung mit $y = u$, $z = v$:

$$\vec{r} = (\frac{D}{A} - \frac{B}{A} \cdot u - \frac{C}{A} \cdot v \ , \ u \ , \ v) \ , \ (u,v) \in \mathbb{R}^2.$$

Man kann natürlich statt u und v auch y und z stehen lassen, denn auf die Bezeichnung der Variablen kommt es nicht an. Dies taten wir in (16)!

Wird in der Parameterdarstellung der Fläche $\vec{r} = \vec{r}(u,v)$ gesetzt: $u = u(t)$, $v = v(t)$, so beschreibt $\vec{r} = \vec{r}(u(t),v(t)) = \vec{r}(t)$ eine Kurve auf der Fläche.

(18) Setzt man in Bsp.(14), dem Kegel, etwa:

$$\varphi = \varphi(t) = t \ , \ z = z(t) = t^2 \ , \ t \geq 0 \ ,$$

so ist $\vec{r} = (t^2 \cdot \cos t \ , \ t^2 \cdot \sin t \ , \ t^2)$

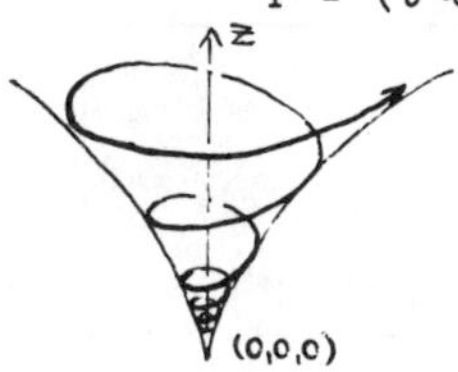

eine Art "Schraubenlinie" auf dem Kegelmantel, deren Öffnung und Ganghöhe mit wachsendem t (d.h. z : nach oben hin) zunehmen.

Die speziellen Linien auf der Fläche mit $u = c$ (const) , $v = t$ bzw. mit $v = c$ (const) , $u = t$ heißen die <u>Parameterlinien</u> der Fläche; für $\vec{r} = \vec{r}(u,v)$ sind:

$\vec{r} = \vec{r}(c,t)$ die <u>v-Linien</u>

$\vec{r} = \vec{r}(t,c)$ die <u>u-Linien</u> (sie hängen von der Parameterdarst. ab)

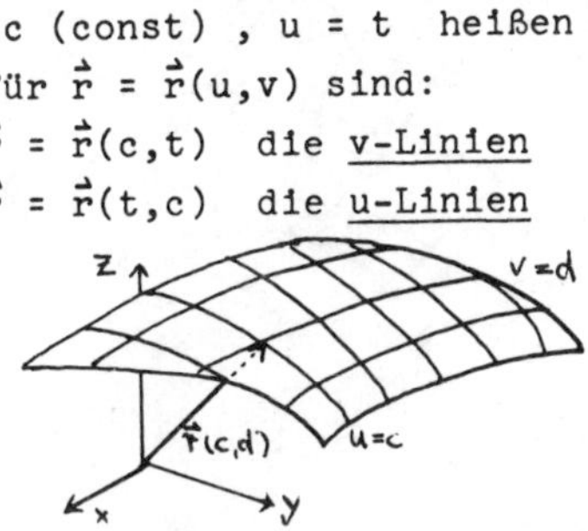

(19) Parameterlinien auf der Kugelfläche aus Bsp.(12):
$\theta = c$: $\vec{r} = (R \cdot \sin c \cdot \cos\varphi\ ,\ R \cdot \sin c \cdot \sin\varphi\ ,\ R \cdot \cos c)$ (φ-Linien)
sind Kreise auf der Kugelfläche in der Höhe $z = R \cdot \cos c$ vom Radius $R \cdot \sin c$, also "Breitenkreise". Für $c = \pi/2$ erhält man den "Äquator" in der (x,y)-Ebene.
$\varphi = c$: $\vec{r} = (R \cdot \sin\theta \cdot \cos c\ ,\ R \cdot \sin\theta \cdot \sin c\ ,\ R \cdot \cos\theta)$ (θ-Linien)
sind Kreise vom Radius R in einer zur (x,y)-Ebene senkrechten Ebene durch die z-Achse, die sämtlich den Mittelpunkt (0,0,0) haben, also "Längenkreise (Meridiane)". Für $\varphi = 0$ erhält man insbes. den Kreis $\vec{r} = (R \cdot \sin\theta\ ,\ 0\ ,\ R \cdot \cos\theta)$ in der (x,z)-Ebene.
Dabei nannten wir den Kugelpunkt (0,0,R): Nordpol und (0,0,-R): Südpol. Wie lauten die Parameterlinien bei Darst. (16)?

(20) Die Parameterlinien des Zylinders aus Bsp.(13) sind für φ = const. senkrechte Geraden, für z = const. Kreise auf der Zylinderfläche.

(21) Die Parameterlinien des Kegels aus Bsp.(14) sind für:
φ = const. die Geraden: $\vec{r} = (z \cdot \cos c\ ,\ z \cdot \sin c\ ,\ z) = (\cos c, \sin c, 1) \cdot z$,
z = const. die Kreise: $\vec{r} = (c \cdot \cos\varphi\ ,\ c \cdot \sin\varphi\ ,\ c)$ vom Radius c in der Höhe z = c.

Ist $\vec{r} = \vec{r}(u,v) = (\ x(u,v)\ ,\ y(u,v)\ ,\ z(u,v)\ )$, so versteht man unter den partiellen Ableitungen:
$\vec{r}_u := (x_u\ ,\ y_u\ ,\ z_u)$ und $\vec{r}_v := (x_v\ ,\ y_v\ ,\ z_v)$,
sie werden also komponentenweise gebildet. Im Flächenpunkt $\vec{r}$ sind

<u>Normalenvektor</u>: $\vec{n} = \vec{r}_u \times \vec{r}_v$
<u>Flächenelement</u>: $df = \lvert \vec{r}_u \times \vec{r}_v \rvert \, du\, dv$
Gleichung der <u>Tangentialebene</u>: $\vec{n} \cdot (x,y,z) = \vec{n} \cdot \vec{r}$
<u>Inhalt</u> der Fläche $\vec{r} = \vec{r}(u,v)\ ,\ (u,v) \in G \subset \mathbb{R}^2$: $\iint_G df$. [1]

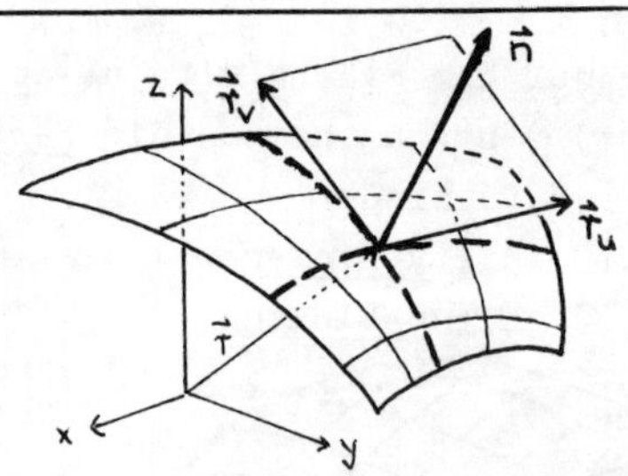

1) Für Rotationsflächen siehe auch 1.Guldinsche Regel, S.299.

(22) Man berechne die Tangentialebene an die Kugelfläche
$\vec{r} = \vec{r}(\theta,\varphi) = (R\cdot\sin\theta\cdot\cos\varphi\ ,\ R\cdot\sin\theta\cdot\sin\varphi\ ,\ R\cdot\cos\theta)$ in $\vec{r}(\pi/4,\pi/3)$.

Lsg: $\vec{r}_\theta = (R\cdot\cos\theta\cdot\cos\varphi\ ,\ R\cdot\cos\theta\cdot\sin\varphi\ ,-R\cdot\sin\theta)$

$\vec{r}_\varphi = (-R\cdot\sin\theta\cdot\sin\varphi\ ,\ R\cdot\sin\theta\cdot\cos\varphi\ ,\ 0)$

Bei $\vec{r}(\pi/4,\pi/3) = \frac{1}{4}\cdot R\cdot\sqrt{2}\cdot(1,\sqrt{3},2)$ wird dann $\vec{r}_\theta\times\vec{r}_\varphi = \frac{1}{4}\cdot R^2\cdot(1,\sqrt{3},2)$.

Tangentialebene: $\frac{1}{4}\cdot R^2\cdot(x+\sqrt{3}y+2z) = \frac{1}{4}\cdot R^2\cdot(1,\sqrt{3},2)\cdot\frac{1}{4}\cdot R\sqrt{2}\cdot(1,\sqrt{3},2)$

oder einfacher: $x + \sqrt{3}y + 2z = 2\cdot\sqrt{2}\cdot R$.

(23) Man berechne die Tangentialebene an den Kegel

$$\vec{r} = \vec{r}(\varphi,z) = (z\cdot\cos\varphi\ ,\ z\cdot\sin\varphi\ ,\ 3z)$$

im Punkte $\vec{r}_o = (\frac{3}{2}\sqrt{3}\ ,\ \frac{3}{2}\ ,\ 9)$.

Lsg: Man hat etwa $\varphi = \pi/6$, $z = 3$ zu wählen, da dann $\vec{r}(\pi/6,3) = \vec{r}_o$ ist.

$\vec{r}_\varphi(\pi/6,3) = (-z\cdot\sin\varphi\ ,\ z\cdot\cos\varphi\ ,\ 0)\big|_{(\pi/6,3)} = (-\frac{3}{2}\ ,\ \frac{3}{2}\sqrt{3}\ ,\ 0)$

$\vec{r}_z(\pi/6,3) = (\cos\varphi\ ,\ \sin\varphi\ ,\ 3)\big|_{(\pi/6,3)} = (\frac{1}{2}\sqrt{3}\ ,\ \frac{1}{2}\ ,\ 3)$

$\vec{r}_\varphi(\pi/6,3)\times\vec{r}_z(\pi/6,3) = (\frac{9}{2}\sqrt{3}\ ,\ \frac{9}{2}\ ,\ -3)$.

$d = \left[\vec{r}_\varphi(\pi/6,3)\times\vec{r}_z(\pi/6,3)\right]\cdot\vec{r}(\pi/6,3) = \frac{81}{4} + \frac{27}{4} + (-27) = 0.$

Koordinatendarstellung der Tangentialebene:

$$\frac{9}{2}\sqrt{3}\cdot x + \frac{9}{2}\cdot y - 3\cdot z = 0.$$

Frage: Warum hätte man $d = 0$ anschaulich erkennen können?

(24) Man berechne die Oberfläche F einer Kugel vom Radius R.

Lsg: Wir benutzen die Parameterdarstellung aus Bsp.(22) mit

$$G:\quad 0 \leq \theta \leq \pi\ ,\ 0 \leq \varphi < 2\pi\ .$$

$\vec{r}_\theta$ und $\vec{r}_\varphi$ siehe oben (22). Es wird

$\vec{r}_\theta\times\vec{r}_\varphi = R^2\cdot(\sin^2\theta\cdot\cos\varphi\ ,\ \sin^2\theta\cdot\sin\varphi\ ,\ \cos\theta\cdot\sin\theta)$.

Daher $|\vec{r}_\theta\times\vec{r}_\varphi| = R^2\cdot\sin\theta$ (dies ist die Funktionaldeterminante bei Kugelkoordinaten, vgl. 12.2), also bekommt man

$$F = \int_0^{2\pi}\int_0^{\pi} R^2\sin\theta\ d\theta\ d\varphi = 2R^2\cdot\int_0^{2\pi} d\varphi = 4\cdot\pi\cdot R^2.$$

(25) Man berechne die Mantelfläche des Kegels

$\vec{r} = \vec{r}(\varphi,z) = (z\cdot\cos\varphi\ ,\ z\cdot\sin\varphi\ ,\ 3z)$, $G:\ 0 \leq \varphi < 2\pi\ ,\ 0 \leq z \leq h.$

Lsg: Es ist (vgl.(23)!): $\vec{r}_\varphi\times\vec{r}_z = (3z\cdot\cos\varphi\ ,\ 3z\cdot\sin\varphi\ ,\ -z)$,

daraus folgt: $|\vec{r}_\varphi\times\vec{r}_z| = \sqrt{10}\cdot z$

und

$$F = \sqrt{10}\int_0^{2\pi}\int_0^{h} z\ dz\ d\varphi = \sqrt{10}\cdot\pi\cdot h^2\ .$$

Masse, Trägheitsmoment und Massenmittelpunkt der Fläche

$\vec{r} = \vec{r}(u,v) = (x(u,v), y(u,v), z(u,v))$, $(u,v) \in G$.

$df = |\vec{r}_u \times \vec{r}_v| du\, dv$ ist das Flächenelement der Fläche

$\delta = \delta(u,v)$ sei die Massendichte der Fläche

$a = a(u,v)$ sei der Abstand des Flächenpunktes $\vec{r}(u,v)$ von einer Drehachse

1) Masse der Fläche: $M = \iint_G \delta \, df$

2) Trägheitsmoment: $T = \iint_G a^2(u,v) \cdot \delta \, df$ (S 98)

3) Massenmittelpunkt: (x_m, y_m, z_m)

$$x_m = \frac{1}{M} \cdot \iint_G x(u,v) \cdot \delta \, df$$

$$y_m = \frac{1}{M} \cdot \iint_G y(u,v) \cdot \delta \, df$$

$$z_m = \frac{1}{M} \cdot \iint_G z(u,v) \cdot \delta \, df$$

Ist $\delta \equiv 1$, so sind M = Flächeninhalt der Fläche und der Massenmittelpunkt ihr geometrischer Schwerpunkt.

(26) Von der Kegelfläche $\vec{r} = \vec{r}(u,v) = (v \cdot \cos u,\ v \cdot \sin u,\ v)$ berechne man Masse M, Massenmittelpunkt $\vec{x}_m$ und Trägheitsmoment T_z bzgl. der z-Achse, wenn $\delta = 1$, $0 \le u \le 2\pi$, $0 \le v \le h$.

Lsg: $df = \left|\vec{r}_u \times \vec{r}_v\right| du\, dv = \sqrt{v^2\cos^2 u + v^2 \sin^2 u + v^2}\, du\, dv =$

$= \sqrt{2} \cdot v \, du\, dv.$

$$M = \int_0^{2\pi} \int_0^h \sqrt{2} \cdot v \, dv\, du = \sqrt{2}\, h^2 \pi .$$

$x_m = y_m = 0$ aus Symmetriegründen.

$$z_m = \frac{1}{M} \cdot \int_0^{2\pi} \int_0^h z(u,v)\, df = \frac{1}{M} \cdot \int_0^{2\pi} \int_0^h v \cdot \sqrt{2} \cdot v \, dv\, du = \frac{2}{3} \cdot h.$$

$$T_z = \int_0^{2\pi} \int_0^h v^2 \cdot \sqrt{2} \cdot v \, dv\, du = \sqrt{1/2} \cdot \pi \cdot h^4 .$$

Rotationsflächen

Eine Fläche, die durch Rotation einer ebenen Kurve erzeugt werden kann, heißt eine Rotationsfläche. Rotiert die durch $\vec{r} = \vec{r}(t) = (x(t), 0, z(t))$, $a \le t \le b$ -in der (x,z)-Ebene liegende- beschriebene Kurve um die z-Achse, so entsteht die Fläche $\vec{r} = \vec{r}(t,\varphi) = (x(t) \cdot \cos\varphi ,\ x(t) \cdot \sin\varphi ,\ z(t))$, $a \le t \le b$, $0 \le \varphi < 2\pi$.

(27) Durch Rotation der Kurve $\vec{r} = (R \cdot \sin t ,\ 0 ,\ R \cdot \cos t)$, $0 \le t \le \pi$ (Halbkreis) um die z-Achse entsteht die Kugelfläche $\vec{r} = (R \cdot \sin t \cdot \cos\varphi ,\ R \cdot \sin t \cdot \sin\varphi ,\ R \cdot \cos t)$, $0 \le t \le \pi$, $0 \le \varphi < 2\pi$. Setzt man $t = \theta$, hat man die Darstellung wie üblich.

(28) Die Gerade $\vec{r} = \vec{r}(t) = (t,0,t),\ t \in \mathbb{R}$ beschreibt bei Rotation um die z-Achse den (beidseitig unendlich langen) Kegelmantel

$$\vec{r} = (t\cdot\cos\varphi\ ,\ t\cdot\sin\varphi\ ,\ t)\ ,\ 0 \leq \varphi < 2\pi,\ t \in \mathbb{R}.$$

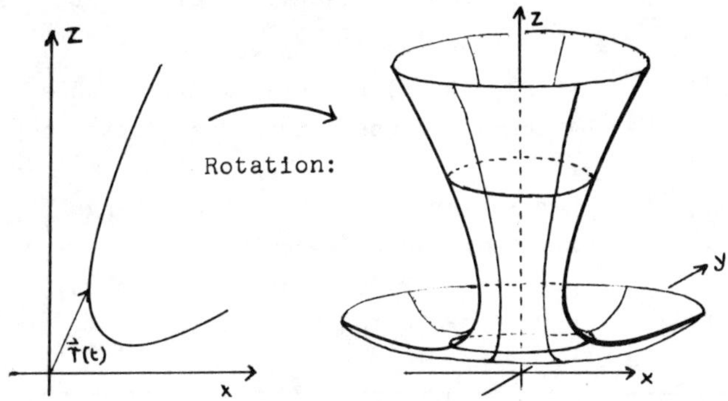

Man kann die möglichen Fälle tabellarisch zusammenfassen:

Parameterdarst. $\vec{r} = \vec{r}(t)$, $a \leq t \leq b$ der rotierenden Kurve	liegt in der Ebene	rotiert um Achse	Parameterdarst. der entstehenden Fläche $\vec{r} = \vec{r}(t,v)$ $a \leq t \leq b, 0 \leq v < 2\pi$
(x(t),y(t),0)	(x,y)	x	(x(t),y(t)cosv,y(t)sinv)
"		y	(x(t)cosv,y(t),x(t)sinv)
(x(t),0,z(t)	(x,z)	x	(x(t),z(t)cosv,z(t)sinv)
"		z	(x(t)cosv,x(t)sinv,z(t))
(0,y(t),z(t)	(y,z)	y	(z(t)cosv,y(t),z(t)sinv)
"		z	(y(t)cosv,y(t)sinv,z(t))

Parameterlinien in diesen Darstellungen sind die Kreise, die die Kurvenpunkte beim Rotieren erzeugen (t=const, Breitenkreise), sowie die Kurve in ihren verschiedenen Lagen (v=const, Meridiane).

Guldinsche Regeln

1. Guldinsche Regel: Eine ebene Kurve der Länge L rotiere um eine in ihrer Ebene liegende Achse, die die Kurve jedoch nicht schneidet. Der geometrische Schwerpunkt der Kurve beschreibe dabei einen Kreis der Länge l. Dann ist der Flächeninhalt der entstehenden Fläche: $F = L\cdot l$.

(29) Der Halbkreis $\vec{r} = (R\cdot\cos t\ ,\ 0\ ,\ R\cdot\sin t)\ ,\ -\pi/2 \leq t \leq \pi/2, (R>0)$ rotiere um die z-Achse. Man berechne die entstehende Oberfläche.

Lsg: Der Halbkreis hat die Länge $L = R\pi$. Sein Schwerpunkt hat die x-Komponente :

$$x_m = \frac{1}{L}\cdot\int_{-\pi/2}^{\pi/2} x(t)\cdot\sqrt{R^2\sin^2 t + 0 + R^2\cos^2 t}\,dt =$$

$$= \frac{1}{L} \cdot \int_{-\pi/2}^{\pi/2} R \cdot \cos t \cdot R\, dt = \frac{1}{L} \cdot 2R^2 = \frac{2R}{\pi} .$$

Bei der Rotation beschreibt der Schwerpunkt einen Kreis der Länge $l = \frac{2R}{\pi} \cdot 2\pi = 4R$. Die entstehende Fläche hat die Oberfläche

$$F = L \cdot l = R\pi \cdot 4R = 4 \cdot \pi \cdot R^2 \quad \text{(Kugel).}$$

(30) Der Kreis $(x-R)^2 + z^2 = r^2$ $(R > r)$ rotiere um die z-Achse.

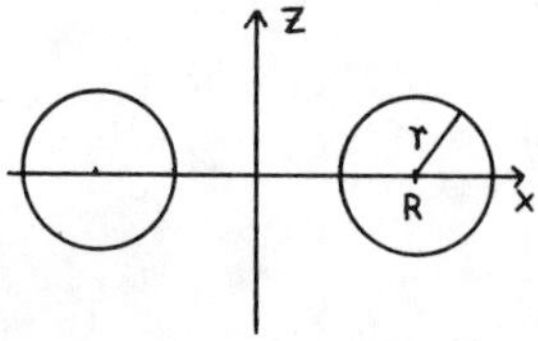

Man berechne die Oberfläche des entstehenden Torus.

Lsg: Der rotierende Kreis hat die Länge $L = 2\pi \cdot r$, sein (geometrischer) Schwerpunkt ist $(R,0,0)$, beschreibt also einen Kreis der Länge $l = 2\pi \cdot R$. Folglich ist die Torusoberfläche $F = L \cdot l = 4 \cdot \pi^2 \cdot r \cdot R$.

2. Guldinsche Regel: Das ebene Flächenstück mit dem Flächeninhalt F rotiere um eine in ihrer Ebene liegende Achse, die das Flächenstück nicht schneidet. Der geometrische Schwerpunkt der Fläche beschreibe dabei einen Kreis der Länge l; dann ist das Volumen des entstehenden Körpers: $V = F \cdot l$.

(31) Man berechne das Volumen V des Kugelausschnittes, der bei Rotation der abgebildeten Figur um die z-Achse entsteht.

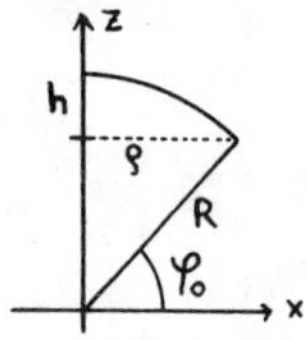

Lsg: Die abgebildete Fläche ist

$\vec{r} = \vec{r}(r,\varphi) = (r \cdot \cos\varphi\, ,\ 0\ ,\ r \cdot \sin\varphi)$,

$0 \leq r \leq R\, ,\ \varphi_0 \leq \varphi \leq \pi/2$.

$df = |\vec{r}_r \times \vec{r}_\varphi| \cdot dr\, d\varphi = r\, dr\, d\varphi$

Ihr Flächeninhalt

$$F = \int_0^R \int_{\varphi_0}^{\pi/2} df = \frac{1}{2} \cdot R^2 \cdot (\pi/2 - \varphi_0)$$

Der Schwerpunkt $\vec{x}_m$ hat die x-Komponente

$$x_m = \frac{1}{F} \cdot \int_0^R \int_{\varphi_0}^{\pi/2} x(r,\varphi)\, df = \frac{1}{F} \cdot \int_0^R \int_{\varphi_0}^{\pi/2} r \cdot \cos\varphi \cdot r\, d\varphi\, dr =$$

$$= \frac{1}{F} \cdot \frac{1}{3} \cdot R^3 \cdot (1 - \sin\varphi_0) = \frac{2}{3} \cdot R \cdot \frac{1 - \sin\varphi_0}{\pi/2 - \varphi_0} .$$

Bei der Rotation beschreibt er einen Kreis der Länge

$$l = 2\pi \cdot x_m = \frac{4}{3}\pi \cdot R \cdot \frac{1 - \sin\varphi_0}{\pi/2 - \varphi_0}$$

Daher wird $V = F \cdot l = \frac{2}{3}\pi \cdot R^3 \cdot (1 - \sin\varphi_0)$.

Da $\sin\varphi_0 = \frac{R-h}{R} = 1 - \frac{h}{R}$, ergibt sich: $V = \frac{2}{3}\pi \cdot R^2 \cdot h$.

13.3 Aufgaben

1) Man berechne die Länge der Kurve $\vec{r} = (t, t^2, \frac{2}{3}\cdot t^3)$, $0 \leq t \leq 1$.
2) Man berechne die Tangente im Punkte (1,0,0) an die Kurve $\vec{r} = (\cos t, t, \sin t)$.
3) Man berechne die Normalbeschleunigung eines Teilchens mit der Bahnkurve $\vec{r} = (t^3-4t\ ,\ t^2+4t\ ,\ 8t^2-3t^3)$ (t=Zeit) für $t = 2$.
4) Man berechne den Krümmungsradius der Kurve $\vec{r} = (t-\sin t\ ,\ 1-\cos t\ ,\ 4\sin(t/2))$ für alle t.
5) Man berechne die geschlossene Oberfläche, die von den Zylindern $x^2 + y^2 = a^2$ und $x^2 + z^2 = a^2$ gebildet wird.
6) Man berechne das Trägheitsmoment einer Kugelfläche vom Radius R bzgl. eines Durchmessers. (Dichte 1)
7) Man berechne das Trägheitsmoment der Kegelfläche $h^2\cdot(x^2 + y^2) = a^2z^2$, $0 \leq z \leq h$ bzgl. der z-Achse. (Dichte 1)
8) Man berechne die Länge der Zykloide $\vec{r} = (a(t-\sin t, a(1-\cos t), 0)$ $0 \leq t \leq 2\pi$.
9) Das abgebildete Quadrat rotiere um die z-Achse. Man berechne die Oberfläche des entstehenden Körpers.

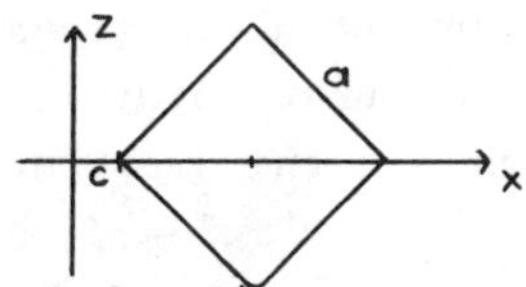

10) Man berechne das Volumen des Körpers aus Aufg. 9).
11) Unter welchem Winkel schneiden sich die Flächen $x^2 + y^2 + z^2 = 9$ und $z = x^2 + y^2 - 3$ bei (2,-1,2)?
12) Man berechne die Oberfläche der Schraubenfläche $\vec{r} = (r\cdot\cos\varphi\ ,\ r\cdot\sin\varphi\ ,\ \frac{h}{2\pi}\varphi)$ für $0 \leq r \leq a$, $0 \leq \varphi = 2\pi$.
13) Die Kurve $y = \sin x$, $0 \leq x \leq \pi$ rotiere um die x-Achse. Man berechne die Oberfläche des entstehenden Körpers.
14) Man berechne die Tangentialbeschleunigung eines Teilchens mit der Bahnkurve aus Aufg.3) zur Zeit $t = 2$.
15) Ist die Länge der Schraubenlinie $\vec{r} = (e^t\cos t, e^t\sin t, e^t)$ $-\infty < t \leq 0$ beschränkt? Wenn ja, berechne man ihre Länge.
16) Man berechne die Länge der Parabel $\vec{r} = (t\ ,\ t^2-1\ ,\ 0)$, $-1 \leq t \leq 1$.
17) Man berechne den Krümmungsradius ϱ der Kurve $\vec{r} = (t-\frac{1}{3}\cdot t^3\ ,\ t^2\ ,\ t+\frac{1}{3}\cdot t^3)$.
18) Man berechne den geometrischen Schwerpunkt des abgebildeten Kreissektors mit der Bogenlänge s.

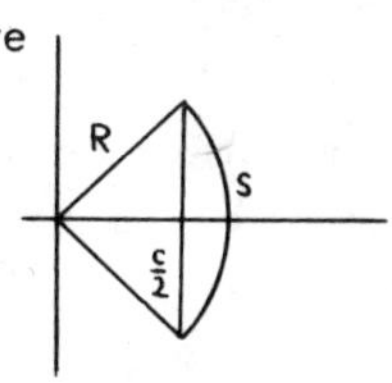

19) Der in Aufg. 18) beschriebene Kreissektor rotiere um die y-Achse. Man berechne das Volumen des entstehenden Körpers.

20) Man berechne die Tangente an die Kurve $\vec{r} = (2t, t^2, \ln t)$ im Punkte (2,1,0).

21) Sei F die Fläche $\vec{r} = (u+v, u-v, uv)$. a) Was für Kurven sind die Parameterlinien? b) Unter welchem Winkel schneiden sich die Parameterlinien im Punkte (2,0,1)?

22) Man berechne Tangente T und Normale N der Kurve $\vec{r} = (3\cdot\cos t\ ,\ 4t\ ,\ 3\cdot\sin t)$ im Punkte $(-3, 4\pi, 0)$.

23) Man berechne die Geschwindigkeit eines Teilchens mit der Bahnkurve aus Aufg. 3) zur Zeit t=2.

24) Es sei $\vec{r} = (t^2, t, t^3)$. Im Kurvenpunkte (1,1,1) berechne man: a) Tangente b) Hauptnormale c) Binormale d) Krümmung e) Torsion f) Normalebene g) rektifiz. Ebene h) Schmiegebene.

25) Die Kurve $z = \cosh x$, $a \leq x \leq b$ rotiere um die x-Achse. Man berechne das Volumen des entstehenden Körpers.

26) Man berechne den geometrischen Schwerpunkt des im 1. Oktanten gelegenen Teils der Kugelfläche mit dem Mittelpunkt (0,0,0), dem Radius R.

27) Man berechne die Oberfläche des Körpers, der von der Kugel $x^2+y^2+z^2 = 3$ und dem Paraboloid $x^2+y^2=2z$ begrenzt wird.

13.4 Ergebnisse

1) 5/3 2) $\vec{x} = (1,0,0)+t(0,1,1)$ 3) $2\cdot\sqrt{73}$

4) $4\cdot(1+\sin^2(t/2))^{-1/2}$ 5) $16a^2$

6) $\frac{8}{3}\pi R^4$ 7) $\frac{1}{2}\pi\cdot a^3\cdot\sqrt{a^2+h^2}$ 8) 8a

9) $4\cdot\pi\cdot a\cdot(2c+a\sqrt{2})$ 10) $\pi\cdot a^2\cdot(2c+a\sqrt{2})$ 11) $\cos\varphi = \frac{8\cdot\sqrt{21}}{63}$

12) $\frac{a}{2}\cdot\sqrt{h^2+4\pi^2a^2} + \frac{h^2}{4\pi}\cdot\ln\frac{1}{h}(2\pi a + \sqrt{h^2+4\pi^2a^2})$ 13) $2\pi(\ln\sqrt{2}+1)+\sqrt{2})$

14) $\vec{a}_{tg} = 16$ 15) beschränkt, $L=\sqrt{3}$ 16) $\sqrt{5} + \frac{1}{2}$ Arsinh2

17) $(1+t^2)^2$ 18) $x_m = \frac{2Rc}{3s}$ 19) $\frac{2}{3}\pi cR^2$

20) $\vec{x}(t) = (2,1,0)+t(2,2,1)$ 21) a) Geraden b) $\cos\varphi = 1/3$

22) T: $\vec{x} = (-3,4\pi,0)+t(0,4,-3)$; N: $\vec{x} = (-3,4\pi,0)+t(1,0,0)$

23) v = 12 24) a) $\vec{x} = (1,1,1)+t(2,1,3)$

b) $\vec{x} = (1,1,1)+t(8,11,-9)$ c) $\vec{x} = (1,1,1)+t(3,-3,-1)$

d) $\kappa = \sqrt{19/686}$ e) $\tau = -3/19$ f) $2x+y+3z = 6$

g) $8x+11y-9z = 10$ h) $3x-3y-z = -1$

25) $\frac{\pi}{2}\cdot(\sinh b\cdot\cosh b - \sinh a\cdot\cosh a + b - a)$

26) $\vec{x}_s = (R/2)\cdot(1,1,1)$ 27) $16\cdot\pi/3$

14. Vektoranalysis

Die Differential- und Integralrechnung, wie sie bisher abgehandelt wurde, beschäftigte sich mit reellwertigen Funktionen von einer oder mehreren Veränderlichen, es traten hierbei keine "Vektorfelder" auf. Die Vektoranalysis untersucht Vektorfelder mit Mitteln der Differential- und Integralrechnung einschließlich der Differentialgeometrie. Sie findet Anwendungen in nahezu allen Gebieten der Technik: Elektrotechnik (Maxwellsche Gleichungen, Fluß), Maschinenbau (Strömungen, Durchflußmengen), Bauwesen (Spannungen). Die Energie, das Potential sind mit Methoden der Vektoranalysis zu behandeln. Wir behandeln dieses Gebiet im $\mathbb{R}^3$. Dabei nehmen wir an, daß alle Felder von der Zeit unabhängig sind.

14.1 Skalar- und Vektorfelder

Funktionen f von 3 Veränderlichen $f: \mathbb{R}^3 \longrightarrow \mathbb{R}$ nennt man in den Anwendungen der Mathematik (ebenso im Rahmen der Vektoranalysis und "Feldtheorie") auch kurz Skalarfelder: $u = f(x,y,z)$.

1) Die Temperatur T an der Stelle (x,y,z) ist ein Skalarfeld $T = T(x,y,z)$. Der Druck $p = p(x,y,z)$, das Potential im Schwerefeld, das Potential einer elektrischen Ladung sind Skalarfelder: T, p, u sind durch Zahlen an jeder Raumstelle beschrieben.

Ein Skalarfeld $U = f(x,y,z)$ heißt

a) Zentral- oder Kugelfeld, falls die Niveauflächen $f(x,y,z) = c$ konzentrische Kugelflächen sind; deren gemeinsamer Mittelpunkt heißt das Zentrum des Feldes.

b) Axial- oder Zylinderfeld, falls die Niveauflächen $f(x,y,z) = c$ konzentrische Kreiszylinderflächen sind; deren gemeinsame Achse heißt die Feldachse des Feldes.

2) Das Skalarfeld $u = x^2 + y^2 + (z-3)^2 + 18$ ist ein Zentralfeld mit dem Zentrum (0,0,3).

3) Das Skalarfeld $u = (x-3)^2 + z^2 + 69$ ist ein Axialfeld mit der Achse $x = 3$, $z = 0$, also $\vec{r} = \vec{r}(t) = (3,t,0)$, $t \in \mathbb{R}$.

Funktionen $\vec{v}: \mathbb{R}^3 \longrightarrow \mathbb{R}^3$ heißen Vektorfelder: [1]

$\vec{v} = \vec{v}(x,y,z) = (X(x,y,z)\ ,\ Y(x,y,z)\ ,\ Z(x,y,z))$.

Hier wird dem Punkt (x,y,z) ein Vektor $\vec{v}(x,y,z)$ zugeordnet mit den 3 Komponenten X, Y, Z in kartesischen Koordinaten, ausführlicher:

$$X(x,y,z)\ ,\ Y(x,y,z)\ ,\ Z(x,y,z)\ .$$

---

1) Bzgl. Koordinatentransformationen siehe weiter unten.

(4) $\vec{v} = (y+\sin x\ ,\ z-\cos(xy)\ ,\ xz\cdot e^{x+3}\cdot\ln(y^2+34))$ ist ein Vektorfeld mit $X = y+\sin x$, $Y = z-\cos(xy)$, $Z = xz\cdot e^{x+3}\cdot\ln(y^2+34)$.

(5) Das Kraftfeld $\vec{K}$ einer punktförmigen Masse ordnet dem Punkt $\vec{r} = (x,y,z)$ die Kraft $\vec{K} = -c(x^2+y^2+z^2)^{-3/2}\cdot(x,y,z) = -c\cdot\frac{\vec{r}}{|\vec{r}|^3}$ zu (Coulombfeld). Es wird noch (bis auf den konstanten Faktor -c) behandelt in den Beispielen (8, 12, 21, 26, 33, 36, 38, 43, 46)

(6) Die Strömungsgeschwindigkeit $\vec{v} = \vec{v}(x,y,z)$ einer strömenden Flüssigkeit, elektrisches bzw. magnetisches Kraftfeld, $\vec{E}$ bzw. $\vec{H}$ sowie der Wärmefluß $\vec{q}$ sind Vektorfelder.

Ein Vektorfeld $\vec{v} = \vec{v}(x,y,z)$ heißt

a) <u>zentrales Vektorfeld</u> mit dem Zentrum $\vec{r}_o$, wenn gilt: $\vec{v} = f(\vec{r}-\vec{r}_o)\cdot(\vec{r}-\vec{r}_o)$. Das Skalarfeld f braucht für $\vec{r}=\vec{r}_o$ nicht erklärt zu sein.
Kurz: Alle Vektoren $\vec{v}$ zeigen zu einem Punkt hin bzw. von ihm fort.

b) <u>sphärisches Vektorfeld</u> mit dem Zentrum $\vec{r}_o$, wenn gilt: $\vec{v} = f(|\vec{r}-\vec{r}_o|)\cdot(\vec{r}-\vec{r}_o)$. Das Skalarfeld f braucht für $\vec{r}=\vec{r}_o$ nicht erklärt zu sein.

c) <u>zylindrisches Vektorfeld</u> mit der Feldachse $\vec{r}(t)=\vec{a}+t\vec{b}$, wenn
1) $\vec{v}(x,y,z)\cdot\vec{b} = 0$, $\vec{v}$ also auf $\vec{b}$ senkrecht steht,
2) alle Geraden $\vec{r}(t)=(x,y,z)+t\cdot\vec{v}(x,y,z)$ die Feldachse schneiden
3) das Skalarfeld $|\vec{v}(x,y,z)|$ ein Zylinderfeld mit ebenfalls der Feldachse $\vec{r}(t) = \vec{a} + t\vec{b}$.

Kurz: Die Vektoren $\vec{v}(x,y,z)$ liegen in einer zur Feldachse senkrechten Ebene und zeigen zur Feldachse hin bzw. von ihr fort und es gilt 3).

(7) Das Vektorfeld $\vec{v} = (x + \sin(e^{yz}))\cdot(x,y,z)$ ist ein zentrales Vektorfeld mit dem Zentrum (0,0,0).

(8) Das Vektorfeld $\vec{K} = (x^2+y^2+z^2)^{-3/2}\cdot(x,y,z)$ (vgl.(5)!) ist ein sphärisches Vektorfeld mit dem Zentrum (0,0,0).

(9) Das Vektorfeld $\vec{v} = \sin(x^2+y^2)\cdot(x,y,0)$ ist ein zylindrisches Vektorfeld mit der z-Achse als Feldachse.

(10) Das Vektorfeld

$$\vec{v} = \frac{1}{x^2+y^2}\cdot(-y,x,0)$$

ist nicht zylindrisch, Bedingung c)2) ist verletzt. Dies ist (bis auf konstante Faktoren) das magnetische Feld eines stromdurchflossenen Leiters, es wird noch behandelt in den Beispielen (11), (31), (35), (41), (45).

Transformation eines Vektorfeldes $\vec{v}$ von kartesischen Koordinaten auf Zylinder- oder Kugelkoordinaten

<u>Kartes. Koord.</u>: $\vec{v} = \vec{v}(x,y,z) = (X(x,y,z)\ ,\ Y(x,y,z)\ ,\ Z(x,y,z))$

<u>Zylinderkoordinaten</u>: a) $x = r\cdot\cos\varphi\ ,\ y = r\cdot\sin\varphi\ ,\ z = z$

b) $\vec{v}(r,\varphi,z) = (X\cdot\cos\varphi + Y\cdot\sin\varphi\ ,\ -X\cdot\sin\varphi + Y\cdot\cos\varphi\ ,\ Z)$

(r-,φ-,z-Komponente in dieser Reihenfolge!)

wobei $X = X(r\cdot\cos\varphi\ ,\ r\cdot\sin\varphi\ ,\ z)$, Y , Z desgl.

<u>Kugelkoordinaten</u>: a) $x = r\cdot\sin\Theta\cdot\cos\varphi,\ y = r\cdot\sin\Theta\cdot\sin\varphi,\ z = r\cdot\cos\Theta$

b) r-Komponente: $X\cdot\sin\Theta\cdot\cos\varphi + Y\cdot\sin\Theta\cdot\sin\varphi + Z\cdot\cos\Theta$

Θ-Komponente: $X\cdot\cos\Theta\cdot\cos\varphi + Y\cdot\cos\Theta\cdot\sin\varphi - Z\cdot\sin\Theta$

φ-Komponente: $-X\cdot\sin\varphi + Y\cdot\cos\varphi$

wobei $X = X(r\cdot\sin\Theta\cdot\cos\varphi,\ r\cdot\sin\Theta\cdot\sin\varphi,\ r\cdot\cos\Theta)$, Y , Z desgl.

"Rücktransformationen" vgl. (B) Vgl. auch 12.2 (S.281)

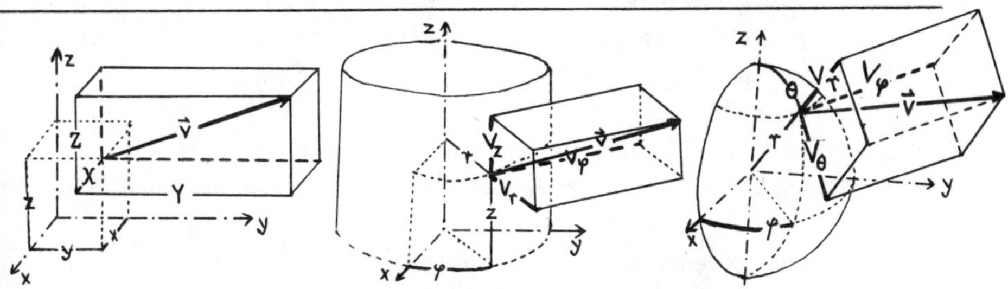

Kartesische Koord. ⊥ Zylinderkoord. 1) ⊥ Kugelkoord. 1)

a) Zunächst substituiert man die unabhängigen Variablen x,y,z durch die neuen unabhängigen Variablen r,φ,z bzw. r,Θ,φ.

b) Danach transformiert man die Vektorkomponenten (X,Y,Z) auf die neuen Komponenten (V_r,V_φ,V_z) bzw. (V_r,V_Θ,V_φ).

Wir schreiben die Komponenten stets in dieser Reihenfolge!

(11) Man transformiere das in kartesischen Koordinaten gegebene Vektorfeld $\vec{v} = \frac{1}{x^2+y^2}\cdot(-y,x,0)$ auf Zylinderkoordinaten.

Lsg:

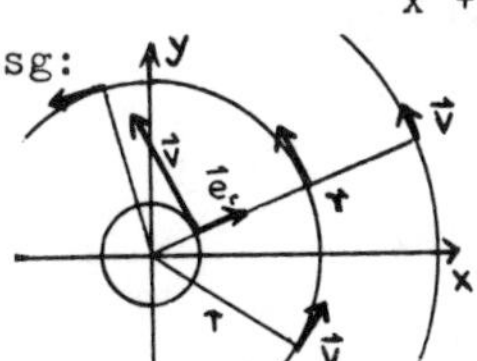

a) $X = \frac{-y}{x^2+y^2} = \frac{-r\cdot\sin\varphi}{r^2} = -\frac{1}{r}\cdot\sin\varphi$

$Y = \frac{x}{x^2+y^2} = \frac{r\cdot\cos\varphi}{r^2} = \frac{1}{r}\cdot\cos\varphi$

$Z = 0$

b) Daher bekommt man in Zylinderkoordinaten

$$\vec{v} = (-\frac{1}{r}\cdot\sin\varphi\cdot\cos\varphi + \frac{1}{r}\cdot\cos\varphi\cdot\sin\varphi,\ \frac{1}{r}\cdot\sin^2\varphi + \frac{1}{r}\cdot\cos^2\varphi\ ,\ 0) = (0,\frac{1}{r},0).$$

---

1) $V_r, V_\Theta, V_\varphi, V_z$ bedeuten hier die Komponenten von $\vec{v}$ in diesen Richtgen.

Die r-Komponente ist also 0, die φ-Komponente $1/r$, die z-Komponente 0; die Vektoren $\vec{v}$ stehen senkrecht auf dem Ortsvektor (x,y,z).

(12) Man transformiere das in kartesischen Koordinaten gegebene Vektorfeld (Coulombfeld) auf Kugelkoordinaten:

$$\vec{v} = (x^2+y^2+z^2)^{-3/2} \cdot (x,y,z).$$

Lsg: Es sind

a) $$X = \frac{x}{(x^2+y^2+z^2)^{3/2}} = \frac{r}{r^3} \cdot \sin\theta \cdot \cos\varphi = \frac{1}{r^2} \cdot \sin\theta \cdot \cos\varphi$$

$$Y = \frac{y}{(x^2+y^2+z^2)^{3/2}} = \frac{1}{r^2} \cdot \sin\theta \cdot \sin\varphi$$

$$Z = \frac{z}{(x^2+y^2+z^2)^{3/2}} = \frac{1}{r^2} \cdot \cos\theta$$

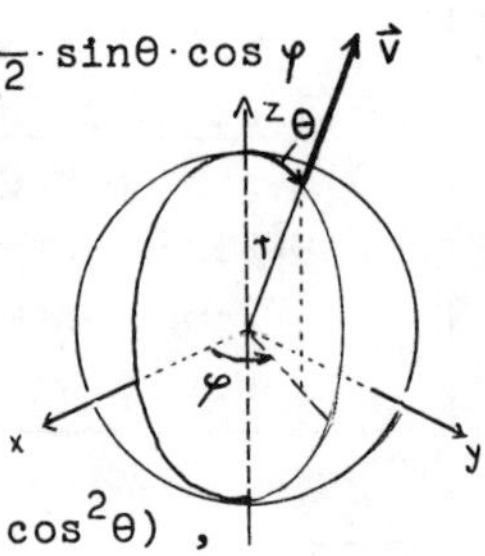

Daher bekommt man in Kugelkoordinaten:

b) $$\begin{aligned}\vec{v} = (&r^{-2}(\sin^2\theta \cdot \cos^2\varphi + \sin^2\theta \cdot \sin^2\varphi + \cos^2\theta) ,\\ &r^{-2}(\sin\theta \cos^2\varphi \cdot \cos\theta + \sin\theta \cdot \sin^2\varphi \cdot \cos\theta - \cos\theta \cdot \sin\theta) ,\\ &r^{-2}(-\sin\theta \cdot \cos\varphi \cdot \sin\varphi + \sin\theta \cdot \sin\varphi \cdot \cos\varphi))\\ = (&r^{-2} , 0 , 0).\end{aligned}$$

Die r-Komponente ist r^{-2}, die θ- und φ-Komponenten sind 0: $\vec{v}$ zeigt in Richtung seines Ortsvektors $\vec{r} = (x,y,z)$ und hat den Betrag r^{-2}.

Bemerkung: Die oft verwendete Schreibweise $\vec{v} = r^{-3} \cdot \vec{r}$ mit $\vec{r} = (x,y,z)$, $|\vec{r}| = r$ (vgl.(5)) ist n i c h t die Darstellung in Kugel- K o o r d i n a t e n.

(13) Ein Massenpunkt bewege sich auf der Kurve $\vec{r} = \vec{r}(t) = (x(t),y(t),z(t))$ t = Zeit. Man berechne seine <u>Geschwindigkeit</u> $\vec{v}$ und seine <u>Beschleunigung</u> $\vec{a}$ in Zylinderkoordinaten. (PII 35 (1.5-7),(1.5-8))

Lsg: Aufgrund der Transformationsgesetze und der Kettenregel der Differentialrechnung gilt:

a) $$\begin{aligned}\vec{v} = \dot{\vec{r}}(t) = (\dot{x},\dot{y},\dot{z}) &= (x_r\dot{r} + x_\varphi\dot{\varphi} , y_r\dot{r} + y_\varphi\dot{\varphi} , \dot{z})\\ &= (\dot{r}\cdot\cos\varphi - r\dot{\varphi}\cdot\sin\varphi , \dot{r}\cdot\sin\varphi + r\dot{\varphi}\cdot\cos\varphi , \dot{z}),\end{aligned}$$

b) in Zylinderkoordinaten:

$$\begin{aligned}\vec{v} = (&(\dot{r}\cdot\cos\varphi - r\dot{\varphi}\cdot\sin\varphi)\cdot\cos\varphi + (\dot{r}\cdot\sin\varphi + r\dot{\varphi}\cdot\cos\varphi)\cdot\sin\varphi ,\\ &-(\dot{r}\cdot\cos\varphi - r\dot{\varphi}\cdot\sin\varphi)\cdot\sin\varphi + (\dot{r}\cdot\sin\varphi + r\dot{\varphi}\cdot\cos\varphi)\cdot\cos\varphi , \dot{z})\\ = (&\dot{r} , r\dot{\varphi} , \dot{z})\end{aligned}$$

a) $$\begin{aligned}\vec{a} = \dot{\vec{v}} = (&\ddot{r}\cdot\cos\varphi - \dot{r}\dot{\varphi}\cdot\sin\varphi - \dot{r}\dot{\varphi}\cdot\sin\varphi - r\ddot{\varphi}\cdot\sin\varphi - r\dot{\varphi}^2\cos\varphi ,\\ &\ddot{r}\cdot\sin\varphi + \dot{r}\dot{\varphi}\cdot\cos\varphi + \dot{r}\dot{\varphi}\cdot\cos\varphi + r\ddot{\varphi}\cdot\cos\varphi - r\dot{\varphi}^2\sin\varphi , \ddot{z})\\ = (&\ddot{r}\cdot\cos\varphi - 2\dot{r}\dot{\varphi}\cdot\sin\varphi - r\ddot{\varphi}\cdot\sin\varphi - r\dot{\varphi}^2\cos\varphi ,\\ &\ddot{r}\cdot\sin\varphi + 2\dot{r}\dot{\varphi}\cdot\cos\varphi + r\ddot{\varphi}\cdot\cos\varphi - r\dot{\varphi}^2\sin\varphi , \ddot{z})\end{aligned}$$, in Zylinderkoord.:

b) $$\vec{a} = (\ddot{r} - r\dot{\varphi}^2 , 2\dot{r}\dot{\varphi} + r\ddot{\varphi} , \ddot{z})$$

In Kugelkoord.: Aufg.22) und PII 38.

14.2 Vektoranalytische Differentialoperationen

a) Der Gradient eines Skalarfeldes $f(x,y,z)$ wird in kartesischen Koordinaten definiert durch

$$\text{grad } f = \left(\frac{\partial f}{\partial x}, \frac{\partial f}{\partial y}, \frac{\partial f}{\partial z} \right)$$

er ist ein Vektorfeld. (B 461)

(14) Ist $f = 3x + xe^y + xye^z$, so ist
$\text{grad } f = (3 + e^y + ye^z,\ xe^y + xe^z,\ xye^z)$ und
$\text{grad } f(3,1,0) = (3+e+1,\ 3e+3,\ 3)$.

Der Gradient lautet in

Zylinderkoordinaten (s.o.): $\text{grad } f = \left(\frac{\partial f}{\partial r}, \frac{1}{r}\cdot\frac{\partial f}{\partial \varphi}, \frac{\partial f}{\partial z} \right)$

Kugelkoordinaten (s.o.): $\text{grad } f = \left(\frac{\partial f}{\partial r}, \frac{1}{r}\cdot\frac{\partial f}{\partial \theta}, \frac{1}{r\cdot\sin\theta}\cdot\frac{\partial f}{\partial \varphi} \right)$

(15) Gegeben sei das Skalarfeld in Zylinderkoordinaten:
$U = r^2 + 2r\varphi + rz$. Man berechne grad U in Zylinderkoordinaten.
Lsg: $\text{grad } U = (2r+2\varphi+z,\ 2,\ r)$

(16) Man berechne den Gradienten des in Kugelkoordinaten gegebenen Feldes $U = \ln r + \sin\theta + \varphi^2$.
Lsg: $\text{grad } U = \left(1/r,\ \frac{1}{r}\cdot\cos\theta,\ \frac{2}{r\cdot\sin\theta}\varphi\right)$.

Haupteigenschaften des Gradienten [1)]

1) Der Vektor $\text{grad}f(\vec{x}_o)$ zeigt in Richtung stärksten Anstiegs des Feldes f an der Stelle $\vec{x}_o = (x_o, y_o, z_o)$, falls $\text{grad}f(\vec{x}_o) \neq \vec{o}$; sein Betrag gibt diesen Maximalanstieg an.
2) Der Vektor $\text{grad}f(x_o, y_o, z_o)$ (falls $\neq \vec{o}$) steht senkrecht auf der durch (x_o, y_o, z_o) gehenden Niveaufläche des Feldes.

(17) Durch $T = \frac{1}{x^2+y^2+z^2+1}$ werde ein Temperaturfeld beschrieben.
In welcher Richtung ändert sich T an der Stelle (1,1,1) am stärksten und wie stark ist dieser Anstieg (Temperaturgradient)?
Lsg: Es ist $\text{grad } T(1,1,1) = \left.\frac{-2\cdot(x,y,z)}{(x^2+y^2+z^2+1)^2}\right|_{(1,1,1)} = \frac{-2}{16}\cdot(1,1,1)$.
Größte Änderung in Richtung (1,1,1), die Änderung beträgt $\frac{2\cdot\sqrt{3}}{16}$.

(18) Ist $T(x,y,z)$ die Temperatur in einem Körper, so findet ein Wärmefluß $\vec{q}$ statt in Richtung des größten Temperaturgefälles, d.h. $\vec{q}$ zeigt in Richtung von $-\text{grad } T$. Es gilt-wie die Erfahrung zeigt- $\vec{q} = -\lambda\cdot\text{grad } T$, hierin ist λ die innere Wärmeleitfähigkeit.

---

1) Diese Eigenschaften gaben dem Gradienten = Steigung, Gefälle seinen Namen.

Richtungsableitung:

Die Ableitung eines Skalarfeldes $f(x,y,z)$ an der Stelle (x_o,y_o,z_o) in Richtung $\vec{a}$ $(\neq \vec{o})$ ist

$$\boxed{\frac{\partial f}{\partial \vec{a}}(x_o,y_o,z_o) := \frac{\vec{a}}{|\vec{a}|}\cdot \operatorname{grad} f(x_o,y_o,z_o)}$$

Zeigt $\vec{a}$ insbes. in Richtung des Gradienten, so ist $\frac{\partial f}{\partial \vec{a}} = |\operatorname{grad} f|$.

(19) Es sei $f(x,y,z) = x^2+\frac{3}{2}y^2$. Man berechne im Punkte (5,2,8) die Ableitung von f in Richtung $\vec{a} = (3,0,4)$.

Lsg: $\frac{\partial f}{\partial \vec{a}}\Big|(5,2,8) = \frac{(3,0,4)}{\sqrt{9+16}}\cdot(2x,3y,0)\Big|(5,2,8) = \frac{(3,0,4)\cdot(10,6,0)}{5} = 6.$

(20) Sei $T = -(x^2+y^2+z^2)$ ein Temperaturfeld. Wie stark ändert sich T an der Stelle P = (1,2,1) in Richtung $\vec{a} = (3,0,4)$?

Lsg: $\operatorname{grad} T(P) = -(2x,2y,2z)_P = -(2,4,2)$.

$\frac{\partial f}{\partial \vec{a}}(P) = \frac{(3,0,4)}{5}\cdot(-2,-4,-2) = \frac{1}{5}\cdot(-6-8) = -14/5.$

Wir können die notwendige Bedingung, daß die differenzierbare Funktion $f(x,y,z)$ an der Stelle P ein Extremum hat, nämlich ihre drei partiellen Ableitungen 1. Ordnung bei P verschwinden, nun auch kurz so schreiben: $\operatorname{grad} f(P) = \vec{0}$.

Punkte P mit $\operatorname{grad} f(P) = \vec{o}$ heißen stationäre Punkte des Skalarfeldes f. (Vgl. 10.5)

Ein Vektorfeld $\vec{v}$, das Gradient eines Skalarfeldes U ist, heißt ein Potentialfeld, in den Anwendungen spricht man auch oft von konservativen Feldern, insbes. im Zusammenhang mit Kraftfeldern. U heißt das Potential des Feldes (oft auch -U). U ist bis auf eine additive Konstante eindeutig durch $\vec{v}$ bestimmt. Felder dieser Art treten in den Naturwissenschaften besonders häufig auf.

(21) Das Gravitationsfeld (Coulombfeld) $\vec{K} = \frac{1}{r^3}\cdot(x,y,z)$, $r^2 = x^2+y^2+z^2$ ist ein Potentialfeld. Sein Potential ist $U = -\frac{1}{r} + C$, $C \in \mathbb{R}$ bel. Es ist nämlich, wie man nachrechnen möge: $\operatorname{grad} U = \vec{K}$. Oft wird -U benutzt und die Konstante C durch eine Zusatzbedingung festgelegt.

(22) Ist das Feld $\vec{v} = (2x, 1, \sin z)$ ein Potentialfeld? Wenn ja, berechne man sein Potential U.

Lsg: Wenn $\vec{v}$ ein Potential U hat, muß gelten: $\vec{v} = \operatorname{grad} U$, ausgeschrieben ist dies ein System partieller Differentialgln. für das Potential U:

$$\frac{\partial U}{\partial x} = 2x \quad , \quad \frac{\partial U}{\partial y} = 1 \quad , \quad \frac{\partial U}{\partial z} = \sin z \quad .$$

Wir integrieren die 1. Dgl.:

$$U = x^2 + f(y,z) \text{ , wobei f zunächst bel. ist.}$$

Aus der 2. Dgl. folgt dann mit dieser Gleichung:

$$U_y = 1 = f_y \text{ , hieraus } f = y + g(z),$$

wobei g zunächst noch bel. ist. Wir haben nun $U = x^2 + y + g(z)$.
Hieraus folgt unter Benutzung der 3. Dgl.:

$$U_z = \sin z \quad = g'(z).$$

Hieraus gewinnt man endlich $g = -\cos z + C$, $C \in \mathbb{R}$ bel.
Ergebnis: $\vec{v}$ ist Potentialfeld, sein Potential U ist

$$U = x^2 + y - \cos z + C \quad , C \in \mathbb{R}.$$

(Man mache die Probe: grad $U = (U_x, U_y, U_z) = \vec{v}$!)

Eine weitere Möglichkeit zur Berechnung des Potentials eines Potentialfeldes findet man in 14.3; Kriterien dafür, ob ein Vektorfeld ein Potentialfeld ist, in diesem Abschnitt unter c) Rotor.

b) Die <u>Divergenz</u> eines Vektorfeldes $\vec{v} = (X(x,y,z), Y(x,y,z), Z(x,y,z))$ wird in kartesischen Koordinaten definiert durch [1]

$$\boxed{\operatorname{div} \vec{v} = \frac{\partial X}{\partial x} + \frac{\partial Y}{\partial y} + \frac{\partial Z}{\partial z}}$$

sie ist ein Skalarfeld.

23) Für $\vec{v} = (x + y^2 , e^{xz} + \sin y , xyz)$ ist
$\operatorname{div} \vec{v} = 1 + \cos y + xy$ und $\operatorname{div} \vec{v}(1,\pi,2) = 1-1+\pi = \pi$.

24) $\vec{v} = \vec{v}(x,y,z) = (x^2,0,0)$ beschreibe die Geschwindigkeit in einem Strömungsfeld. Es ist $\operatorname{div} \vec{v} = 2x$.

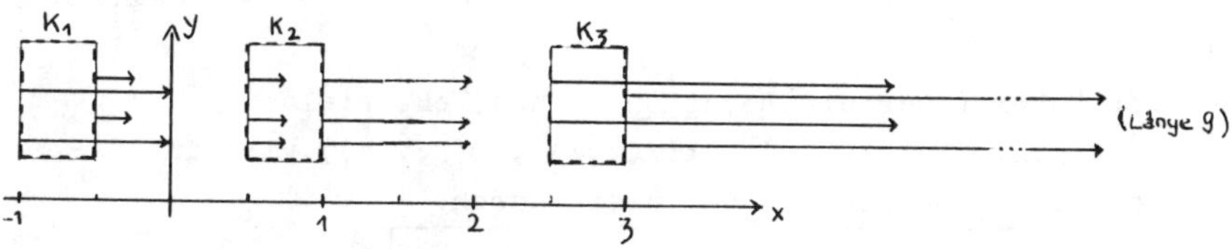

Denken wir uns in die Strömung gelegte durchlässige Kästchen (gestrichelt gezeichnet): K_1 , K_2 , K_3. Man erkennt, daß aus dem Kasten K_2 mehr herausfließt (bei x=1) als hineinfließt (bei x=1/2), in ihm sind "Quellen"; in K_2 ist $1 \leq \operatorname{div} \vec{v} \leq 2$.
In Kasten K_3 sind ebenfalls Quellen; in ihm ist $5 \leq \operatorname{div} \vec{v} \leq 6$.
In Kasten K_1 fließt weniger heraus (bei x=-1/2) als hinein (bei x=-1), in ihm sind "Senken"; in ihm ist $-2 \leq \operatorname{div} \vec{v} \leq -1$.

---

1) Oft auch Ergiebigkeit oder Quelldichte genannt.

Hieraus erkennt man:

Stellen mit div $\vec{v} > 0$ sind Quellen, solche mit div $\vec{v} < 0$ Senken. Je größer div $\vec{v}$ (falls > 0) ist, desto "stärker" sind die Quellen, desto größer die (positive) Ergiebigkeit.

Diesem Umstand verdankt die Bildung div $\vec{v}$ ihre Namen: Divergenz, Quelldichte oder Ergiebigkeit.

Eine allgemeinere Formulierung dieses Sachverhaltes ist der Integralsatz von Gauß.

Eine Stelle P mit div $\vec{v}(P) > 0$ heißt ein Quellpunkt (Quelle), eine solche mit div $\vec{v} < 0$ eine Senke des Vektorfeldes $\vec{v}$.
Ein Feld $\vec{v}$ mit div $\vec{v} \equiv 0$ heißt quellfrei.

Ist $\vec{v} = \vec{v}(r,\varphi,z) = (V_1,V_2,V_3)$ in Zylinderkoordinaten gegeben, so ist in diesen

$$\operatorname{div} \vec{v} = \frac{1}{r}\cdot\frac{\partial}{\partial r}(rV_1) + \frac{1}{r}\cdot\frac{\partial}{\partial\varphi}V_2 + \frac{\partial}{\partial z}V_3 .$$

Ist $\vec{v} = \vec{v}(r,\theta,\varphi) = (V_1,V_2,V_3)$ in Kugelkoordinaten gegeben, so ist

$$\operatorname{div} \vec{v} = \frac{1}{r^2}\cdot\frac{\partial}{\partial r}(r^2 V_1) + \frac{1}{r\cdot\sin\theta}\cdot\frac{\partial}{\partial\theta}(V_2\sin\theta) + \frac{1}{r\cdot\sin\theta}\cdot\frac{\partial}{\partial\varphi}V_3$$

(25) Das in Zylinderkoordinaten gegebene Vektorfeld $\vec{v} = (z,\frac{1}{r}\varphi,rz)$ hat die Divergenz $\operatorname{div} \vec{v} = \frac{1}{r}\cdot z + \frac{1}{r^2} + r$.

(26) Das Coulombfeld schreibt sich in Kugelkoordinaten: $\vec{v} = (r^{-2},0,0)$ für $r \neq 0$ (vgl.(12)). Daher ist div $\vec{v} = 0$, es ist also in seinem Definitionsbereich quellfrei.

(27) Das Feld mit $\vec{v} = (r^{-1},0,0)$ in Kugelkoordinaten hat die Divergenz r^{-2}.

c) Der Rotor (oder die Rotation) eines Vektorfeldes $\vec{v} = \vec{v}(x,y,z) = (X(x,y,z)\ ,\ Y(x,y,z)\ ,\ Z(x,y,z))$ wird in kartesischen Koordinaten definiert durch

$$\operatorname{rot} \vec{v} = \left(\frac{\partial Z}{\partial y} - \frac{\partial Y}{\partial z}\ ,\ \frac{\partial X}{\partial z} - \frac{\partial Z}{\partial x}\ ,\ \frac{\partial Y}{\partial x} - \frac{\partial X}{\partial y} \right)$$ 1)

(28) Für $\vec{v} = (x+y\ ,\ e^{x+y} + z\ ,\ z + \sin x)$ wird
$\operatorname{rot} \vec{v} = (0 - 1\ ,\ 0 - \cos x\ ,\ e^{x+y} - 1)$ und
$\operatorname{rot} \vec{v}(0,8,1) = (-1\ ,\ -1\ ,\ e^8 - 1)$.

(29) Dreht sich ein starrer Körper mit der Winkelgeschwindigkeit $\vec{\omega} = (\omega_1\ ,\omega_2\ ,\omega_3)$ um eine Achse, so bewegt sich das Teilchen an der Stelle $\vec{r} = (x,y,z)$ mit der Geschwindigkeit (Bahngeschw.) $\vec{v} = \vec{\omega}\times\vec{r} = (\omega_2 z - \omega_3 y\ ,\ \omega_3 x - \omega_1 z\ ,\ \omega_1 y - \omega_2 x)$. (PII 124ff)

1) Eine einfache Merkregel findet man in d): Der Nabla-Operator.

Daraus errechnet man sofort: rot $\vec{v}$ = $2\cdot\vec{\omega}$, d.h. rot $\vec{v}$ und $\vec{\omega}$ sind parallel und unterscheiden sich um den konstanten Faktor 2.

(30) Durch $\vec{v} = (0 , 1-x^2 , 0)$, $-1 \leq x \leq 1$ werde ein ebenes Flüssigkeitsströmungsfeld beschrieben.

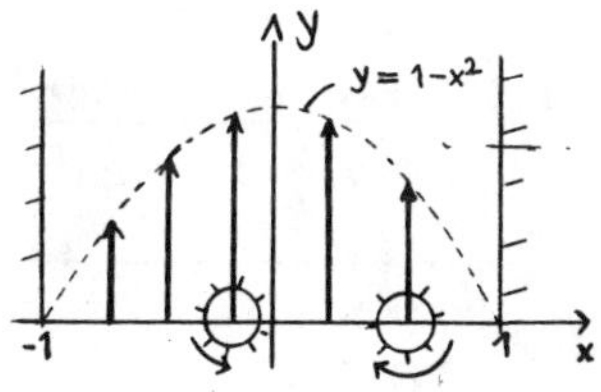

(Wir skizzieren in der Ebene z = 0.) Ein Teilchen an der Stelle (x,0,0) hat die Geschwindigkeit $\vec{v} = (0,1-x^2,0)$. Es ist rot $\vec{v} = (0,0,-2x)$, dieser Vektor steht also senkrecht auf der (x,y)-Ebene (der Zeichenebene). Denkt man sich an der Stelle (x,0,0) ein kleines Schaufelrädchen in die Strömung gehalten, so wird es sich rechtsherum drehen, wenn $x > 0$ ist, dann zeigt der Vektor rot $\vec{v}$ nach unten, d.h. rot $\vec{v}$ ist parallel zum Drehvektor. Ist $|x|$ klein, so ist $|\text{rot } \vec{v}| = |2x|$ auch klein: Nahe der y-Achse wird sich das Rädchen langsam drehen. Also zeigt sich hier:

> rot $\vec{v}$ zeigt in Richtung des Drehvektors und
> $|\text{rot } \vec{v}|$ ist ein Maß für die Rotationsgeschwindigkeit.

Der Name "Rotor" ist aus solchen Gründen gewählt worden.

Ein Vektorfeld mit rot $\vec{v} \equiv \vec{o}$ heißt <u>wirbelfrei</u>.

Ist $\vec{v} = \vec{v}(r,\varphi,z) = (V_1,V_2,V_3)$ in <u>Zylinderkoordinaten</u> gegeben, so ist in diesen

$$\text{rot } \vec{v} = \left(\frac{1}{r}\cdot\frac{\partial}{\partial\varphi}V_3 - \frac{\partial}{\partial z}V_2 \,,\; \frac{\partial}{\partial z}V_1 - \frac{\partial}{\partial r}V_3 \,,\; \frac{1}{r}\cdot\frac{\partial}{\partial r}(rV_2) - \frac{1}{r}\cdot\frac{\partial}{\partial\varphi}V_1\right)$$

Ist $\vec{v} = \vec{v}(r,\theta,\varphi) = (V_1,V_2,V_3)$ in <u>Kugelkoordinaten</u> gegeben, so hat in diesen rot $\vec{v}$ die drei Komponenten:

r-Komponente: $\frac{1}{r\cdot\sin\theta}\cdot\left(\frac{\partial}{\partial\theta}(V_3\cdot\sin\theta) - \frac{\partial}{\partial\varphi}V_2\right)$

θ-Komponente: $\frac{1}{r\cdot\sin\theta}\cdot\frac{\partial}{\partial\varphi}V_1 - \frac{1}{r}\cdot\frac{\partial}{\partial r}(r\cdot V_3)$

φ-Komponente: $\frac{1}{r}\cdot\frac{\partial}{\partial r}(r\cdot V_2) - \frac{1}{r}\cdot\frac{\partial}{\partial\theta}V_1$

(31) Das magnetische Feld $\vec{H}$ des stromdurchflossenen Leiters hat in Zylinderkoordinaten (bis auf konstante Faktoren) die Darstellung $\vec{H} = (0 , 1/r , 0)$ (vgl. Bsp. (11)!). Daher bekommt man rot $\vec{H} = \vec{o}$: Es ist also wirbelfrei für $r^2 = x^2 + y^2 \neq 0$, d.h. außerhalb der z-Achse.

(32) Für das in Kugelkoordinaten gegebene Feld $\vec{v} = (r,\theta,\varphi)$ gilt in Kugelkoordinaten rot $\vec{v} = \left(\frac{1}{r\cdot\sin\theta}\cdot(\varphi\cdot\cos\theta - 0) \,,\, -\varphi/r \,,\, \theta/r\right)$.

(33) Das Coulombfeld lautet in Kugelkoordinaten (vgl. Bsp.(12)!):

$$\vec{K} = \left(\frac{1}{r^2} , 0 , 0 \right).$$

Daher wird (in Kugelkoordinaten) rot $\vec{K} = \vec{o}$ für $r \neq 0$, also gilt allgemein für $x^2+y^2+z^2 \neq 0$: Das Coulombfeld ist wirbelfrei.

Kriterium für die Existenz eines Potentials ("Integrabilitätsbed.")

Das Vektorfeld $\vec{v}$ ist in G genau dann ein Potentialfeld, wenn es in G wirbelfrei ist, d.h. dort rot $\vec{v} \equiv \vec{o}$.

(34) Besitzt das Vektorfeld $\vec{v} = (x^2+y^2+z^2)^{-1/2} \cdot (x,y,z) = \frac{\vec{r}}{r}$ ein Potential?

Lsg: Man rechnet leicht nach, daß gilt rot $\vec{v} = \vec{o}$ für $x^2+y^2+z^2 \neq 0$. Daher existiert ein Potential U. Es sei erwähnt, daß gilt:

$$U = \sqrt{x^2+y^2+z^2} + C = r + C , \quad C \in \mathbb{R} .$$

Man verifiziere diese Behauptungen!

(35) Besitzt das Vektorfeld $\vec{v} = \frac{1}{x^2+y^2} \cdot (-y , x , 0)$ ein Potential?

Lsg: Aus Bsp.(31) ist bekannt, daß rot $\vec{v} \equiv \vec{o}$ außerhalb der z-Achse. Man verifiziere, daß $U = \arctan(y/x) + C$, $C \in \mathbb{R}$ das Potential ist! In Zylinderkoordinaten ist $\vec{v} = (0,\frac{1}{r},0)$, $U = \varphi + C$.

(36) Besitzt das Coulombfeld $\vec{K} = (x^2+y^2+z^2)^{-3/2} \cdot (x,y,z)$ ein Potential? Wenn ja, berechne man das Potential U.

Lsg: Nach Bsp.(33) ist rot $\vec{K} \equiv \vec{o}$, es existiert demnach ein Potential. In Kugelkoordinaten ist nach Bsp.(12) $\vec{K} = (r^{-2},0,0)$. Es ist offensichtlich zweckmäßig, in Kugelkoordinaten zu rechnen. In diesen gilt für den Gradienten (s.o.):

$$\text{grad } U = \left(\frac{\partial U}{\partial r} , \frac{1}{r} \cdot \frac{\partial U}{\partial \theta} , \frac{1}{r \cdot \sin\theta} \cdot \frac{\partial U}{\partial \varphi} \right).$$

Durch Gleichsetzen von Gradient U und $\vec{K}$ (in Kugelkoordinaten) bekommt man das System partieller Dgln.:

$$U_r = r^{-2} , \quad U_\theta = 0 , \quad U_\varphi = 0 .$$

Daraus gewinnt man:

$$U = -\frac{1}{r} + C. \quad \text{(Vgl. auch Bsp.(21)!)}$$

Fordert man -wie oft üblich- $\lim_{r\to\infty} U = 0$, so wird $C = 0$.

Für drei in den Anwendungen wichtige Felder fassen wir in Beispielen gewonnene Ergebnisse tabellarisch zusammen:

	$r^2 = x^2+y^2+z^2$	$r^2 = x^2+y^2+z^2$	$r^2 = x^2+y^2$
kart. Koord.	$\frac{(x,y,z)}{(x^2+y^2+z^2)^{3/2}}$	$\frac{(x,y,z)}{x^2+y^2+z^2}$	$\frac{(-y,x,0)}{x^2+y^2}$
Zylinderkoo.			$(0,\frac{1}{r},0)$
Kugelkoord.	$(r^{-2}, 0, 0)$	$(\frac{1}{r},0,0)$	
häufig verw. Darstellung	$\frac{\vec{r}}{r^3}$	$\frac{\vec{r}}{r^2}$	
Nicht def.:	O-Punkt	O-Punkt	z-Achse
Def.-Ber.: 1)	einfach zus.-hgd.	einfach zus.-hgd.	nicht einf. zsh.
Potential U	$-r^{-1}$ (Kugelkoo.)	ln(r) (Kugelkoo.)	$\arctan \frac{y}{x}$
Divergenz	0	r^{-2}	0
Rotor	$\vec{0}$	$\vec{0}$	$\vec{0}$
Namen bzw. Anwendung	Coulombfeld Gravitation	"logarithm. Potential"	Stromdurchfloss. Leiter.

1) Der Begriff "einfach zusammenhängend" wird in 14.3 erläutert. (vgl. auch Aufg. 34))

d) Der Nabla-Operator ∇ und der Laplace-Operator Δ

Man definiert:

$$\boxed{\nabla = \left(\frac{\partial}{\partial x}, \frac{\partial}{\partial y}, \frac{\partial}{\partial z} \right)}$$ lies: "Nabla"

∇ ist ein sog. (Differential-)Operator. Mit ihm schreiben sich die drei Operationen grad , div , rot in einheitlicher Form. Dazu sei $f = f(x,y,z)$ ein Skalarfeld, $\vec{v} = \vec{v}(x,y,z)$ ein Vektorfeld, in kartesischen Koordinaten gegeben. Dann werden:

$\nabla f = \left(\frac{\partial f}{\partial x}, \frac{\partial f}{\partial y}, \frac{\partial f}{\partial z} \right) = \text{grad } f$ ("Produkt" aus ∇ und f)

$\nabla \vec{v} = \frac{\partial X}{\partial x} + \frac{\partial Y}{\partial y} + \frac{\partial Z}{\partial z} = \text{div } \vec{v}$ ("inneres Produkt" aus ∇ und $\vec{v}$)

$\nabla \times \vec{v} = \begin{vmatrix} \vec{i} & \vec{j} & \vec{k} \\ \frac{\partial}{\partial x} & \frac{\partial}{\partial y} & \frac{\partial}{\partial z} \\ X & Y & Z \end{vmatrix} = \text{rot } \vec{v}$ ("Vektorprodukt" aus ∇ und $\vec{v}$)

37) Man schreibe $\nabla(\nabla(\nabla \times \vec{v}))$ mit den Symbolen grad, div, und rot.

Lsg: $\nabla \times \vec{v} = \text{rot } \vec{v}$

$\nabla(\text{rot } \vec{v}) = \text{div } (\text{rot } \vec{v})$ (da rot $\vec{v}$ ein Vektor ist)

$\nabla(\nabla(\nabla \times \vec{v})) = \text{grad div rot } \vec{v}$ (da div rot $\vec{v}$ Skalar)

Der Operator $\nabla\cdot\nabla =: \Delta$ heißt der <u>Laplace-Operator</u> (lies "Delta").
In kartesischen Koordinaten gilt für ein Skalarfeld u:

$$\boxed{\Delta u = \operatorname{div}\operatorname{grad} u = u_{xx} + u_{yy} + u_{zz}}$$

Für jedes Vektorfeld $\vec{v}$ bzw. Skalarfeld f gilt

$$\nabla(\nabla \times \vec{v}) = \operatorname{div}\operatorname{rot}\vec{v} \equiv 0$$
$$\nabla \times (\nabla f) = \operatorname{rot}\operatorname{grad} f \equiv \vec{o}$$ (Potentialfelder sind wirbelfrei)

Rechenregeln: Es seien f, g Skalarfelder, $\vec{v}$, $\vec{w}$ Vektorfelder.

1) Formeln, in denen Produkte der Felder auftreten

Gradienten:

1. $\nabla(f\cdot g) = f\cdot\nabla g + g\cdot\nabla f$
2. $\nabla(\vec{v}\cdot\vec{w}) = (\vec{v}\cdot\nabla)\vec{w} + (\vec{w}\cdot\nabla)\vec{v} + \vec{v}\times(\nabla\times\vec{w}) + \vec{w}\times(\nabla\times\vec{v})$

Divergenzen:

3. $\nabla(f\cdot\vec{v}) = \vec{v}\cdot\nabla f + f\cdot\nabla\vec{v}$
4. $\nabla(\vec{v}\times\vec{w}) = \vec{w}\cdot(\nabla\times\vec{v}) - \vec{v}\cdot(\nabla\times\vec{w})$

Rotoren:

5. $\nabla\times(f\cdot\vec{v}) = f\cdot(\nabla\times\vec{v}) - \vec{v}\times\nabla f$
6. $\nabla\times(\vec{v}\times\vec{w}) = (\vec{w}\cdot\nabla)\vec{v} - \vec{w}\cdot(\nabla\,\vec{v}) - (\vec{v}\cdot\nabla)\vec{w} + \vec{v}\cdot(\nabla\,\vec{w})$

2) Mehrfache Anwendung von ∇

1. $\nabla(\nabla f) = \Delta f$ (nach Definition von Δ)
2. $\nabla\times(\nabla\times\vec{v}) = \nabla\cdot(\nabla\,\vec{v}) - (\nabla\,\nabla)\vec{v}$ ($\nabla\nabla$ ist komponentenweise auf $\vec{v}$ anzuwenden!)
3. $\nabla(\nabla\times\vec{v}) \equiv 0$
4. $\nabla\times(\nabla f) \equiv \vec{o}$

Weitere Formeln vgl.

(38) Man berechne die Divergenz des Vektorfeldes

$$\vec{v} = (x^2+y^2+z^2)^{-3/2}\cdot(x,y,z) .$$

Lsg: Sei $f = (x^2+y^2+z^2)^{-3/2}$, $\vec{v} = (x,y,z)$.

Wir wenden Formel 1) 3. an:

$$\nabla f = \operatorname{grad} f = -\tfrac{3}{2}\cdot(x^2+y^2+z^2)^{-5/2}\cdot(2x\ ,\ 2y\ ,\ 2z)$$

$$\nabla\vec{v} = \operatorname{div}\vec{v} = 3$$

$$\vec{v}\cdot\nabla f = (x,y,z)\cdot(-3/2)\cdot(x^2+y^2+z^2)^{-5/2}\cdot(2x\ ,\ 2y\ ,\ 2z) =$$
$$= -3\cdot(x^2+y^2+z^2)^{-5/2}\cdot(x^2+y^2+z^2) = -3\cdot(x^2+y^2+z^2)^{-3/2} ,$$

$$f\cdot\nabla\vec{v} = 3\cdot(x^2+y^2+z^2)^{-3/2}.$$

Nach Formel 1) 3. ist div $\vec{v}$ die Summe dieser letzten beiden Gleichungen, also div $\vec{v} = 0$.

14.3 Linien- oder Kurvenintegrale

Ist $\vec{v} = \vec{v}(x,y,z)$ ein Vektorfeld, C: $\vec{r} = \vec{r}(t)$, $a \leq t \leq b$ eine Kurve (im Definitions-Bereich von $\vec{v}$), so versteht man unter dem Linienintegral von $\vec{v}$ längs der Kurve C das bestimmte Integral

$$\boxed{{}^{C}\!\!\int \vec{v}\,\overrightarrow{dr} := \int_a^b \vec{v}(\vec{r}(t))\cdot\dot{\vec{r}}(t)\,dt} \qquad 1)$$

Ist $\vec{r} = (x(t),y(t),z(t))$, so muß man im Vektorfeld $\vec{v} = \vec{v}(x,y,z) = (X(x,y,z)\ ,\ Y(x,y,z)\ ,\ Z(x,y,z))$ setzen: $x = x(t)$, $y = y(t)$, $z = z(t)$, dann das innere Produkt aus $\vec{v}$ und $\dot{\vec{r}}$ von $t = a$ bis $t = b$ integrieren.

(39) Es sei $\vec{v} = \vec{v}(x,y,z) = (2y+3\ ,\ xz\ ,\ yz-x)$. Man berechne das Linienintegral ${}^{C}\!\!\int \vec{v}\,\overrightarrow{dr}$ längs der Kurve C: $\vec{r} = (2t^2,t,t^3), 0 \leq t \leq 1$.
Lsg: Es ist im Vektorfeld zu setzen: $x = 2t^2$, $y = t$, $z = t^3$, dann bekommt man $\vec{v}(\vec{r}(t))$:

$$\vec{v}(\vec{r}(t)) = (2t+3\ ,\ 2t^5\ ,\ t^4-2t^2).$$
$$\dot{\vec{r}}(t) = (4t\ ,\ 1\ ,\ 3t^2)$$
$$\vec{v}(\vec{r}(t))\cdot\dot{\vec{r}}(t) = 8t^2 + 12t + 2t^5 + 3t^6 - 6t^4$$
$${}^{C}\!\!\int \vec{v}\,\overrightarrow{dr} = \int_0^1 (8t^2+12t+2t^5+3t^6-6t^4)dt = \frac{288}{35}\ .$$

(40) Man berechne ${}^{C}\!\!\oint \vec{v}\,\overrightarrow{dr}$ für $\vec{v} = (2x-y,-yz^2,-y^2z)$ und C: $\vec{r} = (\cos t,\sin t,0)$, $0 \leq t \leq 2\pi$.
Lsg: Es ist $\vec{v}(\vec{r}(t)) = (2\cdot\cos t - \sin t\ ,\ 0\ ,\ 0)$, $\dot{\vec{r}}(t) = (-\sin t\ ,\ \cos t\ ,\ 0)$. Daher wird

$$\vec{v}(\vec{r}(t))\cdot\dot{\vec{r}}(t) = -2\cdot\cos t\cdot\sin t + \sin^2 t$$
$${}^{C}\!\!\oint \vec{v}\,\overrightarrow{dr} = \int_0^{2\pi} (-2\cdot\cos t\cdot\sin t + \sin^2 t)dt = \pi\ .$$

(41) Man berechne ${}^{C}\!\!\oint \vec{v}\,\overrightarrow{dr}$ für $\vec{v} = (x^2+y^2)^{-1}\cdot(-y\ ,\ x\ ,\ 0)$ und C: $\vec{r} = (\cos t\ ,\ \sin t\ ,\ 1)$, $0 \leq t \leq 4\pi$.
Lsg: Es sind

$$\vec{v}(\vec{r}(t)) = (-\sin t\ ,\ \cos t\ ,\ 0)\ ,$$
$$\dot{\vec{r}}(t) = (-\sin t\ ,\ \cos t\ ,\ 0)\ ,$$
$$\vec{v}(\vec{r}(t))\cdot\dot{\vec{r}}(t) = \sin^2 t + \cos^2 t = 1.$$

Also bekommt man: $${}^{C}\!\!\oint \vec{v}\,\overrightarrow{dr} = \int_0^{4\pi} dt = 4\pi\ .$$

---

1) Oft schreibt man auch ${}^{C}\!\!\int \vec{v}\,d\vec{r} = {}^{C}\!\!\int \vec{v}\,d\vec{s} = {}^{C}\!\!\int v_{\vec{t}}\,ds = {}^{C}\!\!\int Xdx + Ydy + Zdz$ und spricht von der "Zirkulation von $\vec{v}$ längs C". Ist die Kurve C geschlossen (z.B. Kreis), so deutet man dies durch einen Kringel an: ${}^{C}\!\!\oint \vec{v}\,d\vec{r}$.

(42) Sei $\vec{K}$ ein Kraftfeld (z.B. Gravitationsfeld), C: $\vec{r} = \vec{r}(t)$, $a \leq t \leq b$ eine Kurve, auf der sich ein Massenpunkt bewegt. Dann herrscht im Kurvenpunkt $\vec{r}(t)$ die Kraft $\vec{K}(\vec{r}(t))$ und daher ist der Tangentialanteil der Kraft: (vgl. 5.3)

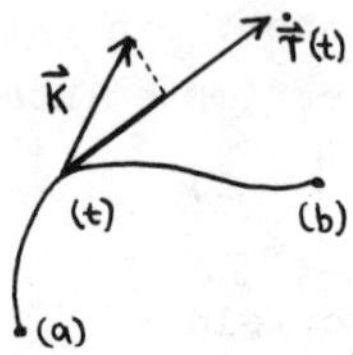

$$\vec{K}(\vec{r}(t))\cdot\frac{\dot{\vec{r}}(t)}{|\dot{\vec{r}}(t)|} =: K_{\vec{t}}$$

Multipliziert man ihn mit dem Bogenelement $ds = |\dot{\vec{r}}(t)|\,dt$ der Kurve (vgl. 13.1), so bekommt man den Energiezuwachs, der entsteht, wenn die Masse sich um das (kleine) Stück ds längs der Kurve C bewegt. Daher ist das Integral über das Produkt $K_{\vec{t}}\cdot ds$ die Energieänderung (aufzubringende oder geleistete Arbeit) E:

$$E = \int_a^b K_{\vec{t}}\, ds$$

Setzt man die Ausdrücke für $K_{\vec{t}}$ und ds ein, so bekommt man:

$$E = {}^{C}\!\!\int \vec{K}\, d\vec{r} \,.$$

Arbeitsintegral, vgl. (PII 60ff) und für elektrische Felder $\vec{E}$:
Becker-Sauter: Theorie der Elektrizität, I, 18. Aufl., S. 46f
Über die physikalische Bedeutung des Vorzeichens von E ist im Einzelfall zu entscheiden!

Der Wert des Linienintegrals ${}^{C}\!\!\int \vec{v}\, d\vec{r}$ hängt i.a. von der Kurve C, dem "Integrationsweg", ab, der $\vec{r}(a)$ und $\vec{r}(b)$ verbindet. Unter welchen Voraussetzungen das Linienintegral unabhängig vom Wege ist, der diese Punkte verbindet, d.h. nur von seinem Anfangs- und Endpunkt (und natürlich $\vec{v}$) abhängt, sagt der wichtige <u>Satz von der Wegunabhängigkeit von Linienintegralen</u>:

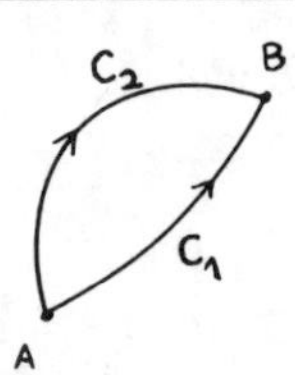

G sei ein Gebiet[1] des $\mathbb{R}^3$, A und B feste Punkte in G, C_1 und C_2 zwei ganz in G verlaufende Kurven, die von A nach B verlaufen, $\vec{v}$ ein in G definiertes und dort stetiges Vektorfeld. Dann gilt:

${}^{C_1}\!\!\int \vec{v}\, d\vec{r} = {}^{C_2}\!\!\int \vec{v}\, d\vec{r}$ genau dann wenn $\operatorname{rot} \vec{v} = \vec{o}$ in G.

Kurz: ${}^{C}\!\!\int \vec{v}\, d\vec{r}$ ist in G [1] wegunabhängig genau dann wenn $\vec{v}$ in G wirbelfrei ist, d.h. $\operatorname{rot} \vec{v} = \vec{o}$.

---

1) G muß "einfach zusammenhängend" sein, d.h. C_1 muß sich stetig in C_2 "verformen" lassen, ohne G zu verlassen; oder: Jeder in G liegende geschlossene Weg muß sich stetig auf einen Punkt "zusammenziehen" lassen, ohne dabei G zu verlassen.
Vgl. Bsp. (43) und (45).

Ein Vergleich mit den Aussagen über Potentialfelder in 14.2 zeigt, daß in G (Voraussetzungen 1) der vorigen Seite) folgende vier Bedingungen gleichwertig sind (PII 66):

1) $\int^{C} \vec{v}\, d\vec{r}$ ist in G wegunabhängig, hängt also nur von Anfangs- und Endpunkt des Weges (und natürlich $\vec{v}$) ab.
2) $\vec{v}$ ist wirbelfrei in G, d.h. rot $\vec{v} = \vec{o}$. ("Integrabilitätsbed.")
3) $\vec{v}$ ist Potentialfeld (konservatives Feld) in G, d.h. $\vec{v}$ = grad U.
4) $\oint^{C} \vec{v}\, d\vec{r} = 0$ für jeden in G verlaufenden geschlossenen Weg C.

Man beachte die Voraussetzung über G auf der vorigen Seite!

(43) Es sei $\vec{K} = (x^2+y^2+z^2)^{-3/2}\cdot(x,y,z)$ (Coulombfeld). Da rot $\vec{v} = \vec{o}$ (vgl. Bsp.(33)), ist $E = \int^{C} \vec{K}\, d\vec{r}$ wegunabhängig. Das ist die wohlbekannte Tatsache, daß die Energiedifferenz in einem Gravitationsfeld (bzw. Coulombfeld) nicht vom Wege abhängt (PII 63ff). Nimmt man nämlich aus $\mathbb{R}^3$ den einzigen Punkt, in dem $\vec{K}$ nicht definiert ist und folglich auch rot $\vec{K}$ nicht, heraus, also den Punkt (0,0,0), so hat man ein Gebiet G, in dem $\vec{K}$ def. ist und in dem rot $\vec{K} = \vec{o}$ gilt. G hat die Eigenschaft, einfach zusammenhängend zu sein: Jeder in G verlaufende Weg läßt sich in G (also unter Umgehung des Punktes (0,0,0)) stetig auf einen Punkt zusammenziehen.

(44) Es sei $\vec{v} = (x^2\ ,\ e^y\ ,\ \sin\pi z)$, C der Weg $\vec{r} = (t\ ,\ t^2\ ,\ \cos\pi t)$, $1 \le t \le 2$. Man berechne das Linienintegral $I = \int^{C} \vec{v}\, d\vec{r}$.
Lsg: Da rot $\vec{v} = \vec{o}$ in $\mathbb{R}^3$ ist, ist das Integral wegunabhängig. Wir integrieren längs eines anderen Weges, der den Punkt $\vec{r}(1) = (1,1,-1)$ mit $\vec{r}(2) = (2,4,1)$ verbindet. Wir integrieren -was oft zwechmäßig ist- parallel zu den Koordinatenachsen:

C_1 : $(1,1,-1) \to (2,1,-1)$: $\vec{r}(t) = (t,1,-1)\ ,\ 1 \le t \le 2$

C_2 : $(2,1,-1) \to (2,4,-1)$: $\vec{r}(t) = (2,t,-1)\ ,\ 1 \le t \le 4$

C_3 : $(2,4,-1) \to (2,4,1)$: $\vec{r}(t) = (2,4,t)\ ,\ -1 \le t \le 1$

Dann $\int^{C} \vec{v}\, d\vec{r} = \int^{C_1} \vec{v}\, d\vec{r} + \int^{C_2} \vec{v}\, d\vec{r} + \int^{C_3} \vec{v}\, d\vec{r} =$

$$= \int_1^2 (t^2,e,0)\cdot(1,0,0)dt + \int_1^4 (4,e^t,0)\cdot(0,1,0)dt + \int_{-1}^1 (4,e^4,\sin\pi t)\cdot(0,0,1)dt$$

$$= 8/3 - 1/3 + e^4 - e - \tfrac{1}{\pi}(-1+1) = 7/3 + e^4 - e\ .$$

(45) Es sei $\vec{v} = (x^2+y^2)^{-1}\cdot(-y,x,0)$, C: $\vec{r} = (\cos t\ ,\ \sin t\ ,\ 1)$, $0 \le t \le 2\pi$. Man rechnet leicht nach, daß $\oint^{C} \vec{v}\, d\vec{r} = 2\pi \ne 0$ (vgl. Bsp.(41)). Außerhalb der z-Achse (auf der $\vec{v}$ nicht definiert ist) gilt rot $\vec{v} = \vec{o}$. (Vgl. Bsp.(31)) Hier ist der Weg C nicht

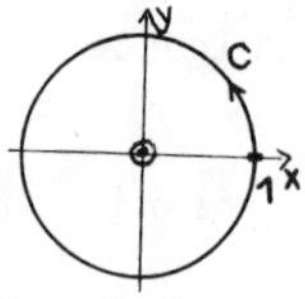

stetig auf einen Punkt zusammenziehbar, ohne dabei die z-Achse zu schneiden: das Gebiet, in dem rot $\vec{v} = \vec{o}$ gilt, müsste dazu verlassen werden. Wählt man als C' aber eine geschlossene Kurve, die die z-Achse <u>nicht</u> umschließt, so gilt $^{C'}\oint \vec{v}\, d\vec{r} = 0$. Man denke daran, daß beim Umfahren eines stromdurchflossenen Leiters mit einem Magneten Energie frei bzw. verbraucht werden kann, $\vec{v}$ hat die Form eines solchen Feldes: In Zylinderkoordinaten

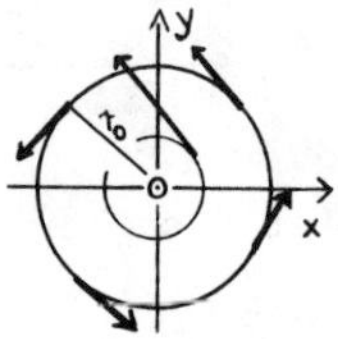

$x = r\cdot\cos\varphi$, $y = r\cdot\sin\varphi$, $z = z$ ist $\vec{v} = (0,1/r,0)$ (vgl.(11)) und also ist $\vec{v}(x_o,y_o,z_o)$ Tangentialvektor an den Kreis in der Ebene $z = z_o$ um die z-Achse mit dem Mittelpunkt $(0,0,z_o)$ und dem Radius $r_o = \sqrt{x_o^2 + y_o^2}$, der Betrag von $\vec{v}$ ist dann r_o^{-1}.

Ist $\vec{v}$ Potentialfeld, d.h. $\vec{v} = \text{grad } U$, so ist nach 3) $^C\int \vec{v}\, d\vec{r} = {^C\int}(\text{grad } U)d\vec{r}$ wegunabhängig. Verbindet der Weg C: $\vec{r} = \vec{r}(t) = (x(t),y(t),z(t))$ den Punkt $A = (x(a),y(a),z(a))$ mit dem (Kurven-) Punkt $P = (x(t),y(t),z(t))$, so gilt dann:

$$^C\int \vec{v}\, d\vec{r} = {^C\int}(\text{grad } U)d\vec{r} = \int_a^t \left(\frac{\partial U}{\partial x}, \frac{\partial U}{\partial y}, \frac{\partial U}{\partial z} \right)\cdot(\dot{x}(t),\dot{y}(t),\dot{z}(t))dt$$

$$= \int_a^t (U_x\dot{x} + U_y\dot{y} + U_z\dot{z})dt = \int_a^t \frac{d}{dt} U(x(t),y(t),z(t))dt$$

$$= U(x(t),y(t),z(t)) - U(x(a),y(a),z(a)) = U(P) - U(A).$$

Vgl. Kettenregel der Differentialrechnung. Also haben wir:

> Ist $\vec{v}$ ein Potentialfeld in dem einfach zusammenhängenden Gebiet G, U sein Potential (d.h. $\vec{v} = \text{grad } U$), C ein Weg von A nach P, so ist $^C\int \vec{v}\, d\vec{r} = U(P) - U(A)$.
>
> Kurz: In Potentialfeldern ist der Wert des Linienintegrals gleich der Differenz des Potentials an End- und Anfangspunkt. (Der Anfangspunkt wird oft "Aufpunkt" genannt.)

Vgl. PII 63ff, insbes. Gl. (2.6-2)

(46) Sei $\vec{K} = (x^2+y^2+z^2)^{-3/2}\cdot(x,y,z)$, C: $\vec{r} = (t^3 , t+1 , \sin\pi t)$ $0 \leq t \leq 1$. Man berechne die Energie $E = {^C\int} \vec{K}\, d\vec{r}$.

Lsg: $\vec{K}$ hat das Potential (Vgl. Tabelle oben oder (21)):

$U = -(x^2+y^2+z^2)^{-1/2} + C = -r^{-1} + C$. Da $\vec{r}(0) = (0,1,0)$ und $\vec{r}(1) = (1,2,0)$, ist $E = U(1,2,0) - U(0,1,0) = -\frac{1}{\sqrt{5}} + \frac{1}{\sqrt{1}}$.

Dieser Zusammenhang zwischen dem Wert des Linienintegrals und der Potentialdifferenz liefert eine weitere Möglichkeit zur

> Berechnung des Potentials U eines Potentialfeldes $\vec{v}$:
> Man berechne das Linienintegral $^{C}\int \vec{v}\, d\vec{r}$ längs eines Weges von A (dem Aufpunkt) nach P(x,y,z). Sein Wert ist (bis auf eine beliebige additive Konstante) das Potential U(x,y,z).
> Dabei ist es oft zweckmäßig, parallel zu den Koordinatenachsen zu integrieren.

(47) Hat das Feld $\vec{v} = (y,x,\cos z)$ ein Potential? Wenn ja, berechne man dieses.

Lsg: Man rechnet zunächst nach, daß rot $\vec{v} \equiv \vec{o}$ in $\mathbb{R}^3$, also existiert ein Potential U. Wir wählen einen beliebigen Aufpunkt, etwa (0,0,0). Dann integrieren wir von A = (0,0,0) nach P = (x,y,z) parallel zu den drei Koordinatenachsen:

$C: (0,0,0) \to (x,0,0) : \vec{r} = (t,0,0) \,, \; 0 \le t \le x$

$D: (x,0,0) \to (x,y,0) : \vec{r} = (x,t,0) \,, \; 0 \le t \le y$

$E: (x,y,0) \to (x,y,z) : \vec{r} = (x,y,t) \,, \; 0 \le t \le z.$

Also haben wir für das Potential U:

$$U = {}^{C}\int \vec{v}\, d\vec{r} + {}^{D}\int \vec{v}\, d\vec{r} + {}^{E}\int \vec{v}\, d\vec{r} =$$

$$= \int_0^x (0,t,1)\cdot(1,0,0)dt + \int_0^y (t,x,1)\cdot(0,1,0)dt + \int_0^z (y,x,\cos t)\cdot(0,0,1)dt$$

$$= 0 + xt\Big|_{t=0}^{t=y} + \sin t\Big|_0^z = xy + \sin z.$$

Allgemein dann: $U = xy + \sin z + C \,, \; C \in \mathbb{R}$.

14.4 Flächenintegrale (Oberflächenintegrale)

Ist $\vec{v} = \vec{v}(x,y,z)$ ein Vektorfeld, F: $\vec{r} = \vec{r}(u,v)$, $(u,v) \in G$ eine Fläche (im Definitionsbereich von $\vec{v}$), so versteht man unter dem Flächenintegral von $\vec{v}$ über F (erstreckt), das Doppelintegral

$$\boxed{{}^{F}\iint \vec{v}\, \overrightarrow{df} := {}^{G}\iint \vec{v}(\vec{r}(u,v))\cdot\left[\vec{r}_u \times \vec{r}_v\right] du\, dv} \qquad 1)$$

$$\vec{r}_u = \left(\frac{\partial x}{\partial u}, \frac{\partial y}{\partial u}, \frac{\partial z}{\partial u}\right) \,, \quad \vec{r}_v = \left(\frac{\partial x}{\partial v}, \frac{\partial y}{\partial v}, \frac{\partial z}{\partial v}\right)$$

Ist $\vec{r}(u,v) = (x(u,v),y(u,v),z(u,v))$, so muß man im Vektorfeld $\vec{v} = (X(x,y,z),Y(x,y,z),Z(x,y,z))$ setzen: $x = x(u,v)$, $y = y(u,v)$, $z = z(u,v)$, dann das innere Produkt aus $\vec{v}$ und dem Vektorprodukt

1) Oft schreibt man auch ${}^{F}\iint \vec{v}\, d\vec{f} = {}^{F}\iint v_{\vec{n}}\, df$ und spricht vom "Fluß von $\vec{v}$ durch F". Statt zwei Integralzeichen schreibt man oft nur eines. Ist F geschlossen, so schreibt man ${}^{F}\oiint \vec{v}\, d\vec{f}$.

$\vec{r}_u \times \vec{r}_v$ über G integrieren. $\vec{r}_u \times \vec{r}_v$ stets nach <u>derselben</u> Flächenseite!

(48) Man berechne das Flächenintegral für $\vec{v} = (x, y, -2z)$ und die obere Hälfte F der Einheitskugel mit dem Mittelpunkt (0,0,0).

Lsg: Wir wählen die Parameterdarstellung der Halbkugel (vgl. 13.2 Bsp.(11)):

$$F: \vec{r} = \vec{r}(\theta,\varphi) = (\sin\theta\cdot\cos\varphi\,,\ \sin\theta\cdot\sin\varphi\,,\ \cos\theta)\,,\quad 0 \le \theta \le \frac{\pi}{2}\,,\quad 0 \le \varphi < 2\pi.$$

Dann ist $\vec{v}(x(\theta,\varphi),y(\theta,\varphi),z(\theta,\varphi)) = (\sin\theta\cdot\cos\varphi\,,\ \sin\theta\cdot\sin\varphi\,,\ -2\cos\theta)$

und $\vec{r}_\theta \times \vec{r}_\varphi = (\sin^2\theta\cdot\cos\varphi\,,\ \sin^2\theta\cdot\sin\varphi\,,\ \cos\theta\cdot\sin\theta)$

(vgl. 13.2 Bsp.(21)), also das innere Produkt

$$\vec{v}[\vec{r}_\theta \times \vec{r}_\varphi] = \sin^3\theta\cdot\cos^2\varphi + \sin^3\theta\cdot\sin^2\varphi - 2\cdot\cos^2\theta\cdot\sin\theta = $$
$$= \sin^3\theta - 2\cdot\cos^2\theta\cdot\sin\theta.$$

Daher wird:
$$\iint_F \vec{v}\, d\vec{f} = \int_0^{\pi/2}\int_0^{2\pi}(\sin^3\theta - 2\cdot\cos^2\theta\cdot\sin\theta)\,d\varphi\, d\theta = 0.$$

(49) Man berechne den Fluß ϕ des Vektorfeldes $\vec{v} = (x+y^2, -2x, 2yz)$ durch den im 1. Oktanten gelegenen Teil der Ebene F: $2x+y+2z = 6$.

Lsg: Parameterform der Ebene mit $x=u$, $y=v$:

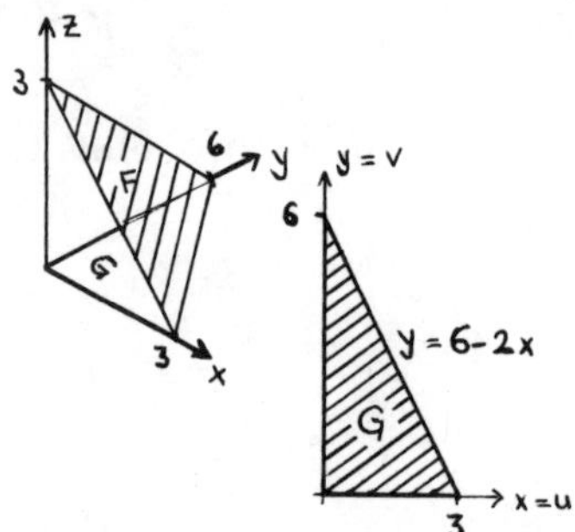

$$\vec{r}(u,v) = (u, v, 3-u-\tfrac{1}{2}v)$$

Das Gebiet G ist dann die Projektion des im 1. Oktanten (d.h. $x \ge 0, y \ge 0, z \ge 0$) belegenen Teiles der Ebene in die (x,y)-Ebene:

$z = 0 \Longrightarrow 2x+y = 6$, also das durch $0 \le x \le 3\,,\ 0 \le y \le 6-2x$ beschriebene Dreieck. Mit $x=u$, $y=v$ bekommen wir

$$G:\ 0 \le u \le 3\,,\ 0 \le v \le 6-2u.$$

Setzt man die Parameterdarstellung von F, $\vec{r} = \vec{r}(u,v)\,,\ (u,v) \in G$ in das Vektorfeld $\vec{v}$ ein, bekommt man:

$$\vec{v} = (u + v^2\,,\ -2u\,,\ 2v(3 - u - \tfrac{1}{2}v)).$$

Es sind noch: $\vec{r}_u \times \vec{r}_v = (1,0,-1)\times(0,1,-1/2) = (1,1/2,1)$

und $\vec{v}\cdot\left[\vec{r}_u \times \vec{r}_v\right] = u + v^2 - u + 6v - 2uv - v^2 = 2v\cdot(3 - u)$.

Endlich wird

$$\phi = \iint_F \vec{v}\, d\vec{f} = \int_0^3\int_0^{6-2u} 2v(3-u)\, dv\, du = 2\cdot\int_0^3 (3-u)\cdot\frac{1}{2}\cdot(6-2u)^2 du = 81.$$

(50) Es sei $\vec{v} = \vec{v}(x,y,z)$ der Geschwindigkeitsvektor eines Strömungsfeldes einer Flüssigkeit, F: $\vec{r} = \vec{r}(u,v)$, $(u,v) \in G$ eine in die Strömung (gedacht) gelegte Fläche. Wir fragen nach dem durch die Fläche F fließenden Flüssigkeitsvolumen V (pro Zeiteinheit).

Lsg: An der Flächenstelle $\vec{r}(u,v)$ sich befindende Flüssigkeitsteilchen haben die Geschwindigkeit $\vec{v}(\vec{r}(u,v))$. Deren Anteil in Richtung der Flächennormale $\vec{r}_u \times \vec{r}_v$ (vgl. 13.2) ist durch das innere Produkt gegeben:

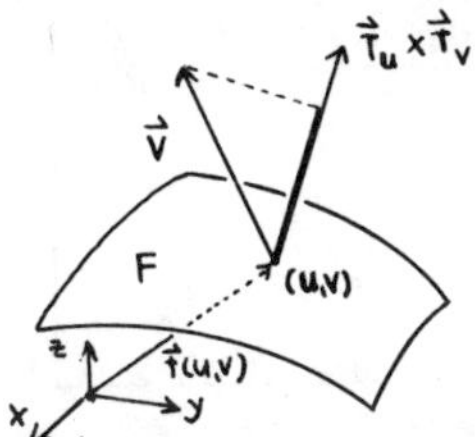

$$\vec{v}(\vec{r}(u,v)) \cdot \frac{\vec{r}_u \times \vec{r}_v}{|\vec{r}_u \times \vec{r}_v|} =: v_{\vec{n}} .$$

Daher tritt durch das Flächenelement $df = |\vec{r}_u \times \vec{r}_v| du\, dv$ das Volumen $v_{\vec{n}}\, df$ hindurch, durch ganz F das Volumen

$$V = {}^{F}\!\iint v_{\vec{n}}\, df .$$

Setzt man die Ausdrücke $v_{\vec{n}}$ und df ein, so bekommt man

$$V = {}^{F}\!\iint \vec{v}\, d\vec{f} .$$

Über die physikalische Bedeutung des Vorzeichens ist im Einzelfall zu entscheiden! Man beachte, daß die Normale stets nach ein und derselben Flächenseite zu zeigen hat!

14.5 Die Integralsätze von Gauß und Stokes

Diese Sätze werden in Hydrodynamik und Elektrotechnik viel angewendet, z.B. bei Umformungen der Maxwellschen Gleichungen, siehe Bsp.(51) unten. Diese zwei Integralsätze stellen einen Zusammenhang her zwischen dreifachem Integral und Oberflächenintegral (Gaußscher Satz) bzw. Flächenintegral und Linienintegral (Stokesscher Satz). Weitere Integralsätze findet man in (B). Bzgl. genauer Voraussetzungen vergleiche man: Mangoldt-Knopp: Einführung in die höhere Mathematik, III.

Integralsatz von Gauß:

Es sei $V \subset \mathbb{R}^3$ ein (räumliches) Gebiet (Körper), O seine (geschlossene) Oberfläche, $\vec{v}$ ein in V definiertes Vektorfeld.
Dann gilt:

$$^{V}\!\iiint \operatorname{div} \vec{v}\, dV = {}^{O}\!\oint\!\!\oint \vec{v}\, d\vec{f}$$

wobei im Flächenintegral rechts die nach außen gerichtete (aus V herausweisende) Flächennormale zu nehmen ist ("Äußere Normale").

Interpretation bei Strömungen (vgl. Bsp.(24)):
Rechts steht der Fluß von $\vec{v}$ durch O, d.h. die aus V durch O herausfließende Flüssigkeitsmenge. Links steht als Integrand div $\vec{v}$, damit zeigt sich: Die Divergenz ist ein Maß für die in V entstehende (oder verschwindende) Flüssigkeitsmenge, die Quelldichte.

<u>Integralsatz von Stokes</u>:

Es sei F eine Fläche, C ihr (geschlossener) Rand, $\vec v$ ein auf F definiertes Vektorfeld. Dann gilt:

$$^F\iint \text{rot}\ \vec v\ d\vec f \ = \ {}^C\oint \vec v\ d\vec r$$

wobei die Randkurve C so zu durchlaufen ist, daß die Fläche F "zur Linken" liegt.

Gauß: 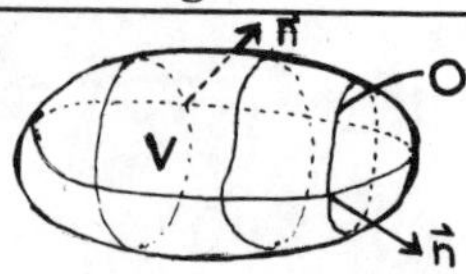

Stokes: 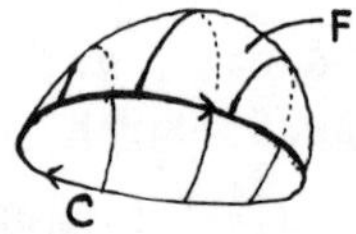

(51) In der Theorie der Elektrizität (vgl. etwa Becker-Sauter: Theorie der Elektrizität, I, 18. Aufl., S.150ff) bedeuten:

$\vec E$: elektrisches Feld

$\vec H$: magnetisches Feld

$\vec B$: magnetische Induktion

$\vec D$: elektrische Verschiebung

$\vec g$: Stromdichte

ρ : (Raum-) Ladungsdichte

In ruhenden Medien gelten die Gesetze (Integralform):

1. Faradaysches Induktionsgesetz: $^C\oint \vec E\ d\vec r = -{}^F\iint \dot{\vec B}\ d\vec f$

2. Durchflutungsgesetz: $^C\oint \vec H\ d\vec r = {}^F\iint (\dot{\vec D} + \vec g) d\vec f$

($\dot{}$... ist Abl. nach der Zeit) und die "Materialgleichungen"

3. $^O\oiint \vec D\ d\vec f = {}^V\iiint \rho\ dV$

4. $^O\oiint \vec B\ d\vec f = 0$

Wendet man den Stokesschen Integralsatz auf die linken Seiten von 1. und 2. an, den Gaußschen Integralsatz auf die von 3. und 4., so bekommt man für die entstehenden Integranden -weil die Gleichheit der Integrale für alle Körper V bzw. alle Flächen F gilt- der Reihe nach die Maxwellschen Gleichungen in Differentialform:

1. $\text{rot}\ \vec E \ = \ -\dot{\vec B}$
2. $\text{rot}\ \vec H \ = \ (\dot{\vec D} + \vec g)$
3. $\text{div}\ \vec D \ = \ \rho$
4. $\text{div}\ \vec B \ = \ 0$

(zwischen $\vec g$, $\vec D$, $\vec E$ bzw. $\vec B$, $\vec H$ bestehen noch Beziehungen, auch wurde ein spezielles Maßsystem zugrunde gelegt).

(52) Es sei $\vec v = (x,y,z)$ und F die Kugelfläche vom Radius R um den Nullpunkt. Man berechne den Fluß von $\vec v$ durch F.

Lsg: Nach dem Gaußschen Integralsatz ist $^F\oiint \vec v\ d\vec f = {}^V\iiint \text{div}\ \vec v\ dV$, wo V die Kugel mit der Oberfläche F ist. Da div $\vec{v} = 3$, folgt

$$^{V}\iiint \text{div}\ \vec{v}\, dV = {}^{V}\iiint 3dV = 3\cdot\frac{4}{3}\cdot\pi R^3 ,$$

da $^{V}\iiint dV = \frac{4}{3}\pi R^3$ das Kugelvolumen ist.

Man berechne das Integral $^{F}\oiint \vec{v}\, d\vec{f}$ direkt und vergleiche den Arbeitsaufwand!

(53) Man verifiziere den Stokesschen Integralsatz für $\vec{v} = (2x-y\ ,\ -yz^2\ ,-y^2 z)$, F: obere Hälfte der Einheitskugelfläche um den Nullpunkt.

Lsg: 1) Die Kugelfläche F ist gegeben durch

$$\vec{r} = (\sin\theta\cdot\cos\varphi\ ,\ \sin\theta\cdot\sin\varphi\ ,\ \cos\theta)\ ,0\leq\theta=\pi/2,\ 0\leq\varphi<2\pi.$$

Es ist rot $\vec{v} = (0,0,1)$. Dann wird (vgl. df aus 13.2 (24)):

$$^{F}\iint \vec{v}\ d\vec{f} = \int_0^{\pi/2}\int_0^{2\pi} \cos\theta\cdot\sin\theta\ d\varphi\ d\theta = \pi .$$

2) Der Rand der Fläche ist (für $\theta = \pi/2$) der Kreis

$$\vec{r} = (\cos\varphi,\sin\varphi,0)\ ,\ 0 \leq \varphi < 2\pi .$$

Daher wird:

$$^{C}\oint \vec{v}\ d\vec{r} = \int_0^{2\pi} (2\cdot\cos\varphi - \sin\varphi\ ,\ 0,0)\cdot(-\sin\varphi\ ,\ \cos\varphi\ ,0)d\varphi =$$

$$= \int_0^{2\pi} (\sin^2\varphi - 2\cdot\cos\varphi\cdot\sin\varphi)d\varphi = \pi .$$

14.6 Aufgaben

1) Man stelle das Vektorfeld $\vec{v} = (z,-2x,y)$ in Zylinderkoordinaten dar.
2) Man berechne grad$(3x^2y - y^3z^2)$ an der Stelle $(1,-2,-1)$
3) Man berechne grad r^n. $(r^2 = x^2+y^2+z^2)$
4) Man berechne die Richtungsableitung von $f = x^2yz + 4xz^2$ an der Stelle $(1,-2,-1)$ in Richtung $(2,-1,-2)$.
5) In welcher Richtung vom Punkte $(2,1,-1)$ ist die Richtungsableitung von $f = x^2yz^3$ am größten; wie groß ist das Maximum?
6) Man berechne div$(x^2z\ ,\ -2y^3z^2\ ,\ xy^2z)$ bei $(1,-1,1)$.
7) Man berechne $\Delta\frac{1}{r}$. $(r = \sqrt{x^2+y^2+z^2})$
8) Man berechne rot$(xz^3,-2x^2yz,2yz^4)$ an der Stelle $(1,-1,1)$.
9) Man ber. rot rot$(x^2y\ ,\ -2xz\ ,\ 2yz)$
10) Sei $\vec{w}$ = const., $\vec{r} = (x,y,z)$. Man berechne div$(\vec{w}\times\vec{r})$.
11) Besitzt $\vec{v} = (2x+2y+3\sin z\ ,\ 2x\ ,\ 3x\cos z)$ ein Potential U? Wie lautet es gegebenenfalls?

12) Ist das Feld $\vec{v} = r^2 \cdot \vec{r}$ ($\vec{r} = (x,y,z)$, $r = |\vec{r}|$) konservativ? Wenn ja, berechne man sein Potential U und ${}^{C}\int \vec{v}\, d\vec{r} = E$ für den Weg C: $\vec{r} = (t+\sin(\pi t)\ ,\ t\ ,\ t^2)$, $0 \le t \le 1$.

13) Ist das Feld $\vec{v} = (2xz\ ,\ x^2-y\ ,\ 2z-x^2)$ konservativ? Wenn ja, gerechne man sein Potential.

14) Man berechne ${}^{C}\int \vec{v}\, d\vec{r}$, wenn $\vec{v} = (5xy-6x^2\ ,\ 2y-4x\ ,\ 0)$ und C die durch $y = x^3$ in der (x,y)-Ebene gegebene Kurve von (1,1,0) nach (2,8,0) ist.

15) Man berechne die Arbeit A, die nötig ist, um ein Teilchen im Kraftfeld $\vec{K} = (3x^2\ ,\ 2xz-y\ ,\ z)$ zu bewegen a) geradlinig und b) längs C: $\vec{r} = (2t^2\ ,\ t\ ,\ 4t^2-t)$. von (0,0,0) nach (2,1,3).

16) Man berechne ${}^{C}\oint \vec{v}\, d\vec{r}$ für $\vec{v} = (x-y, x+y, 0)$, wenn C die in der (x,y)-Ebene liegende Kurve $y = x^2$ von (0,0,0) nach (1,1,0) und $y^2 = x$ von (1,1,0) nach (0,0,0) zurück ist.

17) Ist ${}^{C}\int \vec{v}\, d\vec{r}$ wegunabhängig für $\vec{v} = (4xy-3z^2x^2, 2x^2, -2x^3z)$? U = ?

18) Man berechne ${}^{F}\iint \vec{v}\, d\vec{f}$ für $\vec{v} = (6z, 2x+y, -x)$, wenn F die durch die Flächen $x^2+z^2 = 9$, $x = 0$, $y = 0$, $z = 0$, $y = 8$ gebildete geschlossene Fläche ist. (Man beachte, daß die zu berechnenden Normalenvektoren a l l e nach außen oder innen zeigen!)

19) Man verifiziere den Integralsatz von Gauß für $\vec{v} = (2x^2y, -y^2, 4xz^2)$, F: Im 1. Oktanden gelegener Teil der Fläche $y^2+z^2 = 9$; $x = 2$.

20) Man berechne den Fluß von $\vec{v} = (x,y,z)$ durch eine Kugel vom Radius 2 mit dem Mittelpunkt (0,0,0).

21) Durch Rotation des Kreises $(x-R)^2 + z^2 = a^2$ $(a < R)$ in der (x,z)-Ebene um die z-Achse entstehe die Torusfläche F. Man berechne den Fluß von $\vec{v} = (z \cdot \sin y\ ,\ x+\sin(xz)\ ,\ 3x^2+2z)$ durch F. (Hinweis: Man beachte 12.2 (15), S.284)

22) Man drücke Geschwindigkeit $\vec{v}$ und Beschleunigung $\vec{a}$ eines auf der Bahnkurve $\vec{r} = \vec{r}(t)$, t = Zeit, in Kugelkoordinaten aus.

23) Ein Teilchen wird im Kraftfeld $\vec{K} = (3xy, -5z, 10x)$ längs der Kurve C: $\vec{r} = (t^2+1, 2t^2, t^3)$ von (2,2,1) nach (5,8,8) bewegt. Man berechne die dazu notwendige Arbeit A.

24) Man ermittle, ob das Feld $\vec{K} = (2xy+z^3, x^2, 3xz^2)$ konservativ ist. Dann berechne man die Arbeit A, die nötig ist, um ein Teilchen geradlinig von (3,1,4) nach (1,-2,1) zu bewegen.

25) Man berechne den Fluß von $\vec{v} = (18z, -12, 3y)$ durch den im 1. Oktanten gelegenen Teil der Ebene $2x + 3y + 6z = 12$.

26) Man berechne den Fluß von $\vec{v} = (z, x, -3y^2 \cdot z)$ durch denjenigen Teil der Zylinderfläche Z: $x^2+y^2 = 16$, der im ersten Oktanten liegt und von den Ebenen z=0 und z=5 ausgeschnitten wird.

27) Man berechne den Fluß des Strömungsfeldes $\vec{v} = (2y,-z,x^2)$ durch denjenigen Teil des parabolischen Zylinders Z: $y^2=8x$, der im ersten Oktanten liegt und durch die Ebenen $y=4$ und $z=6$ begrenzt wird.

28) Man berechne den Fluß von $\vec{v} = (x,y,-2z)$ durch die obere Hälfte der Kugelfläche $x^2+y^2+z^2 = R^2$.

29) Ist $\vec{v} = (3x^2y+yz, x^3+xz, xy)$ ein Potentialfeld? Wenn ja, berechne man sein Potential U. Ferner berechne man $I = {}^{C}\!\!\int \vec{v}\, d\vec{r}$ für C: $\vec{r} = (t^2,t^3,t)$, $1 \leq t \leq 2$.

30) Man berechne ${}^{C}\!\!\int \vec{v}\, d\vec{r}$ für $\vec{v} = (x^2+y, 2x-y, 0)$, C: $\vec{r} = (t-\sin t\ ,\ 1-\cos t\ ,\ 3)$, $0 \leq t \leq 2\pi$.

31) Man berechne den Fluß von $\vec{v} = (x,y,yz^2)$ durch F, wobei F die Fläche des achsenparallelen Würfels der Kantenlänge 2 mit dem Mittelpunkt (0,0,0) ist. a) direkt, b) mit einem Integralsatz.

32) $\vec{v}$ sei ein zentrales Vektorfeld. Man berechne $\operatorname{div}\vec{v}$ und $\operatorname{rot}\vec{v}$.

33) $\vec{v}$ sei ein sphärisches Vektorfeld. Man berechne $\operatorname{div}\vec{v}$ und $\operatorname{rot}\vec{v}$.

14.7 Ergebnisse

1) $\vec{v}(r,\varphi,z) = (z\cdot\cos\varphi - 2r\cdot\cos\varphi\cdot\sin\varphi, -z\cdot\sin\varphi - 2r\cdot\cos^2\varphi,\ r\cdot\sin\varphi)$

2) $-(12,9,16)$ 3) $nr^{n-2}\cdot\vec{r}$ 4) $37/3$

5) $(-4,-4,12)$; $4\cdot\sqrt{11}$ 6) -3 7) 0

8) $(0,3,4)$ 9) $(0,2x+2,0)$ 10) 0

11) $x^2+2xy+3x\cdot\sin z + C$ 12) $U = \frac{1}{4}r^4+C$, $E = \frac{9}{4}$

13) nicht konservativ 14) 35 15) a) 16, b) 14,2

16) $2/3$ 17) $U = 2x^2y-x^3z^2+C$ 18) $\pm 18\pi$.

19) ± 180 20) $\pm 32\pi$ 21) $4\pi^2a^2R$

22) $\vec{v} = (\dot{r}, r\dot{\theta}, r\cdot\dot{\varphi}\cdot\sin\theta)$

$$\vec{a} = \left(\ddot{r}-r\dot{\theta}^2-r\dot{\varphi}^2\cdot\sin^2\theta,\ \frac{1}{r}\cdot\frac{d}{dt}(r^2\cdot\dot{\theta})-r\dot{\varphi}^2\cdot\cos\theta\cdot\sin\theta,\ \frac{1}{r\cdot\sin\theta}\cdot\frac{d}{dt}(r^2\cdot\dot{\varphi}\cdot\sin^2\theta)\right)$$

23) 303 24) -202 25) ± 24

26) ± 90 27) ± 132 28) 0

29) $U = x^3\cdot y+xyz+C$, $I = 574$ 30) $\frac{8}{3}\pi^3 - 3\pi$ 31) 16

32) Es ist mit $\vec{r}=(x,y,z)$, $\vec{r}_o=(x_o,y_o,z_o)$: $\vec{v}(\vec{r})=f(\vec{r}-\vec{r}_o)\cdot(\vec{r}-\vec{r}_o)$.

$\operatorname{div}\vec{v} = \operatorname{grad} f(\vec{r}-\vec{r}_o)\cdot(\vec{r}-\vec{r}_o) + 3f(\vec{r}-\vec{r}_o)$

$\operatorname{rot}\vec{v} = \operatorname{grad} f(\vec{r}-\vec{r}_o)\times(\vec{r}-\vec{r}_o)$.

33) (vgl. 33): $\vec{v}(\vec{r}) = f(|\vec{r}-\vec{r}_o|)\cdot(\vec{r}-\vec{r}_o)$: $\operatorname{rot}\vec{v} = \vec{o}$ für $\vec{r}\neq\vec{r}_o$,

$\operatorname{div}\vec{v} = f'(|\vec{r}-\vec{r}_o|)\cdot|\vec{r}-\vec{r}_o| + 3f(|\vec{r}-\vec{r}_o|)$

Man beachte, daß der Fluß nur bis auf das Vorzeichen eindeutig festgelegt wird, wenn man die Flächen F nicht "orientiert", die Richtung der Normalen nicht festlegt.

Zitierte Literatur

B	Bronstein, I. Semendjajew, K.	Taschenbuch der Mathematik Verlag Harri Deutsch, Zürich u. Frankfurt/Main.
C	Collatz, L.	Differentialgleichungen B.G. Teubner, Stuttgart, 1969
DE	Dallmann, H. Elster, K.-H.	Einführung in die höhere Mathematik Friedr. Vieweg & Sohn, Braunschweig, 1968
L I...VII	Laugwitz, D.	Ingenieurmathematik I bis VII BI, 59-62a, 93, 95/95a, 1964, 1965, 1966
PI	Pestel, E.	Technische Mechanik, Teil I: Statik BI, 205/205a*, 1969
PII	Pestel, E.	Technische Mechanik, Teil II: Kinematik und Kinetik BI, 206/206a, 1969
S	Szabó, I.	Einführung in die Technische Mechanik Sp, 1954
SH	Szabó, I.	Höhere Technische Mechanik Sp, 1956
W	v. Weiss, A.	Allgemeine Elektrotechnik C.F. Winter'sche Verlagshandlung, Prien 1966
Z	Zurmühl, R.	Praktische Mathematik für Ingenieure und Physiker Sp, 1960

Sp Springer Verlag Berlin/Göttingen/Heidelberg

BI Bibliographisches Institut Mannheim

Index

	0	$\frac{\pi}{6}$	$\frac{\pi}{4}$	$\frac{\pi}{3}$	$\frac{\pi}{2}$	$\frac{2}{3}\pi$	$\frac{3}{4}\pi$	$\frac{5}{6}\pi$	π	$\frac{7}{6}\pi$	$\frac{5}{4}\pi$	$\frac{4}{3}\pi$	$\frac{3}{2}\pi$	$\frac{5}{3}\pi$	$\frac{7}{4}\pi$	$\frac{11}{6}\pi$	2π
	$0°$	$30°$	$45°$	$60°$	$90°$	$120°$	$135°$	$150°$	$180°$	$210°$	$225°$	$240°$	$270°$	$300°$	$315°$	$330°$	$360°$
sin x	0	$\frac{1}{2}$	$\frac{\sqrt{2}}{2}$	$\frac{\sqrt{3}}{2}$	1	$\frac{\sqrt{3}}{2}$	$\frac{\sqrt{2}}{2}$	$\frac{1}{2}$	0	$-\frac{1}{2}$	$-\frac{\sqrt{2}}{2}$	$-\frac{\sqrt{3}}{2}$	-1	$-\frac{\sqrt{3}}{2}$	$-\frac{\sqrt{2}}{2}$	$-\frac{1}{2}$	0
cos x	1	$\frac{\sqrt{3}}{2}$	$\frac{\sqrt{2}}{2}$	$\frac{1}{2}$	0	$-\frac{1}{2}$	$-\frac{\sqrt{2}}{2}$	$-\frac{\sqrt{3}}{2}$	-1	$-\frac{\sqrt{3}}{2}$	$-\frac{\sqrt{2}}{2}$	$-\frac{1}{2}$	0	$\frac{1}{2}$	$\frac{\sqrt{2}}{2}$	$\frac{\sqrt{3}}{2}$	1
tan x	0	$\frac{\sqrt{3}}{3}$	1	$\sqrt{3}$	$\pm\infty$	$-\sqrt{3}$	-1	$-\frac{\sqrt{3}}{3}$	0	$\frac{\sqrt{3}}{3}$	1	$\sqrt{3}$	$\pm\infty$	$-\sqrt{3}$	-1	$-\frac{\sqrt{3}}{3}$	0
ctg x	$\pm\infty$	$\sqrt{3}$	1	$\frac{\sqrt{3}}{3}$	0	$-\frac{\sqrt{3}}{3}$	-1	$-\sqrt{3}$	$\pm\infty$	$\sqrt{3}$	1	$\frac{\sqrt{3}}{2}$	0	$-\frac{\sqrt{3}}{3}$	-1	$-\sqrt{3}$	$\pm\infty$

$\cos(-x)=\cos x \quad -\sin(-x)=\sin x \quad -\tan(-x)=\tan x \quad -\mathrm{ctg}(-x)=\mathrm{ctg}\, x$

$\cos^2 x+\sin^2 x=1 \quad \frac{\sin x}{\cos x}=\tan x \quad \frac{1}{\tan x}=\mathrm{ctg}\, x$

$\sin(x+y)=\sin x\cdot\cos y + \cos x\cdot\sin y \qquad \cos(x+y)=\cos x\cdot\cos y - \sin x\cdot\sin y$

$\sin 2x=2\sin x\cos x \qquad \cos 2x=\cos^2 x-\sin^2 x=1-2\sin^2 x=2\cos^2 x-1$

$\sin^2 x=\frac{1}{2}(1-\cos 2x) \qquad \cos^2 x=\frac{1}{2}(1+\cos 2x)$

$\sin\frac{x}{2}=\pm\sqrt{\frac{1}{2}(1-\cos x)} \qquad \cos\frac{x}{2}=\pm\sqrt{\frac{1}{2}(1+\cos x)} \qquad \tan\frac{x}{2}=\pm\sqrt{\frac{1-\cos x}{1+\cos x}}=\frac{1-\cos x}{\sin x}=\frac{\sin x}{1+\cos x}$

$\sin x+\sin y=2\sin\frac{x+y}{2}\cdot\cos\frac{x-y}{2} \qquad \sin x-\sin y=2\cos\frac{x+y}{2}\cdot\sin\frac{x-y}{2}$

$\cos x+\cos y=2\cos\frac{x+y}{2}\cdot\cos\frac{x-y}{2} \qquad \cos x-\cos y=-2\sin\frac{x+y}{2}\cdot\sin\frac{x-y}{2}$

$\sin x\cdot\sin y=\frac{1}{2}\left[\cos(x-y)-\cos(x+y)\right] \qquad \cos x\cdot\cos y=\frac{1}{2}\left[\cos(x-y)+\cos(x+y)\right]$

$\sin x\cdot\cos y=\frac{1}{2}\left[\sin(x-y)+\sin(x+y)\right]$

Überlagerung von sin-Schwingungen

$A_1\sin(\omega t+\varphi_1) + A_2\sin(\omega t+\varphi_2) = A\cdot\sin(\omega t+\varphi)$, A und φ bestimmt man aus

$$A^2 = A_1^2 + A_2^2 + 2A_1A_2\cos(\varphi_1-\varphi_2) \qquad \tan\varphi = \frac{A_1\sin\varphi_1 + A_2\sin\varphi_2}{A_1\cos\varphi_1 + A_2\cos\varphi_2} \qquad *)$$

ein Spezialfall ist : $a\cdot\sin\omega t + b\cdot\cos\omega t = A\cdot\sin(\omega t+\varphi)$, wobei

$A^2 = a^2 + b^2$, $\tan\varphi = \frac{b}{a}$ *) Quadranten beachten

---

$\sinh x=\frac{1}{2}(e^x - e^{-x}) \qquad \cosh x=\frac{1}{2}(e^x + e^{-x}) \qquad \tanh x= \frac{\sinh x}{\cosh x} =\frac{e^x - e^{-x}}{e^x + e^{-x}} = \frac{1 - e^{-2x}}{1 + e^{-2x}}$

$\mathrm{cotanh}\, x= \frac{1}{\tanh x}$

$\sinh(-x)=-\sinh x \qquad \cosh(-x)=\cosh x \qquad \tanh(-x)=-\tanh x \qquad \mathrm{cotanh}(-x)=-\mathrm{cotanh}\, x$

$\cosh^2 x - \sinh^2 x = 1$